Grundstudium Mathematik

Michael Barot · Juraj Hromkovič

Stochastik

Diskrete Wahrscheinlichkeit und Kombinatorik

Michael Barot
Kantonsschule Schaffhausen
Schaffhausen, Schweiz

Juraj Hromkovič
Institut für Informationstechnologie und Ausbildung, CAB F 15.1
ETH Zürich
Zürich, Schweiz

Grundstudium Mathematik
ISBN 978-3-319-57594-0
DOI 10.1007/978-3-319-57595-7

ISBN 978-3-319-57595-7 (eBook)

Die Deutsche Nationalbibliothek verzeichnet diese Publikation in der Deutschen Nationalbibliografie; detaillierte bibliografische Daten sind im Internet über http://dnb.d-nb.de abrufbar.

Mathematics Subject Classification: 60-01

Gedruckt auf säurefreiem und chlorfrei gebleichtem Papier

Birkhäuser ist Teil von Springer Nature
Die eingetragene Gesellschaft ist Springer International Publishing AG
Die Anschrift der Gesellschaft ist: Gewerbestrasse 11, 6330 Cham, Switzerland

Vorwort

Dieses Lehrbuch ist das erste in einer Reihe von Büchern, die dem Gymnasialunterricht und dem Übergang von der Maturitätsschule zur Hochschule gewidmet sind. Das Thema ist die Entwicklung grundlegender Konzepte der Wahrscheinlichkeitstheorie wie

- diskrete Wahrscheinlichkeitsräume und Rechnen mit Wahrscheinlichkeiten,
- mehrstufige und zusammengesetzte Experimente,
- Kombinatorik,
- bedingte Wahrscheinlichkeiten und Unabhängigkeit und
- Zufallsvariablen und Erwartungswerte.

Die Erweiterung auf allgemeine Wahrscheinlichkeitsräume sowie stochastische Tests als Basisinstrument der empirischen Forschung folgen im zweiten Band.

Das vorliegende Buch unterscheidet sich von anderen Lehrmitteln zum gleichen Thema durch seine fachdidaktischen Schwerpunkte, von denen wir nun die wichtigsten auflisten.

1. Das Buch vermittelt nicht einfach fertige Produkte (Konzepte, Methoden, Fakten, Behauptungen) der Wissenschaft, sondern auch den Bedarf dafür, sie zu entwickeln, und lässt die Leser so den Prozess ihrer Entwicklung miterleben.
2. Das Buch präsentiert die Mathematik als Forschungsinstrument, mit dem man die Welt entdecken, verstehen und mitgestalten kann. Deswegen umfassen die Anwendungen der entwickelten Konzepte nicht nur klassische Beispiele wie das Glücksspiel, sondern auch erfolgreiche Forschung und Entwicklungen aus den Bereichen der Biologie, Algorithmik, Kryptologie und Physik. Hierbei soll klar werden, dass man ohne die Wahrscheinlichkeitstheorie als Forschungsinstrument keine Chance gehabt hätte, ein Verständnis für die untersuchten Prozesse zu gewinnen.
3. Das Buch ist in sich abgeschlossen und eignet sich somit auch für ein Selbststudium. Dies kommt den Bedürfnissen des Mathematikunterrichts entgegen. Die Mathematik erfordert eine so ausführliche und wiederholte Auseinandersetzung mit der Materie wie kaum ein anderes Fach, wenn ein echtes Verständnis erlangt werden soll. Dieses Buch erlaubt es, alle Themen mit der eigenen Geschwindigkeit beliebig viele Male durchzugehen.

4. Der Fokus des Buches liegt auf der Begriffsbildung. Die Entwicklung der Konzepte und somit der neuen Begriffe ist maßgebend für das Verständnis der zugrundeliegenden Theorie sowie für das Begreifen der Möglichkeiten und Grenzen, die diese neuen Konzepte als Forschungsinstrumente bieten. Hier werden also nicht einfach fertige Definitionen präsentiert, deren oft jahrhundertelange Entwicklungsgeschichte meist verschwiegen wird. Vielmehr erfolgt die Begriffsbildung immer aufgrund eines einleuchtenden Bedarfs, der zusammen mit dem Entwicklungsprozess vermittelt wird. Aus demselben Grund enthält dieses Buch auch mehrere Ausflüge in die Geschichte. Am Ende jedes Kapitels finden sich eine Zusammenfassung und Kontrollfragen, die nochmals ein gutes Verständnis der eingeführten Begriffe und Konzepte fördern.

5. Das Buch enthält viele Beispiele, die im Grunde konkrete Aufgaben mit Lösungen sind. Diese Beispiele erklären die Vorgehensweise und Gedankengänge bei der Lösung des Problems und sind somit weit mehr als eine bloße Vorführung eines richtigen Rechenweges.

6. Die gestellten Aufgaben sind unterschiedlich in dem Buch verteilt. Die Aufgaben im Inneren eines Kapitels folgen sofort auf die Vorstellung neuer Ideen und sollen dazu dienen, dem Entstehen von Fehlvorstellungen vorzubeugen und das Erlernte zu festigen. Die Aufgaben am Ende eines Kapitels offerieren ein hinreichendes Training sowie Vertiefungsmöglichkeiten. Für diejenigen Aufgaben, die zur Lösung neue Ideen benötigen, findet man am Ende des Kapitels eine ausführliche Beschreibung der Lösungswege.

   Eine besondere Stellung nehmen die Aufgaben ein, die mit dem Symbol ▣ markiert sind. Diese erfordern den Entwurf von Computerprogrammen und setzen somit die Kenntnis einer höheren Programmiersprache voraus. Ihre Bearbeitung ist allerdings unkritisch in dem Sinne, dass sie nicht gelöst werden müssen, um dem Buch folgen zu können. Allerdings schärfen sie den Blick und erlauben es, gewisse Aspekte des Rechnens mit Wahrscheinlichkeiten besser einschätzen zu können.

   Aufgaben mit einem höheren Anspruch sind durch das Sternsymbol ⋆ gekennzeichnet. Zu ausgewählten Aufgaben sind am Ende des jeweiligen Kapitels Lösungen zu finden. Diese Aufgaben sind durch das Symbol ✓ gekennzeichnet.

Die Ausführlichkeit des Buches sollte nicht missverstanden werden: weder wurde beabsichtigt alles dem Selbststudium zu überlassen, noch im Unterricht genau den Ausführungen des Buches zu folgen. Im Gegenteil: Das Buch bietet den Lehrpersonen die Freiheit, den Unterricht beliebig zu gestalten und die Klasse zu echter Mitarbeit anzuregen, ohne dass alles notiert werden muss. Da alles, was nicht ganz verstanden wurde, im Buch noch einmal nachgelesen werden kann, gewinnt die Lehrperson einen Freiraum in der Unterrichtsgestaltung, der auch die Verfolgung von nicht funktionierenden, aber lehrreichen Ideen erlaubt.

Das Buch enthält mehr Stoff als im gymnasialen Unterricht mit einer Klasse vollständig bearbeitet werden kann. Dies ist Absicht. Die Lehrperson hat somit die Möglichkeit, bei unterschiedlichen Themen die Stufe des Tiefgangs sowie die Anwendungen in anderen

Disziplinen zu wählen. Als Folge wird auch die individuelle Förderung nach Leistungsfähigkeit und Leistungsbereitschaft stark unterstützt.

Wir wünschen allen im Lehr- und Lernprozess Involvierten viel Vergnügen beim Verwenden dieses Lehrmittels und dem spannenden Studium der Grundlagen der Wahrscheinlichkeitstheorie.

Zürich, im Februar 2017   Michael Barot
                                                                              Juraj Hromkovič

Danksagung

Die Autoren bedanken sich herzlich bei Fabian Frei, Dennis Komm, André Macejko, Björn Steffen und Joana Welti für die Unterstützung bei der Umsetzung des Skriptes. Unser tiefster Dank geht an Hans-Joachim Böckenhauer, Fabian Frei und Dennis Komm für das aufwendige und sorgfältige Korrekturlesen.

Inhaltsverzeichnis

Über Zufall und Wahrscheinlichkeit

1

1.1 Zielsetzung

Ziel dieses Kapitels ist eine erste Begegnung mit dem Konzept der Wahrscheinlichkeit. Wir wollen eine Vorstellung davon gewinnen, was Wahrscheinlichkeiten sind und wie man sie nutzen kann, um Vorhersagen bei Prozessen zu treffen, die bei gleichen Anfangsbedingungen unterschiedlich ausgehen können.

1.2 Beispiele zufälliger Ereignisse

Eine der ersten Fragen, die wir in diesem Buch behandeln werden, lautet: Wann ist ein Ereignis *zufällig*? Die einfachste Antwort ist: Wenn man sein Auftreten nicht vorhersagen kann. Wir haben also eine Situation wie den Münzwurf oder das Würfeln, bei der unterschiedliche Ergebnisse auftreten können: Kopf und Zahl oder die Augenzahlen 1, 2, 3, 4, 5 und 6. In der Praxis ist es unmöglich, den Ausgang durch Berechnungen zu bestimmen.

Natürlich ist es richtig, dass das Resultat *im Prinzip* aus genauer Kenntnis der Ausgangssituation berechnet werden könnte. Die Anzahl der dafür benötigten Informationen ist jedoch enorm: die genaue Lage, die Geschwindigkeit beim Verlassen der Hand, die Drehgeschwindigkeit, die Beschaffenheit des Bodens wie auch die Strömungen in der Luft. Zudem wären die notwendigen Berechnungen äußerst aufwendig. Es ist daher sinnvoller, ein Modell zu suchen, in welchem dies nicht erforderlich ist und das uns dennoch nützliche Informationen über den Ausgang liefern kann, wenn auch nicht das exakte Resultat.

In diesen Fällen sagen wir, dass das Endergebnis *nicht eindeutig* ist. Wir sprechen dann von Zufall, oder genauer: einer *Modellierung mit Zufall*. Im Gegensatz dazu gibt es aber auch Ereignisse und Prozesse, die man in der Wissenschaft sogar als wahrhaftig zufällig betrachtet. Die Evolutionstheorie und die Quantenmechanik gehen beispielsweise davon aus, dass sie *echte Zufallsprozesse* modellieren. Mit „echt" meint man, dass kein noch so

© Springer International Publishing AG 2017

M. Barot, J. Hromkovič, *Stochastik*, Grundstudium Mathematik,

DOI 10.1007/978-3-319-57595-7_1

umfassendes Wissen und keine noch so große Rechenleistung dabei helfen können, den Ausgang des Geschehens vorauszusagen. Der Zufall liegt für uns dann nicht nur in der Modellierung der Prozesse, sondern in ihrer Natur selbst.

Auszug aus der Geschichte

In der griechischen Mythologie ist *Tyche* die Göttin des Zufalls. Ihr Symbol ist das Füllhorn, dessen Gabenstrom nie versiegt. Verschiedene griechische Städte haben der Tyche Tempel errichtet.

Die Römer nannten diese Göttin des Glücks dann *Fortuna*. Sie sorgt für gute wie schlechte Fügungen und wird häufig blind oder mit verbundenen Augen dargestellt, um anzudeuten, dass sie ihre Gaben nach dem Zufallsprinzip verteilt, ohne Rücksicht auf die Person oder Taten der Begünstigten zu nehmen.

Der in Rom besonders stark ausgeprägte Fortuna-Kult überdauerte den Untergang des weströmischen Reichs und fand Eingang in die Vorstellungswelt des Mittelalters. Ein beliebtes Motiv war das *Rad der Fortuna*, das manche in die höchsten Gefilde des Glücks aufsteigen lässt, während andere bereits wieder in tiefstes Elend absinken – eine Allegorie auf die zyklische Struktur des Lebens und eine Mahnung an die Vergänglichkeit alles Irdischen. Abb. 1.1 zeigt eine Illustration aus der mittelalterlichen Liedersammlung Carmina Burana. Die berühmte Vertonung von Orff beginnt mit einem Klageruf an die unberechenbare Fortuna.

Begriffsbildung 1.1 *Ein **Zufallsexperiment** ist ein Experiment, das trotz gleicher Ausgangsbedingungen mit unterschiedlichen Ergebnissen (Endresultaten) enden kann. Welches dieser Ergebnisse auftritt, können wir nicht voraussagen.*

Abb. 1.1 Das Rad der Fortuna

Wir werden verschiedene Zufallsexperimente genauer studieren, wollen aber vorweg einige sehr unterschiedliche Beispiele zusammentragen, bei denen der Zufall eine wichtige Rolle spielt.

Dies ist etwa beim Werfen von Pfeilen auf eine Zielscheibe der Fall. Selbst guten Spielern kann es passieren, dass sie nicht immer in die Mitte treffen – man braucht ja nur den Abstand zum Ziel ausreichend zu vergrößern, um das Problem erheblich zu erschweren. Zielscheiben sind meist in Zonen eingeteilt. Die möglichen Ereignisse sind dann das Treffen der verschiedenen Zonen oder das komplette Verfehlen des Zieles.

Schwieriger ist die Modellierung des **Boccia-Spiels**, bei dem man eine Eisenkugel in einer Kiesbahn möglichst nahe an ein vorgegebenes Ziel werfen oder rollen soll. Die mathematische Schwierigkeit liegt darin, dass man die Ereignisse nicht klar auflisten kann, denn jeder Punkt der Kiesbahn ist möglich und dies sind unendlich viele. Dies macht die Behandlung viel aufwendiger als beim Münzwurf. Daher werden wir solche Beispiele hier nicht vollumfänglich abhandeln können, Zufallsprozesse dieser Art aber im zweiten Lehrbuch zur Stochastik untersuchen.

Ein wichtiges Beispiel ist die **Urne**, ein undurchsichtiger Behälter, der eine endliche Anzahl von Objekten enthält, meist Kugeln unterschiedlicher Farbe. Zum Beispiel kann eine Urne 5 schwarze, 3 weiße und 2 rote Kugeln enthalten. Als Zufallsexperiment werden dann eines oder mehrere der Objekte aus der Urne gezogen. Diese Versuchsanordnung ist wichtig, weil man sie einerseits sehr einfach umsetzen kann und damit andererseits viele verschiedene Situationen modellieren kann. Zum Beispiel ist eine Urne, die je eine schwarze und eine weiße Kugel enthält, von denen man eine zieht, dem Münzwurf äquivalent. Eine Urne mit sechs unterschiedlich gefärbten Kugeln modelliert entsprechend den Würfel. Wir werden Urnen in Kap. 3 detailliert untersuchen.

Wie alle großen Konzepte der Mathematik wurde auch das Konzept der Wahrscheinlichkeit als Forschungsinstrument entwickelt, das uns ermöglicht, die Welt zu verstehen und Vorhersagen über das Verhalten unterschiedlicher Prozesse zu treffen. Wir listen nun einige Beispiele hierfür auf.

Wichtig ist die Zufälligkeit der möglichen Resultate bei einem **Glücksspiel**. In Kap. 7 werden wir sehen, wie ein Spieler oder ein Spielanbieter, etwa ein Casino, berechnen kann, wie viel Gewinn er in einem Glücksspiel erwarten kann.

Den Zufall gibt es auch in der Natur. Der radioaktive Zerfall ist ein zufälliges Ereignis, bei dem der Kern eines Atoms seinen Zustand spontan ändert. Zum Beispiel ist ein Kohlenstoffatom mit 8 Neutronen leicht radioaktiv, das heißt, es kann passieren, dass sich eines der Neutronen im Atomkern plötzlich in drei Teile aufspaltet: ein Elektron, ein Proton und ein kleines Teilchen, welches man Antineutrino nennt. Das Proton verbleibt dabei im Kern, das Elektron wird Teil der Hülle und das Antineutrino wird ausgestrahlt. Das so um ein Proton angereicherte Atom wird nun als Stickstoff bezeichnet. Die Sonnenstrahlung erzeugt in den oberen Schichten unserer Atmosphäre ständig solche radioaktiven Kohlenstoffatome. Sie sind daher in unserer gesamten Umwelt vorzufinden und sind dadurch Teil von allen lebenden Organismen, deren Hauptbestandteil Kohlenstoff ist. Die Zufälligkeit des radioaktiven Zerfalls kann genutzt werden, um mit der Radiokarbonmethode das Alter von tierischem oder pflanzlichem Material zu bestimmen. So kann man auch alte Teppiche oder in Gräbern gefundene Lederriemen auf ihr Alter schätzen.

Die Thermodynamik ist eine physikalische Theorie der Gase und verwendet die Wahrscheinlichkeitstheorie, um Begriffe wie Druck und Temperatur zu erklären. Sie leitet auch konkrete Gesetze ab, welche Druck, Temperatur und Volumen zueinander in Beziehung setzen.

Die Quantenmechanik, eine physikalische Theorie des zwanzigsten Jahrhunderts, behandelt Vorgänge zwischen atomaren Teilchen wie Elektronen und Protonen, aber auch Photonen, also Licht, mit Hilfe der Wahrscheinlichkeitstheorie.

Wahrscheinlichkeit dient aber nicht nur als Forschungsinstrument zur Entdeckung von Gesetzmäßigkeiten in der Natur, sondern auch zur Entwicklung von effizienten Systemen in der Technik. In der Informatik, welche sich mit der algorithmischen Verarbeitung von Daten beschäftigt, hat der Zufall eine immer wichtigere Bedeutung: Immer zahlreicher werden die Programme, welche den Zufall geschickt ausnutzen, um ihre Effizienz enorm zu steigern, das heißt, den notwendigen Rechenaufwand drastisch zu reduzieren. Diese Möglichkeit werden wir ausführlicher in Kap. 4 und 7 anschauen.

1.3 Erste Vorstellungen über den Begriff der Wahrscheinlichkeit

Bei einem Münzwurf gibt es zwei Resultate: Kopf und Zahl. Es ist natürlich auch möglich, dass die Münze auf ihrem Rand zu stehen kommt. Dies passiert in der Praxis jedoch wirklich sehr selten. Wir sagen, dass es *sehr unwahrscheinlich* ist, dass die Münze auf dem Rand stehen bleibt. Die Ereignisse Kopf und Zahl treten viel häufiger ein. Wir sagen, dass sie *wahrscheinlicher* sind.

Münzwürfe werden oft eingesetzt, um unparteiische Entscheidungen zu erzwingen. Dabei geht man davon aus, dass es *gleich wahrscheinlich* ist, dass Kopf oder Zahl auftritt. Wir werden die Möglichkeit, dass die Münze auf dem Rand stehen bleibt, als unzulässig betrachten, da sie keine Entscheidung bringt. Man muss in einem solchen Fall den Wurf einfach wiederholen. Es gibt dann also überhaupt nur zwei Ereignisse, und diese sind gleich wahrscheinlich. Man sagt oft, die Chancen stehen 50 % zu 50 %. Aber 50 % ist nichts anderes als die Zahl $0.5 = \frac{1}{2}$, denn das Prozentzeichen bedeutet „pro hundert", also ein Hundertstel. So sind $50\,\% = \frac{50}{100} = \frac{1}{2} = 0.5$ nur verschiedene Darstellungen derselben Zahl.

Als hundertprozentig bezeichnet man die Wahrscheinlichkeit eines Ereignisses, welches *sicher* eintritt. Die Zahl $100\,\% = \frac{100}{100} = 1$ gibt also völlige Gewissheit an.

Dieser Sprachgebrauch drückt etwas Wesentliches aus: Wir tendieren dazu, Wahrscheinlichkeiten in Prozenten oder Zahlen zwischen 0 und 1 auszudrücken. Um genauer zu verstehen, warum und wie genau wir dies tun, geben wir zunächst den Begriffen *Ergebnis* und *Ereignis* eine genauere Bedeutung.

Begriffsbildung 1.2 *Ein Zufallsexperiment kann man vollständig beschreiben, wenn man alle **Resultate**, die wir auch **Ergebnisse** nennen, kennt. Wir sprechen dabei von einem **Ergebnisraum**, der die Menge aller möglichen Resultate ist. Beim Münzwurf betrachten wir {Kopf, Zahl} als Ergebnisraum mit den beiden möglichen Ergebnissen Kopf und Zahl. Beim Münzwurf ist der Ergebnisraum {1, 2, 3, 4, 5, 6}, das heißt die Menge aller möglichen Augenzahlen.*

*Jede Teilmenge des Ergebnisraums nennen wir ein **Ereignis**. Beispielsweise entspricht die Menge {1, 3, 5} beim Würfeln dem Ereignis, dass eine ungerade Augenzahl fällt. Die Menge {2, 3, 5} ist das Ereignis, dass eine Primzahl geworfen wird. Eine einelementige Teilmenge des Ergebnisraums heißt ein **elementares Ereignis**. Die Menge {Zahl} beim Münzwurf ist zum Beispiel das Ereignis, dass in dem Zufallsexperiment genau das Ergebnis Zahl vorkommt. In anderen Worten: Ein Ereignis ist eine Sammlung von Ergebnissen des Experiments. Wenn diese Sammlung aus einem einzigen Ergebnis besteht, spricht man von einem elementaren Ereignis.*

*Ein Ereignis besteht also aus einem oder mehreren Ergebnissen, ja man kann sogar jenes Ereignis betrachten, welches gar kein Ergebnis enthält. Man spricht hierbei vom **leeren** oder **unmöglichen Ereignis**. Auch der komplette Ergebnisraum ist selbst ein spezielles Ereignis. Weil immer ein Ergebnis aus dem Ergebnisraum auftreten muss, nennen wir dieses Ereignis das **sichere Ereignis**.*

Beispiel 1.1 Für den Münzwurf ist der Ergebnisraum {Kopf, Zahl}. Die möglichen Ergebnisse sind Kopf und Zahl. Wir listen nun alle möglichen Ereignisse auf, die wir betrachten können:

$$\emptyset, \quad \{\text{Kopf}\}, \quad \{\text{Zahl}\}, \quad \{\text{Kopf, Zahl}\}.$$

Dabei entspricht $\emptyset$ dem unmöglichen Ereignis und {Kopf, Zahl} dem sicheren Ereignis.

$\Diamond$

Aufgabe 1.1 Betrachte das Würfeln mit dem Ergebnisraum {1, 2, 3, 4, 5, 6}. Liste alle Ereignisse auf, die wie {1, 5} aus genau zwei Ergebnissen bestehen. Schaffst du es auch, alle Ereignisse aufzulisten, die aus fünf Ergebnissen bestehen, wie zum Beispiel {1, 2, 3, 4, 5}?

Wenn man ein Zufallsexperiment vor sich hat, ist die Frage, was man dabei untersuchen kann und wie. Den Ausgang einer Durchführung des Experiments können wir definitiv nicht voraussagen. Was wir aber machen können, ist das Experiment viele Male unter gleichen Bedingungen durchzuführen und die Folge von Resultaten zu untersuchen.

Wenn wir etwa den Münzwurf zehn Mal wiederholen, erhalten wir eine Folge von zehn Resultaten, beispielsweise:

$$Z, Z, K, Z, K, K, K, Z, K, Z,$$

wobei Z für Zahl und K für Kopf steht. In dieser Folge können wir jetzt nachzählen, dass Kopf fünf Mal gefallen ist und Zahl ebenfalls fünf Mal.

Begriffsbildung 1.3 *Betrachten wir ein Zufallsexperiment mit dem Ergebnisraum S. Wir wiederholen das Experiment n Mal für eine positive ganze Zahl n und erhalten somit eine Folge von n Ergebnissen $A = a_1, a_2, \ldots, a_n$ (die wir an manchen Stellen auch als n-Tupel $(a_1, a_2, \ldots, a_n)$ darstellen).*

*Für jedes Ergebnis $e \in S$ definieren wir die **absolute Häufigkeit des Ergebnisses e in der Folge A** als die Anzahl des Auftretens von e in A. Wir notieren die absolute Häufigkeit von e in A als $\boldsymbol{H_e(A)}$.*

Beispiel 1.2 Beim 13-fachen Würfeln entsteht die Folge

$$A = 5, 1, 2, 4, 3, 5, 6, 2, 1, 4, 4, 2, 6$$

von Augenzahlen. Weil 6 zwei Mal vorkommt, ist $H_6(A) = 2$, das heißt, die absolute Häufigkeit des Ergebnisses 6 ist 2. Wir können die absoluten Häufigkeiten für alle anderen Augenzahlen einfach bestimmen:

$$H_1(A) = 2, \quad H_2(A) = 3, \quad H_3(A) = 1, \quad H_4(A) = 3, \quad H_5(A) = 2. \qquad \Diamond$$

Aufgabe 1.2 Wirf eine Münze zwölf Mal und notiere die entsprechende Folge von Resultaten. Bestimme die absoluten Häufigkeiten der Ergebnisse Kopf und Zahl.

Aufgabe 1.3 Was ergibt die Summe aller absoluten Häufigkeiten einer Folge von n Resultaten eines Zufallsexperimentes?

Die absolute Häufigkeit eines Ergebnisses e in einer Folge von Resultaten ist für sich genommen nicht sehr aussagekräftig. Wenn wir sie jedoch durch die Länge der Folge teilen, erhalten wir den proportionalen Anteil des Ergebnisses e unter allen Ergebnissen der Folge.

Begriffsbildung 1.4 *Sei S der Ergebnisraum eines Zufallsexperimentes und sei A eine Folge von n Resultaten aus n Wiederholungen des Zufallsexperimentes. Für jedes Ergebnis $e \in S$ ist die **relative Häufigkeit von e in A***

$$h_e(A) = \frac{H_e(A)}{n}.$$

Somit ist $h_e(A) \cdot 100\,\%$ der prozentuale Anteil der Anzahl Vorkommnisse des Ergebnisses e in der Folge A.

Die relative Häufigkeit eines Ergebnisses e in einer langen Folge von Resultaten kann man als gutes quantitatives Maß zur Bestimmung der Höhe der Erwartung verwenden, dass man bei einer einzelnen Durchführung des Experiments das Resultat e erhält. Diese Höhe der Erwartung nennen wir die *Wahrscheinlichkeit*. Somit betrachten wir $h_e(A)$ für eine lange Folge A als eine gute Schätzung der Wahrscheinlichkeit von e.

Begriffsbildung 1.5 *Sei S der Ergebnisraum eines Zufallsexperiments. Für jedes Ergebnis e $\in$ S ist die **Wahrscheinlichkeit von e** die relative Häufigkeit $h_e(A)$ für eine „ausreichend lange" Folge A.*

Natürlich ist unser Versuch, die Wahrscheinlichkeit eines Ergebnisses e gleich der relativen Häufigkeit von e in einer langen Folge von Experimentergebnissen zu setzen, keine saubere mathematische Definition, denn auch lange Ergebnisfolgen können unterschiedliche relative Häufigkeiten aufweisen. Diese Begriffsbildung widerspiegelt vielmehr unsere Erwartungen an die Begriffe für das Konzept der Wahrscheinlichkeit. Wenn man die Wahrscheinlichkeit von e kennen würde, könnte man aussagen, dass man bei einer großen Anzahl von Wiederholungen des Experiments erwarten kann, dass die Wahrscheinlichkeit von e ziemlich genau dem Anteil des Auftretens von e in der Folge von Resultaten entspricht.

Wenn man a priori sagt, dass beim Münzwurf die Wahrscheinlichkeit von Kopf und Zahl jeweils $\frac{1}{2}$ ist, dann erwartet man in einer langen Folge von Münzwürfen, dass die Ergebnisse Zahl und Kopf ungefähr gleich häufig, also in jeweils 50 % der Fälle, auftreten.

Falls man den Begriff des Grenzwertes kennt, kann man für Experimente mit einem endlichen Ergebnisraum die Beziehung zwischen der relativen Häufigkeit und Wahrscheinlichkeit präzise ausdrücken.

Hinweis 1.1

Die Definition der Wahrscheinlichkeit im folgenden Auszug aus der Geschichte ist nur für Klassen zugänglich, die das Konzept des Grenzwertes gut verstanden haben.

Auszug aus der Geschichte

Richard Edler von Mises (1883–1953) war ein österreichischer Mathematiker, der versucht hat, den Begriff der Wahrscheinlichkeit zu definieren. Für endliche Ergebnisräume bietet er eine Definition, die gut zutrifft und im Sinne unserer Überlegungen ist.

Sei A eine unendliche Folge von Resultaten aus dem unendlichen Wiederholen eines Zufallsexperiments mit einem endlichen Ergebnisraum. Dann ist die Wahrscheinlichkeit $P(e)$ jedes Ergebnisses e definiert als

$$\lim_{n \to \infty} h_e(A_n),$$

wobei A_n das Präfix der Länge n von A ist (das heißt, A_n ist die Folge der ersten n Resultate der unendlichen Folge von Resultaten).

In der Wahrscheinlichkeitslehre betrachten wir oftmals Experimente, bei denen wir direkt a priori sagen, was die Wahrscheinlichkeiten sind. Der Münzwurf mit $S = \{\text{Kopf}, \text{Zahl}\}$ hat zum Beispiel für beide Ergebnisse die Wahrscheinlichkeit $\frac{1}{2}$. Beim Würfeln hat jede Augenzahl die Wahrscheinlichkeit $\frac{1}{6}$. Wenn wir Kugeln aus einem Topf ziehen, in dem sich fünf Kugeln befinden, von denen drei schwarz und zwei weiß sind, dann ist die Wahrscheinlichkeit, eine schwarze Kugel zu ziehen, $\frac{3}{5} = 0.6$, und die Wahrscheinlichkeit, eine weiße Kugel zu ziehen, $\frac{2}{5} = 0.4$. Danach kann man mit solchen Zufallsexperimenten Pro-

Abb. 1.2 Zwei mögliche
Lagen eines Reißnagels

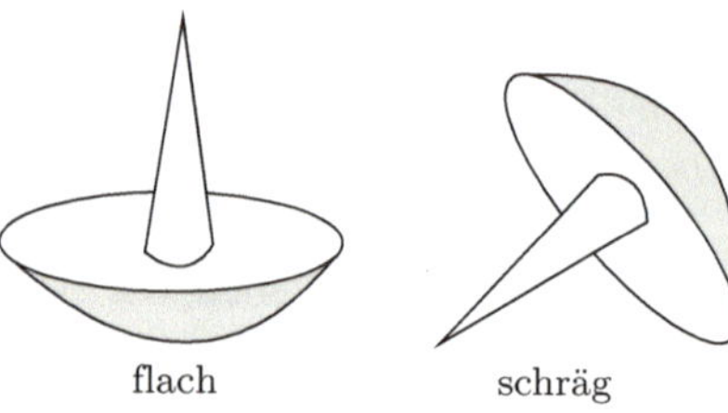

zesse in der Realität modellieren und untersuchen. Jemand kann beispielsweise folgendes
Spiel vorschlagen:

Du wirfst sechs Würfel gleichzeitig. Wenn mindestens drei die Augenzahl 6 zeigen,
erhältst du 12 CHF. Wenn du weniger als drei Sechser wirfst, bezahlst du 1 CHF. Dieses
Spiel soll nun 1 000 Mal wiederholt werden. Mit Hilfe der Wahrscheinlichkeitstheorie
kannst du ausrechnen, ob sich das Spielen lohnt und wie groß dein erwarteter Gewinn
oder Verlust nach den 1 000 Spielen sein wird.

Eine andere Möglichkeit ist es, einen zufälligen Prozess zu beobachten und zu versuchen, die Wahrscheinlichkeiten seiner Ergebnisse zu bestimmen.

Aufgabe 1.4 Jede Schülerin und jeder Schüler wirft einen Reißnagel 50 Mal. Die Reißnägel können nach der Landung zwei mögliche Lagen aufweisen, nämlich „flach" oder
„schräg" (siehe Abb. 1.2). Alle Schülerinnen und Schüler sollen für ihre Folge der Resultate

$$h_{\text{flach}}(A_{10}), \quad h_{\text{flach}}(A_{20}), \quad h_{\text{flach}}(A_{30}), \quad h_{\text{flach}}(A_{40}), \quad h_{\text{flach}}(A_{50}),$$

bestimmen, wobei A_n die Folge der ersten n Resultate bezeichnet.

Anschließend sollen alle ihre Werte vergleichen und gemeinsam eine Schätzung machen, wie hoch die Wahrscheinlichkeit von „flach" ist.

Hinweis 1.2

Am besten benutzen alle Reißnägel derselben Größe. Am Ende kann man die Wurf-
resultate von allen zu einer langen Folge zusammenfügen und beobachten, dass die
relative Häufigkeit von „flach" der Durchschnitt von $h_{\text{flach}}(A_{50})$ von allen ist. Inter-
essant kann es auch sein, zu beobachten, welche Unterschiede es zwischen einzelnen
$h_{\text{flach}}(A_{10})$ und $h_{\text{flach}}(A_{50})$ gibt. Falls eine Schülerin oder ein Schüler Resultate hat, die
wesentlich von jenen des Rests der Klasse abweichen, kann man sich ihre oder seine
Art zu werfen anschauen.

1.4   Das Kryptosystem CAESAR und Kryptoanalyse mit Buchstabenhäufigkeiten

In diesem letzten Abschnitt soll eine Anwendung genauer betrachtet werden, bei der die Analyse von Häufigkeiten eine wichtige Rolle spielt. Ausgangspunkt der Betrachtung ist die Situation, in der zwei Personen so miteinander kommunizieren wollen, dass Drittpersonen die Mitteilungen nicht verstehen können. Dazu entwickeln sie eine Geheimschrift, die kein Unbefugter lesen können soll. Die sichere Nachrichtenübermittlung ist ein sehr altes Problem. Zu den ersten, die sicher eine Verschlüsselung für militärische Botschaften anwandten, gehörte Julius Cäsar. Die Absicht dabei war, dass die Botschaft nicht entschlüsselbar, also unlesbar war, wenn sie in feindliche Hände fiel.

In unserem Zeitalter der digitalen Kommunikation werden sehr viele Nachrichten chiffriert, so zum Beispiel jedes Mal, wenn man mit einer Kreditkarte bezahlt oder im Internet eine Banküberweisung in Auftrag gibt. Wir werden in Kap. 4 wieder darauf zu sprechen kommen.

Die Chiffrierung ist so wichtig geworden, dass man sie als eigene Wissenschaft betreibt: Sie heißt **Kryptographie**. Das Schema einer Geheimschrift, dargestellt in Abb. 1.3, ist dabei oft ganz einfach: Ein **Sender** möchte einem **Empfänger** eine Nachricht zustellen. Die Übermittlung erfolgt aber durch ein unsicheres Medium, wo sie möglicherweise abgefangen oder mitgelesen wird. Die Nachricht muss daher durch den Sender **chiffriert** werden und dann vom Empfänger wieder **dechiffriert** werden.

Cäsar hat seine Botschaften dadurch chiffriert, dass er die Buchstaben des Textes im Alphabet zum Beispiel um drei Stellen nach rechts geschoben hat. Aus einem A wird also ein D, aus einem B ein E und die letzten drei Buchstaben des Alphabets werden zu den ersten drei, so wird also X zu A und Z zu C. Aus dem **Klartext** wird so der **Kryptotext** oder **Geheimtext**. Das Wort CAESAR im Klartext wird so zum Wort FDHVDU im Kryptotext. Um das Wort zu dechiffrieren, braucht man nur die Buchstaben wieder um drei Positionen im Alphabet nach links zu schieben und aus FDHVDU wird wieder CAESAR.

Abb. 1.3 Das Schema einer Geheimschrift

Abb. 1.4 Eine mögliche Zuordnung bei der CAESAR Verschlüsselung. *Oben* die Buchstaben im Klartext, *unten* jene des Kryptotextes

Das Schema in Abb. 1.4 zeigt oben die Buchstaben des Klartextes und unten jene des Kryptotextes. Die Linien zeigen an, welche Buchstaben des Klartextes welchen des Kryptotextes entsprechen. Die Leerzeichen, die Interpunktion und Sonderzeichen werden beim Klartext weggelassen. Anstatt um genau 3 Stellen im Alphabet zu verschieben, könnte man auch 4, 5 oder jede andere Zahl $s \in \{1, 2, \ldots, 25\}$ wählen. Die Methode, um s Positionen nach rechts zu verschieben, nennt man das **Kryptosystem** CAESAR. Die Zahl s selbst nennt man den **Schlüssel**. Somit betrachten wir Kryptosysteme als Sammlungen von Geheimschriften, bei denen der Schlüssel bestimmt, welche Geheimschrift wir aktuell verwenden. Bei Kryptosystemen sprechen wir oft von Verschlüsselung statt von Chiffrierung und von Entschlüsselung statt von Dechiffrierung.

Man vermutet, dass Cäsars Verschlüsselung zu seiner Zeit ganz gut funktionierte. Für die heutigen Standards ist sie jedoch viel zu einfach zu **knacken**, das heißt, es ist leicht, eine Methode zu finden, alle Kryptotexte in Klartexte umzuwandeln. Der wichtige Schwachpunkt bei CAESAR ist, dass es *nur wenige mögliche Schlüssel* gibt, nämlich 25. Man kann somit einfach alle Schlüssel ausprobieren.

Aufgabe 1.5 ✓ Verschlüssle den Klartext `VENIVIDIVICI` mit dem Schlüssel $s = 17$.

Aufgabe 1.6 ✓ Entschlüssle folgenden Geheimtext, von dem man zwar weiß, dass zur Verschlüsselung CAESAR verwendet wurde, der Schlüssel aber unbekannt ist:

`MIFUHAYXCYMIHHYMWBYCHNMCHXQCLHCWBNTOMJUYN`

Für die Beschreibung eines Kryptosystems legt man zuerst das Alphabet der Klartexte und das Alphabet der Geheimsprache fest. Diese zwei Alphabete dürfen, müssen aber nicht gleich sein. Dann beschreibt man, wie man beliebige Klartexte in Geheimtexte umwandeln kann und wie man aus den Geheimtexten wieder die ursprünglichen Klartexte erhalten kann. Welche der konkreten Geheimschriften eines Kryptosystems tatsächlich angewendet wird, hängt von der Verabredung zwischen dem Sender und dem Empfänger ab. Die schriftliche Form der Verabredung besteht beispielsweise im Namen der Geheimschrift und wird **Schlüssel** genannt. Die Idee dabei ist, dass Sender und Empfänger ab und zu zusammen den benutzten Schlüssel gegen einen anderen auswechseln und es somit Dritten erschweren, ihre Geheimtexte zu analysieren. Die Lehre der Analyse von Geheimtexten oder des Angreifens von Kryptosystemen nennt man **Kryptoanaly-**

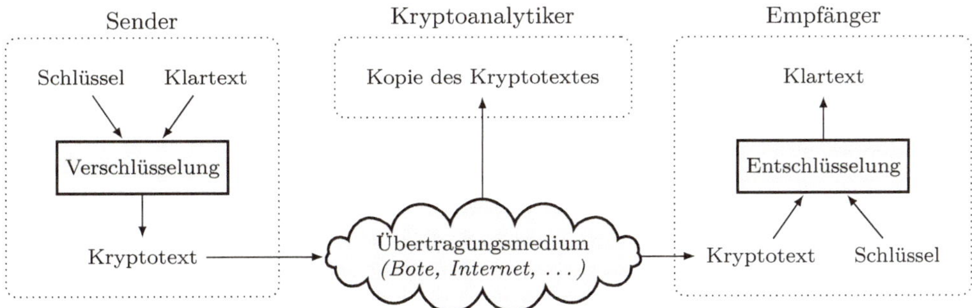

Abb. 1.5 Die Bedeutung des Schlüssels in der Kryptographie: er kommt sowohl in der Verschlüsselung als auch in der Entschlüsselung zum Einsatz

se und diejenigen, die Kryptoanalyse betreiben, nennt man **Kryptoanalytiker**, siehe die Abb. 1.5. Eine ausführlichere Einführung in die Grundbegriffe der Kryptologie findet man in dem Buch „Einführung in die Kryptologie" [2].

Im folgenden Beispiel eines Kryptosystems zeigen wir, wie ein Kryptoanalytiker durch das Zählen von Buchstabenhäufigkeiten in einem genügend langen Geheimtext den geheimen Schlüssel bestimmen und Geheimtexte selber in Klartexte umwandeln kann.

In der Kryptologie sagt man, dass ein Kryptosystem sicher ist, wenn niemand außer dem Sender und dem Empfänger die Geheimtexte dechiffrieren kann. Was bedeutet Sicherheit aber genau? Einige Systeme galten über Jahrhunderte hinweg als sicher, bis jemand eine Dechiffrierungsmethode entdeckte, mit der man alle Geheimtexte dieses Systems in Klartexte umwandeln konnte. Man sagt dann, dass das Kryptosystem **geknackt** wurde. Dadurch wurde der Begriff der Sicherheit eines Kryptosystems ziemlich relativ. Weil die erfolgreiche Geheimhaltung der Funktionsweise eines Kryptosystems immer zeitlich beschränkt war, einigten sich die Wissenschaftler darauf, dass ein Kryptosystem nur dann als **sicher** gelten darf, wenn seine Funktionsweise öffentlich bekannt ist und trotzdem kein Dritter Geheimnachrichten dechiffrieren kann. Somit darf der Begriff der Sicherheit nur auf der Geheimhaltung des Schlüssels beruhen.

Was bedeutet das für CAESAR? Wenn man weiß, dass der Geheimtext mit CAESAR verschlüsselt wurde, ist es einfach, alle 25 nichttrivialen Schlüssel auszuprobieren und den Klartext zu erhalten. Daher ist CAESAR kein sicheres System. Ein Kryptosystem hat nur dann eine Chance, als sicher betrachtet zu werden, wenn die Anzahl der Schlüssel so groß ist, dass man auch mit modernster Technologie nicht alle Schlüssel in vernünftiger Zeit durchprobieren kann.

Beispiel 1.3 (Kryptoanalyse monoalphabetischer Kryptosysteme) Wir haben gelernt, dass Kryptosysteme mit einer kleinen Anzahl von Schlüsseln unsicher sind. Eine natürliche Verallgemeinerung von CAESAR führt zu sogenannten **monoalphabetischen Systemen**. Wir chiffrieren wieder jeden Buchstaben durch genau einen Buchstaben, aber

```
A  B  C  D  E  F  G  H  I  J  K  L  M  N  O  P  Q  R  S  T  U  V  W  X  Y  Z
|  |  |  |  |  |  |  |  |  |  |  |  |  |  |  |  |  |  |  |  |  |  |  |  |  |
R  Q  A  V  T  K  O  M  B  Z  S  W  C  N  I  X  D  J  F  G  Y  U  H  E  L  P
```

Abb. 1.6 Eine mögliche Zuordnung bei einem monoalphabteischen Kryptosystem. *Oben* die Buchstaben des Klartextes, *unten* jene des Kryptotextes

fordern nicht, dass die Entfernungen zwischen den einzelnen Buchstaben und ihren Chiffrierungen immer gleich bleibt. Wir ordnen einfach jedem Buchstaben des lateinischen Alphabets einen anderen Buchstaben des lateinischen Alphabets zu. Ein Beispiel zeigt Abb. 1.6, wo in der oberen Reihe die Buchstaben des Klartextes und in der unteren Reihe ihre entsprechenden Chiffrierungen im Geheimtext dargestellt sind.

In Abb. 1.6 ist der Buchstabe A durch R, B durch Q, N durch N, W durch H und Z durch P kodiert. Wichtig ist dabei nur, dass in der unteren Reihe in Abb. 1.6 jeder Buchstabe genau einmal vorkommt und somit jeder Buchstabe im Geheimtext genau einen Buchstaben des Klartextes chiffriert. Dies erfordert die Eindeutigkeit der Dechiffrierung. Wenn zum Beispiel C drei Buchstaben E, W und X gleichzeitig kodieren würde, würde der Empfänger bei der Entschlüsselung auch nicht wissen, durch welchen der drei Buchstaben E, W und X der Buchstabe C des Geheimtexts zu ersetzen ist.

Jede solche wie in Abb. 1.6 beschriebene Zuordnung ist ein Schlüssel, der das gemeinsame Geheimnis des Senders und des Empfängers darstellt. Die Anzahl der möglichen Schlüssel ist eine Zahl, die 27 Dezimalziffern besitzt. Groß genug, um nicht zu versuchen, alle auszuprobieren. Schaffst du es, einen Weg zur Berechnung dieser Zahl zu finden? Falls nicht, so ist dies kein Problem – wie man hier die Schlüssel zählen kann, lernen wir später im kombinatorischen Teil dieses Buches.

Wir sagen, dass ein Kryptosystem **monoalphabetisch** ist, wenn jedem Buchstaben α des Klartextalphabets genau ein Symbol g_α des Geheimtextalphabets eindeutig zugeordnet wird und beim Chiffrieren alle vorkommenden α unabhängig von ihrer Position im Klartext durch das Symbol g_α ersetzt werden.

Obwohl die Anzahl der Schlüssel immens groß ist, kann man einseitige Geheimtexte ohne Hilfe eines Rechners in einer halben Stunde mit Papier und Bleistift dechiffrieren, falls man weiß, dass der Klartext in einer natürlichen Sprache verfasst wurde und dass er mit einem monoalphabetischen Kryptosystem chiffriert wurde. Die Dechiffrierung wird durch die sogenannte **statistische Kryptoanalyse** umgesetzt, welche die großen Unterschiede zwischen den Häufigkeiten einzelner Buchstaben in typischen Texten der betrachteten natürlichen Sprache ausnutzt.

Wenn wir etwa ein beliebiges, in deutscher Sprache verfasstes Buch aus dem Regal ziehen, darin eine beliebige Seite aufschlagen, eine beliebige Zeile und darin einen beliebigen Buchstaben auswählen, so erhalten wir zufällig einen Buchstaben des lateinischen Alphabets. Es ist jedoch eine Eigenheit der deutschen Sprache, dass wir dabei viel häufiger ein E oder ein N erhalten als ein Q oder ein Y. Wiederholen wir dieses Experiment 100 Mal und erhalten dabei 15 Mal ein E, so ist die relative Häufigkeit $\frac{15}{100}$.

Tab. 1.1 In dieser Tabelle sind die erwarteten relativen Häufigkeiten der Buchstaben in deutschen Texten aufgeführt. Die relativen Häufigkeiten sind in Prozent angegeben. Die Umlaute Ä, Ö, Ü wurden wie AE, OE, UE behandelt und ß wurde durch SS ersetzt [6]

Buchstabe	Relative Häufigkeit (in %)	Buchstabe	Relative Häufigkeit (in %)	Buchstabe	Relative Häufigkeit (in %)
E	17.74	U	4.27	K	1.40
N	10.01	L	3.49	Z	1.10
I	7.60	C	3.26	P	0.64
R	6.98	M	2.75	V	0.64
S	6.88	G	2.69	J	0.23
A	6.43	O	2.39	Y	0.04
T	5.94	B	1.85	X	0.02
H	5.22	W	1.73	Q	0.01
D	5.12	F	1.56		

In Tab. 1.1 sehen wir die erwarteten relativen Häufigkeiten der Buchstaben in typischen deutschen Texten.

Aufgabe 1.7 Betrachte den Text der vorangegangenen zwei Absätze als einen Klartext. Bestimme für jeden Buchstaben, wie oft er darin vorkommt, also seine absolute Häufigkeit. Berechne die relativen Häufigkeiten der einzelnen Buchstaben, indem du die absoluten Häufigkeiten durch die Länge des Klartextes (die Anzahl der Buchstaben des Klartextes) teilst. Vergleiche deine Resultate mit Tab. 1.1.

Aufgabe 1.8 🖥 Das Zählen von Buchstaben kann bei längeren Texten eine langwierige Aufgabe sein. Schreibe ein Programm, das für eingegebene Texte (Folgen von Buchstaben) die Häufigkeiten der einzelnen Buchstaben zählt und die entsprechenden relativen Häufigkeiten ausrechnet. Wende deine Programme auf einen mehrseitigen deutschen Text an und vergleiche die berechneten relativen Häufigkeiten mit den relativen Häufigkeiten in Tab. 1.1. Siehst du einen Unterschied zu den Resultaten aus Aufgabe 1.7? Wie würdest du den Unterschied kommentieren?

Die Daten aus Tab. 1.1 kann man schön durch das Histogramm (Säulendiagramm) in Abb. 1.7 visualisieren. Dort sehen wir die Unterschiede zwischen den relativen Häufigkeiten einzelner Buchstaben in deutschen Texten sehr eindrucksvoll. Wieso solche Histogramme für die Kryptoanalyse sehr hilfreich sein können, werden wir bald zeigen.

Aufgabe 1.9

(a) Erstelle ein Histogramm für die relativen Häufigkeiten, die du in Aufgabe 1.7 ausgerechnet hast.

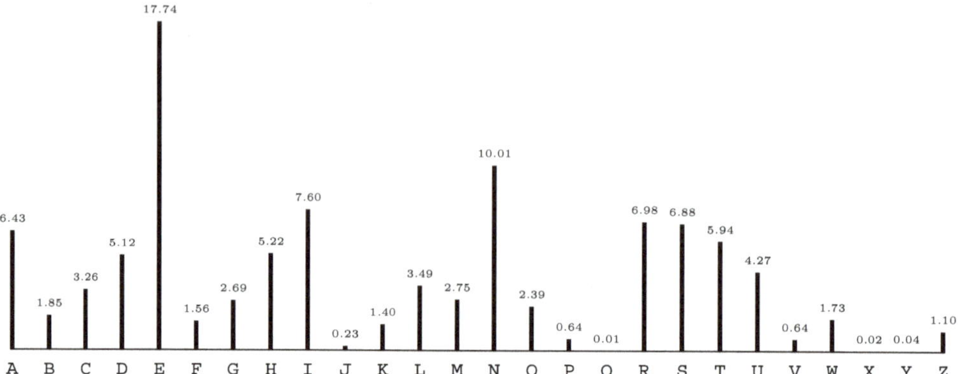

Abb. 1.7 Graphische Darstellung der relativen Häufigkeiten der Buchstaben in deutschen Texten

(b) Chiffriere den Klartext aus Aufgabe 1.7 mit dem Schlüssel aus Abb. 1.6 in einen Geheimtext. Bestimme die relativen Häufigkeiten der einzelnen Buchstaben im Geheimtext und zeichne dazu das entsprechende Histogramm.

(c) Diskutiere die Gemeinsamkeiten und die Unterschiede der beiden Histogramme.

Die statistische Analyse von Geheimtexten der monoalphabetischen Kryptosysteme beruht auf der Tatsache, dass sich die relativen Häufigkeiten der einzelnen Buchstaben beim Chiffrieren eines Klartextes übertragen wird. Wenn zum Beispiel der Buchstabe E durch den Buchstaben T (Abb. 1.6) kodiert wird, wird die relative Häufigkeit von T im Geheimtext die gleiche sein wie die relative Häufigkeit von E im Klartext. Die relative Häufigkeit eines Buchstabens im Klartext entspricht also der relativen Häufigkeit jenes Buchstabens im Geheimtext, der den Klartextbuchstaben kodiert. Wenn man dann die Histogramme des Klartextes und des Geheimtextes vergleicht, sieht man, dass die Größen der einzelnen Säulen gleich geblieben sind und sich lediglich ihre Position verändert hat. Die Säule von E steht zum Beispiel im Histogramm des Geheimtextes über T. Diese Tatsache ermöglicht uns folgende Vorgehensweise zur Dechiffrierung eines Geheimtextes:

Eingabe: Ein genügend langer Geheimtext t. Es ist bekannt, dass t monoalphabetisch chiffriert wurde und dass der Klartext auf Deutsch geschrieben wurde.

Vorgehen:

1. Zähle die Buchstabenhäufigkeiten im Geheimtext t und erstelle das entsprechende Histogramm.

2. Schätze, dass der häufigste Buchstabe des Geheimtextes t den Klartextbuchstaben E und der zweithäufigste Buchstabe von t den Klartextbuchstaben N darstellt. Setze diese Buchstaben ein und bilde einen Lückentext, in dem nur E und N vorkommen, alle anderen Buchstabenpositionen bleiben leer. In diesem Text ist erwartungsgemäß mehr als ein Viertel der Positionen mit E oder N gefüllt.

Tab. 1.2 Die häufigsten Bi- und Trigramme in deutschen Texten [6]				
Bigramm	**Relative Häufigkeit (in %)**	**Trigramm**	**Relative Häufigkeit (in %)**
ER	3.89	EIN	1.14
EN	3.74	ICH	1.12
CH	2.97	DER	0.92
TE	2.21	SCH	0.84
ND	2.11	UND	0.81
EI	2.07	DIE	0.74
DE	2.06	NDE	0.70
IE	1.87	CHT	0.67
IN	1.87	INE	0.57
ES	1.45	DEN	0.55
GE	1.41	END	0.54
NE	1.26	CHE	0.52
UN	1.24		

3. In Tab. 1.2 findest du die häufigsten Bigramme und Trigramme in deutschen Texten. Nutze diese Tabelle oder alternativ geschicktes Erraten der Wörter des vorliegenden Klartextes, bis du den Geheimtext dechiffriert hast.
4. Falls du in eine Sackgasse gerätst, gehe zu früheren Entscheidungen in 2 und 3 zurück und revidiere sie durch neue Schätzungen.   ◊

Hinweis 1.3

Diese Tätigkeit eignet sich für eine Gruppenarbeit. Erfahrungsgemäß reichen 15 bis 20 Minuten, um einen halbseitigen Geheimtext zu dechiffrieren. In dem Buch „Einführung in die Kryptologie" [2] wird auf den Seiten 84 bis 89 in der Lektion „Kryptoanalyse von monoalphabetischen Kryptosystemen" eine Kryptoanalyse eines Geheimtextes detailliert vorgeführt. Dort gibt es auch mehrere Aufgabenstellungen zur selbständigen Kryptoanalyse.

Aufgabe 1.10 ✓ Dechiffriere die folgenden Geheimtexte, über die du weißt, dass sie monoalphabetisch verschlüsselt worden sind.

(a) TBNSJLXGIFLFGTCMTBFFGCINIRWXMRQTGBFAMHTNNZTVTJQYAMFGRQTVTFS
WRJGTEGTFYNRQMRTNOBOUINFTBNTJXIFBGBINBCSWRJGTEGBCCTJVYJAMVT
NFTWQTNTNGFXJTAMTNVTNQYAMFGRQTNVTFSJLXGIGTEGRWXMRQTGFIVTJVY
JAMVTNFTWQTNGTEGVTJRYFQYAMFGRQTNVTFSJLXGIGTEGRWXMRQTGFQTFGT
MGTJFTGPGHBJVVRFQTVTYGTGVRFFVBTUTJFAMWYTFFTWYNOTBNTAIVBTJYN
OUINFLCQIWTNVYJAMGTEGTBFGHIQTBVBTAIVBTJYNORYKVBTTBNPTWNTNFL
CQIWTVTFSWRJGTEGTFYNRQMRTNOBOUINTBNRNVTJRNOTHTNVTGHBJV

(b) VRMPIBKGLHBHGVNRHGHRXSVIDVMMHRXSGILGALVUUVMGORXSYVPZMMGVNEV
IHXSOFVHHVOFMTHEVIUZSIVMWRVFIHKIFVMTORXSVMPOZIGVCGVMRXSGLSM
VWRVPVMMGMRHWVHHXSOFVHHVOHZFHWVMPIBKGLGVCGVMZYOVRGVMOZHHVMM

```
      ZXSWRVHVIWVURMRGRLMTVOGVMZOOVPIBKGLHBHGVNVNRGMFIVRMVNHXSOFV
      HHVOLWVIDVMRTVMHXSOFVHHVOMZOHFMHRXSVI
(c)   RLJAJHFJRJFOJHJLETGHFLKNJMMJMMNEVMXFPUNDADOLJSDEOFLJGHLTGHJ
      MXFPUNDTSJFQDFOJMYMRADODTAJHFJXYMRJRLJVXNLSLNVJNJMRJFXDEEYM
      LBLJFJMRJMYMRXFPUNDVMVAPNLXJFNJLAJMRLJXFPUNDADOLJLMBWJLOJQL
      JNJJLMRLJXFPUNDOFVUHLJVYGHXFPUNDOFVKLJSDEOFLJGHLTGHJMXFPUND
      TSJFQDFOJMYMROFVUHJLMTGHFJLQJMLTNRLJWLTTJMTGHVKNRJFJMNWLGXA
      YMOSDMXFPUNDTPTNJEJMYMRRLJXFPUNDVMVAPTJLTNRLJAJHFJRJFVMVAPT
      JSDMOJHJLENJCNJMYMRXFPUNDTPTNJEJMRLJBYEXMVGXJMRJFVMVAPTLJFN
      JMXFPUNDPTNJEJKYJHFJMTDAA
```

Natürlich kann die Methode der Häufigkeitsanalyse auch verwendet werden, um CAESAR effizient zu dechiffrieren, denn CAESAR ist ja ein Spezialfall der monoalphabetischen Chiffrierung. Die folgenden Aufgaben zeigen dies.

Aufgabe 1.11 ✓ Dechiffriere folgende Kryptotexte, über die du weißt, dass sie mit CAESAR verschlüsselt worden sind.

(a) `EVEEVUVZEVEERDVE`,

(b) `PXGGXBGFXGLVAWBXPXBLAXBMLNVAMBLMXKOXKGNXGYMBZ`,

(c) `UCLLCPBCLIRBYQQCPQGCECDSLBCLFYRBYLLGQRCPCGLLYPP`.

Aufgabe 1.12 ✓ Der Geheimtext dieser Aufgabe ist wie folgt entstanden: Jeder Buchstabe auf einer geraden Position wurde mit CAESAR chiffriert. Die Buchstaben auf ungeraden Positionen wurden auch mit CAESAR chiffriert, aber unabhängig, möglicherweise mit einem anderen Schlüssel.

```
IRWTJTSRWQJEJHWRKRMYJEJAYQJPPGNFYSZRWRZPMAZRYMQVHUJEFYXRNAKEJHSQ
IRWFNRARWFYRHXJABVQY
```

(a) Entschlüssle den Geheimtext und bestimme die beiden verwendeten Schlüssel.
(b) Wie viele mögliche Schlüssel gibt es bei diesem Kryptosystem (Verwendung zweier CAESAR-Schlüssel)?

1.5   Zusammenfassung

Ein Experiment nennen wir ein Zufallsexperiment, falls mehrere unterschiedliche Resultate (Ergebnisse) möglich sind und wir bei einzelnen Durchführungen des Experiments nicht vorhersagen können, welches Resultat am Ende vorkommen wird. Wenn wir ein Experiment n Mal durchführen und dabei m Mal das gleiche Resultat A herauskommt, sagen wir, dass m die absolute Häufigkeit des Vorkommens von A in den n Durchführungen des Experiments ist. Der Quotient $\frac{m}{n}$ gibt den proportionalen Anteil des Auftretens des

Ereignisses A in dieser Folge von m Durchführungen des Experiments an und wir nennen diese Zahl $\frac{m}{n}$ die relative Häufigkeit des Auftretens von A in dieser Folge von n Wiederholungen des Experiments.

Die Wahrscheinlichkeit des Auftretens von A in einem Experiment ist die idealisierte relative Häufigkeit des Auftretens von A in einer unbeschränkt langen Folge von Wiederholungen des Experiments. Sie besagt, wie groß der erwartete Anteil des Auftretens des Resultates A in einer langen Folge von Wiederholungen des Zufallsexperiments ist. Wir interpretieren die Wahrscheinlichkeit von A als die Größe der Erwartung, dass bei einer Durchführung des Experiments das Resultat A herauskommt.

Uns interessieren nicht nur die Wahrscheinlichkeiten einzelner Ergebnisse. Wir betrachten auch beliebige Anzahl von Ergebnissen des Zufallsexperiments in einer Menge zusammenfassen. Eine solche Menge von Ergebnissen heißt Ereignis. Ein Ereignis ist also eine beliebige Teilmenge des Ergebnisraums, der wiederum die Menge aller Ergebnisse ist. Die einelementigen Mengen, die nur ein Ergebnis enthalten, nennen wir elementare Ereignisse. Ein Ereignis (zum Beispiel, dass beim Würfeln eine gerade Zahl fällt) lässt sich immer aus elementaren Ereignissen zusammensetzen.

In eindeutig determinierten Prozessen können wir die Mathematik verwenden, um aus gegebenen Informationen gewisse Aspekte der Zukunft zu berechnen und somit vorauszusagen. Bei Prozessen, in denen der Zufall eine Rolle spielt, geht dies so nicht. Was wir aber versuchen können, ist zu bestimmen, wie viel wahrscheinlicher ein Ereignis gegenüber einem anderen ist. Zu diesem Zweck bauen wir die Wahrscheinlichkeitstheorie auf. Wie wir sehen werden, können wir auch auf diese Weise Gesetzmäßigkeiten entdecken.

Das Abzählen von relativen Häufigkeiten kann bei der Kryptoanalyse von monoalphabetischen Kryptosystemen hilfreich sein. Das kommt daher, dass sich die relativen Häufigkeiten einzelner Buchstaben in einer konkreten natürlichen Sprache stark voneinander unterscheiden. Somit kann man zum Beispiel den häufigsten Buchstaben des Alphabets des Geheimtextes bestimmen und vermuten, dass dieser Buchstabe denjenigen Buchstaben des Klartextes chiffriert, der in der betrachteten natürlichen Sprache am häufigsten vorkommt.

1.6 Kontrollfragen

1. Wann sprechen wir von einem Zufallsexperiment?
2. Was kann man beim Münzwurf als Ergebnisse (Endresultate) betrachten?
3. Was sind die möglichen Ergebnisse beim Würfeln?
4. Was ist die absolute Häufigkeit eines Ergebnisses in einer Folge von Resultaten aus Wiederholungen des Experiments?
5. Was ist die relative Häufigkeit eines Ergebnisses in einer Folge von Resultaten aus Wiederholungen eines Experiments?

6. Wie kann man versuchen, mittels Wiederholungen eines Experiments die Wahrscheinlichkeit eines Ergebnisses abzuschätzen?

7. Was sind Ereignisse und wann werden diese elementar genannt?

8. Was entspricht der Wahrscheinlichkeit 1? Gib ein Experiment und ein darauf bezogenes Ereignis an, sodass die Wahrscheinlichkeit dieses Ereignisses 1 ist.

9. Was ist ein Kryptosystem? Was muss man angeben, um ein Kryptosystem vollständig zu beschreiben?

10. Wie funktioniert das Kryptosystem CAESAR?

11. Was ist ein monoalphabetisches Kryptosystem?

12. Wie kann man durch das Bestimmen der Häufigkeiten von Buchstaben im Geheimtext ein monoalphabetisches Kryptosystem knacken?

1.7 Kontrollaufgaben

1. ✓ Jan entwickelt ein Kryptosystem. Er verwendet das lateinische Alphabet als Klartextalphabet und auch als Geheimtextalphabet. Er chiffriert alle Buchstaben, die auf Positionen liegen, die durch drei teilbar sind, mit dem Kryptosystem CAESAR und dem Schlüssel 3. Alle Buchstaben auf anderen Positionen des Klartextes chiffriert er mit CAESAR und dem Schlüssel 7.

(a) Chiffriere den Text JANISTEINPFIFFIGERTYP mit dem Kryptosystem von Jan.

(b) Ist das Kryptosystem von Jan monoalphabetisch? Begründe deine Behauptung.

(c) Der folgende Geheimtext wurde mit dem Kryptosystem von Jan chiffriert. Er hat dabei aber die beiden Schlüssel 3 (für die durch drei teilbaren Positionen des Textes) und 7 (für die nicht durch drei teilbaren Positionen des Textes) geändert. Kannst du den Text trotzdem dechiffrieren?

```
INFXJSYJYYBVWIFSNDMYNNYFNSFRRPSTBQUIFGFYNTHMFSPSDUUTXZXY
FRAFWXDMQVJXTJQUBNFPFOSRBSNISYSTYAIJNPSBHPFSSFNSOJNOSJJS
JTLJIYIPHMNNYEJSIFJVKNHPJJYJOJWLQFFWJENJWTWHJMFSXXJNTJ
```

2. ✓ Der folgende Geheimtext wurde monoalphabetisch verschlüsselt. Das Geheimtextalphabet verwendet neue, unbekannte Symbole. Kannst du den Geheimtext dechiffrieren, über den du weißt, dass der Klartext auf Deutsch geschrieben wurde?

1.8 Lösungen zu ausgewählten Aufgaben

Lösung zu Aufgabe 1.5 Der verschlüsselte Text ist MVEZMZUZMZTZ.

Lösung zu Aufgabe 1.6 Der folgende Klartext wurde mit dem Schlüssel $s = 20$ verschlüsselt:

> SOLANGEDIESONNESCHEINTSINDWIRNICHTZUSPAET

Lösung zu Aufgabe 1.10

(a) Der Klartext lautet

```
EINKRYPTOSYSTEMHEISSTMONOALPHABETISCHWENNJEDERBUCHSTABEDESK
LARTEXTESUNABHAENGIGVONSEINERPOSITIONIMKLARTEXTIMMERDURCHDE
NSELBENENTSPRECHENDENBUCHSTABENDESKRYPTOTEXTALPHABETSODERDU
RCHDENSELBENTEXTDERAUSBUCHSTABENDESKRYPTOTEXTALPHABETSBESTE
HTERSETZTWIRDDASBEDEUTETDASSDIEVERSCHLUESSELUNGEINECODIERUN
GVONSYMBOLENDURCHTEXTEISTWOBEIDIECODIERUNGAUFDIEEINZELNENSY
MBOLEDESKLARTEXTESUNABHAENGIGVONEINANDERANGEWENDETWIRD.
```

(b) Der Klartext lautet

```
EINKRYPTOSYSTEMISTSICHERWENNSICHTROTZOEFFENTLICHBEKANNTEMVE
RSCHLUESSELUNGSVERFAHRENDIEURSPRUENGLICHENKLARTEXTENICHTOHN
EDIEKENNTNISDESSCHLUESSELSAUSDENKRYPTOTEXTENABLEITENLASSENN
ACHDIESERDEFINITIONGELTENALLEKRYPTOSYSTEMEMITNUREINEMSCHLUE
SSELODERWENIGENSCHLUESSELNALSUNSICHER.
```

(c) Der Klartext lautet

```
DIELEHREDERGEHEIMSCHRIFTENNENNTMANKRYPTOLOGIEVOMGRIECHISCHE
NKRYPTOSVERBORGENUNDLOGOSLEHREKUNDEDIEAKTIVITAETENDERKOMMUN
IZIERENDENUNDKRYPTOANALYTIKERTEILENDIEKRYPTOLOGIEINZWEIGEBI
ETEEINDIEKRYPTOGRAPHIEAUCHKRYPTOGRAFIEVOMGRIECHISCHENKRYPTO
SVERBORGENUNDGRAPHEINSCHREIBENISTDIEWISSENSCHAFTDERENTWICKL
UNGVONKRYPTOSYSTEMENUNDDIEKRYPTOANALYSEISTDIELEHREDERANALYS
EVONGEHEIMTEXTENUNDKRYPTOSYSTEMENDIEZUMKNACKENDERANALYSIERT
ENKRYPTOYSTEMEFUEHRENSOLL.
```

Lösung zu Aufgabe 1.11

(a) Der Klartext lautet NENNEDEINENNAMEN und wurde mit dem Schlüssel $s = 17$ verschlüsselt.

(b) Der Klartext lautet WENNEINMENSCHDIEWEISHEITSUCHTISTERVERNUENFTIG und wurde mit dem Schlüssel $s = 19$ verschlüsselt.

(c) Der Klartext lautet WENNERDENKTDASSERSIEGEFUNDENHATDANNISTEREINNARR und wurde mit dem Schlüssel $s = 24$ verschlüsselt.

Lösung zu Aufgabe 1.12

(a) Der Klartext lautet

DERGEGNERDEREUREFEHLERENTDECKTISTFUEREUCHNUETZLICHERALSEINFREU
NDDERSIEVERSTECKENWILL.

Die beiden verwendeten Schlüssel sind 5 für die ungeraden Positionen und 13 für die geraden Positionen.

(b) Es gibt für die beiden Teilschlüssel je 26 Möglichkeiten, also insgesamt $26 \cdot 26 = 676$ Schlüssel.

Lösung zu Kontrollaufgabe 1 Der Klartext für Aufgabenteil (c) lautet

DIESERTEXTWURDENICHTMITEINEMMONOALPHABETISCHENKRYPTOSYST
EMVERSCHLUESSELTWIEKANNMANIHNTROTZDEMKNACKENNEINNEINNEIN
ESGEHTDOCHMITDENHAEUFIGKEITENERKLAEREDIEVORGEHENSWEISE.

Die beiden verwendeten Schlüssel sind 1 für die durch drei teilbare Positionen und 5 für die nicht durch drei teilbare Positionen.

Lösung zu Kontrollaufgabe 2 Der Klartext lautet

NENNEDENHAEUFIGSTENBUCHSTABENDERDEUTSCHENSPRACHENENNEDENZWEITHAEUF
IGSTENBUCHSTABENDERDEUTSCHENSPRACHE.

2.1 Zielsetzung

In diesem Kapitel lernen wir, Zufallsexperimente mathematisch zu modellieren. Im Zentrum unseres Interesses liegen die fundamentalen Regeln des Rechnens mit Wahrscheinlichkeiten, die es uns ermöglichen, aus bekannten Tatsachen über ein Zufallsexperiment die fehlenden Informationen zu berechnen und somit auch Vorhersagen über das Verhalten eines Zufallsexperimentes in einer langen Folge von Wiederholungen zu treffen.

2.2 Erste Beschreibung

Wiederholen wir zunächst die grundlegenden Begriffe, die wir in Kap. 1 eingeführt haben. Betrachten wir nochmals das Werfen eines Würfels. Es gibt sechs mögliche Resultate, auch **Ergebnisse** genannt, die wir einfach mit den Zahlen von 1 bis 6 bezeichnen und die die Anzahl der Augen der Würfeloberseite angeben. Wir fassen diese Ergebnisse nun zu einer Menge zusammen:

$$S = \{1, 2, 3, 4, 5, 6\}.$$

Die Menge S nennen wir den **Ergebnisraum** des Würfelns. Der Ergebnisraum eines Zufallsexperiments enthält alle möglichen Resultate des Zufallsexperiments. Beim Würfeln sind es offensichtlich die sechs Augenzahlen 1, 2, 3, 4, 5 und 6.

Betrachten wir das gleichzeitige Werfen eines Würfels und einer Münze. Das ist ein Zufallsexperiment, das aus den zwei Zufallsexperimenten des Würfelns und des Münzwurfs zusammengesetzt ist. Für das Würfeln haben wir die Resultate 1, 2, 3, 4, 5 und 6, beim Münzwurf sind die Resultate K (Kopf) und Z (Zahl). Die möglichen Resultate des zusammengesetzten Experiments sind alle Kombinationen der Resultate der zwei Basisexperi-

© Springer International Publishing AG 2017

M. Barot, J. Hromkovič, *Stochastik*, Grundstudium Mathematik,

DOI 10.1007/978-3-319-57595-7_2

mente. Somit ist der Ergebnisraum des zusammengesetzten Experiments

$$S = \{(K, 1), \quad (K, 2), \quad (K, 3), \quad (K, 4), \quad (K, 5), \quad (K, 6),$$
$$(Z, 1), \quad (Z, 2), \quad (Z, 3), \quad (Z, 4), \quad (Z, 5), \quad (Z, 6)\}.$$

Mit $(K, 3)$ beschreiben wir zum Beispiel das Resultat (das Ergebnis) des zusammengesetzten Experiments, in dem die Augenzahl 3 und Kopf gefallen sind.

Aufgabe 2.1 $\checkmark$ Bestimme die Ergebnisräume für die folgenden einfachen und zusammengesetzten Experimente. Die Darstellung der einzelnen Resultate darfst du dir aussuchen, doch vergiss nicht, deine Wahl zu kommentieren.

(a) Roulettespiel im Casino.
(b) Es werden drei Münzen, eine 1-CHF-, eine 1-EUR- und eine 1-NOK-Münze (1 norwegische Krone), auf einmal geworfen.
(c) Es wird mit zwei Würfeln, einem roten und einem blauen, gewürfelt.
(d) Drei Fußballspiele werden gleichzeitig gespielt. Dabei sind die Unterschiede zwischen den Mannschaften so klein, dass man für keine ausschließen kann, dass sie gewinnt.

Kehren wir jetzt zu dem einfachen Würfeln zurück. Bei einem fairen Würfel erwarten wir, dass jede Augenzahl genauso häufig vorkommt wie jede andere. Somit erwartet man, dass bei vielen Wiederholungen des Experiments jede Augenzahl in einem Sechstel der Fälle auftritt.

Die Wahrscheinlichkeit jedes elementaren Ereignisses setzen wir gleich $\frac{1}{6}$. Wenn wir die Wahrscheinlichkeit des elementaren Ereignisses i mit $P(i)$ bezeichnen, so gilt

$$P(1) = P(2) = P(3) = P(4) = P(5) = P(6) = \frac{1}{6}.$$

Auszug aus der Geschichte
Die Herstellung von fairen Würfeln ist gar nicht so einfach. In Spielcasinos ist es sehr wichtig, dass die Würfel wirklich fair sind. Diese werden daher recht aufwendig hergestellt, aus einem durchsichtigen Material, damit Lufteinschlüsse erkannt werden können. Die Vertiefungen für die Augen werden ausgefräst und dann mit einem Material anderer Farbe aber gleicher Dichte aufgefüllt, um zu vermeiden, dass die Seite mit der Augenzahl „6" leichter ist als die Seite mit der Augenzahl „1". Gezinkte Würfel sind so konstruiert, dass eine Seite schwerer ist und somit eine erhöhte Wahrscheinlichkeit besitzt, unten zu landen.

In der Theorie geht man von einem „absolut fairen" Würfel aus, der auch **Laplace-Würfel** genannt wird, nach dem französischen Mathematiker Pierre Simon Laplace (1749–1827).

Wir dürfen P als eine Funktion (eine Abbildung) von S nach $[0, 1]$ betrachten, weil P jedem Element aus S seine Wahrscheinlichkeit aus $[0, 1]$ zuordnet. Graphisch kann man dies wie in Abb. 2.1a oder Abb. 2.1b darstellen. Die Darstellung in Abb. 2.1b nennen wir Histogramm (oder Säulendiagramm).

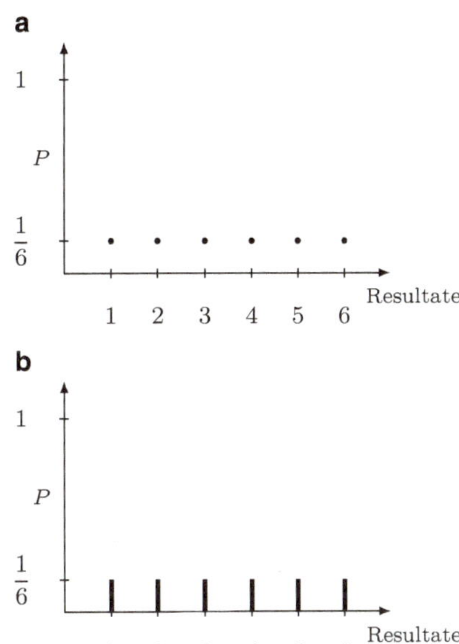

Abb. 2.1 Histogramm (oder Säulendiagramm) der Wahrscheinlichkeiten beim Würfeln

Weil S eine endliche Menge ist, entsteht bei ihrer graphischen Darstellung keine Kurve, sondern nur eine endliche Menge von Punkten. Eine andere graphische Darstellung der Abbildung P ist in Abb. 2.2 gezeigt.

Das Paar (S, P) **modelliert** das Experiment des Würfelns mathematisch. Die Menge S gibt an, welche Ergebnisse möglich sind und die Abbildung P gibt an, mit welchen Wahrscheinlichkeiten die einzelnen Ergebnisse dabei auftreten. Die Funktion P kann allerdings nicht völlig beliebig gewählt werden, denn es muss ja auch gelten, dass mit

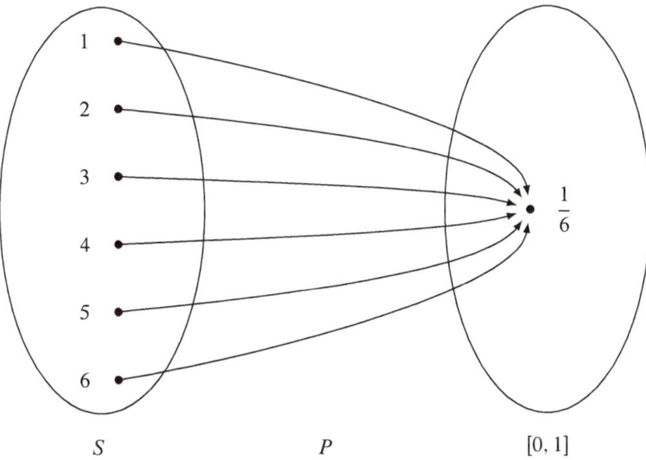

Abb. 2.2 Darstellung der Wahrscheinlichkeitsfunktion P beim einfachen Würfeln

Sicherheit eines der Ergebnisse auftritt. Somit muss die Summe der prozentualen Anteile aller möglichen Resultate genau 100 % sein, in anderen Worten: Die Summe der Wahrscheinlichkeiten $P(s)$ aller Ergebnisse s muss gleich 1 sein. In unserem Fall des Würfelns mit $S = \{1, 2, 3, 4, 5, 6\}$ bedeutet dies, dass

$$P(1) + P(2) + P(3) + P(4) + P(5) + P(6) = \frac{1}{6} + \frac{1}{6} + \frac{1}{6} + \frac{1}{6} + \frac{1}{6} + \frac{1}{6} = 1$$

gelten muss. In der folgenden Definition ist dies nochmals zusammengefasst und mit Bezeichnungen versehen.

Hinweis 2.1

Die folgende Definition soll nicht die formale mathematische Definition eines Wahrscheinlichkeitsraums einführen. Sie ist lediglich der erste Schritt zur mathematischen Definition. Die Axiome von Kolmogorov müssen zunächst in weiteren Schritten als etwas Natürliches entdeckt werden, das in jedem Modell eines Zufallsexperiments gelten muss. Erst dann folgt die vollständige Definition.

Begriffsbildung 2.1 *Einen (endlichen)* **Wahrscheinlichkeitsraum** *als Modell eines Zufallsexperiments beschreiben wir als ein Paar*

$$\Omega = (S, P),$$

wobei S eine endliche Menge (der Ergebnisraum des Zufallsexperiments) und P eine Funktion $P\colon S \to \mathbb{R}$ ist, welche folgende beiden Eigenschaften erfüllt:

- *$0 \le P(s) \le 1$ für alle s aus S und*
- *die Summe der Wahrscheinlichkeiten $P(s)$ aller Ergebnisse aus S ist 1.*

Die Elemente aus S nennt man **Ergebnisse** *oder* **Resultate**, *die Menge S selbst nennt man den* **Ergebnisraum** *oder die* **Ergebnismenge**. *Ist s ein Ergebnis, so nennt man den Wert $P(s)$ die* **Wahrscheinlichkeit** *von s und die Funktion P selbst nennt man die* **Wahrscheinlichkeitsfunktion** *oder auch die* **Wahrscheinlichkeitsverteilung** *über S.*

Hinweis 2.2

Aufgrund der Tatsache, dass elementare Ereignisse auch Ereignisse und somit Mengen von Ergebnissen, also Teilmengen des Ergebnisraumes sind, sollte man die elementaren Ereignisse strikt formal als $\{1\}$, $\{2\}$, $\{3\}$, $\{4\}$, $\{5\}$ und $\{6\}$ bezeichnen anstatt die Notation mit 1, 2, 3, 4, 5 und 6 zu verwenden. Entsprechend müsste man auch $P(\{1\}) = \frac{1}{6}$ statt $P(1) = \frac{1}{6}$ schreiben. Wir haben bei der Notation von elementaren Ereignissen auf die Mengenklammern verzichtet, weil bei der Arbeit mit ausschließlich elementaren Ereignissen noch kein Bedarf dafür erkennbar ist. Dieser Wahl muss man aber nicht folgen, die Entscheidung liegt bei der Lehrperson.

Hinweis 2.3

Allgemein modelliert man einen Wahrscheinlichkeitsraum als ein Tripel (S, Σ, P), wobei Σ eine σ-Algebra ist. Σ enthält also einige Teilmengen aus S, insbesondere immer die leere Menge, und ist abgeschlossen bezüglich Komplementbildung und abzählbarer Vereinigung. Wir brauchen Σ hier aber nicht zu betrachten, da Σ immer der Potenzmenge $\mathrm{Pot}(S)$ von S (also der Menge aller Ereignisse) entspricht, falls S endlich ist. Aus diesem Grund bleiben wir in diesem Buch bei der Modellierung durch ein Paar (S, P). Die Wahrscheinlichkeitsverteilung P ist im Grunde aber eine Funktion von $\mathrm{Pot}(S)$ nach $[0, 1]$ und nicht von P, wie wir es eingeführt haben.

Dies tun wir aus didaktischen Gründen, da für die Bestimmung von $P \colon \mathrm{Pot}(S) \to [0, 1]$ zunächst gelernt werden muss, $P(E)$ für ein Ereignis E aus den Wahrscheinlichkeiten $P(e)$ der einzelnen Ergebnisse e in E zu berechnen. Erst wenn dieses axiomatische Vorgehen erkannt wurde, kann eine exakte formale Definition angeboten werden.

Beispiel 2.1 Betrachten wir den Münzwurf mit zwei Münzen, wobei wir zwischen den Münzen unterscheiden. Wir nennen sie die erste und die zweite Münze. Der Ergebnisraum ist dann

$$S = \{(\text{Kopf}, \text{Kopf}), (\text{Kopf}, \text{Zahl}), (\text{Zahl}, \text{Kopf}), (\text{Zahl}, \text{Zahl})\},$$

wobei das Paar (a, b) folgende Bedeutung hat:

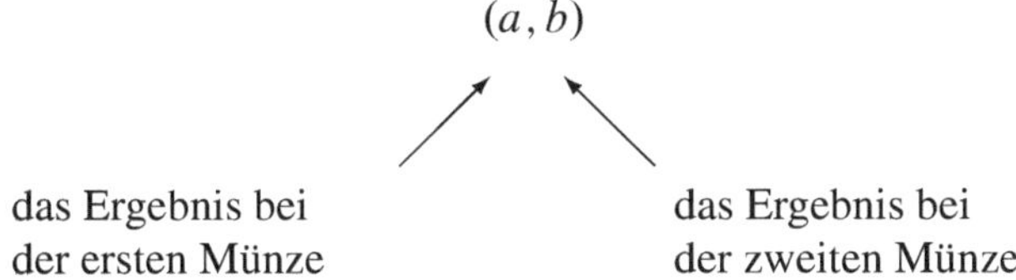

Damit sind $E_1 = (\text{Kopf}, \text{Zahl})$ und $E_2 = (\text{Zahl}, \text{Kopf})$ unterschiedliche Ergebnisse, weil bei E_1 die erste Münze Kopf und die zweite Münze Zahl zeigt, während es bei Ergebnis E_2 genau umgekehrt ist.

Wenn beide Münzen **fair** sind, was bedeutet, dass bei beiden die zwei Ergebnisse Kopf und Zahl gleich wahrscheinlich sind, so haben alle vier Ergebnisse des Doppelmünzwurfs die gleiche Wahrscheinlichkeit, das heißt, dass

$$P\big((\text{Kopf}, \text{Kopf})\big) = P\big((\text{Kopf}, \text{Zahl})\big) = P\big((\text{Zahl}, \text{Kopf})\big) = P\big((\text{Zahl}, \text{Zahl})\big) = \frac{1}{4}$$

gilt.

Dass es tatsächlich so ist, dass alle vier elementaren Ereignisse gleich wahrscheinlich sind, ist zunächst vielleicht gar nicht so offensichtlich. Eine Möglichkeit, dies mit unserem Wissensstand zu überprüfen, ist es, das Zufallsexperiment viele Male zu wiederholen und dann zu schauen, ob alle vier Resultate ungefähr gleich oft vorkommen. Eine andere Möglichkeit ist die folgende Überlegung: Man wirft die Münzen nicht gleichzeitig, sondern nacheinander. Nehmen wir einmal an, die erste Münze zeige Kopf. Weil sie fair ist, passiert dies mit einer Wahrscheinlichkeit von $\frac{1}{2}$. Somit müssen die zwei Ergebnisse (Kopf, Zahl) und (Kopf, Kopf) mit dem ersten Resultat Kopf zusammen die Wahrscheinlichkeit $\frac{1}{2}$ haben, also

$$P\big((\text{Kopf}, \text{Zahl})\big) + P\big((\text{Kopf}, \text{Kopf})\big) = \frac{1}{2}. \tag{2.1}$$

Jetzt gibt es zwei Möglichkeiten für die zweite Münze und da diese auch fair ist, sollten beide mit gleicher Wahrscheinlichkeit auftreten, das heißt,

$$P\big((\text{Kopf}, \text{Zahl})\big) = P\big((\text{Kopf}, \text{Kopf})\big). \tag{2.2}$$

Aus (2.1) und (2.2) folgt unmittelbar

$$P\big((\text{Kopf}, \text{Zahl})\big) = P\big((\text{Kopf}, \text{Kopf})\big) = \frac{1}{4}. \qquad\qquad \Diamond$$

Aufgabe 2.2 Bei der Geburt der Wahrscheinlichkeitstheorie haben die Wissenschaftler irrtümlicherweise (Kopf, Zahl) und (Zahl, Kopf) als ein Ergebnis „eine Zahl, ein Kopf" betrachtet. Dadurch wurden nur drei Ergebnisse, nämlich „beide Kopf", „beide Zahl" und „eine Zahl, ein Kopf" in Betracht gezogen. Die Wissenschaftler erhielten mit diesem Modell daher die Wahrscheinlichkeit $\frac{1}{3}$ für jedes Ergebnis. Durch die relative Häufigkeit beim Experimentieren entdeckte man, dass dieses Modell nicht mit der Realität übereinstimmt und man ging zum Modell aus Beispiel 2.1 über. Überprüfe die Richtigkeit der Entscheidung, indem du 50 Mal zwei unterschiedliche Münzen[1] wirfst und eine Tabelle mit vier Zeilen führst, wo für alle vier Ergebnisse die Häufigkeiten aufgezeichnet werden.

Aufgabe 2.3 ✓ Betrachte das Experiment Würfeln mit zwei Würfeln, wobei ein Würfel weiß und der andere rot ist. Bestimme den Ergebnisraum und die Wahrscheinlichkeit der Ergebnisse, vorausgesetzt, die Würfel sind fair.

Aufgabe 2.4 Bestimme die Wahrscheinlichkeiten der Ergebnisse des zusammengesetzten Experiments des gleichzeitigen Münzwurfs und Würfelns.

Auszug aus der Geschichte

Als Beginn der Wahrscheinlichkeitsrechnung (zuerst hieß sie nämlich so und nicht Wahrscheinlichkeitstheorie, wie man sie heute nennt) gilt ein Briefwechsel zwischen zwei französischen Mathematikern: Pierre de Fermat (1607–1665) und Blaise Pascal (1623–1662). Darin wurde folgende Frage erörtert, die als *Teilungsproblem* bekannt ist: Bei einem Spiel zwischen zwei Teilnehmern wird so lange gespielt, bis der erste p Punkte erreicht. Dieser gewinnt dann alles Geld. Nun wird aus gewissen Gründen vorzeitig beim Spielstand $a : b$ abgebrochen. Spieler A hat also a Punkte und Spieler B hat b Punkte erzielt mit $a < p$ und $b < p$. Die Frage lautet nun: Wie ist der Gewinn gerecht aufzuteilen? Damit die Frage geklärt werden kann, muss zunächst erörtert werden, was denn unter dem Begriff „gerecht" verstanden werden soll.

---

[1] Zum Beispiel eine 1-Euro-Münze und eine 50-Cent-Münze.

Diese Fragestellung ist aber noch einiges älter. Man kann sie bis ins Jahr 1494 zurückverfolgen. Bezeichnend ist jedoch, dass Pascal die Frage als erster so beantwortet hat, wie man es auch heute noch als korrekt ansieht. Wir besprechen seine Lösung in Kap. 5 ausführlich.

In Kap. 1 haben wir schon angedeutet, dass wir die Wahrscheinlichkeiten aller möglichen Ereignisse studieren wollen und dass ein Ereignis eine beliebige Teilmenge des Ergebnisraums ist. Deswegen wiederholen wir nun einige Grundlagen aus der Mengenlehre, bevor wir lernen, die Wahrscheinlichkeiten von einzelnen Ereignissen auszurechnen.

2.3 Grundlagen der Mengenlehre

Hinweis 2.4

Um die Grundeigenschaften von Wahrscheinlichkeitsräumen zu untersuchen, benötigen wir die Grundbegriffe der Mengenlehre. Dies ist insbesondere wichtig, da Ereignisse (zum Beispiel eine gerade Augenzahl beim Würfeln) nichts anderes als Mengen von Ergebnissen und somit Teilmengen des Ergebnisraumes sind. Das hier angestrebte Verständnis für Mengen ist unverzichtbar für das Verständnis des Rechnens mit Wahrscheinlichkeiten in einem Wahrscheinlichkeitsraum. Der Teil „Grundlagen der Mengenlehre" kann nach einer Überprüfung des Vorwissens übersprungen werden, falls das Thema schon vollständig behandelt wurde.

Als **Menge** betrachten wir einfach jede mögliche Ansammlung von unterscheidbaren Objekten.[2] Die Objekte, die zu einer Menge M gehören, heißen **Elemente** von M.

Beispiel 2.2 (Mengen)

- $\mathbb{N} = \{0, 1, 2, 3, \ldots\}$ ist die Menge der natürlichen Zahlen.
- $\{\text{Kopf}, \text{Zahl}\}$ ist die Menge, die die zwei Elemente Kopf und Zahl enthält.
- $A = \{x, y, z\}$ enthält drei Elemente x, y und z.
- Die Menge aller Schüler einer Klasse. Jeder Schüler ist ein Element und kann durch seinen Namen bezeichnet werden. Wenn zwei Schüler den gleichen Namen haben, muss man für sie eine Bezeichnung einführen, die es ermöglicht, sie zu unterscheiden.
- Die Menge aller Planeten im Universum.
- Die Menge aller in Zürich registrierten Fahrzeuge.
- Die Menge aller englischen Wörter im Oxford Dictionary.
- $A = \{2, 7, 9, \text{Jan}, \text{Peter}, \text{Eiffelturm}\}$ ist eine Menge, welche die sechs Elemente 2, 7, 9, Jan, Peter und Eiffelturm enthält. Es ist erlaubt, dass die Elemente einer Menge sehr unterschiedlicher Natur sind. $\diamondsuit$

---

[2] Diese Definition ist für unsere Ansprüche völlig ausreichend. Die Mathematiker zu Beginn des 20. Jahrhunderts haben jedoch gemerkt, dass sie so nicht in allen Fällen haltbar ist, denn sie führt zu unlösbaren Widersprüchen.

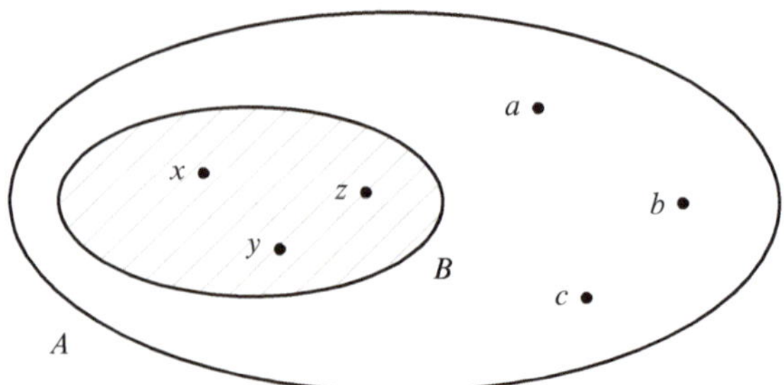
Abb. 2.3 Graphische Darstellung der Teilmenge $B = \{x, y, z\}$ der grösseren Menge $A = \{a, b, c, x, y, z\}$

Die Ansammlung $\{1, 2, 1, 3, 1\}$ ist keine Menge, weil in den Klammern 3 Mal das Element 1 vorkommt. Jedes Element kann in einer Menge nur einmal vorkommen, entweder ist es da oder nicht. Ein mehrfaches Vorkommen ist nicht erlaubt. Die Reihenfolge der Elemente einer Menge ist hingegen irrelevant. So bezeichnen $\{2, 3, 5\}$ und $\{5, 2, 3\}$ beispielsweise dieselbe Menge.

Wenn x in einer Menge A vorkommt, dann schreiben wir

$$x \in A,$$

was als

x gehört zu A oder **x ist in A** oder **A enthält x**

gelesen wird. Die **leere Menge** $\{\}$ ist eine Menge, die kein Element enthält. Wir bezeichnen sie auch mit dem Symbol $\emptyset$.

Eine Menge B ist eine **Teilmenge** einer Menge A, wenn jedes Element aus B auch ein Element von A ist. Wir notieren dies als

$$B \subseteq A.$$

Abb. 2.3 zeigt eine Menge $B = \{x, y, z\}$, die eine Teilmenge der Menge $A = \{a, b, c, x, y, z\}$ ist.

Für jede Menge A gilt $\emptyset \subseteq A$.

Jetzt zählen wir alle Teilmengen von B auf:

$$\emptyset, \quad \{x\}, \quad \{y\}, \quad \{z\}, \quad \{x, y\}, \quad \{x, z\}, \quad \{y, z\}, \quad \{x, y, z\}.$$

Wir sehen, dass unsere Aufzählung systematisch ist. Zuerst kommt die leere Menge $\emptyset$, die kein Element enthält. Danach kommen alle Mengen, die jeweils genau ein Element enthalten, usw.

Aufgabe 2.5 ✓ Nenne drei unterschiedliche Teilmengen von $\mathbb{N}$.

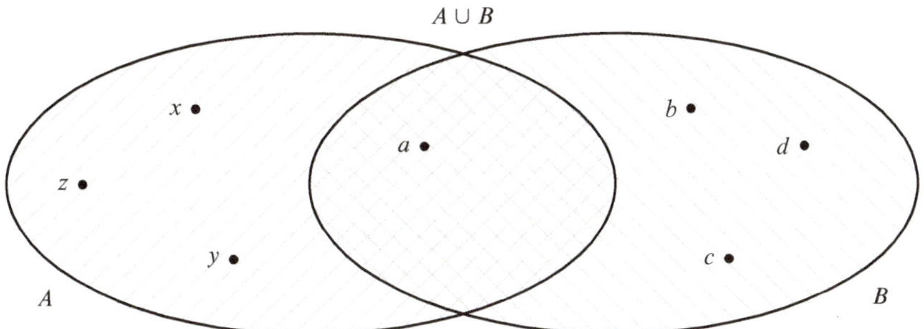

Abb. 2.4 Graphische Darstellung der Vereinigungsmenge $A \cup B$ der zwei Mengen $A = \{a, x, y, z\}$ und $B = \{a, b, c, d\}$

Aufgabe 2.6 ✓ Nenne alle Teilmengen der Menge $\{1, 2, 3, 4\}$.

Hinweis Es gibt genau $2^4 = 16$ davon.

Aufgabe 2.7 ✓ Nenne alle 4-elementigen Teilmengen der Menge $\{a, b, c, d, e\}$.

Die **Vereinigung** von zwei Mengen A und B,

$$A \cup B,$$

ist die Menge aller Elemente, die in A *oder* in B sind. Das „oder" ist hierbei nicht ausschließend zu verstehen, wie es in der Mathematik üblich ist. Ein Element liegt also auch in der Vereinigung $A \cup B$, wenn es sowohl in A als auch in B liegt.

In Abb. 2.4 ist $A = \{x, y, z, a\}$ und $B = \{a, b, c, d\}$. Damit ist

$$A \cup B = \{a, b, c, d, x, y, z\}.$$

Bemerke, dass das Element a in beiden Mengen A und B liegt, aber a deswegen nicht zweimal in $A \cup B$ aufgeführt wird. Jedes Element darf in einer Menge nur einmal auftreten. Obwohl A und B beide genau vier Elemente enthalten, besteht $A \cup B$ also nicht aus acht, sondern in diesem Fall nur aus sieben Elementen.

Im Folgenden bezeichnen wir durch

$$|A|$$

die Anzahl der Elemente in A (auch oft als Kardinalität von A bezeichnet). Somit ist

$$\begin{aligned}
\big|\{\text{Kopf}, \text{Zahl}\}\big| &= 2, \\
\big|\{1, 2, 3, 4, 5, 6\}\big| &= 6, \\
|\emptyset| &= 0.
\end{aligned}$$

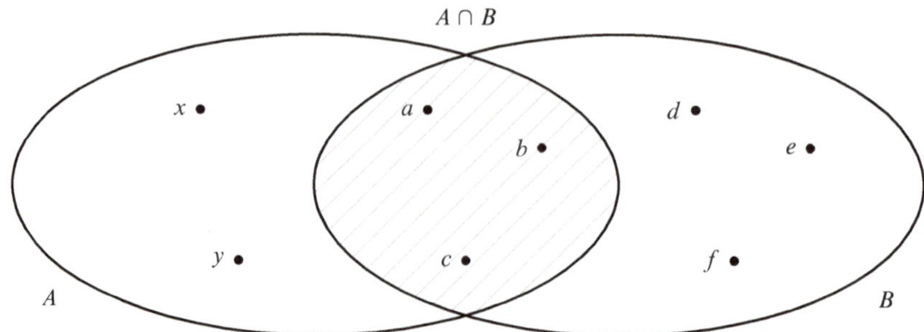

Abb. 2.5 Graphische Darstellung der Schnittmenge $A \cap B$ der zwei Mengen $A = \{a, b, c, x, y\}$ und $B = \{a, b, c, d, e, f\}$

Beispiel 2.3 Wir haben die folgende Aufgabenstellung. Finde zwei konkrete Mengen A und B, sodass $|A \cup B| = 5$, $|A| = 4$ und $|B| = 3$.

Man kann wie folgt vorgehen. Wir wählen zuerst $A \cup B = \{a, b, c, d, e\}$ mit fünf Elementen. Vier von diesen fünf Elementen müssen die Menge A formen. Wir wählen zum Beispiel $A = \{a, b, c, d\}$. Das Element e ist nicht in A, aber in $A \cup B$ und somit muss e in B sein. B muss aber insgesamt 3 Elemente haben, also müssen wir noch zwei weitere Elemente aus $A \cup B$ dazu nehmen. Welche wir konkret wählen, spielt keine Rolle. Wir könnten beispielsweise $B = \{e, a, b\}$ wählen.   ◇

Aufgabe 2.8 ✓ Finde jeweils zwei konkrete Mengen A und B, sodass Folgendes gilt.

(a) $|A| = 3$, $|B| = 3$ und $|A \cup B| = 6$,
(b) $|A| = 4$, $|B| = 3$ und $|A \cup B| = 5$,
(c) $|A| = 5$, $|B| = 3$ und $|A \cup B| = 5$.

Der **Schnitt** von zwei Mengen A und B,

$$A \cap B,$$

enthält genau diejenigen Elemente, welche in A *und* in B sind (Abb. 2.5).

Wenn zum Beispiel $A = \{x, y, a, b, c\}$ und $B = \{a, b, c, d, e, f\}$ ist, dann ist

$$A \cap B = \{a, b, c\},$$

weil $a \in A$ und $a \in B$, $b \in A$ und $b \in B$, $c \in A$ und $c \in B$ und kein anderes Element zu beiden Mengen A und B gehört.

Aufgabe 2.9 $\checkmark$ Bestimme die Schnitte $A \cap B$ der folgenden Mengen A und B.

(a) $A = \{1, 2, 3, 4, 5\}, B = \{4, 5, 6, 7\}$,
(b) $A = \{1, 3, 5\}, B = \{1, 2, 3, 4, 5, 6\}$,
(c) $A = \emptyset, B = \{1, 2, 3\}$,
(d) $A = \{0, 2, 4, 6\}, B = \{1, 3, 5, 7\}$.

Aufgabe 2.10 $\checkmark$ Finde zwei Mengen A und B, sodass Folgendes gilt.

(a) $|A| = 3, |B| = 4$ und $|A \cap B| = 2$,
(b) $|A| = 4, |B| = 2$ und $|A \cap B| = 0$,
(c) $|A| = 3, |B| = 5$ und $|A \cap B| = 3$.

Aufgabe 2.11 $\checkmark$ Seien A und B zwei Mengen mit $A \cap B = \emptyset$. Dann gilt $|A \cup B| = |A| + |B|$. Begründe, warum dies so ist.

Wir sagen, dass zwei Mengen A und B **gleich** (oder **identisch**) sind, wenn $A \subseteq B$ und $B \subseteq A$ gilt. Dies schreibt man

$$A = B.$$

In anderen Worten: Es gilt $A = B$, falls jedes Element aus A auch in B liegt und jedes Element aus B auch in A liegt.

Aufgabe 2.12 $\checkmark$ Sei $A \subseteq B$. Dann gilt

$$A \cap B = A.$$

Erkläre, warum dies so ist.

Aufgabe 2.13 Finde drei Mengen A, B und C mit folgenden Eigenschaften. Es können viele Mengen mit diesen Eigenschaften existieren. Es reicht, eine von diesen Möglichkeiten anzugeben.

(a) $|A| = 2, |B| = 1, |C| = 5, |A \cup B \cup C| = 6$ und $B \subseteq A$.
(b) $A \cap B = \emptyset, A \cap C = \emptyset, B \cap C = \emptyset, |A \cup B \cup C| = 7, |A \cup B| = 5, |C| = 2$.
(c) $A \cap B = \emptyset, |A| = 2, |B| = 3, |C| = 5, |A \cup B \cup C| = 5$.

Aufgabe 2.14 $\star\checkmark$ Erkläre, warum die folgende Gleichung für alle Mengen A und B gilt:

$$|A \cup B| = |A| + |B| - |A \cap B|.$$

Teste die Gültigkeit zuerst für die Mengen A und B aus Aufgabe 2.10.

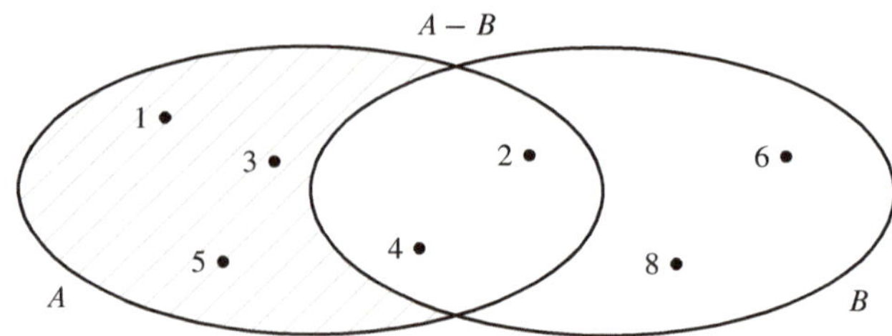

Abb. 2.6 Graphische Darstellung der Differenz $A - B$ der zwei Mengen $A = \{1, 2, 3, 4, 5\}$ und $B = \{2, 4, 6, 8\}$

Die **Differenz** zweier Mengen A und B, geschrieben

$$A - B,$$

ist die Menge aller Elemente aus A, die *nicht* in B vorhanden sind.

Zum Beispiel gilt für $A = \{1, 2, 3, 4, 5\}$ und $B = \{2, 4, 6, 8\}$

$$A - B = \{1, 3, 5\},$$

weil 1, 3 und 5 in A sind, aber nicht in B (Abb. 2.6).

Analog gilt

$$B - A = \{6, 8\}.$$

Aufgabe 2.15 ✓ Bestimme $A - B$ und $B - A$ für die folgenden Mengen A und B.

(a) $A = \{a, b, c, d, f\}$, $B = \{c, d, f, e, h, g\}$,
(b) $A = \{1, 2, 3\}$, $B = \emptyset$,
(c) $A = \{1, 2, 3, 4, 5, 6\}$, $B = \{1, 2, 3\}$,
(d) $A = \mathbb{N} = \{0, 1, 2, \ldots\}$, $B = \{0, 2, 4, 6, \ldots\}$ ist die Menge aller geraden natürlichen Zahlen.

Zwei Mengen A und B heißen **disjunkt**, wenn

$$A \cap B = \emptyset,$$

wenn sie also kein gemeinsames Element enthalten.

Aufgabe 2.16 ✓ Begründe, warum für zwei beliebige disjunkte Mengen A und B gilt, dass

(a) $A - B = A$ und
(b) $B - A = B$.

Aufgabe 2.17 Begründe, warum für beliebige Mengen A und B gilt, dass

(a) $A \cup B = (A - B) \cup (A \cap B) \cup (B - A)$ und
(b) $|A \cup B| = |A - B| + |A \cap B| + |B - A|$.

Aufgabe 2.18 Begründe, warum für beliebige Mengen A und B gilt, dass

(a) $A - B = A - (A \cap B)$ und
(b) $|A - B| = |A| - |A \cap B|$.

Aufgabe 2.19 $\checkmark$ Für welche Mengen A und B gilt $|A \cup B| = |A|$? Begründe deine Antwort und gib ein Beispiel an.

Aufgabe 2.20 Nutze die graphische Darstellung von Mengen wie in Abb. 2.6, um folgende Mengen darzustellen:

(a) $(A \cup B) \cap A$,
(b) $(A - B) \cup (B - A)$,
(c) $(A \cup B) - (A \cap B)$,
(d) $(A - B) \cup (A \cap B)$,
(e) $(A - B) \cup (A \cap B) \cup (B - A)$,
(f) $(A - B) \cup B$.

Ergeben einige dieser sechs Beschreibungen von Mengen die gleiche Menge?

Auszug aus der Geschichte
Begründet wurde die Mengentheorie durch Georg Cantor (1845–1918) Ende des 19. Jahrhunderts. Die Abb. 2.7 zeigt Georg Cantor mit etwa 60 Jahren.

Abb. 2.7 Georg Cantor (1845–1918)

2.4 Ereignisse als Teilmengen des Ergebnisraumes

In der Wahrscheinlichkeitstheorie betrachten wir die Menge S aller Ergebnisse eines Zufallsexperiments als eine Obermenge. Alle anderen Mengen A, B usw., die vorkommen, sind Teilmengen von S. Diese Situation zeichnen wir wie in Abb. 2.8.

S stellt die ganze eingerahmte Fläche dar und A und B sind als Kreisflächen gezeichnet. Diese Einführung einer Obermenge S, die alles enthält, ermöglicht es uns, den folgenden neuen Begriff einzuführen. Für jede Teilmenge A von S ($A \subseteq S$) ist die **komplementäre Menge $\overline{A}$ zu A bezüglich S** die Menge

$$\overline{A} = S - A.$$

Die Menge $\overline{A} = S - A$ ist in Abb. 2.9 gezeichnet. Wir verwenden manchmal auch die Notation $\overline{A \cap B}$, um $S - (A \cap B)$ zu bezeichnen.

Beispiel 2.4 Unsere Aufgabe ist es, graphisch die Menge $(\overline{A \cap B}) - A$ darzustellen. Wir erreichen dies schrittweise, indem wir eine Folge von Bildern generieren. Wenn man unterschiedliche Farben oder Schraffierungen verwendet, kann die Entwicklung auch in einer Graphik dargestellt werden. Die Menge $\overline{A} = S - A$ ist in Abb. 2.9 dargestellt. In Abb. 2.10 ist die Menge $\overline{A} \cap B$ gezeichnet. Wir sehen, dass dies die Menge $B - A$ ist.

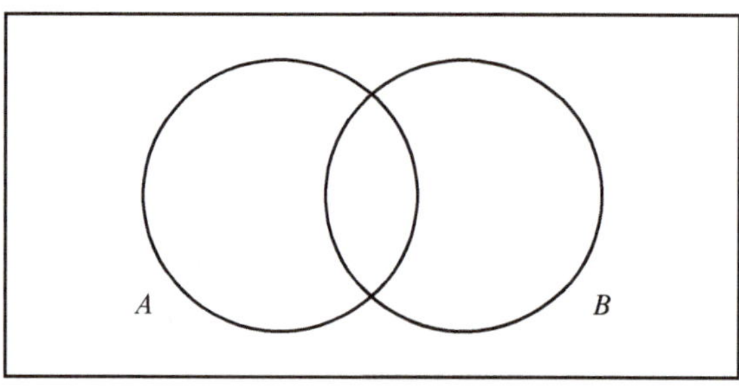

Abb. 2.8 Schematische Darstellung von zwei Teilmengen A, B der Ergebnismenge S

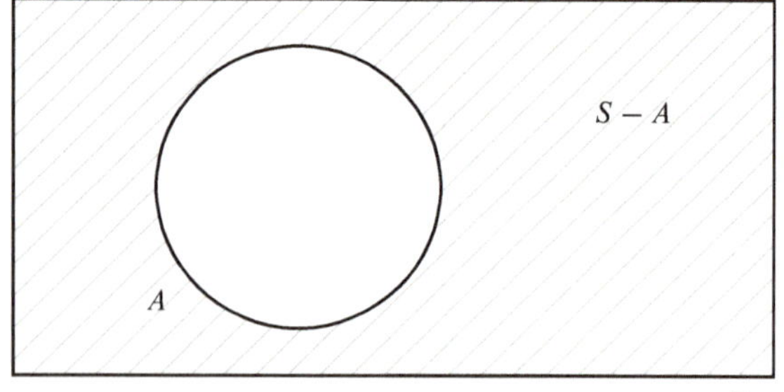

Abb. 2.9 Schematische Darstellung der Komplementärmenge $\overline{A} = S - A$ einer Teilmenge A von S

Abb. 2.10 Darstellung der
Menge $\overline{A} \cap B$

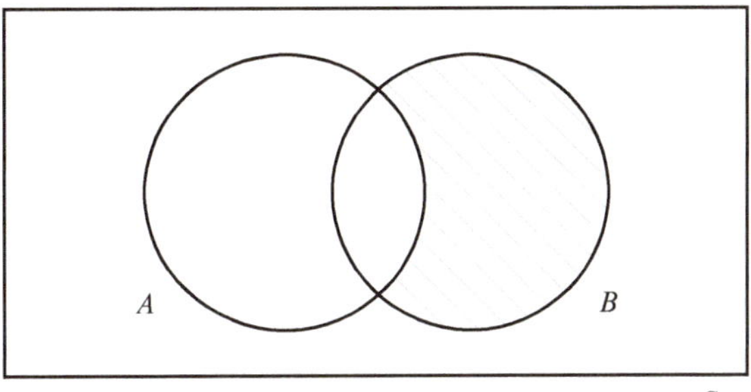

Abb. 2.11 Die Menge $\overline{\overline{A} \cap B}$

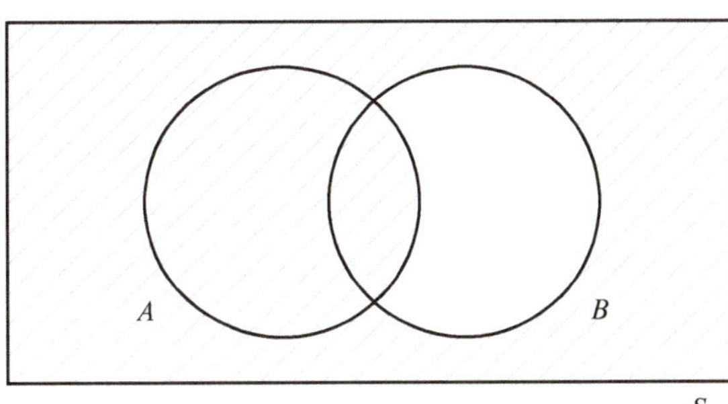

Abb. 2.12 Die Menge
$\overline{(\overline{A} \cap B)} - A$

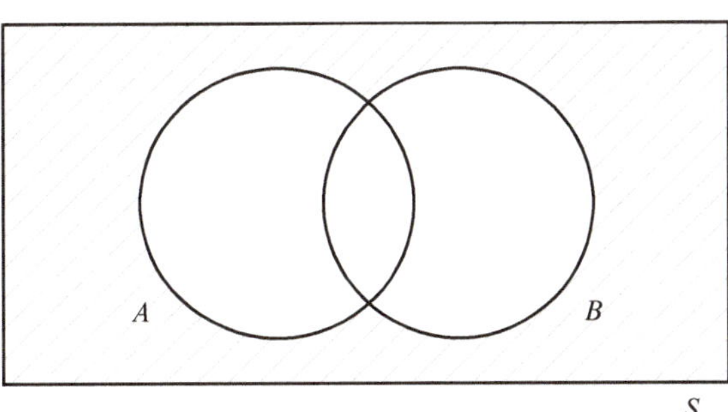

Um die Menge $\overline{\overline{A} \cap B} = S - (\overline{A} \cap B)$ darzustellen, müssen wir alles außer dem in Abb. 2.10 schraffierten Bereich nehmen. nehmen. Somit erhalten wir die Darstellung von $\overline{\overline{A} \cap B}$ in Abb. 2.11.

Wenn wir aus der Menge $\overline{\overline{A} \cap B}$ alle Elemente aus A herausnehmen, erhalten wir schließlich die gesuchte Menge $\overline{(\overline{A} \cap B)} - A$ in Abb. 2.12. Wir beobachten, dass man diese Menge auch einfacher beschreiben kann, nämlich als $S - (A \cup B) = \overline{A \cup B}$. $\Diamond$

Auszug aus der Geschichte

Diagramme, wie wir sie in Abb. 2.10, 2.11 oder 2.12 sehen, wurden durch den englischen Mathematiker John Venn (1834–1923) eingeführt. Die Abb. 2.13 zeigt ein Porträt von Venn. Venn war ein Logiker und unterrichtete auch Wahrscheinlichkeitstheorie an der Universität Cambridge. 1866 schrieb er das Buch *Logic of Chance*, welches als originell und wichtig für die Statistik eingestuft wurde.

Abb. 2.13 John Venn
(1834–1923)

Aufgabe 2.21 Bestimme mit Hilfe von Graphiken wie in Abb. 2.8 bis 2.12 die folgenden Mengen.

(a) $A \cap \overline{B}$,
(b) $(\overline{A} \cap B) \cup (A \cap B)$,
(c) $\overline{(A \cap B)} \cap A$,
(d) $\overline{A \cup B}$,
(e) $\overline{A - B}$,
(f) $\overline{(B - A) \cup (S - B)}$,
(g) $\overline{\overline{A} \cup \overline{B}} = S - (\overline{A} \cup \overline{B})$.

Aufgabe 2.22 Welche der folgenden Mengenbeschreibungen stellen die gleiche Menge dar?

(a) $A - B$,
(b) $B - A$,
(c) $A \cap \overline{B}$,
(d) $S \cap (\overline{A} \cap B)$,
(e) $(\overline{B} \cap A) - (A \cap B)$,
(f) $(S - (\overline{A} \cap \overline{B})) - B$.

Hinweis 2.5

Die folgenden Aufgaben über Mengen und ihre Mächtigkeiten sind eine Vorbereitung auf die Bestimmung von Wahrscheinlichkeiten von Ereignissen als Teilmengen des Ergebnisraums. Falls die Klasse mit derartigen Aufgaben bereits vertraut ist, dürfen sie gerne übersprungen werden.

Beispiel 2.5 In einer Sportklasse von 24 Jugendlichen schwimmen 12 und 10 machen Leichtathletik. 4 betreiben beide Sportarten. Unsere Aufgabe ist, Folgendes zu bestimmen.

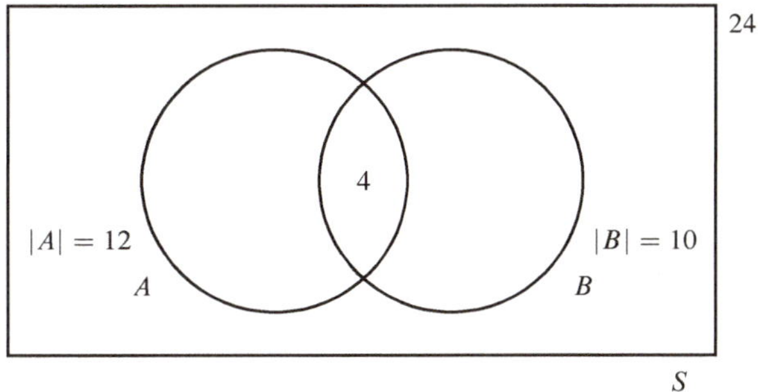

Abb. 2.14 Graphische Darstellung der Information $|S| = 24, |A| = 12, |B| = 10, |A \cap B| = 4$

(i)   Wie viele betreiben keine dieser beiden Sportarten?
(ii)   Wie viele betreiben genau eine dieser beiden Sportarten?
(iii) Wie viele schwimmen, machen aber keine Leichtathletik?
(iv)   Wie viele machen keine Leichtathletik?

Wir gehen wie folgt vor: Wir bezeichnen S als die Menge aller Jugendlichen in der Klasse, A als die Menge der Schwimmer und B als die Menge der Leichtathleten. Aus der Aufgabenformulierung wissen wir, dass

$$|S| = 24, \quad |A| = 12, \quad |B| = 10 \quad \text{und} \quad |A \cap B| = 4.$$

Dieses Wissen ist in Abb. 2.14 veranschaulicht.

Wir können sofort bestimmen, dass

$$|A - B| = 8, \quad \text{weil } A = (A - B) \cup (A \cap B) \text{ und } (A - B) \cap (A \cap B) = \emptyset,$$

dass also die Menge A die disjunkte Vereinigung von $(A - B)$ und $(A \cap B)$ ist und somit

$$|A| = |A - B| + |A \cap B|$$

und

$$|B - A| = 6, \quad \text{weil } B = (B - A) \cup (A \cap B).$$

Dies beantwortet Frage (iii): Es gibt 8 Jugendliche, die schwimmen, aber keine Leichtathletik betreiben. Wenn wir diese neuen Kenntnisse graphisch darstellen, erhalten wir Abb. 2.15.

Mit Hilfe von Abb. 2.15 können wir leicht alle gestellten Fragen in einer geeigneten Reihenfolge beantworten. Wenn man die Anzahl der Elemente in den Mengen $A - B$, $A \cap B$ und $B - A$ kennt, kann man für alle Vereinigungen von abgegrenzten Flächen in Abb. 2.15 die Anzahl der Elemente bestimmen.

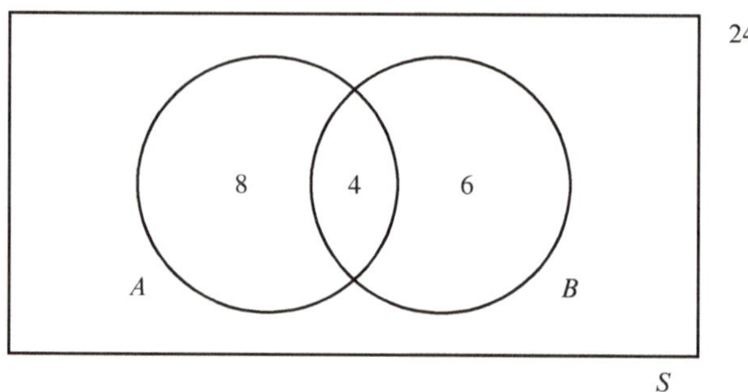

Abb. 2.15 Darstellung der verschiedenen Anzahlen $|S| = 24, |A - B| = 8$, $|A \cap B| = 4$ und $|B - A| = 6$

$A \cup B$ ist die Menge der Jugendlichen, die mindestens eine der Sportarten betreiben. Es gilt

$$A \cup B = (A - B) \cup (A \cap B) \cup (B - A)$$

und die Mengen $A - B$, $A \cap B$ und $B - A$ sind außerdem paarweise disjunkt. Also ist $A \cup B$ die disjunkte Vereinigung von $A - B$, $A \cap B$ und $B - A$ und es gilt

$$|A \cup B| = |A - B| + |A \cap B| + |B - A| = 8 + 4 + 6 = 18.$$

Die Menge $\overline{A \cup B} = S - (A \cup B)$ ist die Menge derjenigen, die keine der zwei Sportarten machen. Somit gilt

$$|\overline{A \cup B}| = |S| - |A \cup B| = 24 - 18 = 6.$$

Es gibt also genau 6 Jugendliche, die keine der beiden Sportarten betreiben. Dies beantwortet Frage (i).

Die Menge $(A - B) \cup (B - A)$ ist die Menge derjenigen, die genau eine Sportart, entweder Schwimmen oder Leichtathletik, trainieren. Wegen $(A - B) \cap (B - A) = \emptyset$ erhalten wir

$$|(A - B) \cup (B - A)| = |A - B| + |B - A| = 8 + 6 = 14.$$

Dies beantwortet Frage (ii): Es gibt also 14 Jugendliche, die genau eine der genannten Sportarten betreiben.

$A - B$ ist die Menge der Schwimmer, die keine Leichtathletik machen. Dass $|A - B| = 8$ ist, steht schon in Abb. 2.15.

$S - B$ ist die Menge derjenigen, die keine Leichtathletik machen. Somit gilt

$$|S - B| = |S| - |B| = 24 - 10 = 14.$$

Dies beantwortet schließlich Frage (iv): Es gibt 14 Jugendliche, die keine Leichtathletik machen.   ◇

Hinweis 2.6

Achten Sie darauf, dass die Schülerinnen und Schüler bei der Bearbeitung der Aufgaben nicht nur rechnen und Zahlen als Ergebnisse ihrer Arbeit abgeben. Sie sollen ihr Vorgehen so ausführlich wie in den vorgeführten Beispielen schriftlich dokumentieren und so die Korrektheit ihrer Ergebnisse belegen. Je weiter wir in diesem Lehrbuch fortschreiten, desto wichtiger wird es, dass die Mathematik nicht bloss zum Berechnen entlang verstandener Algorithmen verwendet wird, sondern als Sprache der exakten Darstellung von Argumentationen und Untersuchungen gepflegt wird.

Aufgabe 2.23 In einer Wandergruppe von 40 Personen mögen 34 Käse, 22 mögen Fleisch und zwei mögen weder Käse noch Fleisch. Beantworte die folgenden Fragen:

(a) Wie viele mögen sowohl Fleisch als auch Käse?
(b) Wie viele mögen genau eines von beidem, also entweder nur Fleisch oder nur Käse?

Stelle die ganze Situation graphisch dar. Die Obermenge S sollte alle 40 Personen enthalten, die Menge A alle, die Fleisch mögen und die Menge B alle, die Käse mögen. Schreibe in deine Zeichnung die jeweilige Personenzahl für alle 4 paarweise disjunkten Mengen $S - (A \cup B)$, $A \cap B$, $A - B$, $B - A$ in diese Mengen.

Aufgabe 2.24 In einer Klasse von 24 Studenten spielen 16 Fußball und 5 Tennis. 4 spielen beides, sowohl Tennis als auch Fußball.

(a) Bestimme die Anzahl derjenigen, die weder Fußball noch Tennis spielen.
(b) Wie viele spielen zwar Fußball, aber nicht Tennis?
(c) Wie viele spielen zwar Tennis, aber nicht Fußball?

Aufgabe 2.25 In einer Klasse lernt jede und jeder mindestens eine der beiden Fremdsprachen Englisch und Französisch. 75 % lernen Englisch und 50 % lernen Französisch.

(a) Wie viel Prozent der Klasse lernen beide Sprachen?
(b) Wie viele Personen lernen nur Englisch und kein Französisch, falls die Klasse 40 Personen hat?
(c) Wie viele Personen lernen nur Französisch und kein Englisch, wenn die Klasse 20 Personen hat?

Hinweis 2.7

Die folgenden Betrachtungen über drei Mengen sind freiwilliger Zusatzstoff.

Beispiel 2.6 In einem Studiengang stehen 3 Sprachen, nämlich Englisch, Italienisch und Französisch, zur Wahl. Jeder Studierende muss mindestens eine und höchstens zwei wählen. Für Englisch haben sich 20, für Französisch 15 und für Italienisch 10 eingeschrieben.

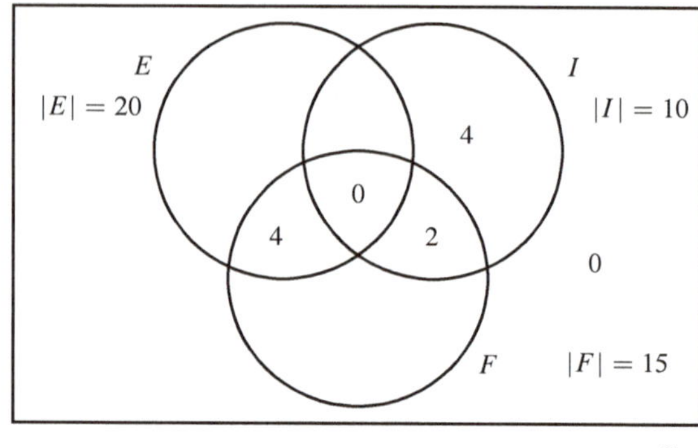

Abb. 2.16 Graphische Darstellung des im Text formulierten Wissens im Beispiel 2.6

Es gibt 4 Studierende, die sich nur für Italienisch und keine andere Sprache entschieden haben. 4 Studierende wählten die Kombination Englisch/Französisch und 2 wählten die Kombination Französisch/Italienisch. Unsere Aufgabe ist es zu bestimmen, wie viele

(i)   nur Französisch wählten und keine andere Sprache,
(ii)   nur Englisch wählten und keine andere Sprache,
(iii) die Kombination Englisch/Italienisch wählten,
(iv) Studierende es in dem Studiengang gibt.

Wir bezeichnen durch E die Menge aller Studierenden, die Englisch genommen haben, F nehmen wir für Französisch und I für Italienisch. Jetzt können wir unser Wissen wie folgt zusammenfassen:

$$S = E \cup F \cup I, \quad |E \cap F \cap I| = 0,$$

denn jede und jeder muss mindestens eine Sprache wählen und niemand darf alle drei nehmen. Weiter haben wir

$$|I| = 10, \quad |E| = 20, \quad |F| = 15, \quad |F \cap E| = 4, \quad |F \cap I| = 2$$
$$\text{und} \quad |I - (E \cup F)| = 4.$$

Abb. 2.16 liefert uns eine viel anschaulichere Darstellung unseres Wissens. Dort ist $E \cup F \cup I$ in 7 paarweise disjunkte Teile unterteilt.

Die Menge F besteht aus vier disjunkten Teilen, deren Elementzahl wir für drei schon kennen. Weil die Gesamtzahl in F 15 ist, liegen in dem Teil $F - (E \cup I)$ genau $15 - 4 - 0 - 2 = 9$ Elemente.

Wegen $|E| = 20$ müssen die zwei fehlenden Teile $E - (F \cup I)$ und $E \cap I - E \cap I \cap F$ zusammen $20 - 4 - 0 = 16$ Elemente umfassen. Wegen $|I| = 10$ muss der Teil $E \cap I - E \cap I \cap F$ genau $10 - 4 - 2 - 0 = 4$ Elemente enthalten. Somit hat der Teil $E - (F \cup I)$ genau $16 - 4 = 12$ Elemente (Abb. 2.17).

Abb. 2.17 Graphische Darstellung aller Teilmengen im Beispiel 2.6

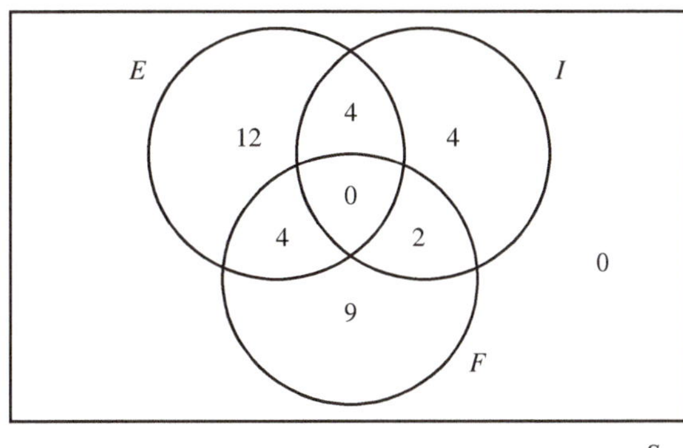

Wenn man alle Zahlen der Elemente in diesen 7 disjunkten Teilen von $E \cup F \cup I$ kennt, kann man alle Fragen über die Elementzahl von beliebigen Teilmengen beantworten, weil man sie aus einigen dieser 7 Teile zusammensetzen kann. Somit ist zum Beispiel $|S| = |E \cup I \cup F| = 12 + 4 + 4 + 4 + 0 + 2 + 9 = 35$, was Teilfrage (iv) beantwortet. $\Diamond$

Aufgabe 2.26 Es stehen drei Fächer Chemie, Physik und Biologie zur Auswahl. Jeder Student muss mindestens eins dieser Fächer und darf höchstens zwei dieser Fächer wählen. Die Gesamtanzahl der Studierenden ist 34. Davon wählen 9 genau zwei Fächer. Von diesen 9 wählen 4 Chemie und Biologie und 3 von den 9 wählen Physik und Chemie. Insgesamt haben sich 19 für Chemie eingeschrieben, 13 sind insgesamt für Physik eingeschrieben. Bestimme die folgenden Zahlen.

(a) Die Anzahl der Studierenden, welche Chemie als einziges Fach gewählt haben,
(b) die Anzahl der Studierenden, welche beide Fächer Biologie und Physik gewählt haben,
(c) die Anzahl der Studierenden, welche für Biologie eingeschrieben sind.

2.5 Wahrscheinlichkeitsraum als ein Modell eines Zufallsexperimentes

Wir haben uns schon darauf geeinigt, dass wir ein Zufallsexperiment als ein Paar

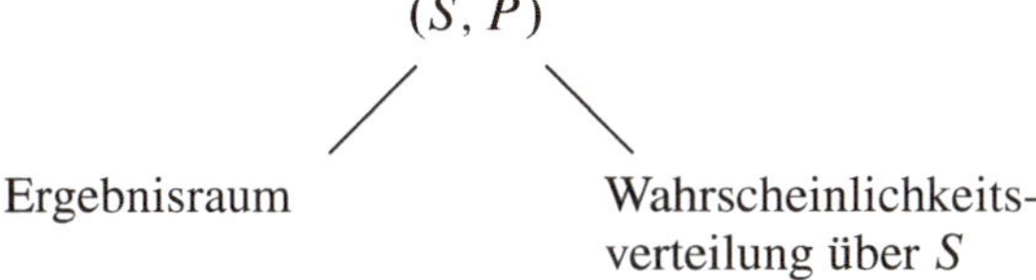

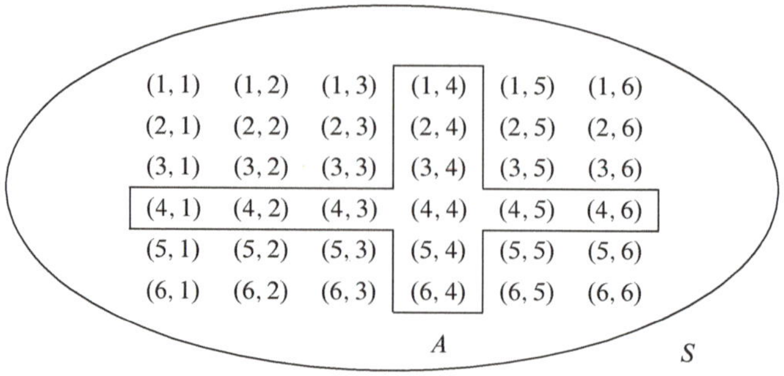

$$
\begin{array}{cccccc}
(1,1) & (1,2) & (1,3) & (1,4) & (1,5) & (1,6) \\
(2,1) & (2,2) & (2,3) & (2,4) & (2,5) & (2,6) \\
(3,1) & (3,2) & (3,3) & (3,4) & (3,5) & (3,6) \\
(4,1) & (4,2) & (4,3) & (4,4) & (4,5) & (4,6) \\
(5,1) & (5,2) & (5,3) & (5,4) & (5,5) & (5,6) \\
(6,1) & (6,2) & (6,3) & (6,4) & (6,5) & (6,6)
\end{array}
$$

A S

Abb. 2.18 Graphische Darstellung des Ereignisses $A = $ „es fällt mindestens eine 4" beim zweifachen Würfeln als Teilmenge der Ergebnismenge S

betrachten können. Die Elemente von S sind alle möglichen Ergebnisse (Resultate) des Experiments. Jetzt wiederholen wir den Begriff des allgemeinen Ereignisses, den wir schon in Kap. 1 erwähnt haben.

Begriffsbildung 2.2 *Sei $\Omega = (S, P)$ ein Wahrscheinlichkeitsraum. Jede Teilmenge von S nennen wir ein **Ereignis in Ω**. Wenn ein Ereignis $A = \{e\}$ nur ein Ergebnis e enthält, dann sprechen wir von einem **elementaren Ereignis**.*

Beispiel 2.7 Beim Würfeln haben wir $S = \{1, 2, 3, 4, 5, 6\}$. Die Menge $A = \{1, 3, 5\}$ ist dann das Ereignis, dass eine ungerade Zahl fällt. Die Menge $B = \{2, 3, 5\}$ ist das Ereignis, dass eine Primzahl fällt. Die Menge $\{3, 4, 5, 6\}$ ist das Ereignis, dass eine Zahl größer als 2 fällt. Die sechs elementaren Ereignisse $\{1\}, \{2\}, \{3\}, \{4\}, \{5\}$ und $\{6\}$ entsprechen den sechs Ergebnissen „1", „2", „3", „4", „5" und „6" des Zufallsexperiments.

Beim doppelten Münzwurf haben wir

$$
S = \big\{(\text{Kopf}, \text{Kopf}), (\text{Kopf}, \text{Zahl}), (\text{Zahl}, \text{Kopf}), (\text{Zahl}, \text{Zahl})\big\}.
$$

Das Ereignis

$$
E = \big\{(\text{Kopf}, \text{Kopf}), (\text{Kopf}, \text{Zahl}), (\text{Zahl}, \text{Kopf})\big\}
$$

ist das Ereignis, dass mindestens einmal Kopf fällt.

Das Ereignis

$$
A = \big\{(\text{Kopf}, \text{Zahl}), (\text{Zahl}, \text{Kopf})\big\}
$$

ist das Ereignis, dass beim doppelten Münzwurf unterschiedliche Resultate vorkommen.

Wir betrachten das Würfeln mit zwei Würfeln. In Abb. 2.18 sind anschaulich alle 36 Ergebnisse dargestellt. Die gekennzeichnete Menge

$$
A = \{(4,1), (4,2), (4,3), (4,4), (4,5), (4,6), (1,4), (2,4), (3,4), (5,4), (6,4)\}
$$

entspricht dem Ereignis, dass mindestens einmal eine 4 gefallen ist. $\Diamond$

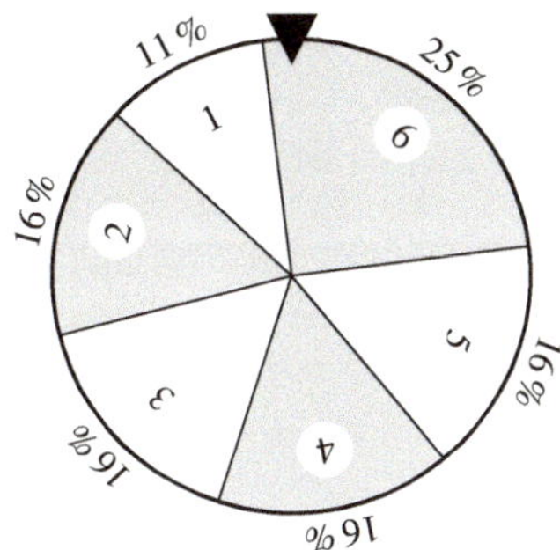

Abb. 2.19 Ein Glücksrad. Das Rad wird schnell gedreht und dann plötzlich gestoppt. Der *Pfeil oben* deutet an, welche Zahl ausgewählt wurde

Aufgabe 2.27 ✓ Gib die Menge $A \subseteq S$ für das Würfeln an, die folgenden Ereignissen entspricht.

(a) Es fällt eine gerade Zahl.
(b) Es fällt eine Zahl größer als 1 und kleiner als 5.
(c) Es fällt eine durch 3 teilbare Zahl.

Aufgabe 2.28 ✓ Betrachte das Experiment, in dem zwei unterschiedliche Würfel geworfen werden. Der Ergebnisraum S ist in Abb. 2.18 dargestellt. Notiere oder zeichne in einem ähnlichen Bild die Mengen, die folgenden Ereignissen entsprechen.

(a) Die Summe der Ergebnisse (der gefallenen Zahlen) beträgt mindestens 10.
(b) Es fällt mindestens eine 6 und die andere Zahl ist gerade.
(c) Die Summe beider gefallenen Zahlen ist genau 7.
(d) Beide gefallenen Zahlen sind gleich.
(e) Die erste Zahl ist größer als die zweite.

Wir haben gesehen, dass wir alle möglichen unterschiedlichen Ereignisse betrachten können. Wir wollen jetzt ihre Wahrscheinlichkeiten untersuchen. Uns interessieren Fragestellungen der folgenden Art: Wie groß ist die Wahrscheinlichkeit, dass beim zweifachen Würfeln die Summe der gefallenen Zahlen mindestens 8 ist?

Die grundlegende Frage ist also:

Wie bestimmt man die Wahrscheinlichkeit von Ereignissen aus den Wahrscheinlichkeiten der Ergebnisse?

Die Antwort auf diese Frage ist der grundlegende Baustein aller Wahrscheinlichkeitsrechnungen.

Beispiel 2.8 Betrachten wir das Experiment mit dem Drehen eines Glücksrads, siehe Abb. 2.19. Man dreht an dem Rad und wartet, bis dieses wieder still steht. Eine Gummilasche oben bremst die Drehung leicht und bewirkt, dass ein einzelnes

Feld eindeutig ausgewählt wird. Der Wahrscheinlichkeitsraum (S, P) hat die Ergebnismenge $S = \{1, 2, 3, 4, 5, 6\}$. Die einzelnen Zahlen haben dabei unterschiedliche Wahrscheinlichkeiten.

$$P(6) = 0.25,$$
$$P(2) = P(3) = P(4) = P(5) = 0.16 \text{ und}$$
$$P(1) = 0.11.$$

Wie groß ist die Wahrscheinlichkeit des Ereignisses

$$A = \{2, 4, 6\},$$

dass eine gerade Zahl fällt? Die Berechnung erfolgt ganz natürlich durch Addition: Die Zahl 6 fällt in 25 % der Fälle, die Zahlen 2 und 4 jeweils in 16 % der Fälle. Damit fällt eine dieser Zahlen in

$$25\% + 16\% + 16\% = 57\%$$

der Fälle (siehe Abb. 2.19).

Also ist die Wahrscheinlichkeit von A gleich 0.57 (wir schreiben $P(A) = 0.57$). $\Diamond$

Dieses Vorgehen ist das erste Prinzip für das Bestimmen der Wahrscheinlichkeiten von Ereignissen:

(P1) *Sei $\Omega = (S, P)$ ein Wahrscheinlichkeitsraum. Für jedes Ereignis $A \subseteq S$ ist die Wahrscheinlichkeit von A, $P(A)$, die Summe der Wahrscheinlichkeiten aller Ergebnisse (Resultate) aus A.*

Das Prinzip (P1) besagt, dass man aus den Wahrscheinlichkeiten der Ergebnisse die Wahrscheinlichkeiten aller Ereignisse bestimmen kann. Betrachten wir das Experiment aus Beispiel 2.8 (Abb. 2.19). Sei $B = \{2, 3, 5\}$ das Ereignis, dass eine Primzahl fällt. Dann berechnen wir

$$P(B) = P(2) + P(3) + P(5) = 0.16 + 0.16 + 0.16 = 0.48.$$

Hinweis 2.8

Eine formal korrekte Behandlung von Wahrscheinlichkeitsverteilungen sieht P als eine Funktion aus $\mathrm{Pot}(S)$ nach $[0, 1]$ und lässt die Bezeichnung $P(e)$ somit nicht zu. Formal müsste man $P(\{e\})$ schreiben. Wir verzichten hier auf diese Genauigkeit und erlauben, P gleichzeitig als eine Funktion aus S nach $[0, 1]$ zu betrachten. Dieser Punkt kann thematisiert werden, wenn dies erwünscht ist. Hier steht nicht nur eine einfachere Schreibweise, sondern auch die Entwicklung einer guten Intuition für die Bedeutung der Wahrscheinlichkeit im Vordergrund.

Aufgabe 2.29 Bestimme für das Experiment aus Beispiel 2.8 die Wahrscheinlichkeiten der Ereignisse $C = \{1, 2, 3\}$, $D = \{1, 3, 5\}$, $E = \{1, 6\}$ und $F = \{2, 3, 4, 5\}$.

Beispiel 2.9 Betrachte nochmals das zweifache Würfeln in Abb. 2.18, wobei alle 36 möglichen Ergebnisse (i, j), $1 \le i \le 6$, $1 \le j \le 6$, die gleiche Wahrscheinlichkeit $P\big((i, j)\big) = \frac{1}{36}$ haben. Wie groß ist die Wahrscheinlichkeit des Ereignisses A (Abb. 2.18), dass mindestens eine 4 fällt?

Wir sehen, dass A aus 11 Ergebnissen besteht. Weil alle die gleiche Wahrscheinlichkeit $\frac{1}{36}$ haben, berechnen wir

$$P(A) = 11 \cdot \frac{1}{36} = \frac{11}{36}. \qquad \qquad \Diamond$$

Auszug aus der Geschichte

Pierre Simon Laplace (1749–1827) war ein französischer Mathematiker, siehe die Abb. 2.20. Er beschäftigte sich vor allem mit der Astronomie, insbesondere mit dem sogenannten *Drei-Körper-Problem*, der Wahrscheinlichkeitstheorie und den sogenannten Differentialgleichungen.

Geboren in eine relativ wohlhabende Familie, besuchte Laplace mit 16 Jahren die Universität von Caen und reiste zwei Jahre später nach Paris. Dort stellte er sich dem damals berühmten Jean le Rond d'Alembert vor, der ihm ein Rätsel und eine Woche Zeit gab, um es zu lösen. Als Laplace am nächsten Tag die Lösung präsentierte, erhielt er von d'Alembert ein noch schwierigeres Problem, das dieser jedoch ebenso schnell löste. Dadurch beeindruckt, verschaffte d'Alambert ihm eine Stelle an der Militärakademie.

Eine äußerst produktive Phase begann im Leben von Laplace: Er publizierte 13 Artikel zu schwierigen Themen in nur 3 Jahren. Auch während der französischen Revolution konnte er weitgehend unbehindert weiterarbeiten. Im Jahre 1792 wurde er Mitglied des Komitees für Maße und Gewichte, das wenig später Einheiten wie Kilogramm und Meter festlegte, so wie wir sie heute noch verwenden.

Für kurze Zeit wurde er Innenminister von Napoleon Bonaparte, bekleidete aber auch danach wichtige Ämter, so dass er ein sehr stattliches Einkommen hatte.

Neben der Astronomie war die Wahrscheinlichkeitsrechnung das zweite große Forschungsgebiet von Laplace. Sie stellte für ihn einen Ausweg dar, um zu Resultaten zu kommen, auch wenn gewisse Kenntnisse fehlen. Er publizierte 1812 ein zweibändiges Werk mit dem Titel *Théorie Analytique des Probabilités*, worin er eine Definition der Wahrscheinlichkeit gab und abhängige und unabhängige Ereignisse betrachtete, siehe Kap. 6.

Abb. 2.20 Pierre Simon Laplace (1749–1827)

Folgende einfache Berechnungsregel der Wahrscheinlichkeit $P(E)$ eines Ereignisses $E \subseteq S$ für Situationen, in denen jedes Ergebnis aus dem Ergebnisraum S gleich wahrscheinlich ist, stammt von Laplace:

$$P(E) = \frac{\text{Anzahl günstiger Fälle}}{\text{Anzahl möglicher Fälle}}.$$

Es gibt viele Situationen, die sich so modellieren lassen, dass alle Ergebnisse gleich wahrscheinlich sind, wie zum Beispiel das Werfen zweier Würfel. Auch wenn diese nicht unterscheidbar sind, lohnt es sich, dieses Zufallsexperiment durch zwei unterscheidbare Würfel zu modellieren, da dann die Berechnung der Wahrscheinlichkeiten vereinfacht wird.

Beim zweifachen Würfeln (Abb. 2.18) kann man mit der Regel von Laplace die Wahrscheinlichkeit $P(E)$ des Ereignisses E, dass mindestens eine 4 fällt, bestimmen. Die Anzahl aller Ergebnisse ist 36 und alle sind gleich wahrscheinlich. Es gilt $|E| = 11$ (Abb. 2.18) und somit ist

$$P(E) = \frac{11}{36}.$$

Aufgabe 2.30 ✓ Bestimme für alle Ereignisse in Aufgabe 2.28 die jeweiligen Wahrscheinlichkeiten.

Das zweite Prinzip (P2) des Modellierens von Zufallsexperimenten ist, dass eines (und zwar genau eines) der Ergebnisse aus S auftreten muss. Ein Experiment kann also nicht ohne Resultat enden oder mit einem Ergebnis, das nicht in S ist. Eine Mischung aus zwei Ergebnissen ist auch nicht möglich.

Zum Beispiel erlauben wir beim Münzwurf nicht, dass jemand die Münze während ihres Flugs klaut (kein Ergebnis), oder dass die Münze auf der Kante stehen bleibt (ein Ergebnis, das nicht in $S = \{\text{Kopf}, \text{Zahl}\}$ betrachtet wird). Wenn man die Möglichkeit, auf der Kante stehen zu bleiben, betrachten will, muss man $S = \{\text{Kopf}, \text{Zahl}, \text{Kante}\}$ als Ergebnisraum annehmen und $P(\text{Kante})$ bestimmen. Deshalb müssen die Häufigkeiten der Ergebnisse zusammen 100 % ergeben und wir erhalten das folgende Prinzip.

(P2) *Für jeden Wahrscheinlichkeitsraum $\Omega = (S, P)$ gilt*

$$P(S) = 1,$$

das heißt, die Summe der Wahrscheinlichkeiten aller Ergebnisse in S muss 1 ergeben.

Die Wahrscheinlichkeit 1 nennen wir **Sicherheit** und S heißt **das sichere Ereignis**.

Eine andere wichtige Menge ist $\emptyset$, die formal auch als Ereignis betrachtet wird. Weil $\emptyset$ kein Ergebnis enthält, entspricht $\emptyset$ dem Ereignis ohne Ergebnis. So etwas haben wir aber nicht zugelassen. Dies wird durch das Prinzip (P3) formalisiert.

(P3) *$\emptyset$ wird **unmögliches Ereignis** genannt und wir setzen*

$$P(\emptyset) = 0.$$

Aus den drei Prinzipien (P1), (P2) und (P3) kann man einige Grundregeln für das Rechnen mit Wahrscheinlichkeiten ableiten. Diese Regeln können uns helfen, die Wahrscheinlichkeiten einiger Ereignisse schneller und einfacher zu bestimmen. Diese Prinzipien können ferner dazu verwendet werden, eine mathematische Definition des Wahrscheinlichkeitsraums zu geben.

Hinweis 2.9

Die folgende Definition ist nur für fortgeschrittene Schülerinnen und Schüler ab Klasse 11 geeignet.

Begriffsbildung 2.3 *Für eine endliche Menge S und eine Funktion P aus $\{A \mid A \subseteq S\}$ nach $[0, 1]$, die also jeder Teilmenge von S eine reelle Zahl zwischen 0 und 1 zuordnet, nennen wir das Paar (S, P) einen* **Wahrscheinlichkeitsraum***, wenn folgende Regeln gelten:*

(P1) *Für alle $A \subseteq S$ ist $P(A)$ die Summe der $P(\{e\})$ für alle $e \in A$.*
(P2) $P(S) = 1$.
(P3) $P(\emptyset) = 0$.

Diese Definition des Wahrscheinlichkeitsraums ist ein Paradebeispiel für den Weg zur Einführung eines neuen Konzeptes (in diesem Fall der Wahrscheinlichkeit) in der Mathematik. Anstatt direkt zu versuchen, die Bedeutung des Wortes „Wahrscheinlichkeit" zu erklären, was formal nicht geht, sagt man indirekt, dass es sich um Wahrscheinlichkeit handelt, wenn gewissen „Rechenprinzipien", die der Wahrscheinlichkeit eigen sein müssen, erfüllt sind.

Im Folgenden lernen wir weitere abgeleitete Rechenregeln kennen, die man für die Definition nicht braucht, die jedoch das Arbeiten mit Wahrscheinlichkeiten erleichtern.

Begriffsbildung 2.4 *Sei $A \subseteq S$ ein Ereignis aus einem Wahrscheinlichkeitsraum (S, P). Das* **Gegenereignis** *von (oder das* **komplementäre Ereignis** *zu) A in (S, P) ist das Ereignis*

$$\overline{A} = S - A.$$

Wir verstehen, dass die Bedeutung von $\overline{A}$ ist, dass A nicht eintritt. $\overline{A}$ enthält genau alle Ergebnisse, die nicht in A liegen. $\overline{A}$ ist also das echte Gegenteil von A. Offensichtlich gilt

$$\overline{A} \cup A = S \quad \text{und} \quad \overline{A} \cap A = \emptyset.$$

In Abb. 2.21 ist anschaulich dargestellt, dass die Ergebnisse von A und $\overline{A}$ kein gemeinsames Ergebnis enthalten. Beim zweifachen Münzwurf ist zum Beispiel für $A = \{(\text{Kopf}, \text{Kopf})\}$ die Menge

$$\overline{A} = \{(\text{Zahl}, \text{Kopf}), (\text{Kopf}, \text{Zahl}), (\text{Zahl}, \text{Zahl})\}$$

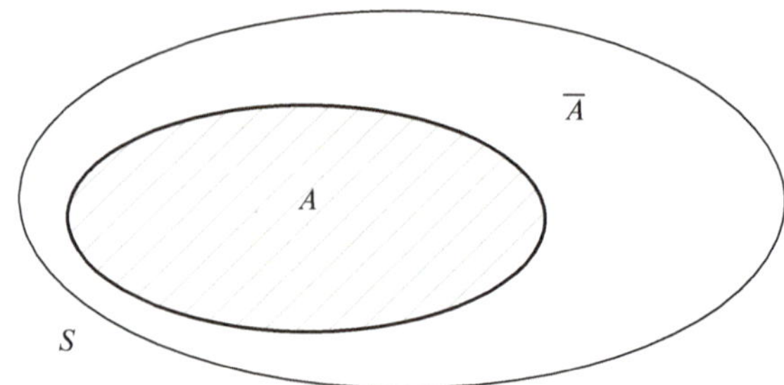

Abb. 2.21 Schematische Darstellung eines Ereignisses A und seines Gegenereignisses $\overline{A}$

das Gegenereignis zu A. Das Ereignis A bedeutet „es fällt keine Zahl" oder „es fallen zwei Köpfe". Das Ereignis $\overline{A}$ bedeutet „es fällt mindestens eine Zahl" oder „es fällt höchstens ein Kopf".

Aufgabe 2.31 ✓ Bestimme die Gegenereignisse der Ereignisse in Aufgabe 2.27. Beschreibe sie in Worten sowie als Mengen von Ergebnissen.

Aufgabe 2.32 ✓ Bestimme die Gegenereignisse zu den Ereignissen in Aufgabe 2.28. Beschreibe sie in Worten sowie als Mengen von Ergebnissen.

Aus der Definition von $\overline{A}$ (Abb. 2.21) ist klar, dass jedes Ergebnis aus S entweder in A oder in $\overline{A}$ ist. Deswegen gilt

$$P(A) + P(\overline{A}) = 1.$$

Diese Beobachtung führen wir als die erste Rechenregel (R1) ein.

(R1) **Komplementregel**

Für alle Ereignisse A eines Wahrscheinlichkeitsraumes (S, P) gilt

$$P(\overline{A}) = 1 - P(A) \quad und \quad P(A) = 1 - P(\overline{A}).$$

Beispiel 2.10 Wozu ist diese Regel nützlich? Betrachten wir wieder das Experiment des zweifachen Würfelns (siehe Abb. 2.18). Es soll die Wahrscheinlichkeit des Ereignisses A, dass die Summe der gewürfelten Zahlen höchstens 10 ist, bestimmt werden. Sicherlich besteht die Möglichkeit, alle Ergebnisse aus A aufzuzählen. Diese sind aber sehr zahlreich. Darum könnte diese Methode insbesondere bei größeren Experimenten mühsam werden. Die Wahrscheinlichkeit von $\overline{A}$ ist aber leicht zu bestimmen, weil $\overline{A}$ bedeutet, „Die Summe der geworfenen Zahlen ist mindestens 11". Also ist

$$\overline{A} = \{(6, 5), (5, 6), (6, 6)\}$$

und somit

$$P(\overline{A}) = P\big((6, 5)\big) + P\big((5, 6)\big) + P\big((6, 6)\big)$$
$$= \frac{1}{36} + \frac{1}{36} + \frac{1}{36} = \frac{3}{36} = \frac{1}{12}.$$

Nach Regel (R1) erhalten wir, ohne alle Ergebnisse aus A aufzuzählen,

$$P(A) = 1 - P(\overline{A}) = 1 - \frac{1}{12} = \frac{11}{12}. \qquad \Diamond$$

Aufgabe 2.33 ✓ Modelliere den Wurf von drei fairen Münzen. Wie groß ist die Wahrscheinlichkeit, dass höchstens zweimal (also für höchstens zwei Münzen) Kopf fällt?

Aufgabe 2.34 ✓ Betrachte das Experiment des zweifachen Würfelns (siehe Abb. 2.18). Wie hoch ist die Wahrscheinlichkeit, dass

(a) das Produkt der geworfenen Zahlen nicht gleich 24 ist?
(b) die zweite Zahl kein Vielfaches der ersten Zahl ist?
(c) die Summe der zwei Zahlen ungleich 4 ist.

Hinweis 2.10

Die folgenden beiden ⋆-Aufgaben sind zu schwierig, falls bisher noch keine kombinatorischen Überlegungen ausgeführt wurden. Sie können hier nur als Herausforderungen für diejenigen, die gerne mathematische Puzzles lösen, betrachtet werden.

Aufgabe 2.35 ⋆✓ Jan will folgende Wette eingehen: „Ich werfe drei faire Würfel. Ich wette, dass mindestens eine 5 oder eine 6 dabei fällt." Ist es lohnenswert, sich auf eine Wette mit Jan einzulassen?

Aufgabe 2.36 ⋆ Peter wirft vier faire Münzen. Er wettet, dass genau zweimal Kopf und zweimal Zahl fallen. Lohnt es sich, auf die Wette mit Peter einzugehen?

Wenn man zwei Ereignisse A und B mit $A \cap B = \emptyset$ hat (siehe Abb. 2.22), sehen wir sofort, dass das Ereignis $A \cup B$ als Auflistung der Elemente von A, gefolgt von der Auflistung der Elemente von B, dargestellt werden kann. Nach (P1) erhalten wir also für das Beispiel

Abb. 2.22 Schematische Darstellung zweier Ereignisse A, B mit leerem Durchschnitt: $A \cap B = \emptyset$

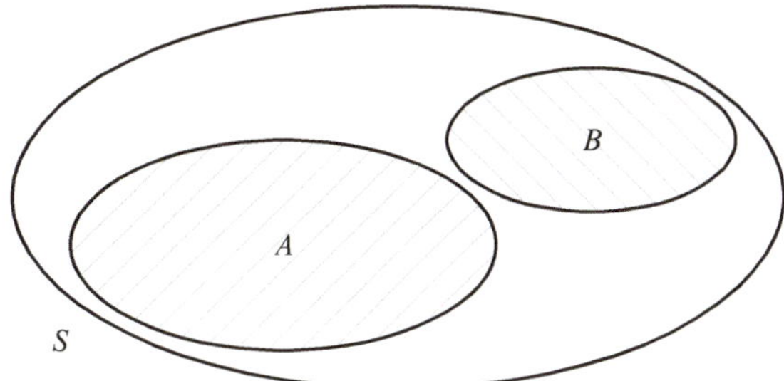

$A = \{2, 4, 6\}$ und $B = \{3, 5\}$ beim Würfeln, dass

$$P(A \cup B) = \underbrace{P(2) + P(4) + P(6)}_{P(A)} + \underbrace{P(3) + P(5)}_{P(B)}$$
$$= P(A) + P(B).$$

Dies fassen wir in der Rechenregel (R2) zusammen.

> **(R2) *Einfache Additionsregel***
>
> *Für zwei disjunkte Ereignisse A und B ($A \cap B = \emptyset$) eines Wahrscheinlichkeitsraumes (S, P) gilt*
> $$P(A \cup B) = P(A) + P(B).$$

Aufgabe 2.37 ✓ Betrachte das zweifache Würfeln mit fairen Würfeln (siehe Abb. 2.18). Wie groß ist die Wahrscheinlichkeit, dass die Summe der geworfenen Zahlen

(a) gleich 4 ist?
(b) gleich 8 ist?
(c) gleich 4 oder gleich 8 ist?
(d) gerade ist?
(e) sich von 2 und 11 unterscheidet?

Wie steht es aber mit $A \cup B$, wenn A und B nicht disjunkt sind? Wenn wir jetzt

$$P(A) + P(B)$$

betrachten, kommen in dieser Summe nach (P1) alle Elemente aus $A - B$ und aus $B - A$ genau einmal vor. Die Elemente aus $A \cap B$ kommen in der Summe $P(A) + P(B)$ genau zweimal vor, nämlich einmal bei der Summierung der Wahrscheinlichkeiten der Elemente aus A und einmal bei der Summierung der Ergebnisse aus B. Deswegen reicht es, von $P(A) + P(B)$ die Wahrscheinlichkeit $P(A \cap B)$ zu subtrahieren, um $P(A \cup B)$ zu berechnen.

> **(R3) *Allgemeine Additionsregel***
>
> *Für zwei beliebige Ereignisse A und B eines Wahrscheinlichkeitsraumes (S, P) gilt*
> $$P(A \cup B) = P(A) + P(B) - P(A \cap B).$$

Betrachten wir das Beispiel des Würfelexperiments in Abb. 2.23 mit $A = \{1, 6, 3, 4\}$, $B = \{3, 4, 2, 5\}$ und

$$P(A) = P(1) + P(6) + P(3) + P(4),$$
$$P(B) = P(3) + P(4) + P(2) + P(5).$$

Abb. 2.23 Darstellung zweier Ereignisse $A = \{1, 6, 3, 4\}$ und $B = \{3, 4, 2, 5\}$ beim einfachen Würfeln

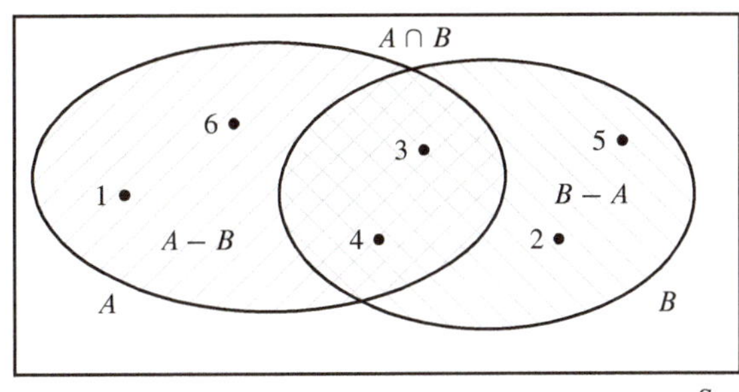

Damit ist

$$P(A) + P(B) = P(1) + P(6) + P(2) + P(5)$$
$$+ \underbrace{P(3) + P(4)}_{P(A \cap B)} + \underbrace{P(3) + P(4)}_{P(A \cap B)}.$$

Anhand von

$$P(A \cup B) = P(1) + P(2) + P(3) + P(4) + P(5) + P(6)$$

erkennen wir, dass

$$P(A \cup B) = P(A) + P(B) - P(A \cap B).$$

Eine andere Begründung für (R3) ist die folgende:

$$A \cup B = A \cup (B - A),$$

wobei $A \cap (B - A) = \emptyset$ (siehe Abb. 2.23).

Nach (R2) gilt

$$P(A \cup B) = P(A) + P(B - A). \tag{2.3}$$

Aber

$$B = (B - A) \cup (A \cap B)$$

und offensichtlich (siehe Abb. 2.23)

$$(B - A) \cap (A \cap B) = \emptyset.$$

Damit gilt nach (R2)

$$P(B) = P(B - A) + P(A \cap B)$$

Abb. 2.24 Schematische Darstellung zweier Ereignisse A und B, welche die Ergebnisse in $A \cup B$ in die drei Ereignisse $A - B$, $A \cap B$ und $B - A$ unterteilen

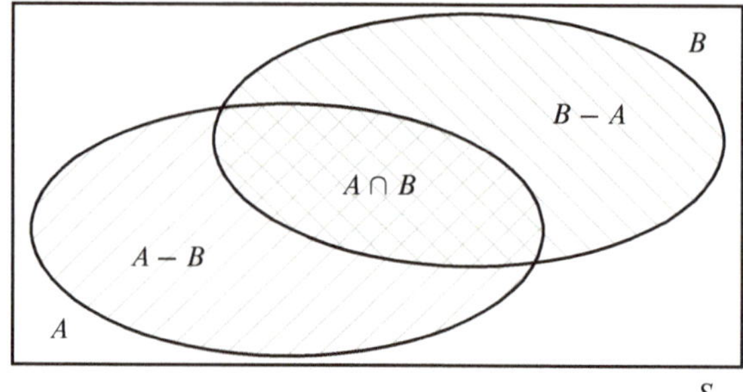

und als Umstellung dieser Gleichung

$$P(B - A) = P(B) - P(A \cap B). \tag{2.4}$$

Wenn wir jetzt in (2.3) die Wahrscheinlichkeit $P(B - A)$ durch (2.4) ersetzen, erhalten wir

$$P(A \cup B) = P(A) + P(B - A) = P(A) + \underbrace{P(B) - P(A \cap B)}_{P(B-A) \text{ nach } (2.4)}.$$

Eines der wichtigsten Ziele beim Modellieren ist es, neue Informationen aus den bereits vorhandenen Informationen zu gewinnen. Gute Modelle ersparen uns somit viel Arbeit beim Experimentieren und Messen, weil wir die fehlenden Informationen aus den bekannten Tatsachen errechnen können. Später werden wir sehen, wie uns diese Möglichkeit sogar hilft, neue Entdeckungen in den Naturwissenschaften zu machen oder Experimente theoretisch zu erklären.

Beispiel 2.11 Die Rechenregeln der Wahrscheinlichkeiten kann man verwenden, um in nur teilweise bekannten Wahrscheinlichkeitsräumen die unbekannten Wahrscheinlichkeiten einiger Ereignisse auszurechnen. Betrachten wir die folgende Aufgabenstellung: Wir wissen für Ereignisse A und B eines Wahrscheinlichkeitsraumes (S, P), dass

$$P(A \cup B) = 0.8,$$
$$P(A \cap B) = 0.3,$$
$$P(A \cap \overline{B}) = 0.2.$$

Unsere Aufgabe ist es, die Wahrscheinlichkeiten der Ereignisse A, B, $\overline{A} \cup \overline{B}$, $(A \cap B) \cup \overline{A}$ und $S - (\overline{B} \cap A)$ zu bestimmen. Eine oft erfolgreiche Strategie ist, sich die Menge $A \cup B$ als die Vereinigung von drei paarweise disjunkten Mengen $A - B$, $A \cap B$ und $B - A$ vorzustellen (siehe Abb. 2.24). Wegen der Disjunktheit dieser Mengen gilt nach (R2)

$$P(A \cup B) = P(A - B) + P(A \cap B) + P(B - A). \tag{2.5}$$

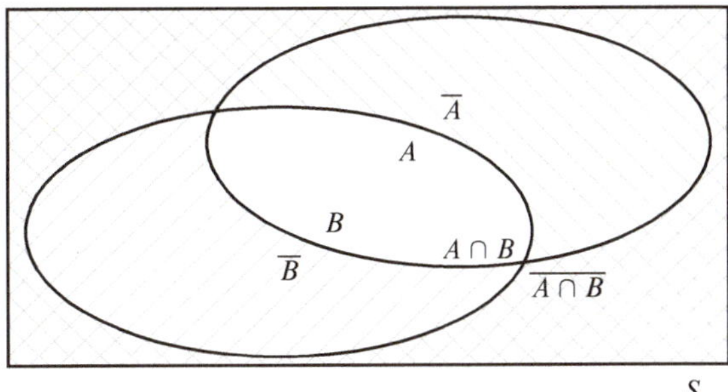

Abb. 2.25 Schematische Darstellung der Menge $\overline{A} \cup \overline{B}$, welche gleich $\overline{A \cap B}$ ist

Wir beobachten, dass $B - A = B \cap \overline{A}$ und $A - B = A \cap \overline{B}$ ist. Also kennen wir außer $P(B - A) = P(B \cap \overline{A})$ alle Wahrscheinlichkeiten, die in (2.5) auftreten. Durch Einsetzen der Werte erhalten wir

$$0.8 = 0.2 + 0.3 + P(B - A)$$

und somit

$$P(B - A) = 0.3.$$

Jetzt nutzen wir wieder (R2), um die Wahrscheinlichkeiten der Ereignisse A und B wie folgt zu berechnen:

$$P(A) = P(A - B) + P(A \cap B)$$
$$\left\{ \begin{array}{l} \text{Nach (R2), weil } A = (A - B) \cup (A \cap B) \\ \text{und } (A - B) \cap (A \cap B) = \emptyset \text{ (siehe Abb. 2.24).} \end{array} \right\}$$
$$= 0.2 + 0.3 = 0.5,$$
$$P(B) = P(B - A) + P(A \cap B)$$
$$\{\text{Nach (R2), weil } B = (B - A) \cup (A \cap B) \text{ und } (B - A) \cap (A \cap B) = \emptyset\}$$
$$= 0.3 + 0.3 = 0.6.$$

In Abb. 2.25 sehen wir, dass $\overline{A} \cup \overline{B} = S - (A \cap B) = \overline{A \cap B}$ ist. Damit gilt nach (R1)

$$P(\overline{A} \cup \overline{B}) = 1 - P(A \cap B) = 1 - 0.3 = 0.7.$$

Nach (R1) erhalten wir dann

$$P(\overline{A}) = 1 - P(A) = 1 - 0.5 = 0.5.$$

Weil $(A \cap B) \cap \overline{A} = \emptyset$ ist, erhalten wir nach (R2)

$$P\big((A \cap B) \cup \overline{A}\big) = P(A \cap B) + P(\overline{A})$$
$$= 0.3 + 0.5 = 0.8.$$

Die letzte Aufgabe ist es, die Wahrscheinlichkeit des Ereignisses $S - (\overline{B} \cap A)$ zu bestimmen. Wir wissen schon, dass $\overline{B} \cap A = A - B$ ist und somit erhalten wir nach (R1)

$$\begin{aligned}
P(S - (\overline{B} \cap A)) &= 1 - P(\overline{B} \cap A) \\
&= 1 - P(A - B) \\
&= 1 - 0.2 = 0.8.
\end{aligned}$$ ◊

Aufgabe 2.38 Wir wissen über zwei Ereignisse A und B eines Wahrscheinlichkeitsraumes (S, P), dass $P(\overline{A}) = 0.4$, $P(B) = 0.7$ und $P(\overline{A \cup B}) = 0.2$ ist. Bestimme die Wahrscheinlichkeit von A, $A \cap B$, $A - B$, $B - A$, $\overline{B}$ und $\overline{A \cap B}$. Argumentiere dabei so sorgfältig und detailliert wie in Beispiel 2.11.

Aufgabe 2.39 Wir haben ein Glücksrad und 8 mögliche Resultate, die den natürlichen Zahlen 1, 2, 3, 4, 5, 6, 7 und 8 entsprechen. Wir wissen, dass

- die Wahrscheinlichkeit, eine gerade Zahl zu erhalten, 0.5 ist,
- die Wahrscheinlichkeit, eine gerade Primzahl zu erhalten, 0.1 ist,
- $P(5) = P(7) = 0.05$ und $P(4) = P(6) = P(8)$,
- $P(1) = P(3)$.

Bestimme die Wahrscheinlichkeiten aller einzelnen elementaren Ereignisse 1, 2, 3, 4, 5, 6, 7, 8 und die Wahrscheinlichkeiten der Ereignisse

- es fällt eine ungerade Primzahl,
- es fällt eine ungerade Zahl, die keine Primzahl ist.

Hinweis Du kannst A als Menge aller Primzahlen kleiner 8 und $B = \{1, 3, 5, 7\}$ als Menge aller ungeraden Zahlen kleiner 8 nehmen. Jetzt kannst du A und B in S graphisch darstellen. Das Ereignis $A - B$ bedeutet dann zum Beispiel, dass eine Primzahl fällt, die nicht ungerade ist.

Beispiel 2.12 Wir wissen über zwei Ereignisse A und B eines Wahrscheinlichkeitsraumes (S, P), dass

$$\begin{aligned}
P(A \cup \overline{B}) &= 0.8, \\
P(A \cap \overline{B}) &= 0.1, \\
P(\overline{B}) &= 0.3
\end{aligned}$$

gelten. Die Aufgabe ist, die Wahrscheinlichkeiten der Ereignisse A, $(\overline{A} \cap B) \cup \overline{B}$ und $(\overline{A} \cap \overline{B}) \cup (A \cap B)$ zu bestimmen.

Wir verwenden die gleiche Strategie wie im vorherigen Beispiel und versuchen zuerst, unabhängig von der Zielsetzung die Wahrscheinlichkeiten der Ereignisse $A - B$, $A \cap B$, $B - A$ (siehe Abb. 2.24) zu bestimmen. In erster Linie beobachten wir, dass

$$A \cup \overline{B} = S - (B - A) = \overline{B - A}$$

ist. Somit erhalten wir nach (R1)

$$P(B - A) = 1 - P(\overline{B - A})$$
$$= 1 - P(A \cup \overline{B})$$
$$= 1 - 0.8 = 0.2.$$

Wir sehen auch, dass

$$A \cap \overline{B} = A - B$$

ist, und folgern daraus $P(A - B) = P(A \cap \overline{B}) = 0.1$.

Aus $P(\overline{B}) = 0.3$ erhalten wir $P(B) = 0.7$ nach (R1). Nach (R2) gilt

$$P(B) = P(B - A) + P(A \cap B)$$

und daher

$$0.7 = 0.2 + P(A \cap B) \text{ also}$$
$$P(A \cap B) = 0.5.$$

Jetzt kennen wir die Wahrscheinlichkeiten von $A \cap B$, $A - B$ und $B - A$ und können mittels (R2) einfach die Wahrscheinlichkeit des Ereignisses A bestimmen:

$$P(A) = P(A - B) + P(A \cap B)$$
$$= 0.1 + 0.5 = 0.6.$$

Bei der Berechnung der Wahrscheinlichkeit des Ereignisses $(\overline{A} \cap B) \cup \overline{B}$ kann man auf unterschiedliche Weisen vorgehen. Wir können zum Beispiel direkt rechnen oder zuerst den Mengenausdruck vereinfachen.

Weil $\overline{A} \cap B$ und $\overline{B}$ disjunkt sind (denn $\overline{B}$ und B sind disjunkt und es gilt $\overline{A} \cap B \subseteq B$), erhalten wir nach (R2)

$$P\big((\overline{A} \cap B) \cup \overline{B}\big) = P(\overline{A} \cap B) + P(\overline{B})$$
$$= P(B - A) + P(\overline{B})$$
$$= 0.2 + 0.3 = 0.5.$$

Wenn wir zuerst die Menge $(\overline{A} \cap B) \cup \overline{B}$ zeichnen, dann beobachten wir, dass

$$(\overline{A} \cap B) \cup \overline{B} = (B - A) \cup \overline{B} = S - (A \cap B) = \overline{A \cap B}$$

gilt. Dann erhalten wir nach (R1)

$$P(\overline{A \cap B}) = 1 - P(A \cap B) = 1 - 0.5 = 0.5.$$

Für das Ereignis $(\overline{A} \cap \overline{B}) \cup (A \cap B)$ beobachten wir wieder, dass $\overline{A} \cap \overline{B}$ und $A \cap B$ disjunkt sind und wir somit (R2) nutzen können, um weiterzurechnen:

$$\begin{aligned}
P\big((\overline{A} \cap \overline{B}) \cup (A \cap B)\big) &= P(\overline{A} \cap \overline{B}) + P(A \cap B) \\
&= P(\overline{A \cup B}) + 0.5 \\
&\quad \{\text{weil } \overline{A} \cap \overline{B} = S - (A \cup B)\} \\
&= 1 - P(A \cup B) + 0.5 \\
&\quad \{\text{nach (R1)}\} \\
&= 1.5 - (P(A) + P(B) - P(A \cap B)) \\
&\quad \{\text{nach (R3)}\} \\
&= 1.5 - (0.6 + 0.7 - 0.5) \\
&= 1.5 - 0.8 = 0.7. \qquad \Diamond
\end{aligned}$$

Aufgabe 2.40 ⋆ Kannst du eine analoge Regel zu (R3) für die Berechnung von $P(A \cup B \cup C)$ für drei beliebige Ereignisse A, B und C erstellen?

Aufgabe 2.41 ✓ Betrachte 52 Spielkarten der Farben „Karo", „Kreuz", „Herz" und „Pik". Von jeder Farbe haben wir die 13 Karten: Ass, 2, 3, 4, 5, 6, 7, 8, 9, 10, Bube, Dame und König. Das Zufallsexperiment entspricht der Ziehung einer Karte. Jede Karte hat die gleiche Wahrscheinlichkeit von $\frac{1}{52}$ gezogen zu werden. Bestimme die Wahrscheinlichkeiten folgender Ereignisse.

(a) Es wird ein Ass gezogen.
(b) Es wird ein Ass oder ein Kreuz gezogen.
(c) Es wird ein König oder eine Dame gezogen.
(d) Es wird ein Karo oder eine Dame gezogen.
(e) Es wird eine Zahl gezogen.

Aufgabe 2.42 In einem unbekannten Zufallsexperiment ist nur eine Teilinformation über die Wahrscheinlichkeit der zwei Ereignisse A und B bekannt.

(a) Wir wissen, dass $P(A) = 0.4$, $P(B) = 0.25$ und $P(A \cap B) = 0.1$ ist. Bestimme mit
     Hilfe der Regeln (R1), (R2) und (R3) die folgenden Wahrscheinlichkeiten:

$$P(A \cup B), \quad P(\overline{A} \cup \overline{B}), \quad P(A \cup \overline{B}), \quad P(A - B),$$
$$P(\overline{A} \cap B), \quad P\big((A \cup B) - (A \cap B)\big) \quad \text{und} \quad P(\overline{B - A}).$$

(b) Wir wissen, dass $P(A \cup B) = 0.75$, $P(A \cap B) = 0.25$ und $P(A \cup \overline{B}) = 0.7$.
     Bestimme die Wahrscheinlichkeit der Ereignisse $\overline{A} \cup \overline{B}$, $\overline{A} \cap \overline{B}$, A, $A \cap \overline{B}$ und B.

2.6 Das Summenzeichen

Hinweis 2.11

Falls man dieses Kapitel schon früher, im achten oder neunten Schuljahr, unterrichtet,
kann man auf die Summenzeichen an dieser Stelle verzichten und sie später nach-
holen. Worauf man aber keinesfalls verzichten sollte, ist die sorgfältige Prägung der
Begriffe „elementare Ereignisse", „Ergebnisraum", „relative Häufigkeit" und „Wahrscheinlichkeit". Nur ein gutes Verständnis des Wahrscheinlichkeitsraums als Modell
eines Zufallsexperiments gibt uns die Basis, zu der wir bei der Überprüfung unserer
Überlegungen in komplexeren Situationen zurückkehren können.

Die Schreibweise

$$P(1) + P(2) + P(3) + P(4) + P(5) + P(6)$$

ist recht mühsam und wird bei wachsender Anzahl Ergebnisse zusehends unübersicht-
licher. Die Mathematiker haben daher ein Zeichen für die Summe eingeführt, den griechischen Großbuchstaben Sigma: Σ. Im obigen Fall würde dieses Zeichen wie folgt
verwendet:

$$\sum_{i=1}^{6} P(i) \tag{2.6}$$

Unter dem Summenzeichen steht die *Zählvariable*, hier ist es i, und es wird angegeben,
bei welchem i die Summierung beginnt, hier bei $i = 1$. Oberhalb des Summenzeichens
steht bei welchem Wert für i die Summierung endet, hier bei $i = 6$. Die Zählvariable wird
immer um 1 erhöht. Man hat also i je einmal gleich $1, 2, 3, 4, 5, 6$ zu setzen. Rechts neben
dem Summenzeichen steht, was summiert werden muss, hier $P(i)$. Ersetzt man i durch
$1, 2, 3, 4, 5, 6$, so erhält man $P(1)$, $P(2)$, $P(3)$, $P(4)$, $P(5)$ und $P(6)$. Wenn man diese
nun aufsummiert, so erhält man aus (2.6) die Summe $P(1) + P(2) + P(3) + P(4) +$
$P(5) + P(6)$.

Beispiel 2.13 Die Summe der ersten 100 Quadratzahlen, also $1^2 + 2^2 + 3^2 + \ldots + 99^2 + 100^2$, kann man als

$$\sum_{i=1}^{100} i^2$$

schreiben. $\diamond$

Beispiel 2.14 Die Summe der ersten 100 geraden natürlichen Zahlen, also $2 + 4 + 6 + \ldots + 198 + 200$, kann man als

$$\sum_{k=1}^{100} 2k$$

schreiben. Auch hier ist wieder zu beachten, dass die Schrittweite der Zählvariablen immer 1 ist. Ferner spielt die Wahl der Zählvariablen keine Rolle. $\diamond$

Aufgabe 2.43 Schreibe die Summe der ersten 100 Zweierpotenzen, also $2^0 + 2^1 + 2^2 + 2^3 + \ldots + 2^{99}$, mit dem Summenzeichen.

Aufgabe 2.44 Schreibe die Summe der ersten 100 Kehrwerte, also $\frac{1}{1} + \frac{1}{2} + \frac{1}{3} + \ldots + \frac{1}{99} + \frac{1}{100}$, mit dem Summenzeichen.

Aufgabe 2.45 Berechne folgende Zahlen, ohne den Taschenrechner zu benutzen:

(a) $\displaystyle\sum_{i=1}^{100} 2,$

(b) $\displaystyle\sum_{k=1}^{100} (-1)^k,$

(c) $\displaystyle\sum_{x=-100}^{100} x,$

(d) $\displaystyle\sum_{s=1}^{100} s^2 - \sum_{t=0}^{99} t^2.$

Manchmal wird die Summe auch über eine Menge gebildet. Ist zum Beispiel S die Menge $S = \{1, 2, 3, 4, 5, 6\}$, so kann man die Summe (2.6) auch so schreiben:

$$\sum_{s \in S} P(s)$$

Beispiel 2.15 Sei S die Menge aller Paare (i, j) mit $i, j \in \{1, 2, 3, 4, 5, 6\}$. Wir sollen

$$\sum_{(i,j)\in S} i$$

berechnen.

Die Variable j kommt in der Summierung nicht direkt vor. Daher gibt es 6 Summanden mit $i = 1$, ebenso gibt es 6 Summanden mit $i = 2$, usw. Somit gilt

$$\sum_{(i,j)\in S} i = 6 \cdot 1 + 6 \cdot 2 + 6 \cdot 3 + 6 \cdot 4 + 6 \cdot 5 + 6 \cdot 6$$
$$= 6 \cdot (1 + 2 + 3 + 4 + 5 + 6)$$
$$= 6 \cdot 21$$
$$= 126. \qquad\qquad \Diamond$$

Aufgabe 2.46 Sei S die Menge aller Primzahlen zwischen 1 und 10. Berechne

$$\sum_{p\in S} p^2 \quad \text{und} \quad \sum_{p\in S} 10^p.$$

Aufgabe 2.47 Sei S die Menge der ungeraden Zahlen zwischen 2 und 14. Berechne

$$\sum_{u\in S} \frac{u - 3}{2}.$$

Das Summenzeichen verwenden wir in Wahrscheinlichkeitsrechnungen, um das Prinzip (P1) mathematisch auszudrücken: Für jeden Wahrscheinlichkeitsraum (S, P) mit endlichem S und für jedes Ereignis $A \subseteq S$ gilt

$$P(A) = \sum_{e\in A} P(e).$$

Auszug aus der Geschichte

Der Erste, der den griechischen Buchstaben Σ für die Bezeichnung der Summe verwendet hat, ist Leonhard Euler (1707–1783). Abb. 2.26 zeigt Euler auf einer alten Schweizer Zehnfrankennote.

Euler erbrachte originelle Beiträge zu vielen Gebieten der Mathematik, insbesondere zur Zahlentheorie, Analysis und Algebra. Einige Gebiete der Mathematik hat er neu erschaffen, so zum Beispiel die Topologie und die Graphenthorie. Er gilt als der einflussreichste Mathematiker des 18. Jahrhunderts und generell als jener, der schlicht und einfach am meisten geschrieben hat: Von seinem Gesamtwerk erschienen bisher 72 Bände, 2 stehen noch aus und in 10 weiteren Bänden sollen die über 3 000 Briefe verschiedener Briefwechsel erscheinen.

Leonhard Euler hat auch die Art und Weise wie wir Mathematik schreiben stark beeinflusst. Viele Bezeichnungen hat er eingeführt, so zum Beispiel das Summenzeichen, die allgemeine Schreibweise $f(x)$ für den Wert einer Funktion f an einer Stelle x, die Zahl e der Basis des natürlichen Logarithmus (heute als Eulersche Zahl bekannt) sowie die imaginäre Einheit i.

Abb. 2.26 Leonhard Euler
(1707–1783) auf einer alten
Schweizer Zehnernote

2.7 Zusammenfassung

Ein Experiment wird als ein Zufallsexperiment betrachtet, wenn es mehrere unterschiedliche Endresultate (Ergebnisse) trotz gleicher Startsituation besitzen kann und man nicht voraussagen kann, welches der Ergebnisse auftreten wird. Die Menge aller möglichen Ergebnisse eines Experiments nennen wir den Ergebnisraum. Die Zuordnung der Wahrscheinlichkeiten zu den Ergebnissen eines Experiments nennen wir die Wahrscheinlichkeitsverteilung des Zufallsexperiments. Die Wahrscheinlichkeitsverteilung eines Zufallsexperiments muss immer die Eigenschaft haben, dass die Summe der Wahrscheinlichkeiten über alle Ergebnisse 1 (Sicherheit) ergibt. Somit sagt man aus, dass wir alle Endresultate (Ergebnisse) des Experiments kennen und eines von ihnen auftreten muss.

Ein Ereignis eines Zufallsexperiments ist eine beliebige Menge von Ergebnissen des Experiments und somit eine beliebige Teilmenge des Ergebnisraums S. Die Wahrscheinlichkeit eines Ereignisses A, die mit $P(A)$ bezeichnet wird, ist die Summe der Wahrscheinlichkeiten der in A enthaltenen Ergebnisse. Es gilt $P(S) = 1$, weil jede Durchführung eines Experiments mit einem Resultat aus S endet. Ferner gilt $P(\emptyset) = 0$, weil $\emptyset$ kein Endresultat des Experiments enthält und es nicht geschehen kann, dass das Experiment ergebnislos endet. Der Ergebnisraum S und die Wahrscheinlichkeitsverteilung P über S bilden zusammen einen Wahrscheinlichkeitsraum. Für jeden endlichen Wahrscheinlichkeitsraum gelten die oben genannten Prinzipien.[3]

Aus den oben formulierten Prinzipien kann man nützliche Regeln für das Rechnen mit Wahrscheinlichkeiten ableiten. Für jedes Ereignis A des Ergebnisraums S ist $\overline{A} = S - A$ das komplementäre Ereignis zu A in S. Weil $A \cup \overline{A} = S$, gilt $P(A) + P(\overline{A}) = P(S) = 1$ und somit $P(\overline{A}) = 1 - P(A)$. Für zwei beliebige Ereignisse A und B aus S gilt $P(A \cup B) = P(A) + P(B) - P(A \cap B)$.

---

[3] Die Mathematiker nennen solche Prinzipien meist Axiome.

2.8 Kontrollfragen

1. Du hast ein Zufallsexperiment, das du modellieren möchtest. Du kennst aber die Wahrscheinlichkeiten der Ergebnisse nicht. Wie kannst du vorgehen, um durch Experimentieren diese Wahrscheinlichkeiten zu schätzen?
2. Was ist ein Ergebnisraum? Was ist eine Wahrscheinlichkeitsverteilung? Was ist ein Wahrscheinlichkeitsraum?
3. Modelliere durch einen Wahrscheinlichkeitsraum das Experiment des dreifachen Münzwurfs mit fairen Münzen.

Hinweis Du musst den Ergebnisraum beschreiben und jedem Ergebnis seine Wahrscheinlichkeit zuordnen.

4. Gib zwei konkrete Mengen A und B an, die folgende Eigenschaften haben:
   (a) $|A| = 4$, $|B| = 2$ und $|A \cup B| = 5$,
   (b) $|A| = 3$, $|B| = 3$ und $|A \cap B| = 2$,
   (c) $|A| = 7$, $|B| = 4$ und $|A \cup B| = 7$.
5. Erkläre, warum
$$|A \cup B| + |A \cap B| = |A| + |B|$$
für beliebige Mengen A und B gilt.
6. Begründe mit einer Zeichnung, warum
$$(A - B) \cup (B - A) = (A \cup B) - (A \cap B)$$
für beliebige Mengen A und B gilt.
7. Was kann man über A und B sagen, wenn $A \cup B = A$ gilt?
8. Was ist ein Ereignis in einem Wahrscheinlichkeitsraum (S, P)?
9. Wie ist die Wahrscheinlichkeit eines Ereignisses durch die Wahrscheinlichkeiten der Ergebnisse bestimmt?
10. Was ist das komplementäre Ereignis eines Ereignisses A in einem Wahrscheinlichkeitsraum (S, P)?
11. Warum gilt $P(\overline{A}) = 1 - P(A)$ für jedes Ereignis A eines Wahrscheinlichkeitsraumes (S, P)? Welche Grundprinzipien des Wahrscheinlichkeitsraumes wendest du an, um diese Gleichung zu begründen?
12. Warum fordern wir $P(S) = 1$ und $P(\emptyset) = 0$ in jedem Wahrscheinlichkeitsraum (S, P)?
13. Welches Prinzip der Wahrscheinlichkeitsräume (S, P) wendet man an, um $P(A) + P(B) = P(A \cup B)$ für alle endlichen Teilmengen A und B von S mit $A \cap B = \emptyset$ zu begründen? Warum gilt $P(A) + P(B) = P(A \cup B)$ nicht für alle $A, B \subseteq S$?
14. Erkläre, warum die allgemeine Additionsregel (R3) gilt.

2.9 Kontrollaufgaben

1. Bestimme die Wahrscheinlichkeiten der folgenden Ereignisse beim zweifachen Werfen eines fairen Würfels.

    (a) Es fallen zwei ungerade Zahlen.

    (b) Es fällt mindestens eine 1.

    (c) Die Summe der Zahlen ist 4.

    (d) Die Summe der Zahlen ist nicht 12.

    (e) Die Summe der Zahlen ist kleiner als 2.

    (f) Die Summe der Zahlen ist höchstens 12.

    (g) Das Produkt der Zahlen ist nicht 12.

    (h) Die zweite Zahl ist nicht das Zweifache der ersten Zahl.

2. Sei $\Omega = (S, P)$ ein Wahrscheinlichkeitsraum eines Experiments, in dem alle Ergebnisse die gleiche Wahrscheinlichkeit haben. Dann gilt

$$P(A) = \frac{|A|}{|S|}$$

    für jedes Ereignis $A \subseteq S$. Begründe dies.

3. Betrachte $\Omega = (S, P)$ mit $S = \{1, 2, 3, 4, 5, 6, 7, 8, 9\}$ und

$$P(1) = P(2) = P(3) = 0.1,$$
$$P(4) = P(5) = P(6) = 0.05,$$
$$P(7) = P(8) = 0.15.$$

    (a) Wenn Ω ein Wahrscheinlichkeitsraum ist, was muss dann für $P(9)$ gelten?

    (b) Bestimme die Wahrscheinlichkeit, dass eine Primzahl gezogen wird.

    (c) Bestimme die Wahrscheinlichkeit, dass kein Vielfaches von 4 auftritt. Benutze dabei die Regel (R1) über komplementäre Mengen (Gegenereignisse).

4. Mit welcher Wahrscheinlichkeit erreicht man mit zwei Würfeln in einem Wurf eine Differenz von mindestens 3?

5. Wir betrachten ein Glücksrad, das in 10 gleichgroße Bereiche (Kreissektoren) unterteilt ist. Die Bereiche sind mit den Dezimalziffern von 0 bis 9 beschriftet, siehe Abb. 2.27. Berechne die Wahrscheinlichkeiten folgender Ereignisse in einem Zufallsexperiment, bei dem das Glücksrad zweimal gedreht wird. Bestimme zuerst den Wahrscheinlichkeitsraum.

    (a) Bei beiden Drehungen bleibt das Rad bei der Zahl 0 stehen.

    (b) Die Summe der beiden Zahlen ist 8.

    (c) Die beiden Zahlen sind gerade.

    (d) Die Summe der beiden Zahlen ist gerade.

    (e) Die Summe der beiden Zahlen ist höchstens 16.

    (f) Wenn man die beiden Ziffern hintereinander schreibt, bildet die erste Ziffer die Zehnerziffer und die zweite Ziffer bildet die Einerziffer. Wie groß ist die Wahr-

Abb. 2.27 Glücksrad für die zufällige Wahl einer Dezimalzahl

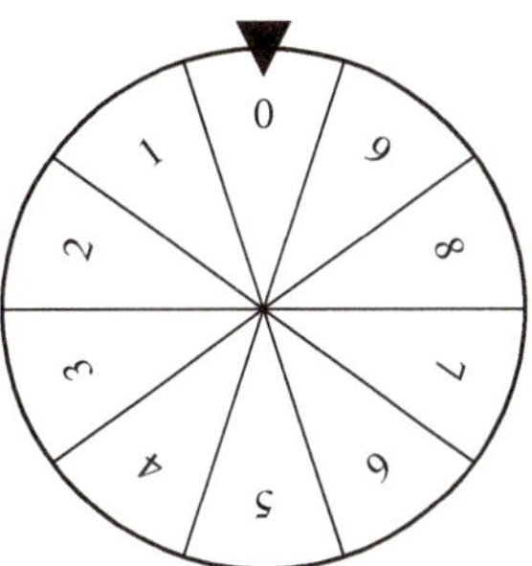

scheinlichkeit, eine Zahl kleiner gleich 30 zu erhalten? Wie groß ist die Wahrscheinlichkeit, eine Zahl zwischen 13 und 37 zu erhalten?

6. Wir haben eine Urne mit weißen, schwarzen und roten Kugeln. Jede einzelne Kugel hat die gleiche Wahrscheinlichkeit, gezogen zu werden. Nehmen wir an, wir haben 6 weiße und 3 schwarze Kugeln in der Urne. Gegeben ist eine bestimmte Wahrscheinlichkeit. Bestimme daraus jeweils die Anzahl der roten Kugeln in der Urne.

    (a) Die Wahrscheinlichkeit, eine rote Kugel zu ziehen, ist $\frac{3}{4}$.

    (b) Die Wahrscheinlichkeit, eine weiße Kugel zu ziehen, ist $\frac{1}{2}$.

    (c) Die Wahrscheinlichkeit, eine schwarze Kugel zu ziehen, ist $\frac{1}{4}$.

    (d) Die Wahrscheinlichkeit, keine rote Kugel zu ziehen, ist $\frac{1}{2}$.

7. Eine Urne enthält 900 Kugeln mit den Nummern $100, 101, 102, \ldots, 999$. Eine Kugel wird zufällig gezogen. Berechne die Wahrscheinlichkeit des Ereignisses, dass die gezogene Zahl x die folgende Eigenschaft hat:

    (a) x ist durch 100 teilbar.

    (b) x ist duch 10 teilbar.

    (c) x ist nicht durch 25 teilbar.

    (d) x ist nicht durch 5 teilbar.

    (e) x ist größer als 299 und kleiner als 375.

    (f) x ist durch 3 teilbar.

    (g) x ist durch 2 und 5 teilbar.

    (h) x ist durch 2 oder durch 5 teilbar.

8. Bestimme zeichnerisch die folgenden Mengen:

    (a) $\overline{(A \cap B)} \cap B$,

    (b) $(A \cap \overline{B}) \cup (B - A)$,

    (c) $(A \cap B) - (A \cap B \cap C)$,

    (d) $(A \cap \overline{B}) \cup (A \cap \overline{C})$,

    (e) $A - (A \cap B \cap C)$,

    (f) $(B - (A \cup C)) \cup (C \cap (\overline{A \cup B}))$.

9. In einer Klasse gibt es 14 Jugendliche. 9 spielen Tischtennis und 8 Badminton. 7 spielen beides. Wie viele Jugendliche aus der Klasse betreiben keine dieser beiden Sportarten?

10. In einem Jahrgang gibt es 80 Studierende. Es werden zusätzliche, freiwillige Vertiefungskurse in Mathematik, Wirtschaft und Englisch angeboten. 4 Studierende melden sich für alle drei an, 12 melden sich für mindestens zwei Zusatzkurse an. Genau 4 von diesen 12 haben Englisch und Wirtschaft ohne Mathematik gewählt. Es gibt 8 Studierende, die Mathematik und Englisch besuchen wollen. Für Mathematik haben sich insgesamt 10 Studierende angemeldet, 2 davon nur für Mathematik und kein anderes Fach. Für Englisch gibt es insgesamt 24 Anmeldungen. 20 Studierende haben sich nur für Wirtschaft und kein anderes Zusatzfach entschieden. Bestimme die folgenden Zahlen:

    (a) Wie viele Studierende haben sich insgesamt für Wirtschaft angemeldet?

    (b) Wie viele Studierende haben sich Mathematik und Englisch ohne Wirtschaft ausgesucht?

    (c) Wie viele wählen nur das Fach Englisch?

    (d) Wie viele haben sich Mathematik und Wirtschaft ohne Englisch ausgesucht?

    (e) Wie viele haben sich genau zwei Fächer ausgesucht?

    (f) Wie viele haben sich kein Fach ausgesucht?

    (g) Wie viele haben sich genau ein Fach ausgesucht?

11. In einer Urne liegen weiße, rote und schwarze Kugeln. Jede einzelne Kugel hat die gleiche Wahrscheinlichkeit, gezogen zu werden. Die Wahrscheinlichkeit, eine rote Kugel zu ziehen, ist doppelt so groß wie die Wahrscheinlichkeit, eine schwarze Kugel zu ziehen. Die Wahrscheinlichkeiten, eine weiße Kugel zu ziehen und eine rote Kugel zu ziehen, stehen im Verhältnis 4 zu 3. Bestimme die einzelnen Wahrscheinlichkeiten der drei Ereignisse für das Ziehen einer weißen Kugel, einer roten Kugel und einer schwarzen Kugel. Mit welcher kleinsten Anzahl an Kugeln in der Urne kann man diese Verhältnisse zwischen den Wahrscheinlichkeiten erzielen?

12. Du kennst den Wahrscheinlichkeitsraum (S, P) nicht vollständig. Du weißt nur, dass für die zwei Ereignisse A und B

$$P\big((\overline{A} \cap B) \cup (A \cap \overline{B})\big) = 0.8,$$
$$P(\overline{A} \cup \overline{B}) = 0.9,$$
$$P(\overline{A}) = 0.7$$

gilt. Bestimme die Wahrscheinlichkeiten der Ereignisse A, B, $A \cap B$, $\overline{A \cup B}$ und $(A \cap B) \cup (\overline{A} \cap B)$.

2.10   Lösungen zu ausgewählten Aufgaben

Lösung zu Aufgabe 2.1

(a) Beim Roulettespiel gibt es 37 mögliche Resultate und zwar die Zahlen von 0 bis 36. Also ist der Ergebnisraum $\{0, 1, 2, \ldots, 36\}$. Man kann bei einer passenden Wettstrategie auch nur drei Resultate „schwarz", „rot" oder „0" betrachten, wenn nicht auf konkrete Zahlen gesetzt wird. In diesem Fall wäre der Ergebnisraum {schwarz, rot, 0}.

(b) Man kann die Resultate durch Tripel (3-Tupel) repräsentieren. Auf der ersten Position ist das Resultat für den Wurf der 1-CHF-Münze, auf der zweiten das der 1-EUR-Münze und auf der dritten das der 1-KON-Münze. Somit ist der Ergebnisraum

$$S = \{(K, K, K), \quad (K, K, Z), \quad (K, Z, K), \quad (K, Z, Z),$$
$$(Z, K, K), \quad (Z, K, Z), \quad (Z, Z, K), \quad (Z, Z, Z)\}.$$

Die Darstellung der Ergebnisse darf man sich aussuchen. Eine kürzere Darstellung könnte wie folgt aussehen:

$$S = \{KKK, KKZ, KZK, KZZ, ZKK, ZKZ, ZZK, ZZZ\}.$$

(c) Bei einem Fußballspiel betrachten wir drei mögliche Resultate: R – Remis, H – Sieg für die Heimmannschaft (den Gastgeber) und G – Sieg für den Gast. Man könnte auch alle möglichen Resultate wie 3 : 1 oder 2 : 2 betrachten, aber von diesen gibt es unbeschränkt viele und ihre Wahrscheinlichkeiten abzuschätzen ist fast unmöglich. Bei der zuerst erwähnten Betrachtung ist der Ergebnisraum

$$S = \{RRR, \quad RRH, \quad RRG,$$
$$RHR, \quad RHH, \quad RHG,$$
$$RGR, \quad RGH, \quad RGG,$$
$$HRR, \quad HRH, \quad HRG,$$
$$HHR, \quad HHH, \quad HHG,$$
$$HGR, \quad HGH, \quad HGG,$$
$$GRR, \quad GRH, \quad GRG,$$
$$GHR, \quad GHH, \quad GHG,$$
$$GGR, \quad GGH, \quad GGG\}.$$

Lösung zu Aufgabe 2.3 Die elementaren Ereignisse (Endresultate) des Experiments sind alle Paare

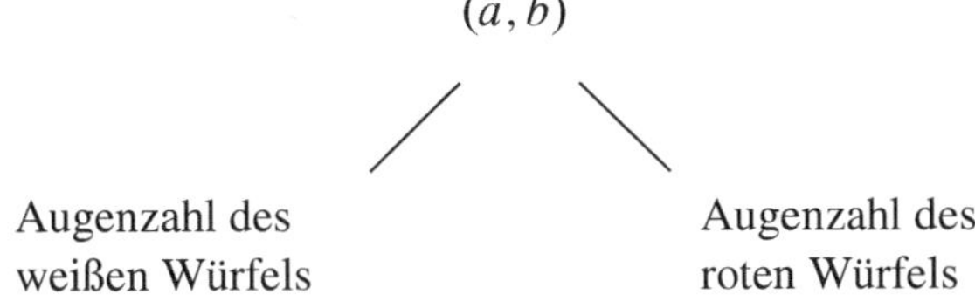

Der Ergebnisraum S ist

$$
\begin{aligned}
S = \{ & (1,1), \quad (1,2), \quad (1,3), \quad (1,4), \quad (1,5), \quad (1,6), \\
& (2,1), \quad (2,2), \quad (2,3), \quad (2,4), \quad (2,5), \quad (2,6), \\
& (3,1), \quad (3,2), \quad (3,3), \quad (3,4), \quad (3,5), \quad (3,6), \\
& (4,1), \quad (4,2), \quad (4,3), \quad (4,4), \quad (4,5), \quad (4,6), \\
& (5,1), \quad (5,2), \quad (5,3), \quad (5,4), \quad (5,5), \quad (5,6), \\
& (6,1), \quad (6,2), \quad (6,3), \quad (6,4), \quad (6,5), \quad (6,6) \}.
\end{aligned}
$$

Es gibt also $6 \cdot 6 = 36$ Ergebnisse, die alle gleich wahrscheinlich sind. Weil die Wahrscheinlichkeit eines Ergebnisses aussagt, in welchem Bruchteil aller Versuche das Ergebnis erwartungsgemäß vorkommt, muss die Summe aller Wahrscheinlichkeiten genau 1 ergeben. Wenn wir 1 in 36 gleich große Bruchteile teilen, erhalten wir die Wahrscheinlichkeit $\frac{1}{36}$ der einzelnen Ergebnisse.

Lösung zu Aufgabe 2.5 Beispiele für Teilmengen von $\mathbb{N}$ sind $\{1,2,21\}$, $\{1,5,7,9,11\}$, $\emptyset$, $\{5\}$, $\{6,7\}$, $\{n \mid n$ ist eine gerade natürliche Zahl$\}$ und $\mathbb{N}$.

Lösung zu Aufgabe 2.6 Wir gehen systematisch vor und zwar von den kleineren Mengen zu den größeren, also nach der Anzahl der Elemente.

- Kein Element: $\emptyset$,
- 1 Element: $\{1\}$, $\{2\}$, $\{3\}$, $\{4\}$,
- 2 Elemente: $\{1,2\}$, $\{1,3\}$, $\{1,4\}$, $\{2,3\}$, $\{2,4\}$, $\{3,4\}$,
- 3 Elemente: $\{1,2,3\}$, $\{1,2,4\}$, $\{1,3,4\}$, $\{2,3,4\}$,
- 4 Elemente: $\{1,2,3,4\}$.

Lösung zu Aufgabe 2.7 Bezeichne $A = \{a,b,c,d,e\}$ die gegebene Menge. Wenn man alle Teilmengen mit 4 Elementen auflisten will, kann man die folgende, einfache Überlegung machen. Jede Teilmenge $B \subseteq A$ mit 4 Elementen enthält alle Elemente von A bis auf eines. Wenn a nicht in B ist, dann ist $B = \{b,c,d,e\}$. Wenn b in B fehlt, dann ist $B = \{a,c,d,e\}$. Wenn man einzeln c, d oder e aus A herausnimmt, erhält man entsprechend die Teilmengen $\{a,b,d,e\}$, $\{a,b,c,e\}$ und $\{a,b,c,d\}$.

Lösung zu Aufgabe 2.8

(a) $A = \{1,2,3\}$ und somit $|A| = 3$ und $B = \{4,5,6\}$ und somit $|B| = 3$. Daraus folgt sofort $A \cup B = \{1,2,3,4,5,6\}$ und deswegen $|A \cup B| = 6$.

(b) Wir fangen damit an, $A \cup B$ so zu bestimmen, dass $|A \cup B| = 5$ ist. Hierzu wählen wir beispielsweise

$$
A \cup B = \{1,2,3,4,5\}.
$$

Nun wählen wir A so, dass $A \subseteq \{1, 2, 3, 4, 5\}$ und $|A| = 4$ ist, zum Beispiel

$$A = \{1, 2, 3, 4\}.$$

Bisher haben wir nur blind gewählt. Jetzt beginnen wir zu überlegen. B muss das Element 5 enthalten, weil 5 zwar nicht in A, aber in $A \cup B$ liegt. Damit ist schon sichergestellt, dass $A \cup B \supseteq \{1, 2, 3, 4, 5\}$ gilt. Jetzt wählen wir noch zwei weitere Elemente für B, um $|B| = 3$ zu erhalten, zum Beispiel

$$B = \{3, 4, 5\}.$$

Genauso gut könnten wir aber

$$B = \{1, 2, 5\} \quad \text{oder} \quad B = \{1, 3, 5\}$$

wählen.

(c) $A \cup B = \{a, b, c, d, e\}$, $A = \{a, b, c, d, e\}$ und $B = \{a, b, c\}$.

Lösung zu Aufgabe 2.9

(a) $A \cap B = \{4, 5\}$, weil 4 und 5 diejenigen Elemente sind, die sowohl in A als auch in B enthalten sind.

(b) $A \cap B = \{1, 3, 5\}$.

(c) $A \cap B = \emptyset$, weil A kein Element enthält. Somit kann auch kein Element in beiden Mengen A und B (in $A \cap B$) sein.

(d) $A \cap B = \emptyset$.

Lösung zu Aufgabe 2.10

(a) Wir wählen zuerst $A \cap B = \{1, 2\}$. Jetzt reicht es, A und B so zu wählen, dass 1 und 2 in beiden Mengen enthalten sind und A und B die gewünschte Anzahl an Elementen besitzen. Wir müssen dabei nur darauf aufpassen, dass wir kein weiteres Element in beide Mengen A und B aufnehmen.
Wählen wir zum Beispiel $A = \{1, 2, 3\}$, so darf 3 nicht in B vorkommen. Also wählen wir in diesem Fall $B = \{1, 2, 4, 5\}$.

(b) Es muss $A \cap B = \emptyset$ gelten, hier gibt es keine andere Wahl. Dann wählen wir beispielsweise $A = \{1, 2, 3, 4\}$ und $B = \{5, 6\}$.

(c) Wir wählen $A \cap B = \{1, 2, 3\}$. Dann muss $A = \{1, 2, 3\}$ gelten. Außerdem setzen wir $B = \{1, 2, 3, 4, 5\}$.

Lösung zu Aufgabe 2.11 Ist $A \cap B = \emptyset$, so gibt es kein Element, das in beiden Mengen A *und* B gleichzeitig liegt. Die Menge $A \cup B$ besteht aus den Elementen, die in A *oder* in B liegen. Die Elemente in $A \cup B$ können daher einfach dadurch abgezählt werden, dass man zuerst jene von A und dann jene von B zählt und die beiden Zahlen anschließend addiert.

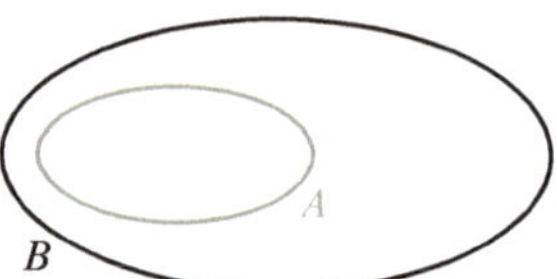

Abb. 2.28 Schematische Darstellung zweier Mengen A und B bei der $A \subset B$ gilt

Lösung zu Aufgabe 2.12 Am besten kann man mit einem Bild argumentieren. Betrachte hierzu Abb. 2.28. Wir sehen, dass

$$A \cap B = A \quad \text{und} \quad A \cup B = B$$

ist. Wir können dies wie folgt in Worten beschreiben: Wenn $A \subseteq B$ gilt, enthält B alle Elemente aus A, also sind alle Elemente aus A auch in B und somit in $A \cap B$.

Lösung zu Aufgabe 2.14 $\star$ Wenn wir $|A|$ und $|B|$ addieren, haben wir damit jedes Element aus $A \cap B$ in der Summe $|A| + |B|$ genau zweimal gezählt: einmal als ein Element aus A und einmal als ein Element aus B. Somit ist $|A| + |B|$ um $|A \cap B|$ größer als $|A \cup B|$, das heißt

$$|A \cup B| = |A| + |B| - |A \cap B|.$$

Eine andere Argumentation nutzt den Begriff der Differenz zweier Mengen. Man zerlegt $A \cup B$ in drei paarweise disjunkte Mengen $A - B$, $A \cap B$ und $B - A$ (siehe Abb. 2.29). Also gilt $A \cup B = (A - B) \cup (A \cap B) \cup (B - A)$ und $(A - B) \cap (A \cap B) = \emptyset$, $(A - B) \cap (B - A) = \emptyset$ und $(A \cap B) \cap (B - A) = \emptyset$. Somit ist

$$|A \cup B| = |A - B| + |A \cap B| + |B - A|. \tag{2.7}$$

Es gilt $|A - B| = |A| - |A \cap B|$ und $|B - A| = |B| - |A \cap B|$, und wenn wir dies in (2.7) einsetzen, erhalten wir schließlich

$$|A \cup B| = |A| - |A \cap B| + |A \cap B| + |B| - |B \cap A|$$
$$= |A| + |B| - |A \cap B|.$$

Lösung zu Aufgabe 2.15

(a) $A - B = \{a, b\}$, $B - A = \{e, h, g\}$,
(b) $A - B = \{1, 2, 3\}$, $B - A = \emptyset$,
(c) $A - B = \{4, 5, 6\}$, $B - A = \emptyset$,
(d) $A - B = \{\text{alle ungeraden natürlichen Zahlen}\}$, $B - A = \emptyset$.

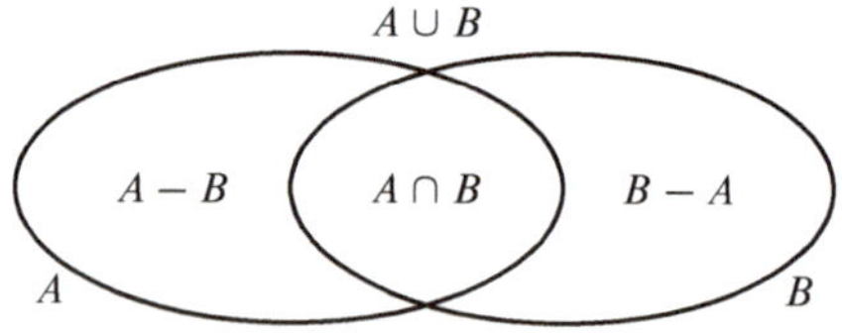

Abb. 2.29 Schematische Darstellung der Teilmengen $A - B$, $A \cap B$, $B - A$ von $A \cup B$

Abb. 2.30 Für die Gleichheit $A \cup B = A$ ist entscheidend ob $B - A = \emptyset$ gilt

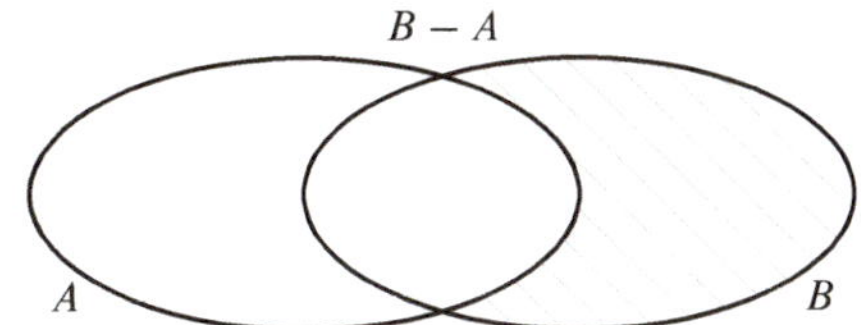

Lösung zu Aufgabe 2.16

(a) $A - B = A$, weil B kein Element aus A enthält, also wird nichts abgezogen.
(b) $B - A = B$, weil A kein Element aus B enthält, also wird nichts abgezogen.

Lösung zu Aufgabe 2.19 Sicherlich gilt $A \subseteq A \cup B = A$, also folgt aus $|A \cup B| = |A|$, dass beide Mengen gleich sind. $A \cup B = A$ gilt nur dann, wenn B kein Element enthält, das nicht auch in A vorkommt. Anders ausgedrückt bedeutet dies $B \subseteq A$.

Erklärung mit Abb. 2.30: $A \cup B = A$ gilt genau dann, wenn $B - A$ kein Element enthält. Aber $B - A = \emptyset$ bedeutet, dass alle Elemente aus B auch in A sind, also gilt $B \subseteq A$.

Lösung zu Aufgabe 2.27

(a) $A = \{2, 4, 6\}$,
(b) $A = \{2, 3, 4\}$,
(c) $A = \{3, 6\}$.

Lösung zu Aufgabe 2.28

(a) $A = \{(5, 5), (6, 5), (5, 6), (4, 6), (6, 4), (6, 6)\}$.
(b) $A = \{(6, 2), (6, 4), (6, 6), (2, 6), (4, 6)\}$.

Hinweis Vergiss hierbei nicht, dass $(6, 2)$ und $(2, 6)$ unterschiedliche Ergebnisse sind.

(c) $A = \{(1, 6), (6, 1), (2, 5), (5, 2), (3, 4), (4, 3)\}$.
(d) $A = \{(1, 1), (2, 2), (3, 3), (4, 4), (5, 5), (6, 6)\}$.
(e) Alle Paare (2-Tupel) in Abb. 2.18, die links unter der Diagonalen von $(1, 1)$ nach $(6, 6)$ liegen.

Lösung zu Aufgabe 2.30

(a) $P(A) = 6 \cdot \frac{1}{36} = \frac{1}{6}$,
(b) $P(A) = \frac{5}{36}$,
(c) $P(A) = \frac{6}{36} = \frac{1}{6}$,
(d) $P(A) = 6 \cdot \frac{1}{36} = \frac{1}{6}$,
(e) $P(A) = 15 \cdot \frac{1}{36} = \frac{15}{36}$.

Lösung zu Aufgabe 2.31

(a) $\overline{A} = \{1, 3, 5\}$, die gefallene Zahl ist ungerade.
(b) $\overline{A} = \{1, 5, 6\}$, die gefallene Zahl ist kleiner als 2 oder größer als 4.
(c) $\overline{A} = \{1, 2, 4, 5\}$, die gefallene Zahl ist nicht durch 3 teilbar.

Lösung zu Aufgabe 2.32

(a) $\{(a, b) \mid a + b < 10\}$, die Summe der gefallenen Zahlen beträgt weniger als 10.
(b) $\{(a, b) \mid a \neq 6 \text{ und } b \neq 6\} \cup \{(6, 1), (6, 3), (6, 5), (5, 6), (3, 6), (1, 6)\}$, alle Doppel-würfe, bei denen entweder keine 6 vorkommt oder sonst einer der Würfel eine 6 und der andere eine ungerade Augenzahl zeigt.
(c) $\{(a, b) \mid a + b \neq 7\}$, die Summe der Augenzahlen ist nicht 7.
(d) $\{(a, b) \mid a \neq b\}$, die zwei gefallenen Augenzahlen sind unterschiedlich.
(e) $\{(a, b) \mid a \leq b\}$, alle Doppelwürfe, bei denen die zweite Augenzahl mindestens so groß wie die erste Augenzahl ist.

Lösung zu Aufgabe 2.33 Der Ergebnisraum ist

$$S = \{(K, K, K), (K, K, Z), (K, Z, K), (Z, K, K), (K, Z, Z), (Z, K, Z), (Z, Z, K), (Z, Z, Z)\}.$$

Die Wahrscheinlichkeit jedes Ereignisses ist $\frac{1}{8}$, weil S acht Ergebnisse enthält und alle gleich wahrscheinlich sind.

Sei A das Ereignis, dass höchstens zweimal Kopf fällt. Dann ist $\overline{A}$ das Ereignis, dass mehr als zweimal Kopf fällt, also

$$\overline{A} = \{(K, K, K)\}.$$

Es gilt

$$P(\overline{A}) = \frac{1}{8}$$

und somit

$$P(A) = 1 - P(\overline{A}) = 1 - \frac{1}{8} = \frac{7}{8}.$$

Lösung zu Aufgabe 2.34

(a) Wir überlegen uns Folgendes:
  - A: Das Produkt der geworfenen Augenzahlen ist nicht 24.
  - $\overline{A}$: Das Produkt der Augenzahlen ist 24.
  - $\overline{A} = \{(4, 6), (6, 4)\}$.
  - $P(\overline{A}) = \frac{1}{36} + \frac{1}{36} = \frac{2}{36} = \frac{1}{18}$.
  - $P(A) = 1 - P(\overline{A}) = 1 - \frac{1}{18} = \frac{17}{18}$.

(b) Wir überlegen uns Folgendes:
- A: Die zweite Augenzahl ist kein Vielfaches der ersten.
- $\overline{A}$: Die zweite Augenzahl ist ein Vielfaches der ersten.
- $\overline{A} = \{(1,1), (1,2), (1,3), (1,4), (1,5), (1,6), (2,2), (2,4), (2,6), (3,3), (3,6),$ $(4,4), (5,5), (6,6)\}$ und somit $|\overline{A}| = 14$.
- $P(\overline{A}) = 14 \cdot \frac{1}{36} = \frac{14}{36} = \frac{7}{18}$.
- $P(A) = 1 - P(\overline{A}) = 1 - \frac{7}{28} = \frac{11}{18}$.

Lösung zu Aufgabe 2.35 $\star$ Wir überlegen uns Folgendes:

- A: Bei dreifachem Würfeln mindestens eine 5 oder 6.
- $\overline{A}$: Keine Augenzahl 5 oder 6 bei dreifachem Würfeln.
- $|\overline{A}|$ bezeichnet die Anzahl der Tripel (a, b, c), wobei a, b und c nur aus $\{1, 2, 3, 4\}$ kommen. Wie viele solche Tripel gibt es? Für die erste Position bestehen 4 Möglichkeiten, eine Augenzahl zu wählen, für die zweite und dritte ebenfalls (siehe Kap. 3 für eine ausführliche Erklärung). Somit gilt

$$|\overline{A}| = 4 \cdot 4 \cdot 4 = 4^3.$$

- $P(\overline{A}) = \frac{4^3}{6^3} = \frac{2^3 \cdot 2^3}{2^3 \cdot 3^3} = \frac{2^3}{3^3} = \frac{8}{27}$.
- $P(A) = 1 - P(\overline{A}) = 1 - \frac{8}{27} = \frac{19}{27}$.

Es lohnt sich daher nicht, auf Jans Wette einzugehen, da seine Chance zu gewinnen größer als $\frac{1}{2}$ ist.

Lösung zu Aufgabe 2.37

(a) $A = \{(1,3), (3,1), (2,2)\}$, $P(A) = 3 \cdot \frac{1}{36} = \frac{1}{12}$.
(b) $B = \{(4,4), (2,6), (6,2), (3,5), (5,3)\}$, $P(B) = 5 \cdot \frac{1}{36} = \frac{5}{36}$.
(c) $C = A \cup B$ und $A \cap B = \emptyset$. Also ist $P(C) = P(A) + P(B) = \frac{1}{12} + \frac{5}{36} = \frac{8}{36} = \frac{2}{9}$.
(d) $D = \{(1,1), (1,3), (1,5), (2,2), (2,4), (2,6), (3,1), (3,3), (3,5), (4,2), (4,4),$ $(4,6), (5,1), (5,3), (5,5), (6,2), (6,4), (6,6)\}$, $P(D) = \frac{18}{36} = \frac{1}{2}$.
(e) Wir überlegen uns Folgendes:
- E: Die Summe der Augenzahlen ist nicht 2 oder 11.
- $\overline{E} = \{(1,1), (5,6), (6,5)\}$.
- $P(\overline{E}) = \frac{3}{36} = \frac{1}{12}$.
- $P(E) = 1 - P(\overline{E}) = 1 - \frac{1}{12} = \frac{11}{12}$.

Lösung zu Aufgabe 2.41

(a) Es gibt 4 Asse in den 52 Karten. Also ist die Wahrscheinlichkeit, dass ein Ass gezogen wird, $\frac{4}{52} = \frac{1}{13}$.

(b) Wir überlegen uns Folgendes:
- A: Alle Asse.
- B: Alle Kreuzkarten.
- $|B| = 13$ und damit $P(B) = \frac{13}{52} = \frac{1}{4}$.
- $A \cap B = \{\text{Kreuz-Ass}\}$ und somit $P(A \cap B) = \frac{1}{52}$.
- $P(A \cup B) = P(A) + P(B) - P(A \cap B) = \frac{1}{13} + \frac{1}{4} - \frac{1}{52} = \frac{16}{52} = \frac{4}{13}$.

(c) Es gibt insgesamt 8 Damen und Könige. Also ist die Wahrscheinlichkeit, entweder einen König oder eine Dame zu ziehen, $\frac{8}{52} = \frac{2}{13}$.

(d) Wir haben 13 Karo-Karten und 4 Damen. In der Schnittmenge liegt nur die Karo-Dame. Also haben wir zusammen $13 + 4 - 1 = 16$ betroffene Karten. Somit ist die Wahrscheinlichkeit $\frac{16}{52} = \frac{4}{13}$.

(e) Es gibt 9 Zahlen pro Farbe, also insgesamt 36. Also ist die Wahrscheinlichkeit, eine Zahl zu ziehen, $\frac{36}{52} = \frac{9}{13}$.

Mehrstufige Zufallsexperimente und Zählen elementarer Ereignisse 3

3.1 Zielsetzung

In Kap. 2 haben wir schon den doppelten Wurf eines Würfels oder den mehrfachen Münzwurf betrachtet. Diese Zufallsexperimente kann man auch als Zusammensetzung einfacher Experimente des Würfelns oder des Münzwurfs ansehen. Hier werden wir zuerst lernen, wie man systematisch eine solche Zusammensetzung modelliert und wie man aus der Wahrscheinlichkeitsverteilung eines einfachen Experiments oder mehrerer einfacher Experimente die Wahrscheinlichkeitsverteilung eines zusammengesetzten Experiments bestimmen kann.

Bei komplexeren mehrstufigen Experimenten ist es manchmal nicht einfach zu bestimmen, wie viele Ergebnisse zu einem Ereignis gehören. Wie viele Ergebnisse sind zum Beispiel in dem Ereignis enthalten, dass beim fünffachen Würfeln fünf unterschiedliche Zahlen fallen?

Ohne dies zu wissen, können wir die Wahrscheinlichkeit dieses Ereignisses nicht bestimmen. Deswegen ist unser zweites Ziel, einige grundlegende Kenntnisse der Kombinatorik zu erwerben, die uns helfen werden, solche Fragestellungen richtig zu beantworten.

3.2 Das Modell der mehrstufigen Zufallsexperimente

Der Münzwurf oder das Würfeln sind einfache Experimente. Wenn man solche einfachen Zufallsexperimente mehrmals hintereinander durchführt, nennen wir diese Folge von einfachen **Basisexperimenten** ein **mehrstufiges Zufallsexperiment**. Wir haben solche Experimente schon in Kap. 2 betrachtet. Beispiele sind der doppelte (zweifache) Münzwurf, der dreifache Münzwurf oder das doppelte Würfeln. Wir haben aber bislang keine Theorie über mehrstufige Zufallsexperimente gebraucht, um solche Experimente zu modellieren und mit der Wahrscheinlichkeit der Ereignisse in diesen Experimenten umzugehen. Das kam daher, dass wir immer faire Münzen und Würfel betrachtet haben,

© Springer International Publishing AG 2017
M. Barot, J. Hromkovič, *Stochastik*, Grundstudium Mathematik,
DOI 10.1007/978-3-319-57595-7_3

und deswegen alle Ergebnisse des gesamten mehrstufigen Zufallsexperiments als Tupel der Ergebnisse der einfachen Basisexperimente gleich wahrscheinlich waren. Somit war die Wahrscheinlichkeit jedes Ergebnisses 1 geteilt durch die Anzahl der Ergebnisse des mehrstufigen Zufallsexperiments (also $\frac{1}{|S|}$).

Das Wichtigste, das wir in Kap. 2 gelernt haben, ist Folgendes: Wenn man die Wahrscheinlichkeit aller Ergebnisse (Endresultate) eines Experimentes kennt, dann weiß man alles Notwendige, um die Wahrscheinlichkeit beliebiger Ereignisse zu bestimmen.[1]

Für das folgende Problem betrachten wir das einfache Zufallsexperiment des Drehens eines Glücksrads aus Beispiel 2.8. Die Wahrscheinlichkeitsverteilung über $S = \{1, 2, 3, 4, 5, 6\}$ war dort (siehe Abb. 2.19 in Kap. 2)

$$P(1) = 0.11, \quad P(2) = P(3) = P(4) = P(5) = 0.16 \quad \text{und} \quad P(6) = 0.25.$$

Jetzt betrachten wir das zweistufige Zufallsexperiment des doppelten Drehens des Rades. Die Ergebnisse (Endresultate) sind alle 36 Paare (i, j), wobei i und j die Augenzahlen sind (Abb. 2.18 in Kap. 2).

Können wir jetzt die Wahrscheinlichkeit P_2 aller dieser 36 Ergebnisse des doppelten Drehens aus den Wahrscheinlichkeiten P der Ergebnisse des einfachen Experimentes bestimmen? Was ist zum Beispiel die Wahrscheinlichkeit des Ergebnisses $(1, 6)$?

Weil es sich nicht um das zweifache Werfen eines fairen Würfels handelt, können wir nicht direkt die Antwort $\frac{1}{36}$ liefern. Diese Antwort stimmt sowieso nicht. Wir müssen aber alle diese Wahrscheinlichkeiten bestimmen, sonst können wir dieses zweistufige Experiment nicht modellieren.

Somit ist unser Ziel zu lernen, wie man die Wahrscheinlichkeiten eines mehrstufigen Experiments aus den Wahrscheinlichkeiten des wiederholten Basisexperiments ausrechnen kann. Versuchen wir es zuerst für unser Beispiel.

Um einen anschaulichen Weg zu gehen, zeichnen wir dabei sogenannte *Baumdiagramme*, die so viele Stufen haben, wie das Experiment Stufen hat. Wir führen zunächst den ersten Wurf mit sechs möglichen Resultaten durch und zeichnen dies wie in Abb. 3.1.

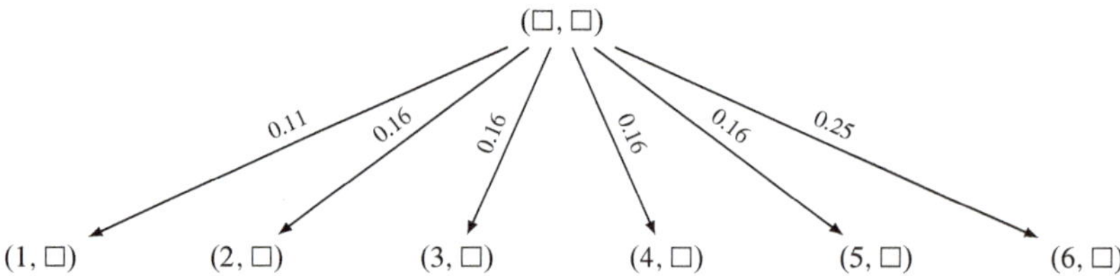

Abb. 3.1 Baumdiagramm beim ersten Drehen des Glücksrades aus Beispiel 2.8. *Oben* ist die Wurzel $(\square, \square)$, *unten* die Ereignisse $(1, \square), \ldots, (6, \square)$

---

[1] Nämlich als die Summe der Wahrscheinlichkeiten der in dem Ereignis enthaltenen Ergebnisse.

Baumdiagramme werden in der Informatik üblicherweise verkehrt herum gezeichnet, sie wachsen von oben nach unten. Entsprechend findet man in Abb. 3.1) die **Wurzel** $(\square, \square)$ ganz oben, wobei das Zeichen $\square$ hier bedeutet, dass das Resultat für das entsprechende Drehen noch unbekannt ist. Damit repräsentiert $(\square, \square)$ die Menge S_2 aller 36 möglichen Ergebnisse des zweistufigen Experimentes. Somit gilt

$$P_2\big((\square, \square)\big) = 1.$$

Nach dem ersten Drehen des Rades, bestimmen wir das Resultat für das erste Kästchen $\square$. Durch Linien (**Kanten** genannt) zeichnen wir dann die **Verzweigung** vom Wurzelknoten $(\square, \square)$ in 6 weitere **Knoten**, die den 6 Fällen entsprechen. Zum Beispiel entspricht das erste Paar $(1, \square)$ dem Ereignis, dass die erste Augenzahl 1 ist, also[2]

$$(1, \square) = \{(1, 1), (1, 2), (1, 3), (1, 4), (1, 5), (1, 6)\}.$$

Damit haben wir die Menge aller Ergebnisse $S_2 = (\square, \square)$ in 6 paarweise disjunkte Teilmengen $(1, \square), (2, \square), \ldots, (6, \square)$ aufgeteilt. Somit gilt

$$(\square, \square) = (1, \square) \cup (2, \square) \cup (3, \square) \cup (4, \square) \cup (5, \square) \cup (6, \square)$$

und $(i, \square) \cap (j, \square) = \emptyset$ für $i \neq j$.

Aufgabe 3.1 Schreibe das $(4, \square)$ entsprechende Ereignis als Menge auf. Zeichne die Menge $(\square, \square)$ zweidimensional wie in Abb. 2.18 . Benutze unterschiedliche Farben, um die Mengen $(1, \square), (2, \square), (3, \square), (3, \square), (5, \square), (6, \square)$ zu unterscheiden.

Aufgabe 3.2 Betrachte das dreistufige Zufallsexperiment des dreifachen Münzwurfs. Dann bezeichnet $(\square, \square, \square)$ die Menge aller 8 möglichen Ergebnisse. Zeichne analog zu Abb. 3.1 die Beschreibung der Situation nach dem ersten Wurf. Welchen Ereignissen in der Mengenbeschreibung entsprechen (Kopf, $\square, \square$) und (Zahl, $\square, \square$)?

Jetzt kommen wir zum Kern der Geschichte. Eine 1 erzielt man mit der Wahrscheinlichkeit 0.11, also darf man erwarten, dass bei sehr vielen Wiederholungen des Zufallsexperimentes in ungefähr 11 % der Fälle (oder in $\frac{11}{100}$ der Fälle) eine 1 erzielt wird.

Was können wir daraus schließen?

Wir schließen, dass die Wahrscheinlichkeit des Ereignisses $(1, \square)$ des zweistufigen Experimentes 0.11 sein muss und somit die Summe der Wahrscheinlichkeiten der elementaren Ereignisse in $(1, \square)$, also $P_2(1, 1) + P_2(1, 2) + P_2(1, 3) + P_2(1, 4) + P_2(1, 5) + P_2(1, 6)$,

---

[2] $(1, \square)$ symbolisiert wirklich diese Menge, weswegen wir das Gleichheitszeichen $=$ benutzen.

gleich 0.11 sein muss. Die Wahrscheinlichkeit von $(6, \square)$ ist analog $P(6) = 0.25$ und so weiter. Wir schreiben diese Wahrscheinlichkeiten an die Kanten des Baumdiagramms (Abb. 3.1). Die Bedeutung ist

„Der Weg, der dieser Kante von $(\square, \square)$ nach $(1, \square)$ entspricht, wird mit der Wahrscheinlichkeit 0.11 genommen."

Aufgabe 3.3 Die Ereignisse $(1, \square), (2, \square), (3, \square), (3, \square), (5, \square)$ und $(6, \square)$ sind paarweise disjunkt und ihre Vereinigung als Mengen ergibt das sichere Ereignis $(\square, \square)$. Was kann man somit über die Summe der Wahrscheinlichkeiten der ersten 6 Ereignisse aussagen?

Jetzt führen wir die zweite Drehung des Rades durch und zeichnen das Baumdiagramm (Abb. 3.2) zu Ende. Die erste Stufe des Baumdiagramms ist eine Kopie von Abb. 3.1. Danach wird jedes $(i, \square)$ für $i \in \{1, 2, 3, 4, 5, 6\}$ in 6 Möglichkeiten bezüglich des zweiten Drehens verzweigt. An jede Kante (Verzweigungslinie) schreiben wir die Wahrscheinlichkeit, mit der wir diesen Weg beschreiten. Am Ende der Kanten (auf der untersten Stufe) stehen dann die entsprechenden 36 Ergebnisse des zweistufigen Experimentes. Diese Positionen im Baumdiagramm nennen wir die **Blätter** des Baumdiagramms, weil aus ihnen heraus keine Verzweigung mehr folgt. Also enthalten die Blätter unseres Baumdiagramms die Ergebnisse des mehrstufigen Experiments.

Wie kann man jetzt die Wahrscheinlichkeiten P_2 der einzelnen Ergebnisse bestimmen?

Wir konkretisieren die Frage:

Wie groß ist zum Beispiel die Wahrscheinlichkeit des Ergebnisses $(1, 6)$?

Versuchen wir zunächst, mittels relativer Häufigkeiten eine Intuition zu gewinnen und diese danach über Wahrscheinlichkeitsrechnungen zu bestätigen. Das erste Resultat ist 1 in einem Bruchteil von $\frac{11}{100}$ der Fälle. Also haben alle Endergebnisse mit 1 beim ersten Drehen zusammen die relative Häufigkeit 11 %. Von allen Ergebnissen in $(1, \square)$ wird 6 in $\frac{25}{100} = \frac{1}{4}$ der Fälle erzielt. Also

$$\text{wird } (1, 6) \text{ in } \frac{1}{4} \text{ der Fälle von } \frac{11}{100} \text{ aller Fälle erzielt.}$$

Im sechsten Schuljahr haben wir gelernt, was ein Bruchteil von einem Bruchteil bedeutet.

$$\frac{1}{4} \text{ von } \frac{11}{100} \text{ ist einfach } \frac{1}{4} \cdot \frac{11}{100} = \frac{11}{400} = 0.0275.$$

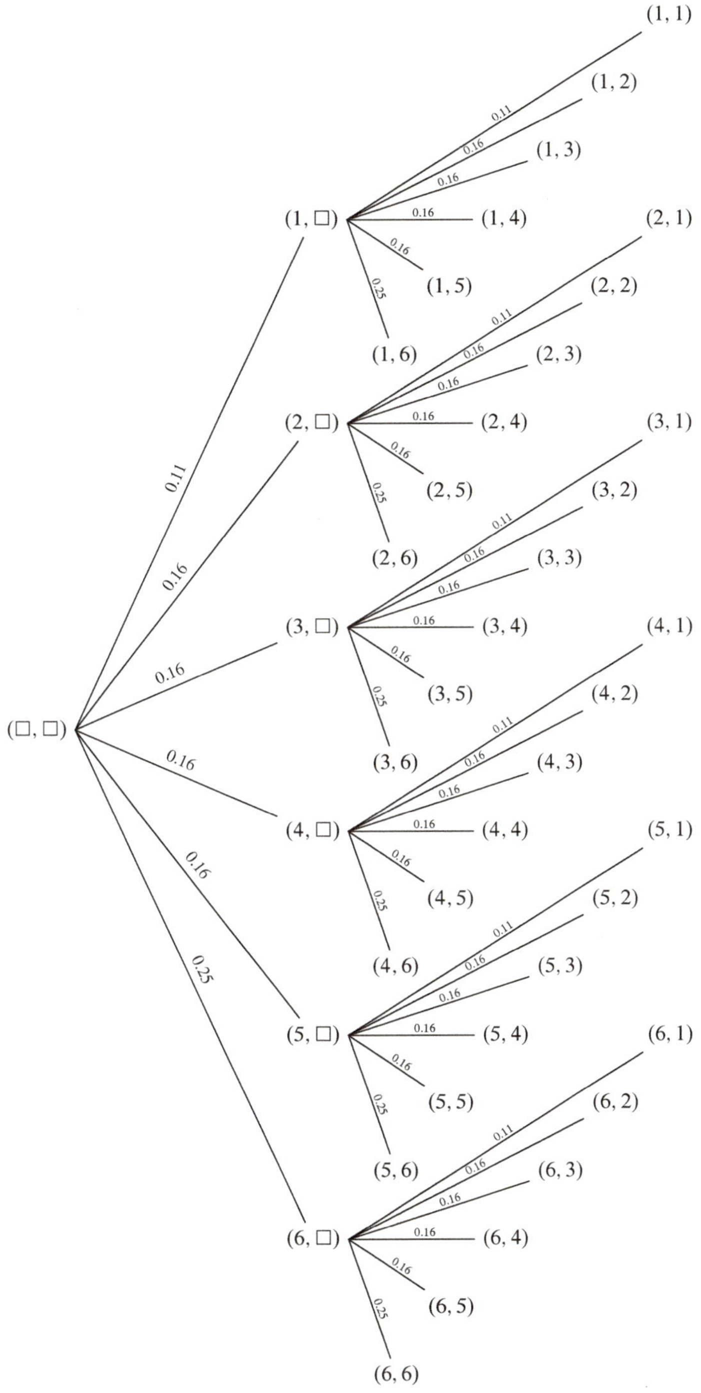

Abb. 3.2 Baumdiagramm beim zweifachen Drehen des Glücksrades aus Beispiel 2.8

Somit ist 0.0275 die relative Häufigkeit von $(1, 6)$. Entsprechend sind die relativen Häufigkeiten

von $(2, 4)$: $0.16 \cdot 0.16 = 0.0256$,
von $(1, 4)$: $0.11 \cdot 0.16 = 0.0176$,
von $(6, 4)$: $0.25 \cdot 0.16 = 0.04$

und so weiter.

Jetzt argumentieren wir noch einmal in der Terminologie der Wahrscheinlichkeiten. Dazu betrachten wir alle Ergebnisse in $(1, \square)$ zusammen. Unbekannt sind die Wahrscheinlichkeiten der Ergebnisse selbst:

$$P_2(1, 1), \quad P_2(1, 2), \quad P_2(1, 3), \quad P_2(1, 4), \quad P_2(1, 5), \quad P_2(1, 6),$$

aber wir wissen bereits, dass ihre Summe

$$\sum_{j=1}^{6} P_2(1, j)$$

gleich $P(1) = 0.11$ sein sollte. Aus Symmetriegründen würde man erwarten, dass $P_2(1, 2) = P_2(1, 3) = P_2(1, 4) = P_2(1, 5)$ gelten sollte, da die Ergebnisse 2, 3, 4 und 5 beim einfachen Drehen des Rades gleich wahrscheinlich sind. Ebenso sollte

$$P_2(1, 1) : P_2(1, 2) = 0.11 : 0.16$$

gelten, denn nachdem man beim ersten Drehen eine 1 erzielt hat, sollte das Verhältnis beim zweiten Drehen gleich sein, wie wenn man vorher überhaupt nicht gedreht hätte. Daraus lassen sich die unbekannten Wahrscheinlichkeiten einfach bestimmen: man erhält

$$P_2(1, 1) = \frac{0.11}{0.16} \cdot P_2(1, 2) \quad \text{und} \quad P_2(1, 6) = \frac{0.25}{0.16} \cdot P_2(1, 2).$$

Somit gilt

$$\begin{aligned}
0.11 &= P_2(1, 1) + P_2(1, 2) + P_2(1, 3) + P_2(1, 4) + P_2(1, 5) + P_2(1, 6) \\
&= \frac{0.11}{0.16} \cdot P_2(1, 2) + 4 \cdot P_2(1, 2) + \frac{0.25}{0.16} \cdot P_2(1, 2) \\
&= P_2(1, 2) \cdot \left(4 + \frac{0.36}{0.16}\right) = P_2(1, 2) \cdot \left(6 + \frac{1}{4}\right) = P_2(1, 2) \cdot \frac{25}{4}.
\end{aligned}$$

Damit erhalten wir

$$P_2(1, 2) = 0.11 \cdot \frac{4}{25} = 0.11 \cdot 0.16 = P(1) \cdot P(2).$$

Folglich gilt

$$P_2(1,5) = P_2(1,4) = P_2(1,3) = P_2(1,2) = 0.11 \cdot 0.16 = P(1) \cdot P(5),$$

$$P_2(1,1) = \frac{0.11}{0.16} \cdot 0.11 \cdot 0.16 = (0.11)^2 = P(1) \cdot P(1),$$

$$P_2(1,6) = \frac{0.25}{0.16} \cdot 0.11 \cdot 0.16 = 0.11 \cdot 0.25 = P(1) \cdot P(6).$$

Also erhalten wir als definitive Erkenntnis, dass

$$P_2(i,j) = P(i) \cdot P(j)$$

gilt.

Aufgabe 3.4 Bestimme die Wahrscheinlichkeiten von folgenden Ergebnissen im zweistufigen Experiment des doppelten Drehens des Rades in Abb. 2.19 (aus Beispiel 2.8).

(a) $(6,6)$,
(b) $(4,2)$,
(c) $(4,6)$,
(d) $(2,2)$,
(e) $(3,5)$.

Aufgabe 3.5 ✓ Für welches Ereignis als Menge würdest du beim zweifachen Drehen des Rades in Abb. 2.19 die Bezeichnung $(\square, 2)$ benutzen? Kannst du die Wahrscheinlichkeit des Ereignisses $(\square, 2)$ bestimmen, ohne vorher die Wahrscheinlichkeit aller einzelnen Ergebnisse in $(\square, 2)$ zu berechnen? Falls ja, benutze beide Wege und vergleiche die Resultate.

Was haben wir gelernt?

Die Wahrscheinlichkeit eines Ergebnisses (a,b) eines zweistufigen Experimentes ist das Produkt der Wahrscheinlichkeiten der entsprechenden Teilergebnisse[3] a und b in den Basisexperimenten.

Wir haben also gelernt, wie man aus der Kenntnis der Wahrscheinlichkeiten eines einfachen Experimentes H die Wahrscheinlichkeiten des zweistufigen Experimentes, das der zweifachen Durchführung von H entspricht, berechnen kann.

Kann man diese Regel auch auf andere mehrstufige Experimente anwenden? Die Antwort ist „Ja" und wir zeigen dies zunächst an einem einfachen Beispiel.

---

[3] Es ist wichtig zu beachten, dass die Teilergebnisse a und b von (a,b) Ergebnisse des einfachen Basisexperiments sind, aus welchen wir das zweistufige Experiment zusammengesetzt haben.

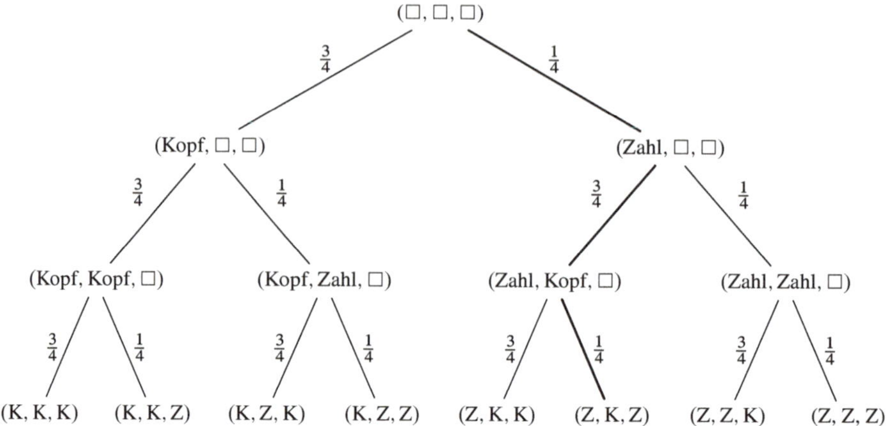

Abb. 3.3 Baumdiagramm des dreistufigen Zufallsexperiments des Werfens einer gezinkten Münze, wobei in der letzten Stufe Kopf mit K und Zahl mit Z abgekürzt wurde

Beispiel 3.1 Betrachten wir den Münzwurf einer gezinkten Münze als ein einfaches Basisexperiment ($\{$Kopf, Zahl$\}$, P_1) mit der Wahrscheinlichkeitsverteilung P_1 definiert durch

$$P_1(\text{Kopf}) = \frac{3}{4} \quad \text{und} \quad P_1(\text{Zahl}) = \frac{1}{4}.$$

Abb. 3.3 beschreibt jetzt das dreistufige Zufallsexperiment des dreifachen Münzwurfes. Wir benutzen das Zeichen $\square$ wie vorher. Also gilt zum Beispiel

$$(\text{Kopf}, \square, \square) = \{(\text{Kopf}, \text{Kopf}, \text{Kopf}), (\text{Kopf}, \text{Kopf}, \text{Zahl}),$$
$$(\text{Kopf}, \text{Zahl}, \text{Kopf}), (\text{Kopf}, \text{Zahl}, \text{Zahl})\},$$
$$(\text{Zahl}, \text{Zahl}, \square) = \{(\text{Zahl}, \text{Zahl}, \text{Kopf}), (\text{Zahl}, \text{Zahl}, \text{Zahl})\}.$$

Jetzt berechnen wir die Wahrscheinlichkeit des Ereignisses (Zahl, Kopf, Zahl). Der Weg von $(\square, \square, \square)$ zu (Zahl, Kopf, Zahl) geht in Abb. 3.3 über (Zahl, $\square$, $\square$) und (Zahl, Kopf, $\square$).

Wir überlegen:

- Zahl kommt an der ersten Stelle mit der Wahrscheinlichkeit $\frac{1}{4}$ vor (in $\frac{1}{4}$ der Fälle in der Terminologie der relativen Häufigkeiten).
- Von diesen $\frac{1}{4}$ Fällen kommt Kopf in $\frac{3}{4}$ der Fälle an der zweiten Stelle vor. Also ist die Wahrscheinlichkeit von (Zahl, Kopf, $\square$) gleich $\frac{1}{4} \cdot \frac{3}{4} = \frac{3}{16}$.
- Von diesen $\frac{3}{16}$ Fällen kommt Zahl in $\frac{1}{4}$ der Fälle auf der dritten Position des Tupels vor, also insgesamt in $\frac{3}{16} \cdot \frac{1}{4} = \frac{3}{64}$ Fällen.

Wir schließen:

$$P(\text{Zahl}, \text{Kopf}, \text{Zahl}) = P_1(\text{Zahl}) \cdot P_1(\text{Kopf}) \cdot P_1(\text{Zahl})$$

$$= \frac{1}{4} \cdot \frac{3}{4} \cdot \frac{1}{4} = \frac{3}{64}. \qquad\qquad \Diamond$$

Bemerke, dass wir zwei unterschiedliche Wahrscheinlichkeitsverteilungen P_1 und P in zwei unterschiedlichen Zufallsexperimenten betrachtet haben. Als P_1 bezeichnen wir die Wahrscheinlichkeitsverteilung des Basisexperimentes, das durch den Wahrscheinlichkeitsraum $(\{\text{Kopf}, \text{Zahl}\}, P_1)$ modelliert ist, und P haben wir zur Bezeichnung der Wahrscheinlichkeitsverteilung des 3-stufigen Experimentes genommen. Eine solche Unterscheidung ist insbesondere nützlich (und manchmal sogar notwendig), wenn man darauf achten muss, in welchem Experiment die Wahrscheinlichkeitsrechnungen durchgeführt werden.

Aufgabe 3.6 Bestimme die Wahrscheinlichkeiten aller Ergebnisse aus Beispiel 3.1 (Abb. 3.3).

Wir sehen, dass das Vorgehen aus Beispiel 3.1 für beliebig viele Stufen fortgesetzt werden kann. Damit können wir die gerade entdeckte Regel zur Berechnung der Wahrscheinlichkeiten von Ergebnissen eines mehrstufigen Experimentes ausformulieren. Bemerke, dass wir die Ergebnisse (Endresultate) eines k-stufigen Experimentes immer als k-Tupel $(a_1, a_2, \dots, a_k)$ bezeichnen,[4] wobei das Teilresultat a_i das Ergebnis der i-ten Durchführung des Basisexperiments (zum Beispiel des i-ten Wurfes) ist.

(R4) ***Multiplikationsregel für mehrstufige Experimente***
Für jedes mehrstufige (k-stufige) Experiment gilt: Die Wahrscheinlichkeit jedes Ergebnisses $(a_1, a_2, \dots, a_k)$ des k-stufigen Experiments ist das Produkt der Wahrscheinlichkeiten der Resultate $a_1, a_2, \dots, a_k$ des Basisexperiments.

Eine alternative Version von (R4) kann man mit Hilfe von Baumdiagrammen des mehrstufigen Zufallsexperimentes formulieren. Für jedes Ergebnis $(a_1, a_2, \dots, a_k)$ auf der untersten Baumstufe gibt es genau einen Weg, der von der Wurzel $(\square, \square, \dots, \square)$ zu $(a_1, a_2, \dots, a_k)$ führt. Die bei den Kanten stehenden Wahrscheinlichkeiten bestimmen, in welchem Anteil der Fälle die Kanten dieses jeweiligen Weges benutzt werden. Die Regel (R4) kann man also auch folgendermassen formulieren:

(R4) *Die Wahrscheinlichkeit des Ergebnisses $(a_1, a_2, \dots, a_k)$ des k-stufigen Experiments ist das Produkt der k Wahrscheinlichkeiten, die in dem entsprechenden Baumdiagramm bei den Kanten des Weges von der Wurzel $(\square, \square, \dots, \square)$ zu $(a_1, a_2, \dots, a_k)$ stehen.*

---

[4] Anders als bei einer Menge spielt bei einem Tupel die Reihenfolge der Einträge eine Rolle und es dürfen auch Wiederholungen auftreten. Zur Unterscheidung werden Tupel mit runden Klammern und Mengen mit geschweiften Klammern geschrieben.

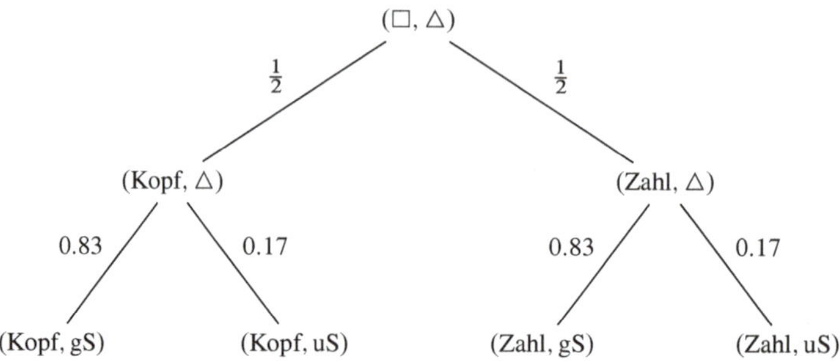

Abb. 3.4 Baumdiagramm eines zweistufigen Zufallsexperiments: erst ein Münzwurf einer fairen Münze, dann der Wurf eines geschmierten Brotes

Aufgabe 3.7 Betrachte den Münzwurf aus Beispiel 3.1 mit $P_1(\text{Kopf}) = \frac{3}{4}$ und $P_1(\text{Zahl}) = \frac{1}{4}$. Wir wiederholen dieses Experiment 6 Mal und erhalten so ein 6-stufiges Zufallsexperiment. Bestimme die Wahrscheinlichkeiten folgender Ereignisse.

(a) (Kopf, Zahl, Kopf, Zahl, Kopf, Zahl),
(b) (Zahl, Kopf, Zahl, Kopf, Zahl, Kopf),
(c) (Zahl, Kopf, Zahl, $\square$, $\square$, $\square$),
(d) (Kopf, Kopf, Kopf, Kopf, Kopf, $\square$),
(e) Es fällt genau 5 Mal Kopf,
(f) Es fällt höchstens 5 Mal Kopf.

Aufgabe 3.8 $\star\checkmark$ Betrachte erneut das Zufallsexperiment aus Aufgabe 3.7. Bestimme die Wahrscheinlichkeit des Ereignisses (Zahl, $\square$, Kopf, $\square$, Kopf, $\square$), sowie des Ereignisses, dass Kopf doppelt so häufig auftritt wie Zahl.

Mehrstufige Zufallsexperimente müssen nicht unbedingt Wiederholungen des gleichen Basisexperiments sein. Zum Beispiel können wir zuerst einen Münzwurf mit einer fairen Münze realisieren, und danach den Wurf eines geschmierten Brotes. Dann schaut unser Baumdiagramm für dieses zweistufige Zufallsexperiment wie auf der Abb. 3.4 aus. Die geschmierte Seite werde mit „gS" und die ungeschmierte Seite mit „uS" bezeichnet.

Bezeichnen wir durch $(\{\text{Kopf}, \text{Zahl}\}, P_M)$ den Wahrscheinlichkeitsraum des Münzwurfes mit $P_M(\text{Zahl}) = P_M(\text{Kopf}) = 1/2$, durch $(\{\text{gS}, \text{uS}\}, P_B)$ den Wahrscheinlichkeitsraum des Brotwurfs mit $P_B(\text{gS}) = 0.83$ und $P_B(\text{uS}) = 0.17$, und durch (S, Prob) den Wahrscheinlichkeitsraum des zweistufigen Experimentes mit

$$S = \{(\text{Kopf}, \text{gS}), (\text{Kopf}, \text{uS}), (\text{Zahl}, \text{gS}), (\text{Zahl}, \text{uS})\}.$$

Dann können wir die Wahrscheinlichkeitsverteilung Prob des gesamten zweistufigen Experimentes wie folgt bestimmen:

$$\text{Prob}((\text{Kopf}, \text{gS})) = P_M(\text{Kopf}) \cdot P_B(\text{gS}) = \frac{1}{2} \cdot 0.83 = 0.415,$$

$$\text{Prob}((\text{Kopf}, \text{uS})) = P_M(\text{Kopf}) \cdot P_B(\text{uS}) = \frac{1}{2} \cdot 0.17 = 0.085,$$

$$\text{Prob}((\text{Zahl}, \text{gS})) = P_M(\text{Zahl}) \cdot P_B(\text{gS}) = \frac{1}{2} \cdot 0.83 = 0.415,$$

$$\text{Prob}((\text{Zahl}, \text{uS})) = P_M(\text{Zahl}) \cdot P_B(\text{uS}) = \frac{1}{2} \cdot 0.17 = 0.085.$$

Die Summe der Wahrscheinlichkeiten aller vier Ergebnisse ist 1, ein gutes Indiz dafür, dass wir richtig modelliert haben.

Aufgabe 3.9 Jan berechnet die Wahrscheinlichkeit des elementaren Ereignisses (Kopf, uS) aus S wie folgt:

$$\text{Prob}((\text{Kopf}, \text{uS})) = \text{Prob}(\text{Kopf}, \triangle) - \text{Prob}((\text{Kopf}, \text{gS}))$$
$$= 0.5 - 0.415 = 0.085.$$

Warum darf Jan so rechnen?

Hinweis 3.1

Immer wenn etwas kompliziert oder undurchsichtig aussieht, ist es oft hilfreich, die Schülerinnen und Schüler dazu zu bringen, dass sie die ganze Situation detailliert auf der Ebene der Wahrscheinlichkeitsräume beschreiben und analysieren. Der Kern eines verständlichen Umgangs mit der Wahrscheinlichkeit ist es zu vermeiden, das gleiche Symbol P für die Wahrscheinlichkeit in einer Rechnung zu verwenden, wenn man dabei die Wahrscheinlichkeiten aus unterschiedlichen Wahrscheinlichkeitsräumen verwendet. Unabhängig vom Wahrscheinlichkeitsraum immer nur das Symbol P zu verwenden, ist einer der größten Irrtümer im Unterricht der Wahrscheinlichkeitstheorie.

Man kann sich auch gut vorstellen, dass der Münzwurf und der Brotwurf gleichzeitig oder in umgekehrter Reihenfolge passieren. Die Ergebnisse und die Bedeutung bleiben dieselben (man wird höchstens statt (Kopf, gS) die Bezeichnung (gS, Kopf) verwenden), und ihre Wahrscheinlichkeiten sollen sich auch nicht verändern. Dank der Regel (R4) und der Kommutativität des Multiplizierens stimmt dies auch so. Wenn man den Weg von der Wurzel $(\square, \triangle)$ des Baumes zu einem Ergebnis des mehrstufigen Experiments betrachtet, bleiben im Produkt nach (R4) die Wahrscheinlichkeiten gleich, nur die Reihenfolge ändert sich.

Aufgabe 3.10 Zeichne das Baumdiagramm für das zweistufige Zufallsexperiment, in dem man zuerst das Brot und danach die Münze wirft. Für die entsprechenden Wahrscheinlichkeitsräume ($\{gS, uS\}$, P_B) und ($\{Kopf, Zahl\}$, P_M) der Basisexperimente sollte die Wurzel des Baumes die Bezeichnung ($\triangle$, $\square$) haben. Die Bezeichnungen der Ergebnisse des zweifachen Zufallsexperiments sollen (gS, Zahl), (gS, Kopf), (uS, Zahl) und (uS, Kopf) sein. Bestimme nach (R4) die Wahrscheinlichkeiten aller Ergebnisse.

Aufgabe 3.11 Betrachte jetzt zwei einfache Experimente, und zwar das Drehen des Rades aus Beispiel 2.8 und den Münzwurf aus Beispiel 3.1. Jetzt definieren wir ein gemischtes zweistufiges Zufallsexperiment, indem wir zuerst den Münzwurf durchführen und dann drehen. Die Ergebnisse dieses zweistufigen Experimentes sind (a, b), wobei $a \in \{Zahl, Kopf\}$ und $b \in \{1, 2, 3, 4, 5, 6\}$. Zeichne das Baumdiagramm für dieses Experiment und bestimme die Wahrscheinlichkeiten von folgenden Ergebnissen:

(a) (Kopf, 2),

(b) (Zahl, 1),

(c) (Zahl, 3),

(d) (Kopf, 6).

Aufgabe 3.12 Betrachte ein 4-stufiges Zufallsexperiment, in welchem man zuerst zweimal mit einem fairen Würfel würfelt und dann zweimal das Rad aus Beispiel 2.8 dreht. Bestimme die Wahrscheinlichkeiten folgender Ergebnisse:

(a) $(1, 1, 1, 1)$,

(b) $(6, 6, 6, 6)$,

(c) $(1, 2, 3, 4)$,

(d) $(4, 4, 1, 6)$.

Zeichne die 4 Wege von ($\square, \square, \triangle, \triangle$) zu diesen 4 Ergebnissen, ohne das ganze Baumdiagramm aufzuzeichnen.

Aufgabe 3.13 Ein Produkt soll durch eine Qualitätskontrolle gehen, die aus drei unabhängigen Tests besteht. Jeden Test betrachten wir als ein Basiszufallsexperiment. Somit untersuchen wir die gesamte Qualitätskontrolle als dreistufiges Zufallsexperiment. Bei jedem Basisexperiment gibt es nur zwei Möglichkeiten: „bestanden" und „durchgefallen". Beim ersten Test fällt das Produkt mit der Wahrscheinlichkeit 0.01 durch, beim zweiten mit 0.05 und beim dritten mit 0.12. Das Durchfallen in einem Test hat keinen Einfluss auf die Wahrscheinlichkeit des Durchfallens bei den anderen Tests.

Zeichne ein Baumdiagramm für das Experiment. Verwende das Prinzip (P1) und die Regel (R4) um folgende Wahrscheinlichkeiten zu bestimmen:

(a) Ein Produkt besteht alle drei Tests.

(b) Ein Produkt fällt bei allen Tests durch.

(c) Ein Produkt fällt höchstens bei einem Test durch.

Aufgabe 3.14 Wir haben ein zweistufiges Zufallsexperiment. Im ersten Basisexperiment wird das geschmierte Brot mit einer uns bekannten Wahrscheinlichkeitsverteilung P_B geworfen. Es gelte $P_B(gS) = 0.83$. Im zweiten Experiment wird ein Reißnagel geworfen. Es gibt zwei mögliche Ergebnisse:

$\perp$ Der Nagel bleibt auf dem Kopf stehen.

λ Der Nagel bleibt auf dem Fuß und auf der Ecke des Kopfes stehen.

Die Wahrscheinlichkeitsverteilungen $P_2(\perp)$ und $P_2(\lambda)$ des zweiten Basisexperiments sind unbekannt. Kannst du die Wahrscheinlichkeitsverteilung P_2 bestimmen, wenn bekannt ist, dass in dem zusammengesetzten Experiment $\text{Prob}(gS, \perp) = 0.332$ gilt?

Aufgabe 3.15 $\star\checkmark$ Die Statistiken besagen, dass in einem Land 99.015 % aller geborenen Mädchen das Alter von 20 Jahren erreichen. Bei den Knaben sind es 98.562 %. Ungefähr 47 % aller neugeborenen Kinder sind Mädchen, 53 % sind Knaben. 81.785 % aller geborenen Mädchen erreichen das Alter von 70 Jahren. Bei Männern sind es 65.630 %. Nehmen wir jetzt an, dass sich die Statistiken im nächsten Jahrhundert nicht ändern werden (was keine realistische Annahme ist).

(a) Wie groß ist der Anteil der derzeit zwanzigjährigen Frauen, die das Alter von 70 Jahren erreichen werden? (Wie groß ist die Wahrscheinlichkeit, dass eine zufällig gewählte 20-jährige Frau das Alter von 70 Jahren erreichen wird?)

(b) Wie groß ist die Wahrscheinlichkeit, dass ein zwanzigjähriger Mann das Alter von 70 Jahren erreichen wird?

(c) Wie groß ist die Wahrscheinlichkeit, dass ein zufällig ausgewähltes Baby das Alter von 70 Jahren erreichen wird?

3.3   Wahrscheinlichkeitsrechnungen in mehrstufigen Zufallsexperimenten

In Kap. 2 haben wir schon die grundlegende Regel für die Berechnung von Wahrscheinlichkeiten präsentiert. In diesem Kapitel kam die Regel (R4) hinzu. Das Ziel dieses Abschnittes ist, das Rechnen mit Wahrscheinlichkeiten in mehrstufigen Zufallsexperimenten zu üben. Unsere Aufgabe ist also, das in Kap. 2 Gelernte mit demjenigen aus dem ersten Abschnitt dieses Kapitels zu verknüpfen.

Beispiel 3.2 In einer Schachtel befinden sich 8 Kugeln, 5 schwarze und 3 weiße. Im einfachen Basisexperiment hat jede Kugel die gleiche Wahrscheinlichkeit, gezogen zu werden. Beim entsprechenden mehrstufigen Experiment wird die gezogene Kugel nach dem Ziehen immer wieder zurück in die Schachtel gelegt. Damit haben wir bei jeder

Wiederholung der Ziehung die gleichen Bedingungen und somit das gleiche Zufallsexperiment ({schwarz, weiß}, P_1). Jetzt wiederholen wir das Basisexperiment 6 Mal. Die Aufgabe ist, die Wahrscheinlichkeit der folgenden Ereignissen zu bestimmen.

(a) Es wird 6 Mal die gleiche Farbe gezogen.
(b) Es wird mindestens eine schwarze und eine weiße Kugel gezogen.
(c) (schwarz, □, schwarz, □, schwarz, weiß).

Am Anfang müssen wir immer klären, wie das einfache Experiment modelliert ist. Für das Ziehen einer Kugel betrachten wir nur zwei mögliche Resultate: schwarz oder weiß. Weil jede der 8 Kugeln die gleiche Wahrscheinlichkeit hat, gezogen zu werden, und es 5 schwarze und 3 weiße Kugeln gibt, erhalten wir

$$P_1(\text{schwarz}) = \frac{5}{8} \quad \text{und} \quad P_1(\text{weiß}) = \frac{3}{8},$$

wobei P_1 die Wahrscheinlichkeitsverteilung dieses Basisexperimentes ist.

Jemand kann die einzelnen Kugeln benennen (zum Beispiel schwarz$_1$, schwarz$_2$, ..., schwarz$_5$, weiß$_1$, weiß$_2$, weiß$_3$) und dann die entsprechenden 8 Ergebnisse mit gleichen Wahrscheinlichkeiten $\frac{1}{8}$ betrachten. Dies wäre nicht falsch, nur umständlich, weil das Modell dadurch komplexer wird. Außerdem erfordert die Aufgabenstellung nicht, zwischen den gleichfarbigen Kugeln zu unterscheiden. Deshalb ziehen wir das einfachere Modell vor.

(a) Das Ereignis B „gleiche Farbe in allen Versuchen" besteht nur aus den zwei Ergebnissen (elementaren Ereignissen) (s, s, s, s, s, s) und (w, w, w, w, w, w) des sechsstufigen Zufallsexperiments. Wir benutzen die Abkürzungen s für schwarz und w für weiß. Nach (R4) rechnen wir

$$\begin{aligned}
P(s, s, s, s, s, s) &= P_1(s) \cdot P_1(s) \cdot P_1(s) \cdot P_1(s) \cdot P_1(s) \cdot P_1(s) \\
&= \frac{5}{8} \cdot \frac{5}{8} \cdot \frac{5}{8} \cdot \frac{5}{8} \cdot \frac{5}{8} \cdot \frac{5}{8} \\
&= \frac{5^6}{8^6}
\end{aligned}$$

und

$$P(w, w, w, w, w, w) = (P_1(w))^6 = \left(\frac{3}{8}\right)^6 = \frac{3^6}{8^6}.$$

Nach dem Prinzip (P1) erhalten wir, dass die Wahrscheinlichkeit des Ereignisses (a) genau

$$P(B) = \frac{5^6}{8^6} + \frac{3^6}{8^6} = \frac{5^6 + 3^6}{8^6} \approx 6.24\,\%$$

ist.

(b) Wir sollen die Wahrscheinlichkeit des Ereignisses E, dass man von jeder Farbe mindestens eine Kugel erhält, bestimmen. Schon die Anzahl der in E enthaltenen Ergebnisse zu bestimmen, ist eine nicht ganz einfache Aufgabe. Erst recht umständlich wird es demnach sein, für jedes dieser Ergebnisse einzeln die Wahrscheinlichkeit zu berechnen. Deswegen verzichten wir hier auf die pure Anwendung des Prinzips (P1) und benutzen stattdessen die Regel (R1) für komplementäre Ereignisse. Wir sehen sofort, dass $\overline{E}$ das Ereignis ist, dessen Wahrscheinlichkeit wir in (a) bestimmt haben. Also erhalten wir nach (R1)

$$P(E) = 1 - P(\overline{E}) = 1 - \frac{5^6 + 3^6}{8^6} \approx 93.76\,\%.$$

(c) Das Ereignis $(s, \square, s, \square, s, w)$ entspricht genau der Menge

$$A = \big\{(s,s,s,s,s,w), (s,s,s,w,s,w), (s,w,s,s,s,w), (s,w,s,w,s,w)\big\}$$

Wir zeigen zwei unterschiedliche Rechenwege, um $P(A)$ zu bestimmen. Zuerst die Basismethode nach (P1) und (R4).

$$P(s,s,s,s,s,w) \;=\; (P_1(s))^5 \cdot P_1(w) \;=\; \left(\frac{5}{8}\right)^5 \cdot \frac{3}{8},$$

$$P(s,s,s,w,s,w) \;=\; (P_1(s))^4 \cdot (P_1(w))^2 = \left(\frac{5}{8}\right)^4 \cdot \left(\frac{3}{8}\right)^2,$$

$$P(s,w,s,s,s,w) \;=\; (P_1(s))^4 \cdot (P_1(w))^2 = \left(\frac{5}{8}\right)^4 \cdot \left(\frac{3}{8}\right)^2,$$

$$P(s,w,s,w,s,w) = (P_1(s))^3 \cdot (P_1(w))^3 = \left(\frac{5}{8}\right)^3 \cdot \left(\frac{3}{8}\right)^3.$$

Wenn wir diese 4 Wahrscheinlichkeiten addieren, erhalten wir nach (P1)

$$P(A) = \left(\frac{5}{8}\right)^5 \cdot \frac{3}{8} + \left(\frac{5}{8}\right)^4 \cdot \left(\frac{3}{8}\right)^2 + \left(\frac{5}{8}\right)^4 \cdot \left(\frac{3}{8}\right)^2 + \left(\frac{5}{8}\right)^3 \cdot \left(\frac{3}{8}\right)^3$$

$$= \left(\frac{5}{8}\right)^3 \cdot \frac{3}{8}\left[\left(\frac{5}{8}\right)^2 + \frac{5}{8} \cdot \frac{3}{8} + \frac{5}{8} \cdot \frac{3}{8} + \left(\frac{3}{8}\right)^2\right]$$

$$\{\text{nach dem Distributivgesetz}\}$$

$$= \left(\frac{5}{8}\right)^3 \cdot \frac{3}{8}\left[\frac{5^2 + 3 \cdot 5 + 3 \cdot 5 + 3^2}{8^2}\right]$$

$$= \left(\frac{5}{8}\right)^3 \cdot \frac{3}{8}\underbrace{\left[\frac{25 + 15 + 15 + 9}{64}\right]}_{1}$$

$$= \left(\frac{5}{8}\right)^3 \cdot \frac{3}{8} \approx 9.16\,\%.$$

Jetzt versuchen wir es einfacher. Das Zeichen $\square$ steht für ein beliebiges Endresultat (Ergebnis) des Basisexperimentes. Deswegen gilt $P_1(\square) = 1$ und wir rechnen wie folgt:

$$P(s, \square, s, \square, s, w) = P_1(s) \cdot P_1(\square) \cdot P_1(s) \cdot P_1(\square) \cdot P_1(s) \cdot P_1(w)$$
$$= \frac{5}{8} \cdot 1 \cdot \frac{5}{8} \cdot 1 \cdot \frac{5}{8} \cdot \frac{3}{8}$$
$$= \left(\frac{5}{8}\right)^3 \cdot \frac{3}{8} \approx 9.16\,\%.$$

Wir sehen, dass wir schneller auf das gleiche Resultat gekommen sind.

Eine andere Erklärung basiert auf der Tatsache, dass bei der Wiederholung des gleichen Basisexperimentes die Wahrscheinlichkeiten von

$$(s, \square, s, \square, s, w) \quad \text{und} \quad (s, s, s, w, \square, \square)$$

gleich sind, weil eine Änderung der Reihenfolge der wiederholten Basisexperimente nichts an der Wahrscheinlichkeit ändert.

Wenn wir den Weg von $(\square, \square, \square, \square, \square, \square)$ zu $(s, s, s, w, \square, \square)$ im Baumdiagramm verfolgen, erhalten wir

$$P(s, s, s, w, \square, \square) = \left(\frac{5}{8}\right)^3 \cdot \frac{3}{8} \approx 9.16\,\%. \qquad \qquad \Diamond$$

Aufgabe 3.16 Betrachten wir das Basisexperiment des Drehens eines Glücksrads mit der Wahrscheinlichkeitsverteilung aus Beispiel 2.8. Jetzt drehen wir dreimal und erhalten ein dreistufiges Zufallsexperiment. Bestimme die Wahrscheinlichkeiten folgender Ereignisse.

(a) $(6, 1, 6)$.
(b) $(\square, 2, 1)$.

Hinweis Benutze hier mehrere Wege zum Rechnen wie im Musterbeispiel.

(c) Die Summe der erhaltenen Zahlen ist höchstens 16.
(d) Die Summe der Zahlen ist genau 4.
(e) Die Summe der Zahlen ist nicht 5.
(f) Es werden mindestens zwei unterschiedliche Zahlen erhalten.

Hinweis Vergiss nicht, dass $(1, 1, 3)$, $(1, 3, 1)$ und $(3, 1, 1)$ unterschiedliche Ergebnisse sind. Damit ist die Wahrscheinlichkeit des Ereignisses, dass wir genau eine 3 und zwei 1 erhalten werden, gleich

$$P(1,1,3) + P(1,3,1) + P(3,1,1)$$
$$= 0.11 \cdot 0.11 \cdot 0.16 + 0.11 \cdot 0.16 \cdot 0.11 + 0.16 \cdot 0.11 \cdot 0.11$$
$$= 3 \cdot (0.11 \cdot 0.11 \cdot 0.16)$$
$$= 0.005808.$$

Aufgabe 3.17 ⋆ Betrachte nochmals die fünfmalige Wiederholung des Basisexperimentes mit dem Glücksrad aus Aufgabe 3.16. Bestimme die Wahrscheinlichkeiten folgender Ereignisse.

(a) Man erhält viermal eine 1 und einmal eine 4.
(b) Die Zahlen 1 und 6 treten nie auf.
(c) Es treten nur Primzahlen auf.

Auszug aus der Geschichte
Chevalier de Méré (1607–1684) war ein französischer Schriftsteller, der sich aber auch gerne an Glücksspielen beteiligte und eigentlich Antoine Gombaud hieß. Nach ihm ist folgende Überlegung als *De-Méré-Paradoxon* bekannt:

Die Wahrscheinlichkeit, mit einem fairen Spielwürfel eine Sechs zu erzielen, ist $p = \frac{1}{6}$. Die Wahrscheinlichkeit, mit zwei Spielwürfeln eine Doppelsechs zu erzeugen, ist um den Faktor $\frac{1}{6}$ kleiner, nämlich $q = \frac{1}{6} \cdot p = \frac{1}{36}$. Wirft man nun den einen Würfel 4 Mal, so ist die Wahrscheinlichkeit, gar keinen Sechser zu erzielen, gleich $(1-p)^4 = \left(\frac{5}{6}\right)^4 \approx 0.482$. Somit ist die Wahrscheinlichkeit, mindestens eine Sechs in 4 Versuchen zu erhalten,

$$1 - (1-p)^4 = 1 - \left(\frac{5}{6}\right)^4 \approx 1 - 0.482 = 0.518 > \frac{1}{2}.$$

Das „gefährliche Angebot" von Chevalier de Méré war nun zu wetten, dass er beim 4-fachen Wurf eine Sechs erhält. Für einen uneingeweihten Beobachter schien es ein faires Spiel, in dem die Chancen eine Sechs zu werfen oder keine Sechs zu werfen, gleich sind, weil die Beobachtungen darauf schließen lassen, dass dieses Ereignis in ungefähr der Hälfte der Versuche vorkommt. Chevalier de Méré hat somit aber mehr als die Hälfte der Wetten gewonnen, weil er auf lange Sicht in ungefähr 51.8 % der Spieldurchführungen mindestens eine Sechs geworfen hat.

Chevalier de Méré hat nun gedacht, dass er ähnliche für ihn vorteilhafte Wahrscheinlichkeiten auch in einem komplexeren Spiel erhalten kann. Diesmal macht man einen Doppelwurf, in dem mit Wahrscheinlichkeit $q = \frac{1}{36}$ zwei Sechser fallen. Dies ist ein Sechstel der Wahrscheinlichkeit, dass beim einfachen Wurf eine Sechs fällt. Wie wir gerade gesehen haben, ist die Wahrscheinlichkeit, in 4 Würfen eine Sechs zu erhalten, ungefähr $0.518 > \frac{1}{2}$. Chevalier de Méré hat sich gesagt, dass, wenn er 24 Mal (also 6 Mal so oft) den Doppelwurf machen wird, er nun in mehr als $\frac{1}{2}$ der Fälle mindestens eine Doppelsechs werfen wird.

Er hat sich dann gewundert, dass sein Überlegung nicht stimmt. Die Wahrscheinlichkeit, beim zweifachen Wurf keine Doppelsechs zu werfen, ist $1 - \frac{1}{q} = 1 - \frac{1}{36} = \frac{35}{36}$. Die Wahrscheinlichkeit, in 24 Doppelwürfen keine Doppelsechs zu erhalten, ist $(1-q)^{24} = \left(\frac{35}{36}\right)^{24} \approx 0.509$. Somit ist die Wahrscheinlichkeit, in 24 Doppelwürfen eine Doppelsechs zu erhalten,

$$1 - (1-q)^{24} = 1 - \left(\frac{35}{36}\right)^{24} \approx 0.491 < \frac{1}{2}.$$

3.4 Elementare Kombinatorik – Zählen von Objekten

Wenn in einem Basisexperiment $\Omega_B = (S_B, P_B)$ alle Ergebnisse aus S_B gleichwahrscheinlich sind, das heißt, wenn

$$P_B(E) = \frac{1}{|S_B|}$$

für jedes $E \in S_B$ gilt, dann hat auch jedes mehrstufige Zufallsexperiment, das auf der Wiederholung von Ω_B basiert, für jedes Ergebnis die gleiche Wahrscheinlichkeit.

Wenn zum Beispiel Ω_B das Würfeln mit einem fairen Würfel ist, das heißt, $S_B = \{1, 2, 3, 4, 5, 6\}$ und $P_B(1) = P_B(2) = \ldots = P_B(6) = \frac{1}{6}$, dann sind alle Ergebnisse (i, j, k) des dreistufigen Zufallsexperimentes auch gleichwahrscheinlich. Zum Beispiel gilt

$$P(1, 2, 3) = P_B(1) \cdot P_B(2) \cdot P_B(3) = \frac{1}{6} \cdot \frac{1}{6} \cdot \frac{1}{6} = \frac{1}{6^3},$$

$$P(6, 6, 6) = P_B(6) \cdot P_B(6) \cdot P_B(6) = \frac{1}{6} \cdot \frac{1}{6} \cdot \frac{1}{6} = \frac{1}{6^3}$$

und so weiter.

Satz 3.1 *Mehrfache Wiederholung eines Zufallsexperimentes mit gleichwahrscheinlichen Ergebnissen resultiert in einem mehrstufigen Zufallsexperiment, dessen Ergebnisse auch gleichwahrscheinlich sind.*

Aufgabe 3.18 Bestimme die Wahrscheinlichkeiten der Ergebnisse des 5-stufigen Zufallsexperiments des fünffachen Münzwurfs einer fairen Münze.

Aufgabe 3.19 Bestimme die Wahrscheinlichkeit der Ergebnisse des 4-stufigen Zufallsexperiments des vierfachen Würfelns eines fairen Würfels.

Satz 3.2 *In einem Zufallsexperiment (S, P), in dem alle Ergebnisse gleichwahrscheinlich sind, kann man die Wahrscheinlichkeit eines beliebigen Ereignisses $A \subseteq S$ wie folgt bestimmen:*

$$P(A) = \frac{|A|}{|S|}.$$

Beweis Weil in (S, P) alle Ergebnisse gleichwahrscheinlich sind und es genau $|S|$ unterschiedliche Ergebnisse gibt, beträgt die Wahrscheinlichkeit jedes Ergebnisses genau[5]

$$\frac{1}{|S|}.$$

---

[5] Vergiss nicht, dass die Summe der Wahrscheinlichkeiten aller Ergebnisse 1 ergeben muss.

Nach (P1) ist die Wahrscheinlichkeit eines Ereignisses A die Summe der Wahrscheinlichkeiten der Ergebnisse in A, das heißt

$$P(A) = \underbrace{\frac{1}{|S|} + \frac{1}{|S|} + \ldots + \frac{1}{|S|}}_{|A|\ \text{Summanden}}$$

$$= |A| \cdot \frac{1}{|S|} = \frac{|A|}{|S|}. \qquad \square$$

Satz 3.2 sagt uns, dass es für die Bestimmung der Wahrscheinlichkeiten von Ereignissen A in einem Zufallsexperiment mit gleichwahrscheinlichen Ergebnissen reicht, die Mächtigkeiten $|S|$ und $|A|$ bestimmen zu können. Dies muss bei großem S nicht unbedingt leicht sein. Betrachte zum Beispiel beim sechsfachen Würfeln das Ereignis, dass 6 unterschiedliche Augenzahlen fallen. In diesem Ereignis kommen zum Beispiel die Ergebnisse

$$(1, 2, 3, 4, 5, 6), \quad (6, 5, 4, 3, 2, 1), \quad (6, 1, 2, 5, 3, 4)$$

und viele andere vor. Es kann richtig mühsam werden, alle aufzulisten und dabei noch zu kontrollieren, dass jedes Ergebnis genau einmal vorkommt und keines fehlt.

Die **Kombinatorik** lehrt uns, wie man die Anzahl von Objekten mit gewisser Eigenschaft bestimmen kann, ohne eines nach dem anderen aufzulisten (darzustellen). Hier lernen wir zuerst, zwei einfache Aufzählaufgaben zu lösen.

- Das Zählen aller Tupel mit einzelnen Elementen aus einer Menge S.
- Das Zählen der Tupel mit paarweise unterschiedlichen Elementen auf unterschiedlichen Positionen.

Für unser kombinatorisches Zählen sind **Mengen** und **Tupel** die wichtigsten Objekte. Bemerke, dass diese von Natur aus unterschiedlich sind. Eine Menge kann ein Element höchstens einmal enthalten. Zum Beispiel ist $\{1, 3, 3, 4\}$ als Menge nicht zugelassen (weil 3 zweimal vorkommt) oder wird einfach als die Menge $\{1, 3, 4\}$ interpretiert. Das heißt, das wiederholte Vorkommen von 3 wird nicht beachtet. Bei einem Tupel darf jedes Element mehrfach vorkommen. Das Tupel $(3, 3, 4, 3, 4)$ kann zum Beispiel nicht durch eine Menge beschrieben werden.

Ein anderer wesentlicher Unterschied zwischen Mengen und Tupeln ist, dass die Reihenfolge der Elemente für eine Menge keine Rolle spielt. So ist $\{1, 2, 6\}$ zum Beispiel die gleiche Menge wie $\{2, 6, 1\}$, weil beides die Menge bezeichnet, welche 1, 2 und 6 beinhaltet. In welcher Reihenfolge die Elemente aufgelistet sind, ist bedeutungslos. Dies ist bei den Tupeln aber nicht der Fall, denn dort spielt die Position der Elemente eine Rolle. Somit bezeichnen

$$(1, 2, 6), \quad (2, 6, 1) \quad \text{und} \quad (6, 1, 2)$$

drei unterschiedliche Tupel.

In der Kombinatorik benutzen wir anstelle des Begriffs Tupel auch sein Synonym **Folge** oder **Sequenz**. Wenn wir aber über Folgen sprechen, verwenden wir eine vereinfachte Schreibweise, indem wir die Klammern und manchmal auch die Kommata weglassen. Zum Beispiel:

$$(1, 2, 6, 3, 4) \qquad 1, 2, 6, 3, 4 \qquad 12634$$
$$(A, B, B, C, A) \qquad A, B, B, C, A \qquad ABBCA$$
$$\mid \qquad\qquad\qquad \mid \qquad\qquad\quad \mid$$
$$\text{Tupel} \qquad\qquad \text{Folgen} \qquad\quad \text{Folgen}$$

Dabei ändert sich aber nicht die Bedeutung, weil wir bei Tupeln sowie bei Folgen über Positionen (das dritte Element ist 6 oder B) und über mehrfaches Vorkommen eines Elementes (B kommt zweimal vor) sprechen können.

Wir sagen, dass ein Tupel (eine Folge) über einer Menge S ist, wenn alle Elemente des Tupels (der Folge) aus S sind. So ist zum Beispiel $ABBCA$ eine Folge über $\{A, B, C\}$ und $(1, 4, 6, 4, 5)$ ist ein Tupel über $S = \{1, 2, 3, 4, 5, 6\}$.

Aufgabe 3.20 Zähle systematisch alle 4-Tupel auf, deren Elemente aus $\{0, 1\}$ sind. Zum Beispiel $(0, 0, 0, 0)$, $(0, 0, 0, 1)$ usw. Erkläre deine Systematik und begründe, warum alle genau einmal in deiner Liste vorkommen.

Aufgabe 3.21 Schreibe alle möglichen Folgen der Länge 3 aus den 3 Buchstaben D, N und U. Zum Beispiel DNU, DUN, usw. Wie viele deutsche Wörter kommen dabei vor?

Die Ergebnisse des vierfachen Würfelns sind 4-Tupel, deren Elemente Augenzahlen aus $S = \{1, 2, 3, 4, 5, 6\}$ sind. Wie viele Ergebnisse (4-Tupel über S) gibt es? In Abb. 3.2 sehen wir, dass wir für die erste Position 6 Möglichkeiten haben. Diese Möglichkeiten sind im Baumdiagramm eingetragen. Für jede dieser 6 Möglichkeiten verzweigt sich der Weg wieder sechsfach für die Wahl des zweiten Elements. Also gibt es $6 \cdot 6 = 36$ verschiedene 2-Tupel. Für die Wahl der Elemente auf der dritten Position gibt es wieder 6 Möglichkeiten. So gibt es also $36 \cdot 6 = 216$ verschiedene 3-Tupel aus den 6 Augenzahlen. Für jedes von diesen 216 unterschiedlichen 3-Tupeln hat man wieder 6 Möglichkeiten, die vierte Position zu belegen. Somit gibt es $216 \cdot 6 = 1\,296$ unterschiedliche 4-Tupel über S. Natürlich würde es zu aufwendig, das komplette Baumdiagramm aufzuzeichnen.

Aufgabe 3.22 Wie viele Ergebnisse enthält der 4-fache Münzwurf? Zeichne das entsprechende Baumdiagramm.

Hinweis 3.2

Für den formalen Beweis des folgenden Satzes sind Vorkenntnisse aus der Logik und Beweisführung, wie im Buch „Berechenbarkeit" [4] beschrieben, und über Induktionsbeweise, wie im Modul „Endliche Automaten" im Buch „Formale Sprachen" [1] vorgestellt, eine notwendige Voraussetzung.

Allgemein können wir Folgendes sagen:

Satz 3.3 *Sei S eine Menge und k eine positive ganze Zahl. Die Anzahl der k-Tupel (der Folgen der Länge k) über S ist genau*

$$|S|^k.$$

Beweis Fangen wir zuerst mit einer Argumentation an, die unsere Intuition prägt. Für die Wahl des Elements auf der ersten Position gibt es $|S|$ Möglichkeiten. Für jede dieser $|S|$ Möglichkeiten gibt es $|S|$ Möglichkeiten, das Element für die zweite Position auszuwählen. Daher gibt es

$$|S| \cdot |S| = |S|^2$$

2-Tupel über S. Für jedes von diesen $|S|^2$ unterschiedlichen 2-Tupel gibt es $|S|$ Möglichkeiten, das Element für die dritte Position zu wählen. Also gibt es

$$|S|^2 \cdot |S| = |S|^3$$

3-Tupel. Wenn man diese Überlegung fortsetzt, sieht man, dass es $|S|^k$ verschiedene k-Tupel gibt.

Hinweis 3.3

Die obige Begründung wurde durch unsere Intuition geleitet. Der folgende formale Beweis ist nur für den Fall vorgesehen, dass man Induktionsbeweise thematisieren und üben will. Für die folgende Präsentation haben wir vorausgesetzt, dass man schon andere Induktionsbeweise gesehen hat. Für eine Einführung in Induktionsbeweise empfehlen wir das Buch „Formale Sprachen" [1].

Diese Idee kann man in einen formalen mathematischen Beweis umsetzen. Dazu nutzt man die Beweismethode der Induktion bezüglich der Länge k der Tupel. Sei $S = \{s_1, \ldots, s_m\}$

Falls $k = 1$, ist offensichtlich die Anzahl der Tupel der Länge 1 genau $m = |S| = |S|^1$. Somit gilt unsere Induktionshypothese für $k = 1$. Nehmen wir an, dass die Induktionshypothese für alle Zahlen kleiner als k gilt. Wir sollen jetzt beweisen, dass sie auch für k gilt.

Wir haben m Möglichkeiten, die erste Position der Tupel mit einem der Elemente $s_1, s_2, \ldots, s_m$ zu belegen. Die Wahl der Elemente für die erste Position des k-Tupels können wir ansehen als die Aufteilung der Menge $(S, S, S, \ldots, S)$ aller k-Tupel über S in $m = |S|$ Teilmengen $(s_1, S, S, \ldots, S)$, $(s_2, S, S, \ldots, S)$, ..., $(s_m, S, S, \ldots, S)$, wie in Abb. 3.5 gezeichnet.

Für alle $i = 1, \ldots, m$ enthält die Menge $(s_i, S, S, \ldots, S)$ der Tupel, die mit s_i anfangen, genau so viele Elemente, wie es $(k-1)$-Tupel über S gibt. Nach der Induktionshypothese gilt

$$|(s_i, S, S, \ldots, S)| = |S|^{k-1}$$

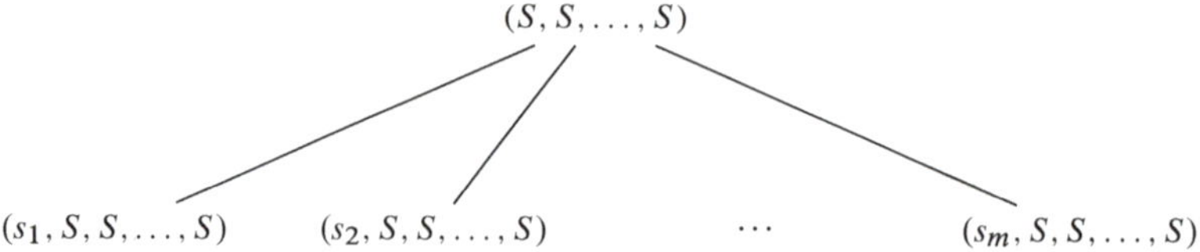

Abb. 3.5 Baumdiagramm zur schematischen Darstellung der Zerlegung der Menge $(S, S, S, \ldots, S)$ in die Teilmengen $(s_1, S, S, \ldots, S)$, $(s_2, S, S, \ldots, S)$, ...,$(s_m, S, S, \ldots, S)$

für alle $i \in \{1, \ldots, m\}$. Weil die Wahl des ersten Elements der k-Tupel die Menge $(S, S, \ldots, S)$ aller k-Tupel über S in m paarweise disjunkte Teilmengen aufteilt, gilt

$$
\begin{aligned}
|(S, S, \ldots, S)| &= |(s_1, S, S, \ldots, S)| + |s_2, S, S, \ldots, S)| + \ldots + |(s_m, S, S, \ldots, S)| \\
&= |S|^{k-1} + |S|^{k-1} + \ldots + |S|^{k-1} \\
&= |S| \cdot |S|^{k-1} = |S|^k. \qquad \square
\end{aligned}
$$

Beispiel 3.3 Wir würfeln 5 Mal hintereinander. Wir wollen folgende Wahrscheinlichkeiten bestimmen:

(i)   Es fällt mindestens eine gerade Zahl.

(ii) Im ersten Wurf fällt eine 1, im dritten eine 6 und die restlichen Ergebnisse sind beliebig.

(iii) Im ersten Wurf fällt eine 2, im zweiten Wurf eine ungerade Zahl, im fünften Wurf eine Primzahl und die Resultate anderer Würfe sind beliebig.

Zuerst stellen wir fest, dass $S = \{1, 2, 3, 4, 5, 6\}$ ist und dass die Anzahl der 5-Tupel über S (das heißt, die Anzahl der Ergebnisse des fünffachen Würfelns) genau $|S|^5 = 6^5$ ist. Somit ist die Wahrscheinlichkeit jedes elementaren Ereignisses genau $\frac{1}{6^5}$.

(i)   Sei A das Ereignis, dass mindestens eine gerade Zahl in den 5 Würfen geworfen wird. Dann ist $\overline{A}$ das Ereignis, dass an allen 5 Positionen des 5-Tupels nur ungerade Zahlen stehen. Somit ist $\overline{A} = (U, U, U, U, U)$, wobei $U = \{1, 3, 5\}$. Die Anzahl der 5-Tupel in (U, U, U, U, U) ist gleich der Anzahl aller 5-Tupel über U und somit 3^5. Also gilt

$$
P(\overline{A}) = 3^5 \cdot \frac{1}{6^5} = \frac{3^5}{6^5} = \left(\frac{3}{6}\right)^5 = \left(\frac{1}{2}\right)^5 = \frac{1}{2^5} = \frac{1}{32}.
$$

Nach (R1) gilt also $P(A) = 1 - \overline{P}(A) = 1 - \frac{1}{32} = \frac{31}{32}$.

(ii) Dieses Ereignis kann man als $(1, S, 6, S, S)$ bezeichnen. Die erste und dritte Position der 5-Tupel sind fest. Für die anderen drei Positionen der 5-Tupel können wir beliebige Elemente aus S einsetzen. Somit ist die Anzahl der elementaren Ereignisse in $(1, S, 6, S, S)$ gleich der Anzahl $|S|^3 = 6^3$ aller 3-Tupel über S. Somit gilt

$$P\big((1, S, 6, S, S)\big) = \frac{6^3}{6^5} = \frac{1}{36}.$$

(iii) Seien $U = \{1, 3, 5\}$ und $\mathrm{Prim} = \{2, 3, 5\}$. Das betrachtete Ereignis ist

$$B = (2, U, S, S, \mathrm{Prim})$$

Die erste Position dieser 5-Tupel ist eindeutig bestimmt. An der zweiten und an der fünften Position haben wir jeweils 3 Möglichkeiten zur Auswahl. Auf den restlichen Positionen kann ein beliebiges Element aus S vorkommen. Somit erhalten wir

$$|B| = 1 \cdot 3 \cdot 6 \cdot 6 \cdot 3 = 9 \cdot 6^2$$

und

$$P(B) = \frac{9 \cdot 6^2}{6^5} = \frac{9}{6^3} = \frac{1}{24}. \qquad\qquad \Diamond$$

Wozu kann die Fähigkeit, die Anzahl von Tupeln zu bestimmen, nützlich sein? Das sehen wir bei der Lösung folgender Aufgaben, wo wir die Wahrscheinlichkeiten bestimmter Ereignisse berechnen sollen. Weitere Anwendungen folgen nach den Aufgaben.

Aufgabe 3.23 ✓ Betrachten wir das dreifache Würfeln mit einem fairen Würfel. Wie hoch ist die Wahrscheinlichkeit, dass man mindestens eine 1 würfelt?

Aufgabe 3.24 ⋆ Sei S eine Menge von k Elementen. Zeige, dass es genau 2^k Teilmengen von S gibt.

Aufgabe 3.25 Betrachte das 5-fache Würfeln. Wie hoch ist die Wahrscheinlichkeit, dass nur gerade Zahlen fallen? Wie hoch ist die Wahrscheinlichkeit, dass nur Augenzahlen größer als 2 fallen?

Aufgabe 3.26 Betrachte das 6-fache Würfeln.

(a) Wie groß ist die Wahrscheinlichkeit, dass zuerst eine 6 fällt und danach keine 6 mehr?
(b) Wie groß ist die Wahrscheinlichkeit, dass beim dritten Wurf eine 3 geworfen wird?
(c) Wie groß ist die Wahrscheinlichkeit, dass genau eine 6 gewürfelt wird?

Wir haben jetzt gelernt, dass die Anzahl der Ergebnisse von mehrfachen Experimenten durch das Produkt der Anzahl von Wahlmöglichkeiten der einzelnen Elemente auf den k Positionen gegeben ist. Diese Art von Zählen kann man auch verallgemeinern. Zum Beispiel ist die Anzahl der Ergebnisse des Ereignisses

$$(1, \square, 3, \square, \square, 6)$$

beim sechsfachen Würfeln genau

$$6 \cdot 6 \cdot 6 = 6^3,$$

weil man auf allen drei $\square$-Positionen eine freie Wahl aus 6 Augenzahlen hat.

Aufgabe 3.27 Wie groß ist die Wahrscheinlichkeit folgender Ereignisse bei 6-fachem Würfeln?

(a) $(6, 6, \square, \square, 1, \square)$,
(b) Die drei ersten Würfe enden jeweils mit 6, der vierte und der sechste Wurf ergibt je eine gerade Zahl.

Hinweis Du kannst das Ergebnis als $(6, 6, 6, \triangle, \square, \triangle)$ bezeichnen, wobei $\triangle$ eine beliebige gerade Augenzahl repräsentiert.

Aufgabe 3.28 Betrachte ein 7-stufiges Experiment, in dem man zuerst 3 Mal würfelt und danach 4 Mal eine faire Münze wirft. Wie groß sind die Mächtigkeiten und die Wahrscheinlichkeiten folgender Ereignisse?

(a) Das erste Würfeln endet mit einer ungeraden Zahl, das zweite Würfeln ergibt eine 1 und beim ersten Münzwurf fällt Kopf.
(b) Das sichere Ereignis.
(c) Es fallen nur gerade Augenzahlen und Köpfe.
(d) Die ersten zwei Münzwürfe enden mit Zahl.

Wir übertragen jetzt die Strategie des Multiplizierens der Wahlmöglichkeiten auf einzelnen Tupelpositionen auf die folgende Fragestellung.

Wie viele Tupel gibt es, bei denen jede Augenzahl genau einmal vorkommt?

Wir verfolgen die Strategie, die Elemente für die einzelnen Positionen eines nach dem anderen zu wählen. Wieder geht es um nichts anderes, als systematisch einen Weg zu beschreiben, in dem *alle* solche 6-Tupel erzeugt werden und keines davon mehrmals vorkommt.

Für die erste Position können wir eine beliebige der 6 Augenzahlen wählen (Abb. 3.6). Nachdem die erste Position festgelegt ist, haben wir für die 6 entstandenen Möglichkeiten jeweils nur die Wahl aus 5 Augenzahlen, weil die Augenzahl auf der ersten Position nicht verwendet werden darf. Wenn man zum Beispiel für die erste Position die Zahl 1 gewählt hat (der Fall $(1, \square, \square, \square, \square, \square)$ in Abb. 3.6), dann kann auf die zweite Position nur eine der fünf Augenzahlen 2, 3, 4, 5 und 6 kommen. Somit gibt es

$$6 \cdot 5$$

Möglichkeiten, unterschiedliche Augenzahlen für die ersten zwei Positionen zu wählen. Für die dritte Position können wir jeweils nur eine der 4 noch nicht benutzten Augenzahlen nehmen (siehe zum Beispiel $(1, 6, \square, \square, \square, \square)$ in Abb. 3.6). Damit gibt es

$$6 \cdot 5 \cdot 4$$

Möglichkeiten, die ersten drei Positionen zu wählen. Für die vierte Position bleiben also noch 3 Möglichkeiten und für die fünfte Position noch 2. Bei der letzten Position bleibt keine Wahl – die fehlende Augenzahl muss auf diesen Platz gesetzt werden (Abb. 3.6). Somit gibt es genau

$$6 \cdot 5 \cdot 4 \cdot 3 \cdot 2 \cdot 1 = 720$$

6-Tupel, die alle 6 Augenzahlen in unterschiedlicher Reihenfolge beinhalten.

Begriffsbildung 3.1 *Sei n eine positive ganze Zahl. Ein n-Tupel, das alle n Zahlen $1, 2, \ldots, n$ (jede Zahl genau einmal) beinhält, nennt man eine **n-Permutation** (oder eine **Permutation von** $(1, 2, \ldots, n)$).*

Satz 3.4 *Für jede positive ganze Zahl n gibt es genau*

$$n \cdot (n - 1) \cdot (n - 2) \cdot \ldots \cdot 3 \cdot 2 \cdot 1$$

n-Permutationen.

Beweis Die Zahl auf der ersten Position kann aus n Zahlen gewählt werden. Die Zahl auf der zweiten Position kann man aus den restlichen $n - 1$ Zahlen wählen, die Zahl auf der dritten Position aus $n - 2$ und so weiter.

Allgemein hat man $n - (i - 1)$ Möglichkeiten, die i-te Position zu wählen, weil $i - 1$ Zahlen schon für die ersten $i - 1$ Positionen verwendet wurden. Bei der letzten n-ten Position bleibt keine Auswahl, weil dort die einzige noch nicht benutzte Zahl stehen muss.

$$\square$$

Wir führen nun eine neue Bezeichnung ein:

$$n! = n \cdot (n - 1) \cdot (n - 2) \cdot \ldots \cdot 2 \cdot 1$$

Das Zeichen $n!$ liest man als *n **Fakultät***.

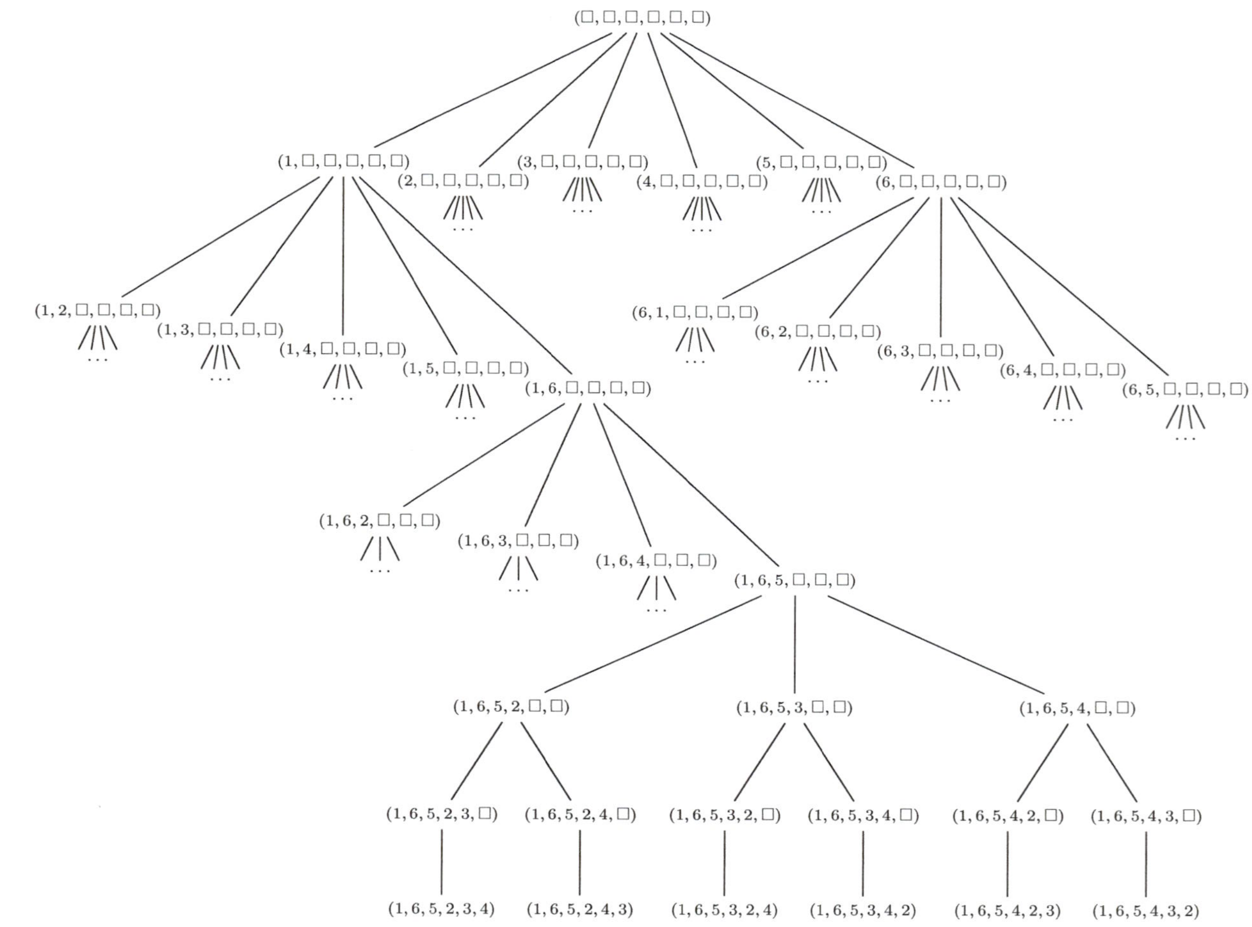

Abb. 3.6 Baumdiagramm (unvollständig) aller 6-Tupel, bei denen jede Augenzahl genau einmal vorkommt

Aufgabe 3.29 ✓ Wie groß ist die Wahrscheinlichkeit, dass man bei dreifachem Würfeln drei unterschiedliche Augenzahlen würfelt?

Aufgabe 3.30 Alfons sagt: „Ich wette, dass ich beim 4-fachen Würfeln 4 unterschiedliche Augenzahlen werfe." Lohnt es sich, die Wette einzugehen?

Aufgabe 3.31 In einem Glücksspiel hat man in einer Urne 49 Kugeln, die mit den Zahlen 1 bis 49 gekennzeichnet sind. Man zieht 7 Mal eine Kugel, wobei die gezogenen Kugeln nicht mehr in die Urne zurückgelegt werden. Jede Kugel hat die gleiche Wahrscheinlichkeit, gezogen zu werden. Wie viele Ergebnisse als Folgen[6] von 7 unterschiedlichen Zahlen hat dieses Wahrscheinlichkeitsexperiment?

Aufgabe 3.32 ⋆✓ In einem Glücksspiel sind 25 Kugeln mit den Zahlen 1 bis 25 gekennzeichnet. Du tippst auf fünf unterschiedliche Zahlen von 1 bis 25. Wie groß ist die Wahrscheinlichkeit, dass du beim zufälligen gleichzeitigen Ziehen von 5 Kugeln den ersten Preis[7] gewinnst?

Hinweis Vorsicht, die Anzahl aller Ergebnisse ist nicht $25 \cdot 24 \cdot 23 \cdot 22 \cdot 21$.

Aufgabe 3.33 ⋆ Betrachte das Zufallsexperiment aus Aufgabe 3.32. Der zweite Preis bedeutet, dass aus deinen 5 gewählten Zahlen genau 4 gezogen werden. Wie hoch ist die Wahrscheinlichkeit, dass du den 2. Preis gewinnst?

Beispiel 3.4 Wie viele unterschiedliche Möglichkeiten hat man, 8 Türme so auf ein Schachbrett zu stellen, dass kein Turm einen anderen bedroht? Ein Schachbrett besteht aus 8×8 quadratischen Feldern. Ein Turm kann nur jene Figuren schlagen, die in derselben Zeile oder derselben Spalte stehen, siehe Abb. 3.7.

Die Kunst der Kombinatorik besteht in der Suche nach einer geeigneten Art, alle Möglichkeiten aufzuzählen. Ein Ansatz könnte sein:

Wir haben $64 = 8 \cdot 8$ Felder und wir wählen ein beliebiges Feld aus diesen 64 Möglichkeiten für den ersten Turm. Wenn man einen Turm in die i-te Zeile und die j-te Spalte eines Schachbretts stellt, bedeutet dies, dass kein anderer Turm in die i-te Zeile oder die j-te Spalte gesetzt werden darf.

Demnach streichen wir die 15 Felder, die insgesamt die Reichweite des ersten Turmes abdecken. Dann wählen wir die Position des zweiten Turmes aus $64 - 15 = 49$ Möglichkeiten ($49 = 7 \cdot 7$ – also ein Feld 7×7). Also gibt es $64 \cdot 49$ Möglichkeiten, zwei Türme zu setzen. Nun verbieten wir die Zeile und Spalte des zweiten Turmes, was das Verbot für weitere 13 Felder zur Folge hat. Für den dritten Turm haben wir dann $49 - 13 = 36$ Möglichkeiten (ein Feld 6×6) und so weiter.

---

[6] Damit ist $1, 3, 7, 23, 40, 41, 49$ ein anderes Ergebnis als $7, 3, 1, 23, 49, 40, 41$, obwohl die gleichen Zahlen gezogen worden sind.

[7] Es werden gerade deine 5 Zahlen gezogen.

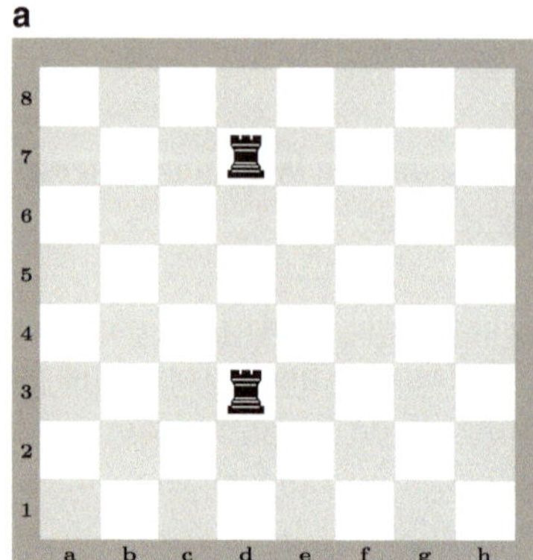
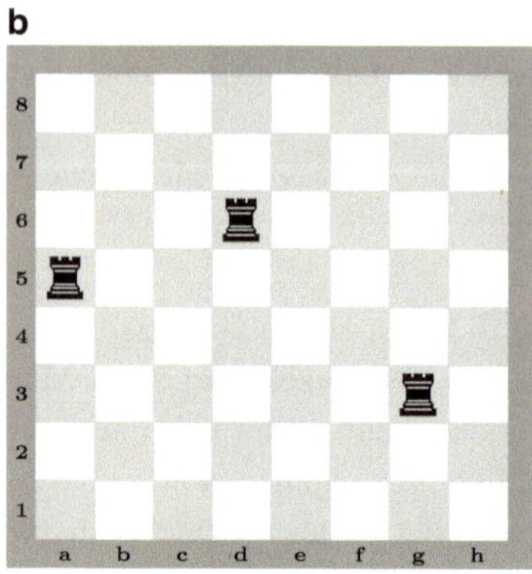

Abb. 3.7 **a** ein Brett mit zwei Türmen, die sich gegenseitig schlagen können. **b** ein Brett mit 3 Türmen, die sich nicht gegenseitig schlagen können

Der oben beschriebene Ansatz führt zu der Zahl $64 \cdot 49 \cdot 36 \cdot 25 \cdot 16 \cdot 9 \cdot 4 \cdot 1$ und ist falsch. Schon bei zwei Türmen stimmt er nicht. Es werden mehr Möglichkeiten gezählt, als es tatsächlich gibt. Weisst du warum?

Wir überlegen es uns nochmals anders. Wenn wir 8 Türme auf das (8×8)-Schachbrett setzen sollen, steht in jeder Zeile genau ein Turm.[8] Deswegen haben wir zuerst 8 Möglichkeiten, einen Turm in der ersten Zeile zu positionieren. Damit wird aber die entsprechende Spalte verboten. Somit haben wir nur 7 Möglichkeiten, einen Turm in der zweiten Zeile zu platzieren. Nachdem die beiden schon einen Turm enthaltenden Spalten besetzt sind, bleiben 6 Möglichkeiten, einen Turm in die dritte Zeile zu stellen, und so weiter. Also erhalten wir insgesamt

$$8! = 8 \cdot 7 \cdot 6 \cdot 5 \cdot 4 \cdot 3 \cdot 2 \cdot 1$$

Möglichkeiten, die 8 Türme so zu positionieren, dass sie sich gegenseitig nicht bedrohen.

◇

Aufgabe 3.34 ⋆ 8 Türme werden zufällig auf 8 Felder des Schachbretts gestellt. Wie hoch ist die Wahrscheinlichkeit, dass sich keine zwei von ihnen bedrohen?

Aufgabe 3.35 Du sollst 7 Türme so auf das Schachbrett stellen, dass sie sich gegenseitig nicht bedrohen. Wie viele Möglichkeiten gibt es dafür?

Hinweis Wähle zuerst diejenige Zeile, in die kein Turm gestellt wird.

Aufgabe 3.36 ⋆ Du sollst 5 Türme auf das Schachbrett stellen, so dass sie sich gegenseitig nicht bedrohen. Wie viele Möglichkeiten gibt es dafür?

---

[8] Es dürfen nicht zwei Türme in der gleichen Zeile stehen.

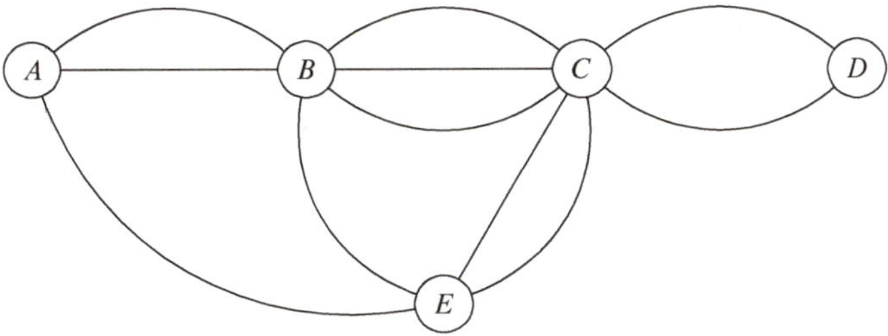

Abb. 3.8 Ein Strassennetz, das die 5 Orte A, B, C, D, E verbindet

Aufgabe 3.37 Erkläre, warum das Zählen der Möglichkeiten, 8 Türme auf das Schachbrett zu stellen, mit dem Resultat $64 \cdot 49 \cdot 36 \cdot 25 \cdot 16 \cdot 9 \cdot 4 \cdot 1$ nicht funktioniert. Kann man die Vorgehensweise so erweitern, dass wir doch noch das richtige Resultat erhalten?

Aufgabe 3.38 Wir sagen, dass zwei Streckenzüge unterschiedlich sind, wenn sie sich mindestens in einer Strecke unterscheiden. Betrachte Abb. 3.8: Wie viele Streckenzüge von A nach D im gezeigten Straßennetz gibt es, die durch keinen Ort zweimal führen und nicht über E gehen? Wie viele Streckenzüge von A nach D gibt es, die über keinen Ort zweimal führen?

3.5 Zusammenfassung

Man kann gegebene Zufallsexperimente mehrfach wiederholen und das ganze Geschehen als ein einzelnes Zufallsexperiment, genannt mehrstufiges Zufallsexperiment, betrachten. Die Experimente, aus denen ein mehrstufiges Zufallsexperiment besteht, nennt man die Basisexperimente des mehrstufigen Zufallsexperiments. Beispiele sind das 10-fache Würfeln oder der dreifache Münzwurf kombiniert mit zweifachem Würfeln.

In einem mehrstufigen Zufallsexperiment werden die einzelnen Basisexperimente unabhängig voneinander ausgeführt und somit kommt es bei den Wahrscheinlichkeitsrechnungen nicht darauf an, in welcher Reihenfolge sie durchgeführt werden. Sie können auch alle gleichzeitig umgesetzt werden.

Wenn man die Wahrscheinlichkeitsverteilungen aller Basisexperimente kennt, reicht dies, um die Wahrscheinlichkeiten beliebiger Ereignisse des mehrstufigen Zufallsexperiments zu bestimmen. Die Basis für diese Berechnung ist die Multiplikationsregel für mehrstufige Experimente. Sie besagt für jedes $k \geq 1$, dass die Wahrscheinlichkeit jedes Ergebnisses $(a_1, a_2, \ldots, a_k)$ eines k-stufigen Zufallsexperiments das Produkt der Wahrscheinlichkeiten der einzelnen Ergebnisse $a_1, a_2, \ldots, a_k$ der Basisexperimente ist. Aus der Wahrscheinlichkeit der Ergebnisse des mehrstufigen Zufallsexperiments kann man dann mit den Regeln aus Kap. 2 die Wahrscheinlichkeiten beliebiger Ereignisse des mehrstufigen Zufallsexperiments bestimmen.

Baumdiagramme bieten eine sehr anschauliche Darstellung von mehrstufigen Zufallsexperimenten. Jede Stufe des Baumes entspricht der Durchführung eines Basisexperiments, das durch die Verzweigung des Baumes in jedem Knoten der Stufe dargestellt wird. Die Wurzel des Baumes beinhaltet die Menge aller Ergebnisse des mehrstufigen Zufallsexperiments und die Blätter des Baumes enthalten die einzelnen Ergebnisse. Neben den Kanten der Verzweigungen steht immer die Wahrscheinlichkeit des entsprechenden Basisexperiments, mit der man dieser Kante folgt.

Wenn alle Basisexperimente eines mehrstufigen Zufallsexperiments gleichwahrscheinliche Ergebnisse haben, dann sind auch die Ergebnisse des mehrstufigen Zufallsexperiments gleichwahrscheinlich. Deswegen ist es wichtig, das Abzählen der Anzahl von Ergebnissen eines Zufallsexperiments zu beherrschen.

Die Anzahl der Folgen der Länge m über einer Menge von d Symbolen ist d^m. Somit führt eine m-fache Wiederholung eines Basisexperiments mit d Ergebnissen zu einem m-fachen Zufallsexperiment mit d^m Ergebnissen.

Ein n-Tupel, das genau n unterschiedliche Elemente enthält (jedes Element genau einmal), nennt man eine n-Permutation dieser Elemente. Die Anzahl aller n-Permutationen von n Elementen ist $n! = n \cdot (n-1) \cdot (n-2) \cdot \ldots \cdot 3 \cdot 2 \cdot 1$, gesprochen „$n$ Fakultät".

3.6 Kontrollfragen

1. Was ist ein mehrstufiges Zufallsexperiment?
2. Wie berechnet man die Wahrscheinlichkeiten der Ergebnisse des mehrstufigen Experiments aus den Wahrscheinlichkeitsverteilungen der Basisexperimente?
3. Was ändert sich an den Wahrscheinlichkeiten der Ergebnisse des mehrstufigen Zufallsexperiments, wenn die Reihenfolge der Basisexperimente geändert wird?
4. Gibt es einen Unterschied für die Wahrscheinlichkeiten der Ergebnisse eines dreifachen Münzwurfs, wenn man einmal drei Münzen wirft oder wenn eine Münze dreimal hintereinander geworfen wird?
5. Was meint man, wenn man von der Unabhängigkeit der Durchführungen der Basisexperimente eines mehrfachen Zufallsexperiments spricht?
6. Wie erzeugt man Baumdiagramme zur Darstellung von mehrfachen Zufallsexperimenten?
7. Was besagt die Multiplikationsregel zur Berechnung der Wahrscheinlichkeitsverteilung eines mehrstufigen Zufallsexperiments?
8. Kann man immer aus den Wahrscheinlichkeitsverteilungen der Basisexperimente eines mehrstufigen Zufallsexperiments die Wahrscheinlichkeitsverteilung des zusammengesetzten Zufallsexperiments bestimmen?
9. Gibt es Situationen, in denen man aus der Wahrscheinlichkeitsverteilung eines mehrfachen Zufallsexperiments die Wahrscheinlichkeitsverteilung von einem Basisexperiment bestimmen kann?
10. Wie werden Tupel und Mengen dargestellt? Worin unterscheiden sich diese Darstellungen?

11. Gibt es einen Unterschied zwischen Folgen und Tupeln?

12. Wie zählt man die Anzahl von m-Tupeln mit Elementen aus einer Menge S?

13. Was ist eine n-Permutation und wie zählt man die Anzahl von n-Permutationen?

14. Wie viele unterschiedliche Schlüssel hat ein monoalphabetisches Kryptosystem, falls das Klartextalphabet das lateinische Alphabet ist (und somit 26 Buchstaben hat)?

15. Wie kann man die Anzahl der Ergebnisse eines mehrstufigen Zufallsexperiments bestimmen? Wann kann diese Anzahl hilfreich zur Bestimmung der Wahrscheinlichkeiten einzelner Ergebnisse des mehrstufigen Zufallsexperiments sein?

3.7 Kontrollaufgaben

1. Betrachte das zweistufige Zufallsexperiment, das aus der Folge von zwei Basisexperimenten besteht, die durch die Wahrscheinlichkeitsräume $(\{1, 2, 3\}, P_1)$ mit $P_1(1) = \frac{1}{4}$, $P_1(2) = \frac{1}{6}$, $P_1(3) = \frac{7}{12}$ und $(\{\text{Kopf}, \text{Zahl}, \text{Kante}\}, P_2)$ mit $P_2(\text{Kopf}) = P_2(\text{Zahl}) = 0.499$ und $P_2(\text{Kante}) = 0.002$ modelliert werden. Zeichne das Baumdiagramm dieses zweistufigen Zufallsexperiments und bestimme den Wahrscheinlichkeitsraum (das heißt, den Ergebnisraum und die Wahrscheinlichkeitsverteilung) des zweistufigen Zufallsexperiments.

2. Betrachte die fünffache Wiederholung des Basisexperiments, das durch den Wahrscheinlichkeitsraum $(\square, P_1)$ mit $\square = \{1, 2, 3, 4, 5, 6\}$ und $P_1(1) = P_1(6) = 0.25$, $P_1(2) = P_1(5) = 0.15$ und $P_1(3) = P_1(4)$ beschrieben wird. Bestimme die Wahrscheinlichkeiten folgender Ereignisse des entsprechenden fünfstufigen Zufallsexperiments.

    (a) Die Summe der erzielten Zahlen ist höchstens 28.

    (b) $(\square, 3, 2, \square, \square)$.

    (c) $(1, 2, 3, 4, 5)$.

    (d) $(\square, \square, 6, \square, \square)$.

    (e) Es werden nur ungerade Zahlen erzielt.

3. Ein Produkt wird einem zweistufigen Testverfahren unterzogen. Beim ersten Test gibt es drei mögliche Resultate: b („bestanden"), d („durchgefallen") und u („unklar"). Beim zweiten Test gibt es nur die zwei Resultate B („bestanden") und D („durchgefallen"). Diese Tests sind unabhängig voneinander in dem Sinne, dass das Resultat eines Testes keinen Einfluss auf das Resultat des anderen Tests hat. Wir wissen, dass die Wahrscheinlichkeit, den zweiten Test zu bestehen, genau 0.9 beträgt. Weiter wissen wir, dass die Wahrscheinlichkeit, beide Tests zu bestehen (also die Wahrscheinlichkeit des Ergebnisses (b, B) des zweistufigen Zufallsexperiments) gleich 0.855 ist. Die Wahrscheinlichkeit, in beiden Tests durchzufallen, ist 0.0025. Kannst du aus diesen Angaben das Modell des zweistufigen Experiments vervollständigen? Kannst du insbesondere die Wahrscheinlichkeitsverteilung des ersten Basisexperiments und die Wahrscheinlichkeitsverteilung des gesamten zweistufigen Experiments bestimmen?

4. Betrachte das fünfstufige Zufallsexperiment aus Kontrollaufgabe 2. Bestimme die Wahrscheinlichkeiten folgender Ereignisse:

   (a) Es kommt zweimal 1 und zweimal 6 und einmal 3.

   (b) Es kommt zweimal 1 und zweimal 6.

   (c) Es kommen nur Primzahlen.

   (d) Es kommen 5 unterschiedliche Zahlen.

5. Betrachte ein Basisexperiment $(\{\blacklozenge, \star, \blacktriangle\}, P_B)$ mit $P_B(\blacklozenge) = 0.45$, $P_B(\star) = 0.25$ und $P_B(\blacktriangle) = 0.3$, das man sich als Drehen eines Rades vorstellen kann, dessen Felder mit $\blacklozenge$, $\star$ und $\blacktriangle$ bezeichnet sind.

   (a) Zeichne das Baumdiagramm des 3-fachen Drehens dieses Rades und bestimme die Wahrscheinlichkeiten aller Ergebnisse des dreistufigen Zufallsexperiments.

   (b) Wie hoch ist die Wahrscheinlichkeit, dass beim 2-fachen Drehen das Resultat $\blacklozenge$ nie vorkommt? Wie hoch ist die Wahrscheinlichkeit, dass beim sechsfachen Drehen das Resultat $\star$ nie vorkommt?

   (c) Wie hoch ist die Wahrscheinlichkeit, dass beim 10-fachen Drehen immer nur $\blacklozenge$ vorkommt?

   (d) Wie hoch ist die Wahrscheinlichkeit, dass beim 3-fachen Drehen genau zweimal $\blacktriangle$ und einmal $\star$ vorkommt?

   (e) Wie hoch ist die Wahrscheinlichkeit, dass beim 2-fachen Drehen zwei unterschiedliche Resultate des Basisexperiments vorkommen?

6. Betrachten wir den Text

   KRYPTOANALYTIKERSINDZIEMLICHPFIFFIG

   Dieser Text besteht aus 35 Buchstaben. Wir definieren als Zufallsexperiment das zufällige Ziehen einer dieser 35 Positionen, mit gleicher Wahrscheinlichkeit für jede Position. Somit kann man das Zufallsexperiment als (S, P) beschreiben, wobei $S = \{1, 2, 3, \ldots, 35\}$ und $P(a) = 1/35$ für alle $a \in S$.

   (a) Wie hoch ist die Wahrscheinlichkeit, auf der zufällig gezogenen Position ein E zu sehen?

   (b) Mit welcher Wahrscheinlichkeit sieht man auf einer zufällig gewählten Position A oder I?

   (c) Mit welcher Wahrscheinlichkeit erhält man einen Konsonanten auf der zufällig gewählten Position?

   (d) Ziehen wir zufällig zweimal hintereinander eine Position (wobei auch zweimal die gleiche Position gewählt werden kann). Wie hoch ist die Wahrscheinlichkeit, dass wir beide Male ein A erhalten haben? Wie hoch ist die Wahrscheinlichkeit, dass wir beide Male einen Konsonanten erhalten haben?

   (e) Wie hoch ist die Wahrscheinlichkeit, dass man bei 5 nacheinander zufällig gewählten Positionen (auch hier ist nicht ausgeschlossen, dass 5 Mal die gleiche Position gewählt wurde) immer den Buchstaben I erhalten hat?

   (f) Wie hoch ist die Wahrscheinlichkeit, beim zweifachen unabhängigen Ziehen einer Position zweimal den gleichen Buchstaben zu erhalten?

7. Wie viele Möglichkeiten gibt es, zwei Türme auf dem Schachbrett so zu platzieren, dass sie sich nicht bedrohen? Wie viele Möglichkeiten gibt es, zwei Türme so auf das Schachbrett zu stellen, dass sie sich bedrohen? Wähle in einem zweistufigen Experiment zufällig zwei Positionen auf dem Schachbrett und setze auf diese zwei Positionen jeweils einen Turm. Wie hoch ist die Wahrscheinlichkeit, dass beide Türme auf die gleiche Position gestellt werden? Wie hoch ist die Wahrscheinlichkeit, dass sie sich nicht bedrohen?

8. In einer Urne liegen 10 Kugeln. Eine weiße, vier schwarze und fünf grüne. Jede einzelne Kugel hat die gleiche Wahrscheinlichkeit $\frac{1}{10}$ gezogen zu werden. Wir ziehen 5 Mal hintereinander eine Kugel so, dass nach jedem Ziehen die gezogene Kugel zurück in die Urne gelegt wird. Somit geht es um ein fünfstufiges Zufallsexperiment.

   (a) Wie hoch ist die Wahrscheinlichkeit, 5 Mal hintereinander eine grüne Kugel zu ziehen?

   (b) Wie hoch ist die Wahrscheinlichkeit, nie eine grüne Kugel zu ziehen?

   (c) Wie hoch ist die Wahrscheinlichkeit, mindestens einmal die weiße Kugel zu ziehen?

   (d) Wie hoch ist die Wahrscheinlichkeit des Ereignisses

   $$(\text{grün, beliebig, weiß, beliebig, schwarz})?$$

   (e) ⋆ Wie hoch ist die Wahrscheinlichkeit, Kugeln von höchstens zwei unterschiedlichen Farben zu ziehen?

9. Wie viele Wörter der Länge 8 kann man aus den Buchstaben des lateinischen Alphabets zusammenstellen? Die Buchstabenfolge XXXXXAAA betrachten wir dabei auch als ein Wort, es spielt keine Rolle, ob diese Buchstabenfolge in irgendeiner Sprache einen Sinn ergibt.

10. Wie viele binäre Folgen (Folgen von Nullen und Einsen) der Länge n gibt es? Wie viele unterschiedliche Zahlen werden dezimal genau durch Folgen von n Ziffern dargestellt?

11. Wie viele Schlüssel hat das folgende Kryptosystem mit dem lateinischen Alphabet als Klartext- sowie Geheimtextalphabet? Jeder Buchstabe auf einer durch 5 teilbaren Position ist durch CAESAR verschlüsselt. Alle Buchstaben auf den restlichen Positionen sind durch ein monoalphabetisches Kryptosystem verschlüsselt.

12. Wie viele Wörter der Länge 5, die aus den fünf Buchstaben A, B, C, D und E zusammengesetzt sind, gibt es? Wie viele davon haben die Eigenschaft, dass jeder Buchstabe genau einmal vorkommt?
   Nehmen wir an, dass in einer Urne alle Wörter der Länge 5 über den Buchstaben A, B, C, D und E liegen. Ziehen wir zufällig mit Gleichverteilung ein Wort aus der Urne. Wie hoch ist die Wahrscheinlichkeit, dass in dem gezogenen Wort ein Buchstabe mindestens zweimal vorkommt? Wie hoch ist die Wahrscheinlichkeit, ein Wort zu ziehen, das mit AAAA anfängt? Begründe deine Überlegung.

13. Sei $\Omega_1 = (\{a, b, c\}, P)$ der Wahrscheinlichkeitsraum eines Zufallsexperiments. Sei $\Omega = (S, P_3)$ das dreistufige Zufallsexperiment mit dem Basisexperiment Ω_1. Wir

wissen, dass

$$P_3(a,a,a) = \frac{1}{64} \quad \text{und} \quad P_3(a,c,c) = \frac{1}{16}.$$

Kannst du aus dieser Information die Wahrscheinlichkeitsverteilung P (das heißt $P(a)$, $P(b)$ und $P(c)$) bestimmen? Zeichne ein Baumdiagramm für das dreistufige Zufallsexperiment Ω und bestimme die Wahrscheinlichkeiten folgender Ereignisse:

(a) Es kommt genau 2 Mal c vor.

(b) Es kommt immer nur der gleiche Buchstabe vor.

(c) Der Buchstabe a kommt nie vor.

(d) $\star$ Jeder Buchstabe kommt genau einmal vor.

3.8 Lösungen zu ausgewählten Aufgaben

Lösung zu Aufgabe 3.5 Es gilt $(\square, 2) = \{(1,2),(2,2),(3,2),(4,2),(5,2),(6,2)\}$. Die Wahrscheinlichkeit, beim zweiten Drehen 2 zu erhalten, ist $P(2) = 0.16$. Somit erhalten wir $P\big((\square, 2)\big) = 0.16$, weil in $\frac{16}{100}$ aller Fälle an der zweiten Stelle von (i, j) die 2 steht. Überprüfen wir dies mit (P1):

$$
\begin{aligned}
P_2(\square, 2) &= P(1,2) + P(2,2) + P(3,2) + P(4,2) + P(5,2) + P(6,2) \\
&= 0.11 \cdot 0.16 + 0.16^2 + 0.16^2 + 0.16^2 + 0.16^2 + 0.25 \cdot 0.16 \\
&= 0.16 \cdot (0.11 + 0.16 + 0.16 + 0.16 + 0.16 + 0.25) \\
&= 0.16 \cdot 1 = 0.16.
\end{aligned}
$$

Wir können sogar allgemein schreiben

$$
\begin{aligned}
P_2(\square, j) &= \sum_{i=1}^{6} P(i, j) = \sum_{i=1}^{6} P(i) \cdot P(j) \\
&= P(j) \cdot \sum_{i=1}^{6} P(i) = P(j). \\
&\left\{ \text{Weil} \sum_{i=1}^{6} P(i) = P(S) = 1. \right\}
\end{aligned}
$$

Lösung zu Aufgabe 3.8 $\star$ Das Ereignis (Zahl, $\square$, Kopf, $\square$, Kopf, $\square$) besteht aus den folgenden 8 Ergebnissen:

(Zahl, Kopf, Kopf, Kopf, Kopf, Kopf),   (Zahl, Kopf, Kopf, Kopf, Kopf, Zahl),

(Zahl, Kopf, Kopf, Zahl, Kopf, Kopf),   (Zahl, Kopf, Kopf, Zahl, Kopf, Zahl),

(Zahl, Zahl, Kopf, Kopf, Kopf, Kopf),   (Zahl, Zahl, Kopf, Kopf, Kopf, Zahl),

(Zahl, Zahl, Kopf, Zahl, Kopf, Kopf),   (Zahl, Zahl, Kopf, Zahl, Kopf, Zahl),

Man könnte die Wahrscheinlichkeiten aller 8 Ergebnisse bestimmen und danach aufsummieren. Ein einfacherer Weg ist zu sehen, dass $P_1(\square) = P_1(\{\text{Kopf, Zahl}\}) = 1$ ist. Somit kann wie folgt gerechnet werden:

$$P(\text{Zahl}, \square, \text{Kopf}, \square, \text{Kopf}, \square)$$
$$= P_1(\text{Zahl}) \cdot P_1(\square) \cdot P_1(\text{Kopf}) \cdot P_1(\square) \cdot P_1(\text{Kopf}) \cdot P_1(\square)$$
$$= \frac{1}{4} \cdot 1 \cdot \frac{3}{4} \cdot 1 \cdot \frac{3}{4} \cdot 1 = \frac{9}{64}.$$

Wenn Kopf doppelt so häufig wie Zahl vorkommt, bedeutet dies, dass Zahl genau 2 Mal und Kopf genau 4 Mal vorkommt. Die Liste aller Ergebnisse in diesem Ereignis sieht wie folgt aus[9]:

$$(Z, Z, K, K, K, K), \quad (Z, K, Z, K, K, K), \quad (Z, K, K, Z, K, K),$$
$$(Z, K, K, K, Z, K), \quad (Z, K, K, K, K, Z), \quad (K, Z, Z, K, K, K),$$
$$(K, Z, K, Z, K, K), \quad (K, Z, K, K, Z, K), \quad (K, Z, K, K, K, Z),$$
$$(K, K, Z, Z, K, K), \quad (K, K, Z, K, Z, K), \quad (K, K, Z, K, K, Z),$$
$$(K, K, K, Z, Z, K), \quad (K, K, K, Z, K, Z), \quad (K, K, K, K, Z, Z).$$

Es gilt

$$P(Z, Z, K, K, K, K) = P_1(Z) \cdot P_1(Z) \cdot P_1(K) \cdot P_1(K) \cdot P_1(K) \cdot P_1(K)$$
$$= \frac{1}{4} \cdot \frac{1}{4} \cdot \frac{3}{4} \cdot \frac{3}{4} \cdot \frac{3}{4} \cdot \frac{3}{4} = \frac{3^4}{4^6}.$$

Weil jedes Ergebnis dieses Ereignisses aus zwei Z und vier K besteht, sind die Wahrscheinlichkeiten aller dieser Ergebnisse gleich, nämlich

$$\left(\frac{1}{4}\right)^2 \cdot \left(\frac{3}{4}\right)^4 = \frac{3^4}{4^6}.$$

Die Anzahl der Ergebnisse im Ereignis ist 15 und somit ist die Wahrscheinlichkeit des Ereignisses

$$15 \cdot \frac{3^4}{4^6} = \frac{5 \cdot 3^5}{4^6}.$$

Lösung zu Aufgabe 3.15 ⋆

(a) Um diese Aufgabe zu lösen, betrachten wir nur die Information über die Frauen, die wir durch ein Baumdiagramm (siehe Abb. 3.9) darstellen können. Wir wissen, dass

---

[9] Wir schreiben K für Kopf und Z für Zahl, um die Darstellung zu kürzen.

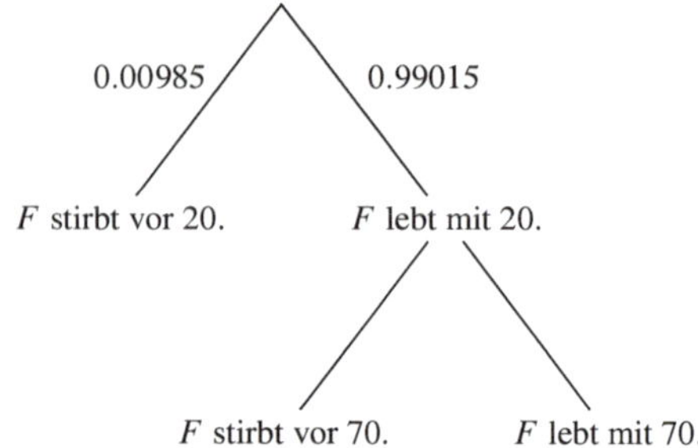

Abb. 3.9 Baumdiagramm zu den Überlebenschancen von Frauen in verschiedenen Lebensabschnitten

$P(F$ lebt mit 70$) = 0.81785$ ist. Nach der Multiplikationsregel muss Folgendes gelten:

$$P(F \text{ lebt mit } 70) = P_1(F \text{ lebt mit } 20) \cdot P_2(F, \text{ die mit 20 lebte, lebt auch mit 70}).$$

Daraus folgt

$$P_2(F, \text{ die mit 20 lebte, lebt auch mit 70}) = \frac{P(F \text{ lebt mit } 70)}{P_1(F \text{ lebt mit } 20)}$$
$$= \frac{0.81785}{0.99015} \approx 0.82599.$$

Ungefähr 85.26 % der Frauen, die das 20ste Lebensjahr erreicht haben, erreichen auch das Alter von 70 Jahren.

Lösung zu Aufgabe 3.23 Auf den ersten Blick ist dies eine unangenehme Aufgabe. Alle $6^3 = 216$ Tupel aufzuschreiben und dann jene mit mindestens einer 1 abzuzählen, ist zu aufwendig. Wie kann man aber, ohne die Tupel aufzulisten, die Anzahl der 3-Tupel mit mindestens einer 1 bestimmen? Diese Aufgabe ist auch nicht ganz leicht, wenn man es direkt versuchen würde.

Eine einfache Lösung bietet die Komplementregel (R1). Wenn A das Ereignis ist, dass mindestens eine 1 fällt, dann ist das komplementäre Ereignis $\overline{A}$, dass keine 1 fällt. Deswegen enthält $\overline{A}$ genau alle 3-Tupel, die keine 1 enthalten, also alle 3-Tupel über $\{2, 3, 4, 5, 6\}$. Damit entspricht $|\overline{A}|$ der Anzahl der 3-Tupel über 5 Elementen, das heißt,

$$|\overline{A}| = 5^3 = 125.$$

Nach Satz 3.2 gilt dann

$$P(|\overline{A}|) = \frac{5^3}{6^3} = \frac{125}{216}.$$

Nach (R1) erhalten wir

$$P(A) = 1 - P(|\overline{A}|) = 1 - \frac{125}{216} = \frac{91}{216} \approx 0.421.$$

Lösung zu Aufgabe 3.29 Unsere Ergebnisse (die elementaren Ereignisse des dreifachen Würfelns) sind Tripel (3-Tupel)

$$(a, b, c),$$

wobei $a, b, c \in \{1, 2, 3, 4, 5, 6\}$. Die Anzahl aller Ergebnisse ist

$$6 \cdot 6 \cdot 6 = 6^3 = 216,$$

weil man für jedes der drei Elemente der Tripel 6 Möglichkeiten hat.

Die Tripel des Ereignisses E, dass drei unterschiedliche Augenzahlen gewürfelt werden, können systematisch generiert werden, und zwar wie folgt: Die erste Augenzahl kann man aus 6 Möglichkeiten wählen. Nachdem die erste Augenzahl gewählt ist, gibt es noch 5 Möglichkeiten, die zweite zu wählen. Nachdem die ersten zwei festgelegt sind, haben wir noch 4 Möglichkeiten, das dritte Element der Tripel zu wählen. Somit ist die Anzahl der Ergebnisse in E

$$|E| = 6 \cdot 5 \cdot 4.$$

Nun können wir auf zwei verschiedene Weisen weiterrechnen.

1. Möglichkeit Die Gesamtzahl der Ergebnisse ist 216. Weil wir faire Würfel betrachten, haben alle Ergebnisse die gleiche Wahrscheinlichkeit $\frac{1}{216}$. Somit gilt nach (P1)

$$P(E) = \underbrace{\frac{1}{216} + \frac{1}{216} + \ldots + \frac{1}{216}}_{|E| \text{ Summanden}}$$

$$= 6 \cdot 5 \cdot 4 \cdot \frac{1}{216} = \frac{6 \cdot 5 \cdot 4}{6 \cdot 6 \cdot 6} = \frac{5}{9} \approx 0.5556.$$

2. Möglichkeit Weil alle Ergebnisse des Experiments die gleiche Wahrscheinlichkeit haben, ist $P(E)$ die Anzahl der günstigen Ergebnisse (also der Ergebnisse in E) geteilt durch die Gesamtanzahl der Ergebnisse (Satz 3.2). Also gilt

$$P(E) = \frac{|E|}{6^3} = \frac{6 \cdot 5 \cdot 4}{6 \cdot 6 \cdot 6} = \frac{5}{9}.$$

Wir sehen, dass es sich lohnt, darauf zu setzen, dass drei unterschiedliche Augenzahlen fallen werden.

Lösung zu Aufgabe 3.32 ⋆ Jede Menge von 5 gezogenen Kugeln wird mit gleicher Wahrscheinlichkeit gezogen. Somit ist die Wahrscheinlichkeit zu gewinnen gleich

$$\frac{1}{\text{Anzahl aller Fünfergruppen von Kugeln}}.$$

Man könnte jetzt Folgendes überlegen: Es gibt 25 Möglichkeiten für die erste Kugel, 24 für die zweite, 23 für die dritte, 22 für die vierte und 21 für die fünfte. Somit existieren insgesamt

$$25 \cdot 24 \cdot 23 \cdot 22 \cdot 21$$

Möglichkeiten. Das stimmt aber nicht ganz. Die Resultate $3, 5, 7, 11, 13$ und $5, 7, 13, 11, 3$ geben die gleiche Menge von 5 Kugeln an, wir haben sie aber mehrfach gezählt. Wie viele Male haben wir die Gruppe $\{3, 5, 7, 11, 13\}$ gezählt? So viele Male wie die Anzahl der Reihenfolgen dieser Elemente ist, also

$$5! = 5 \cdot 4 \cdot 3 \cdot 2 \cdot 1$$

viele Male. Das gilt für jede Gruppe von 5 Elementen, sie wurde genau 5! Mal gezählt. Somit ist die Anzahl aller möglichen Ziehungen von 5 Zahlen genau

$$\frac{25 \cdot 24 \cdot 23 \cdot 22 \cdot 21}{5 \cdot 4 \cdot 3 \cdot 2 \cdot 1} = 5 \cdot 23 \cdot 22 \cdot 21 = 53\,130.$$

Die Wahrscheinlichkeit, den ersten Preis zu gewinnen, ist somit $\frac{1}{53\,130}$.

Anwendungen in Biologie, Kryptologie und Algorithmik 4

4.1 Zielsetzung

Die Wahrscheinlichkeitstheorie wurde einerseits entwickelt als ein Instrument zur Untersuchung unserer Welt und half bei der Erzeugung vieler Durchbrüche insbesondere in der Physik und der Biologie. Andererseits spielte die Wahrscheinlichkeitstheorie eine wesentliche Rolle beim Entwurf und bei der Entwicklung von technischen Systemen. Die Zielsetzung dieses Kapitels ist es, drei eindrucksvolle Beispiele zu zeigen, die die Stärke von Wahrscheinlichkeitskonzepten in der Biologie, der Kryptographie und beim Algorithmenentwurf belegen. In der Populationsgenetik zeigen wir, wie man Naturgesetze mittels Wahrscheinlichkeitsrechnungen entdecken, erklären und begründen kann. In der Algorithmik zeigen wir, wie man mit Hilfe von Zufallsentscheidungen exponentiell viel Arbeit sparen kann. In der Kryptographie zeigen wir, wie Wahrscheinlichkeitsüberlegungen zum Entwurf eines pfiffigen Kryptosystems führen können und wie tiefgreifendere statistische Konzepte bei der Kryptoanalyse dieses Kryptosystems zum Durchbruch führen können.

Hinweis 4.1

Dieses Kapitel bringt keine neuen Konzepte der Wahrscheinlichkeitstheorie und somit ist seine Durcharbeitung keine Voraussetzung für das Studium der nachfolgenden Kapitel. Der Mehrwert des Kapitels liegt im Aufzeigen der Beiträge des bisher vermittelten Wissens der Wahrscheinlichkeitstheorie für die Forschung und für reale Anwendungen in der Praxis. Wichtig ist, dass diese realen Beispiele, die meistens auf der Ebene von Maturitätsschulen im Unterricht nicht vorhanden sind, die Anforderungen an die mathematischen Kenntnisse an Gymnasien nicht über die gesunden Erwartungen hinaus überziehen.

© Springer International Publishing AG 2017
M. Barot, J. Hromkovič, *Stochastik*, Grundstudium Mathematik,
DOI 10.1007/978-3-319-57595-7_4

4.2 Gesetze der Populationsgenetik

Hier betrachten wir das Vererben eines Merkmals wie zum Beispiel der Augenfarbe oder einer Krankheit von den Eltern und die Entwicklungsdynamik der Vertretung dieses Merkmals innerhalb einer Population. Betrachten wir das Erzeugen eines Nachkommens von zwei Elternteilen, die unterschiedliche Genotypen AA und Aα haben. Das Erzeugen von Nachkommen betrachten wir als ein Zufallsexperiment, weil wir experimentell feststellen können, dass die Nachfolger entweder den Genotyp AA oder den Genotyp Aα besitzen und es uns nicht möglich ist vorherzusagen, welcher Genotyp im Einzelfall auftreten wird. Durch wiederholtes biologisches Experimentieren stellte man fest, dass AA und Aα gleich wahrscheinlich sind, also treten sie beide in ungefähr 50 % der Fälle auf. Wir suchen jetzt nach einer Erklärung, das heißt, wir wollen den Prozess der Vererbung der Merkmale genauer verstehen, und ihn nicht nur als eine Black-Box betrachten, aus der mit der Wahrscheinlichkeit 0.5 das eine oder das andere Merkmal herauskommt. Wir schlagen 3 Modelle vor, die die Natur der Vererbung zu erklären versuchen. Wir bezeichnen die Elterngenotypen mit A_1A_2 und $A_3\alpha$ anstatt mit AA und Aα, obwohl wir zwischen den einzelnen Allelen A in unserem Experiment nicht unterscheiden können. Dies hilft uns aber zu beobachten, welche Allele konkret vererbt werden.

4.2.1 Modell 1

Die Eltern konkurrieren miteinander mit dem Ziel, ihr eigenes ganzes Erbgut auf den Nachkommen zu übertragen. Sie sind gleich stark und somit hat jeder eine Wahrscheinlichkeit von 0.5 zu gewinnen. Das einfache Experiment kann man mit einem Baum wie in Abb. 4.1 darstellen.

Weil wir zwischen den einzelnen Allelen A_1, A_2 und A_3 nicht unterscheiden können, modelliert das Modell 1 genau die Resultate aus den Experimenten.

4.2.2 Modell 2

Die Eltern A_1A_2 und $A_3\alpha$ führen zwei „Kämpfe". Zuerst konkurrieren sie um die Besetzung der ersten Position im Genotyp des Nachkommens. Der Elternteil mit dem Genotyp A_1A_2 versucht, A_1 durchzusetzen und der Elternteil $A_3\alpha$ versucht A_3 durchzusetzen. Beide haben gleiche Chancen zu gewinnen. Danach konkurrieren die Elternteile um die

Abb. 4.1 Baumdiagramm des einfachen Zufallsexperiments, bei dem ein Elternteil beide Allele vererbt (Modell 1)

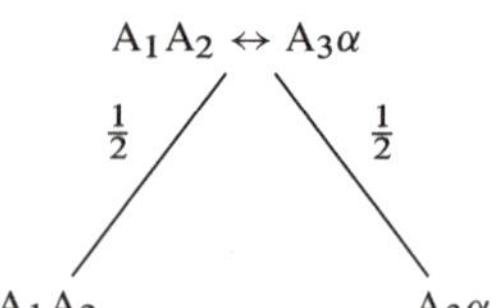

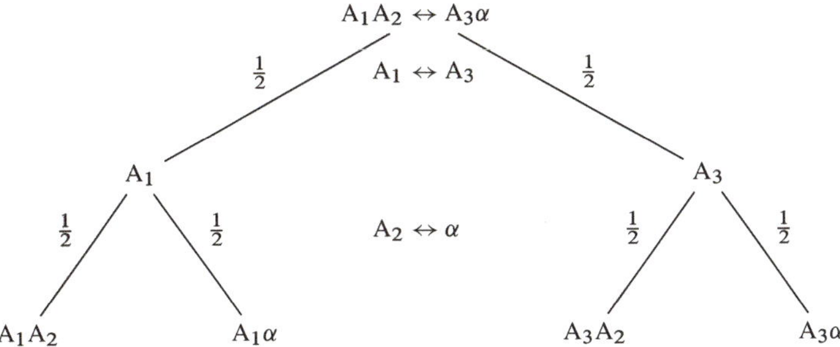

Abb. 4.2 Baumdiagramm der Vererbung, bei dem die Allele geordnet sind und um jeden Platz gekämpft wird (Modell 2)

Besetzung der zweiten Position im Genotyp des Nachkommens. Sie sind gleich stark, also wird diese zu A_2 oder α, beides mit der Wahrscheinlichkeit 0.5. Die ganze Vererbung können wir dann als zweistufiges Experiment mit dem Baumdiagramm in Abb. 4.2 beschreiben.

Mit dem Baumdiagramm in Abb. 4.2 können wir nun rechnen:

$$P(AA) = P(A_1A_2) + P(A_3A_2) = \frac{1}{2} \cdot \frac{1}{2} + \frac{1}{2} \cdot \frac{1}{2} = \frac{1}{2},$$

$$P(A\alpha) = P(A_1\alpha) + P(A_3\alpha) = \frac{1}{2} \cdot \frac{1}{2} + \frac{1}{2} \cdot \frac{1}{2} = \frac{1}{2}.$$

Somit sagt auch das zweite Modell den Ausgang des Experiments richtig voraus.

4.2.3   Modell 3

Das dritte Modell geht davon aus, dass die Vererbung friedlich abläuft und die Elternteile sich somit nicht gegenseitig „bekämpfen". Sie verabreden sich, dass jeder genau ein Allel liefert und ihre Reihenfolge keine Rolle spielt, weil biologisch $A\alpha$ das gleiche wie αA ist. Der Elternteil mit dem Genotyp A_1A_2 entscheidet zufällig, ob A_1 und A_2 geliefert wird und dabei haben A_1 und A_2 die gleiche Chance. Der Genotyp $A_3\alpha$ liefert A_3 oder α für das Erbgut, wieder beide mit gleicher Wahrscheinlichkeit. Diese Vorgehensweise kann man auch mit einem zweistufigen Zufallsexperiment modellieren, das in Abb. 4.3 dargestellt ist.

Mit dem Baumdiagramm in Abb. 4.3 berechnen wir die Wahrscheinlichkeiten des Vorkommens von AA und Aα:

$$P(AA) = P(A_1A_3) + P(A_2A_3) = \frac{1}{2} \cdot \frac{1}{2} + \frac{1}{2} \cdot \frac{1}{2} = \frac{1}{2},$$

$$P(A\alpha) = P(A_1\alpha) + P(A_2\alpha) = \frac{1}{2} \cdot \frac{1}{2} + \frac{1}{2} \cdot \frac{1}{2} = \frac{1}{2}.$$

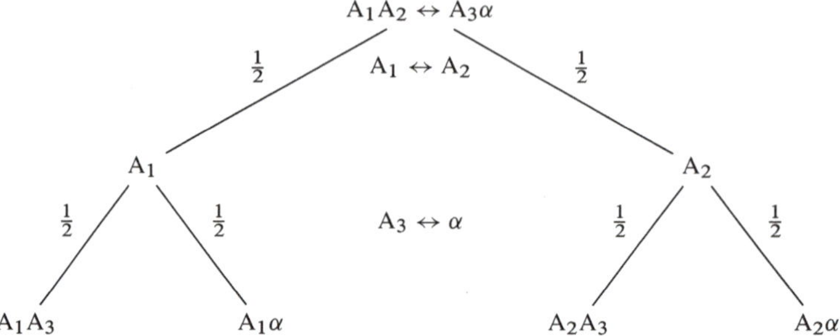

Abb. 4.3 Modell der friedlichen Vererbung, bei dem jeder Elternteil ein Allel beisteuert (Modell 3)

Somit werden die Vorhersagen dieses Modells auch experimentell bestätigt.

Jetzt haben wir ein Dilemma. Welches der drei Modelle entspricht in seinem Verlauf der biologischen Realität? Wir haben bereits etwas Wichtiges gelernt. Wenn wir ein mathematisches Modell finden, dessen Vorhersagen durch Experimente bestätigt werden, haben wir noch keine Garantie dafür, dass das Rechnen innerhalb des Modells dem Verlauf der Prozesse in der Natur entspricht. In unserem Fall kann höchstens eines der Modelle die Realität korrekt beschreiben und wir können sogar nicht ausschließen, dass kein Modell in seiner Rechenweise der Realität entspricht.

Aufgabe 4.1 ✓ Finde ein Modell für die Vererbung von Elternpaaren mit Genotypen AA und Aα, das den experimentellen Daten widerspricht und somit verworfen werden kann.

Aufgabe 4.2 Finde ein weiteres Modell für die Vererbung von Elternpaaren mit Genotypen AA und Aα, das den experimentellen Daten entspricht.

Was können wir jetzt tun? Wir wenden unsere drei Modelle für andere Elternpaare an und schauen, ob sie dort ebenfalls funktionieren. Betrachten wir zuerst AA und AA als Elternteile. Alle drei Modelle liefern mit Sicherheit (also mit Wahrscheinlichkeit 1) den Nachkommen AA. Dies ist auch in der Realität der Fall und somit hilft uns die Betrachtung von AA und AA als Elternteile nicht dabei, eines der Modelle auszuschließen. Führen wir ein Experiment mit den Elternteilen $A_1 \alpha_1$ und $A_2 \alpha_2$ vom gleichen Genotyp Aα durch. Wir stellen experimentell fest, dass die Nachkommen von allen drei Genotypen AA, Aα und $\alpha\alpha$ sein können, und zwar Aα mit der Wahrscheinlichkeit $\frac{1}{2}$, AA mit der Wahrscheinlichkeit $\frac{1}{4}$ und $\alpha\alpha$ mit der Wahrscheinlichkeit $\frac{1}{4}$.

Sofort sehen wir, dass das erste Modell hier nicht funktioniert, denn nach diesem müssten alle Nachkommen den Genotyp Aα haben. Wie wir in Abb. 4.4 sehen, würde auch das zweite Modell nur Nachkommen mit dem Genotyp Aα liefern und somit ist es ebenfalls falsch.

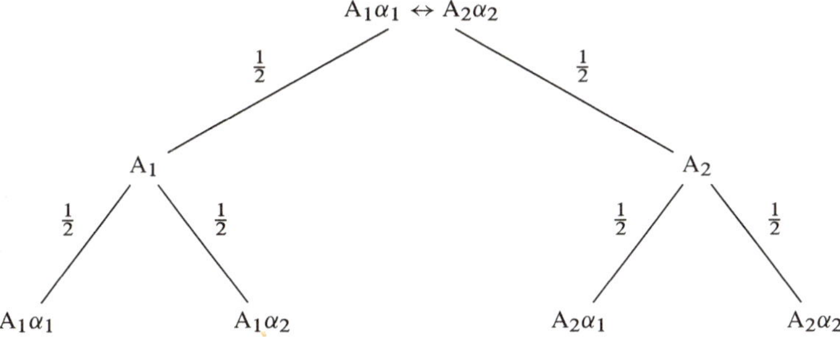

Abb. 4.4 Baumdiagramm der Vererbung beim Modell 2, wenn beide Eltern den Genotyp Aα haben

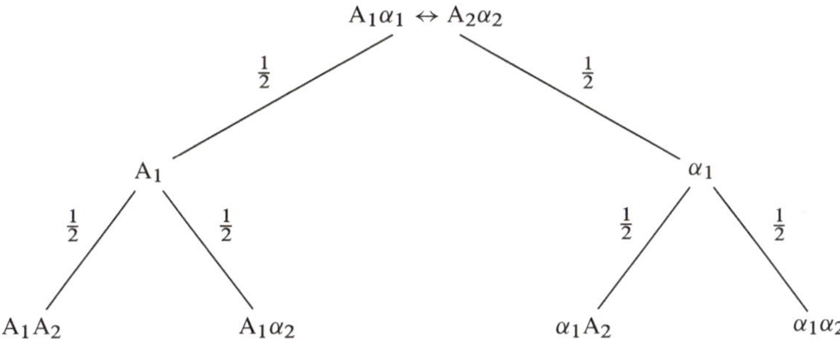

Abb. 4.5 Baumdiagramm der Vererbung beim Modell 3, wenn beide Eltern den Genotyp Aα haben

Schauen wir uns das dritte Modell für das Elternpaar $A_1\alpha_1$ und $A_2\alpha_2$ an. Wir sehen in Abb. 4.5, dass hier alle drei Genotypen AA, Aα und $\alpha\alpha$ möglich sind und dass die Wahrscheinlichkeitsverteilung dem Experiment tatsächlich entspricht.

$$P(\text{AA}) = P(A_1 A_2) = \frac{1}{2} \cdot \frac{1}{2} = \frac{1}{4},$$

$$P(\text{A}\alpha) = P(A_1\alpha_2) + P(\alpha_1 A_2) = \frac{1}{2} \cdot \frac{1}{2} + \frac{1}{2} \cdot \frac{1}{2} = \frac{1}{2},$$

$$P(\alpha\alpha) = P(\alpha_1\alpha_2) = \frac{1}{2} \cdot \frac{1}{2} = \frac{1}{4}.$$

Aufgabe 4.3 Betrachte ein Elternpaar mit den Genotypen AA und $\alpha\alpha$. Verwende alle drei Modelle, um den Ausgang von wiederholten Experimenten vorherzusagen. Welches Modell ist richtig, wenn alle Nachkommen immer dasselbe Genom Aα haben?

Aufgabe 4.4 Nehmen wir an, dass das dritte Modell das richtige ist. Welche Wahrscheinlichkeitsverteilung über die Resultate AA, Aα und $\alpha\alpha$ erhalten wir, wenn die Eltern die Genotypen $\alpha\alpha$ und Aα haben?

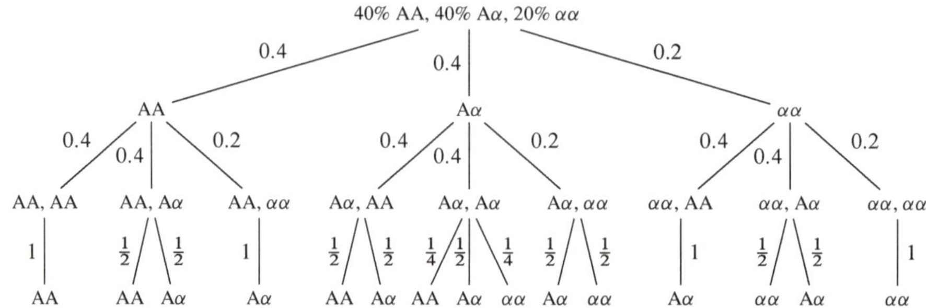

Abb. 4.6 Baumdiagramm der Vererbung von einer Elterngeneration auf eine Nachfolgegeneration: die erste Sufe zeigt die Auswahl des ersten Elternteils, die zweite Stufe die des 2. Elternteils, die dritte Stufe die möglichen Nachkommen

Wenn wir jetzt das dritte Modell akzeptieren, dann haben wir etwas Wichtiges über die biologische Realität gelernt:

- Beide Elternteile beteiligen sich an jedem Genotyp eines Nachkommens.
- Es ist nicht möglich, dass man sich beim Erzeugen von Nachkommen selbst klont.

Jetzt kommen wir mit diesem Wissen zur Forschung in der Populationsgenetik. Die Biologen haben beobachtet, dass in Populationen gewisse Genotypen, die in der Minderheit sind, nicht nur nicht verschwinden, sondern weiterhin stabil den gleichen Anteil an der Population haben. Sie suchten eine Erklärung für dieses Phänomen und diese Erklärung haben der Mathematiker Hardy und der Arzt Weinberg unabhängig voneinander mittels Wahrscheinlichkeitsrechnung geliefert. Weil es sich um ein einfaches klassisches Beispiel handelt, das aufzeigt, wie man die Mathematik zur Erforschung der Naturgesetze verwenden kann, präsentieren wir es bis ins kleinste Detail.

Im Folgenden nehmen wir an, dass in unserer Population keine Mutation und keine Selektion stattfindet oder nur in so einem kleinen Maß, dass sie vernachlässigbar sind. Fangen wir mit einem Beispiel an. Wir haben eine große Population (mehrere Tausende Individuen). In dieser Population haben 40 % der Individuen den Genotyp AA, 40 % den Genotyp Aα und 20 % den Genotyp $\alpha\alpha$. Die Frage ist, wie die Verteilung der Genotypen in der Nachfolgegeneration ist, wenn nach der Erzeugung von Nachkommen die ursprüngliche Generation stirbt, oder einfach nicht mehr berücksichtigt wird. Wir modellieren den Ablauf der Vererbung als ein mehrstufiges Experiment wie in Abb. 4.6 dargestellt. In der ersten Stufe wird der erste Elternteil zufällig bezüglich der Verteilung der Genotypen gewählt. In der zweiten Stufe wird der zweite Elternteil gewählt. Bei absoluter Genauigkeit müssten sich die Wahrscheinlichkeiten in der zweiten Stufe ändern, weil die aktuelle Generation um den schon gezogenen Elternteil kleiner ist und die Gruppe mit dem entsprechenden Genotyp auch. Weil wir aber die Anzahl der Individuen m als sehr groß betrachten, vernachlässigen wir diese kleine Änderung und realisieren die zweite Stufe des mehrstufigen Zufallsexperiments mit der gleichen Wahrscheinlichkeitsverteilung wie in der Stufe 1 (siehe Abb. 4.6). Nachdem wir alle 9 Möglichkeiten erhalten haben, Elternpaare zu bilden, erzeugen wir mit dem vorgestellten 3. Modell in einem zweistufigen Zufallsexperiment die Nachkommen für alle Elternpaare. In Abb. 4.6 haben wir diese zwei Stufen für eine kleinere Darstellung auf eine Stufe reduziert, die direkt besagt, mit welcher Wahrscheinlichkeitsverteilung welcher Nachkomme für das gegebene Elternpaar generiert wird. Somit können wir die Wahrscheinlichkeitsverteilung der Genotypen AA, $\alpha\alpha$ und Aα in der neuen Generation leicht bestimmen.

$$P(\text{AA}) = 0.4 \cdot 0.4 \cdot 1 + 0.4 \cdot 0.4 \cdot 0.5 + 0.4 \cdot 0.4 \cdot 0.5 + 0.4 \cdot 0.4 \cdot 0.25 = 0.36,$$

$$P(\alpha\alpha) = 0.4 \cdot 0.4 \cdot 0.25 + 0.4 \cdot 0.2 \cdot 0.5 + 0.2 \cdot 0.4 \cdot 0.5 + 0.2 \cdot 0.2 \cdot 1 = 0.16,$$

$$P(\text{A}\alpha) = 1 - P(\text{AA}) - P(\alpha\alpha) = 1 - 0.36 - 0.16 = 0.48.$$

Aufgabe 4.5 Nehmen wir an, wir haben eine große Population mit

(a) 45 % AA, 45 % Aα und 10 % $\alpha\alpha$,
(b) 25 % AA, 50 % Aα und 25 % $\alpha\alpha$.

Bestimme die Verteilung der Nachfolgepopulationen in beiden Fällen.

Versuchen wir allgemein auszudrücken, wie wir die Elternpaare zufällig gewählt haben. Seien

m: die Anzahl der Individuen,
m_{AA}: die Anzahl der Individuen mit dem Genotyp AA,
$m_{\text{A}\alpha}$: die Anzahl der Individuen mit dem Genotyp Aα,
$m_{\alpha\alpha}$: die Anzahl der Individuen mit dem Genotyp $\alpha\alpha$.

Offensichtlich gilt $m = m_{\text{AA}} + m_{\text{A}\alpha} + m_{\alpha\alpha}$ und

$$P_1(\text{AA}) = \frac{m_{\text{AA}}}{m}, \quad P_1(\text{A}\alpha) = \frac{m_{\text{A}\alpha}}{m} \quad \text{und} \quad P_1(\alpha\alpha) = \frac{m_{\alpha\alpha}}{m},$$

falls P_1 die Wahrscheinlichkeitsverteilung von Resultaten AA, Aα und $\alpha\alpha$ beim zufälligen Ziehen eines Individuums (Elternteil) ist.

Bei unserer Rechnung haben wir die Vorgehensweise aus Abb. 4.7 verwendet. Bei ganz genauer Rechnung müssten wir aber wie in Abb. 4.8 vorgehen.

Falls der erste gezogene Elternteil AA ist, ziehen wir im zweiten Schritt nur aus $m - 1$ Individuen und die Anzahl von Genotypen AA ist $m_{\text{AA}} - 1$. Somit ist die exakte Wahrscheinlichkeit, wieder AA zu ziehen,

$$P_2(\text{AA}) = \frac{m_{\text{AA}} - 1}{m - 1}$$

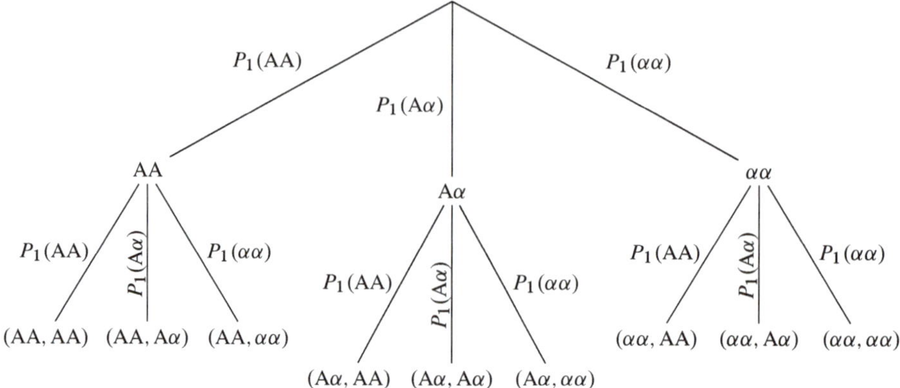

Abb. 4.7 Baumdiagramm der Auswahl zweier Eltern aus einer Generation als zweifaches Ziehen mit Zurücklegen

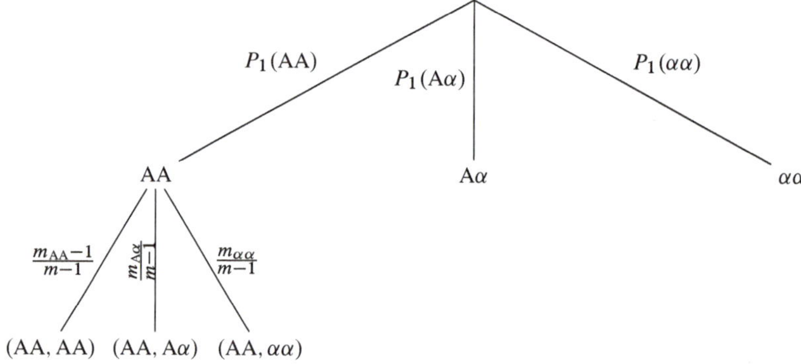

Abb. 4.8 Baumdiagramm der Auswahl zweier Eltern aus einer Generation als Ziehen ohne Zurücklegen

und die Wahrscheinlichkeit, $\alpha\alpha$ zu ziehen, ist

$$P_2(\alpha\alpha) = \frac{m_{\alpha\alpha}}{m-1}.$$

Analog ist $P_2(A\alpha) = \frac{m_{A\alpha}}{m-1}$ die Wahrscheinlichkeit im zweiten Versuch $A\alpha$ zu ziehen.[1]

Aufgabe 4.6 Vervollständige den Baum in Abb. 4.8 und bestimme die Wahrscheinlichkeit, $A\alpha$ zu ziehen, wenn beim ersten Ziehen $A\alpha$ gezogen wurde.

---

[1] Biologisch gesehen ist auch dieses Modell noch eine Vereinfachung, weil bei der zufälligen Auswahl der beiden Elternteile deren Geschlecht nicht berücksichtigt wird. So wäre dieses Modell aber für Hermaphroditen (zum Beispiel Weinbergschnecken) anwendbar.

Aufgabe 4.7 ✓ Nehmen wir an, wir haben eine kleine Population von 6 Individuen mit Genotypen AA, AA, AA, Aα, Aα, $\alpha\alpha$. Somit gilt $P_1(\text{AA}) = \frac{1}{2}$, $P_1(\text{A}\alpha) = \frac{1}{3}$ und $P_1(\alpha\alpha) = \frac{1}{6}$. Berechne die Verteilung der Nachfolgegeneration einmal mit dem approximativen Modell (Abb. 4.7) und einmal mit dem exakten Modell (Abb. 4.8). Gibt es für diese kleine Population wesentliche Unterschiede in den Resultaten dieser zwei Vorgehensweisen?

Das von uns entwickelte Modell zur Berechnung der Proportionalitäten der einzelnen Genotypen in der Nachfolgegeneration funktioniert zuverlässig für Populationen mit hinreichend vielen Individuen, bei denen der Unterschied zwischen

$$\frac{m_{\text{AA}} - 1}{m - 1} \quad \text{und} \quad \frac{m_{\text{AA}}}{m}$$

vernachlässigbar ist. Nur die Berechnung mittels eines 4-stufigen Experiments (erste zwei Stufen für die zufällige Elternwahl und die nachfolgenden zwei Stufen für die Vererbung) kann man als ein bisschen aufwendig ansehen. Deswegen hat man sich einen vereinfachten Rechenweg überlegt, der aber nicht beansprucht, genau den biologischen Ablauf nachzuahmen.

Betrachten wir wieder das Beispiel einer Generation mit 40 % AA-Genotypen, 40 % Aα-Genotypen und 20 % $\alpha\alpha$-Genotypen. Seien

n: die Gesamtzahl aller Allele in der Population,
m: die Anzahl der Individuen der Population.

Offensichtlich gilt $m = 2n$, weil jedes Genotyp genau zwei Allele besitzt. Zählen wir die Gesamtzahl der einzelnen Allele n_A und n_α in der Population. Es gilt

$$
\begin{aligned}
n_{\text{A}} &= 2 \cdot m_{\text{AA}} + m_{\text{A}\alpha} = 2 \cdot P(\text{AA}) \cdot m + P(\text{A}\alpha) \cdot m \\
&= 2 \cdot 0.4 \cdot m + 0.4 \cdot m \\
&= 1.2 \cdot m,
\end{aligned}
$$

weil der Genotyp AA zwei Allele A und der Genotyp Aα ein Allel A besitzt. Weiter gilt

$$
\begin{aligned}
n_{\alpha} &= m_{\text{A}\alpha} + 2 \cdot m_{\alpha\alpha} = P(\alpha\text{A}) \cdot m + 2 \cdot P(\alpha\alpha) \cdot m \\
&= 0.4 \cdot m + 2 \cdot 0.2 \cdot m \\
&= 0.8 \cdot m.
\end{aligned}
$$

Das passt zusammen, weil die Anzahl aller Allele $n = 2 \cdot m = 1.2 \cdot m + 0.8 \cdot m$ ist. Jetzt stellen wir uns das Erzeugen eines Nachkommens vereinfacht als ein zweistufiges Zufallsexperiment vor. Wir ziehen einfach zufällig zweimal hintereinander ein Allel aus den $n = 2 \cdot m$ Allelen und die zwei gezogenen Allele bilden den Genotyp des Nachkommens.

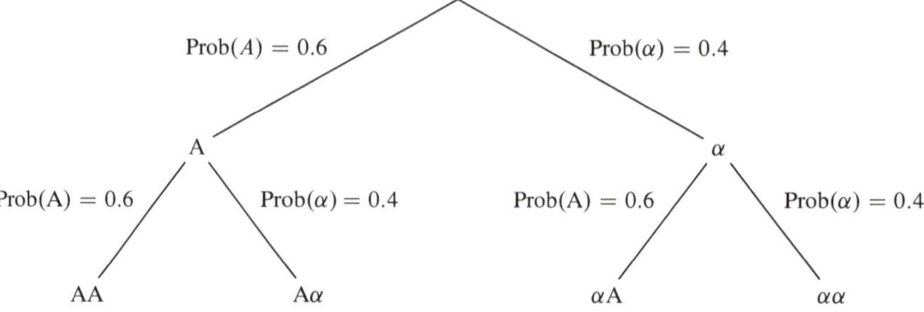

Abb. 4.9 Baumdiagramm des Ziehens zweier Allele aus allen Allelen der Elterngeneration (modelliert als Ziehen mit Zurücklegen)

Somit wird unser Basisexperiment durch den Wahrscheinlichkeitsraum

$$(\{A, \alpha\}, \mathrm{Prob})$$

modelliert,[2] wobei

$$\mathrm{Prob}(A) = \frac{n_A}{n} = \frac{1.2 \cdot m}{2 \cdot m} = 0.6,$$
$$\mathrm{Prob}(\alpha) = \frac{n_\alpha}{n} = \frac{0.8 \cdot m}{2 \cdot m} = 0.4.$$

Bei großen Populationen darf man annehmen, dass sich beim Ziehen des zweiten Allels die Wahrscheinlichkeitsverteilung nicht wesentlich ändert und somit zweimal das Basisexperiment $(\{A, \alpha\}, \mathrm{Prob})$ durchgeführt wird. Dies kann man wie in Abb. 4.9 darstellen.

Berechnen wir jetzt die Verteilung P' der Genotypen in der neuen Generation.

$$P'(AA) = \mathrm{Prob}(A) \cdot \mathrm{Prob}(A) = 0.6 \cdot 0.6 = 0.36,$$
$$P'(\alpha\alpha) = \mathrm{Prob}(\alpha) \cdot \mathrm{Prob}(\alpha) = 0.4 \cdot 0.4 = 0.16,$$
$$P'(A\alpha) = \mathrm{Prob}(A) \cdot \mathrm{Prob}(\alpha) + \mathrm{Prob}(\alpha) \cdot \mathrm{Prob}(A)$$
$$= 2 \cdot \mathrm{Prob}(A) \cdot \mathrm{Prob}(\alpha) = 0.48.$$

Wir bemerken, dass wir die gleichen Resultate erhalten haben wie in dem Modell des 4-stufigen Experiments.

Aufgabe 4.8 Betrachte die Population aus Aufgabe 4.7 und bestimme die Wahrscheinlichkeitsverteilung der Genotypen in der neuen Generation mittels des vereinfachten Modells. Vergleiche die Resultate mit deinen Berechnungen im 4-stufigen Modell.

---

[2] Bemerke, dass wir absichtlich die neue Bezeichnung Prob für die Wahrscheinlichkeitsverteilung über die Allele gewählt haben, um sie von der Wahrscheinlichkeitsverteilung über die Genotypen zu unterscheiden.

Aufgabe 4.9 ✓ Nehmen wir an, wir wollen das zweite vereinfachte Modell so verbessern, dass es auch genau genug für kleine Populationen rechnet. Welche Wahrscheinlichkeiten sind dann bei der Wahl des zweiten Allels zu nehmen?

Hinweis Denke daran, dass man nicht zweimal das gleiche Allel wählen darf und dass wir biologische Fortpflanzungsmechanismen modellieren, in denen es kein Klonen gibt.

Schon Mendel hat beobachtet, dass sich die Proportionalität der einzelnen Allele in der Population nicht ändert. Nutzen wir unsere Berechnungen, um dies zu überprüfen. Seien

n'_{A}: die Anzahl der Allele A in der neuen Generation und

n'_{α}: die Anzahl der Allele α in der neuen Generation.

Weil wir die Verteilung der Genotypen in der neuen Generation kennen, ist es leicht, n'_{A} und n'_{α} auszurechnen.

$$n'_{A} = 2 \cdot P'(AA) \cdot m + P'(A\alpha) \cdot m = 2 \cdot 0.36 \cdot m + 0.48 \cdot m = 1.2 \cdot m,$$
$$n'_{\alpha} = P'(A\alpha) \cdot m + 2 \cdot P'(\alpha\alpha) \cdot m = 0.48 \cdot m + 2 \cdot 0.16 \cdot m = 0.8 \cdot m.$$

Somit ist in unserem Beispiel klar, dass der proportionelle Anteil der Allele unverändert bleibt.

Auszug aus der Geschichte

Die Biologen haben am Anfang des 20. Jahrhunderts sogar beobachtet, dass sich die proportionalen Anteile der einzelnen Genotypen auch nicht ändern. Experimentell zeigte William E. Castle 1903, dass sich ohne Selektion die proportionalen Anteile der einzelnen Genotypen nicht ändern. Der Genetiker Reginald Punnett formulierte die Suche nach der Erklärung hierfür als ein zentrales Problem und präsentierte es dem Mathematiker Godfrey H. Hardy. Hardy und der Arzt und Vererbungsforscher Wilhelm Weinberg lieferten 1908 unabhängig voneinander eine rechnerische Begründung mittels der Wahrscheinlichkeitstheorie und deswegen nennt man diese Eigenschaft der Populationen mit vernachlässigbarer Mutation und Selektion auch Hardy-Weinberg-Gleichgewicht.

Jetzt aber Vorsicht! Haben wir uns nicht widersprochen? Die ursprüngliche Population hatte 40 % der AA-Genotypen, die nachfolgende Generation nur 36 % der AA-Genotypen. Der Anteil von $\alpha\alpha$-Genotypen wurde von 20 % auf 16 % reduziert. Der Anteil von Aα-Genotypen wuchs von 40 % auf 48 %. Das ist also keine Stabilität, sondern eine nicht vernachlässigbare Änderung.

Der wesentliche Punkt ist aber folgender: Die proportionalen Anteile der Genotypen können nur von der nullten bis zu der ersten Generation wechseln und danach bleiben sie stabil.

Aufgabe 4.10 Bestimme mittels beider verwendeter Modelle (4-stufig und 2-stufig) die proportionalen Anteile der einzelnen Genotypen in der zweiten Generation.

Aufgabe 4.11 Bestimme mittels des zweistufigen vereinfachten Modells die Proportionalitäten der einzelnen Genotypen in der zweiten Generation für die Populationen aus Aufgabe 4.5.

Was beobachtest du, nachdem du das zweite zweistufige Modell bei der Lösung der obigen Aufgaben ausgewertet hast? Die Baumdiagramme und die Berechnungen für die erste und die zweite Generation sind identisch. Das muss auch so sein, weil die Berechnungen auf der Verteilung Prob der Allele in der Population basieren und diese Verteilung unverändert bleibt. Weil Prob aber eindeutig die proportionalen Anteile der Genome in der nächsten Generation bestimmt und Prob unverändert bleibt, müssen auch die proportionalen Anteile der Genotypen gleich bleiben. Somit sehen wir, dass das Hardy-Weinberg-Gleichgewicht für das Beispiel unserer Population gilt.

Jetzt wollen wir allgemein mittels Wahrscheinlichkeitsrechnung beweisen, dass in jeder Population mit den betrachteten Eigenschaften

(i)   die Verteilung der Allele unverändert bleibt und
(ii) die proportionalen Anteile der Genotypen sich nur von der nullten zur ersten Generation ändern können und danach auf Dauer unverändert bleiben.

Wir starten allgemein mit einer Population mit m Individuen und somit mit $n = 2 \cdot m$ Allelen. Wir führen die folgenden Bezeichnungen für jedes $k = 0, 1, 2, \ldots$ ein.

$n_{A,k}$:	Anzahl der Allele A in der k-ten Generation ($n_{A,0} = n_A$),
$n_{\alpha,k}$:	Anzahl der Allele α in der k-ten Generation,
$\mathrm{Prob}_k(A) = \frac{n_{A,k}}{n}$:	proportionaler Anteil des Allels A in der k-ten Generation,
$\mathrm{Prob}_k(\alpha) = 1 - \mathrm{Prob}(A) = \frac{n_{\alpha,k}}{n}$:	proportionaler Anteil des Allels α in der k-ten Generation,
$m_{AA,k}$:	Anzahl der Individuen mit dem Genotyp AA in der k-ten Generation,
$m_{A\alpha,k}$:	Anzahl der Individuen mit dem Genotyp Aα in der k-ten Generation,
$m_{\alpha\alpha,k}$:	Anzahl der Individuen mit dem Genotyp $\alpha\alpha$ in der k-ten Generation.

Überlegen wir jetzt allgemein, wie die k-te Generation die Verteilung der Genotypen in der $(k+1)$-ten Generation bestimmt. Nach dem vereinfachten zweistufigen Modell in Abb. 4.10 erhalten wir

$$P_{k+1}(AA) = \mathrm{Prob}_k(A) \cdot \mathrm{Prob}_k(A) = (\mathrm{Prob}_k(A))^2,$$
$$P_{k+1}(\alpha\alpha) = \mathrm{Prob}_k(\alpha) \cdot \mathrm{Prob}_k(\alpha) = (\mathrm{Prob}_k(\alpha))^2,$$
$$P_{k+1}(A\alpha) = \mathrm{Prob}_k(A) \cdot \mathrm{Prob}_k(\alpha) + \mathrm{Prob}_k(\alpha) \cdot \mathrm{Prob}_k(A)$$
$$= 2 \cdot \mathrm{Prob}_k(A) \cdot \mathrm{Prob}_k(\alpha).$$

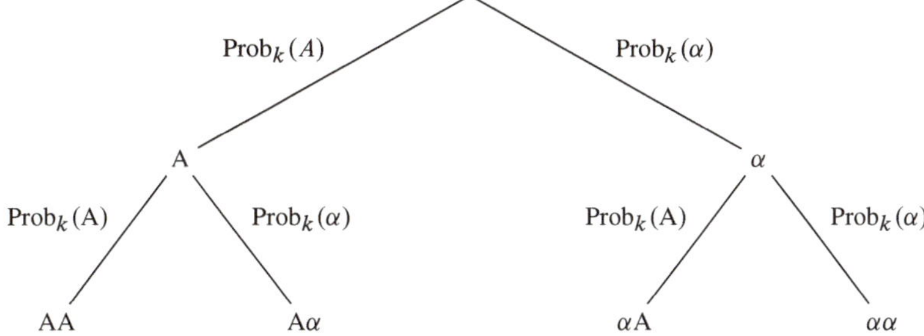

Abb. 4.10 Baumdiagramm des Ziehens zweier Allele aus allen Allelen der k-ten Generation (modelliert als Ziehen mit Zurücklegen)

Aus der Wahrscheinlichkeitsverteilung P_{k+1} der Genotypen in der $(k+1)$-ten Generation können wir die Wahrscheinlichkeitsverteilung Prob_{k+1} der Allele in der $(k+1)$-ten Generation bestimmen.[3] Es gilt:

$$n_{A,k+1} = 2 \cdot P_{k+1}(AA) \cdot m + P_{k+1}(A\alpha) \cdot m$$
$$= 2 \cdot (\text{Prob}_k(A))^2 \cdot m + 2 \cdot \text{Prob}_k(A) \cdot \text{Prob}_k(\alpha) \cdot m$$

und

$$\text{Prob}_{k+1}(A) = \frac{n_{A,k+1}}{n}$$
$$= \frac{2 \cdot m \cdot (\text{Prob}_k(A))^2}{n} + \frac{2 \cdot m \cdot \text{Prob}_k(A) \cdot \text{Prob}_k(\alpha)}{n}$$
$$= (\text{Prob}_k(A))^2 + \text{Prob}_k(A) \cdot \text{Prob}_k(\alpha)$$
$$\{\text{weil } n = 2 \cdot m\}$$
$$= \text{Prob}_k(A) \cdot [\text{Prob}_k(A) + \text{Prob}_k(\alpha)]$$
$$\{\text{nach dem Distributivgesetz}\}$$
$$= \text{Prob}_k(A).$$
$$\left\{ \begin{array}{l} \text{Prob}_k(A) + \text{Prob}_k(\alpha) = 1, \text{ weil } \text{Prob}_k \text{ eine} \\ \text{Wahrscheinlichkeitsverteilung über } \{A, \alpha\} \text{ ist.} \end{array} \right\}$$

Somit haben wir bewiesen, dass $\text{Prob}_{k+1}(A) = \text{Prob}_k(A)$ für alle k und somit ändert sich der Anteil des Allels A von Generation zu Generation nicht.

Aufgabe 4.12 ✓ Beweise $\text{Prob}_{k+1}(\alpha) = \text{Prob}_k(\alpha)$ für alle $k \in \mathbb{N}$. Führe zwei unterschiedliche Beweise dieser Tatsache. Verfolge einmal den gleichen Ansatz wie für den Beweis von $\text{Prob}_{k+1}(A) = \text{Prob}_k(A)$ und nutze die Komplementregel beim zweiten Beweis.

---

[3] Erinnere dich daran, dass $m_{AA,k+1} = P_{k+1}(AA) \cdot m$ und $m_{A\alpha,k+1} = P_{k+1}(A\alpha) \cdot m$ gelten.

Weil man die Verteilung P_{k+1} aus der Verteilung Prob_k bestimmen kann (Abb. 4.10) und $\mathrm{Prob}_k \equiv \mathrm{Prob}_{k-1} \equiv \ldots \equiv \mathrm{Prob}_0$ (Prob bleiben unverändert für alle Generationen) müssen $P_1, P_2, P_3, \ldots$ als Verteilungen über $\{\mathrm{AA}, \mathrm{A}\alpha, \alpha\alpha\}$ unverändert bleiben. Rechnerisch sieht diese Begründung wie folgt aus:

$$P_{k+1}(\mathrm{AA}) = (\mathrm{Prob}_k(\mathrm{A}))^2 = (\mathrm{Prob}_0(\mathrm{A}))^2 = P_1(\mathrm{AA}).$$

Aufgabe 4.13 $\checkmark$ Beweise $P_{k+1}(\alpha\alpha) = P_1(\alpha\alpha)$ für alle $k \in \mathbb{N}$.

Für den Genotyp $\mathrm{A}\alpha$ erreichen wir für alle $k \in \mathbb{N}$ auch

$$P_{k+1}(\mathrm{A}\alpha) = 2 \cdot \mathrm{Prob}_k(\mathrm{A}) \cdot \mathrm{Prob}_k(\alpha) = 2 \cdot \mathrm{Prob}_0(\mathrm{A}) \cdot \mathrm{Prob}_0(\alpha) = P_1(\mathrm{A}\alpha).$$

Somit sehen wir, dass ab der ersten Generation die proportionalen Anteile einzelner Genome unverändert bleiben.

Aufgabe 4.14 Betrachte eine Population mit zwei Individuen mit dem Genotyp AA, einem mit $\mathrm{A}\alpha$ und zwei mit dem Genotyp $\alpha\alpha$. Bestimme die Verteilung der Genotypen in der nachfolgenden Generation zuerst mit unserem Modell, als ob die Population zahlreich wäre. Bestimme danach die tatsächliche Verteilung der Genotypen und vergleiche die Resultate.

4.3 Das Kryptosystem Vigenère

Wir haben schon gelernt, dass das erste von Menschen formulierte Prinzip der Sicherheit eines Kryptosystems fordert, dass die Sicherheit nicht auf der Geheimhaltung des Chiffrierungsalgorithmus beruhen darf, sondern nur auf der Geheimhaltung des Schlüssels. Genauer besteht ein Kryptosystem aus einer Sammlung von Chiffrierungsverfahren. Diese Sammlung wird nicht geheim gehalten. Welches von den Chiffrierungsverfahren eingesetzt wird, wird durch den geheimen Schlüssel bestimmt. Zum Beispiel besteht das Kryptosystem CAESAR aus 26 Verschlüsselungsverfahren. Das i-te Verfahren ersetzt jeden Buchstaben durch den Buchstaben, der um i Positionen später im lateinischen Alphabet auftritt. Somit kann man die Zahlen $0, 1, 2, \ldots, 25$ als Schlüssel betrachten. Eine direkte Folge dieses als Kerckhoffs' Prinzip der Sicherheit bekannten Grundsatzes ist die Tatsache, dass nur Kryptosysteme mit einer so großen Anzahl an Schlüsseln, dass man nicht alle ausprobieren kann, als „sicher" gelten dürfen. Somit führte einer der ersten Versuche, ein sicheres Kryptosystem zu bauen, zu den in Kap. 1 betrachteten monoalphabetischen Systemen. Das monoalphabetische Kryptosystem mit dem lateinischen Alphabet als Klartextalphabet sowie auch als Geheimtextalphabet hat 26! Schlüssel.

Aufgabe 4.15   Betrachte ein monoalphabetisches Kryptosystem mit dem lateinischen Alphabet als Klartextalphabet und mit 40 Symbolen als Geheimtextalphabet. Jeder Schlüssel beschreibt dann eine eindeutige Zuordnung eines Symbols des Geheimtextalphabets für jedes Symbol des Klartextalphabets. Somit bleiben immer (für jeden Schlüssel) 14 Symbole des Geheimtextalphabets unverwendet. Wie viele unterschiedliche Schlüssel gibt es in diesem Kryptosystem?

Die Anzahl der möglichen Schlüssel steigt an, wenn das Geheimtextalphabet erweitert wird. Man könnte also hoffen, dass diese „künstliche" Erweiterung die Sicherheit erhöht. Ist dies wirklich so? Begründe deine Antwort.

Aufgabe 4.16   Betrachte ein monoalphabetisches Kryptosystem mit einem Klartextalphabet und einem Geheimtextalphabet, wobei beide Alphabete n Symbole haben. Wie viele unterschiedliche Schlüssel gibt es?

Aufgabe 4.17 ✓ Betrachte ein monoalphabetisches Kryptosystem mit einem Klartextalphabet von n Symbolen und einem Geheimtextalphabet von m Symbolen, $m \geq n$. Wie viele unterschiedliche Schlüssel gibt es?

Wir haben uns selbst davon überzeugt, dass monoalphabetische Systeme für Texte in einer natürlichen Sprache unsicher sind und dass man sie ohne großen Aufwand knacken kann. Die kryptoanalytische Methode basiert auf der Häufigkeit der Buchstaben im Geheimtext. Jeder Buchstabe des Klartextes überträgt seine Häufigkeit auf den Buchstaben des Geheimtextes, der ihn chiffriert. Weil unterschiedliche Buchstaben mit sehr unterschiedlicher Häufigkeit vorkommen, kann man gut schätzen, welche Buchstaben im Geheimtext die häufigsten Buchstaben der gegebenen natürlichen Sprache kodieren.

Auszug aus der Geschichte

Das Kryptosystem VIGENÈRE ist benannt nach dem französischen Diplomaten und Kryptologen Blaise de Vigenère (1523–1596), siehe Abb. 4.11, und basiert auf Ideen des Benediktinermönches Johannes Trithemius (1462–1516) und von Giovan Battista Bellaso, der es 1553 in seinem Buch *La Cifra del Sig. Giovan Battista Belaso* beschrieb.

Das Kryptosystem beseitigt die oben beschriebene Schwäche der monoalphabetischen Kryptosysteme. Für drei Jahrhunderte galt dieses Kryptosystem als nicht zu knacken, weshalb es auch *le chiffre indéchiffrable* genannt wurde. Mitte des neunzehnten Jahrhunderts wurde es erstmals von Charles Babbage geknackt. Im Jahr 1863 publizierte der deutsche Kryptologe Friedrich Wilhelm Kasiski (1805–1881) die Abhandlung *Die Geheimschriften und die Dechiffrir-Kunst*, in der er aufzeigte, wie das System VIGENÈRE entschlüsselt werden kann.

Die Idee ist die folgende. Man chiffriert jeden einzelnen Buchstaben des Klartextes durch mehrere Buchstaben des Geheimtextalphabets. Welcher Buchstabe zur Chiffrierung aus den mehreren Möglichkeiten gewählt wird, wird durch die Position des Buchstabens im Klartext eindeutig bestimmt. Zeigen wir zuerst die Chiffrierung an einem Beispiel. Als Schlüssel nimmt man eine beliebige Folge (Text, Wort) von Buchstaben des lateinischen

Abb. 4.11 Blaise de Vigenère (1523–1596)

Alphabets. Betrachten wir den Schlüssel JOSEF und die Verschlüsselung des Klartextes „Wahrscheinlichkeitstheorie ist ein starkes Instrument".

Man schreibt den Schlüssel JOSEF unter dem Klartext wiederholend auf, bis unter jedem Buchstaben des Klartextes eines der Symbole J, O, S, E oder F des Schlüsselwortes JOSEF steht (Abb. 4.12). Jeder Buchstabe des lateinischen Alphabets hat seine Ordnung in dem Alphabet, die mit 0 startet. Somit gilt $\mathrm{Ord}(A) = 0$, $\mathrm{Ord}(B) = 1$, $\mathrm{Ord}(C) = 2, \ldots$, $\mathrm{Ord}(Y) = 24$, $\mathrm{Ord}(Z) = 25$. Wenn unter dem Klartextbuchstaben W das Symbol J des Schlüssels steht, bedeutet dies die Verschiebung von W wie bei CAESAR um $\mathrm{Ord}(J) = 9$ Positionen nach rechts. Somit erhält man F wie bei der Verschlüsselung von W mit CAESAR mit dem Schlüssel 9. Der zweite Buchstabe A des Klartextes wird durch O verschlüsselt, also um $\mathrm{Ord}(O) = 14$ Positionen verschoben und somit mit O chiffriert.

Anders ausgedrückt werden die Buchstaben des Klartextes auf Positionen 1, 6, 11, $16, \ldots, 5i + 1, \ldots$ mit CAESAR mit dem Schlüssel $\mathrm{Ord}(J)$ verschlüsselt. Die Buchstaben auf den Positionen 2, 7, 12, 17, $\ldots, 5i + 2, \ldots$ werden mit CAESAR mit dem Schlüssel $\mathrm{Ord}(O)$ verschlüsselt. Die Buchstaben auf den Positionen 3, 8, 13, 18, $\ldots, 5i + 3, \ldots$ werden mit dem Schlüssel $\mathrm{Ord}(S)$, die Buchstaben auf den Positionen 4, 9, 14, 19, $\ldots$, $5i + 4, \ldots$ mit dem Schlüssel $\mathrm{Ord}(E)$, und letztendlich die Buchstaben auf den Positionen 5, 10, 15, 20, $\ldots, 5i, \ldots$ mit dem Schlüssel $\mathrm{Ord}(F)$ mit CAESAR chiffriert.

Warum ist diese Chiffrierung vorteilhaft? Betrachten wir die Chiffrierung von E, des häufigsten Buchstabens der deutschen Sprache. Der Buchstabe E wird durch 5 Buchstaben N, S, W, I und J abhängig von seiner Position chiffriert (Abb. 4.13a). Somit wird die Häufigkeit des Auftretens von E im Klartext auf die Häufigkeit des Auftretens von 5 Buchstaben N, S, W, I und J verteilt.

```
Klartext     WAHRSCHEINLICHKEITSTHEORIEISTEINSTARKESINSTRUMENT
Schlüssel    JOSEFJOSEFJOSEFJOSEFJOSEFJOSEFJOSEFJOSEFJOSEFJOSE

Geheimtext   FOZVXLVWMSUWULPNWLWYQSGVNNWKXJRBKXFAYWWNWGLVZVSFX
```

Abb. 4.12 Verschlüsselung eines Klartextes mit dem Schlüssel JOSEF im System VIGENÈRE

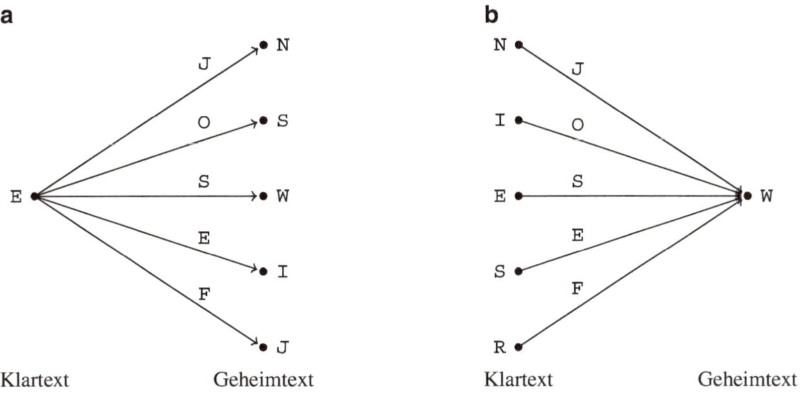

Abb. 4.13 Verschlüsselung des Buchstabens E (**a**) und Entschlüsselung verschiedener Buchstaben (**b**) im Kryptosystem VIGENÈRE mit dem Schlüssel JOSEF

Um die Auswirkung dieser Chiffrierung auf die Häufigkeiten der Buchstaben im Geheimtext zu sehen, schauen wir uns zum Beispiel den Buchstaben W im Geheimtext an. Der Buchstabe W chiffriert 5 unterschiedliche Buchstaben N, I, E, S und R abhängig von ihren Positionen im Klartext (Abb. 4.13b).

Wenn die Buchstaben N, I, E, S und R relativ gleichmäßig auf unterschiedliche Positionen des Klartextes verteilt sind, kann man erwarten, dass die Häufigkeit des Auftretens von W im Geheimtext ungefähr dem Durchschnitt der Häufigkeiten der Buchstaben N, I, E, S und R im Klartext entspricht. Das heißt,

$$H_{\mathrm{W}}(G) \approx \frac{H_{\mathrm{N}}(K) + H_{\mathrm{I}}(K) + H_{\mathrm{E}}(K) + H_{\mathrm{S}}(K) + H_{\mathrm{R}}(K)}{5}$$

oder

$$h_{\mathrm{W}}(G) \approx \frac{h_{\mathrm{N}}(K) + h_{\mathrm{I}}(K) + h_{\mathrm{E}}(K) + h_{\mathrm{S}}(K) + h_{\mathrm{R}}(K)}{5},$$

wobei $H_{\square}(G)$ die absolute Häufigkeit des Symbols $\square$ im Geheimtext G und $H_{\triangle}(K)$ die absolute Häufigkeit des Symbols $\triangle$ im Klartext K ist. Ferner bezeichnen $h_{\square}(G)$ und $h_{\triangle}(K)$ die entsprechenden relativen Häufigkeiten. Falls der Klartext die Charakteristik aus Tab. 1.1 besitzt, dann erhalten wir

$$h_{\mathrm{W}}(G) \approx \frac{0.1001 + 0.0076 + 0.1774 + 0.0688 + 0.0698}{5} = 0.0984.$$

Berechnet man die Häufigkeit $H_{\triangle}(G)$ für jeden Buchstaben $\triangle$, so sieht man, dass das Symbol W der häufigste Buchstabe im Geheimtext wird und seine relative Häufigkeit 0.098 wird im Geheimtext wesentlich kleiner als die relative Häufigkeit 0.1774 von E im Klartext.

```
 1 KHLKC IJWUK LCZHK UDRKW CGTFK VKWUK JWUKU ZKLLZ KSZJC HIHWH
 2 CGTKL UWFCK HLCBF DKLWF UDFPC CKHLK WSWPC DRHKC GTFVK NJLUK
 3 JWUKC HLRKL DCKDX DYKWQ FLLRK LFZDK LCGTF KVKWP IUKSW FGTDT
 4 FSKLP LRYFW PIIHC CIFBZ KRFCQ ZPKUC DKCGT FVRKW TKWRK SKUHL
 5 LDCHG TVPKW RKLVF ZZXPH LDKWK CCHKW KLUZP KGQZH GTKWY KHCKT
 6 FDUKJ WUKRK LCGTF VKLNJ WUKZK CKLPL RCJDW HVVDC HKRFC QWHIH
 7 LFZHC DHCGT KBWJS ZKILH GTDUF LXPLN JWSKW KHDKD DWJDX NHKZK
 8 WIHCC NKWCD FKLRL HCCKQ JIIKL CHKRK WIKLC GTKLY KZDIH DHTWK
 9 WCGTF VCZJU HQLFG TPLRL FGTFP VRHKC GTZHG TKPLR NKWVJ ZUKLP
10 LKWSH DDZHG TRHKC BPWRK CDFKD KWCXY HCGTK LYKHR KPLRR JWVQH
11 WGTKC DKHZQ ZHBBK LPLRC GTFKV KWYFU KLYFW DKLPL UKFTL DKFSK
12 LDKPK WFPVI HCCIF BZKPL RHTWK TKWRK SHCKC HTLKL DFDCF KGTZH
13 GTUKZ HLUDZ HGTDH LCRPL QKZXP SWHLU KLPLR RKLWF KDCKZ TFVDK
14 LDJRH TWKCC GTFKV KWCFP VXPQZ FKWKL.
```

Abb. 4.14 Der Geheimtext, der in Beispiel 4.1 betrachtet wird

Somit werden die Unterschiede in den Häufigkeiten des Vorkommens der Buchstaben im Geheimtext wesentlich kleiner als die Unterschiede in der Häufigkeit des Vorkommens der einzelnen Buchstaben im Klartext. Auf diese Weise verliert der Kryptoanalytiker die Hauptmerkmale der Geheimtexte, die er zur Dechiffrierung von Geheimtexten in mono-alphabetischen Kryptosystemen verwendet hat.

Aufgabe 4.18 Bestimme die relativen Häufigkeiten aller Buchstaben des Geheimtextes aus Abb. 4.12 und vergleiche sie mit den relativen Häufigkeiten der Buchstaben in einem typischen deutschen Text.

Aufgabe 4.19 Nehmen wir an, wir haben einen Klartext, in dem die relativen Häufig-keiten des Auftretens der einzelnen Buchstaben genau einem typischen Text auf Deutsch entsprechen. Was ist die relative Häufigkeit des Symbols F im Geheimtext, falls man mit dem Kryptosystem VIGENÈRE und dem Schlüssel JOSEF verschlüsselt hat?

Um die Stärken und Schwächen des Kryptosystems VIGENÈRE zu verstehen vergleichen wir es zunächst mit den monoalphabetischen Systemen aus stochastischer Sicht.

Beispiel 4.1 (Visualisierung von relativen Häufigkeiten) Betrachten wir den Geheim-text in Abb. 4.14. Um eine bessere Lesbarkeit zu erzielen, wurde der Text in Blöcke von jeweils 5 Buchstaben unterteilt.

Abb. 4.15 zeigt mit dem Histogramm a die erwartete Häufigkeitsverteilung der Buch-staben in einem typischen Text auf Deutsch. Histogramm b zeigt die Häufigkeitsverteilung der Buchstaben im Geheimtext aus Abb. 4.14. Die Unterschiede zwischen einzelnen Häu-figkeiten sind groß und geben uns gute Hypothesen für die Chiffrierung der häufigsten Buchstaben. Außerdem geben uns die Histogramme in Abb. 4.15 einen deutlichen Hin-weis darauf, dass der Geheimtext in Abb. 4.14 monoalphabetisch chiffriert wurde.   ◊

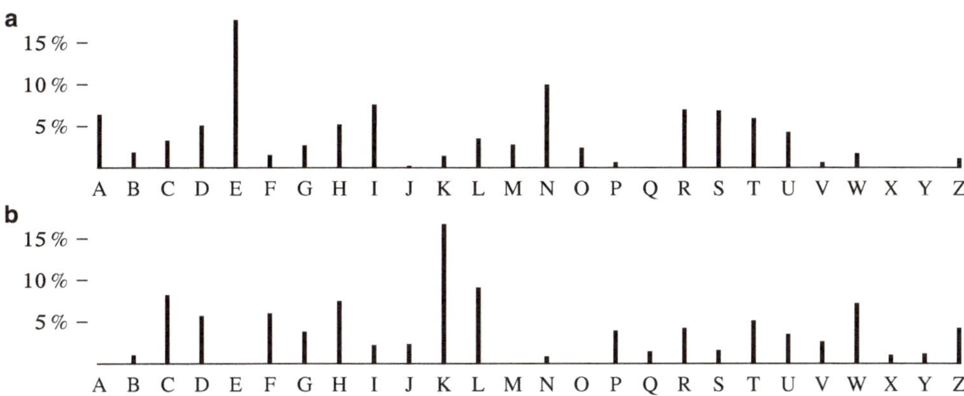

Abb. 4.15 **a** die relativen Häufigkeiten der Buchstaben in deutschen Texten. **b** die relativen Häufigkeiten des Geheimtextes aus Abb. 4.14

```
 1  QQFWE  MDCKQ  VKDUE  VEHQZ  KUTAT  QIDOW  GDGTR  PQVFD  QBAZW  UUAJU
 2  SRSIZ  OJSEE  XYWBI  LWZRP  RXMCK  KQICP  VNZMK  FDXPW  OPSXQ  VDYKQ
 3  WJYQS  XYHQV  LKQTO  EAQZC  SZNSP  RMTLW  ZSRSE  QNWJG  MVPFD  IUZFH
 4  PMIZC  FVIAG  FQYQK  KYAEW  IPIKC  XUTRW  FMKUT  AUOID  PWJPE  QPKUV
 5  FLEIR  SJGMJ  VQNUL  PXHMA  ZTTCI  EAAWD  ECRPG  MUCXI  RSIDE  WAEEW
 6  LXSMG  JSESP  REKZS  RECGS  DOWDQ  STYYZ  LKGFR  XQJFA  AWPAH  VVUUA
 7  FMLXD  XUAUZ  QPGZF  XMEFU  CWEKM  VRMZV  DCFQZ  WAFEI  EVABR  NUEAP
 8  VYQKK  HEGDX  MMFVZ  IHDIW  WEEQN  HTIPM  JEQNH  NLQVO  WXTBT  XUPJW
 9  DSRSE  RADGS  IZYEO  PMFPN  PNLMC  XVUEH  NLXQU  ZQUCO  ZQZXG  XGTYY
10  ZMJTU  TIWMO  PVAQS  EFVPM  KLMEI  PVEHO  AECWP  RIMAV  QUCOH  AZXCU
11  RRSIE  BWAXK  ATTBM  FMZDH  NLMMX  WDWPR  IZESJ  FECFR  SMSZZ  TTLFQ
12  VLWGE  GLYRU  AKEMP  APQCF  VUHGP  LQZVW  NIHPW  UPFWZ  TPEWM  MUZXI
13  RSKQT  AFSTA  TGTBA  FEDJY  OQTRM  NRXYK  QVMFP  DTYVM  MLKQL  WLJFM
14  FLADX  SVQAK  UTATQ  IDASM  RZJVP  MMJWZ.
```

Abb. 4.16 Dieser Geheimtext wurde mit dem Kryptosystem VIGENÈRE verschlüsselt. Der Klartext ist derselbe wie beim Geheimtext aus Abb. 4.14

Aufgabe 4.20 Dechiffriere den Geheimtext Abb. 4.14 und bestimme somit den Schlüssel des monoalphabetischen Kryptosystems. Du darfst Abb. 4.15 nutzen, um dir das Zählen zu ersparen oder ein Programm verwenden, das dir die Häufigkeiten der Buchstaben im Geheimtext berechnet.

Jetzt verschlüsseln wir den gleichen Klartext (Aufgabe 4.20) mit dem Kryptosystem VIGENÈRE und erhalten den Geheimtext in Abb. 4.16.

Das Histogramm in Abb. 4.17 zeigt uns, dass die Häufigkeitsverteilung der Buchstaben in diesem Geheimtext keine klaren Anhaltspunkte liefert, die uns bei einer Kryptoanalyse helfen könnten. Die Methode zur Analyse von monoalphabetischen Kryptosystemen greift hier nicht.

Aufgabe 4.21 Betrachten wir den folgenden Klartext.

```
1 STOCHASTISCHEUBERLEGUNGENHELFENUNSPFIFFIGEGEHEIMSCHRIFTENZUENTWERFEN
2 SOWIEAUCHSIEZUKNACKENKRYPTOLOGIEIMMITTELALTERUNDAUCHSPATERBISZUDEN
3 SIEBZIGERJAHRENDESZWANZIGSTENJAHRHUNDERTSWURDEDURCHDIEKONZEPTEDER
4 WAHRSCHEINLICHKEITGEPRAGT
```

(a) Zeichne ein Histogramm, das die Häufigkeitsverteilung der Buchstaben in diesem Klartext darstellt.

(b) Chiffriere den Klartext nach CAESAR mit dem Schlüssel 7 und zeichne ein Histogramm, das die Häufigkeitsverteilung der Buchstaben im so entstandenen Geheimtext darstellt.

(c) Chiffriere den Klartext monoalphabetisch mit dem lateinischen Alphabet als Geheimtextalphabet und dem Schlüssel

Zeichne ein Histogramm, das die Häufigkeitsverteilung im entstandenen Geheimtext darstellt.

(d) Vergleiche die drei erzeugten Histogramme und erkläre ihre Nützlichkeit aus der Sicht eines Kryptoanalytikers.

(e) Verschlüssle den Klartext nach VIGENÈRE mit dem Schlüssel

```
XAVIERQSTGZBYWJH
```

und zeichne ein Histogramm, das die Häufigkeitsverteilung im entstandenen Geheimtext darstellt. Kann dieses Histogramm einem Kryptoanalytiker helfen?

Wenn in einem Text alle Buchstaben gleich häufig vorkommen würden, dann wäre die relative Häufigkeit jedes Buchstaben genau $\frac{1}{26}$. Falls der Text ein Geheimtext wäre, dann würde das Histogramm der Häufigkeitsverteilung aller 26 Buchstaben des lateinischen Alphabets keine Information für einen kryptoanalytischen Angriff liefern. Kann man dies mit VIGENÈRE erreichen? Betrachte eine zufällige Permutation der 26 Buchstaben des

Abb. 4.17 Die relativen Häufigkeiten der Buchstaben im Geheimtext aus Abb. 4.16

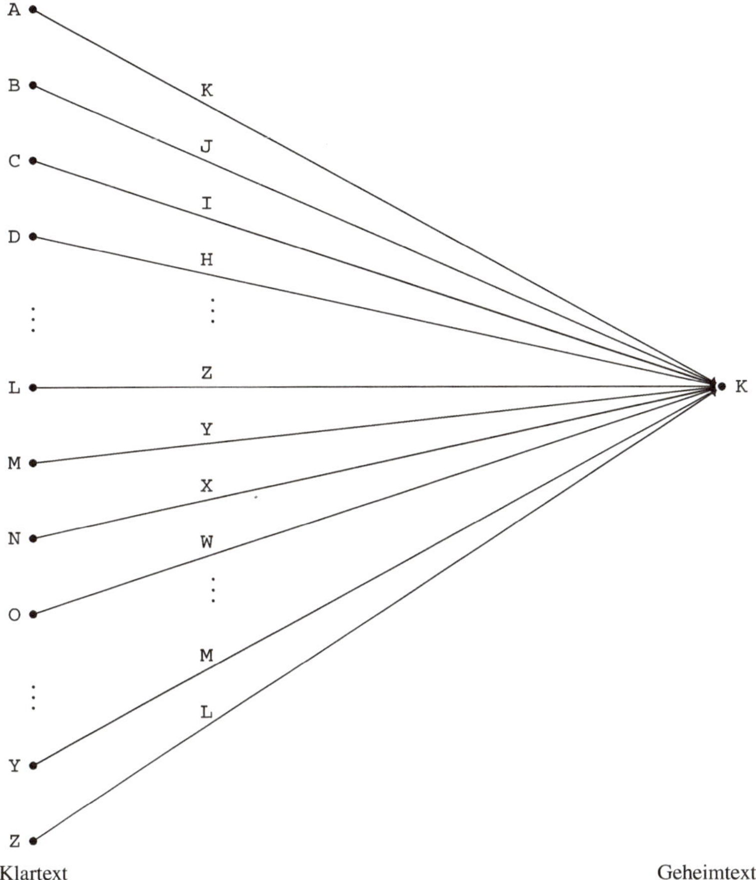

Abb. 4.18 Ein Buchstabe (hier K) des Geheimtextes kann bei einer Verschlüsselung jeden Buchstaben des Alphabets chiffrieren

lateinischen Alphabets als Schlüssel. Somit kann jeder Buchstabe des Klartextes potenziell mit jedem Buchstaben des lateinischen Alphabets chiffriert werden. Umgekehrt kann jeder Buchstabe des Geheimtextes einen beliebigen Buchstaben des lateinischen Alphabets chiffrieren. Abb. 4.18 zeigt, wie zum Beispiel der Buchstabe K jeden Buchstaben bei passend gewählter Verschiebung durch den Schlüsselbuchstaben kodieren kann.

Aufgabe 4.22 Zeige ähnlich wie in Abb. 4.18, dass das Symbol P jeden Buchstaben des lateinischen Alphabets durch die passende Wahl des Schlüsselwortbuchstabens kodiert.

Diese Eigenschaft bedeutet, dass wir bei genügend langen Klartexten erwarten dürfen, dass durch einen zufällig gewählten Schlüssel der Länge 26 in dem chiffrierten Geheimtext die relative Häufigkeit aller Buchstaben nah an $\frac{1}{26}$ ist. Somit liefert das Diagramm der

Häufigkeitsverteilung der Buchstaben im gegebenen Geheimtext keine Angriffsfläche für eine Kryptoanalyse. Dies ist der Hauptgrund, warum das Kryptosystem Vigenère rund 300 Jahre als sicher galt.

Aufgabe 4.23 Betrachten wir das Kryptosystem Vigenère mit dem Schlüssel

ABCDEFGHIJKLMNOPQRSTUVWXYZ

der Länge 26.

(a) Chiffriere mit diesem Schlüssel den Klartext aus Aufgabe 4.21 und zeichne ein Histogramm, das die Häufigkeitsverteilung der Buchstaben in dem entstandenen Geheimtext darstellt.
(b) Chiffriere mit diesem Schlüssel den Klartext, den du in Aufgabe 4.20 entziffert hast. Zeichne dazu ein Histogramm der Häufigkeitsverteilung der Buchstaben in dem entstandenen Geheimtext. Vergleiche dieses Histogramm mit dem Histogramm, das du in deiner Lösung von Aufgabe 4.21 (e) gezeichnet hast.
(c) Vergleiche die Histogramme, die du bei der Bearbeitung der Textaufgaben (a) und (b) erzeugt hast. Siehst du Unterschiede? Wie begründest du sie?

4.3.1 Ein statistisches Verfahren zur Erkennung einer monoalphabetischen Verschlüsselung

Bevor wir lernen, wie Charles Babbage das Kryptosystem Vigenère knackte, untersuchen wir eine hilfreiche Fragestellung. Man erhält einen Geheimtext und will schätzen, ob dieser mit einem monoalphabetischen Kryptosystem verschlüsselt wurde oder nicht. Wir nehmen an, dass der Klartext auf Deutsch ist und er ausreichend lang ist, um die statistischen Merkmale der deutschen Sprache zu besitzen.

Eine Methode zur Lösung dieser Aufgabe haben wir eigentlich schon gelernt. Man zeichnet das Histogramm der Häufigkeitsverteilung der Buchstaben des gegebenen Geheimtextes und überlegt, ob man dieses Diagramm als eine „Permutation" des Histogramms in Abb. 4.15a für typische Texte auf Deutsch betrachten kann.

Hier wollen wir aber eher rechnerisch vorgehen und unsere Aufgabe auf den Vergleich von zwei Zahlen reduzieren. Die Idee ist, durch eine Zahl auszudrücken, wie weit sich eine Häufigkeitsverteilung der Buchstaben von der Gleichverteilung unterscheidet. Man könnte zum Beispiel die Unterschiede der einzelnen Häufigkeiten zu $\frac{1}{26}$ zusammenaddieren und somit die folgende Summe erhalten

$$\sum_{i=0}^{25}\left|h_i - \frac{1}{26}\right| = \left|h_A - \frac{1}{26}\right| + \left|h_B - \frac{1}{26}\right| + \ldots + \left|h_Z - \frac{1}{26}\right|,$$

wobei h_i oder genauer $h_i(t)$ die relative Häufigkeit des i-ten Buchstabens im Geheimtext t bezeichnet. Mit h_A, h_B, ..., h_Z oder genauer mit $h_A(t)$, $h_B(t)$, ..., $h_Z(t)$ bezeichnen wir direkt die relative Häufigkeit des gegebenen Buchstabens im Text t. Dies könnte man als eine Zahlencharakteristik der Häufigkeitsverteilung der Buchstaben im gegebenen Text betrachten.

Aufgabe 4.24 Berechne die oben vorgeschlagene Charakteristik für einen typischen Text auf Deutsch. Was ist diese Zahlencharakteristik für einen Kryptotext, in dem alle Buchstaben gleich häufig vorkommen?

Aus Erfahrung verwenden die Mathematiker aber eine andere Größe, und zwar die Summe der Quadrate der Abweichungen vom Durchschnittswert $\frac{1}{26}$. Dies ist eine gute Charakteristik, weil so die einzelnen Unterschiede stärker betont werden. Betrachten wir also die Summe

$$\left(h_0 - \frac{1}{26}\right)^2 + \left(h_1 - \frac{1}{26}\right)^2 + \ldots + \left(h_{25} - \frac{1}{26}\right)^2 = \sum_{i=0}^{25} \left(h_i - \frac{1}{26}\right)^2.$$

Bevor wir uns auf eine Charakteristik festlegen, versuchen wir zuerst, die Summe zu vereinfachen:

$$\begin{aligned}
\sum_{i=0}^{25} \left(h_i - \frac{1}{26}\right)^2 &= \sum_{i=0}^{25} \left(h_i^2 - \frac{2}{26} h_i + \frac{1}{26^2}\right) \\
&= \sum_{i=0}^{25} h_i^2 - \frac{2}{26} \sum_{i=0}^{25} h_i + 26 \cdot \frac{1}{26^2} \\
&= \sum_{i=0}^{25} h_i^2 - \frac{2}{26} + \frac{1}{26}
\end{aligned}$$

$$\left\{\begin{array}{l}
\text{Hierbei verwenden wir, dass die relativen Häufigkeiten} \\
\text{Wahrscheinlichkeiten entsprechen und dass die Summe der} \\
\text{Wahrscheinlichkeiten aller Ergebnisse eines Zufallsexperiments} \\
\text{1 ergeben muss, also} \\
\displaystyle\sum_{i=0}^{25} h_i = 1.
\end{array}\right.$$

$$= \sum_{i=0}^{25} h_i^2 - \frac{1}{26}.$$

Bemerke, dass die Konstante $-\frac{1}{26}$ in diesem Ausdruck für jeden analysierten Text vorkommt und somit keine Auskunft über den Text gibt. Deswegen haben die Mathematiker sich entschlossen, für jeden Text t die sogenannte **Friedmansche Charakteristik des Textes** t als die Zahl

$$FC(t) = \sum_{i=0}^{25} (h_i(t))^2$$

zu definieren. Die Friedmansche Charakteristik eines Textes t_G mit Gleichverteilung der Buchstaben (also mit $h_i(t_G) = \frac{1}{26}$ für alle i) ist

$$\kappa_G = FC(t_G) = \sum_{i=0}^{25} (h_i(t_G))^2 = 26 \cdot \frac{1}{26^2} = \frac{1}{26} \approx 0.0385.$$

Die Friedmansche Charakteristik eines typischen deutschen Textes t_D ist

$$\kappa_D = FC(t_D) = \sum_{i=0}^{25} (h_i(t_D))^2 = 0.0643^2 + 0.0185^2 + \ldots + 0.011^2$$
$$\approx 0.0773.$$

Somit kann man wie folgt vorgehen, um abschätzen zu können, ob eine monoalphabetische Verschlüsselung verwendet wurde. Berechne $FC(t)$ für den gegebenen Geheimtext t. Falls $FC(t)$ nah an $\kappa_D \approx 0.0773$ liegt, haben wir den Verdacht, dass es sich um eine monoalphabetische Verschlüsselung eines Klartextes auf Deutsch handelt, und wir versuchen mit der uns bekannten Vorgehensweise den Geheimtext zu dechiffrieren. Falls sich die Zahl klar von 0.0773 unterscheidet, müssen wir uns etwas anderes überlegen.

Aufgabe 4.25 Bestimme die Friedmanschen Charakteristiken für die Geheimtexte in Abb. 4.14 und 4.17.

Aufgabe 4.26 Berechne die Friedmanschen Charakteristiken des Klartextes in den Aufgabe 4.21 und der drei Geheimtexte, die du in den Teilaufgaben (b), (c) und (e) erzeugt hast. Vergleiche die ausgerechneten Charakteristiken paarweise.

Aufgabe 4.27 ✓ Was ist der kleinste mögliche Wert der Friedmanschen Charakteristik? Welche Texte erreichen diesen Wert?

Aufgabe 4.28 ✓ Was ist der größte mögliche Wert der Friedmanschen Charakteristik? Welche Texte erreichen diesen Wert?

Aufgabe 4.29 Wähle einen Klartext auf Deutsch von mindestens 300 Symbolen. Verschlüssle ihn einmal monoalphabetisch und einmal mit VIGENÈRE mit einem Schlüssel der Länge mindestens 7. Reiche beide Geheimtexte deinem Nachbarn und fordere sie oder ihn auf zu bestimmen, welcher Geheimtext monoalphabetisch verschlüsselt wurde. Letztendlich sollte sie oder er den Klartext bestimmen.

Aufgabe 4.30 🖥 Schreibe eigene Programme zur

(a) Verschlüsselung und Entschlüsselung mit dem Kryptosystem VIGENÈRE.
(b) Zeichnung des Histogrammes der Häufigkeitsverteilung von Buchstaben für einen gegebenen Text.
(c) Berechnung der Friedmanschen Charakteristik eines beliebigen Textes.

4.3.2   Kryptoanalyse des Kryptosystems VIGENÈRE

Die Grundidee zum Knacken des Kryptosystems VIGENÈRE bezieht sich auf die Länge des Geheimschlüssels. Nehmen wir an, wir kennen die Länge m des unbekannten Schlüssels. Dann teilen wir die Buchstaben des Geheimtextes in m Gruppen auf, abhängig von deren Positionen im Geheimtext:

Erste Gruppe: Positionen $1, m + 1, 2m + 1, 3m + 1, \ldots$
Zweite Gruppe: Positionen $2, m + 2, 2m + 2, 3m + 2, \ldots$
$\qquad\qquad\qquad\vdots$
i-te Gruppe: Positionen $i, m + i, 2m + i, 3m + i, \ldots$
$\qquad\qquad\qquad\vdots$
$(m - 1)$-te Gruppe: Positionen $m - 1, 2m - 1, 3m - 1, 4m - 1, \ldots$
m-te Gruppe: Positionen $m, 2m, 3m, 4m, \ldots$

Wir sehen, dass die Verteilung der Positionen in m Gruppen so gewählt wird, dass alle Buchstaben in jeder Gruppe durch den gleichen Buchstaben des Schlüsselwortes chiffriert worden sind. Somit sind alle Buchstaben einer Gruppe mit CAESAR verschlüsselt und die Verschiebung ist durch die Ordnung des entsprechenden Buchstaben des Schlüssels gegeben. Wenn beispielsweise JOSEF der Schlüssel wäre, dann sind alle Buchstaben auf den Positionen

$$1, 6, 11, 16, 21, 26, \ldots$$

des Klartextes durch J chiffriert und somit mit CAESAR mit dem Schlüssel Ord(J) $= 9$ verschlüsselt. Die Buchstaben auf den Positionen

$$2, 7, 12, 17, 22, 27, \ldots$$

sind alle mit O chiffriert und somit um Ord(O) verschoben. Weil eine Caesar-Verschlüsselung leicht zu knacken ist, erhalten wir bei Kenntnis der Schlüssellänge die folgende Methode zur Analyse eines Geheimtextes, der durch das Kryptosystem VIGENÈRE verschlüsselt wurde.

4.3.2.1 Methode BABBAGE

Eingabe: Ein Geheimtext t und die Schlüssellänge m

1. Verteile t in m Gruppen $t_0, t_1, t_2, \ldots, t_{m-1}$, wobei die Gruppe t_i aus Buchstaben mit Positionen $l \cdot m + i$ besteht (also aus Positionen mit Rest i beim Teilen durch m).
2. Bestimme für jede Gruppe t_i den häufigsten Buchstaben α_i und schätze, dass α_i den Klartextbuchstaben E bedeutet. Der Unterschied der Ordnungen von α_i und E gibt dir den Schlüssel für CAESAR, mit dem du alle Buchstaben der Gruppe t_i entschlüsselst.
3. Ersetze jetzt alle Buchstaben des Geheimtextes durch die bestimmten Buchstaben. Wenn der entstandene Text noch nicht klar lesbar ist, kann es sein, dass E nicht der häufigste Buchstabe in einigen Gruppen ist. Dann kannst du entweder den zweithäufigsten Buchstaben als die Kodierung von E in solchen Gruppen betrachten oder den häufigsten Buchstaben der Gruppe als die Chiffrierung von N annehmen. Üblicherweise reichen wenige Versuche, um den vollständigen Klartext zu bestimmen.

Aufgabe 4.31 ✓ Der folgende deutsche Text wurde mit VIGENÈRE und einem Schlüssel aus vier Buchstaben verschlüsselt. Dabei wurden die Leer- und Satzzeichen des Klartextes beibehalten.

```
 1 VMOIUP UHUPRMDSECEPN MJNH XVCCB FTNCHP BYTZNXFCHYJEEH
 2 WZN AFHOYIYLCDSEH TNHCGQEH. TTE MDSWCNXEH OTCBU YUL
 3 BY DYS HAMTPRICPRZMLEWIP, SIOOELO DCBXPBYO TM QBDSYS.
 4 OIY ULUWIQABSE IMU OAM ILUJULNQFYDOORSAFMIYU. SIYS
 5 DOFMEE XJP GYTLMNF XAMTP GYOLU AMPIWI OEL NLSMF OEM
 6 WPRXSLEHHEEH XLSMFCS MFTN. XJPSYS KUMULNX XTRX
 7 BWLYSOIHHD NCF REHBF ELSPIWIE. ECOPRMFTTM XTREFY SCDS
 8 NUFXLCDS SYMMSN LWECODTY VYTYSDCBJPDY AHIMDSEH EPR
 9 OCZONNLSMF FNX EPR XFD VYSORUFYGNFY WUTDELT LUM.
10 BYDYSPRMFTTM WPRUFYDYSE SCDS DCF OIWIEE XFD UGHPBYOOEH
11 XLSMFCS FBFFYOO DOSNH UFYDYSFNAFY DYT DAFAREBBWTYT,
12 OEL NPNAF GOH TNHQFMEMUZFZFY UHE OEL UPMJFCANVC DYT
13 HAMTPRM. ELS OCZON ILT UMDO CNXEL FTNY HPRCORE NFYDYOK
14 ZO TEECHPN IEPR TV DIHLPN OOO MOTD DUIPR YJYGYTEEOFCT
15 QFCDYO, HOTV HAMTPR CO OEH SPGYMKEFMPN TVREZMFTYU ZDYS
16 LUMHPDLVPCEU HILE.
```

(a) Wie lautet der Klartext?
(b) Was ist der Schlüssel?

Aufgabe 4.32 Der folgende Geheimtext wurde durch die Chiffrierung eines deutschen Klartextes mit VIGENÈRE erstellt. Es ist bekannt, dass der Schlüssel die Länge 3 hat. Bestimme den Klartext und den Schlüssel.

```
1 ZHUCI QBEVI UHTKO ZCKKB UVNQK NLTHW SEDWH
2 UKDHI PRCIC ZSWUE QCAVK WDXEQ WAKIE UUEUJ
3 THZGW RUVXE KKNDT HKZNW VNXED ECELS TIRSV
4 LNJJL RJBHZ SHZNH DFDYR CVUJJ THYEQ JEKUN
5 VZEHJ FXERW ZQQZE UKNLT HWNIH UEUYO OKDHI
6 BHRMW VFUVU QULLT HCLMW VUIVL PZTGV MULEF
7 BLLTH WJCRE AXQTL YNGVR NRPLK AHEDH ILDED
8 VKRDJ SHRNV RGHES LVMLI LLVBH IWRDE LEAQY
9 AHEGH IGHSL LVBHE IVK
```

Aufgabe 4.33 Verschlüssle einen von dir gewählten deutschen Klartext mit dem Kryptosystem VIGENÈRE. Teile deinen Mitschülerinnen und Mitschülern die Länge des Schlüssels mit und fordere sie auf, den Geheimtext zu dechiffrieren.

Hinweis 4.2

Viele Aufgaben der Kryptoanalyse eignen sich für eine Gruppenarbeit oder für kleine Wettbewerbe. Bei Wettbewerben können Gruppen für andere Gruppen möglichst schwere Geheimtexte generieren. Wegen statistischer Merkmale sollen die Texte eine hinreichende Länge bezüglich der Schlüssellänge besitzen. Man kann aber trotzdem geschickte Texte formulieren, in denen zum Beispiel E nicht der häufigste Buchstabe ist, usw.

Aufgabe 4.34 Bestimme für jede der vier Buchstabengruppen aus Aufgabe 4.31 ihre Friedmansche Charakteristik. Entsprechen diese vier Werte deinen Erwartungen?

Wir wissen schon, wie wir einen durch das Kryptosystem VIGENÈRE verschlüsselten Text dechiffrieren können, wenn uns die Schlüssellänge bekannt ist. Wie erfahren wir aber die Schlüssellänge? Im Prinzip kennt man drei ganz unterschiedliche Verfahren zur Bestimmung der Schlüssellänge. Zwei davon stellen wir jetzt vor, für das dritte müssen wir abwarten, bis wir unsere Kenntnisse der Kombinatorik vertieft haben.

Die erste Methode könnte man als „Probieren" bezeichnen, wobei für die Überprüfung der richtigen Wahl die Friedmansche Charakteristik eingesetzt wird.

4.3.2.2 Methode PROBIEREN zur Bestimmung der Schlüssellänge

Eingabe: Ein Geheimtext t
begin
  $I := 0$;
  TEST $:=$ FALSE;
  while TEST $=$ FALSE $\wedge$ $I < |t|$ **do**
  begin
    $I := I + 1$;
    Verteile t in I Gruppen $t_0, t_1, \ldots, t_{I-1}$ bezüglich Rest beim Teilen der
    Positionen durch I;
    for $J := 0$ **to** $I - 1$ **do**
      Berechne $FC(t_J)$;
    if alle $FC(t_J)$ liegen nah an dem Wert $\kappa_D \approx 0.0773$
    then
      TEST $:=$ TRUE;
  end
  Ausgabe: I
end

In der Praxis ersetzt man oft den Test, ob alle $FC(t_J)$ nah an $FC(t_D)$ sind, durch die Bedingung, dass der Durchschnittswert

$$FC^I(t) = \frac{FC(t_0) + FC(t_1) + \ldots + FC(t_{I-1})}{I}$$

nah an dem Wert $\kappa_D = FC(t_D)$ liegt.

Aufgabe 4.35 Was testet die Methode PROBIEREN im ersten Durchlauf der while-Schleife, wenn $I = 1$?

Die Idee hinter dieser Methode ist, dass, wenn eine Schlüssellänge probiert wird, die kein Vielfaches der tatsächlichen Schlüssellänge ist, die Buchstaben in jeder Gruppe durch unterschiedliche Buchstaben des Schlüsselwortes chiffriert werden. Somit erhalten wir Friedmansche Charakteristiken, die sich von der Charakteristik $FC(t_D)$ der deutschen Sprache wesentlich unterscheiden, weil die Gruppen nicht monoalphabetisch kodiert sind. Die einzelnen Gruppen sind aber monoalphabetisch chiffriert, wenn die geschätzte Schlüssellänge stimmt.

Die Anwendung der Methode PROBIEREN auf den Geheimtext aus Abb. 4.16 liefert uns die Durchschnittswerte $FC^I(t)$ für $I = 1, 2, \ldots$, die in Abb. 4.19 visualisiert sind.

Wir sehen, dass die Werte $FC^1(t), FC^2(t), \ldots, FC^8(t)$ näher an κ_G (Gleichverteilung) als an κ_D liegen. Dies ändert sich bei $FC^9(t)$, deren Wert über κ_D springt. Danach sinken die Werte für $FC^{10}(t), \ldots, FC^{17}(t)$ nach unten und $FC^{18}(t)$ ist wieder hoch, denn 18 ist das Zweifache von 9 und somit ist jede dieser 18 Gruppen wieder monoalphabetisch chiffriert. Somit zeigt der Funktionsgraph der Werte $FC^I(t)$ eindeutig, dass die Schlüssellänge 9 sein sollte.

Aufgabe 4.36 Bestimme den Schlüssel, mit dem der Geheimtext aus Abb. 4.16 mit VIGENÈRE chiffriert wurde, wenn du jetzt weißt, dass die Schlüssellänge 9 ist.

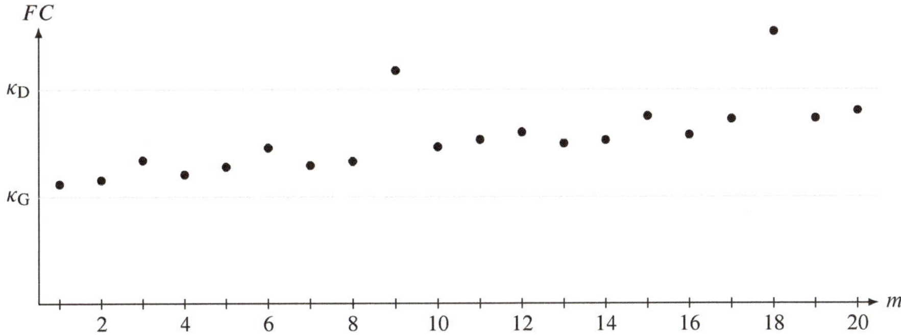

Abb. 4.19 Funktionsgraph der Werte $FC^{(1)}(t)$, $FC^{(2)}(t)$, ..., $FC^{(20)}(t)$ für den mit VIGENÈRE verschlüsselten Kryptotext aus Abb. 4.16. Der Wert bei einer Schlüssellänge von 9 (und dem Vielfachen 18 von 9) sticht klar hervor und ist somit vermutlich die korrekte Schlüssellänge

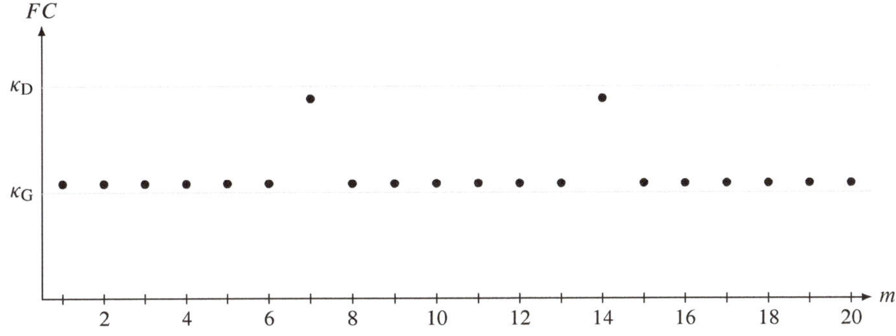

Abb. 4.20 Graphische Darstellung der Werte $FC^I(t)$ für $I = 1, 2, \ldots, 20$ bei einem Text t mit 50 000 Buchstaben

Die Werte $FC^I(t)$ für $I > 11$ liegen unerwartet hoch und somit zu weit entfernt von κ_G. Dies wird dadurch verursacht, dass der Geheimtext für die Schlüssellänge 12 und mehr zu kurz ist, um die erwarteten statistischen Merkmale aufzuzeigen. Dass dieses Problem nicht bei langen Texten auftritt, zeigt Abb. 4.20, in der die Werte $FC^I(t)$ für einen Text t mit über 50 000 Buchstaben für $I \in \{1, 2, \ldots, 20\}$ visualisiert sind. Aus Abb. 4.20 geht offensichtlich hervor, dass 7 die Schlüssellänge ist.

Aufgabe 4.37 🖥 Wähle einen deutschen Text der Länge mindestens 1 000 und chiffriere ihn (mit einem Programm) mit dem Kryptosystem VIGENÈRE und einem Schlüssel der Länge mindestens $l \geq 10$. Wende auf den so entstandenen Geheimtext t die Methode PROBIEREN an und visualisiere die Funktionswerte $FC^I(t)$ für $I = 1, \ldots, 2l + 2$ wie in Abb. 4.19 und Abb. 4.20.

Aufgabe 4.38 ✓ Der unten stehende Kryptotext t wurde mit VIGENÈRE verschlüsselt. Berechne die Friedmansche Charakteristik $FC^m(t)$ für

(a) die Schlüssellänge $m = 3$,
(b) und die Schlüssellänge $m = 7$.

Welcher Wert spricht für die tatsächliche Schlüssellänge? Die Leer- und Satzzeichen des Klartextes wurden in den Kryptotext übernommen.

```
1  UBPWQB ZYT OPZ HZIKDEM JIKUYO DSE GSEPZMO. YETYMW QKINSMRJ
2  RIPQMVRTT QFMV YONVPTWKKIYP, OVFYSPC TMVHHLMMV MUN
3  HTTHJIHHPQRVT UYO EMCJEY CIYWKRPTMR, ZYT PC AXVZS MPZIZZ,
4  AWWMW JZESPV YEJ LTPOIE FU WLAWVT, UX XQX RYTPCQB VON
5  YPCIJ GBPYBILX ZF PZPVHEY. TV WVONPC JIXRETECRX HEQTVHVZ
6  STNP MUKFTI, LII KIYKQKV GLD FUAVRTQCMYEJLTNP FVQAYYBI
7  YANO, OMV MUR GPZDNKIQWCRX GUQSMYCZ, WPYV QRT ETYMR SGUX
8  QIICRT.
```

Aufgabe 4.39 ✓ Bestimme mit Hilfe der Friedmanschen Charakteristik die Schlüssellänge, mit der der folgende Kryptotext verschlüsselt ist. Der Kryptotext ist mit VIGENÈRE verschlüsselt und die Leer- und Satzzeichen wurden aus dem Klartext übernommen.

```
1   OETWZEX GEE MXJTMDARPQ ZEY JNODVAN HDHD MHROPOGECW DAMHJ, GTOP
2   DTH EDJOHIDFDE RHIETQZE YDIEYV XAFPENR DHS PLJE OHN
3   AYCEESHJDDWAN ERQRTVPEYDPTCDGTTRJEY CWMZQEEYV. WBPU OEWWOAXH
4   ZIYJA GPKAN GRN IX GQNVOAN QRNSE. GAS YDYHEV DOPUP MLQ ZAD
5   VPOPKJEY GAR OUQIOHJBTUGEY XJD OHN SEHNNPQOTLXJEC, PWN XXJKPOP
6   VZQ ZEC ZWLOVLIYQANSHTE, OLA NZFD IXPAR TP QNMHSOSQPEY WAIW
7   GAS HDHDPV EHC XJWPVAN EUAIMHJ SZOH. ETQAS EDCED YARDFDLLHCT
8   PV ANDHH UYG GRPWA, ETQ FUYJAS RHOCSZESEHNPLDN VZQ
9   BHPUJHLFDEYCSECJAN, TQ ZEY ZELOHJ, VZQ RECEKTDVYHTOZECQ
10  QMDWWNOHJEY WAIW GAR MDQMHHHT, FQZ DLV, SAD VEE ORNT PUHEMHJ,
11  UPEARDWAIRW WLW LDRP HNWLUPUYJAN...
```

Die Methode PROBIEREN entstand in der Mitte des 19-ten Jahrhunderts. Ohne Rechner war es damals ziemlich aufwendig, die Friedmansche Charakteristik $FC^I(t)$ für mehrere Is auszurechnen. Deswegen suchte man eine effiziente Methode, die eine gute Schätzung der Schlüssellänge mit einem kleineren Aufwand bieten kann. Die Friedmansche Charakteristik wollte man dann höchstens für den geschätzten Wert ausrechnen, um die Schätzung zu überprüfen.

Die Grundidee der folgenden Methode basiert auf der Tatsache, dass gewisse Trigramme EIN, ICH, DER, SCH, UND, DIE, usw. relativ häufig in einem deutschen Text vorkommen. Überlegen wir uns, auf wie viele unterschiedliche Weisen das Trigramm EIN mit einem Schlüssel JOSEF der Länge 5 chiffriert werden kann. Wie EIN chiffriert wird, hängt davon ab, wie die Position von JOSEF relativ zur Position von EIN

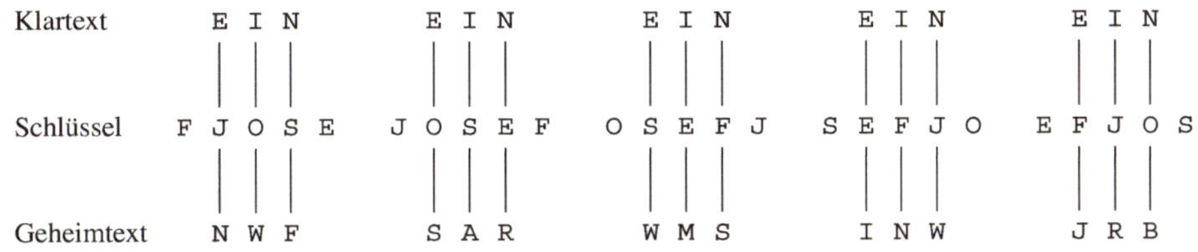

Abb. 4.21 Die möglichen Verschlüsselungen des Klartextwortes EIN mit dem Schlüssel JOSEF

ist. Es gibt genau 5 Möglichkeiten, was genau der Schlüssellänge 5 entspricht (siehe Abb. 4.21).

Somit kann EIN nur durch die Trigramme NWF, SAR, WMS, INW oder JRB mit dem Schlüssel JOSEF in den Geheimtext chiffriert werden. Wenn das Trigramm EIN im Klartext mindestens 100 Mal vorkommt, dann muss wiederum eines dieser fünf Trigramme mindestens 20 Mal im Geheimtext vorkommen. Wenn zum Beispiel EIN viele Male mit JOS verschlüsselt wurde, kommt das Trigramm NWF viele Male im Geheimtext vor. Die Idee ist, solche Trigramme im Geheimtext zu finden und zu schätzen, dass sie durch die Verschlüsselung desselben Trigramms des Klartextes (zum Beispiel EIN oder SCH) mit dem gleichen Teil des geheimen Schlüssels entstanden sind. Wie hilft uns das? Wenn EIN mehrfach zu NWF verschlüsselt wurde, dann müssen die Abstände zwischen den NWFs im Geheimtext ein Vielfaches der Schlüssellänge sein. Wenn mehrere solche Distanzen zwischen gleichen Trigrammen des Geheimtextes gemessen werden und alle ein Vielfaches der Schlüssellänge sind, dann rechnen wir den größten gemeinsamen Teiler dieser Distanzen aus und wissen, dass dieser ggT oder einer seiner Teiler der gesuchten Schlüssellänge entspricht.

Beispiel 4.2 Betrachten wir den folgenden Geheimtext, den wir der Einfachheit halber wieder in Blöcken der Länge 5 darstellen.

```
EJOMA MFINJ TUEJO SIDIE IOAUP SBGEO JSTLF INFFI NNBLI HFODF SEIOE
RUDLS VPMLE MFISU VNG
```

Wir suchen in diesem Text Trigramme, die sich wiederholen, und stellen Folgendes fest:

1. Das Trigramm FIN erscheint dreimal im Text, und zwar auf den Positionen 7, 35 und 39. Das ergibt die Differenzen $28 = 35 - 7$, $32 = 39 - 7$ und $4 = 39 - 35$.
2. Das Trigramm EJO finden wir zweimal, und zwar auf den Positionen 1 und 13. Die Differenz ist $12 = 13 - 1$.
3. Das Trigramm EIO erscheint auf den Positionen 20 und 52. Das ergibt die Differenz $32 = 52 - 20$.

Der größte gemeinsame Teiler von 28, 32, 4 und 12 ist 4. Somit können wir zuverlässig schätzen, dass die Schlüssellänge 4 oder 2 ist. ◊

Aufgabe 4.40 Nimm an, dass der Schlüssel für den Geheimtext aus Beispiel 4.2 die Länge 4 besitzt. Versuche, den Klartext zu dechiffrieren und bestimme den geheimen Schlüssel.

Aufgabe 4.41 Bestimme die Kandidaten für die Länge des Schlüssels für die folgenden Kryptotexte, die mit VIGENÈRE chiffriert sind.

(a) VRGRH HVIGV BBINX VIGVN TGFXC VGUEB EVRNT EENED UVEGU EMVDT
     DIMJE BEEGV IGBAN W

(b) QIGTE XEBUW USMLM ZSXPR EPEBW QIGZK UBMGA QIXPR EDNYG TEBUW
     USMLM ZSXPR EMBUY EEBUW USMUY XLLWE ZNXUH YIMKI DEBUW

(c) UEUIO OCEUD IWIOO WRRCL WVUQU RRCLW VNDTH XETHE RRCFK RTWVS
     FYOQR NJJTG RSVUA VIOOC EQEIH RUIYO HITQL NJZNJ VSEVR JRUIL
     NGUEU IOOCE UDIWI OOWHR VRWVA XWZXI OOCEQ IOOWA WDEWV AXWUQ
     UWRCL WVDLV NDVCK JTHET DXEYF MUFLO VRQZC KKSPV HUYOH IEQ

(d) 1 BDBBD GEOEI VTEWE MLTDH REUFI QDUQG ELNEU REFHE QMAVC HLNEH
     2 INHNW LCHWI GHNBH ITUAG IUEUD IHINI ORPAT LKSHI NHREF HEQMA
     3 VCHLN EZARG IEHRS WEPUO GUAMP IEUBA UEMDS CKINH UEEER KAUST
     4 UQDSR MIWDE UVOUL AHUFH RDHSM RDEUN EQCOP PUWER VDIHI DHEDD
     5 SSHIN HMAVC HLNED BHDEN JIGYO NHINH MPUOG UAMPF UHRUQ TEUSC
     6 KIEGL IFHEW AEWIG NEIWE NHINJ ESHTZ WWEUD EQKOQ NTHWA UREYO
     7 LXTIR NAHR

Versuche, die Schlüssellängen zu bestimmen und die Texte zu dechiffrieren, nachdem du die Schlüssellängen geschätzt hast.

Aufgabe 4.42 🖥 Schreibe ein Programm, das für einen gegebenen Text alle Trigramme findet, die sich wiederholen. Die Ausgaben des Programms sollen nicht nur die gefundenen sich wiederholenden Trigramme sein, sondern für jedes solches Trigramm auch die Liste der Positionen des Trigramms.

4.4 Zufallssteuerung in der Algorithmik

Der Kern des Geschäftes in der Informatik ist die Automatisierung der Arbeit, insbesondere der intellektuellen. Ob es um die Optimierung von Arbeitsprozessen, 3D-Visualisierungen, Auswertungen von experimentellen Daten, Simulationen in Naturwissenschaften oder der Wirtschaftslehre, Diagnostik in der Medizin, Wettervorhersagen, Chiffrierungen und Dechiffrierungen in der Kryptologie oder die Berechnung von aussagekräftigen Statistiken aus gesammelten Daten geht, immer stehen im Vordergrund Algorithmen (Methoden), die es als eindeutig verständliche Beschreibungen von Vorgehen ermöglichen, das Lösen gewisser Aufgabenstellungen den Rechnern zu überlassen. Der härteste Kern der Grundlagenforschung in der Informatik ist die Bestimmung der

Tab. 4.1 Verschiedene Algorithmen im Vergleich: der Aufwand in Abhängigkeit der Eingabelänge n. Einige Zahlen sind so gross, dass wir nur die Anzahl Ziffern im Dezimalsystem angegeben haben

n / Aufwand	10	50	100	300
$10n$	100	500	1 000	3 000
$2n^2$	200	5 000	20 000	180 000
n^3	1 000	125 000	1 000 000	27 000 000
2^n	1 024	16 Ziffern	31 Ziffern	91 Ziffern
$n!$	$\approx 3.6 \cdot 10^6$	65 Ziffern	158 Ziffern	615 Ziffern

Schwierigkeit von konkreten Problemen (Aufgabenstellungen). Dabei misst man nicht die intellektuelle Schwierigkeit, wie schwer es ist, einen Algorithmus für die Lösung des Problems zu finden. Die Schwierigkeit eines Problems misst man viel mehr anhand der Menge an Arbeit, die der bestmögliche Algorithmus für die Lösung des Problems durchführen muss. Algorithmische Probleme kann man typischerweise als Sammlungen von unendlich vielen Problemfällen betrachten. Beispielsweise gibt es unendlich viele Systeme von linearen Gleichungen als Problemfälle des Problems des Lösens von linearen Gleichungssystemen. Somit ist klar, dass der Rechenaufwand mit der Größe der Problemfälle (Anzahl der Gleichungen, Anzahl der Variablen) wachsen darf. Deswegen charakterisiert man den Aufwand eines Algorithmus als eine Funktion, die die Eingabelänge auf die Anzahl der durchgeführten Rechneroperationen abbildet. Wir sprechen hier von der **Berechnungskomplexität des Algorithmus** und entsprechend von der **Berechnungskomplexität des Problems**.

Es gibt beliebig schwierige Probleme. Für jede beliebig schnell wachsende Funktion in der Eingabelänge n gibt es ein Problem, das ohne einen Aufwand, der dem Wert dieser Funktion entspricht, nicht algorithmisch lösbar ist. Tab. 4.1 zeigt, dass Algorithmen mit exponentieller Berechnungskomplexität nicht anwendbar sind und dass man Probleme als praktisch unlösbar betrachten darf, wenn sie nicht schneller als mit exponentiellen Algorithmen zu lösen sind. Nach Tab. 4.1 fordert ein Problem mit einer Berechnungskomplexität von $n!$ eine Anzahl von Operationen, die man als 615-stellige Dezimalzahl darstellen kann, wenn Eingaben der Größe 300 betrachtet werden. Die Anzahl der Protonen im bekannten Universum mal das Alter des Universums in Millisekunden ist nicht einmal eine 100-stellige Dezimalzahl. Somit liegt die Umsetzung der notwendigen Rechnungen jenseits der Grenze des physikalisch Machbaren.

An dieser Stelle haben die Algorithmiker den Zufall als ein Zauberinstrument zur effizienten Lösung von schwierigen Problemen entdeckt. Für mehrere Probleme, für die nur Algorithmen mit exponentieller Berechnungskomplexität bekannt sind, hat man zufallsgesteuerte Algorithmen entwickelt, die das Problem in Bruchteilen von Sekunden lösen. Dies gilt auch für Problemfallgrößen, bei denen klassische Algorithmen die Lösungen nicht in einer Zeitspanne berechnen können, die dem Alter des Universums entspricht. Wie kann man einen so großen quantitativen Sprung von einer physikalisch nicht realisierbaren Menge an Arbeit zu einer blitzschnellen Geschichte auf einem Standardrechner schaffen? Die Idee ist, dass man dem Algorithmus erlaubt, zufällige Entscheidungen zu treffen, indem man ihm die Möglichkeit gibt, zufällige Bits einzulesen.[4] Abhängig von diesen zufälligen Bits kann der Algorithmus dann eine „zufällige" Strategie wählen, mit der er den gegebenen Problemfall zu lösen versucht. Erwünscht wird, dass durch diese zufällige Wahl der Vorgehensweise eine große Chance besteht, das Problem schnell zu lösen. Wir erlauben aber damit, dass einige Zufallsentscheidungen zu sehr langen Arbeitszeiten oder sogar zu falschen Resultaten führen dürfen. Man kann sich jetzt natürlich fragen, was man davon hat. Zufallsgesteuerte Algorithmen sind dann nicht hundertprozentig zuverlässig, so wie es klassische Algorithmen sind. Die Idee ist, dass wir diese unglaublich große Beschleunigung der Arbeit durch Zufallssteuerung so erreichen, dass die Wahrscheinlichkeit des Auftretens eines fehlerhaften Resultats oder einer zu langen Berechnung kleiner als zum Beispiel $\frac{1}{10^{10}}$ ist. Dann ist der Verlust an Sicherheit so klein, dass dies gerne als Bezahlung für die große Ersparnis an Arbeitsaufwand in Kauf genommen wird.

Unser Ziel ist, jetzt an einem einfachen Beispiel zu zeigen, dass solche wunderbaren Effekte, die exponentiell viel Arbeit ersparen, tatsächlich möglich sind, und dass unsere bisherigen Erkenntnisse über Wahrscheinlichkeiten hinreichend sind, um das Prinzip der Anwendung von Zufall in der Algorithmik zu verstehen.

4.4.1 Ein randomisiertes Kommunikationsprotokoll

Betrachten wir die folgende Aufgabenstellung. Wir haben zwei Rechner C_I und C_{II}, auf denen wir versuchen, die gleiche Datenbank unabhängig zu pflegen. Nach einer gewissen Zeit haben beide eine große Sammlung von Daten und wir wollen überprüfen, ob ihre Daten identisch sind. Um dies festzustellen, dürfen die Rechner über das Netz kommunizieren. Der Aufwand für die Überprüfung wird gemessen als die Anzahl der Bits, die sie ausgetauscht haben.

Genauer formuliert hat C_I im Speicher eine Folge von n Bits $x = x_1 x_2 \ldots x_n$, also $x_i \in \{0, 1\}$ für $i = 1, \ldots, n$ und C_{II} hat eine Bitfolge $y = y_1 y_2 \ldots y_n$ mit $y_i \in \{0, 1\}$ für $j = 1, 2, \ldots, n$. C_I und C_{II} wollen überprüfen, ob $x = y$, also ob $x_i = y_i$ für alle $i \in \{1, 2, \ldots, n\}$. Die Aufgabe ist es nicht, einen potenziellen Unterschied zu suchen, sondern nur festzustellen, ob $x = y$ oder $x \neq y$, und diese Antwort auszugeben.

Man kann formal (mathematisch) beweisen, dass jedes deterministische Protokoll,[5] das diese Aufgabe für alle x und y zuverlässig löst, es nicht vermeiden kann, bei den meisten Eingaben x und y mindestens n Bits auszutauschen. Somit ist das folgende naive Protokoll hinsichtlich des Kommunikationsaufwandes optimal.

---

[4] Der Algorithmus selber produziert keine zufälligen Bits. Diese müssen ihm von außen zur Verfügung gestellt werden.

[5] Als deterministisch bezeichnen wir klassische Algorithmen, die für jede Eingabe eine eindeutig gegebene Berechnung durchführen.

Tab. 4.2 Darstellung der Zahl 21 im Binärsystem

Zweierpotenzen	2^6	2^5	2^4	2^3	2^2	2^1	2^0
Dezimaldarstellung	64	32	16	8	4	2	1
Binäre Darstellung	1 000 000	100 000	10 000	1 000	100	10	1
Binäre Ziffern von 21	0	0	1	0	1	0	1

4.4.1.1 Protokoll IDENTITÄT

Ausgangssituation: C_I besitzt $x = x_1 \ldots x_n$ und C_II besitzt $y = y_1 \ldots y_n$
Schritt 1: C_I schickt das komplette $x = x_1 \ldots x_n$ an C_II.
Schritt 2: C_II erhält x von C_I und überprüft, ob $x = y$.
Falls ja, sagt C_II „$x = y$", sonst sagt C_II „$x \neq y$".

Offensichtlich erhält man dabei bei einer zuverlässigen Kommunikation die richtige Antwort und der Aufwand gemessen in der Anzahl der übertragenen Bits ist genau n. Wenn n sehr groß ist, zum Beispiel $n = 10^{16}$ (das entspricht ungefähr 1 850 000 CDs), würden wir ungern so eine Unmenge an Daten durchs Netz schicken. Zusätzlich würde noch das Problem entstehen, die Daten fehlerlos und ohne Verluste zu übertragen.

Unser Ziel ist es, ein randomisiertes Kommunikationsprotokoll zu entwerfen, das mit hoher Wahrscheinlichkeit für jede Eingabe (x, y) das Identitätsproblem löst und dabei nur $4\lceil \log_2(n) \rceil$ Bits[6] über das Netz zu kommunizieren braucht. Für $n = 10^{16}$ würde dies nur 216 Übertragungsbits bedeuten.

Um dieses Ziel zu erreichen, interpretieren wir x und y als binäre Darstellung von zwei Zahlen X und Y. Zur Erinnerung, die dezimale Darstellung von Zahlen wie

$$49\,703 = 4 \cdot 10^4 + 9 \cdot 10^3 + 7 \cdot 10^2 + 0 \cdot 10^1 + 3 \cdot 10^0$$
$$= 40\,000 + 9\,000 + 700 + 3$$

ist eine additive Darstellung, in der man die Anzahl der Einsen, Zehner, Hunderter, Tausender etc., die in der Zahl enthalten sind, zusammenaddiert.

Die binäre Darstellung basiert auf dem gleichen Prinzip, nur addiert man die in der Zahl involvierten Potenzen von zwei, statt von 10 wie bei der Dezimaldarstellung, also $1 = 2^0, 2 = 2^1, 4 = 2^2, 8 = 2^3, 16 = 2^4, \ldots, 2^i, \ldots$. In Tab. 4.2 sehen wir, welche Zahl die Bitfolge 0010101 darstellt. Durch Summieren der Zweierpotenzen, die einmal vorkommen, erhält man

$$1 \cdot 2^0 + 1 \cdot 2^2 + \cdot 2^4 = 1 + 4 + 16 = 21.$$

---

[6] Für eine reelle Zahl m ist $\lceil m \rceil$ die kleinste natürliche Zahl, die mindestens m ist. Zum Beispiel ist $\lceil 2.6 \rceil = 3$.

Aufgabe 4.43 Transformiere die binäre Darstellung folgender Zahlen in ihre Dezimaldarstellung.

(a) 11100101,
(b) 1000011,
(c) 11010011,
(d) 100000,
(e) 11111.

Aufgabe 4.44 Transformiere die folgenden Dezimalzahlen in ihre binäre Darstellung.

(a) 3 721,
(b) 1 001,
(c) 1 024,
(d) 132.

Aufgabe 4.45 Welche ist die größte 5-stellige Zahl in der Dezimaldarstellung? Welche ist die kleinste n-stellige Dezimalzahl für eine beliebige positive ganze Zahl n?

Aufgabe 4.46 Welche ist die größte Zahl, die man binär mit 7 Bits darstellen kann? Welche ist die kleinste, wenn die Binärdarstellung mit einer 1 anfangen muss?

Aufgabe 4.47 ✓

(a) Wie lang ist die Dezimaldarstellung einer Zahl X bezüglich der Größe von X?
(b) Wie lang ist die Binärdarstellung einer Zahl Y bezüglich der Größe von Y?

Formal gilt also, dass

$$X = \sum_{i=1}^{n} x_i \cdot 2^{n-i} = x_1 \cdot 2^{n-1} + x_2 \cdot 2^{n-2} + \ldots + x_{n-1} \cdot 2^1 + x_n,$$

falls x die binäre Darstellung der Zahl X ist. Unsere Aufgabe ist jetzt, mit Hilfe von Kommunikation zu überprüfen, ob $X = Y$ oder nicht. Die Zahl mit der binären Darstellung

$$x = \underbrace{11\ldots1}_{n\ \text{Mal}}$$

ist genau um 1 kleiner als die nachfolgende Zahl Z mit der binären Darstellung

$$z = 1\underbrace{00\ldots0}_{n\ \text{Mal}}.$$

Die binäre Darstellung z repräsentiert offensichtlich die Zahl

$$Z = 2^n.$$

Somit wissen wir, dass die Binärfolgen $x = x_1 \ldots x_n$ und $y = y_1 \ldots y_n$ zwei ganze Zahlen aus dem Intervall

$$[0, 2^n - 1]$$

repräsentieren. Deswegen kann es sich bei großen n um riesige Zahlen X und Y handeln. Im Folgenden bezeichnen wir mit $\mathrm{PRIM}(m)$ die Menge aller Primzahlen, die kleiner oder gleich m sind.

Aufgabe 4.48 Liste alle Primzahlen aus der Menge $\mathrm{PRIM}(100)$ auf.

Zum Vergleich von X und Y, die potenziell sehr groß bezüglich n sein können, nutzen wir relativ zu der Größe $2^n - 1$ kleine Primzahlen aus $\mathrm{PRIM}(n^2)$. Das randomisierte Kommunikationsprotokoll arbeitet wie folgt:

Im Folgenden bezeichnet $u \bmod v$ für zwei natürliche Zahlen u und v den Rest nach der Division $u : v$. Zum Beispiel ist $22 \bmod 5 = 2$, weil 2 der Rest nach der Teilung von 22 durch 5 ist.

4.4.1.2   Protokoll ZP (Zufällige Primzahl)

Ausgangssituation: C_I besitzt die Binärfolge $x = x_1 \ldots x_n$ und somit die Zahl $X = \sum_{i=1}^{n} x_i \cdot 2^{n-i}$ und C_II besitzt die Binärfolge $y = y_1 y_2 \ldots y_n$ und somit die Zahl $Y = \sum_{i=1}^{n} x_i \cdot 2^{n-i}$.

Schritt 1: C_I wählt zufällig nach der Gleichverteilung eine Primzahl p aus $\mathrm{PRIM}(n^2)$ und berechnet den Rest

$$r = X \bmod p$$

der Teilung von X durch p.

Schritt 2: C_I sendet die binären Kodierungen der Zahlen p und r an C_II.

Schritt 3: C_II erhält p und r und berechnet den Rest

$$s = Y \bmod p$$

der Division von Y durch p. Falls $r = s$, dann antwortet C_II mit „$X = Y$", sonst mit „$X \neq Y$".

Beispiel 4.3 Führen wir die Arbeit des Protokolls ZP für die Eingaben $x = 1001011$ und $y = 0111100$ durch. Somit sind

$$X = 64 + 8 + 2 + 1 = 75 \quad \text{und} \quad Y = 32 + 16 + 8 + 4 = 60.$$

Weil die Länge der binären Darstellung $n = 7$ ist und somit $n^2 = 49$ gilt, betrachten wir die Primzahlmenge

$$\text{PRIM}(49) = \{2, 3, 5, 7, 11, 13, 17, 19, 23, 29, 31, 37, 41, 43, 47\}.$$

Die Menge $\text{PRIM}(49)$ enthält 15 Primzahlen. Somit ist für jede Primzahl aus $\text{PRIM}(49)$ die Wahrscheinlichkeit, gezogen zu werden, $\frac{1}{15}$.

Nehmen wir an, $p = 11$ wird zufällig gewählt. Dann rechnet C_{I}

$$X : p = 75 : 11 = 6, \text{ Rest } 9$$

und somit gilt $r = 75 \bmod 11 = X \bmod p = 9$. C_{I} schickt $p = 11$ und $r = 9$ an C_{II} und C_{II} berechnet

$$Y : p = 60 : 11 = 5, \text{ Rest } 5$$

und somit gilt $s = Y \bmod p = 60 \bmod 11 = 5$.

Weil $r \neq s$ ($9 \neq 5$), antwortet C_{II} „$X \neq Y$", was die richtige Antwort ist.

Aufgabe 4.49

(a) Führe die Arbeit des Protokolls ZP für $x = 1001011$ und $y = 0111100$ für die zufällige Wahl der Primzahl 23 durch und ermittle das Resultat.

(b) Führe die Arbeit des Protokolls ZP für $x = 101001011$, $y = 001100100$ und $p = 43$ durch.

Nehmen wir an, C_{I} zieht für $X = 75$ und $Y = 60$ die Primzahl $p = 5$. Dann erhalten wir

$$r = 75 \bmod 5 = 0 \quad \text{weil } 75 : 5 = 15, \text{ Rest } 0,$$
$$s = 60 \bmod 5 = 0 \quad \text{weil } 60 : 5 = 12, \text{ Rest } 0.$$

Weil $r = s = 0$ ist, antwortet C_{II} mit „$X = Y$", was offensichtlich die falsche Antwort ist. $\Diamond$

Aufgabe 4.50 Finde mindestens eine Primzahl aus $\text{PRIM}(81)$, bei der das Protokoll ZP die falsche Antwort für $x = 101001011$ und $y = 001100100$ liefert.

4.4.2 Analyse des Protokolls ZP

Von zentraler Bedeutung für die Bewertung der Güte des Protokolls ZP ist die Abschätzung der Wahrscheinlichkeit, dass das Protokoll eine richtige bzw. falsche Antwort liefert.

Dies soll im gegebenen Beispiel mit der Eingabe $x = 1001011$ ($X = 75$) und $y = 0111100$ ($Y = 60$) explizit berechnet werden. Die Arbeit des Protokolls ZP kann man als ein Zufallsexperiment betrachten. Der Ergebnisraum ist PRIM(49) und für jedes $p \in$ PRIM(49) gilt

$$P(p) = \frac{1}{|\text{PRIM}(49)|} = \frac{1}{15},$$

also ist P eine Gleichverteilung. Wir nennen eine Primzahl $p \in$ PRIM(49) eine **gute Primzahl für den Vergleich von X und Y**, wenn

$$r \neq s, \quad \text{wobei } r = X \bmod p \quad \text{und} \quad s = Y \bmod p,$$

also wenn das Protokoll ZP dank der Wahl von p die richtige Antwort „$X \neq Y$" liefert.

Wir nennen eine Primzahl $p \in$ PRIM(49) eine **schlechte Primzahl für den Vergleich von X und Y**, wenn

$$r = s, \quad \text{wobei } r = X \bmod p \quad \text{und} \quad s = Y \bmod p,$$

also wenn ZP bei der Wahl der Primzahl p die falsche Antwort „$X = Y$" liefert. Somit ist die Wahrscheinlichkeit, für $X = 75$ und $Y = 60$ die richtige Antwort „$X \neq Y$" auszugeben, gleich

$$P_{\text{Erfolg}}(75, 60) = \frac{\text{die Anzahl der guten Primzahlen für 75 und 60}}{|\text{PRIM}(49)|}.$$

Die **Fehlerwahrscheinlichkeit** für $X = 75$ und $Y = 60$, das heißt, die Wahrscheinlichkeit, für $X = 75$ und $Y = 60$ die falsche Antwort zu liefern, ist

$$P_{\text{Fehler}}(75, 60) = \frac{\text{die Anzahl der schlechten Primzahlen für 75 und 60}}{|\text{PRIM}(49)|}.$$

Wie viele schlechte Primzahlen in PRIM(49) für $X = 75$ und $Y = 60$ gibt es? Die 5 haben wir schon gefunden. Eine andere schlechte Primzahl für 75 und 60 ist die Primzahl 3, weil

$$75 \bmod 3 = 0 \quad \text{und} \quad 60 \bmod 3 = 0, \quad \text{also } r = s.$$

Man kann überprüfen, dass alle Primzahlen aus PRIM(49) außer 3 und 5 gute Primzahlen für 75 und 60 sind. Deswegen erhalten wir

$$P_{\text{Fehler}}(75, 60) = \frac{2}{15}.$$

Aufgabe 4.51 Bestimme die Fehlerwahrscheinlichkeit des Protokolls ZP für die Zahlenpaare (X, Y), die durch die folgenden Bitfolgen gegeben sind. Finde immer alle schlechten Primzahlen für die einzelnen Paare (X, Y).

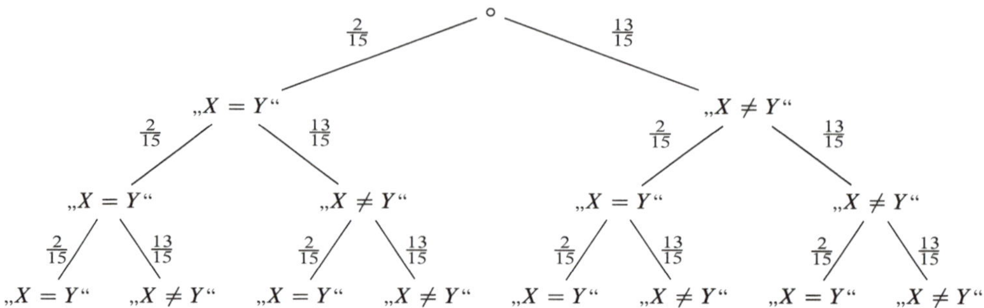

Abb. 4.22 Baumdiagramm des dreistufigen Zufallsexperiments (dreifaches Ausführen des Protokolls ZP)

(a)　$x = 010001$, $y = 111011$,
(b)　$x = 01111001$, $y = 10100000$,
(c)　$x = 101101$, $y = 101101$,
(d)　$x = 1111110$, $y = 0110001$,
(e)　$x = 10011011$, $y = 0001011$.

Aufgabe 4.52 ✓ Nehmen wir an, $x = y$, das heißt $X = Y$. Kann es vorkommen, dass das Protokoll ZP eine falsche Antwort „$X \neq Y$" für solche Eingaben liefert? Begründe deine Aussage.

Beispiel 4.4 Man kann schon die Fehlerwahrscheinlichkeit $\frac{2}{15}$ für die Eingabe $X = 75$ und $Y = 60$ als zu groß betrachten. Eine vereinfachte Weise, den Lauf des Protokolls auf der Eingabe 75 und 60 zu betrachten, ist es als ein Zufallsexperiment ansehen, in dem man mit der Wahrscheinlichkeit $\frac{13}{15}$ die richtige Antwort „$X = Y$" und mit der Wahrscheinlichkeit $\frac{2}{15}$ die falsche Antwort „$X \neq Y$" erhält. Somit ist unser Wahrscheinlichkeitsraum vereinfacht zu ({falsch, richtig}, $P_{75,60}$) mit

$$P_{75,60}(\text{falsch}) = \frac{2}{15} \quad \text{und} \quad P_{75,60}(\text{richtig}) = \frac{13}{15}.$$

Jetzt lassen wir das Protokoll ZP dreimal hintereinander auf der gleichen Eingabe $(75, 60)$ laufen und erhalten somit drei Resultate. Dies können wir offensichtlich als ein dreistufiges Zufallsexperiment betrachten, das man wie in Abb. 4.22 als ein Baumdiagramm darstellen kann.

Was übernehmen wir als definitive Antwort, falls wir die Folge von drei Antworten

$$\text{„}X = Y\text{", } \quad \text{„}X \neq Y\text{", } \quad \text{„}X = Y\text{"}$$

erhalten? Wir werden nicht die häufigste Antwort übernehmen. Wenn wir einmal die Antwort „$X \neq Y$" erhalten haben, wissen wir mit Sicherheit, dass $X \neq Y$ gilt, weil es eine

Primzahl p gibt, für die die Divisionen $X : p$ und $Y : p$ unterschiedliche Reste ergeben. Folglich geben wir die definitive Antwort „$X = Y$" nur, wenn wir alle drei Antworten „$X = Y$" in dem dreistufigen Experiment erhalten haben. Dies entspricht einem einzigen Blatt im Baumdiagramm in Abb. 4.22, und zwar dem am weitesten links stehenden. Somit ist die Wahrscheinlichkeit, bei dreifacher Durchführung des Protokolls ZP eine falsche Antwort zu erhalten, auf

$$\frac{2}{15} \cdot \frac{2}{15} \cdot \frac{2}{15} = \frac{8}{15^3} \approx 0.00237$$

reduziert. $\Diamond$

Aufgabe 4.53 Bestimme die Fehlerwahrscheinlichkeit bei der zweifachen und bei der vierfachen Durchführung des Protokolls ZP bei den Eingaben (X, Y) aus Aufgabe 4.51. Zeichne die entsprechenden Baumdiagramme für die zweifache Durchführung.

Aufgabe 4.54 Bestimme die minimale Anzahl der notwendigen wiederholten Anwendungen des Protokolls ZP auf folgenden Eingaben (x, y), die eine Fehlerwahrscheinlichkeit unter 0.0001 garantiert.

(a) $x = 110010$, $y = 111010$,
(b) $x = 100000000$, $y = 000101110$,
(c) $x = 10100000$, $y = 01001111$,
(d) $x = 101001011$, $y = 000000001$.

4.4.3   Komplexitätsanalyse des Protokolls ZP

Wir haben schon festgelegt, dass der Arbeitsaufwand des Protokolls ZP, also seine Komplexität, in der Anzahl der zu kommunizierenden Bits gemessen wird. Die Messung verläuft wie üblich bezüglich der Eingabelänge n, das heißt, bezüglich der Anzahl der Bits der gegebenen Bitfolgen x und y.

Das Protokoll ZP schickt zwei Zahlen, und zwar die zufällig gewählte Primzahl p und den Rest r nach der Teilung von X durch p. Weil $p \in \mathrm{PRIM}(n^2)$, ist p offensichtlich kleiner als n^2 und kann somit binär mit

$$\lceil \log_2(n^2) \rceil = \lceil 2\log_2(n) \rceil$$

Bits dargestellt werden. Der Rest $r = X \bmod p$ ist kleiner als p und kann deswegen auch binär mit $\lceil 2\log_2(n) \rceil$ Bits dargestellt werden. Somit besteht die ganze Kommunikation zwischen C_I und C_II aus einem binären String der Länge

$$2 \cdot \lceil 2\log_2(n) \rceil \leq 4 \cdot \lceil \log_2(n) \rceil.$$

Wir sehen, dass gerade für große n, wie zum Beispiel $n = 10^{16}$, der Unterschied zwischen der Kommunikationskomplexität n (also 10^{16}) des besten deterministischen Protokolls und der Kommunikationskomplexität $4 \cdot \lceil \log_2(n) \rceil$ (das ergibt 216 für $n = 10^{16}$) riesig ist.

Man kann jetzt natürlich meckern, dass das Risiko, ein falsches Resultat zu erhalten zu groß ist. Wir können die Fehlerwahrscheinlichkeit durch k-fache Anwendung des Protokolls ZP stark reduzieren. Für diese Reduktion bezahlen wir mit k-fachem Wachstum der Kommunikationskomplexität, denn die k-fache Anwendung des Protokolls ZP auf der gleichen Eingabe bedeutet einen Kommunikationsaufwand von

$$k \cdot 4 \cdot \lceil \log_2(n) \rceil$$

Bits für diese Eingabe. In Beispiel 4.4 haben wir durch dreifache Wiederholung des Protokolls ZP auf $X = 75$ und $Y = 60$ die Fehlerwahrscheinlichkeit auf ungefähr 0.00237 reduziert. Weil die binäre Darstellungslänge von X und Y in diesem Fall $n = 7$ ist, ist

$$2 \cdot \lceil \log_2(n^2) \rceil = 2 \cdot \lceil \log_2(49) \rceil = 2 \cdot 6 = 12.$$

Durch dreifache Wiederholung ($k = 3$) werden insgesamt 36 Bits kommuniziert. Für $X = 75$ und $Y = 60$ lohnt sich dies gar nicht, denn das Zuschicken der 7 Bits der Binärfolge x hätte weniger Aufwand bedeutet und uns zusätzlich hundertprozentig das richtige Resultat garantiert. Somit sehen wir, dass es sich für kleine Zahlen n nicht lohnt, das Protokoll ZP anzuwenden.

Aufgabe 4.55 $\checkmark$ Seien x und y zwei Bitfolgen von $n = 1\,000$ Bits. Josef hat herausgefunden, dass PRIM(10^6) ungefähr 72 500 Primzahlen besitzt und davon nur höchstens 500 schlechte Primzahlen für den Vergleich von X und Y sind. Er will X und Y unbedingt so vergleichen, dass die Fehlerwahrscheinlichkeit kleiner als $\frac{1}{10^5}$ ist. Was würdest du Josef bezüglich des Kommunikationsaufwands empfehlen? Das beste deterministische Protokoll oder die mehrfache Anwendung des Protokolls ZP?

4.4.4 Analyse der Fehlerwahrscheinlichkeit des Protokolls ZP bezüglich n

Unser Ziel ist es zu zeigen, dass sich für große Eingabelängen n die Verwendung des randomisierten Protokolls ZP tatsächlich lohnt. Wir bemerken zuerst, dass das Protokoll ZP für $X = Y$ immer „$X = Y$" sagt, das heißt, für $X = Y$ liefert ZP nie ein falsches Resultat. Zu einer positiven Fehlerwahrscheinlichkeit kann es nur dadurch kommen, dass $X \neq Y$ ist und ZP fälschlicherweise „$X = Y$" ausgibt. Die Grundidee der erfolgreichen Anwendung von ZP ist, dass mit wachsendem n die Fehlerwahrscheinlichkeit von ZP auf jeder Eingabe von n Bits so klein wird (schnell zu 0 konvergiert), dass man das Protokoll ZP sogar gar nicht mehrfach anzuwenden braucht. Um dies herauszufinden, brauchen wir zuerst eine effizientere Methode zur Bestimmung von schlechten Primzahlen für den Vergleich von zwei gegebenen, potenziell sehr großen, Zahlen X und Y mit $0 \leq X, Y \leq 2^n - 1$.

Eine Primzahl p nennen wir schlecht für den Vergleich von X und Y, $X \neq Y$, wenn

$$r = s, \quad \text{wobei } r = X \bmod p \quad \text{und} \quad s = Y \bmod p,$$

das heißt, wenn p nicht hilft, den Unterschied zwischen X und Y zu erkennen.

Anders ausgedrückt,

$$X = l \cdot p + r \quad \text{und} \quad Y = k \cdot p + r$$

für natürliche Zahlen l und k bestimmt durch

$$X : p = l, \text{ Rest } r \quad \text{und} \quad Y : p = k, \text{ Rest } r.$$

Berechnen wir jetzt $X - Y$ wie folgt:

$$X - Y = l \cdot p + r - k \cdot p - r$$
$$= (l - k) \cdot p.$$

Weil $X - Y = (l - k) \cdot p$ ist, teilt die Primzahl p die Differenz $X - Y$ der zu vergleichenden Zahlen X und Y. Also muss jede schlechte Primzahl für den Vergleich von X und Y die Differenz $X - Y$ teilen und somit haben wir ein einfaches Kriterium zur Bestimmung von schlechten Primzahlen für ein gegebenes Paar (X, Y).

Für $X = 75$ und $Y = 60$ gilt beispielsweise

$$X - Y = 75 - 60 = 15 = 3 \cdot 5.$$

Somit sind 3 und 5 die einzigen schlechten Primzahlen für den Vergleich von 75 und 60. Für $X = 21\,283\,145$ und $Y = 21\,238\,045$ gilt

$$X - Y = 45\,100 = 2^2 \cdot 5^2 \cdot 11 \cdot 41.$$

Aus der Faktorisierung von $X - Y = 45\,100$ sehen wir, dass die einzigen Primzahlen, die $X - Y$ teilen, 2, 5, 11 und 41 sind und somit gibt es genau 4 schlechte Primzahlen für den Vergleich von $21\,283\,145$ und $21\,238\,045$.

Aufgabe 4.56 Bestimme alle schlechten Primzahlen für den Vergleich von X und Y für die folgenden Zahlenpaare (X, Y).

(a) $X = 137\,824$, $Y = 12\,001$,

(b) $X = 382, Y = 526$,

(c) $X = 20\,099, Y = 21\,113$,

(d) $X = 7\,123\,482\,112, Y = 6\,835\,123\,712$.

Jetzt wollen wir die folgende Behauptung beweisen.

Satz 4.1 *Für alle Zahlen X und Y, $X \neq Y$, die sich binär durch eine Bitfolge der Länge n darstellen lassen, gibt es weniger als n schlechte Primzahlen für den Vergleich von X und Y.*

Beweis Die Beweisidee ist einfach. Wir wollen zeigen, dass die Faktorisierung von $X - Y$ weniger als n Primfaktoren enthalten kann, weil $|X - Y| < 2^n$ ist dank der Tatsache, dass X und Y beide kleiner sind als 2^n. Ohne Einschränkung der Allgemeinheit nehmen wir an, dass $X > Y$ ist, um nicht mit den absoluten Werten $|X - Y|$ arbeiten zu müssen. Betrachten wir die Faktorisierung von $X - Y$

$$2^n > X - Y = p_1^{i_1} \cdot p_2^{i_2} \cdot \ldots \cdot p_k^{i_k}, \tag{4.1}$$

wobei $p_1 < p_2 < p_3 < \ldots < p_k$ Primzahlen sind und $i_1 \geq 1, i_2 \geq 1, \ldots, i_k \geq 1$ ihre Exponenten in der Faktorisierung sind.

Offensichtlich sind $p_1, p_2, \ldots, p_k$ alle schlechten Primzahlen für den Vergleich von X und Y und somit ist k die Anzahl dieser schlechten Primzahlen. Weil $p_1 \geq 2, p_2 > 2, \ldots, p_k > 2$ gilt, können wir Ungleichung (4.1) wie folgt fortsetzen:

$$2^n > X - Y = p_1^{i_1} \cdot p_2^{i_2} \cdot \ldots \cdot p_k^{i_k} \geq p_1 \cdot p_2 \cdot \ldots \cdot p_k \geq 2 \cdot 2 \cdot \ldots \cdot 2 = 2^k.$$

Somit erhalten wir $2^n > 2^k$ und deswegen ist die Anzahl k der schlechten Primzahlen für X und Y kleiner als n. Bemerke, dass wir eine universelle untere Schranke für die Anzahl der schlechten Primzahlen für alle X und Y mit binärer Darstellungslänge höchstens n bewiesen haben. $\square$

Jetzt wollen wir mit (4.1) beweisen, dass die Fehlerwahrscheinlichkeit von ZP mit wachsendem n immer kleiner wird, genauer exponentiell schnell gegen 0 geht. Wir wissen schon, dass für alle $X, Y, X \neq Y$, mit Darstellungslänge n

$$P_{\text{Fehler}}(X, Y) = \frac{\text{die Anzahl der schlechten Primzahlen für } X \text{ und } Y}{|\text{PRIM}(n^2)|} \tag{4.2}$$

gilt. Einer der berühmtesten Sätze der Zahlentheorie, der sogenannte **Primzahlsatz**, besagt:

In $\text{PRIM}(m)$ *gibt es ungefähr* $\frac{m}{\ln(m)}$ *viele Primzahlen, wobei* $\ln(m)$ *der natürliche Logarithmus von m ist.*

Wenn wir die Aussage des Primzahlsatzes und von Satz 4.1 in die Abschätzung (4.2) von P_{Fehler} einsetzen, erhalten wir

$$P_{\text{Fehler}}(X, Y) \leq \frac{n}{\frac{n^2}{\ln(n^2)}} = \frac{2\ln(n)}{n}.$$

Weil n exponentiell schneller wächst als $2\ln(n)$, geht der Wert von $\frac{2\ln(n)}{n}$ mit wachsendem n sehr schnell gegen 0. Für $n = 10^{16}$ gilt zum Beispiel

$$\frac{2\ln(n)}{n} < \frac{1}{10^{13}}.$$

Aufgabe 4.57 Ab welcher Eingabegröße n kann das Protokoll ZP garantieren, dass

$$P_{\text{Fehler}}(X, Y) \leq 10^{-9}$$

für alle Eingaben der Bitlänge n gilt? Wie groß ist der Kommunikationsaufwand für dieses n?

Aufgabe 4.58 Bestimme eine obere Schranke für die Fehlerwahrscheinlichkeit des Protokolls ZP für Eingaben der Länge $n = 10^9$. Wie reduziert sich diese Fehlerwahrscheinlichkeit, wenn du das Protokoll dreimal hintereinander auf der Eingabe X und Y der Darstellungslänge 10^9 laufen lässt? Wie groß wird dabei die Kommunikationskomplexität?

Aufgabe 4.59 Rechne in Abhängigkeit von der Eingabelänge n aus, wie groß die Fehlerwahrscheinlichkeit und die Kommunikationskomplexität sind, wenn man das Protokoll ZP zweifach für jede Eingabe anwendet.

Aufgabe 4.60 ✓ Kannst du Aufgabe 4.59 lösen, wenn man allgemein eine k-fache Anwendung des Protokolls ZP für jede Eingabe und $k \geq 2$ in Betracht zieht?

Aufgabe 4.61 ✓ Josef betrachtet Satz 4.1 und überlegt sich Folgendes. Für Eingaben X und Y mit Darstellungslänge höchstens n gibt es höchstens $n - 1$ schlechte Primzahlen unter allen Primzahlen. Satz 4.1 ist nicht auf die Primzahlen in $\text{PRIM}(n^2)$ bezogen. Deswegen könnte man die Fehlerwahrscheinlichkeit auch anders als durch die wiederholte Anwendung von ZP erreichen. Man wählt zum Beispiel im ersten Schritt des Protokolls eine zufällige Primzahl aus $\text{PRIM}(n^{10})$ statt aus $\text{PRIM}(n^2)$. Wie ändert sich dabei die obere Schranke für die Fehlerwahrscheinlichkeit? Wie hoch wird jetzt der Kommunikationsaufwand?

Aufgabe 4.62 ★✓ Man betrachtet die folgende Ausgangssituation. C_{I} hat einen binären String x von n Bits. C_{II} besitzt drei Bitfolgen u, v, y, jede der Länge n. C_{I} und C_{II} wollen in einem Kommunikationsaustausch feststellen, ob einer der drei Strings u, v und y gleich der Bitfolge x von C_I ist, das heißt, ob C_{II} den String x auch besitzt. Man wendet hierür eine leichte Modifikation von ZP an. C_I wählt zufällig eine Primzahl $p \in \mathrm{PRIM}(n^2)$ und rechnet $r = X \bmod p$, wobei X die Zahl mit der Binärdarstellung x ist. Dann sendet C_I die Zahlen p und r an C_{II}. Danach berechnet C_{II} die Reste modulo p für seine drei Zahlen, die binär durch u, v, und y dargestellt sind. Wenn alle diese drei Reste unterschiedlich von r sind, sagt C_{II} „Ich besitze x nicht". Sonst, also wenn mindestens einer der drei Reste gleich x ist, sagt C_{II} „Ich besitze x". Wie hoch ist die Fehlerwahrscheinlichkeit dieses Protokolls? Es reicht aus, eine gute obere Schranke anzugeben.

4.5 Zusammenfassung

In diesem Kapitel haben wir drei Anwendungen der Wahrscheinlichkeitstheorie in drei ganz unterschiedlichen wissenschaftlichen Disziplinen gesehen. Wichtig ist dabei zu erkennen, dass das Konzept der Wahrscheinlichkeit zu einem Forschungsinstrument geworden ist.

In der Populationsgenetik konnten die Biologen ihre Beobachtungen nicht genau erklären, und erst das Konzept der mehrstufigen Zufallsexperimente ermöglichte es, die Natur der Vererbung zu begreifen und zuverlässig zu modellieren. Das entdeckte Hardy-Weinberg-Gleichgewicht besagt, dass sich die Proportionalitäten der Genotypen ab der ersten Generation nicht ändern. Zusätzlich haben wir dabei gelernt, dass ein Modell, das richtige Vorhersagen liefert, nicht unbedingt in seinem Inneren genau so funktioniert wie die Natur der modellierten Prozesse.

In der Kryptologie halfen die Konzepte der Wahrscheinlichkeit, Kryptosysteme zu bauen, die 300 Jahre lang als sicher galten, weil sie es schafften, die relativen Häufigkeiten der Buchstaben im Geheimtext auszugleichen und somit die Angriffspunkte für die klassische Kryptoanalyse zu beseitigen.

Jede natürliche Sprache kann durch relative Häufigkeiten einzelner Buchstaben statistisch charakterisiert werden. Fast alle typischen und ausreichend langen Texte, die in einer natürlichen Sprache geschrieben sind, haben relative Häufigkeiten des Auftretens einzelner Buchstaben, die ungefähr den statistischen Werten der benutzten Sprache entsprechen. Somit bleiben diese charakteristischen Häufigkeitswerte gleich, wenn Texte monoalphabetisch verschlüsselt werden, sie werden nur entsprechend der Chiffrierung anderen Buchstaben zugeordnet.

Die Friedmansche Charakteristik eines Textes basiert auf der Bestimmung der Summe der Quadrate der Differenzen der relativen Häufigkeiten von Buchstaben im Text und der Häufigkeiten der Gleichverteilung (also einer Wahrscheinlichkeit von jeweils $\frac{1}{26}$). Wenn ein Geheimtext einen ähnlichen Wert der Friedmanschen Charakteristik hat wie die Friedmansche Charakteristik der deutschen Sprache (eines typischen deutschen Textes), dann kann man davon ausgehen, dass es sich um eine monoalphabetische Kodierung eines deutschen Textes handelt. Mit diesem Wissen kann man den Geheimtext ohne den geheimen Schlüssel relativ leicht knacken.

Um den Kryptoanalytikern die Unterschiede zwischen den relativen Häufigkeiten in Geheimtexten als Angriffsbasis zu nehmen, entstand das Kryptosystem Vigenère. Die Buchstaben werden hier auch von anderen Buchstaben ersetzt, aber welcher Buchstabe zur Chiffrierung gewählt wird, hängt auch von der „modularen" Position des zu chiffrierenden Buchstabens im Klartext ab. Wenn man in VIGENÈRE einen Schlüssel der Länge m nimmt, dann verteilt man den Klartext in m Gruppen, wobei die i-te Gruppe aus den Buchstaben auf den Positionen $i, i + m, i + 2m, i + 3m, \ldots$ besteht. Jede Gruppe wird dann mit CAESAR mit einem unabhängig gewählten Schlüssel chiffriert. Wenn der Schlüssel ausreichend lang ist (zum Beispiel so lang wie eine Permutation der Buchstaben des lateinischen Alphabets), dann kann man erwarten, dass die Häufigkeiten der Buchstaben ungefähr der Gleichverteilung entsprechen.

Die Kryptoanalyse des Kryptosystems VIGENÈRE basiert auf der Tatsache, dass man bei bekannter Länge des Schlüssels den Geheimtext auf die entsprechenden Buchstabengruppen verteilen kann und diese Gruppen wieder die statistischen Merkmale von monoalphabetisch kodierten Klartexten besitzen. Um die Schlüssellänge zu bestimmen, haben wir zwei Verfahren kennen gelernt. Der erste Ansatz ist statistischer Natur und basiert auf dem Probieren unterschiedlicher Schlüssellängen, wobei man für jede Länge die Friedmansche Charakteristik einzelner modularer Buchstabengruppen berechnet. Wenn alle Gruppen wie monoalphabetisch kodiert aussehen, hat man mit hoher Wahrscheinlichkeit die Schlüssellänge gefunden. Die zweite Strategie geht davon aus, dass gewisse Trigramme im Klartext viel häufiger vorkommen als in einem gleichverteilt zufälligen Text. Da die Länge des Schlüssels in der Regel größer als 3 ist, werden einige Trigramme durch den gleichen Teil des Schlüssels chiffriert und so entstehen wiederum im Geheimtext Trigramme, die sich häufiger wiederholen. Der Abstand zwischen solchen Trigrammen ist immer ein Vielfaches der Schlüssellänge.

Zufallsexperimente kann man auch verwenden, um Berechnungen zu steuern. Zum Beispiel kann man für eine gegebene Eingabe zufällig eine Lösungsstrategie wählen und hoffen, dass sie effizient das korrekte Resultat berechnet. Mit einem solchen Vorgehen kann man sich für einige Problemstellungen einen riesigen Rechenaufwand ersparen. Die Kosten dafür sind das Risiko von falschen Resultaten oder sogar unendlichen Berechnungen, falls die zufällig gewählte Lösungsstrategie für die konkrete Eingabe nicht geeignet war. Solche zufallsgesteuerten Algorithmen sind gutmütig, wenn die Wahrscheinlichkeit eines Fehlverhaltens zu einem sehr kleinen Wert, zum Beispiel 10^{-10}, reduziert werden kann. Ein erfolgreicher Weg zur Verkleinerung der Fehlerwahrscheinlichkeit basiert darauf, dass man den zufallsgesteuerten Algorithmus mehrfach (wie in einem mehrstufigen Experiment) auf der gleichen Eingabe laufen lässt und erst dann aus den einzelnen Resultaten das definitive Resultat bestimmt.

4.6 Kontrollfragen

1. Wie viele unterschiedliche Modelle mit richtigen Vorhersagen kann man für einen Prozess in der Realität entwerfen, ohne dass man dabei die Natur des Prozesses widerspiegelt?

2. Welche Genotypen muss man für ein Experiment in Betracht ziehen, um zu widerlegen, dass die Elternteile in Konkurrenzkampf für jede Position des Genotypen des Nachkommens zufällig den Sieger bestimmen, der auf dieser Position seine Allele setzen darf?

3. Wie kannst du mittels Experimenten und Zufallsmodellen zeigen, dass man sich nicht klonen kann?

4. Was sagt das Hardy-Weinberg-Gleichgewicht über die proportionale Anzahl der Allele in der Evolution einer Population aus?

5. Welche Voraussetzungen müssen erfüllt sein, um über das Hardy-Weinberg-Gleichgewicht sprechen zu dürfen?

6. Was sagt das Hardy-Weinberg-Gleichgewicht über die proportionale Anzahl der Genotypen in einer Population aus?

7. Mit welchen Formeln kannst du die proportionalen Anteile der einzelnen Genotypen (AA, $A\alpha$, $\alpha\alpha$) in der nachkommenden Generation berechnen, wenn du die proportionalen Anteile der einzelnen Allele in der Elterngeneration kennst? Man darf davon ausgehen, dass die Population sehr groß ist.

8. Was drückt die Friedmansche Charakteristik eines Textes aus?

9. Könntest du eine Alternative zur Friedmanschen Charakteristik vorschlagen?

10. Seien t ein Text und (S_t, P_t) ein Wahrscheinlichkeitsraum, der wie folgt definiert ist. $S_t = \{1, 2, 3, \ldots, |t|\}$ sind die Positionen der Buchstaben in t und $P_t(i) = P_t(j)$ für alle $i, j \in S_t$. Wie bestimmst du die Wahrscheinlichkeit des Ereignisses, dass sich auf einer zufällig gewählten Position in t der Buchstabe A befindet?

11. Wie kann die Friedmansche Charakteristik helfen, zu entdecken, ob ein gegebener Geheimtext monoalphabetisch chiffriert wurde?

12. Was ist die Grundidee des Kryptosystems Vigenère aus statistischer Sicht?

13. Wie lang muss ein Schlüssel von Vigenère sein, um die Buchstaben im Geheimtext gleich häufig vorkommen zu lassen? Welche Eigenschaften muss ein Schlüssel mit dieser Eigenschaft noch zusätzlich haben?

14. Wie kann man die statistische Kryptoanalyse auf durch Vigenère chiffrierte Geheimtexte doch anwenden, wenn die Schlüssellänge bekannt ist?

15. Wie kann man mit Hilfe der Friedmanschen Charakteristik die Schlüssellänge aus einem durch Vigenère chiffrierten Geheimtext bestimmen?

16. Wie kann man häufige Trigramme nutzen, um die Schlüssellänge des Kryptosystems Vigenère zu bestimmen?

17. Wo kann man die Berechnung des größten gemeinsamen Teilers in der Kryptoanalyse nutzen?

18. Wie hoch ist die Wahrscheinlichkeit, aus einem gegebenen Text bei zweimaliger zufälliger Wahl einer Position im Text den gleichen Buchstaben erhalten?

19. Was ist die größte und was die kleinste Zahl, die man binär mit führender Eins darstellen kann?

20. Wie kann man Zufall in der Algorithmik verwenden? Was bringt dies?

21. Gibt es endlich oder unendlich viele Primzahlen?

22. Wie funktioniert das Protokoll ZP für den Vergleich von zwei Zahlen (binären Strings)?

23. Warum wählt man zufällig Primzahlen im Protokoll ZP, die wesentlich kleiner sind als die zu vergleichenden Zahlen?

24. Welche Eigenschaft muss eine Primzahl p haben, damit sie den Unterschied zwischen zwei gegebenen Zahlen X und Y nicht belegt?

25. Seien X und Y zwei unterschiedliche Zahlen kleiner als 2^n, die als binäre Strings der Länge n dargestellt sind. Wie viele Primzahlen gibt es höchstens, die den Unterschied zwischen X und Y nicht bezeugen (das heißt, für die $X \bmod p = Y \bmod p$ gilt)? Wie kann man deine Schranke begründen?

26. Wie kann man die Fehlerwahrscheinlichkeit des Protokolls ZP bestimmen?

27. Wie entwickelt sich die Fehlerwahrscheinlichkeit des Protokolls ZP bezüglich einer wachsenden Eingabelänge n? Ab welcher Eingabelänge würdest du ZP empfehlen?

28. Wie kann man vorgehen, um die Fehlerwahrscheinlichkeit von ZP zu reduzieren?

29. Beim zehnfachen Lauf des Protokolls ZP auf der gleichen Eingabe (X, Y) erhältst du achtmal das Resultat „$X = Y$" und zweimal das Resultat „$X \neq Y$". Was wird deine definitive Antwort? Begründe deine Entscheidung.

30. Kann das Prokokoll ZP eine falsche Antwort für die Eingabe (X, Y) liefern, wenn $X = Y$ gilt?

31. Wie viel Kommunikation erspart man, wenn man ein zufallsgesteuertes Kommunikationsprotokoll anstelle eines deterministischen verwendet?

32. Für zwei gegebene positive ganze Zahlen a und b kann man $a = m \cdot b + r$ für zwei natürliche Zahlen m und r mit $r < b$ schreiben. Was ist die arithmetische Bedeutung von m und r?

33. Seien p und q zwei schlechte Primzahlen für den Vergleich von X und Y (das heißt, $X \bmod p = Y \bmod p$ und $X \bmod q = Y \bmod q$). Kann man dann behaupten, dass die Zahl $q \cdot p$ die Differenz $X - Y$ teilt? Begründe deine Antwort.

4.7 Kontrollaufgaben

1. ✓ Betrachten wir das folgende Modell zur Nachkommenerzeugung von einem Elternpaar. Die Eltern werfen eine Münze. Falls Kopf fällt, konkurrieren sie und versuchen sich zu klonen. Beiden haben die gleiche Wahrscheinlichkeit zu gewinnen und ihr ganzes Erbgut weiterzugeben. Falls beim Münzwurf Zahl fällt, wird ein Nachkomme friedlich gezeugt. Dies bedeutet, dass jeder Elternteil ein Allel liefert, das

gleichverteilt zufällig aus seinen beiden Allelen ausgewählt wird. Für welche der möglichen Elternpaare (AA, AA), $(\text{AA}, \text{A}\alpha)$, $(\text{AA}, \alpha\alpha)$, $(\text{A}\alpha, \text{A}\alpha)$, $(\text{A}\alpha, \alpha\alpha)$ und $(\alpha\alpha, \alpha\alpha)$ liefert das Modell die richtigen Vorhersagen bezüglich der proportionalen Verteilung der Genotypen in der nachfolgenden Generation?

2. Wir ändern das Modell aus Kontrollaufgabe 1 so, dass die Eltern mit Wahrscheinlichkeit 0.99 die Nachkommen friedlich zeugen. Ändert sich etwas an den Resultaten aus Kontrollaufgabe 1?

3. ✓ Wir betrachten eine Population mit 4 Individuen mit Genotypen AA, AA, Aα und $\alpha\alpha$. Mit welchen Wahrscheinlichkeiten kommen die Genotypen in der nachfolgenden Generation vor?

4. Bestimme die proportionalen Anteile der Genotypen AA, Aα und $\alpha\alpha$ in einer großen Population, falls ihre proportionalen Anteile in der aktuellen Population wie folgt sind.

   (a) $P(\text{AA}) = P(\text{A}\alpha) = P(\alpha\alpha) = \frac{1}{3}$,

   (b) $P(\text{A}\alpha) = \frac{1}{2}$, $P(\text{AA}) = P(\alpha\alpha) = \frac{1}{4}$,

   (c) $P(\text{AA}) = 0.9$, $P(\text{A}\alpha) = 0.1$, $P(\alpha\alpha) = 0$,

   (d) $P(\text{A}\alpha) = 1$, $P(\text{AA}) = P(\alpha\alpha) = 0$.

5. ⋆ Betrachten wir eine Vererbung ohne Mutation, dafür aber mit einer Selektion. Seien alle Genotypen gleich fit und ihre Überlebenschance sei 0.8. Begründe, warum das Hardy-Weinberg-Gleichgewicht auch in diesem Fall erfüllt ist.

6. ⋆ Betrachten wir eine große Population mit $P(\text{AA}) = 0.6$, $P(\text{A}\alpha) = 0.2$ und $P(\alpha\alpha) = 0.2$. Nach dem Erzeugen der Nachkommen ist die Überlebenschance in der ersten Zeitperiode für den Genotyp AA 0.8, für den Genotyp Aα nur 0.5 und für den Genotyp $\alpha\alpha$ 0.75. Wie sehen die proportionalen Anteile der einzelnen Genotypen in der neuen Generation nach der ersten Zeitperiode aus?

7. Betrachten wir den folgenden Klartext:

```
ANNA SAGT NEIN NEIN NEIN NO NO NO NE NE NE ICH WILL KEINE NUDELN
```

   (a) Bestimme die relativen Häufigkeiten der Buchstaben in diesem Klartext und vergleiche sie mit den typischen Merkmalen der deutschen Sprache.

   (b) Wie hoch ist die Wahrscheinlichkeit, bei zweifacher zufälliger Positionswahl im Klartext zweimal den Buchstaben N zu erhalten?

   (c) Finde einen Schlüssel für VIGENÈRE, sodass in dem erzeugten Geheimtext kein Buchstabe dreimal häufiger vorkommt als ein anderer.

8. In einem langen Klartext ist E der häufigste Buchstabe, und zwar taucht dieser Buchstabe an 25 % der Positionen auf. Kein anderer Buchstabe kommt in mehr als 5 % der Fälle vor. Wir verschlüsseln den Klartext mit VIGENÈRE mit den Schlüsseln

   (a) JOSEF,

   (b) ANNA,

   (c) ANNETTE.

Auf welchen Buchstaben im Geheimtext wird E abgebildet? Schätze die relative Häufigkeit des häufigsten Buchstabens des Geheimtextes ab.

9. Ein typischer langer Text auf Deutsch wird mit VIGENÈRE mit dem Schlüssel ROBERT verschlüsselt. Welcher Buchstabe kommt im Geheimtext am häufigsten vor? Wie hoch ist seine erwartete Häufigkeit?

10. Seien die Dezimalziffern $0, 1, \ldots, 9$ das Alphabet der Klartexte sowie der Gehcimtexte. Beschreibe die Funktionsweise eines Kryptosystems, das für dieses Alphabet ähnlich wie VIGENÈRE für das lateinische Alphabet funktionieren soll.

11. ✓ Sei t ein Text über dem lateinischen Alphabet und seien $h_i(t)$ für $i = 0, 1, \ldots, 25$ die relativen Häufigkeiten der einzelnen Buchstaben in t. Was ist die Wahrscheinlichkeit dafür, bei dreifachem Ziehen einer zufälligen Position des Textes t immer den gleichen Buchstaben zu erhalten? Wäre diese Zahl eine sinnvolle Charakteristik einer natürlichen Sprache? Begründe deine Meinung.

12. Liste alle schlechten Primzahlen für der Vergleich von folgenden Zahlenpaaren mittels des Protokolls ZP auf
    (a) $(1\,312, 890)$,
    (b) $(138\,724, 138\,113)$,
    (c) $(78\,273\,148, 76\,273\,148)$,
    (d) $(2\,048, 1\,024)$.

13. Bestimme die Fehlerwahrscheinlichkeit des Protokolls ZP für die Zahlenpaare (X, Y), die durch folgende Bitfolgen gegeben sind.
    (a) $0010011, 1101100$,
    (b) $111000, 000111$,
    (c) $101101, 110101$,
    (d) $1101011, 1100011$.

14. Ab welcher Eingabelänge kann das Protokoll ZP garantieren, dass seine Fehlerwahrscheinlichkeit unter 10^{-6} liegt? Wie groß ist der Kommunikationsaufwand von ZP in diesem Fall?

15. Wir modifizieren das Protokoll ZP, indem wir die Primzahlen zufällig aus dem Bereich $\mathrm{PRIM}(n^3)$ wählen. Analysiere die Fehlerwahrscheinlichkeit dieses Protokolls. Ab welcher Eingabelänge kann dieses modifizierte Protokoll garantieren, dass seine Fehlerwahrscheinlichkeit unter 10^{-6} liegt? Wie groß ist bei dieser Eingabelänge der Kommunikationsaufwand?

16. ⋆ Der Computer C_{I} besitzt zwei Zahlen X und Y und der Computer C_{II} besitzt zwei Zahlen U und V. Sei n die Länge der Binärdarstellung dieser vier Zahlen. Durch Kommunikation wollen C_{I} und C_{II} herausfinden, ob sie mindestens eine gleiche Zahl besitzen, ob also

$$\{X, Y\} \cap \{U, V\} \neq \emptyset.$$

Entwirf ein randomisiertes Protokoll für diesen Zweck mit einer Kommunikationskomplexität von höchstens $c \log_2(n)$ für eine Konstante c. Bestimme die Fehlerwahrscheinlichkeit dieses Protokolls.

4.8   Lösungen zu ausgewählten Aufgaben

Lösung zu Aufgabe 4.1 Es gibt unzählige Möglichkeiten, Modelle zu entwerfen, deren Vorhersagen den Experimenten widersprechen. Wir wählen hier ein solches Beispiel. Betrachten wir die folgende Modifikation von Modell 3. Jeder Elternteil liefert ein Allel. Nur bei der zufälligen Wahl des Allels ist α zweimal so stark wie A, also wird α mit einer Wahrscheinlichkeit von $\frac{2}{3}$ gewählt und A mit einer Wahrscheinlichkeit von $\frac{1}{3}$. Die Baumdarstellung der zufälligen Erzeugung des Nachkommens sieht somit aus wie in Abb. 4.23. Somit würde

$$P(\mathrm{AA}) = 1 \cdot \frac{1}{3} = \frac{1}{3} \quad \text{und} \quad P(\mathrm{A}\alpha) = 1 \cdot \frac{2}{3} = \frac{2}{3}$$

gelten. Dies widerspricht aber der experimentell festgestellten Wahrscheinlichkeit $P(\mathrm{AA}) = P(\mathrm{A}\alpha) = \frac{1}{2}$.

Lösung zu Aufgabe 4.7 Nach dem approximativen Modell für große Populationen wie in Abb. 4.7 erhalten wir das dreistufige Zufallsexperiment in Abb. 4.24.

Somit ergibt sich

$$
\begin{aligned}
P(\mathrm{AA}) &= \frac{1}{2} \cdot \frac{1}{2} \cdot 1 + \frac{1}{2} \cdot \frac{1}{3} \cdot \frac{1}{2} + \frac{1}{3} \cdot \frac{1}{2} \cdot \frac{1}{2} + \frac{1}{3} \cdot \frac{1}{3} \cdot \frac{1}{4} \\
&= \frac{1}{4} + \frac{1}{12} + \frac{1}{12} + \frac{1}{36} = \frac{9 + 3 + 3 + 1}{36} = \frac{16}{36} = \frac{4}{9}, \\
P(\alpha\alpha) &= \frac{1}{3} \cdot \frac{1}{3} \cdot \frac{1}{4} + \frac{1}{3} \cdot \frac{1}{6} \cdot \frac{1}{2} + \frac{1}{6} \cdot \frac{1}{3} \cdot \frac{1}{2} + \frac{1}{6} \cdot \frac{1}{6} \cdot 1 \\
&= \frac{1}{36} + \frac{1}{36} + \frac{1}{36} + \frac{1}{36} = \frac{4}{36} = \frac{1}{9}, \\
P(\mathrm{A}\alpha) &= 1 - P(\mathrm{AA}) - P(\alpha\alpha) = \frac{4}{9}.
\end{aligned}
$$

Wenn wir exakt rechnen, wie in Abb. 4.8 vorgeschlagen, erhalten wir das dreistufige Zufallsexperiment in Abb. 4.25.

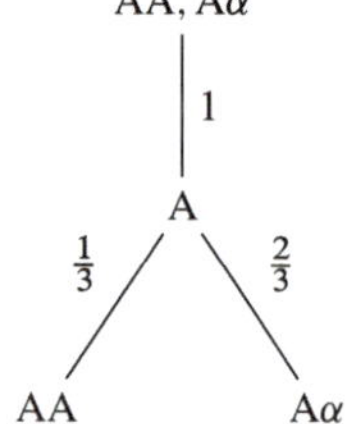

Abb. 4.23 Baumdiagramm eines Modells, bei dem das Allel α eine grössere Wahrscheinlichkeit hat, gewählt zu werden

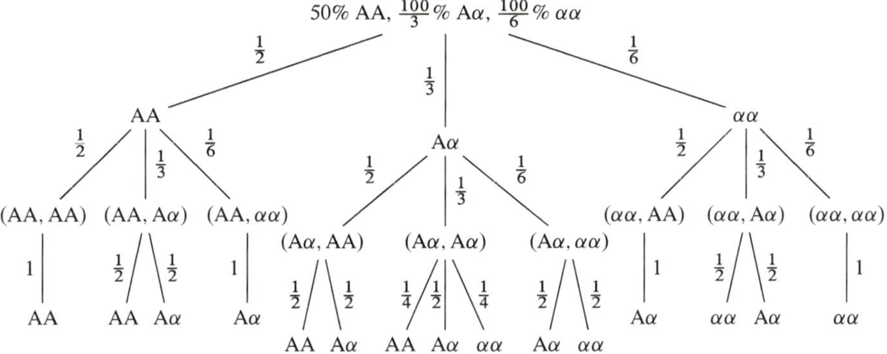

Abb. 4.24 Baumdiagramm zur Wahl des Genotyps eines Nachfolgers aus einer Elterngeneration nach der vereinfachten Modellierung als Ziehen mit Zurücklegen

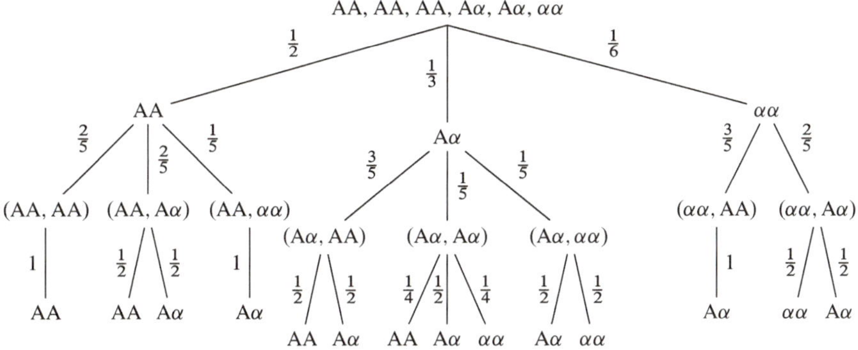

Abb. 4.25 Baumdiagramm der Auswahl des Genotyps eines Nachfolgers einer Elterngeneration bei der Modellierung durch Ziehen ohne Zurücklegen

Es gilt

$$P(\text{AA}) = \frac{1}{2} \cdot \frac{2}{5} \cdot 1 + \frac{1}{2} \cdot \frac{2}{5} \cdot \frac{1}{2} + \frac{1}{3} \cdot \frac{3}{5} \cdot \frac{1}{2} + \frac{1}{3} \cdot \frac{1}{5} \cdot \frac{1}{4}$$

$$= \frac{2}{10} + \frac{1}{10} + \frac{1}{10} + \frac{1}{60} = \frac{12 + 6 + 6 + 1}{60} = \frac{25}{60} = \frac{5}{12},$$

$$P(\alpha\alpha) = \frac{1}{3} \cdot \frac{1}{5} \cdot \frac{1}{4} + \frac{1}{3} \cdot \frac{1}{5} \cdot \frac{1}{2} + \frac{1}{6} \cdot \frac{2}{5} \cdot \frac{1}{2}$$

$$= \frac{1}{60} + \frac{1}{30} + \frac{1}{30} = \frac{5}{60} = \frac{1}{12},$$

$$P(\text{A}\alpha) = 1 - P(\text{AA}) - P(\alpha\alpha) = \frac{1}{2}.$$

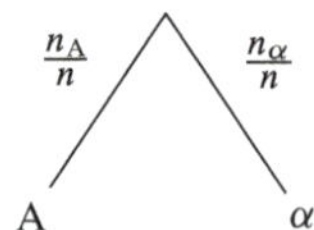

Abb. 4.26 Baumdiagramm
zum Ziehen eines Allels

Wir sehen, dass beim exakten Rechnen die Entwicklung der Population anders ist. Die Genotypen AA setzen sich durch und der Anteil der Genotypen $\alpha\alpha$ vermindert sich noch stärker als im approximativen Modell.

Lösung zu Aufgabe 4.9 Wir betrachten das Modell der Erzeugung eines Nachkommens, in dem man zweimal zufällig ein Allel zieht. Das Basismodell für die erste zufällige Wahl ist

$$(\{A, \alpha\}, \mathrm{Prob}_1) \quad \text{mit } \mathrm{Prob}_1(A) = \frac{n_A}{n} \text{ und } \mathrm{Prob}_1(\alpha) = \frac{n_\alpha}{n} = \frac{n - n_A}{n}.$$

Somit beginnt die Erzeugung des Nachkommens wie in Abb. 4.26. Wenn A gezogen wurde, kann dasselbe Allel A nicht noch einmal gezogen werden. Das könnte man beim zweiten Ziehen versuchen, durch

$$\mathrm{Prob}_2(A) = \frac{n_A - 1}{n - 1}$$

auszudrücken. Leider ist dies nicht korrekt. Es stimmt nur, dass, wenn A aus einem Elternteil Aα stammt,

$$\mathrm{Prob}_2(A) = \frac{n_A - 1}{n - 2}$$

gilt, weil es in dem Fortpflanzungsmodell nicht zu Klonen kommen kann und somit α aus dem Elternteil Aα nicht gewählt werden kann. Analog gilt

$$\mathrm{Prob}_2(\alpha) = \frac{n_\alpha - 1}{n - 2},$$

falls A aus Aα stammt.

Wenn aber A aus einem Elternteil AA stammt, dann muss

$$\mathrm{Prob}_2(A) = \frac{n_A - 2}{n - 2} \quad \text{und} \quad \mathrm{Prob}_2(A) = \frac{n_\alpha}{n - 2}$$

gelten. Somit kann man das einfache Modell beim genauen Rechnen gar nicht anwenden, weil es nicht festlegt, welche Wahrscheinlichkeit wir beim zufälligen Ziehen von A und α nehmen sollen. Anders ausgedrückt, beim genauen Rechnen kann man das zufällige Ziehen des ersten Elternteils nicht umgehen. Wenn wir also die genaue Rechnung unter Einbeziehung der Wahrscheinlichkeitsverteilung Prob von Allelen machen wollen, ist dies nur teilweise festgelegt, wie in Abb. 4.27 gezeigt.

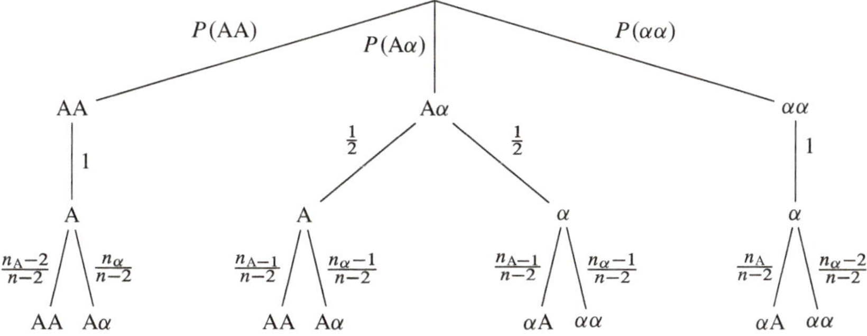

Abb. 4.27 Baumdiagramm der Ziehung zweier Allele aus allen Allelen der Elterngeneration, wobei jeder Elternteil nur ein Allel beisteuern kann

Lösung zu Aufgabe 4.12 Wir zeigen den Beweis nur mittels der Komplementregel:

$$\mathrm{Prob}_{k+1}(\alpha) = 1 - \mathrm{Prob}_{k+1}(A) = 1 - \mathrm{Prob}_k(A) = \mathrm{Prob}_k(\alpha).$$

Lösung zu Aufgabe 4.13 Weil $\mathrm{Prob}_k(\alpha) = \mathrm{Prob}_0(\alpha)$ für alle k gilt, erhalten wir

$$P_{k+1}(\alpha\alpha) = (\mathrm{Prob}_k(\alpha))^2 = (\mathrm{Prob}_0(\alpha))^2 = P_1(\alpha\alpha).$$

Lösung zu Aufgabe 4.17 Wir sollen für jedes der n Symbole aus dem Klartextalphabet ein anderes Symbol aus den m Symbolen des Geheimtextalphabets wählen. Für das erste Symbol aus dem Klartextalphabet gibt es m Möglichkeiten, ein Symbol aus dem Geheimtextalphabet auszusuchen, bei dem zweiten gibt es $m - 1$ Möglichkeiten, bei dem i-ten $m - i + 1$. Somit gibt es für die n Symbole

$$m \cdot (m - 1) \cdot (m - 2) \cdot \ldots \cdot (m - n + 1) = \frac{m!}{(m - n)!}$$

viele Möglichkeiten.

Lösung zu Aufgabe 4.27 Wir haben die Friedmansche Charakteristik so definiert, dass

$$\mathrm{FC} = \sum_{i=0}^{25} h_i(t)^2 = \sum_{i=0}^{25} \left(h_i(t) - \frac{1}{26} \right)^2 + \frac{1}{26}.$$

Die Summe $\sum_{i=0}^{25} \left(h_i(t) - \frac{1}{26} \right)^2$ ist größer gleich Null und erreicht die Null, wenn $h_i(t) = \frac{1}{26}$ für alle $i = 0, 1, 2, \ldots, 25$. Somit ist der kleinste mögliche Wert für $\mathrm{FC}(t)$ die Zahl $\frac{1}{26}$ und dieser Wert kommt genau dann vor, wenn alle Buchstaben die gleiche absolute Häufigkeit besitzen.

Lösung zu Aufgabe 4.28 Ausgehend von der Lösung der Aufgabe 4.27 wollen wir den Wert $\sum_{i=0}^{25}(h_i(t))^2$ maximieren, und zwar unter der Bedingung $\sum_{i=0}^{25} h_i(t) = 1$. Weil für

$0 < h_i(t) < 1$ der Wert $h_i(t)^2$ kleiner als $h_i(t)$ ist, gilt allgemein

$$\sum_{i=0}^{25} h_i(t)^2 \leq 1.$$

Die Gleichung

$$\sum_{i=0}^{25} (h_i(t))^2 = 1$$

können wir nur erreichen, wenn $h_i(t) = 1$ für ein $i \in \{0, 1, \ldots, 25\}$ und somit $h_j(t) = 0$ für alle $j \in \{0, 1, \ldots, 25\} - \{i\}$. Somit ist $\mathrm{FC}(t) = 1$ nur für Texte, die aus einem einzigen Buchstaben bestehen.

Lösung zu Aufgabe 4.31

(a) Der Klartext lautet

```
 1 UBOOTE UNTERSCHEIDEN SICH DURCH EINIGE BESONDERHEITEN
 2 VON GEWOEHNLICHEN SCHIFFEN. SIE SCHWIMMEN NICHT NUR
 3 AN DER WASSEROBERFLAECHE, SONDERN SCHWEBEN IM WASSER.
 4 DIE TAUCHFAHRT IST DAS HAUPTANWENDUNGSGEBIET. HIER
 5 SOLLTE DIE GESAMTE MASSE GENAU GLEICH DER MASSE DES
 6 VERDRAENGTEN WASSERS SEIN. DIESER ZUSTAND WIRD
 7 ALLERDINGS NIE GENAU ERREICHT. EINERSEITS WIRKEN SICH
 8 NAEMLICH SELBST KLEINSTE UNTERSCHIEDE ZWISCHEN DER
 9 UBOOTMASSE UND DER DES VERDRAENGTEN WASSERS AUS.
10 ANDERERSEITS VERAENDERT SICH DIE DICHTE DES UMGEBENDEN
11 WASSERS LAUFEND DURCH AENDERUNGEN DES SALZGEHALTES,
12 DER MENGE VON SCHWEBESTOFFEN UND DER TEMPERATUR DES
13 WASSERS. DAS UBOOT HAT ALSO IMMER EINE GERINGE TENDENZ
14 ZU STEIGEN ODER ZU SINKEN UND MUSS DAHER EINGESTEUERT
15 WERDEN, WOZU WASSER IN DEN REGELZELLEN ZUGEFLUTET ODER
16 AUSGEDRUECKT WIRD.
```

(b) Der Schlüssel ist `BLAU`.

Lösung zu Aufgabe 4.38 Der Wert der Friedmanschen Charakteristik für die Schlüssellänge $m = 3$ ist $FC^3(t) = 0.0519$. Der Wert $FC^7(t)$ für die Schlüssellänge $m = 7$ ist jedoch 0.101. Der Wert für die Schlüssellänge 7 ist sehr ausgeprägt. Die Zahl ist sogar größer als κ_D, da der Text sehr kurz ist. Tatsächlich ist 7 die richtige Schlüssellänge. Der Schlüssel ist `GALLIER` und der Klartext [3] lautet

```
1 OBELIX IST DER DICKSTE FREUND VON ASTERIX. SEINES ZEICHENS
2 LIEFERANT FUER HINKELSTEINE, GROSSER LIEBHABER VON
3 WILDSCHWEINEN UND WILDEN RAUFEREIEN, IST ER STETS BEREIT,
4 ALLES STEHEN UND LIEGEN ZU LASSEN, UM MIT ASTERIX EIN
5 NEUES ABENTEUR ZU ERLEBEN. IN SEINER BEGLEITUNG BEFINDET
6 SICH IDEFIX, DER EINZIGE ALS UMWELTFREUNDLICH BEKANNTE
7 HUND, DER VOR VERZWEIFLUNG AUFHEULT, WENN MAN EINEN BAUM
8 FAELLT.
```

Lösung zu Aufgabe 4.39 Der Klartext [5] wurde mit dem Schlüssel WALD verschlüsselt und lautet

```
 1 SEITDEM DIE BUNTBAEREN DEN GROSSEN WALD BEVOELKERT HABEN, GILT
 2 DIE IDYLLISCHE GEMEINDE NAMENS BAUMING ALS EINE DER
 3 ANZIEHENDSTEN TOURISTENATTRAKTIONEN ZAMONIENS. ABER SELTSAME
 4 DINGE GEHEN VOR IM DUNKLEN FORST. DES NACHTS HOERT MAN DAS
 5 STOEHNEN DER DRUIDENBIRKEN UND DER STERNENSTAUNER, MAN MUNKELT
 6 VON DER WALDSPINNENHEXE, DIE NOCH IMMER IM UNBEWOHNTEN TEIL
 7 DES WALDES IHR UNWESEN TREIBEN SOLL. EINES TAGES VERSCHLAEGT ES
 8 ENSEL UND KRETE, EIN JUNGES GESCHWISTERPAAR VON
 9 FHERNHACHENZWERGEN, IN DEN WILDEN, VON VERBOTSSCHILDERN
10 UMSTANDENEN TEIL DER BAUMWELT, UND DAS, WAS SIE DORT ERLEBEN,
11 UEBERSTEIGT ALL IHRE ERWARTUNGEN...
```

Lösung zu Aufgabe 4.47

(a) Betrachten wir die Zahlen mit der Dezimaldarstellung der Länge genau n. Die größte Zahl mit der Darstellungslänge n ist

$$\underbrace{99\ldots99}_{n} = 1\underbrace{00\ldots00}_{n} - 1 = 1 \cdot 10^n - 1.$$

Also haben alle ganze Zahlen aus dem Intervall

$$\left[10^{n-1}, 10^n - 1\right]$$

die Darstellungslänge n. Offensichtlich gilt

$$\log_{10}(10^{n-1}) = n - 1 \quad \text{und} \quad \log_{10}(10^n) = n$$

und somit gilt für jedes $X \in [10^{n-1}, 10^n - 1]$, dass

$$n - 1 \leq \log_{10}(X) < n.$$

Wenn wir $\lceil \log_{10}(X) \rceil$ als die Darstellungslänge nehmen würden, würde dies für alle X aus $[10^{n-1}, 10^n - 1]$ bis auf die Zahl $X = 10^{n-1}$ stimmen. Mit anderen Worten,

$$\lceil \log_{10}(Y) \rceil = n$$

für alle $Y \in [10^{n-1} + 1, \ldots, 10^n - 1, 10^n]$. Also müssen wir unser Intervall $[10^{n-1}, 10^n - 1]$ um 1 nach rechts verschieben. Somit erhalten wir, dass

$$\lceil \log_{10}(X + 1) \rceil$$

die Länge der Dezimaldarstellung einer beliebigen natürlichen Zahl X ist.

(b) Die Antwort ist, dass $\lceil \log_2(X + 1) \rceil$ die Länge der binären Darstellungen einer beliebigen natürlichen Zahl X ist. Du darfst gerne wie oben in (a) die Begründung herleiten.

Lösung zu Aufgabe 4.52 Das Protokoll ZP für eine Eingabe (x, y) mit identischen x und y gibt immer die richtige Antwort. Egal, welche Primzahl p man wählt, $X \bmod p$ und $Y \bmod p$ müssen gleich sein, weil $X = Y$.

Lösung zu Aufgabe 4.55 Wenn Josef das deterministische Protokoll verwendet, muss er 1 000 Bits kommunizieren und erhält das richtige Resultat mit Sicherheit, also mit einer Fehlerwahrscheinlichkeit von 0.

Wenn man die Fehlerwahrscheinlichkeit unter 10^{-5} als praktisch ausreichende Sicherheit betrachtet, können wir wie folgt überlegen. Ein Lauf des randomisierten Protokolls ZP bedeutet $4 \cdot \lceil \log_2(1\,000) \rceil = 40$ Bits Kommunikation. Die Fehlerwahrscheinlichkeit ist

$$P_{\text{Fehler}} \leq \frac{500}{72\,500} = \frac{1}{145}.$$

Wenn man das Protokoll k Mal durchführt, ist die Fehlerwahrscheinlichkeit höchstens[7]

$$\left(\frac{1}{145} \right)^k$$

und der Kommunikationsaufwand $40 \cdot k$. Die Ungleichung

$$\frac{1}{145^k} \leq \frac{1}{10^6}$$

erfordert $k \geq 3$. Somit würden wir Josef die dreifache Wiederholung des Protokolls ZP empfehlen, weil der Kommunikationsaufwand nur $3 \cdot 40 = 120$ Bits (gegenüber 1 000) ist und die Fehlerwahrscheinlichkeit höchstens $145^{-3} < 3 \cdot 10^{-6}$ ist.

Lösung zu Aufgabe 4.60 Für eine einfache Anwendung des Protokolls ZP gilt

$$P_{\text{Fehler}} \leq \frac{2 \ln(n)}{n}.$$

Wenn man das Protokoll k Mal laufen lässt, erhält man k Antworten. Wenn nur eine der Antworten „$\neq$" ist, weiß man mit Sicherheit, dass $X \neq Y$ gilt, weil man es durch die Wahl der entsprechenden Primzahl p belegt hat. Somit machen wir einen Fehler bei der k-fachen Durchführung des Protokolls nur dann, wenn wir k Mal hintereinander einen Fehler machen. In dem Baumdiagramm des k-stufigen Experiments entspricht dies dem einzigen Weg von der Wurzel zum Blatt mit k „$=$"-Antworten. Somit ist die Wahrscheinlichkeit eines Fehlers

$$(P_{\text{Fehler}})^k \leq \left(\frac{2 \ln(n)}{n} \right)^k.$$

---

[7] Wenn eines der k Resultate „$\neq$" ist, dann wissen wir mit Sicherheit, dass $X \neq Y$ gilt. Einen Fehler kann man nur machen, wenn man k Mal das Resultat „$=$" erhalten hat, obwohl $X \neq Y$ gilt.

Lösung zu Aufgabe 4.61   Wenn man eine Primzahl p aus $\mathrm{PRIM}(n^{10})$ zufällig wählt, hat man in dem Topf $\mathrm{PRIM}(n^{10})$ ungefähr $\frac{n^{10}}{\ln(n^{10})} = \frac{n^{10}}{10 \cdot \ln(n)}$ Primzahlen. Unter allen Primzahlen gibt es höchstens $n - 1$ schlechte Primzahlen für den Vergleich von X und Y mit $X \neq Y$. Somit rechnen wir

$$P_{\mathrm{Fehler}}(X, Y) \leq \frac{n - 1}{\frac{n^{10}}{10 \ln(n)}} \leq \frac{10 \ln(n)}{n^9}.$$

Die Fehlerwahrscheinlichkeit wird für große n wesentlich kleiner, als wenn man p aus $\mathrm{PRIM}(n^2)$ zufällig gewählt hat. Die Kommunikationskomplexität steigt von $4\lceil \log_2(n) \rceil$ auf $20\lceil \log_2(n) \rceil$, weil wir zwei Zahlen p und $r = X \bmod p < p$ kleiner als n^{10} über ein Netzwerk kommunizieren müssen.

Lösung zu Aufgabe 4.62   Wenn $x \in \{u, v, y\}$, wird das randomisierte Protokoll immer die korrekte Antwort „Ich besitze x" liefern, weil die Reste bei der Teilung durch eine beliebige Primzahl für x von C_I und für x in der Menge von C_{II} immer gleich sein müssen. Also reicht es aus, den Fall $x \notin \{u, v, y\}$ zu betrachten. Betrachten wir die folgenden drei Ereignisse:

E_1: das Protokoll sagt $x = u$,
E_2: das Protokoll sagt $x = v$,
E_3: das Protokoll sagt $x = y$.

Wir bemerken, dass E_1, E_2, E_3 nicht paarweise disjunkt sein müssen, weil zum Beispiel das elementare Ereignis $(x = u, x = v, x = y)$ in allen drei liegt. Somit gilt

$$P_{\mathrm{Fehler}}(x, \{u, v, y\}) \leq P(E_1) + P(E_2) + P(E_3),$$

weil die Antwort „Ich besitze x" nur dann vorkommt, wenn mindestens eines der Ereignisse E_1, E_2 oder E_3 vorkommt. Weil nach bisheriger Analyse

$$P(E_i) \leq \frac{2 \ln(n)}{n}$$

für alle $i \in \{1, 2, 3\}$ gilt, erhalten wir

$$P_{\mathrm{Fehler}}(x, \{u, v, y\}) \leq 3 \cdot \frac{2 \ln(n)}{n} = \frac{6 \ln(n)}{n}.$$

Eine andere, genauere Überlegung wäre, dass das Protokoll beim Vergleich von x und u mit der Wahrscheinlichkeit mindestens

$$1 - \frac{2 \ln(n)}{n}$$

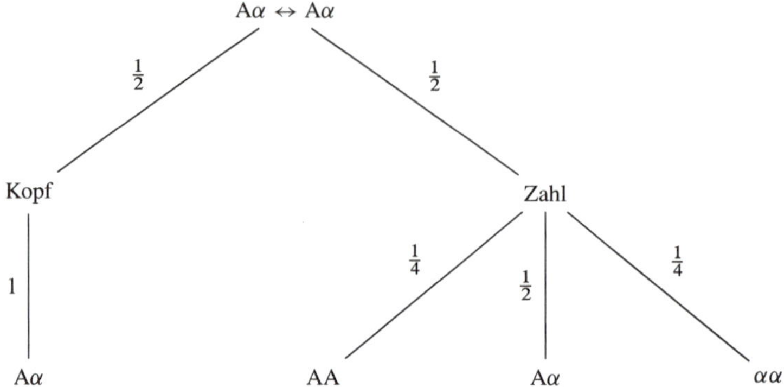

Abb. 4.28 Baumdiagramm zum Modell der Kontrollaufgabe 1

die richtige Antwort liefert. Dasselbe gilt auch für den Vergleich von x mit v und mit y. Dreimal hintereinander die richtige zufällige Wahl zu treffen liefert uns

$$P_{\text{Erfolg}}(x, \{u, v, y\}) \geq \left(1 - \frac{2\ln(n)}{n}\right)^3.$$

Somit gilt

$$P_{\text{Fehler}}(x, \{u, v, y\}) = 1 - P_{\text{Erfolg}}(x\{u, v, y\}) \leq 1 - \left(1 - \frac{2\ln(n)}{n}\right)^3$$

$$= \frac{6\ln(n)}{n} - \frac{12(\ln(n))^2}{n^2} + \frac{8(\ln(n))^3}{n^3}.$$

Lösung zu Kontrollaufgabe 1 Wir lösen die Aufgabe nur für das Elternpaar $(A\alpha, A\alpha)$. Zur Berechnung nutzen wir das Baumdiagramm aus Abb. 4.28. Somit erhalten wir

$$P(A\alpha) = \frac{1}{2} \cdot 1 + \frac{1}{2} \cdot \frac{1}{2} = \frac{3}{4}, \quad P(AA) = \frac{1}{2} \cdot \frac{1}{4} = \frac{1}{8}, \quad P(\alpha\alpha) = \frac{1}{2} \cdot \frac{1}{4} = \frac{1}{8}.$$

Wir sehen, dass die Resultate nicht der Realität entsprechen.

Lösung zu Kontrollaufgabe 3 Hier hilft nichts anderes als ganz genau zu rechnen. Im Diagramm aus Abb. 4.29 sehen wir, welche Elternpaare mit welcher Wahrscheinlichkeit vorkommen können. Dieses Baumdiagramm darf man gerne selbst erweitern, um die Wahrscheinlichkeiten der konkreten Nachkommen zu bestimmen.

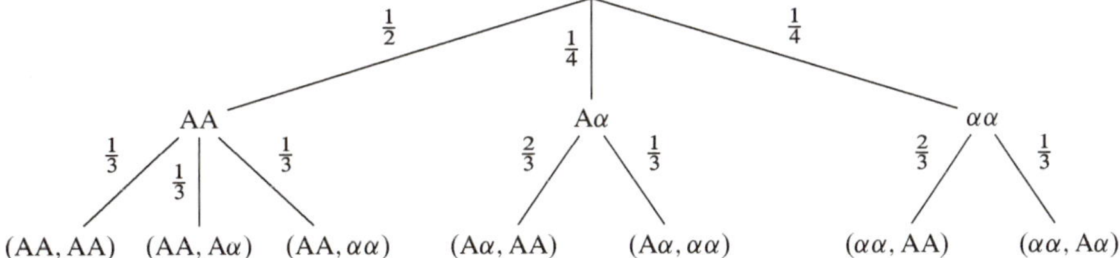

Abb. 4.29 Baumdiagramm zur Berechnung der Nachfolgegeneration einer Elterngeneration mit 4 Individuen

Lösung zu Kontrollaufgabe 11 Den i-ten Buchstaben erhält man auf einer zufällig gezogenen Position mit der Wahrscheinlichkeit $h_i(t)$. Den i-ten Buchstaben erhalten wir dreimal hintereinander mit der Wahrscheinlichkeit $(h_i(t))^3$. Die Wahrscheinlichkeit, dreimal den gleichen Buchstaben hintereinander zu erhalten, ist somit

$$S_3 = \sum_{i=0}^{25} (h_i(t))^3 \,.$$

Die Summe $\sum_{i=0}^{25} \left(h_i(t) - \frac{1}{26}\right)^3$ werden wir auf keinen Fall als eine statistische Charakteristik eines Textes t empfehlen. Der Grund ist, dass die Summe positive sowie negative Summanden enthalten kann, die sich gegenseitig „auslöschen" können. Somit ergibt eine solche Summe kein gutes Maß zur Entfernung von der Gleichverteilung.

Die Summe $S_3 = \sum (h_i(t))^3$ darf man verwenden, weil man nur nichtnegative Summanden hat und die Summe in gewissem Sinn mit dem Abstand zu der Gleichverteilung wächst. Weil aber a^3 wesentlich kleiner als a^2 für $a \in (0, 1)$ sein kann, werden die Abweichungen von der Normalverteilung hier zu stark abgemildert im Vergleich mit $FC(t)$. Zusätzlich werden hier einige Abweichungen von der Normalverteilung verloren gehen, weil es keine feste Konstante c gibt, so dass

$$\sum_{i=0}^{25} (h_i(t))^3 = \sum_{i=0}^{25} \left(|h_i(t) - \frac{1}{26}|^3\right) + c$$

gilt. Somit ist S_3 nicht unbedingt ein gutes Maß für die Entfernung zur Normalverteilung. Wir werden also die Friedmansche Charakteristik $FC(t)$ vorziehen.

Kombinatorik 5

5.1 Zielsetzung

Bei der Berechnung von Wahrscheinlichkeiten unterschiedlicher Ereignisse müssen wir oft die Anzahl von Objekten bestimmen, die eine spezielle Eigenschaft haben. Es gibt einen eigenen Zweig der Mathematik, der sich mit dem Auszählen von Anordnungen beschäftigt, er heißt *Kombinatorik*. Wir haben bereits drei Zählstrukturen angetroffen, nun sollen noch drei weitere grundlegende Zählstrukturen besprochen werden. Eine davon ist besonders wichtig: man nennt diese Art von Anordnungen *Kombinationen*. Mit ihr können wir beispielsweise herausfinden, wie viele 7-Tupel mit Elementen aus $\{a, b, c\}$ mit genau drei a es gibt. Dazu reicht uns das bisherige Zählen von n-Tupeln mit Elementen aus einer m-elementigen Menge nicht.

Wir beginnen das Kapitel mit einer Übersicht über die bereits bekannten und die hier neu betrachteten Zählstrukturen. Danach werden wir entdecken, dass die Anzahl der (k, n)-Kombinationen, das sind k-elementige Teilmengen einer n-elementigen Menge, eines der Schlüsselinstrumente für die Wahrscheinlichkeitsberechnungen ist. Wir werden ihre Anwendung in einer Vielfalt von unterschiedlichen Situationen einüben.

Hinweis 5.1

Dieses Kapitel enthält auch Konzepte und Fragestellungen, die über die übliche Erwartung an die gymnasiale Kombinatorik hinausgehen. Diese Überlegungen erfordern eine gut ausgeprägte kombinatorische Intuition oder sehr anschauliche und durchdachte Darstellungen der Objekte, die man zählt. Der Kern des erfolgreichen Erlernens besteht gerade in der Fähigkeit, eine einfache, aber zutreffende Darstellung von Objekten zu entwickeln. Es ist empfehlenswert, eine sorgfältige Auswahl der behandelten Themen in Abhängigkeit der jeweiligen Kursteilnehmer zu treffen oder unterschiedliche Zielsetzungen für einzelne Schülerinnen oder Schüler festzulegen und sie dann individuell zu fördern.

© Springer International Publishing AG 2017

M. Barot, J. Hromkovič, *Stochastik*, Grundstudium Mathematik,

DOI 10.1007/978-3-319-57595-7_5

5.2   Einige grundlegende Zählstrukturen, eine Übersicht

Wir haben bereits einmal gesehen, dass es nützlich ist, Anordnungen abzählen zu können, um Wahrscheinlichkeiten zu berechnen. In Kap. 3 wurde der Begriff *Permutation* definiert. Die Permutation von n Elementen zählt ab, auf wie viele Arten n unterscheidbare Elemente angeordnet werden können, wobei die Reihenfolge wichtig ist.

In diesem Kapitel sollen weitere Zählstrukturen systematisch untersucht werden. Wir wollen diese erst einmal summarisch vorstellen. Alle diese Zählstrukturen können von einem gemeinsamen Standpunkt betrachtet werden: *Zur Auswahl stehen n Elemente (oder Elementsorten, falls die Elemente wiederholt verwendet werden können) sowie k Plätze, auf denen die Elemente platziert werden sollen.*

Hinweis 5.2

Mann kann sich selber überlegen, zu welchem Zeitpunkt man diese Übersicht von unterschiedlichen Objekten zum Zählen bringen will. Man kann sie auch jetzt überspringen und jeweils „per partes" bei der Behandlung der einzelnen Zählungen bringen. Eine andere Möglichkeit ist es, diese strukturierte Sichtweise im Rahmen der Zusammenfassung zu bringen.

Permutationen ohne Wiederholung

Bei den *Permutationen* (ohne Wiederholung) gilt $k = n$, das heißt, die Anzahl n der Elemente ist gleich der Anzahl der Plätze, und somit muss jedem Element eindeutig ein Platz zugeordnet werden. Es gibt eine Menge von n Elementen, die auf $k = n$ Positionen platziert werden sollen. Es gibt keine Wiederholungen und die Reihenfolge ist wichtig. Schematisch ist dies in Abb. 5.1 dargestellt.

Beispiele konkreter Permutationen der 6 Elemente aus Abb. 5.1 sind EFCDBA, ABCDEF und DEFABC. In Kap. 3 haben wir schon gelernt, dass die Anzahl P_n von Permutationen von n Elementen

$$P_n = n!$$

ist. Permutationen kommen im Leben sehr oft vor. Jede Fußballtabelle ist eine Permutation aller Mannschaften in der Liga und diese Permutation kann sich nach jeder Runde ändern.

Aufgabe 5.1 Wenn man eine Menge von Mannschaften hat und diese anhand der bisherigen Resultate in einer Tabelle anordnet, könnte es vorkommen, dass die Tabelle keiner Permutation entspricht?

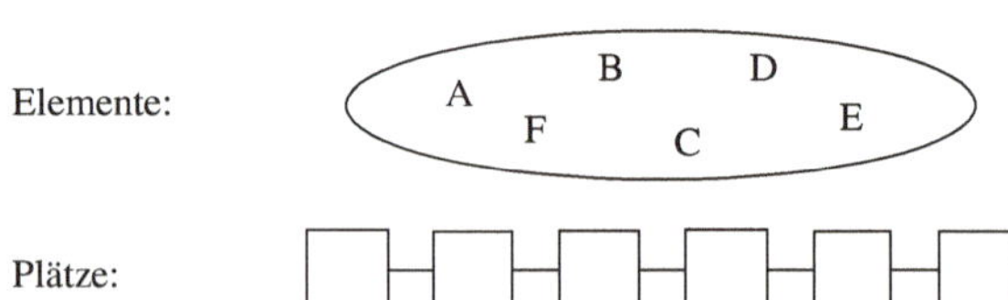

Abb. 5.1 Bei den Permutationen (ohne Wiederholung) werden alle Elemente angeordnet

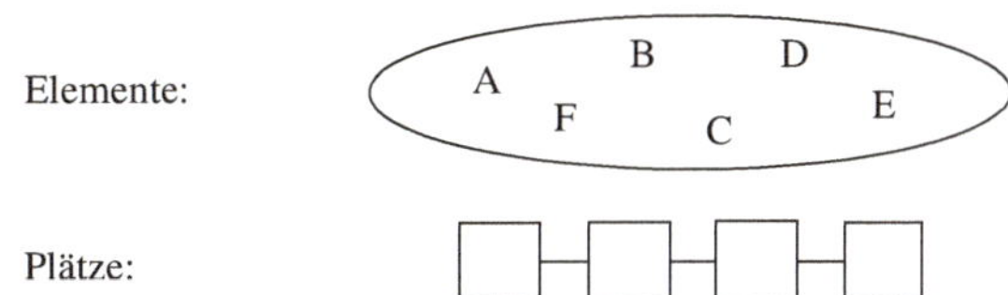

Abb. 5.2 Bei den Variationen (ohne Wiederholung) kann es weniger Plätze als Elemente geben

Aufgabe 5.2 Wenn die Ausgangsmenge der Menge der Schülerinnen und Schüler einer Klasse entspricht, könnte eine nach Nachnamen sortierte Liste als Permutation betrachtet werden. Könnte es passieren, dass man keine Permutation erhält? Erstelle Klassenlisten nach anderen Kriterien als nach der alphabetischen Ordnung der Nachnamen und diskutiere, wann es sich um eine Permutation handelt.

Variationen ohne Wiederholung

Bei den *Variationen* geht es um eine Verallgemeinerung von Permutationen, in denen man nur einen Teil der Elemente aus der Ausgangsmenge aufreiht. Man kann zum Beispiel für die 20 Mannschaften in einer Liga eine Tabelle der Top Ten erstellen.

Bei den *Variationen* (ohne Wiederholung) gilt $k \leq n$, es gibt keine Wiederholungen und die Reihenfolge der Elemente auf den Plätzen ist wichtig. Für eine schematische Darstellung siehe Abb. 5.2.

Beispiele für (n, k)-Variationen für $n = 6$ und $k = 4$ aus Abb. 5.2 sind ABCD, FEDC, AEFB und CDAF. Wir haben schon gelernt, dass die Anzahl $V_{n,k}$ der (n, k)-Variationen durch

$$V_{n,k} = n \cdot (n - 1) \cdot (n - 2) \cdot \ldots \cdot (n - k + 1) = \frac{n!}{(n - k)!}$$

bestimmt werden kann.

Kombinationen ohne Wiederholung

Bei den *Kombinationen* (ohne Wiederholung) gilt ebenfalls $k \leq n$, es gibt keine Wiederholungen, aber die Reihenfolge der Elemente auf den Plätzen ist *unwichtig*. Diese Zählstruktur zählt daher nur ab, auf wie viele Arten k Elemente aus n zur Verfügung stehenden Elementen ausgewählt werden können. In der schematischen Darstellung in Abb. 5.3 sind die Plätze daher ungeordnet gezeichnet.

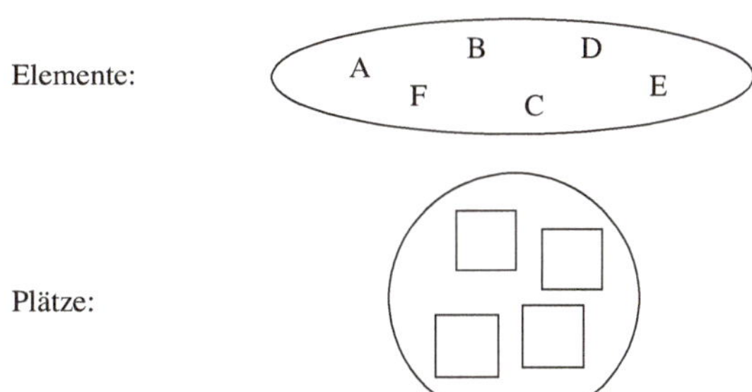

Abb. 5.3 Bei den Kombinationen (ohne Wiederholung) spielt die Reihenfolge der Elemente, die ausgewählt werden, keine Rolle

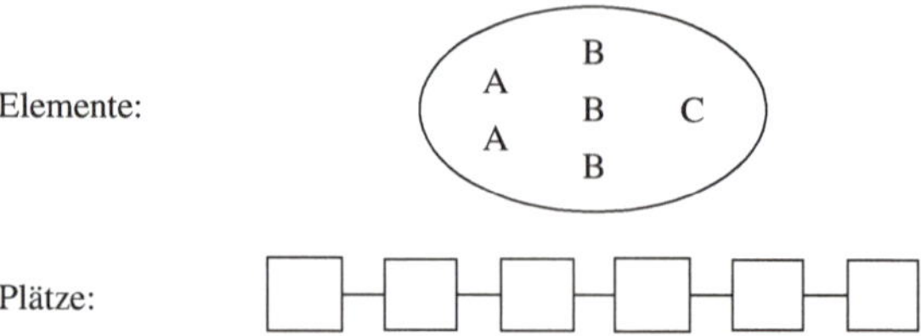

Abb. 5.4 Bei den Permutationen mit Wiederholung werden die Elemente in Elementsorten klassifiziert. Alle Elemente werden angeordnet. In diesem Bild ist $k_1 = 2$, $k_2 = 3$, $k_3 = 1$ und $n = k = 6$

Für die 6 Elemente in Abb. 5.3 sind $\{A, B, D, F\}$ und $\{B, C, D, E\}$ Beispiele für 4-Kombinationen. Wir lernen später, wie man alle Möglichkeiten zählen kann.

Permutationen mit Wiederholung

Bei den *Permutationen mit Wiederholung* gilt $n = k$, es gibt k_1 Elemente der 1. Sorte, k_2 Elemente der 2. Sorte und so weiter. Es muss $k_1 + k_2 + \ldots + k_n = k = n$ gelten und die Reihenfolge ist wichtig. Eine schematische Darstellung ist in Abb. 5.4 gegeben. Die Anzahl der Permutationen mit Wiederholung ist von allen gegebenen Zahlen $k_1, k_2, \ldots, k_n, k = n$ abhängig.

Der wesentliche Unterschied zu den Permutationen ist die Tatsache, dass man Elemente hat, die man voneinander nicht unterscheiden kann. Es kann also nicht von einer Ausgangsmenge gesprochen werden, sondern nur von einer *Ausgangsmultimenge*. Multimengen sind eine Verallgemeinerung von Mengen, in denen wir erlauben, dass jedes Element mehrmals auftreten darf. Zum Beispiel ist $\{A, A, B, B, B, C\}$ eine Multimenge, in der zweimal A, dreimal B und einmal C vorkommt. In Abb. 5.4 sind in der Ausgangsmultimenge zwei Symbole A, drei Symbole B und ein Symbol C enthalten. Alle 6 Symbole müssen platziert werden. Beispiele für solche 2-3-1-Permutationen sind ABBCAB, BBBACA und CABBAB.

Ein reales Beispiel kann wie folgt aussehen. Man hat einen Lauf über 100 Meter mit verschiedenen Teilnehmern. Vier Teilnehmer kommen aus den USA, zwei aus Jamaika (JA) und zwei aus Großbritannien (GB). Als Resultate will man nicht die Namen der Athleten angeben, sondern nur die entsprechenden Länder. So könnte die Resultatsliste dann wie folgt aussehen:

$$\text{JA, USA, USA, GB, JA, USA, GB, USA.}$$

Aufgabe 5.3 Die Ausgangsmultimenge ist $\{A, A, A, B, B\}$. Bestimme alle möglichen Permutationen mit Wiederholungen (Reihenfolgen, die drei A und zwei B beinhalten).

Aufgabe 5.4 In einem Tennisturnier spielen zwei Amerikaner (A) und zwei Schweizer (S) um die ersten vier Plätze. Aus der Ländersicht kann das Resultat zum Beispiel wie SASA aussehen, wobei S für die Schweiz und A für Amerika steht. Erstelle alle möglichen Anordnungen aus der Ländersicht.

Abb. 5.5 Bei den Variationen mit Wiederholung kann jede Elementsorte beliebig oft wiederholt werden. Hier ist $k = 4$ und $n = 5$

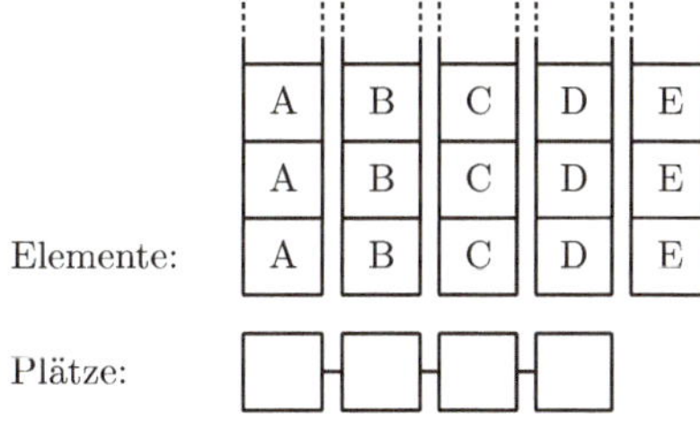

Variationen mit Wiederholung

Bei den *Variationen mit Wiederholung* kann k kleiner, größer oder gleich n sein, jede Elementsorte darf beliebig oft wiederholt werden und die Reihenfolge der Elemente auf den Plätzen ist wichtig. Für ein Schema siehe Abb. 5.5. Hier ist wichtig, dass man von jedem Element mindestens so viele zur Verfügung hat, wie die Anzahl Plätze.

Beispiele von Variationen mit Wiederholung für $k = 4$ und $n = 5$ in Abb. 5.5 sind AECD, AAAA, ABBA, CDCC.

Aufgabe 5.5 Betrachte drei Elemente A, B und C (also ist $n = 3$) und zwei Plätze ($k = 2$). Liste alle Variationen mit Wiederholung für $n = 3$ und $k = 2$ auf.

Die Anzahl Variationen $\overline{V}_{n,k}$ mit Wiederholung von n Elementen auf k Plätzen entspricht der Anzahl k-Tupel aus einer Menge mit n Elementen. An jeder Stelle des k-Tupels kann eines der n Elemente der Menge stehen. Die Anzahl der Tupel haben wir schon in Kap. 3 zählen gelernt. Daher gibt es

$$\overline{V}_{n,k} = n^k$$

Variationen mit Wiederholung von n Elementen auf k Plätzen.

Kombinationen mit Wiederholung

Bei den *Kombinationen mit Wiederholung* kann k kleiner, größer oder gleich n sein, jede Elementsorte darf beliebig oft wiederholt werden aber die Reihenfolge der Elemente auf den Plätzen ist *unwichtig*. Diese Zählstruktur zählt daher nur ab, auf wie viele Arten k Elemente aus n zur Verfügung stehenden Elementen ausgewählt werden können. Schematisch ist dies in Abb. 5.6 gezeigt.

Eine damit zusammenhängende Aufgabenstellung kann wie folgt aussehen: Jan geht in ein Lebensmittelgeschäft, um 10 Tafeln Schokolade zu kaufen. Es gibt 4 unterschiedliche Sorten und von jeder Sorte gibt es mindestens 10 Stück. Wie viele Möglichkeiten hat Jan, seine 10 Tafeln auszusuchen?

Aufgabe 5.6 Formuliere eine andere Aufgabenstellung, in der man Kombinationen mit Wiederholungen zählen muss.

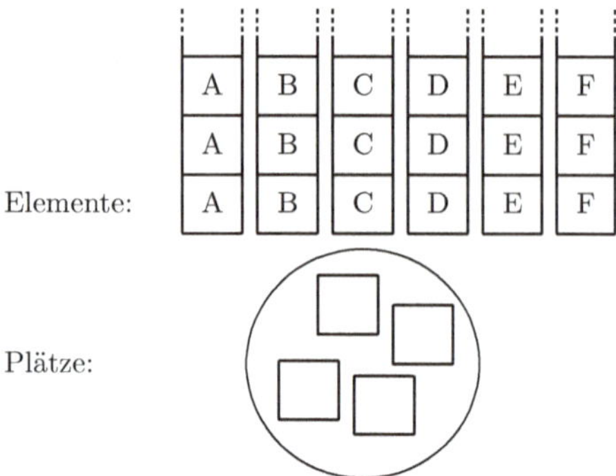

Abb. 5.6 Bei den Kombinationen mit Wiederholung spielt die Reihenfolge der Elemente, die ausgewählt werden, keine Rolle. Jede Elementsorte darf beliebig oft wiederholt werden. In unserem Beispiel ist $n = 6$ und $k = 4$

Aufgabe 5.7 Ein Hirte will 5 Schafe verkaufen. Er hat viele weiße (W) und schwarze (S) Schafe. Er könnte zum Beispiel 3 weiße und 2 schwarze Schafe wählen. Oder auch 5 schwarze Schafe. Wie viele Möglichkeiten, 5 Schafe zu wählen, hat er hinsichtlich der Farbe der Schafe? Liste alle Möglichkeiten auf, wie viele er im Allgemeinen hat, wenn er n Schafe verkaufen möchte?

Von den sechs oben vorgestellten Zählproblemen haben wir schon für drei gelernt, die Anzahl der Objekte aufzuzählen, nämlich für Permutationen, Variationen und Variationen mit Wiederholung. In diesem Kapitel werden wir für die verbleibenden drei Zählstrukturen ebenfalls eine Formel herleiten, mit der man die Anzahl möglicher Objekte berechnen kann. Wir werden auch sehen, wie die Zählstrukturen angewandt und kombiniert werden können, um in komplizierteren Situationen alle Möglichkeiten aufzuzählen.

Wir können uns aber nun bereits merken, dass, wenn wir über *Kombinationen* sprechen, es nicht um die Reihenfolge geht, und die resultierenden Objekte immer Mengen oder Multimengen (falls einige Objekte nicht voneinander unterschieden werden können) sind. Wenn wir über *Variationen* sprechen, sind die Resultate hingegen immer Folgen. *Permutationen* sind ein Spezialfall von Variationen für $n = k$, das heißt für Fälle, in denen die Anzahl der vorhandenen (zu platzierenden) Elemente gleich der Länge der Folge ist.

5.3 Kombinationen

Wir betrachten die Menge $S = \{1, 2, 3, 4, 5, 6\}$.

Wie viele 3-elementige Teilmengen von S gibt es?

Gleichbedeutend mit dieser Frage ist:

Wie viele Möglichkeiten gibt es, 3 Elemente aus 6 verschiedenen zu wählen?

Wir können die Frage wie in Abb. 5.7 darstellen.

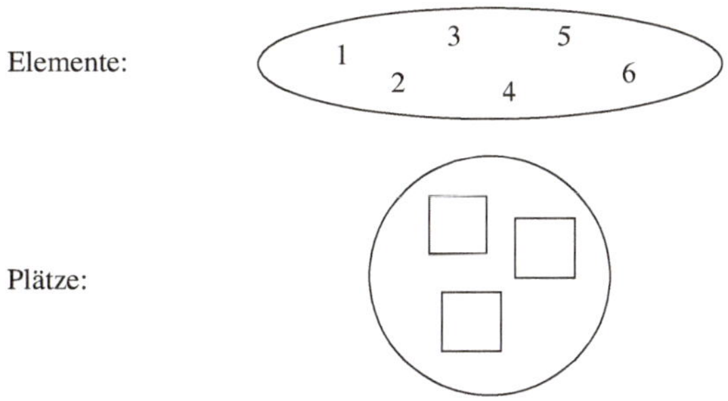

Abb. 5.7 Auswahl von 3 Elementen aus $\{1, 2, 3, 4, 5, 6\}$

Das Problem bei der Beantwortung dieser Frage liegt darin, dass wir die Teilmengen nicht mit Tupeln identifizieren können. Wir wissen, dass die Anzahl der 3-Tupel über S genau

$$6 \cdot 6 \cdot 6 = 6^3$$

beträgt, aber in den Tupeln dürfen die Elemente (Zahlen) mehrfach vorkommen. Zum Beispiel entspricht das 3-Tupel $(2, 4, 4)$ entweder keiner Menge oder der Menge $\{2, 4\}$ (dies ist nur eine Frage der Konvention), aber keinesfalls einer dreielementigen Menge.

Aber auch diese Schwierigkeit können wir meistern. Wir betrachten nur 3-Tupel mit paarweise unterschiedlichen Elementen. Und wir wissen schon, dass es von diesen genau

$$6 \cdot 5 \cdot 4$$

gibt. Jetzt haben wir $6 \cdot 5 \cdot 4$ verschiedene 3-Tupel. Jedes repräsentiert eine 3-elementige Teilmenge von S, und keine Teilmenge von S fehlt. Leider sind wir noch immer nicht bei der richtigen Anzahl der 3-elementigen Teilmengen von S, weil wir die Teilmengen mehrfach gezählt haben. Zum Beispiel repräsentieren die Tupel

$$(1, 2, 3), \quad (1, 3, 2), \quad (2, 1, 3), \quad (2, 3, 1), \quad (3, 1, 2) \quad \text{und} \quad (3, 2, 1)$$

alle die gleiche 3-elementige Teilmenge $\{1, 2, 3\}$. Jetzt beobachten wir, dass es unter den $6 \cdot 5 \cdot 4$ konstruierten 3-Tupeln mit unterschiedlichen Elementen für jede 3-elementige Menge $\{a, b, c\}$ genau so viele entsprechende 3-Tupel gibt, wie es 3-Permutationen von $(1, 2, 3)$ gibt, also genau $3!$. Damit erhalten wir, dass die Anzahl aller 3-elementigen Teilmengen von S genau

$$\frac{6 \cdot 5 \cdot 4}{3!} = \frac{6 \cdot 5 \cdot 4}{3 \cdot 2 \cdot 1} = 20$$

beträgt.

Aufgabe 5.8 ✓ Liste alle zwanzig 3-elementigen Teilmengen von $\{1, 2, 3, 4, 5, 6\}$ auf, um unsere Überlegung zu überprüfen.

Hinweis Du kannst systematisch vorgehen. Beginne zuerst mit allen 3-elementigen Teilmengen, die das Element 1 enthalten. Schreibe dann diejenigen mit dem Element 2 auf, die 1 nicht enthalten, usw.

Aufgabe 5.9 Wie viele 2-elementige und wie viele 4-elementige Teilmengen von $\{1, 2, 3, 4, 5, 6\}$ gibt es? Zähle wie vorhin und liste danach alle auf.

Beispiel 5.1 Das Zählen von k-elementigen Teilmengen einer n-elementigen Menge ist ein sehr häufig verwendetes Instrument in der Wahrscheinlichkeitstheorie. Als eine einfache Aufgabenstellung betrachten wir die folgende Frage: Wie hoch ist die Wahrscheinlichkeit, dass beim sechsfachen Würfeln genau dreimal eine 1 fällt?

Bevor wir versuchen, die Frage vollständig zu beantworten, betrachten wir das Ereignis E: „Zuerst fällt dreimal eine 1, dann dreimal keine 1.“

Die Menge aller Ereignisse bei einem einzigen Werfen eines Spielwürfels ist

$$S = \{1, 2, 3, 4, 5, 6\}$$

und die zugehörige Wahrscheinlichkeitsfunktion P ist definiert durch $P(i) = \frac{1}{6}$ für alle $i = 1, \ldots, 6$.

Beim sechsfachen Werfen ist die Ergebnismenge

$$S^6 = \{(a_1, a_2, a_3, a_4, a_5, a_6) \mid a_i \in S\} = (S, S, S, S, S, S)$$

und die zugehörige Wahrscheinlichkeitsfunktion P_6 ist definiert durch

$$P_6\big((a_1, a_2, a_3, a_4, a_5, a_6)\big) = \frac{1}{6^6}$$

für jedes mögliche Ergebnis $(a_1, a_2, a_3, a_4, a_5, a_6)$.

Wir stellen nun das Ereignis E dar als

$$E: (1, 1, 1, S', S', S'),$$

wobei $S' = \{2, 3, 4, 5, 6\}$. Das Ereignis E besteht aus allen Ergebnissen, bei denen zuerst drei Mal eine 1, danach dreimal eine Zahl verschieden von 1 vorkommt. Es besteht daher aus $|S'|^3 = 5^3 = 125$ Ergebnissen. Jetzt können wir die Wahrscheinlichkeit $P_6(E)$ auf zwei unterschiedliche Weisen bestimmen:

(i) S^6 beinhaltet $|S|^6 = 6^6$ elementare Ereignisse und die Wahrscheinlichkeit eines elementaren Ereignisses ist somit genau $\frac{1}{6^6}$. Weil $(1, 1, 1, S', S', S')$ aus $5^3 = |S'|^3$ elementaren Ereignissen besteht, ist die Wahrscheinlichkeit von $(1, 1, 1, S', S', S')$

$$P_6\big((1, 1, 1, S', S', S')\big) = 5^3 \cdot \frac{1}{6^6} = \left(\frac{5}{6}\right)^3 \cdot \left(\frac{1}{6}\right)^3.$$

(ii) Die Wahrscheinlichkeit, die Augenzahl 1 zu würfeln, ist $\frac{1}{6}$. Die Wahrscheinlichkeit, 1 dreimal hintereinander zu würfeln, ist $\left(\frac{1}{6}\right)^3$. Die Wahrscheinlichkeit, eine andere Augenzahl als 1 zu würfeln, ist $\frac{5}{6}$. Somit ist die Wahrscheinlichkeit, dreimal hintereinander eine andere Augenzahl als 1 zu würfeln, $\left(\frac{5}{6}\right)^3$. Somit gilt

$$P_6\big((1,1,1,S',S',S')\big) = \frac{1}{6}\cdot\frac{1}{6}\cdot\frac{1}{6}\cdot\frac{5}{6}\cdot\frac{5}{6}\cdot\frac{5}{6} = \left(\frac{1}{6}\right)^3\cdot\left(\frac{5}{6}\right)^3.$$

Das ist noch nicht die Antwort auf unsere Frage, weil die drei Augenzahlen 1 nicht auf den ersten drei Positionen vorkommen müssen. Zu dem Ereignis „Es fallen genau 3 Augenzahlen 1." gehören zum Beispiel auch

$$(S',S',S',1,1,1) \quad \text{oder} \quad (1,S',1,S',1,S').$$

Wichtig ist aber, dass gilt:

$$P\big((1,1,1,S',S',S')\big) = P\big((S',S',S',1,1,1)\big) = P\big((1,S',1,S',1,S')\big)$$

Weshalb? Nach Zählmethode (i) haben alle drei Ereignisse

$$(1,1,1,S',S',S'), \quad (S',S',S',1,1,1) \quad \text{und} \quad (1,S',1,S',1,S')$$

die gleiche Anzahl $|S'|^3 = 5^3$ elementarer Ereignisse, womit sie auch gleich wahrscheinlich sein müssen.

Nach Methode (ii) gilt:

$$P_6\big((S',S',S',1,1,1)\big) = \frac{5}{6}\cdot\frac{5}{6}\cdot\frac{5}{6}\cdot\frac{1}{6}\cdot\frac{1}{6}\cdot\frac{1}{6} = \left(\frac{1}{6}\right)^3\cdot\left(\frac{5}{6}\right)^3$$

$$P_6\big((1,S',1,S',1,S')\big) = \frac{1}{6}\cdot\frac{5}{6}\cdot\frac{1}{6}\cdot\frac{5}{6}\cdot\frac{1}{6}\cdot\frac{5}{6} = \left(\frac{1}{6}\right)^3\cdot\left(\frac{5}{6}\right)^3$$

Wir sehen, dass es aufgrund der Kommutativität der Multiplikation keine Rolle spielt, bei welchen Würfen eine 1 vorkommt und bei welchen eine andere Augenzahl als 1. Egal, wo die drei Einsen und die drei S' in einem 6-Tupel platziert sind, das entsprechende Ereignis hat die Wahrscheinlichkeit $\left(\frac{1}{6}\right)^3\cdot\left(\frac{5}{6}\right)^3$.

Die Wahrscheinlichkeit des Ereignisses „Es fallen genau 3 Einsen." beim sechsfachen Würfeln ist die Summe der Wahrscheinlichkeiten aller Ereignisse, die durch solche 6-Tupel beschreibbar sind und die genau drei Einsen und genau drei S' beinhalten. Wie viele solche Tupel gibt es? Ein 6-Tupel hat sechs Positionen $s_1, s_2, s_3, s_4, s_5, s_6$. Jede 3-elementige Teilmenge von $\{s_1, s_2, s_3, s_4, s_5, s_6\}$ bestimmt genau 3 Positionen für das

Resultat 1. Somit bestimmt die Teilmenge $\{s_1, s_2, s_3\}$ das Ereignis $(1, 1, 1, S', S', S')$, die Teilmenge $\{s_1, s_3, s_5\}$ das Ereignis $(1, S', 1, S', 1, S')$ usw. Wie wir gelernt haben, gibt es genau

$$\frac{6 \cdot 5 \cdot 4}{3!} = 20$$

dreielementige Teilmengen von $\{s_1, s_2, s_3, s_4, s_5, s_6\}$ und somit genau 20 unterschiedliche Ereignisse, beschreibbar durch 6-Tupel, die genau drei Einsen und genau drei S' beinhalten. Weil alle solchen Ereignisse paarweise disjunkt sind, gilt

$$P_6(\text{„Es fallen genau drei Einsen“}) = 20 \cdot P_6(1, 1, 1, S', S', S')$$

$$= 20 \cdot \left(\frac{1}{6}\right)^3 \cdot \left(\frac{5}{6}\right)^3 \approx 0.054. \qquad \Diamond$$

Aufgabe 5.10 $\checkmark$ Wie groß ist die Wahrscheinlichkeit, dass beim 4-fachen Würfeln genau zwei Sechsen auftreten?

Aufgabe 5.11 Wie groß ist die Wahrscheinlichkeit, beim 5-fachen Münzwurf genau 3 Mal Zahl zu erhalten?

Aufgabe 5.12 Wie groß ist die Wahrscheinlichkeit, beim 6-fachen Würfeln genau 2 Mal 6 zu erhalten? Wie groß ist die Wahrscheinlichkeit, mehr als einmal eine 6 zu erhalten?

Aufgabe 5.13 $\star\checkmark$ Wie groß ist die Wahrscheinlichkeit, beim 6-fachen Würfeln mindestens 3 Mal „6“ zu würfeln?

Nun verallgemeinern wir unsere Überlegung für beliebig große Mengen und Teilmengen.

Begriffsbildung 5.1 *Seien k und n beliebige natürliche Zahlen mit $k \leq n$. Eine **k-Kombination von n Elementen** (oder auch eine Kombination von n Elementen auf k Plätzen) ist eine Zuordnung von n Elementen zu k Plätzen, wobei die Reihenfolge der zugeordneten Elemente keine Rolle spielt. Die Anzahl der k-Kombinationen von n Elementen wird mit*

$$K_{n,k}$$

bezeichnet. Dies ist die Anzahl von k-elementigen Teilmengen einer Menge von n Elementen oder die Anzahl der Möglichkeiten, k Positionen in einem n-Tupel auszuwählen.

Damit bezeichnet $K_{6,3}$ die Anzahl der 3-elementigen Teilmengen von $\{1, 2, 3, 4, 5, 6\}$.

Satz 5.1 *Für alle natürlichen Zahlen k und n mit $k \leq n$ gilt*

$$K_{n,k} = \frac{n!}{k!(n-k)!}.$$

Beweis Wir haben n Möglichkeiten, das erste Element zu wählen, $n - 1$ Möglichkeiten für das zweite Element usw. Am Ende haben wir $n - k + 1$ Möglichkeiten das k-te Element zu wählen. Das ergibt insgesamt

$$n \cdot (n - 1) \cdot \ldots \cdot (n - k + 1)$$

Möglichkeiten. Wenn wir diese Zahl geschickt erweitern durch

$$\frac{n \cdot (n - 1) \cdot \ldots \cdot (n - k + 1)}{1} \cdot \frac{(n - k) \cdot (n - k - 1) \cdot \ldots \cdot 2 \cdot 1}{(n - k) \cdot (n - k - 1) \cdot \ldots \cdot 2 \cdot 1} = \frac{n!}{(n - k)!},$$

erhalten wir die kürzere Schreibweise $\frac{n!}{(n-k)!}$. Bei dieser Aufzählung haben wir aber jede Menge genau

$$k!$$

Mal erhalten, weil $\frac{n!}{(n-k)!}$ die Anzahl aller möglichen Folgen von k unterschiedlichen Elementen ist. Die $k!$ unterschiedlichen Folgen von k Elementen $a_1, a_2, \ldots, a_k$ entsprechen der gleichen Menge $\{a_1, a_2, \ldots, a_k\}$. Damit erhalten wir

$$K_{n,k} = \frac{\frac{n!}{(n-k)!}}{k!} = \frac{n!}{k!(n - k)!}. \qquad \square$$

Begriffsbildung 5.2 *Weil*

$$\frac{n!}{k!(n - k)!}$$

so häufig in der Mathematik auftritt, hat man dafür eine eigene spezielle Darstellung festgelegt. Man schreibt

$$\boldsymbol{B}_{n,k} = \binom{n}{k} = \frac{n!}{k!(n - k)!}$$

und spricht $\binom{n}{k}$ als „n über k" aus. Die Zahlen $\binom{n}{k}$ werden auch **Binomialkoeffizienten** *genannt.*

Aufgabe 5.14 Wie groß ist die Wahrscheinlichkeit, dass man beim 12-fachen Münzwurf genau 6 Mal Kopf erhält? Wie groß ist die Wahrscheinlichkeit, dass man mindestens 5 Mal und höchstens 7 Mal Kopf erhält?

Auszug aus der Geschichte

Blaise Pascal (1623–1662), siehe Abb. 5.8, war ein französischer Mathematiker, der sich vielen Gebieten widmete und diese beeinflusste. Geboren wurde er in Cleremont-Ferrant, im Zentrum von Frankreich. Als er drei Jahre alt war, starb seine Mutter, als er neun war, zog sein Vater mit den vier Kindern, Blaise und seine drei Schwestern, nach Paris. Im Alter von 14 Jahren begleitete er seinen Vater zu Sitzungen mit Marin Mersenne, einem französischen Mathematiker, der eine äußerst große Bekanntheit unter Wissenschaftlern und Politikern genoss.

Abb. 5.8 Blaise Pascal (1623–1662). Ein Bildnis, das nach seinem Tod gemalt wurde

Ende 1639 zog die Familie nach Rouen, wo sein Vater das Amt des obersten Steuereinnehmers der Normandie einnahm. Um die Arbeit seines Vaters zu erleichtern, begann Blaise 1640 mit dem Bau einer Rechenmaschine. Drei Jahre später hatte er das Modell vollendet, die erste funktionstüchtige Rechenmaschine der Geschichte, genannt *Pascaline*.

1651 starb der Vater und Pascal war auf sich allein gestellt. Er begann in Paris in adeligen Kreisen zu verkehren. 1654 begann ein brieflicher Austausch mit Pierre de Fermat über Würfelspiele und die gerechte Aufteilung eines Gewinns, wenn ein Spiel vorzeitig abgebrochen wird. Im selben Jahr veröffentlichte er Abhandlungen über Zahlen, die in einem Dreieck angeordnet sind. Heute heißt dieses das *Pascalsche Dreieck*, siehe Abb. 5.9.

Dieses Dreieck hat seitliche schräge Wände von Einsen. Das Innere wird zeilenweise von oben nach unten ausgefüllt und zwar immer nach demselben Schema: man zählt zwei benachbarte Zahlen zusammen und trägt diese Summe in der Zeile darunter in der Mitte ein, siehe das Schema in Abb. 5.9b.

Genauso verhalten sich aber auch die Binomialkoeffizienten $\binom{n}{k}$ wenn man diese geeignet anordnet: man schreibt $\binom{n}{k}$ in die n-te Zeile, wobei die Nummerierung bei $n = 0$ beginnt und in die k-te „Schrägspalte“, die diagonal von oben rechts nach unten links verläuft. Wiederum beginnt die Nummerierung bei $k = 0$. Es gilt dann

$$\binom{n+1}{k+1} = \binom{n}{k} + \binom{n}{k+1},$$

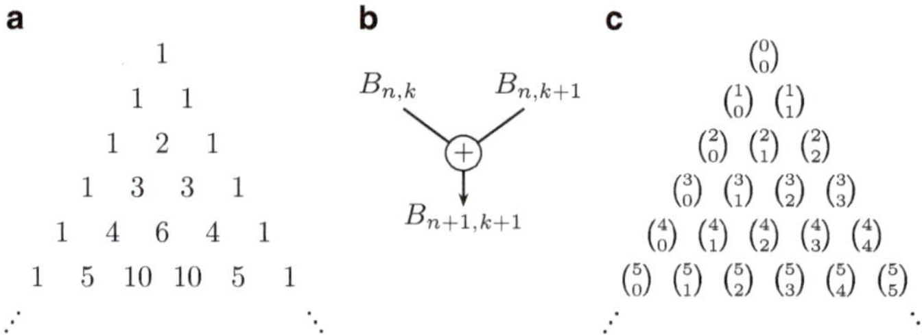

Abb. 5.9 Das Pascalsche Dreieck

denn

$$\binom{n}{k} + \binom{n}{k+1} = \frac{n!}{k! \cdot (n-k)!} + \frac{n!}{(k+1)! \cdot (n-k-1)!}$$

$$= \frac{n!}{k! \cdot (n-k) \cdot (n-k-1)!} + \frac{n!}{(k+1) \cdot k! \cdot (n-k-1)!}$$

$$= \frac{n!}{k! \cdot (n-k-1)!} \left(\frac{1}{n-k} + \frac{1}{k+1} \right)$$

$$= \frac{n!}{k! \cdot (n-k-1)!} \cdot \frac{k+1+n-k}{(n-k)(k+1)}$$

$$= \frac{(n+1)!}{(k+1)! \cdot (n-k)!}$$

$$= \binom{n+1}{k+1}.$$

Pascal beschäftigte sich wohl als erster mit der Kombinatorik. 1662, im Alter von 39, erkrankte Pascal schwer und starb bald darauf. Nach seinem Tod erschien seine Abhandlung über die Dreiecke, die nun nach ihm benannt werden.

5.4   Relative Häufigkeiten und Wahrscheinlichkeiten

Hinweis 5.3

Die folgenden Überlegungen über den Begriff der relativen Häufigkeit eines Ergebnisses und seiner Wahrscheinlichkeit sind nur für besonders interessierte Schülerinnen und Schüler bestimmt. Wir werden auf das Thema im 2. Band ausführlicher eingehen, um das Konzept statistischer Tests zu erklären.

Am Anfang von Kap. 1 haben wir gesagt, dass

sich die relative Häufigkeit h_e eines Ergebnisses e mit wachsender Anzahl der Versuche zu einer guten Schätzung der Wahrscheinlichkeit des Ergebnisses entwickelt.

Jetzt wollen wir dieser halb informellen Behauptung ihre genauere Bedeutung geben. Mit der Anzahl der Wiederholungen des Basisexperimentes im mehrstufigen Zufallsexperiment wächst die Wahrscheinlichkeit, dass die relative Häufigkeit eines Ergebnisses des Basisexperimentes in den Ergebnissen des gesamten mehrstufigen Zufallsexperimentes nahe an seiner Wahrscheinlichkeit im Basisexperiment liegt.

Mit anderen Worten wächst der Wert des Bruches

$$\frac{\text{Anzahl der Folgen mit } h_e \text{ nahe an } P(e)}{\text{Anzahl aller Folgen}}$$

mit der Anzahl der Experimentwiederholungen (der Länge der Folgen) und nähert sich 1 an.

Was bedeutet dies genau?

Illustrieren wir dies anhand des Zufallsexperiments des Münzwurfs, wobei

$$P(\text{Zahl}) = P(\text{Kopf}) = \frac{1}{2}.$$

Wir werden für unterschiedliche Anzahlen n von Wiederholungen beobachten, wie viele der n-Tupel des n-stufigen Zufallsexperiments im Resultat eine Anzahl von „Köpfen" (bzw. „Zahlen")

$$\text{zwischen} \quad \frac{1}{2}n - \frac{1}{20}n \quad \text{und} \quad \frac{1}{2}n + \frac{1}{20}n$$

haben. Dies bedeutet, dass wir untersuchen, wie viele Tupel in höchstens 5 % der Versuche vom absoluten Ausgleich zwischen den Anzahlen von Köpfen und Zahlen abweichen. Diese Zahl vergleichen wir dann mit der Anzahl aller Tupel.

Beginnen wir mit $n = 10$. Dann sind 5 % von 10 genau $\frac{5}{100} \cdot 10 = \frac{1}{2}$. Somit sind die einzigen 10-Tupel, die unseren Anforderungen entsprechen, jene, die genau 5 Mal Kopf und 5 Mal Zahl enthalten. Wie viele solcher Tupel gibt es?

Wir haben genau $\binom{10}{5}$ Möglichkeiten, 5 von 10 Positionen für das Resultat Kopf auszuwählen. Die restlichen 5 Positionen enthalten eindeutig das komplementäre Resultat Zahl. Also gibt es genau

$$\binom{10}{5} = \frac{10!}{5! \cdot 5!} = \frac{10 \cdot 9 \cdot 8 \cdot 7 \cdot 6}{5 \cdot 4 \cdot 3 \cdot 2 \cdot 1} = 2 \cdot 9 \cdot 2 \cdot 7 = 252$$

solche Tupel. Die Anzahl aller 10-Tupel über {Kopf, Zahl} ist

$$2^{10} = 1\,024.$$

Es bezeichne E_5^{10} das Ereignis, dass beim 10-fachen Münzwurf genau 5 Mal Kopf vorkommt. Dann erhalten wir

$$P\left(E_5^{10}\right) = \frac{\binom{10}{5}}{2^{10}} = \frac{252}{1\,024} = 0.2461.$$

Also kommt der Kopf in fast einem Viertel der Versuche genau so oft vor wie die Zahl.

Betrachten wir jetzt $n = 20$. Nun gilt, dass 5 % von 20 genau

$$\frac{5}{100} \cdot 20 = 1$$

ist. Wenn also die Anzahl der Köpfe zwischen 9 und 11 bei 20 Versuchen liegt, haben wir bis auf höchstens 5 % die Anzahl der Köpfe und Zahlen ausgeglichen. Bestimmen wir jetzt die Anzahl der 20-Tupel mit 9, 10 und 11 Köpfen, was genau

$$\binom{20}{9} + \binom{20}{10} + \binom{20}{11}$$

ist. Es gilt

$$\binom{20}{9} = \frac{20!}{9!\,11!} = \frac{20 \cdot 19 \cdot 18 \cdot 17 \cdot 16 \cdot 15 \cdot 14 \cdot 13 \cdot 12}{9 \cdot 8 \cdot 7 \cdot 6 \cdot 5 \cdot 4 \cdot 3 \cdot 2 \cdot 1}$$
$$= \frac{5 \cdot 19 \cdot 2 \cdot 17 \cdot 2 \cdot 13 \cdot 2}{1} = 167\,960$$

und

$$\binom{20}{11} = \frac{20!}{11!\,9!} = \frac{20!}{9!\,11!} = \binom{20}{9} = 167\,960$$

und

$$\binom{20}{10} = \frac{20!}{10!\,10!} = \frac{11}{10} \cdot \frac{20!}{9!\,11!} = \frac{11}{10} \cdot \binom{20}{9} = 184\,756.$$

Damit erhalten wir

$$\binom{20}{9} + \binom{20}{10} + \binom{20}{11} = 520\,676.$$

Die Anzahl aller 20-Tupel ist

$$2^{20} = 1\,048\,576.$$

Es bezeichne $E_{9,11}^{20}$ das Ereignis, dass beim 20-fachen Münzwurf die Anzahl der Köpfe zwischen 9 und 11 liegt (dass der Kopf zwischen 45 % und 55 % der Fälle vorkommt). Dann erhalten wir

$$P\left(E_{9,11}^{20}\right) = \frac{\binom{20}{9} + \binom{20}{10} + \binom{20}{11}}{2^{20}} = \frac{520\,676}{1\,048\,576} \approx 0.4966.$$

Also hat fast jedes zweite 20-Tupel eine ausgeglichene Anzahl von Köpfen und Zahlen.

Du kannst jetzt alleine überprüfen, wie sich dies für größere Anzahlen von Versuchen entwickelt.

Aufgabe 5.15 Bestimme die Wahrscheinlichkeit, dass beim 40-fachen Münzwurf die Anzahl der Köpfe zwischen 45 % und 55 % aller Würfe liegt.

Wir halten also fest, dass, je öfter das Basisexperiment wiederholt wird, es umso wahrscheinlicher wird, die Anzahl der Köpfe und Zahlen im oben genannten Sinn auszugleichen.

Eigentlich kann man beweisen, dass mit wachsendem n die Wahrscheinlichkeit, ein Tupel mit Anzahl Köpfen zwischen 45 % und 55 % der Positionen zu erhalten, gegen 1 konvergiert. Für diejenigen, die schon Grenzwerte kennen, kann man diese Beobachtung zu folgendem Satz verallgemeinern:

Satz 5.2 (Der schwache Satz über relative Häufigkeiten) *Für jedes beliebig kleine* $\varepsilon > 0$ *gilt:*

$$\lim_{n \to \infty} \frac{\textit{Anzahl aller Tupel mit einer Anzahl Köpfe zwischen } (50 - \varepsilon)\,\% \textit{ und } (50 + \varepsilon)\,\%}{\textit{Anzahl aller n-Bit-Tupel}}$$

$= \textit{die Wahrscheinlichkeit, nach n Münzwürfen einen Unterschied zwischen der Anzahl}$

$\quad \textit{der Köpfe und der Anzahl der Zahlen kleiner gleich } 2\varepsilon\,\% \textit{ zu haben}$

$= 1.$

Beachte, dass dies tatsächlich für beliebig kleine ε gilt, also auch für $\varepsilon = 1$ Millionstel.

5.4.1   Permutationen mit Wiederholungen

Beispiel 5.2 Wie groß ist die Wahrscheinlichkeit, beim 8-fachen Würfeln genau zweimal die Augenzahl 1 und genau dreimal die Augenzahl 6 zu erhalten? Wenn das 8-Tupel $(1, 1, 6, 6, 6, Q, Q, Q)$ mit $Q = \{2, 3, 4, 5\}$ das Ereignis bezeichnet, dass zuerst zweimal 1 und danach dreimal 6 gewürfelt wird und danach dreimal eine Augenzahl unterschiedlich von 1 und 6 vorkommt, dann wissen wir, dass

$$P\big((1, 1, 6, 6, 6, Q, Q, Q)\big) = \frac{1}{6} \cdot \frac{1}{6} \cdot \frac{1}{6} \cdot \frac{1}{6} \cdot \frac{1}{6} \cdot \frac{4}{6} \cdot \frac{4}{6} \cdot \frac{4}{6} = \left(\frac{1}{6}\right)^5 \cdot \left(\frac{2}{3}\right)^3.$$

Wenn wir die Symbole 1, 6 und Q beliebig in den 8-Tupeln permutieren (beispielsweise $(6, 6, Q, 1, 6, 1, Q, Q)$), bleibt die Wahrscheinlichkeit des entsprechenden Ereignisses gleich.

Wie viele solche 8-Tupel gibt es? Es gibt $\binom{8}{2}$ Möglichkeiten, die zwei Positionen für die Augenzahl 1 zu wählen. Danach bleiben noch 6 Positionen unbestimmt. Es gibt $\binom{6}{3}$ Möglichkeiten, aus diesen 6 Positionen 3 für die Platzierung der Augenzahl 6 auszusuchen. Die restlichen 3 Positionen erhalten eine Zahl aus Q (also wird diesen Positionen eindeutig das Symbol Q zugeordnet). Somit ist die Anzahl der 8-Tupel mit zwei Einsen und drei Sechsen genau

$$\binom{8}{2} \cdot \binom{6}{3}.$$

Also gilt

$$P(\text{„Zweimal 1 und dreimal 6 beim 8-fachen Würfeln"})$$
$$= \binom{8}{2} \cdot \binom{6}{3} \cdot \left(\frac{1}{6}\right)^5 \cdot \left(\frac{2}{3}\right)^3$$
$$\approx 0.021. \qquad\qquad\qquad\qquad\qquad\qquad\qquad\qquad \Diamond$$

Aufgabe 5.16 ✓ Wie groß ist die Wahrscheinlichkeit des Ereignisses A, dass man beim 8-fachen Würfeln genau zweimal „1" und genau dreimal „2" wirft?

Aufgabe 5.17 In Aufgabe 5.16 könnte man zuerst zwei Positionen für „1" wählen und danach drei Positionen für „2". Alternativ kann man zuerst drei Positionen für „2" und danach zwei Positionen für „1" wählen. Es wäre verdächtig, wenn diese zwei Vorgehensweisen zu unterschiedlichen Resultaten führen würden. Überprüfe dies.

Aufgabe 5.18 ✓ Bestimme die Wahrscheinlichkeit folgender Ereignisse beim 10-fachen Würfeln.

(a) Es fällt genau 3 Mal „6".
(b) Es fällt genau 2 Mal „6" und genau 2 Mal „5".
(c) Es fällt genau 5 Mal „1" und genau 3 Mal „2".
(d) Es fällt genau 2 Mal „1", genau 2 Mal „2" und genau 2 Mal „3".
(e) Jede Zahl außer „6" fällt genau 2 Mal.

Wir haben insgesamt k Elemente in einer Urne, von n verschiedenen Sorten. Sei k_i die Anzahl der Elemente der i-ten Sorte. Offensichtlich gilt

$$k = k_1 + k_2 + \ldots + k_n = \sum_{i=1}^{n} k_i.$$

Im Folgenden verallgemeinern wir die Zählung aus Beispiel 5.2: Wie viele verschiedene k-Tupel gibt es, deren Elemente aus n verschiedenen Sorten bestehen und die von der i-ten Sorte k_i Elemente enthalten?

Eine mögliche Lösungsstrategie ist die folgende: Weil die Ordnung in den Tupeln (Folgen) eine Rolle spielt, betrachten wir ein k-Tupel als eine Menge mit k Positionen. Wir verteilen zuerst die Elemente der ersten Sorte. Dazu haben wir $\binom{k}{k_1}$ Möglichkeiten, weil wir eine Menge von k_1 Positionen aus einer Menge von k Positionen zu wählen haben. Im zweiten Schritt gibt es noch $k - k_1$ freie Positionen, aus denen man k_2 Positionen für die Elemente der zweiten Sorte aussuchen muss. Das ergibt $\binom{k-k_1}{k_2}$ Möglichkeiten. Die Anzahl der Möglichkeiten für die Positionen der Elemente der dritten Sorte ist dann $\binom{k-k_1-k_2}{k_3}$, und

Abb. 5.10 Zwei verschiedene Türme mit 3 roten, einem
weißen und 2 blauen Würfeln

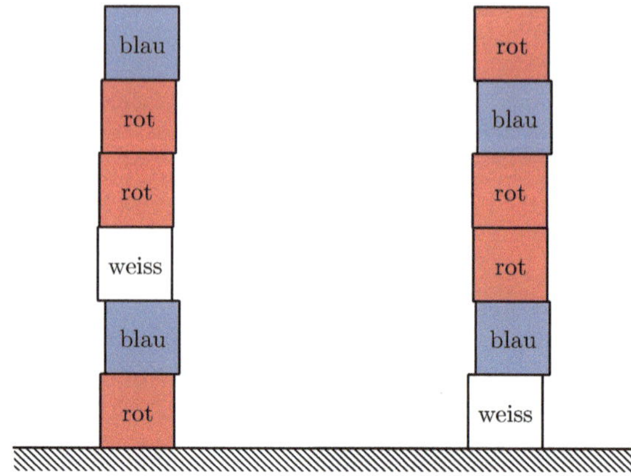

so weiter. Für die Platzierung der Elemente der i-ten Sorte erhalten wir

$$\binom{k - k_1 - k_2 - \ldots - k_{i-1}}{k_i} = \binom{k - \sum_{j=1}^{i-1} k_j}{k_i}.$$

Bei der Platzierung der Elemente der letzten Sorte bleibt keine Wahl: Sie müssen einfach
auf die verbleibenden Positionen kommen. Weil $k - k_1 - k_2 - \ldots - k_{n-1} = k_n$, stimmt
auch unsere Rechnung:

$$\binom{k - \sum_{j=1}^{n-1} k_j}{k_n} = \binom{k_n}{k_n} = 1.$$

Damit ist die Anzahl der verschiedenen Tupel mit k_i Elementen der i-ten Sorte genau

$$\binom{k}{k_1} \cdot \binom{k - k_1}{k_2} \cdot \binom{k - k_1 - k_2}{k_3} \cdot \ldots \cdot \binom{k - \sum_{j=1}^{n-1} k_j}{k_n}.$$

Aufgabe 5.19 ✓ Das Zählen von Permutationen ist ein Spezialfall des Zählens von Permutationen mit Wiederholungen. Kannst du dies erklären?

Wir können beim Abzählen der Permutationen auch anders vorgehen. Dazu betrachten
wir ein konkretes Beispiel: Wir sollen abzählen, wie viele Türme man mit 3 roten, einem
weißen und 2 blauen Bauklotzwürfeln bauen kann.

Wir kürzen die Farbe rot mit r, blau mit b und weiß mit w ab und notieren die Türme
als Sequenz von unten nach oben. Der linke Turm in Abb. 5.10 ist also $rbwrrb$ und der
rechte ist $wbrrbr$.

Zum Abzählen der Anzahl möglicher Türme verwenden wir folgende Strategie: zuerst
tun wir so, als ob die Würfel unterscheidbar wären, dann überlegen wir uns, wie oft wir
jeden Turm gezählt haben. Zum Unterscheiden bezeichnen wir die drei roten Würfel mit
r_1, r_2 und r_3, genauso betrachten wir die zwei blauen Würfel b_1 und b_2 als unterscheidbar.

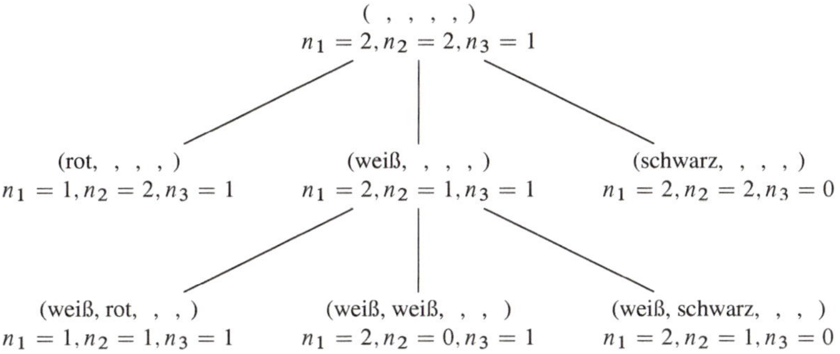

Abb. 5.11 Baumdiagramm (unvollständig) beim Einfüllen der 5 Plätze eines 5-Tupels mit 5 Elementen, wobei $k_1 = 2$ rot, $k_2 = 2$ weiss sind und $k_3 = 1$ rot ist

Dann sind alle Würfel unterscheidbar und es gibt 6! mögliche Türme mit unterscheidbaren Würfeln.

Es gibt aber mehrere Anordnungen, die denselben Turm darstellen. So bezeichnen zum Beispiel $r_1b_2wr_3r_2b_1$ und $r_3b_1wr_1r_2b_2$ beide den linken Turm in Abb. 5.10. Wie oft kommt in der Liste aller Anordnungen eine Bezeichnung vor, die einen fest vorgegebenen Turm kodiert? Wir müssen die Indizes 1, 2 und 3 auf die drei r verteilen und die Indizes 1 und 2 auf die b. Daher wird jeder Turm genau $3! \cdot 2!$ Mal vorkommen in der Liste der Länge 6!.

Es gibt daher $\frac{6!}{3! \cdot 2!}$ verschiedene Türme mit 3 roten, einem weißen und 2 blauen Würfeln.

Allgemein ergibt sich die Formel

$$\overline{P}_{k_1, k_2, \ldots, k_n} = \frac{(k_1 + k_2 + \ldots + k_n)!}{k_1! \cdot k_2! \cdot \ldots \cdot k_n!} = \frac{k!}{k_1! \cdot k_2! \cdot \ldots \cdot k_n!}.$$

Es gibt auch eine andere Art des Zählens[1] von k-Tupeln über n Elementsorten, wobei man k_i Elemente der i-ten Sorte hat. Nehmen wir an, wir wollen insgesamt $n = 5$ Bälle, davon zwei rote ($k_1 = 2$), zwei weiße ($k_2 = 2$) und einen schwarzen ($k_3 = 1$), auf 5 Positionen verteilen.

Aufgabe 5.20 Bestimme für diesen Fall ($k = 5, k_1 = k_2 = 2, k_3 = 1$) die Anzahl der verschiedenen 5-Tupel mit der schon vorgestellten Methode.

Jetzt rechnen wir anders. Bei der Belegung der ersten Position haben wir drei Möglichkeiten, eine Ballfarbe zu wählen. Diese Möglichkeiten sind in Abb. 5.11 gezeichnet.

Bezeichnen wir durch $\overline{P}_{k_1, k_2, \ldots, k_n}$ die Anzahl der $k_1 + k_2 + \ldots + k_n$ Tupel mit k_i Elementen der i-ten Sorte. Unsere Aufgabe ist es, $\overline{P}_{2,2,1}$ zu berechnen. Durch die Wahl des

---

[1] die man „rekursiv" nennt.

ersten Elementes reduzieren wir unsere Aufgabe auf eine einfachere Aufgabe. Wenn das erste Element rot ist, ist $\overline{P}_{1,2,1}$ zu bestimmen, was der Anzahl an 5-Tupeln mit erstem Element rot entspricht. Für den weißen Ball auf erster Position ist $\overline{P}_{2,1,1}$ zu bestimmen. Im Falle der Platzierung des schwarzen Balles auf erster Position bleiben $\overline{P}_{2,2,0} = \overline{P}_{2,2}$ Möglichkeiten. Also gilt

$$\overline{P}_{2,2,1} = \overline{P}_{1,2,1} + \overline{P}_{2,1,1} + \overline{P}_{2,2}$$
$$= 2 \cdot \overline{P}_{2,1,1} + \overline{P}_{2,2}.$$
$$\{\text{weil } \overline{P}_{1,2,1} = \overline{P}_{2,1,1} \text{ wegen Symmetrie}\}$$

Aufgabe 5.21 Überprüfe diese Gleichung, indem du die Zahlen, die du mit der ersten Methode erhalten hast, in die entsprechenden Werte von $\overline{P}_{i,j,k}$ einsetzt.

Wie in Abb. 5.11 angedeutet, kann man noch für $\overline{P}_{2,1,1}$ das Element für die zweite Position wählen, und so erhält man

$$\overline{P}_{2,1,1} = \overline{P}_{1,1,1} + \overline{P}_{2,0,1} + \overline{P}_{2,1,0}$$
$$= \overline{P}_{1,1,1} + 2 \cdot \overline{P}_{2,1}.$$
$$\{\text{weil } \overline{P}_{2,0,1} = \overline{P}_{2,1} = \overline{P}_{2,1,0}\}$$

In dieser Art fährt man fort, bis man ganz einfache Zählprobleme erhält (zum Beispiel $\overline{P}_2 = 1$ oder $\overline{P}_{1,1} = 2$), deren Lösungen man sofort sieht. Dann muss man diese Resultate in die Formel einsetzen und den Wert zurückberechnen.

Aufgabe 5.22 Um zu sehen, wie aufwendig diese Methode ist, versuche das Baumdiagramm in Abb. 5.11 so zu vervollständigen, dass am Ende in den Baumblättern nur konkrete 5-Tupel stehen, die eine Möglichkeit beschreiben.

Aufgabe 5.23 Wie viele Möglichkeiten gibt es, insgesamt 16 Bälle auf 16 Plätzen zu positionieren, wenn von den Bällen 5 rot, 4 grün, 4 blau und 2 weiß sind und einer schwarz ist?

Aufgabe 5.24 ✓ Wie viele verschiedene 9-stellige Folgen von Buchstaben (Wörtern) kann man durch Änderung der Reihenfolge der Buchstabenfolge ANNASANNA erzeugen?

Aufgabe 5.25 14 Personen unternehmen eine Bootsfahrt. Es gibt 4 Boote mit jeweils 4, 4, 3 und 3 Plätzen. Wie viele Möglichkeiten gibt es, die 14 Personen in die 4 Boote zu verteilen?

Aufgabe 5.26 ✓ Wir befinden uns im Punkt $(0,0)$ des Koordinatensystems, in dem ein Einheitsgitter liegt. Wir dürfen uns nur auf den Kanten des Einheitsgitters bewegen. Wie viele kürzeste Wege stehen uns zur Verfügung, um von $(0,0)$ aus den Punkt $(6,4)$ zu erreichen?

Aufgabe 5.27 Man startet im Punkt $(0, 0)$, und auf jeder Kreuzung darf man sich nur nach rechts oder nach oben im Koordinatensystem bewegen. Die Auswahl der Richtung passiert auf jeder Kreuzung zufällig und nach der Gleichwahrscheinlichkeitsverteilung. Wie groß ist die Wahrscheinlichkeit, nach dem Durchlaufen von 10 Gitterknoten den Punkt $(6, 4)$ zu erreichen? Wie groß ist diese Wahrscheinlichkeit, wenn die Wahrscheinlichkeit, nach rechts zu gehen, zweimal so groß ist wie diejenige, nach oben zu gehen?

Aufgabe 5.28 Wie viele kürzeste Wege gibt es im dreidimensionalen Einheitsgitter vom Punkt $(2, 3, 5)$ aus zum Punkt $(5, 9, 9)$? Wie viele gibt es von $(1, -2, 3)$ aus nach $(-6, 3, -2)$?

Aufgabe 5.29 Wie viele Wege der Länge 12 gibt es im zweidimensionalen Einheitsgitter von $(0, 0)$ nach $(6, 4)$? Schaffst du es auch, die Anzahl der Wege der Länge höchstens 14 zu bestimmen?

Wir können unsere kombinatorischen Überlegungen auch dazu nutzen, effizient die Koeffizienten von Polynomen der Form $(a + b)^n$ zu bestimmen.

Wenn man $(a + b)^4$ ausmultipliziert, erhält man

$$a^4 + 4a^3b + 6ab + 4ab^3 + b^4.$$

Wie bestimmt man schnell den Koeffizienten beim einzelnen $a^i b^j$? Im Prinzip weiß man, dass man $i + j = n$ (in unserem Fall 4) geklammerte Ausdrücke ausmultiplizieren soll. Alle Ausdrücke sind gleich, nämlich $(a + b)$. Aus jeder dieser Klammern wählt man entweder a oder b. Also hat man für das Polynomglied $a^i b^j$ aus den $i + j$ Klammern i Mal a und j Mal b gewählt. Der Koeffizient c_{ij} bei $a^i b^j$ entspricht der Anzahl Möglichkeiten, aus $i + j$ Klammern i Mal a und j Mal b zu wählen. Damit ist

$$c_{ij} = \overline{P}_{i,j} = \binom{i + j}{i} \cdot \binom{j}{j} = \binom{n}{i}.$$

Aufgabe 5.30 Der Term $(x + y)^{12}$ wird ausmultipliziert und vollständig zusammengefasst. Welche Koeffizienten stehen bei $x^6 y^6$, $x^{10} y^2$, y^{12} und $x^8 y^4$?

5.5 Kombinatorik des Ziehens aus einer Urne

Im Prinzip haben wir bisher die Kombinatorik zum Zählen der Ergebnisse eines Ereignisses oder zum Zählen gewisser Objekte benutzt. Einige wichtige Zählkonzepte haben wir schon gelernt. Die meisten dieser vorgestellten Konzepte kann man als Spezialfälle des Ziehens aus einer Menge (einer Urne) darstellen. Wir benutzen jetzt dieses Modell, um noch einmal einheitlich die grundlegenden Zählkonzepte darzustellen und um ein neues Konzept vorzustellen. Im Folgenden betrachten wir vier verschiedene Szenarien.

Hinweis 5.4

Das Ziehen aus einer Urne offeriert eine weitere systematische Alternative zur Wahl von Objekten aus einer Menge oder einer Multimenge, die wir am Anfang dieses Kapitels vorgestellt haben. Der Grund, diese Alternative in den Unterricht einzubeziehen, liegt darin, dass sie eine direkte Verbindung zu Zufallsexperimenten besitzt. Man kann mit ihr zum Beispiel die Anzahl aller Ergebnisse eines komplexen zusammengesetzten Experimentes bestimmen.

5.5.1 Ziehen mit Zurücklegen, geordnet

In der Urne haben wir n unterschiedliche Elemente, die wir paarweise unterscheiden können (das heißt, der Inhalt der Urne ist eine Menge). Wir ziehen k Mal ein Element aus der Urne, und nach jedem Ziehen legen wir das Element in die Urne zurück. Beim Resultat kommt es darauf an, wann welches Element gezogen wurde, das heißt, die Reihenfolge der gezogenen Elemente ist wichtig.

Sei zum Beispiel $U = \{1, 2, 3, 4, 5\}$ der Inhalt der Urne. Damit ist $n = 5$. Wenn wir jetzt $k = 4$ Mal ziehen, erhalten wir Folgen (Tupel) von Resultaten. Dabei ist $2, 3, 3, 2$ eine andere Folge (ein anderes Resultat) als $3, 2, 3, 2$, weil es auf die Reihenfolge ankommt.

Wir sehen, dass dieses Ziehen der schon vorgestellten Ziehung von k-Tupeln über einer Menge von n Elementen und somit den **Variationen mit Wiederholungen** entspricht. Für jede der k Positionen des Tupels haben wir die Wahl, eines von n Elementen aus U zu wählen. Damit ist die Anzahl der Möglichkeiten, k Elemente aus einer n-elementigen Menge mit Zurücklegen zu ziehen, genau

$$\overline{V}_{n,k} = n^k.$$

Wir sehen, dass diese Art zu ziehen genau für die k-fache Wiederholung des gleichen Basisexperiments mit n elementaren Ereignissen geeignet ist.

Aufgabe 5.31 Wie viele dreistellige Zahlen existieren, bei denen die Ziffer 0 nicht vorkommt?

Aufgabe 5.32 $\checkmark$ Seien $A = \{a_1, a_2, \ldots, a_k\}$ und $B = \{b_1, b_2, \ldots, b_n\}$. Wie viele unterschiedliche Funktionen aus A nach B gibt es?

5.5.2 Ziehen ohne Zurücklegen, geordnet

Wir ziehen k Elemente aus einer n-elementigen Menge U ohne Zurücklegen. Damit muss $k \leq n$ sein. Beim Resultat kommt es auf die Reihenfolge an, also generieren wir wieder k-Tupel (Folgen der Länge k). Wie viele Möglichkeiten gibt es?

Dieses Szenario haben wir auch schon untersucht. Es handelt sich in der Terminologie der Kombinatorik um (n, k)**-Variationen**. Für die Wahl des ersten Elements haben wir n Möglichkeiten. Für die Wahl des zweiten Elements bleiben $n - 1$ Möglichkeiten, für das dritte Element sind es noch $n - 2$ Möglichkeiten, und so weiter. Für das Ziehen des k-ten Elementes gibt es

$$n - (k - 1) = n - k + 1$$

Möglichkeiten. Zusammen ergibt dies

$$V_{n,k} = n \cdot (n - 1) \cdot (n - 2) \cdot \ldots \cdot (n - k + 1) = \prod_{i=0}^{k-1}(n - i) = \frac{n!}{(n - k)!}$$

viele Möglichkeiten.

Aufgabe 5.33 Betrachten wir A als lateinisches Alphabet mit 26 Buchstaben. Jede Folge von Buchstaben (auch semantisch sinnlose) nennen wir ein Wort über A. Wie viele Wörter der Länge 4 über A gibt es, in denen sich kein Buchstabe wiederholt? Wie viele Wörter der Länge 4 gibt es, in denen sich jeder Buchstabe beliebig oft wiederholen darf?

5.5.3 Ziehen ohne Zurücklegen, ungeordnet

Wieder betrachten wir eine Urne mit n unterschiedlichen Elementen und ziehen daraus k Elemente mit $k \leq n$, ohne diese wieder zurück zu legen. Die Ordnung der einzelnen Resultate des Ziehens spielt keine Rolle, es geht nur darum, welche k Elemente aus den n Elementen gezogen worden sind. Wie viele Möglichkeiten gibt es?

Weil jedes Element aus U nur einmal gezogen werden kann und die Reihenfolge keine Rolle spielt, sind die Resultate als k-elementige Mengen darstellbar. Wir haben schon erklärt, dass die Anzahl verschiedener k-elementiger Teilmengen aus einer n-elementigen Menge

$$\binom{n}{k} = \frac{n!}{k!(n - k)!}$$

ist. Dies entspricht genau der Anzahl der Möglichkeiten, k Elemente aus n verschiedenen Elementen auszuwählen.

Aufgabe 5.34 Betrachte Bitfolgen als Folgen über dem Alphabet $\{0, 1\}$. Wie viele Folgen der Länge 7, die genau 3 Nullen beinhalten, gibt es?

Aufgabe 5.35 ✓ Beweise, dass für beliebige positive ganze Zahlen k und n mit $k \leq n$ Folgendes gilt:

$$\binom{n}{k} = \binom{n}{n - k}.$$

Hinweis 5.5

Die folgende Variante des wiederholten Ziehens ist anspruchsvoller als die vorherigen und ist für die besonders Interessierten gedacht.

5.5.4 Ziehen mit Zurücklegen, ungeordnet

Wir möchten die Anzahl der Möglichkeiten bestimmen, aus einer n-elementigen Menge k Elemente mit Zurücklegen zu ziehen, wobei die Reihenfolge keine Rolle spielt.

Wo liegt das Problem? Die Ergebnisse sind keine Tupel, weil die Reihenfolge keine Rolle spielt. Die Ergebnisse sind aber auch keine Mengen, weil wegen des Zurücklegens Elemente aus U mehrmals vorkommen können. Wir modellieren solche Resultate durch sogenannte Multimengen. Zum Beispiel ist $A = \{1, 2, 1, 1, 3, 2\}$ eine Multimenge über $\{1, 2, 3\}$, die 1 dreimal enthält, 2 zweimal und 3 einmal. Die Multimenge ist gleich $B = \{1, 1, 1, 2, 2, 3\}$, weil es auf die Reihenfolge nicht ankommt, aber verschieden von $C = \{1, 1, 2, 3, 2, 3\}$, weil es auf die Häufigkeit der Elemente ankommt.

Wie helfen uns diese Überlegungen? In der Kombinatorik ist es häufig am wichtigsten, eine gute Darstellung der Objekte zu finden, die ein einfaches und anschauliches Zählen ermöglicht. Wenn $U = \{1, 2, 3, 4\}$ vier Elemente hat, können wir Multimengen A über U als 4-Tupel

$$T_A = (a_1, a_2, a_3, a_4)$$

darstellen, wobei a_1 die Anzahl von 1 in A, a_2 die Anzahl von 2 in A, a_3 die Anzahl von 3 in A und a_4 die Anzahl von 4 in A darstellt. Für $U = \{1, 2, 3, 4\}$ und $A = \{1, 2, 1, 1, 3, 2\}$ ist also $T_A = (3, 2, 1, 0)$. Für $D = \{2, 2, 2, 3, 3, 3\}$ gilt analog $T_D = (0, 3, 3, 0)$. Wir haben keinen Zweifel daran, dass T_A eindeutig eine Multimenge A über U darstellt. Offensichtlich ist $a_1 + a_2 + a_3 + a_4$ die Gesamtzahl der Elemente der Multimenge über $U = \{1, 2, 3, 4\}$.

Jedes Tupel können wir auch so darstellen, dass wir die Zahlen in den Tupeln „unär" repräsentieren. Bei der unären Darstellung wird eine Zahl durch Wiederholung eines einzigen Symbols, zum Beispiel durch „0", dargestellt. Somit ist

$$U T_A = (000, 00, 0, \ )$$

die Darstellung des Tupels $T_A = (3, 2, 1, 0)$. Die Darstellung von $T_D = (0, 3, 3, 0)$ ist damit $U T_D = (\ , 000, 000, \ )$ und die Darstellung von $T_E = (0, 0, 6, 1)$ ist $U T_E = (\ , \ , 000000, 0)$. Jetzt lassen wir die Klammern weg, ersetzen die Kommata „," durch „1" und erhalten nun für $U T_A$ die Folge

$$w_A = 000100101$$

über zwei Elementen 0 und 1. Jede solche Folge mit $n - 1$ Symbolen 1 bestimmt eindeutig eine Multimenge über einer n-elementigen Menge und umgekehrt. Also ist die Anzahl der Möglichkeiten gleich der Anzahl solcher Folgen.

Aufgabe 5.36 ✓ Sei $U = \{a, b, c, d\}$ die Basismenge. Repräsentiere die folgenden Multimengen A als Folgen von Nullen und Einsen.

(a) $\{a, a, b, b, a, c, d\}$,
(b) $\{a, a, a, a, d\}$,
(c) $\{a, b, c, d\}$,
(d) $\{d, d, d\}$,
(e) $\{b, b, c, c, c, d, d\}$,
(f) $\{b, b, b, b, b, d, d\}$.

Aufgabe 5.37 Sei $U = \{A, B, C, D\}$ die Basismenge als der Inhalt der Urne. Schreibe die Multimengen über U auf, die folgenden binären Kodierungen entsprechen:

(a) 0100100010,
(b) 110001,
(c) 0101010,
(d) 001101000.

Diese Folgen von Nullen (0) und Einsen (1) bestehen aus genau k Nullen (wir haben k Mal gezogen) und $n - 1$ Einsen als Trennungssymbolen. Also, wie viele Folgen über zwei Elementen 0 und 1 der Länge $n + k - 1$ mit genau k Nullen gibt es? Die Positionen der Nullen können beliebig gewählt werden. Wie viele Möglichkeiten gibt es also, k Positionen in einer Folge von $n + k - 1$ Positionen zu wählen? Die $n + k - 1$ Positionen bilden die Menge $\{1, 2, \ldots, n + k - 1\}$ und die Aufgabe ist es, eine k-elementige Teilmenge von Positionen zu bestimmen. Dieses Muster kennen wir schon, und wir wissen, dass das Resultat

$$\binom{n + k - 1}{k}$$

ist.

Aufgabe 5.38 Jan betrachtet das Problem als Platzierung von $n - 1$ Einsen als Trennsymbole (Kommas) und kommt somit auf das Resultat

$$\binom{n + k - 1}{n - 1}.$$

Ist diese Überlegung korrekt? Begründe deine Behauptung.

Aufgabe 5.39 ✓ Es gibt zwei unterschiedliche Nusspackungen im Geschäft, von jeder Sorte hinreichend viele. Jan will insgesamt 3 Nusspackungen kaufen. Wie viele Möglichkeiten hat er? Liste alle auf.

Aufgabe 5.40 Peter will im Geschäft 7 Tafeln Schokolade kaufen. Es gibt 10 Sorten Schokolade, von jeder Sorte sind auch mehr als 7 Tafeln im Regal. Wie viele Möglichkeiten hat Peter, seine 7 Tafeln auszusuchen?

5.6 Verknüpfung verschiedener Anordnungstypen

Hinweis 5.6

Der restliche Teil dieses Kapitels ist optional. Er präsentiert eine kleine Reihe von unterschiedlichen kombinatorischen Aufgaben, bei deren Bewältigung man die bereits vorgestellten Abzählkonzepte anwenden kann. Man muss nur die richtige Wahl treffen oder sie geschickt kombinieren. Von den folgenden Aufgaben können beliebige bearbeitet werden. Wichtig ist zu sehen, dass die vorstellte Kombinatorik insbesondere bei Wahrscheinlichkeitsräumen mit uniformen Wahrscheinlichkeitsverteilungen ein wertvolles Instrument zur Bestimmung der Wahrscheinlichkeiten unterschiedlicher Ereignisse offeriert.

In vielen konkreten Situationen, in denen etwas abgezählt werden muss, müssen die grundlegenden Anordnungstypen *Permutationen*, *Variationen* und *Kombinationen* geeignet verknüpft werden. Wir können diese Anordnungstypen als grundlegende Modelle auffassen. Dabei ist es sehr wichtig, in jedem Fall klar zu stellen, was die Elemente und was die Plätze sind. Vielfach ist es möglich, dieselbe Aufgabe auf verschiedenen Wegen zu lösen.

Beispiel 5.3 In einer Zelle einer *Segmentanzeige* kann jedes Element einzeln ein- oder ausgeschaltet werden, siehe Abb. 5.12. Wie viele verschiedene Zeichen kann man mit einer einzigen Zelle anzeigen, bei der genau 4 Segmente eingeschaltet sind?

Abb. 5.12 Fünf verschiedene Zeichen, die mit einer Zelle einer Segmentanzeige darstellbar sind

Variante 1 Die eingeschalteten Segmente werden aus allen ausgewählt. Es gibt insgesamt $n = 7$ Elemente und $k = 4$ davon werden ausgewählt. Die Reihenfolge spielt keine Rolle, Wiederholungen darf es nicht geben. Wir zählen dies ab durch Kombination von 7 Elementen auf 4 Plätzen. Es gibt

$$K_{7,4} = \binom{7}{4} = \frac{7!}{4! \cdot 3!} = 35$$

Zeichen, die so dargestellt werden können.

Variante 2 Wir verteilen den Status „ein" bzw. „aus" auf die Segmente. Es gibt $n = 2$ Elementsorten und $k = 7$ Plätze. Damit genau 4 eingeschaltet sind, müssen wir $k_1 = 4$ Mal die Etikette „ein" und $k_2 = 3$ Mal die Etikette „aus" verteilen. Die Elementsorten werden mehrfach wiederholt, die Reihenfolge der Etiketten ist wichtig. Es handelt sich um eine Permutation mit Wiederholung. Die Anzahl ist

$$\frac{7!}{4! \cdot 3!} = 35.$$

Das Beispiel zeigt, dass man durchaus verschieden darüber denken kann, was denn die Elemente und was die Plätze sind. $\Diamond$

Beispiel 5.4 Ein Schweizer Jasskartenspiel besteht aus 36 verschiedenen Karten. Beim Spiel *Schieber* werden diese Karten auf die vier Spieler A, B, C und D aufgeteilt. Jeder Spieler erhält also 9 Karten. Auf wie viele Arten kann man die 36 Karten auf die vier Spieler verteilen?

Variante 1 Wir mischen zuerst und verteilen die Karten der Reihe nach auf die Spieler. Wir können uns vorstellen, dass wir das Kartendeck zuerst beliebig durchmischen, dann die ersten 9 Karten dem Spieler A, die nächsten 9 Karten dem Spieler B und so weiter verteilen. Für das Durchmischen existieren 36! Möglichkeiten. Danach steht fest, wer welche Karten bekommt. Für den Spieler A ist es jedoch unerheblich *in welcher Reihenfolge* er seine 9 Karten erhält. Gleiches gilt für die anderen 3 Spieler. Es gibt also in den 36! Anordnungen des Kartensets $9! \cdot 9! \cdot 9! \cdot 9!$ Anordnungen, die zu derselben Verteilung der Karten führen. Insgesamt gibt es

$$\frac{36!}{9! \cdot 9! \cdot 9! \cdot 9!} = 21\,452\,752\,266\,265\,320\,000$$

Möglichkeiten, die Karten auf die vier Spieler zu verteilen.

Variante 2 Die Spieler dürfen sich der Reihe nach ihre Karten ziehen. Spieler A darf zuerst seine 9 Karten ziehen. Er hat $\binom{36}{9}$ Möglichkeiten seine 9 Karten aus den 36 zu ziehen. Es verbleiben $36 - 9 = 27$ Karten, as denen Spieler B seine 9 Karten ziehen kann. Dafür gibt es nun $\binom{27}{9}$ Möglichkeiten. Für Spieler C verbleiben noch 18 Karten und er hat dementsprechend $\binom{18}{9}$ Möglichkeiten seine Karten zu ziehen. Für den Spieler D verbleiben die restlichen Karten. Er hat $\binom{9}{9} = 1$ Möglichkeit seine Karten zu ziehen. Insgesamt gibt es

$$\binom{36}{9} \cdot \binom{27}{9} \cdot \binom{18}{9} \cdot \binom{9}{9} = 21\,452\,752\,266\,265\,320\,000$$

Möglichkeiten.

Variante 3 Man verteilt die Spieler auf die Karten. Die Elementsorten sind die die vier Buchstaben A, B, C und D. Jede Elementsorte kommt $k_1 = k_2 = k_3 = k_4 = 9$ Mal vor. Es gibt $k = k_1 + k_2 + k_3 + k_4 = 36$ Plätze, dies sind die 36 Karten, die in einer festen Reihenfolge vor uns liegen. Die 36 Buchstaben (9 A's, 9 B's, 9 C's und 9 D's) werden nun auf die Karten verteilt. Die Reihenfolge ist wichtig. Es handelt sich daher um eine Permutation mit Wiederholung. Die Anzahl der möglichen Zuordnungen ist

$$\frac{36!}{9! \cdot 9! \cdot 9! \cdot 9!} = 21\,452\,752\,266\,265\,320\,000.$$

Die Anzahl der möglichen Spiele beim *Schieber* ist sehr groß, kann aber auf verschiedene Weisen berechnet werden. $\Diamond$

Beispiel 5.5 Wie viele Lösungen hat die Gleichung

$$a + b + c = 20, \tag{5.1}$$

wenn a, b und c *positive natürliche* Zahlen sein sollen?

Wir erinnern uns, dass dies jene Zahlen sind, die wir zum Zählen brauchen, also $1, 2, 3, 4, \ldots$. Die Lösung $a = 3, b = 10, c = 7$ ist verschieden von $a = 10, b = 3$, $c = 7$.

Es ist häufig sinnvoll, eine schwierige Aufgabe nicht direkt anzugehen, sondern sich eine Aufgabe vorzunehmen, die in ihrem Charakter sehr ähnlich, jedoch wesentlich einfacher ist.

Die ähnliche Aufgabe soll so einfach sein, dass sie gut gelöst werden kann. Außerdem soll sie so ähnlich sein, dass die Lösungsstrategie auf die ursprüngliche Aufgabe übertragen werden kann.

In (5.1) kommen $k = 3$ Variablen vor, deren Summe gleich $m = 20$ sein soll. Wir können die Ähnlichkeit erhalten, wenn wir nur einen dieser zwei Parameter verändern, den anderen aber belassen. Wir ändern also entweder die Anzahl Variablen k oder die Summe m ab. Damit die Aufgabe einfacher wird, müssen wir k bzw. m kleiner machen. Wie klein? Sie sollen so klein gewählt werden, dass die Aufgabe gut lösbar ist, jedoch doch noch so anspruchsvoll sein, dass wir eine Lösungsstrategie erkennen können, die sich auf das ursprüngliche Problem übertragen lässt.

Variante 1 Wir verkleinern die Anzahl Variablen k. Bei $k = 1$ gibt es nur eine Lösung, nämlich $a = 20$. Wir haben daher bei $k = 1$ keine Möglichkeit für eine Übertragung der Lösungsstrategie. Wir wählen daher $k = 2$ und betrachten:

$$a + b = 20.$$

Es gibt dann 19 Lösungen: $(a, b) \in \{(1, 19), (2, 18), \ldots, (18, 2), (19, 1)\}$.

Ist a gewählt, so ist $b = 20 - a$. Wir können dies noch anders formulieren: Man stelle sich 20 als Summe von Einern vor:

$$20 = 1 + 1 + 1 + 1 + 1 + 1 + 1 + 1 + 1 + 1 + 1 + 1 + 1 + 1 + 1 + 1 + 1 + 1 + 1 + 1.$$

Jetzt kann man eines der Additionszeichen markieren. Die linke Gruppe von Einern liefert den Wert von a, die rechte Gruppe jene von b. Diese Lösungsstrategie lässt sich auf $k = 3$ übertragen: Wir müssen von den 19 Additionszeichen zwei markieren. Die linke Gruppe bildet die Summe a, die mittlere b und die rechte c. Die Reihenfolge, in der wir die Additionszeichen auswählen, spielt keine Rolle. Wir zählen daher die Anzahl Kombinationen, wie wir 19 Elemente (die Additionszeichen) auf zwei Plätze anordnen können. Eine Wiederholung ist nicht möglich, die Reihenfolge spielt keine Rolle. Die Anzahl der Lösungen ist daher $K_{19,2} = \binom{19}{2} = 171$.

Variante 2 Wir verkleinern die Summe m. Es muss $m \geq 3$ gelten, da es sonst gar keine Lösung gibt. Bei $m = 3$ gibt es nur eine Lösung, nämlich $(a, b, c) = (1, 1, 1)$. Wiederum haben wir keine Möglichkeit, eine allgemeine Lösungsstrategie zu übertragen. Bei $m = 4$ betrachten wir

$$a + b + c = 4.$$

Es gibt dann 3 Lösungen, nämlich $(a, b, c) \in \{(2, 1, 1), (1, 2, 1), (1, 1, 2)\}$. Bei $m = 5$ betrachten wir

$$a + b + c = 5.$$

Es gibt dann folgende Lösungen:

$$(a, b, c) \in \{(3, 1, 1), (2, 2, 1), (2, 1, 2), (1, 3, 1), (1, 2, 2), (1, 1, 3)\},$$

also 6 Stück. Diese Analyse lässt eine allgemeine Lösungsstrategie durchschimmern, die wir auch bei $m = 20$ anwenden können: Wenn wir 20 wieder als Summe von Einsen darstellen, dann müssen wir je eine der Einsen an a, b und c verteilen, weil diese jeweils größer als Eins sein müssen. Die verbleibenden $20 - 3 = 17$ Einsen können wir beliebig auf die drei Variablen verteilen.

Wie können wir abzählen, auf wie viele Arten die 17 Einsen auf die drei Variablen a, b und c verteilt werden können? Damit wir dies durch eine grundlegende Zählstruktur modellieren können, denken wir besser, dass die drei Elemente a, b und c auf 17 Plätze

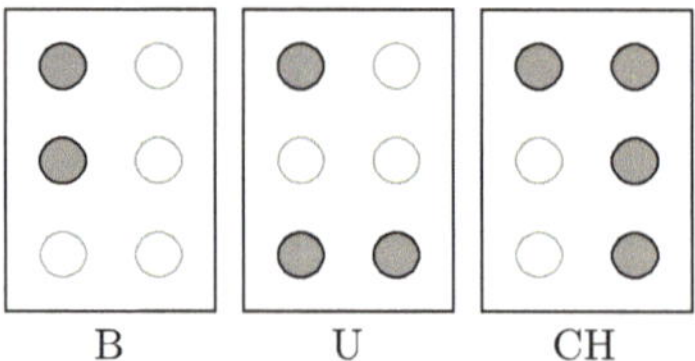

Abb. 5.13 Drei Braillesche Zellen. Die durchgedrückten Punkte sind grau dargestellt

verteilt werden können, wobei natürlich eine Wiederholung stattfinden muss. Die Reihenfolge spielt keine Rolle, also handelt es sich um die Anzahl Kombinationen mit Wiederholung von 3 Elementen auf 17 Plätzen. Somit gibt es $\overline{K}_{3,17} = \binom{3+17-1}{17} = 171$ Lösungen von (5.1). $\diamondsuit$

Aufgabe 5.41 ✓ Die *Brailleschrift* ist eine von Louis Braille 1825 entwickelte Blindenschrift. Die Schrift verwendet Zellen mit 6 Positionen, an denen von hinten nach vorne durchgedrückte Punkte stehen oder die flach bleiben, siehe Abb. 5.13. Wie viele Zeichen kann man mit einer Brailleschen Zelle darstellen?

Aufgabe 5.42 ✓ Bei einem gewissen Typ von Schlössern wird der Schlüssel mit 6 Stiften abgetastet. Jeder Stift kann 8 verschiedene Längen haben, siehe Abb. 5.14. Wie viele verschiedene Schlösser (und zugehörige Schlüssel) sind möglich?

Aufgabe 5.43 ✓ Auf einem Tennisplatz erscheinen an einem Nachmittag 5 Herren und 7 Damen.

(a) Wie viele Spielpaarungen sind möglich, bei denen zwei Damen gegen zwei Herren antreten?
(b) Wie viele Spielpaarungen mit gemischten Doppeln (ein Team besteht aus einer Dame und einem Herrn) gibt es?

Aufgabe 5.44 ✓ Wie viele Wurfbilder gibt es mit 3 roten, 4 blauen und 2 schwarzen Spielwürfeln?

Aufgabe 5.45 ✓ Unter einem Gitterweg in einem Koordinatensystem versteht man einen Weg, der an lauter Gitterpunkten entlang führt (das heißt Punkten mit ganzzahligen Ko-

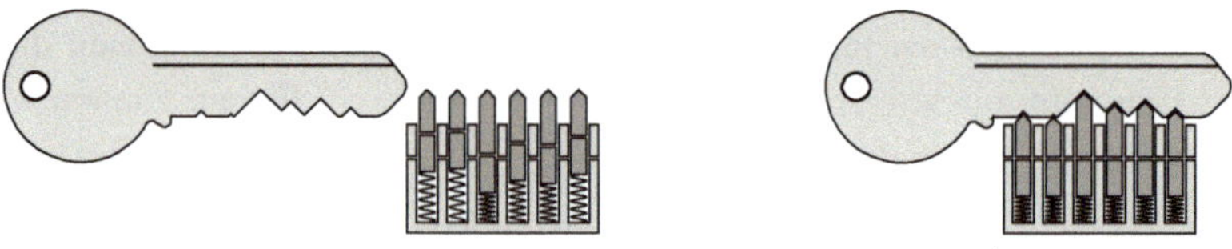

Abb. 5.14 Ein Schlüssel für ein Schloss außerhalb und im Schloss

ordinaten), wobei zum Erreichen des jeweils folgenden Gitterpunktes nur Wegstücke der Länge 1 in positive x-Richtung bzw. in positive y-Richtung erlaubt sind.

(a) Wie viele Gitterwege gibt es von $(0, 0)$ nach $(8, 6)$?

Hinweis Überlege dir, wie man einen solchen Weg durch eine Zeichenkette kodieren könnte.

(b) Wie viele Gitterwege gibt es von $(0, 0)$ nach $(8, 8)$, die über $(4, 4)$ führen?

Aufgabe 5.46 ✓ An einer Prüfung müssen 10 von 15 Aufgaben gelöst werden. Wie viele Auswahlmöglichkeiten gibt es, wenn die ersten 2 Aufgaben unbedingt gelöst werden müssen?

Aufgabe 5.47 ✓ Der Term
$$T = (a + b + c)^6$$
wird ausmultipliziert und dann vollständig zusammengefasst.

(a) Wie viele Summanden hat das dabei entstehende Resultat?
(b) Welche Koeffizienten haben die Monome:

$$ab^2c^3, \quad a^3b^3, \quad a^2b^2c^2?$$

5.7 Berechnung von Wahrscheinlichkeiten mit Hilfe der Kombinatorik

Besonders hilfreich ist die Kombinatorik beim Berechnen von Wahrscheinlichkeiten, wenn die einzelnen Ergebnisse alle gleichwahrscheinlich sind, also zum Beispiel, beim Werfen von Spielwürfeln oder von Münzen. Aber auch in anderen Fällen kann es nützlich sein, gute Abzählstrategien zu kennen. Wir geben einige Beispiele dafür.

Beispiel 5.6 Poker spielt man mit einem Set aus 52 Karten. Es gibt die 4 Farben Kreuz ♣, Pik ♠, Herz ♡ und Karo ♢. Von jeder Farbe gibt es 13 Kartenwerte: 2, 3, ..., 10, J (Jack), Q (Queen), K (King) und A (As).

Ein Kartenblatt besteht aus 5 Karten, die man nach gutem Mischen des ganzen Kartensets erhält. Ein *Full House* ist ein Kartenblatt, bei dem es drei Karten mit gleichem Kartenwert (einen *Drilling*) gibt und die beiden verbleibenden Karten ebenfalls denselben Kartenwert haben (ein *Paar* sind), siehe Abb. 5.15, wo drei Karten den Wert 7 haben und zwei Karten K (King) sind.

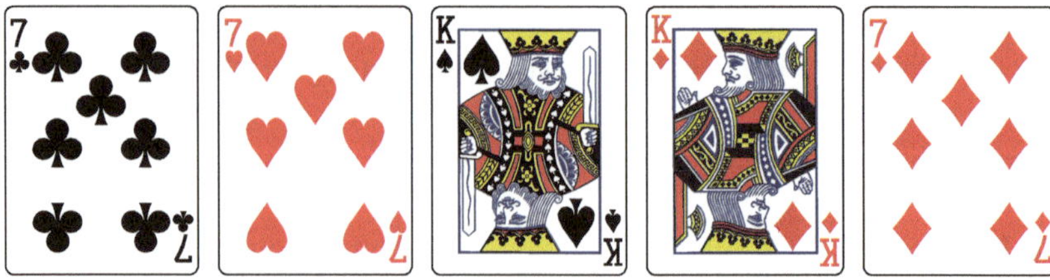

Abb. 5.15 Beispiel eines Full House

Wie groß ist die Wahrscheinlichkeit, in einem Kartenblatt aus 5 Karten ein *Full House* zu erhalten? Wir bestimmen zuerst die Anzahl möglicher Kartenblätter. Ein Kartenblatt erhalten wir durch die Auswahl von 5 aus 52 möglichen Karten, wobei die Reihenfolge keine Rolle spielt. Es gibt also

$$\binom{52}{5} = 2\,598\,960$$

mögliche Kartenblätter. Jedes ist genau gleich wahrscheinlich oder – wie es im Volksmund heißt – gleich unwahrscheinlich.

Jetzt zählen wir, wie viele Kartenblätter ein Full House sind. Wir müssen dazu zwei Kartenwerte auswählen, eine für den Drilling und eine für das Paar. Dabei müssen wir die Reihenfolge beachten, denn ein Fullhouse mit Königsdrilling und einem Siebenerpaar ist nicht dasselbe wie ein Full House mit einem Siebenerdrilling und einem Königspaar. Wir können die Kartenwerte also auf

$$\frac{13!}{(13-2)!} = 13 \cdot 12 = 156$$

Weisen festlegen. Sind die Kartenwerte festgelegt, so müssen wir für den Drilling 3 aus 4 Karten mit diesem Wert auswählen und für das Paar 2 aus 4 Karten auswählen. Dies geht auf $\binom{4}{3}$ bzw. $\binom{4}{2}$ Arten. Insgesamt gibt es also

$$\frac{13!}{(13-2)!} \cdot \binom{4}{3} \cdot \binom{4}{2} = 156 \cdot 4 \cdot 6 = 3\,744$$

unterschiedliche Full-House-Blätter.

Die Wahrscheinlichkeit ein Full House zu erhalten, ist daher

$$\frac{\frac{13!}{(13-2)!} \cdot \binom{4}{3} \cdot \binom{4}{2}}{\binom{52}{5}} = \frac{3\,744}{2\,598\,960} \approx 0.0014,$$

also etwa eineinhalb Promille. $\Diamond$

Beispiel 5.7 Wir bleiben noch beim Poker und fragen uns nun, wie wahrscheinlich es ist, nur einen Drilling, aber kein Full House und keinen Vierling zu haben.

Wir zählen die Anzahl Kartenblätter mit nur einem Drilling, da sich an der Anzahl aller Kartenblätter nichts geändert hat. Dazu wählen wir einen Kartenwert, dies geht auf 13 Arten, und danach 3 von den 4 Karten mit diesem Wert. Es gibt also insgesamt $13 \cdot \binom{4}{3} = 52$ verschiedene Drillinge. Nun müssen wir für jeden Drilling zählen, wie viele Möglichkeiten es noch gibt, das Blatt so zu vervollständigen, dass daraus weder ein Full House noch ein Blatt mit einem *Vierling* (vier Karten mit demselben Wert) entsteht. Für die erste noch fehlende Karte gibt es aus den $52 - 3 = 49$ verbleibenden Karten noch 48 mögliche, denn eine einzige würde den Drilling zum Vierling verbessern. Für die zweite noch fehlende Karte gibt es von den 48 noch 44 verbleibende, denn beide Kartenwerte, die schon gewählt wurden, sind nun ausgeschlossen. Aber jetzt haben wir diese zwei zusätzlichen Karten geordnet gezogen. Da die Ordnung jedoch keine Rolle spielt, und zwei Karten auf 2 Arten angeordnet werden können gibt es nur die Hälfte von $48 \cdot 44$ Möglichkeiten.

Für jeden möglichen Drilling gibt es also $\frac{48 \cdot 44}{2} = 1\,056$ Möglichkeiten, ihn zu einem Drillingsblatt zu vervollständigen. Insgesamt gibt es somit

$$13 \cdot \binom{4}{3} \cdot \frac{48 \cdot 44}{2} = 52 \cdot 1\,056 = 54\,912$$

Kartenblätter mit nur einem Drilling. Die Wahrscheinlichkeit, ein Blatt zu erhalten mit nur einem Drilling, ist also

$$\frac{13 \cdot \binom{4}{3} \cdot \frac{48 \cdot 44}{2}}{\binom{52}{5}} = \frac{54\,912}{2\,598\,960} \approx 0.021. \qquad \diamond$$

Beispiel 5.8 Es werden 3 Spielwürfel geworfen. Wie groß ist die Wahrscheinlichkeit, dass die drei Würfel sich so anordnen lassen, dass ihre Augenzahlen drei aufeinanderfolgende Zahlen zeigen? Siehe Abb. 5.16 für ein Beispiel. Wir stellen uns die Spielwürfel als unterscheidbar vor, etwa von unterschiedlicher Farbe. Zuerst bestimmen wir die Anzahl aller möglichen Wurfbilder. Diese ist $6^3 = 216$. Dadurch, dass die Würfel unterscheidbar sind, ist jedes Ergebnis gleich wahrscheinlich.

Nun zählen wir, wie viele Wurfbilder es gibt, in denen die Augenzahlen aufeinanderfolgend sind. Die Möglichkeiten für die Augenzahlen sind $(1, 2, 3)$, $(2, 3, 4)$, $(3, 4, 5)$ oder $(4, 5, 6)$. Es gibt $3! = 6$ Möglichkeiten die drei Zahlen aus $(1, 2, 3)$ den drei Würfeln zuzuordnen. Dies gilt auch für die anderen Zahlenfolgen. Es gibt also insgesamt $4 \cdot 3! = 24$ günstige Wurfbilder. Die Wahrscheinlichkeit, ein solches Wurfbild zu erhalten, ist daher gleich

$$\frac{4 \cdot 3!}{6^3} = \frac{24}{216} \approx 0.111,$$

also etwa 11 %. $\qquad \diamond$

Abb. 5.16 Ein Beispiel für die Augenzahlen dreier Würfel mit drei aufeinanderfolgenden Zahlen

Aufgabe 5.48 ✓ Beim Poker ist ein *Flush* ein Kartenblatt, bei dem alle 5 Karten von derselben Farbe sind. Wie groß ist die Wahrscheinlichkeit, beim Poker einen *Flush* zu erhalten?

Aufgabe 5.49 ✓ Wie groß ist die Wahrscheinlichkeit, beim Poker einen *Vierling* – dies sind vier Karten mit demselben Wert – zu erhalten?

Aufgabe 5.50 ✓ Wie groß ist die Wahrscheinlichkeit, beim Poker zwei Paare mit unterschiedlichem Wert zu erhalten?

Aufgabe 5.51 ✓ Wie groß ist die Wahrscheinlichkeit, beim gleichzeitigen Werfen von 4 Spielwürfeln 4 unterschiedliche Augenzahlen zu werfen?

Aufgabe 5.52 ✓ Der Jass wird mit 36 Karten gespielt. Es gibt 4 Farben und von jeder Farbe 9 Kartenwerte: 6, 7, 8, 9, 10, Under, Ober, König, As. Beim Spiel *Schieber* erhalten die vier Spieler je 9 Karten. Wie groß ist die Wahrscheinlichkeit, alle vier Under zu erhalten?

Nun betrachten wir Beispiele, bei denen die Ergebnisse nicht unbedingt gleichwahrscheinlich sind.

Beispiel 5.9 Ein Glücksrad hat vier Zonen verschiedener Größe: der rote Sektor misst $60°$, der blaue $45°$, der weiße $180°$ und der graue die restlichen $75°$, siehe Abb. 5.17.

Das Rad wird dreimal schnell gedreht und jeweils zufällig gestoppt. Die Position nach dem jeweiligen Stoppen soll keinen Einfluss auf das Resultat beim nächsten Versuch haben.

Wie groß ist die Wahrscheinlichkeit, dass die drei Farben der französischen Nationalflagge erscheinen (in beliebiger Reihenfolge)? Die Wahrscheinlichkeit, dass beim einmaligen Drehen rot erscheint ist $P_1(\text{rot}) = \frac{60°}{360°} = \frac{1}{6}$. Ebenso gelten $P_1(\text{blau}) = \frac{1}{8}$ und $P_1(\text{weiß}) = \frac{1}{4}$. Die Wahrscheinlichkeit, dass eine bestimmte Reihenfolge erscheint, zum

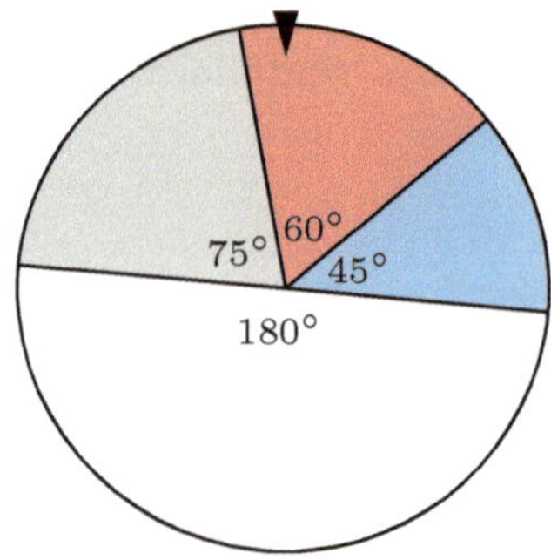

Abb. 5.17 Ein Glücksrad mit 4 Sektoren

Beispiel „blau-weiß-rot", ist gleich

$$P_1(\text{blau}) \cdot P_1(\text{weiß}) \cdot P_1(\text{rot}) = \frac{1}{6} \cdot \frac{1}{8} \cdot \frac{1}{2} \approx 0.0104.$$

Aber jede mögliche Reihenfolge ist gleichwahrscheinlich, da ja die einzelnen Wahrscheinlichkeiten miteinander multipliziert werden und das Produkt von der Reihenfolge der Faktoren unabhängig ist. Es reicht daher, wenn wir zählen, wie viele Reihenfolgen möglich sind. Dies sind 3!, eine Permutation von 3 Elementen. Die Wahrscheinlichkeit, die Farben der französischen Nationalflagge zu erzielen, ist daher gleich

$$6 \cdot \frac{1}{6} \cdot \frac{1}{8} \cdot \frac{1}{2} = 0.0625. \qquad \Diamond$$

Beispiel 5.10 Bei einer Verkehrszählung wurde an einem bestimmten Kontrollpunkt festgestellt, dass 25 % der vorüberfahrenden Fahrzeuge LKW waren. 60 % waren PKW, 10 % Mopeds und 5 % sonstige Fahrzeuge.

Wie groß ist die Wahrscheinlichkeit, dass unter drei vorüberfahrenden Fahrzeugen

(a) 1 LKW, 1 PKW und ein Moped,

(b) genau 2 PKW

beobachtet wurden?

Zuerst zu (a): Die Wahrscheinlichkeit, dass zuerst ein LKW, dann ein PKW und schließlich ein Moped vorbeifahren, ist gleich $0.25 \cdot 0.6 \cdot 0.1 = 0.015$. Es gibt 3! mögliche Weisen, diese drei Fahrzeuge in eine Reihenfolge zu bringen. Jede dieser Möglichkeiten ist gleich wahrscheinlich. Daher ist die Wahrscheinlichkeit, diese drei Fahrzeuge zu beobachten, gleich

$$3! \cdot 0.25 \cdot 0.6 \cdot 0.1 = 0.09.$$

Nun zu (b): Die Wahrscheinlichkeit, zuerst zwei PKW zu beobachten und dann ein anderes Fahrzeug, ist gleich $0.6 \cdot 0.6 \cdot (1 - 0.6) = 0.144$. Es gibt 3 Möglichkeiten, die Fahrzeugtypen (zwei PKW und ein anderes Fahrzeug) in eine Reihenfolge zu bringen (die zwei PKW gelten hier als ununterscheidbar). Daher ist die Wahrscheinlichkeit, genau zwei PKW zu beobachten, gleich

$$3 \cdot 0.6 \cdot 0.6 \cdot (1 - 0.6) = 0.432. \qquad \Diamond$$

Aufgabe 5.53 $\checkmark$ Betrachte das Glücksrad aus Beispiel 5.9. Wie wahrscheinlich ist es, die Farben der Flagge von Österreich – also zweimal rot und einmal weiß – zu ziehen?

Aufgabe 5.54 $\checkmark$ Wie wahrscheinlich ist es beim Glücksrad aus Beispiel 5.9, dass beim viermaligen Drehen jede Farbe genau einmal erscheint?

Aufgabe 5.55 $\checkmark$ Wie wahrscheinlich ist es, bei drei aufeinanderfolgenden Fahrzeugen auf der Straße, die in Beispiel 5.10 betrachtet wurde, mindestens einen LKW und mindestens einen PKW zu beobachten?

Auszug aus der Geschichte

Das bereits in Kap. 2 besprochene *Teilungsproblem* kann folgendermaßen beschrieben werden: Bei einem Spiel zwischen zwei Teilnehmern wird so lange gespielt, bis der erste zuerst p Punkte hat. Dieser gewinnt dann alles Geld G. Nun wird das Spiel aus gewissen Gründen vorzeitig, beim Spielstand $a : b$, abgebrochen. Spieler A hat also a Punkte und Spieler B hat b Punkte erzielt. Wie ist der Gewinn „gerecht" aufzuteilen?

Dieses Problem geht zurück auf Luca Pacioli (1445–1514 oder 1517), der es 1494 betrachtete. Sein Lösungsvorschlag war, die Spieler gemäß der Anzahl erzielter Punkte auszuzahlen, also Spieler A mit $\frac{a}{a+b}G$ und Spieler B mit $\frac{b}{a+b}G$.

Betrachtet man jedoch den Spielstand $3 : 7$, wenn insgesamt auf $n = 8$ Punkte gespielt werden sollte, so scheint es eher ungerecht, dass A doch noch $\frac{3}{10}$ erhält und B nur $\frac{7}{10}$, da doch B viel größere Gewinnchancen hat.

Pierre de Fermat (1607–1665) und Blaise Pascal (1623–1662) diskutierten dieses Problem auch, und Pascal schlug vor, den Gewinn gemäß den Gewinnchancen aufzuteilen. Beim Stand $3 : 7$ und $n = 8$ müsste Spieler A in allen 5 folgenden Versuchen gewinnen, um alles zu gewinnen. Um dies zu modellieren, nahm er an, dass in jedem Spiel beide die gleiche Chance haben zu gewinnen: Die Gewinnchance von A ist daher $\left(\frac{1}{2}\right)^5 = \frac{1}{32} \approx 3.1\,\%$, während B eine Gewinnchance von $1 - \left(\frac{1}{2}\right)^5 = \frac{31}{32} \approx 96.9\,\%$ hat.

Wir berechnen nun allgemein die Gewinnchance von A. Damit A gewinnt, muss er das letzte Spiel gewinnen, die Wahrscheinlichkeit dafür ist $\frac{1}{2}$. Der vorletzte Spielstand ist daher $(n-1) : u$ für ein u mit $b \leq u \leq n-1$. Daher wurden $(n-1) - a + u - b = n + u - a - b - 1$ Spiele gespielt vom Stand $a : b$ bis zum Stand $(n-1) : u$. Jeder Spielverlauf ist möglich, bei dem A genau $(n-1) - a$ Mal gewinnt. Es gibt daher $\binom{n+u-a-b-1}{n-1-a}$ Wege und jeder hat die Wahrscheinlichkeit $\frac{1}{2^{n+u-a-b-1}}$. Somit ist die Gewinnchance von A gleich

$$p_A = \sum_{u=b}^{n-1} \frac{1}{2} \frac{1}{2^{n+u-a-b-1}} \binom{n+u-a-b-1}{n-1-a} = \sum_{u=b}^{n-1} \frac{1}{2^{n+u-a-b}} \binom{n+u-a-b-1}{n-1-a}.$$

Ganz analog berechnet sich die Gewinnwahrscheinlichkeit von B als

$$p_B = \sum_{v=a}^{n-1} \frac{1}{2^{n+v-a-b}} \binom{n+v-a-b-1}{n-1-b}.$$

Da aber in jedem Fall A oder B gewinnen würde, wenn man weiterspielte, so muss $p_A + p_B = 1$ gelten. Deswegen sollte Spieler A den Teilgewinn $p_A G$ und Spieler B den Teilgewinn $p_B G$ erhalten.

5.8 Rekursionsformeln

Zum Abschluss sollen noch ein paar Beispiele betrachtet werden, bei denen klar wird, dass die Zählstrukturen, die wir bisher betrachtet haben, bei weitem nicht ausreichen, um alle Zählprobleme anzugehen. Die Kombinatorik ist ein aktives Forschungsgebiet, bei dem es viele offene Fragen gibt, die immer neue Lösungsansätze fordern.

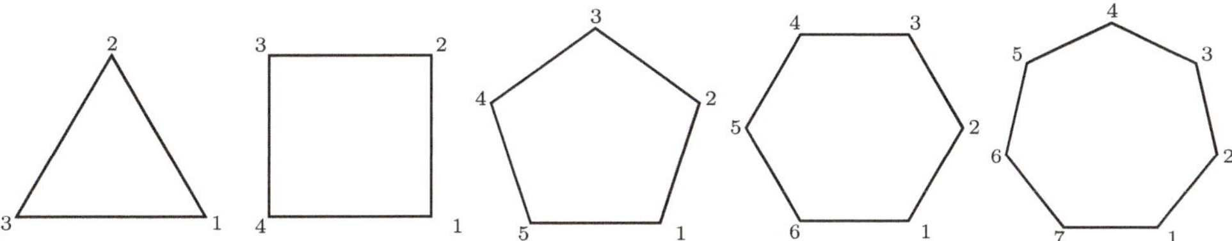

Abb. 5.18 Reguläre Polygone mit $n = 3, 4, 5, 6, 7$ Ecken

Hinweis 5.7

Dieser Abschnitt, der letzte dieses Kapitels, ist für den Rest dieses Buches verzichtbar. Keine der hier dargestellten Überlegungen wird später noch einmal wesentlich gebraucht. Jedoch bietet dieser Abschnitt zwei wesentliche Einsichten, die durchaus wertvoll sind: erstens erschöpft sich die Kombinatorik nicht in den Zählstrukturen von Permutationen, Variationen und Kombinationen, andererseits wird gezeigt, wie wertvoll die Rekursion in der Mathematik sein kann.

5.8.1 Diagonalen in Polygonen

Wir betrachten ein festes reguläres n-Eck, bei dem alle Seiten gleich lang und alle Innenwinkel gleich groß sind. Man nennt ein solches Vieleck auch reguläres *Polygon*, nach dem Griechischen *poly* (viel) und *gon* (Winkel). Beispiele solcher regulärer Polygone sind das gleichseitige Dreieck oder das Quadrat. In Abb. 5.18 sind einige dargestellt.

Eine *Diagonale* ist eine Strecke, die zwei nicht benachbarte Ecken des Polygons verbindet. Das Dreieck hat keine Diagonale, das Quadrat hat zwei.

Beispiel 5.11 Wie viele Diagonalen hat das 5-Eck oder das 6-Eck oder allgemein das n-Eck? Diese Frage können wir mit unserem Werkzeugkasten von Zählstrukturen leicht beantworten. Wir zählen einfach, auf wie viele Arten wir zwei Ecken aus den n Ecken auswählen können: dies geht auf $\binom{n}{2} = \frac{n \cdot (n-1)}{2 \cdot 1} = \frac{n^2 - n}{2}$ Arten. Damit haben wir Seiten und Diagonalen zusammen gezählt. Die Seiten sind immer n viele. Somit gibt es $D(n) = \frac{n^2 - n}{2} - n = \frac{n^2 - 3n}{2}$ Diagonalen. Folglich gibt es beim Fünfeck $D(5) = \frac{5^2 - 3 \cdot 5}{2} = 5$ und beim Sechseck $D(6) = \frac{6^2 - 3 \cdot 6}{2} = 9$ Diagonalen. $\Diamond$

Aufgabe 5.56 Wie viele Diagonalen hat das 7-Eck, wie viele das 8-Eck?

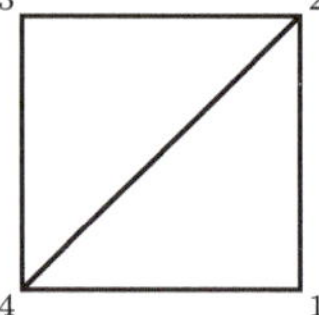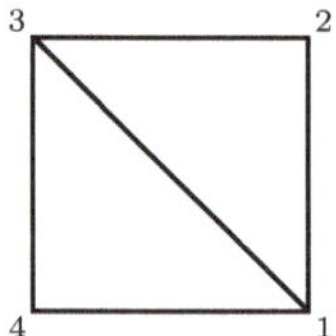

Abb. 5.19 Die zwei Triangulierungen eines Quadrats

5.8.2 Polygon-Triangulierungen

Eine schwierigere Frage als die nach der Anzahl Diagonalen ist: auf wie viele Arten lässt sich ein regelmäßiges n-Eck durch Diagonalen, die sich gegenseitig nicht überschneiden, in Dreiecke aufteilen? Wir bezeichnen eine solche Einteilung als *Triangulierung*.

Beim Quadrat gibt es offensichtlich genau $T_4 = 2$ Triangulierungen, siehe Abb. 5.19.

Beim Fünfeck gibt es $T_5 = 5$ Triangulierungen, siehe Abb. 5.20.

Aufgabe 5.57 Kannst du alle 14 Triangulierungen des Sechsecks finden?

Der Schlüssel zur Beantwortung der Frage nach der Anzahl Triangulierungen T_n des regulären n-Ecks liegt in einer *Rekursion*. Bei einer Rekursion führt man ein gegebenes Problem auf ein einfacheres zurück. Dies ist eine sehr häufig angewendete Lösungsstrategie in der Mathematik.

Beispiel 5.12 Wir fragen konkret, wie viele Triangulieren das 7-Eck hat. Diese Zahl nennen wir T_7. Die Ecken des 7-Ecks nummerieren wir aufeinanderfolgend mit den Zahlen von 1 bis 7. Die Seiten sind somit $\{1, 2\}, \{2, 3\}, \ldots, \{6, 7\}, \{7, 1\}$. Wir betrachten nun eine bestimmte Seite, nämlich $\{7, 1\}$. Bei einer gegebenen Triangulierung gehört diese Seite zu einem Dreieck. Genauer gehört sie zu *genau einem* Dreieck der Triangulierung. Es gibt also die folgenden Möglichkeiten für dieses Dreieck: $\{1, 2, 7\}, \{1, 3, 7\}, \{1, 4, 7\}, \{1, 5, 7\}$ und $\{1, 6, 7\}$, siehe Abb. 5.21.

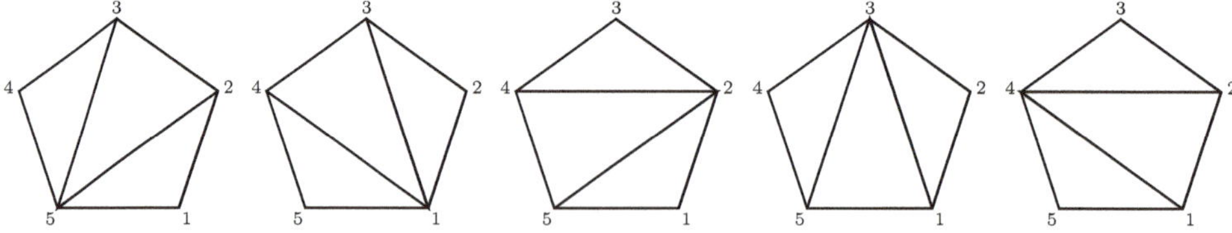

Abb. 5.20 Die fünf Triangulierungen eines Fünfecks

Wir können nun diese fünf Fälle separat betrachten: Das Dreieck $\{1, 2, 7\}$ hinterlässt das Sechseck $\{2, 3, 4, 5, 6, 7\}$, für das es 14 Triangulierungen gibt. Ebenso gibt es 14 Triangulierungen, die das Dreieck $\{1, 6, 7\}$ beinhalten.

Das Dreieck $\{1, 3, 7\}$ trennt das Siebeneck in das Dreieck $\{1, 2, 3\}$ und das Fünfeck $\{3, 4, 5, 6, 7\}$. Für das Fünfeck gibt es 5 Triangulierungen. Genauso gibt es 5 Triangulierungen mit dem Dreieck $\{1, 5, 7\}$.

Es bleibt noch der Fall, bei dem die Triangulierung das Dreieck $\{1, 4, 7\}$ beinhaltet. Dieses teilt das Siebeneck in zwei Vierecke, die jeweils auf zwei Arten trianguliert werden können. Es gibt daher $2 \cdot 2$ Triangulierungen mit dem Dreieck $\{1, 4, 7\}$.

Somit gibt es insgesamt

$$T_7 = 14 + 5 + 2 \cdot 2 + 5 + 14 = 42$$

Triangulierungen des 7-Ecks, siehe Abb. 5.22. $\Diamond$

Aufgabe 5.58 Berechne mit dieser Strategie T_8, das heißt die Anzahl Triangulierungen des 8-Ecks.

Wir versuchen nun, eine allgemeine Rekursionsformel aus der Betrachtung dieser Spezialfälle abzuleiten. Gesucht ist also eine Formel für T_n, die Anzahl Triangulierungen des n-Ecks.

Für die dritte Ecke i desjenigen Dreiecks $\{1, i, n\}$, welches die Seite $\{n, 1\}$ enthält, gibt es die Möglichkeiten $i = 2, 3, \ldots, n - 1$. Daher erhalten wir für T_n eine Summe mit $n - 2$ Summanden. Die Ecke i teilt das n-Eck in zwei kleinere: einerseits ist dies $\{1, 2, \ldots, i\}$, ein i-Eck, und andererseits $\{i, i + 1, \ldots, n\}$, ein $(n - i + 1)$-Eck. Daher gibt es $T_i \cdot T_{n-i+1}$ Triangulierungen mit dem Dreieck $\{1, i, n\}$.

Somit erhalten wir die Rekursionsformel

$$T_n = T_{n-1} \cdot T_2 + T_{n-2} \cdot T_3 + \ldots + T_{n-i+1} \cdot T_i + \ldots + T_3 \cdot T_{n-2} + T_2 \cdot T_{n-1}$$

für die Anzahl Triangulierungen des n-Ecks.

Die obige Formel enthält den Ausdruck „T_2". Dieser ergibt als „Anzahl Triangulierungen des 2-Ecks" keinen Sinn. Beim 7-Eck hatten wir dieses Problem nicht, da wir einfach

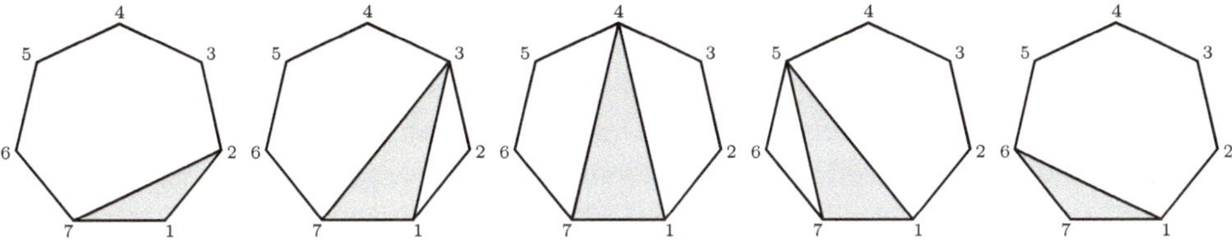

Abb. 5.21 Die fünf Möglichkeiten des Dreiecks mit der Seite $\{7, 1\}$

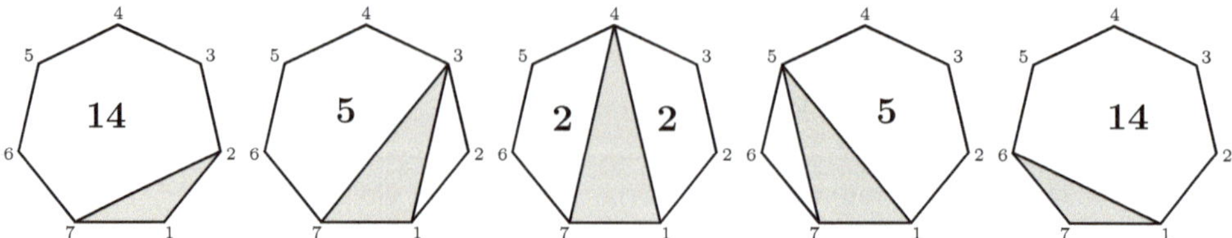

Abb. 5.22 Die Anzahl der Triangulierungen in den verbleibenden Polygonen

nur das verbleibende 6-Eck trianguliert haben. Wenn wir $T_2 = 1$ setzen, so stimmt unsere Formel. Ebenso gilt $T_3 = 1$, da es genau eine Triangulierung des Dreiecks gibt.

Verifizieren wir zuerst, dass unsere Formel richtig funktioniert:

$$T_4 = T_3 \cdot T_2 + T_2 \cdot T_3 = 1 \cdot 1 + 1 \cdot 1 = 2,$$

$$T_5 = T_4 \cdot T_2 + T_3 \cdot T_3 + T_2 \cdot T_4 = 2 \cdot 1 + 1 \cdot 1 + 1 \cdot 2 = 5,$$

$$T_6 = T_5 \cdot T_2 + T_4 \cdot T_3 + T_3 \cdot T_4 + T_2 \cdot T_5 = 5 \cdot 1 + 2 \cdot 1 + 1 \cdot 2 + 1 \cdot 5 = 14.$$

Aufgabe 5.59 Berechne T_8 mit der Rekursionsformel.

Aufgabe 5.60 Verifiziere $T_9 = 429$ mit der Rekursionsformel.

Auszug aus der Geschichte

Eugène Charles Catalan (1814–1894) war ein französisch-belgischer Mathematiker und arbeitete auf verschiedenen Gebieten der Mathematik. Nach ihm benannt ist die *Catalansche Vermutung*, nach der $3^2 - 2^3 = 1$ die einzigen Lösung der Gleichung $x^p - y^q = 1$ mit natürlichen Zahlen x, y, p, q ist. Diese Vermutung wurde kürzlich, 2002, von Preda Mihăilescu bewiesen.

Nach Catalan sind auch die *Catalan-Zahlen C_n* benannt, die in kombinatorischen Problemen immer wieder auftreten. Sie sind rekursiv definiert: $C_0 = 1$ und für $n \geq 0$ gilt

$$C_{n+1} = \sum_{k=0}^{n} C_k C_{n-k}.$$

Das erste Mal wurden diese Zahlen 1751 von Leonhard Euler benutzt und zwar genau dazu, die Anzahl Triangulierungen des regulären n-Ecks abzuzählen.

5.8.3 Weitere wahrscheinlichkeitstheoretische Probleme mit Polygonen

Beispiel 5.13 Wir betrachten das regelmäßige 7-Eck und dessen 42 Triangulierungen. Diese stellen wir uns als Elemente einer Urne vor, von der eines zufällig gezogen wird. Jede Triangulierung hat somit die Wahrscheinlichkeit $\frac{1}{42}$ ausgewählt zu werden. Wie wahrscheinlich ist es, dass diese zufällig gezogene Triangulierung die Diagonale $\{1, 4\}$ enthält?

Wir könnten natürlich alle Triangulierungen mit dieser Diagonale explizit aufschreiben, aber es geht wesentlich einfacher: die Diagonale $\{1, 4\}$ teilt das 7-Eck in das Viereck

Abb. 5.23 Die Anzahl der Triangulierungen in den zwei Polygonen auf beiden Seiten der Diagonale $\{1, 4\}$

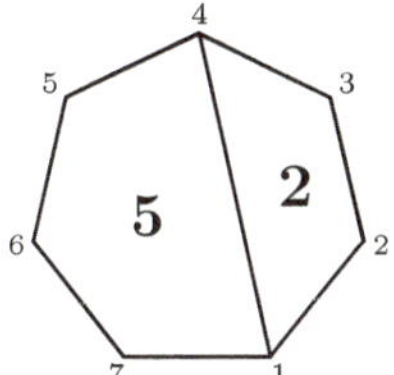

$\{1, 2, 3, 4\}$ und das Fünfeck $\{4, 5, 6, 7, 1\}$, siehe Abb. 5.23. Daher gibt es $T_4 \cdot T_5 = 2 \cdot 5 = 10$ Triangulierungen mit dieser Diagonale. Die Wahrscheinlichkeit ist somit $\frac{10}{42}$. $\Diamond$

Aufgabe 5.61 Wie wahrscheinlich ist es, dass eine zufällig ausgewählte Triangulierung des 7-Ecks die Diagonale $\{1, 3\}$ enthält?

Aufgabe 5.62 Welche der drei Diagonalen $\{1, 3\}$, $\{1, 4\}$ oder $\{1, 5\}$ trifft man am wahrscheinlichsten in einer zufällig gezogenen Triangulierung eines 8-Ecks an?

Beispiel 5.14 Wir betrachten das 7-Eck und fragen, wie wahrscheinlich es ist, dass zwei verschiedene, zufällig ausgewählte Diagonalen zu derselben Triangulierung gehören.

Man beachte, dass diese Bedingung gleichbedeutend mit der Eigenschaft ist, dass sich die beiden Diagonalen nicht überschneiden (genauer: sich nicht im Polygoninnern schneiden, an einer Ecke dürfen sie aufeinandertreffen), denn zwei sich nicht überschneidende Diagonalen lassen sich immer zu einer Triangulierung vervollständigen.

Wie wir sehen werden, lässt sich auch dieses Problem auf ein schon gelöstes Problem zurückführen. Wir beginnen damit, zu bestimmen, auf wie viele Arten man zwei verschiedene Diagonalen im 7-Eck auswählen kann. Die Anzahl der Diagonalen ist $D(7) = \frac{7^2 - 3 \cdot 7}{2} = 14$. Damit gibt es $\binom{14}{2} = \frac{14 \cdot 13}{2 \cdot 1} = 91$ Möglichkeiten, zwei verschiedene Diagonalen auszuwählen.

Nun zählen wir ab, wie viele davon sich nicht überschneiden. Im 7-Eck gibt es zwei verschiedene Längen von Diagonalen: 7 kurze und 7 lange, siehe Abb. 5.24.

Nun betrachten wir eine kurze Diagonale, wie zum Beispiel $\{1, 3\}$. Damit eine weitere Diagonale diese nicht schneidet, muss es eine Diagonale im Sechseck $\{1, 3, 4, 5, 6, 7\}$ sein. Es gibt also $D(6) = 9$ Diagonalen, die $\{1, 3\}$ nicht schneiden. Davon sind 4 kurz, nämlich

Abb. 5.24 Die 7 kurzen Diagonalen (**a**) und die 7 langen Diagonalen (**b**) im 7-Eck

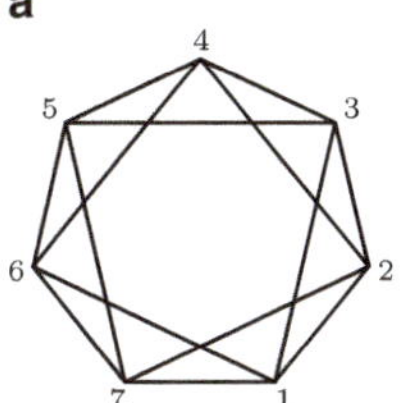

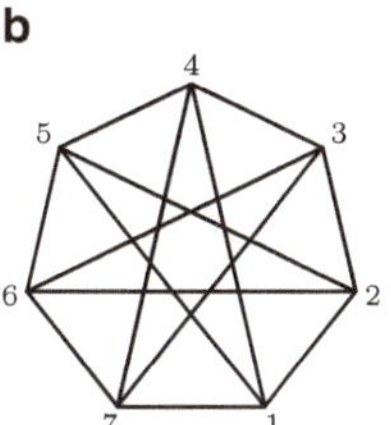

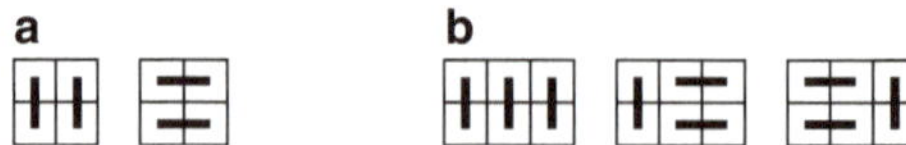

Abb. 5.25 Die 2 Möglichkeiten, ein (2×2)-Gitter zu zerlegen (**a**), und die 3 Möglichkeiten ein (2×3)-Gitter zu zerlegen (**b**)

$\{3, 5\}$, $\{4, 6\}$, $\{5, 7\}$ und $\{6, 1\}$, und 5 sind lang, nämlich $\{3, 6\}$, $\{4, 7\}$, $\{5, 1\}$, $\{7, 3\}$ und $\{1, 4\}$.

Wir erhalten also für jede der 7 kurzen Diagonalen 4 weitere kurze Diagonalen, insgesamt also $7 \cdot 4 = 28$. Doch wir begehen hier einen Fehler: wir haben jedes dieser Paare doppelt gezählt. Es gibt daher nur 14 Möglichkeiten, zwei kurze Diagonalen auszuwählen, die sich nicht überschneiden. Für jede der 7 kurzen Diagonalen gibt es 5 lange Diagonalen, die sich nicht überschneiden, insgesamt also 35 solche Möglichkeiten.

Nun müssen wir noch abzählen, wie viele Möglichkeiten es gibt, zwei lange Diagonalen zu wählen, die sich gegenseitig nicht überschneiden. Dazu betrachten wir eine spezielle lange Diagonale, wie zum Beispiel $\{1, 4\}$. Es gibt lediglich zwei weitere lange Diagonalen, die $\{1, 4\}$ nicht überschneiden, nämlich $\{4, 7\}$ und $\{5, 1\}$.

Somit gibt es $\frac{7 \cdot 2}{2} = 7$ Möglichkeiten, zwei lange Diagonalen zu wählen, die sich nicht überschneiden. Insgesamt gibt es somit $14 + 35 + 7 = 56$ Möglichkeiten, zwei verschiedene Diagonalen auszuwählen, die sich nicht überschneiden, und die gesuchte Wahrscheinlichkeit ist folglich $\frac{56}{91} = \frac{8}{13}$. $\Diamond$

Aufgabe 5.63 Es werden zwei verschiedene Diagonalen im 8-Eck zufällig ausgewählt. Bestimme die Wahrscheinlichkeit, dass sich diese nicht überschneiden.

5.8.4 Gitterquadrate in Zweierfelder zerlegen

Ein rechteckiges $(m \times n)$-Gitter soll in zusammenhängende *Zweierfelder*, das heißt zwei zusammenhängende Gitterquadrate, zerschnitten werden. Damit dies überhaupt möglich ist, muss $m \cdot n$ gerade sein. Wir fragen uns, auf wie viele Arten dies möglich ist. Die Anzahl bezeichnen wir mit $F_{m \times n}$.

Ist das Gitter 2×1 oder 1×2, so gibt es nur eine Möglichkeit. Bei 2×2 gibt es $F_{2 \times 2} = 2$ Möglichkeiten, und bei 2×3 gibt es $F_{2 \times 3} = 3$ Möglichkeiten, siehe Abb. 5.25, wo die Gruppierungen in Zweierfelder mit schwarzen Balken angezeigt wurden.

Aufgabe 5.64 Finde alle Möglichkeiten, ein (2×4)-Gitter in Zweierfelder aufzuteilen. Bestimme also $F_{2 \times 4}$.

Die allgemeine Frage ist nun: wie kann man $F_{m \times n}$ berechnen? Doch diese Frage ist äußerst schwierig zu beantworten. Wir beschränken uns hier besser auf den Fall $m = 2$ und

Abb. 5.26 Die 2 Möglichkeiten, den linken Rand zu belegen

betrachten dann noch wenige weitere Fälle. Für $m = 2$ gibt es eine einfache Art, die Anzahl Aufteilungen $F_{2 \times n}$ eines $(2 \times n)$-Gitters in Zweierfelder rekursiv zu berechnen. Dazu betrachten wir die linke obere Ecke. Dieses Feld kann entweder mit dem darunter oder dem rechts daneben zusammengefasst werden. Liegt das linke obere Zweierfeld horizontal, dann müssen auch die zwei Felder darunter zusammengehören, siehe Abb. 5.26.

Im ersten Fall bleibt ein Gitter der Größe $2 \times (n - 1)$, im zweiten Fall ein Gitter der Größe $2 \times (n - 2)$. Somit gilt die einfache Rekursionsgleichung

$$F_{2 \times n} = F_{2 \times (n-1)} + F_{2 \times (n-2)}.$$

Wir wenden diese Formel sofort an und erhalten

$$F_{2 \times 4} = F_{2 \times 3} + F_{2 \times 2} = 3 + 2 = 5,$$
$$F_{2 \times 5} = F_{2 \times 4} + F_{2 \times 3} = 5 + 3 = 8.$$

Daher ergibt sich die Folge

$$1, 2, 3, 5, 8, 13, 21, \ldots,$$

bei der jedes Folgeglied die Summe der zwei vorangehenden Folgeglieder ist. Diese Folge taucht in ganz unterschiedlichen Zusammenhängen in der Mathematik auf und hat einen eigenen Namen: sie heißt *Fibonacci*-Folge, nach dem italienischen Mathematiker Leonardo da Pisa (ca. 1170–ca. 1250), der den Übernamen Fibonacci hatte, eine Verkürzung von *filius Bonaccio*, „Sohn des Bonaccio".

Nun betrachten wir eine schwierigere Situation, nämlich die eines (3×4)-Gitters. Abb. 5.27 zeigt, wie man dies durch die systematische Betrachtung aller Fälle auf die vorangehenden Fälle zurückführen kann.

Aufgabe 5.65 Führe eine analoge Untersuchung durch für ein (3×6)-Gitter. Du solltest herausfinden, dass es 41 mögliche Belegungen mit Zweierfeldern gibt.

5.8.5 Partitionen

Unser letztes kombinatorisches Problem wollen wir nur ganz kurz ansprechen. Es ist äußerst schwierig. Es geht darum zu bestimmen, auf wie viele Arten eine natürliche Zahl als Summe von positiven natürlichen Zahlen geschrieben werden kann. Zur Erinnerung, die

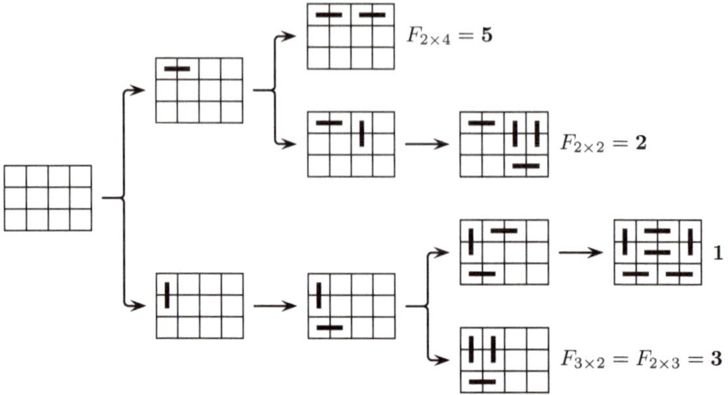

Abb. 5.27 Systematische Untersuchung, wie Felder belegt werden können im (3×4)-Gitter

Tab. 5.1 Die verschiedenen Darstellungen einer Zahl als Summe (Partitionen)

k	1	2	3	4	5
Darstellungen	1	$1+1$	$1+1+1$	$1+1+1+1$	$1+1+1+1+1$
		2	$1+2$	$1+1+2$	$1+1+1+2$
			3	$1+3$	$1+1+3$
				$2+2$	$1+2+2$
				4	$1+4$
					$2+3$
					5
$N(k)$	1	2	3	5	7

positiven natürlichen Zahlen sind jene, die wir zum Zählen brauchen, also $1, 2, 3, 4, \ldots$ Wir werden hier unter Zahl immer „positive natürliche Zahl" verstehen.

Dabei sollen zwei Darstellungen als gleich gelten, wenn man die eine von der anderen durch Vertauschung der Summanden erhalten kann. Wir können daher die Summanden so ordnen, dass sie von links nach rechts zunehmen. Wir bezeichnen mit $N(k)$ die Anzahl Arten, wie k als Summe geschrieben werden kann. So gilt zum Beispiel $N(1) = 1$, $N(2) = 2$, $N(3) = 3$, $N(4) = 5$ und $N(5) = 7$, was in Tab. 5.1 illustriert ist.

Das Problem sieht recht harmlos aus, aber ist sehr anspruchsvoll und hat viele Mathematiker ernsthaft beschäftigt. Wir geben hier eine Rekursionsformel, die für kleine k praktikabel ist, jedoch für größere k viel zu ineffizient ist, das heißt eine viel zu große Rechenzeit erfordert.

Die erste Überlegung ist die, dass viele Partitionen von k als „1 plus eine Partition von $k-1$" geschrieben werden können. Andererseits kann es auch sein, dass der kleinste Summand größer ist als 1. Die Partition $2 + 3$ von 5 ist eine solche. Bei einer Partition, bei der 2 der kleinste Summand ist, müssen wir aber nur jene Partitionen von $k - 2$ zählen, bei denen jeder Summand größer oder gleich 2 ist.

Wir bezeichnen daher mit $N_m(k)$ die Anzahl der Partitionen von k, bei denen *jeder* Summand größer oder gleich m ist. Somit gilt $N_1(k) = N(k)$. Die Rekursionsformel lautet nun

$$N(k) = N_1(k - 1) + N_2(k - 2) + N_3(k - 3) + \ldots + N_{k-1}(1) + N_k(0),$$

wobei wir $N_k(0) = 1$ definieren. Dies entspricht der Partition, die Zahl k als Summe von nur einem Summanden zu schreiben, also als k.

Damit sind wir jedoch nicht fertig. Wir brauchen auch eine Rekursionsformel für $N_m(k)$. Diese lautet jedoch analog

$$N_m(k) = N_m(k - m) + N_{m+1}(k - m - 1) + \ldots + N_k(0).$$

Um zu überprüfen, ob diese Formeln tatsächlich Sinn ergeben, berechnen wir mit ihnen erneut $N(5)$. Es sollte also gelten

$$N(5) = N_1(4) + N_2(3) + N_3(2) + N_4(1) + N_5(0) = N_1(4) + N_2(3) + 0 + 0 + 1,$$

da es nicht möglich ist, die Zahl 2 als Summe von Summanden zu schreiben, die allesamt größer als 3 sind, und genauso, 1 als Summe von Summanden zu schreiben, die allesamt größer als 4 sind.

Wir nehmen an, dass $N_1(4) = N(4) = 5$ bekannt ist, und müssen nur noch $N_2(3)$ berechnen. Es gilt $N_2(3) = 1$, da es nur eine einzige Möglichkeit gibt, 3 als Summe von Zahlen zu schreiben, die alle größer als 2 sind, nämlich als 3 selbst.

Es gilt also

$$N(5) = 5 + 1 + 0 + 0 + 1 = 7.$$

Aufgabe 5.66 Berechne $N(6)$ und $N(7)$ mit diesen Rekursionsformeln.

5.9 Zusammenfassung

Die k-Kombination von n Elementen ist die Anzahl der Möglichkeiten, k Elemente aus n Elementen zu wählen, das heißt die Anzahl der k-elementigen Teilmengen einer n-elementigen Basismenge. Viele Anwendungen dieses Zählens wählen k Positionen aus n Positionen eines Tupels, und somit besteht in dieser Anwendung die Basismenge aus den n Positionen eines Tupels. Die k-Kombinationen von n Elementen berechnen wir als

$$\binom{n}{k} = \frac{n!}{k!(n-k)!}.$$

Tab. 5.2 Übersicht über die verschiedenen Möglichkeiten beim Ziehen aus einer Urne

	mit Zurücklegen	ohne Zurücklegen
geordnet	n^k Tupel	$\frac{n!}{(n-k)!}$ Permutationen
ungeordnet	$\binom{n+k-1}{k}$ Multimengen	$\binom{n}{k}$ Teilmengen

Somit ist zum Beispiel

$$\binom{n}{\frac{n}{2}} = \frac{n!}{\frac{n}{2}! \cdot \frac{n}{2}!}$$

für eine gerade Zahl n die Anzahl der Tupel über $\{0, 1\}$ mit genau $\frac{n}{2}$ Nullen und $\frac{n}{2}$ Einsen, indem wir uns $\frac{n}{2}$ Positionen aus n Positionen für die Nullen in dem Tupel aussuchen. Mit diesem Forschungsinstrument kann man dann zeigen, dass der Anteil von n-Tupeln mit ungefähr ausgeglichener Anzahl von Nullen und Einsen an allen n-Tupeln über Nullen und Einsen mit wachsendem n wächst. Somit bekommt man beim n-fachen Münzwurf mit wachsendem n mit immer höherer Wahrscheinlichkeit eine Folge, die ungefähr die gleiche Anzahl Nullen wie Einsen hat. Bei dieser Behauptung ist es wichtig, das Wort „ungefähr" genau zu interpretieren. Wählen wir ein festes kleines ε, $0 < \varepsilon < 1$. Wir sagen, dass die Anzahl von Nullen ε-ungefähr der Anzahl der Einsen entspricht, falls

$$(1 - \varepsilon) \cdot \text{Anzahl von Nullen} \leq \text{Anzahl von Einsen} \leq (1 + \varepsilon) \cdot \text{Anzahl von Nullen.}$$

Unter unserem „ungefähr" verstehen wir ε-ungefähr für ein beliebig kleines, aber positives ε.

Wir unterscheiden 4 unterschiedliche Szenarien beim Ziehen von k Elementen aus einer Urne mit n Elementen (siehe Tab. 5.2). Diese 4 Modelle des Ziehen aus der Urne haben viele Anwendungen und sind somit starke Mittel zur Lösung unterschiedlicher Aufgabenstellungen und zur Analyse von realen Situationen.

Wenn die Ordnung der Elemente eine Rolle spielt, hat man n^k Möglichkeiten, k Elemente der Reihe nach aus einer Urne mit immer wieder denselben n unterscheidbaren Elementen zu ziehen. Somit ist dies genau die Anzahl von k-Tupeln über einer Menge von n Elementen.

Wenn die Ordnung eine Rolle spielt und jedes Element höchstens einmal gezogen werden kann, gibt es $n \cdot (n - 1) \cdot (n - 2) \cdot \ldots \cdot (n - k + 1) = \frac{n!}{(n-k)!}$ Möglichkeiten.

Wenn die Ordnung keine Rolle spielt und jedes Element höchstens einmal gezogen werden kann, handelt es sich genau um k-Kombinationen aus n Elementen.

Wenn die Reihenfolge keine Rolle spielt und wir n Elementsorten haben und von jeder Sorte beliebig viele (mindestens k) Elemente (die innerhalb der Sorte nicht voneinander unterscheidbar sind), dann müssen wir die Resultate als Multimengen betrachten. Durch eine Darstellung von Multimengen als Folgen von Nullen und Einsen, wobei die Anzahl der Nullen zwischen der $(i - 1)$-ten Eins und der i-ten Eins die Anzahl von Elementen der i-ten Sorte angibt, finden wir eine anschauliche Methode zur Zählung dieser Anzahl von Möglichkeiten.

Permutationen mit Wiederholungen sind ein weiteres kombinatorisches Konzept, das es uns ermöglicht, die Anzahl von Tupeln zu zählen, die vorgegebene Anzahlen von einzelnen Elementen enthalten.

5.10 Kontrollfragen

1. Wie viele Teilmengen hat eine n-elementige Menge? Welchem Ziehen aus der Urne entspricht die Bestimmung dieser Zahl?
2. Wie viele k-Tupel mit einzelnen Elementen aus einer n-elementigen Menge gibt es? Welcher Art von Ziehen aus der Urne entspricht diese Zählung?
3. Wie viele k-Tupel mit unterschiedlichen Elementen aus einer n-elementigen Menge auf unterschiedlichen Positionen gibt es? Welchem Modell des Ziehens aus einer Urne entspricht diese Zählung?
4. Was sind Permutationen?
5. Was sind k-Kombinationen von n Elementen?
6. Was sind Permutationen mit Wiederholungen?
7. Bei welchem Modell des Ziehens kommen Multimengen als Endresultate vor? Nenne ein paar reale Aufgaben, die dieser Zählung entsprechen.
8. Was ist der Unterschied zwischen Tupeln (Folgen) und Mengen?
9. Was ist der Unterschied zwischen Mengen und Multimengen? Welche Objekte in der Realität würdest du als Multimengen modellieren (darstellen)?
10. Wie kann man Multimengen als Tupel (Folgen) eindeutig darstellen?

5.11 Kontrollaufgaben

1. ✓ Begründe ohne Rechnung und Umformung der Formel die Gültigkeit der folgenden Gleichung für alle positiven natürlichen Zahlen n:

$$2^n = \sum_{i=0}^{n} \binom{n}{i}.$$

2. ✓ Wie groß ist die Wahrscheinlichkeit, beim 6-fachen Würfeln eines fairen Würfels mindestens zweimal eine 6 zu würfeln? Wie groß ist die Wahrscheinlichkeit, mindestens zweimal die gleiche Augenzahl zu würfeln?
3. Du sollst 4 Türme so auf dem Schachbrett positionieren, dass sie sich gegenseitig nicht bedrohen. Wie viele Möglichkeiten gibt es? Verwende mindestens zwei unterschiedliche Zählstrategien.
4. Wie viele Wörter als Folge von Symbolen über dem lateinischen Alphabet (nur Großbuchstaben) der Länge 8 gibt es? Wie viele davon enthalten keinen Buchstaben zwei-

mal? Wie viele davon enthalten dreimal den Buchstaben A und zweimal den Buchstaben B?

5. $\star$ Anna will 9 Packungen Kaugummi kaufen. Im Geschäft gibt es 12 Sorten und von jeder Sorte gibt es mindestens 9 Packungen. Wie viele Möglichkeiten hat sie, ihre 9 Packungen auszusuchen? Durch welches Modell (Mengen, Tupel oder Multimengen) beschreibst du das Resultat ihrer Wahl?

6. Zum Ausflug stehen 4 Autos bereit. Zwei haben 5 Sitzplätze und zwei nur 4. Wie viele Möglichkeiten gibt es, 18 Personen in die 4 Autos zu verteilen? Wie sieht es aus, wenn nur 15 Personen auf die 4 Autos verteilt werden sollen?

7. Wie viele kürzeste Wege gibt es in einem Einheitsgitter, um vom Punkt $(3, 3)$ aus zum Punkt $(-3, 8)$ zu gelangen?

8. Wie viele Wege der Länge 13 gibt es in einem Einheitsgitter, wenn man aus jeder Gitterkreuzung nur nach links, nach rechts oder nach oben gehen darf? Wie viele Wege der Länge 13 gibt es, wenn man an jeder Kreuzung in alle Richtungen gehen darf? Nimm hierbei an, dass vom Punkt $(0, 0)$ aus gestartet wird.

9. Welche Koeffizienten stehen bei den Termen $x^3 y^6 z^3$, $x y^{10} z$, z^{12}, $x^6 z^6$ und $x^4 y^4 z^4$ des Polynoms $(x + y + z)^{12}$ der Variablen x, y und z? Bei welchem Term steht der größte Koeffizient?

10. Bei einer Lotterie ist jedes zehnte Los gewinnbringend. Man kauft 10 Lose.
    (a) Mit welcher Wahrscheinlichkeit ist mindestens ein Gewinnlos dabei?
    (b) Mit welcher Wahrscheinlichkeit ist genau ein Gewinnlos dabei?
    (c) Wie viele Lose muss man kaufen, um eine Wahrscheinlichkeit von mindestens $\frac{1}{2}$ zu haben, ein Gewinnlos zu besitzen?

11. Ein Kartenspiel von 36 Karten enthält genau 4 Asse. Nach einer zufälligen Durchmischung hebt man den Satz der 12 obersten Karten ab. Wie viele unterschiedliche Sätze von 12 Karten sind möglich? Wie groß ist die Wahrscheinlichkeit, alle vier Asse in einem Satz zu haben?

12. Das Geburtstagskind lädt zu einer Party 20 Personen ein. Aus Erfahrung weiß es, dass jede Person mit der Wahrscheinlichkeit 0.6 absagt. Wie hoch ist die Wahrscheinlichkeit, dass genau 10 Personen an der Party teilnehmen? Wie groß ist die Wahrscheinlichkeit, dass höchstens 4 Personen kommen können?

13. $\star$ Josef geht ins Geschäft, um 12 Flaschen Mineralwasser zu kaufen. Es gibt dort 5 unterschiedliche Sorten. Von allen Sorten gibt es mehr als 12 Flaschen, bis auf die erste Sorte, von der es nur 10 Flaschen gibt. Wie viele unterschiedliche Resultate von Josefs Einkauf kann es geben?

5.12 Lösungen zu ausgewählten Aufgaben

Lösung zu Aufgabe 5.8 Wir erhalten folgende Auflistung:

$\{1,2,3\},\{1,2,4\},\{1,2,5\},\{1,2,6\},\{1,3,4\},\{1,3,5\},\{1,3,6\},\{1,4,5\},\{1,4,6\},\{1,5,6\},$

$\{2,3,4\},\{2,3,5\},\{2,3,6\},\{2,4,5\},\{2,4,6\},\{2,5,6\},$

$\{3,4,5\},\{3,4,6\},\{3,5,6\},$

$\{4,5,6\}.$

Lösung zu Aufgabe 5.10 Das Ereignis $(6,6,\square,\square)$ enthält genau

$$5 \cdot 5 = 25$$

Ergebnisse, weil wir für die Tupelposition mit $\square$ genau 5 Wahlmöglichkeiten haben (6 darf nicht vorkommen). Das gilt auch für $(6,\square,6,\square)$ und jedes Ereignis, das zwei Positionen fest durch 6 belegt hat.

Es bleibt jetzt die Frage, wie viele unterschiedliche Ereignisse mit 2 Mal 6 und 2 Mal $\square$ es gibt. Die Antwort ist:

„Genauso viele, wie die Anzahl der zweielementigen Teilmengen von $\{1,2,3,4\}$.“

Warum? Wir haben vier Positionen 1, 2, 3 und 4 in einem 4-Tupel. Wir wollen die Anzahl der Möglichkeiten erfahren, wie wir 2 Mal 6 und 2 Mal $\square$ platzieren können. Aber wenn die 6 schon platziert sind, werden die $\square$ einfach auf die restlichen Positionen gesetzt. Also geht es nur darum, auf wie viele Arten wir aus 4 Positionen 1, 2, 3 und 4 zwei Positionen für die Belegung mit den Sechsen wählen können. Damit bestimmt die 2-elementige Teilmenge $\{3,4\}$ von der Menge $\{1,2,3,4\}$ der Positionen das Tupel $(\square,\square,6,6)$ und umgekehrt. Somit ist die Anzahl der gesuchten Tupel gleich der Anzahl der zweielementigen Teilelementen von $\{1,2,3,4\}$, was

$$\frac{4 \cdot 3}{2!} = 6$$

ist. Wir können dies durch Auflisten überprüfen.

$$
\begin{aligned}
\{1,2\} \quad &(6,6,\square,\square), \\
\{1,3\} \quad &(6,\square,6,\square), \\
\{1,4\} \quad &(6,\square,\square,6), \\
\{2,3\} \quad &(\square,6,6,\square), \\
\{2,4\} \quad &(\square,6,\square,6), \\
\{3,4\} \quad &(\square,\square,6,6).
\end{aligned}
$$

Somit gibt es insgesamt

$$6 \cdot 25$$

günstige Ergebnisse aus der Gesamtzahl von

$$6^4$$

unterschiedlichen Ergebnissen. Also gilt

$$P(E) = \frac{6 \cdot 25}{6^4} = \frac{25}{6^3} \approx 0.1157.$$

Lösung zu Aufgabe 5.13 ⋆ Betrachten wir das zu $A =$ „mindestens 3 Mal 6 zu würfeln" komplementäre Ereignis $\overline{A} =$ „höchstens 2 Mal 6 zu würfeln"

$$\overline{A} = A_0 \cup A_1 \cup A_2,$$

wobei $A_i =$ „genau i Mal 6 zu würfeln" und $A_i \cap A_j = \emptyset$ für $i \neq j$. Somit gilt

$$P(\overline{A}) = P(A_0) + P(A_1) + P(A_2).$$

Weiter gilt

$$P(A_0) = \binom{6}{0} \frac{5^6}{6^6} = \left(\frac{5}{6}\right)^6,$$

$$P(A_1) = 6 \cdot \frac{1}{6} \cdot \left(\frac{5}{6}\right)^5 = \left(\frac{5}{6}\right)^5 \quad \text{und}$$

$$P(A_2) = \frac{6 \cdot 5}{2} \cdot \left(\frac{1}{6}\right)^2 \cdot \left(\frac{5}{6}\right)^4 = \frac{1}{2} \cdot \frac{5^5}{6^5} = \frac{1}{2} \cdot \left(\frac{5}{6}\right)^5.$$

Damit folgt

$$P(\overline{A}) = \left(\frac{5}{6}\right)^6 + \left(\frac{5}{6}\right)^5 + \frac{1}{2}\left(\frac{5}{6}\right)^5 = \left(\frac{5}{6}\right)^5 \cdot \left(\frac{5}{6} + 1 + \frac{1}{2}\right) = \left(\frac{5}{6}\right)^5 \cdot \frac{7}{3}$$

und somit

$$P(A) = 1 - P(\overline{A}) = 1 - \frac{7}{3} \cdot \left(\frac{5}{6}\right)^5 \approx 0.0623.$$

Lösung zu Aufgabe 5.16 Wir zählen zuerst die Anzahl der 8-Tupel mit zwei „1" und drei „2". Wir haben zunächst

$$\binom{8}{2}$$

Möglichkeiten, die zwei Positionen für „1" aus 8 Positionen der 8-Tupel zu wählen. Danach haben wir noch 6 freie Positionen und somit

$$\binom{6}{3}$$

Möglichkeiten, die drei Positionen für „2" aus den restlichen 6 Positionen zu wählen. Die verbleibenden drei Positionen sind frei aus den Augenzahlen in $\{3, 4, 5, 6\}$ wählbar, was

$$4^3$$

Möglichkeiten ergibt. Somit gibt es

$$\binom{8}{2} \cdot \binom{6}{3} \cdot 4^3 = \frac{8 \cdot 7}{2 \cdot 1} \cdot \frac{6 \cdot 5 \cdot 4}{1 \cdot 2 \cdot 3} \cdot 4^3$$
$$= \frac{4 \cdot 7 \cdot 5 \cdot 4}{1} \cdot 4^3$$
$$= 35\,840$$

solche Tupel. Also gilt

$$P(A) = \frac{35\,840}{6^8} \approx 0.0213.$$

Lösung zu Aufgabe 5.18

(e) Wir haben $\binom{10}{2}$ Möglichkeiten, die zwei Positionen für die Augenzahl „1" zu wählen. Danach haben wir $\binom{8}{2}$ Möglichkeiten, zwei Positionen für „2" zu wählen, $\binom{6}{2}$ Möglichkeiten, zwei Positionen für „3" zu bestimmen, und letztendlich $\binom{4}{2}$ Möglichkeiten, aus den restlichen 4 Positionen 2 für die Augenzahl „4" auszusuchen. Die restlichen zwei Positionen bleiben eindeutig für die Augenzahl „5". Dies gibt insgesamt

$$\binom{10}{2} \cdot \binom{8}{2} \cdot \binom{6}{2} \cdot \binom{4}{2} = \frac{10 \cdot 9 \cdot 8 \cdot 7 \cdot 6 \cdot 5 \cdot 4 \cdot 3}{2^4} = \frac{10!}{2^5}$$

Möglichkeiten für die Wahl der Positionen für die Augenzahlen „1", „2", „3", „4" und „5". Somit ist die Wahrscheinlichkeit des untersuchten Ereignisses E

$$P(E) = \frac{10!}{2^5 \cdot 6^{10}} \approx 0.001875.$$

Lösung zu Aufgabe 5.19 Nehmen wir eine Menge von genau k Elementen. Diese Menge kann man als eine Multimenge von k Elementen betrachten, in der die Elemente paarweise unterschiedlich sind (also jedes genau einmal vorkommt). Nach der oben vorgestellten Methode ist die Anzahl der Tupel der Länge k

$$\binom{k}{1} \cdot \binom{k-1}{1} \cdot \binom{k-2}{1} \cdot \ldots \cdot \binom{2}{1} \cdot \binom{1}{1} = k \cdot (k-1) \cdot (k-2) \cdot \ldots \cdot 2 \cdot 1 = k!$$

Das stimmt so, weil die k-Tupel mit k unterschiedlichen Elementen die Permutationen sind.

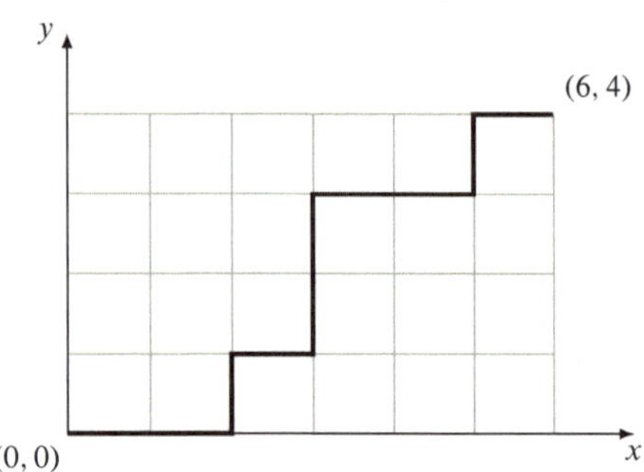

Abb. 5.28 Ein möglicher Weg von $(0,0)$ nach $(6,4)$

Lösung zu Aufgabe 5.24 Wir haben drei Buchstaben A, N, S und 9 Positionen, an die sie plaziert werden müssen. Dabei muss A 4 Mal vorkommen, N soll auch 4 Mal vorkommen und S kommt genau einmal vor. Um schneller zu rechnen, fangen wir mit der Platzierung von S an und erhalten somit

$$\binom{9}{1} \cdot \binom{8}{4} = \frac{9 \cdot 8 \cdot 7 \cdot 6 \cdot 5}{1 \cdot 2 \cdot 3 \cdot 4} = 9 \cdot 7 \cdot 2 \cdot 5 = 630$$

Möglichkeiten.

Lösung zu Aufgabe 5.26 Wir betrachten Abb. 5.28: Es ist offensichtlich, dass sich alle kürzesten Wege im gezeichneten (6×4)-Gitter befinden, weil man in jedem Schritt näher ans Ziel kommen muss. Jeden Weg im Gitter können wir durch eine Folge von $6 + 4 = 10$ Befehlssymbolen „r" und „o" beschreiben, wobei „r" bedeutet „gehe nach rechts zur nächsten Kreuzung", und „o" bedeutet „gehe nach oben zur nächsten Kreuzung". Damit entspricht der hervorgehobene Pfad in der Abbildung der Folge

$$rroroorror.$$

Weil wir vom Punkt $(0,0)$ aus nach $(6,4)$ gehen, müssen wir uns in jeder Folge sechsmal nach rechts und viermal nach oben bewegen. Also ist die Anzahl der kürzesten Pfade gleich der Anzahl der 10-Tupel mit 6 Symbolen „r" und 4 Symbolen „o". Also rechnen wir

$$\overline{P}_{6,4} = \binom{10}{6} \cdot \binom{4}{4} = \frac{10 \cdot 9 \cdot 8 \cdot 7}{1 \cdot 2 \cdot 3 \cdot 4} = 10 \cdot 3 \cdot 7 = 210.$$

Es gibt demnach 210 unterschiedliche kürzeste Wege von $(0,0)$ nach $(6,4)$ im Einheitsgitter.

Lösung zu Aufgabe 5.32 Sei $A = \{a_1, a_2, \ldots, a_k\}$. Eine Funktion von A nach B ordnet jedem a_i für $i = 1, \ldots, k$ ein Element aus B zu. Für jedes a_i gibt es also $n = |B|$ viele

Tab. 5.3 Darstellung einer Funktion: oben die Argumente, unten die Funktionswerte

	1	2	3	4	...	$k-1$	k
x	a_1	a_2	a_3	a_4	...	a_{k-1}	a_k
$f(x)$	$f(a_1)$	$f(a_2)$	$f(a_3)$	$f(a_4)$	...	$f(a_{k-1})$	$f(a_k)$

Möglichkeiten, dem Element a_i aus A ein Element aus B zuzuordnen. Weil $|A| = k$ gilt, müssen wir k Elementen aus A jeweils ein Element aus B zuordnen. Somit gibt es

$$n^k = |B|^{|A|}$$

viele Möglichkeiten dies zu tun, also n^k viele Funktionen aus A nach B.

Man versteht die Argumentation noch besser, wenn man jede Funktion $f\colon A \to B$ wie in Tab. 5.3 darstellt. Diese Tabelle beschreibt die Funktion f vollständig, weil sie für jedes mögliche der k Argumente a_i aus A den Funktionswert $f(a_i)$ angibt. Somit kann man die letzte Zeile der Tabelle als eine Darstellung von f ansehen. Die letzte Zeile ist aber nichts anderes als die Folge $f(a_1) f(a_2) f(a_3) \ldots f(a_k)$ der Länge k mit Elementen aus B und die Anzahl solcher Folgen ist $|B|^k$.

Lösung zu Aufgabe 5.35 Versuchen wir zuerst eine Argumentation ohne zu rechnen oder Formeln umzuwandeln. Die Anzahl der k-Kombinationen aus n Elementen entsprechen genau der Auswahl von k Positionen in einem Tupel der Länge n (von n Positionen). Mit der Wahl der k Positionen aus n Positionen, sind aber auch die restlichen $n - k$ Positionen ausgesondert und somit festgelegt. Wenn wir andererseits $n - k$ Positionen aus n Positionen auswählen, sind auch die restlichen $k = n - (n - k)$ Positionen bestimmt. Somit muss

$$\binom{n}{k} = \binom{n}{n-k}$$

gelten.

Eine andere nicht rechnerische Argumentation geht über die Mengen. Sei A eine n-elementige Menge. Jeder Teilmenge $B \subseteq A$ kann man eindeutig ihre komplentäre Menge $\overline{A} = A - B$ zuordnen und auch umgekehrt. Somit kann man die Teilmenge B auch mittels $\overline{B}$ eindeutig darstellen. In dieser Zuordnung entspricht jeder k-elementigen Teilmenge B genau eine $(n - k)$-elementige Teilmenge $\overline{B} = A - B$ und umgekehrt. Somit muss die Anzahl der k-elementigen Teilmengen von A genau der Anzahl der $(n - k)$-elementigen Teilmengen von A entsprechen.

Jetzt machen wir es rechnerisch:

$$\binom{n}{k} = \frac{n!}{k! \cdot (n-k)!} = \frac{n!}{(n-k)! \cdot k!} = \frac{n!}{(n-k)! \cdot (n - (n-k))!} = \binom{n}{n-k}.$$

Lösung zu Aufgabe 5.36 Wir ordnen den Symbolen der Menge M die Zahlen wie folgt zu. Die Ordnung von a ist 1, von b ist 2, von c ist 3 und von d ist 4.

(a) Die Multimenge $A = \{a, a, b, b, a, c, d\}$ bedeutet 3 Mal a (das erste Element), 2 Mal
das zweite Element b, einmal das dritte Element c und einmal das vierte Element d.
Somit ist $T_A = (3, 2, 1, 1)$, also

$$U T_A = (000, 00, 0, 0) \text{ und letztendlich } w_A = 0001001010.$$

(b) $T_A = (4, 0, 0, 1),\ U T_A = (0000, , , 0)$ und $w_A = 00001110$.
(c) $T_A = (1, 1, 1, 1),\ U T_A = (0, 0, 0, 0)$ und $w_A = 0101010$.
(d) $T_A = (0, 0, 0, 3),\ U T_A = (, , , 000)$ und $w_A = 111000$.
(e) $T_A = (0, 2, 3, 2),\ U T_A = (, 00, 000, 00)$ und $w_A = 1001000100$.
(f) $T_A = (0, 5, 0, 2),\ U T_A = (, 00000, , 00)$ und $w_A = 1000001100$.

Lösung zu Aufgabe 5.39 Bezeichnen wir die Nusspackungen als „1" und „2". Somit ist
$n = 2$, weil die Basismenge zwei Elemente „1" und „2" hat. Jan zieht jetzt dreimal, um
seinen Einkauf zu bestimmen, und somit ist $k = 3$. Jan hat also

$$\binom{n + k - 1}{k} = \binom{2 + 3 - 1}{3} = \binom{4}{3} = 4$$

Möglichkeiten. Konkret sind dies die Möglichkeiten

$$\{1, 1, 1\}, \quad \{1, 1, 2\}, \quad \{1, 2, 2\} \quad \text{und} \quad \{2, 2, 2\},$$

die als binäre Folgen der Länge $n + k - 1 = 4$ wie folgt aussehen:

$$0001, \quad 0010, \quad 0100, \quad 1000.$$

Lösung zu Aufgabe 5.41 Es gibt $n = 2$ Elementsorten: „durchgedrückt" und „flach".
Diese kann man wiederholt auf die 6 Plätze der Punkte zuordnen. Die Reihenfolge spielt
dabei eine wichtige Rolle. Es handelt sich daher um eine Variation mit Wiederholung von
$n = 2$ Elementen auf $k = 6$ Plätzen. Es gibt $2^6 = 64$ Möglichkeiten und daher genau so
viele Zeichen.

Lösung zu Aufgabe 5.42 Für jeden Stift gibt es 8 mögliche Längen. Wir verteilen die
$n = 8$ Längen auf die $k = 6$ Stifte. Die Reihenfolge ist daher wichtig und Wiederholun-
gen sind möglich. Es handelt sich daher um eine Variation mit Wiederholung von $n = 8$
Elementen auf $k = 6$ Plätzen. Es gibt daher $8^6 = 262\,144$ mögliche Schlösser.

Lösung zu Aufgabe 5.43

(a) Es gibt $\binom{5}{2}$ Möglichkeiten, 2 aus den 5 Herren auszuwählen. Ebenso gibt es $\binom{7}{2}$ Möglichkeiten, 2 Damen auszuwählen. Da jede Kombination von einem Herrenpaar mit
einem Damenpaar ein anderes Spiel liefert, gibt es $\binom{5}{2} \cdot \binom{7}{2} = 210$ Spielpaarungen.

(b) Wie in Teil (a) gibt es $\binom{5}{2}$ Möglichkeiten, zwei Herren und $\binom{7}{2}$ Möglichkeiten, zwei Damen auszuwählen. Diese vier Personen H_1, H_2, D_1, D_2 können nun noch auf 2 unterschiedliche Weisen zu zwei gemischten Paaren gruppiert werden, nämlich $H_1 D_1$ gegen $H_2 D_2$ oder $H_1 D_2$ gegen $H_2 D_1$. Daher gibt es $\binom{5}{2} \cdot \binom{7}{2} \cdot 2 = 420$ Spielpaarungen für gemischte Doppel.

Lösung zu Aufgabe 5.44 Betrachten wir zuerst nur die 3 roten Spielwürfel. Jeder kann eine Augenzahl von 1 bis 6 anzeigen. Die $n = 6$ Elemente 1 bis 6 können daher wiederholt auftreten. Die Reihenfolge spielt hingegen keine Rolle, da wir die $k = 3$ Würfel ja nicht unterscheiden können. Es handelt sich daher um eine Kombination mit Wiederholung von $n = 6$ Elementen auf $k = 3$ Plätzen. Somit gibt es $\binom{6+3-1}{3}$ mögliche Wurfbilder von den roten Würfeln alleine.

Ebenso gibt es $\binom{6+4-1}{4}$ mögliche Wurfbilder für die blauen und $\binom{6+2-1}{2}$ mögliche Wurfbilder für die schwarzen Spielwürfel. Da jedes Bild der roten mit jedem der blauen und dann noch mit jedem der schwarzen kombiniert werden kann, ergibt es insgesamt

$$\binom{6+3-1}{3} \cdot \binom{6+4-1}{4} \cdot \binom{6+2-1}{2} = 56 \cdot 126 \cdot 21 = 148\,176$$

Wurfbilder.

Lösung zu Aufgabe 5.45

(a) Ein Gitterweg kann durch eine Zeichenkette von r für „nach rechts" und o für „nach oben" kodiert werden. Damit der Gitterweg in $(8, 6)$ endet, müssen 8 Schritte nach rechts und 6 nach oben stattfinden, insgesamt also 14 Schritte. In der Zeichenkette gibt es also 8 Zeichen r und 6 Zeichen o. Es handelt sich daher um eine Permutation mit Wiederholung. Die Anzahl der Gitterwege ist

$$\frac{14!}{8! \cdot 6!} = 3\,003.$$

Alternativ kann man diese Anzahl auch dadurch berechnen, dass man aus den $n = 14$ Schritten 8 (für die Schritte nach rechts) auswählt. Man erhält ebenso

$$\binom{14}{8} = \frac{14!}{8! \cdot (14 - 8)!} = 3\,003.$$

(b) Jeder Weg von $(0, 0)$ nach $(4, 4)$ kann mit jedem Weg von $(4, 4)$ nach $(8, 8)$ kombiniert werden. Von $(0, 0)$ nach $(4, 4)$ gibt es $\binom{8}{4}$ Wege und von $(4, 4)$ nach $(8, 8)$ ebenso $\binom{8}{4}$. Die Anzahl der Gitterwege von $(0, 0)$ nach $(8, 8)$ via $(4, 4)$ ist also gleich

$$\binom{8}{4} \cdot \binom{8}{4} = 4\,900.$$

Lösung zu Aufgabe 5.46 Weil die ersten zwei Aufgaben gewählt werden müssen, verbleiben noch 13 zur Auswahl, aus denen 8 beantwortet werden sollen. Dazu gibt es

$$\binom{13}{8} = 1\,287$$

Möglichkeiten.

Lösung zu Aufgabe 5.47

(a) Damit ein Monom $a^\ell \cdot b^m \cdot c^n$ im Resultat vorkommen kann, muss $\ell + m + n = 6$
   gelten. Wir müssen also bestimmen, wie viele Lösungen die Gleichung

$$\ell + m + n = 6$$

   hat, wobei jetzt, anders als bei Beispiel 5.5, auch die Null als Wert auftreten kann.
   Wir können dies wieder abzählen, indem wir die $n = 3$ Elemente a, b und c auf
   $k = 6$ Plätze verteilen. Die Anordnung $acccba$ würde dann dem Monom a^2bc^3 ent-
   sprechen. Die Reihenfolge der Elemente in den Plätzen spielt keine Rolle, sicherlich
   gibt es Wiederholungen. Es handelt sich daher um Kombinationen mit Wiederholung.
   Die Anzahl der Monome ist $\overline{K}_{6,3} = \binom{6+3-1}{3} = 56$.

(b) Um den Koeffizient eines bestimmten Monoms zu berechnen, überlegen wir uns zuerst an einem kleineren Beispiel, wie diese Koeffizienten zustande kommen. Beim
   Ausmultiplizieren zweier Klammern muss jeder Summand der einen Klammer mit
   jedem Summand der zweiten Klammer multipliziert werden:

$$(a + b + c) \cdot (a + b + c) = aa + ab + ac + ba + bb + bc + ca + cb + cc.$$

Nun kann man zum Beispiel $ab + ba = 2ab$ zusammenfassen. Dies tun wir jedoch
nicht, sondern fahren ohne Zusammenfassung fort:

$$\begin{aligned}
(a + b + c)^3 &= (a + b + c) \cdot (aa + ab + ac + ba + bb + bc + ca + cb + cc) \\
&= aaa + aab + aac + aba + abb + abc + aca + acb + acc \\
&\quad + baa + bab + bac + bba + bbb + bbc + bca + bcb + bcc \\
&\quad + caa + cab + cac + cba + cbb + cbc + cca + ccb + ccc.
\end{aligned}$$

Man sieht also, dass man die ausmultiplizierte Form als Summe schreiben kann, wo-
bei jeder Summand das Produkt aus drei Faktoren ist und jeder der drei Faktoren einer
der drei Variablen a, b, c ist, wobei Wiederholungen möglich sind und jede mögliche
Reihenfolge genau einmal vorkommt.
Mit dieser Überlegung können wir nun die Frage nach den Koeffizienten lösen: Der
Koeffizient von ab^2c^3 ist die Anzahl Arten, wie wir ein a, zwei b und drei c ordnen

können, das heißt die Anzahl Permutationen mit Wiederholung von $n = 3$ Elementsorten auf $k = k_1 + k_2 + k_3 = 6$ Plätzen, wobei $k_1 = 1$, $k_2 = 2$ und $k_3 = 3$. Der Koeffizient von ab^2c^3 ist also $\overline{P}_{6|1,2,3} = \frac{6!}{1!\cdot 2!\cdot 3!} = 60$.

Genauso berechnet man den Koeffizienten von a^3b^3 als $\overline{P}_{6|3,3,0} = \frac{6!}{3!\cdot 3!\cdot 0!} = 20$ und den Koeffizienten von $a^2b^2c^2$ als $\overline{P}_{6|2,2,2} = \frac{6!}{2!\cdot 2!\cdot 2!} = 90$.

Lösung zu Aufgabe 5.48 Die Anzahl aller möglichen Kartenblätter ist $\binom{52}{5}$. Es gibt 4 Farben. Für jede Farbe gibt es $\binom{13}{5}$ Weisen, 5 aus den 13 Karten dieser Farbe auszuwählen. Die Anzahl der Kartenblätter mit einem Flush ist daher $4\cdot\binom{13}{5}$ und die Wahrscheinlichkeit, einen Flush zu erhalten, ist gleich

$$\frac{4\cdot\binom{13}{5}}{\binom{52}{5}} \approx 0.0020.$$

Im Poker wird der *Flush* vom *Straight Flush* unterschieden, bei dem die Karten aufeinanderfolgend sind. Es gibt von jeder Farbe 10 Straight Flush, von A, 1, 2, 3, 4 bis 10, J, Q, K, A, also insgesamt 40. Somit ist die Wahrscheinlichkeit einen Flush (aber kein Straight Flush) zu erzielen gleich

$$\frac{4\cdot\binom{13}{5} - 40}{\binom{52}{5}} \approx 0.00197.$$

Lösung zu Aufgabe 5.49 Die Anzahl aller möglichen Kartenblätter ist $\binom{52}{5}$. Es gibt 13 Kartenwerte und alle vier Karten mit diesem Wert müssen zum Kartenblatt gehören. Daher gibt es 13 verschiedene Vierlinge. Jeden Vierling kann man durch jede der 48 verbleibenden Karten zu einem Kartenblatt mit Vierling ergänzen. Es gibt also $13\cdot 48 = 624$ Kartenblätter mit einem Vierling. Die Wahrscheinlichkeit, einen Vierling zu erhalten, ist daher gleich

$$\frac{13\cdot 48}{\binom{52}{5}} \approx 0.00024.$$

Lösung zu Aufgabe 5.50 Die Anzahl aller möglichen Kartenblätter ist $\binom{52}{5}$. Um die zwei verschiedenen Kartenwerte für die zwei Paare auszuwählen gibt es $\binom{13}{2}$ Möglichkeiten. Für jeden Wert gibt es $\binom{4}{2}$ Möglichkeiten 2 von den 4 Karten mit diesem Wert auswählen. Es gibt also $\binom{13}{2}\cdot\binom{4}{2}\cdot\binom{4}{2}$ verschiedene Doppelpaare. Jedes davon kann durch jede Karte ergänzt werden, die einen Wert hat, der verschieden ist von den ausgewählten Werten. Es verbleiben also $4\cdot 11 = 44$ Karten, um ein Doppelpaar zu vervollständigen, ohne dass dabei ein Full House entsteht. Insgesamt gibt es $\binom{13}{2}\cdot\binom{4}{2}\cdot\binom{4}{2}\cdot 44$ Kartenblätter mit einem Doppelpaar. Die Wahrscheinlichkeit, ein Doppelpaar zu erhalten, ist daher gleich

$$\frac{\binom{13}{2}\cdot\binom{4}{2}\cdot\binom{4}{2}\cdot 44}{\binom{52}{5}} \approx 0.048.$$

Lösung zu Aufgabe 5.51   Die Anzahl möglicher Wurfbilder bei 4 unterscheidbaren Spiel-würfeln ist 6^4. Die Anzahl Wurfbilder mit 4 unterschiedlichen Augenzahlen ergibt sich als Variation ohne Wiederholung von 6 Elementen (den Zahlen von 1 bis 6) auf 4 Plätzen (den 4 unterscheidbaren Würfeln). Es gibt also $\frac{6!}{(6-4)!} = 360$ solcher Wurfbilder. Die Wahrscheinlichkeit, 4 unterschiedliche Augenzahlen zu werfen, ist daher gleich

$$\frac{360}{6^4} \approx 0.2778.$$

Lösung zu Aufgabe 5.52   Es gibt $\binom{36}{9}$ mögliche Kartenblätter, die ein Spieler erhalten kann. Neben den 4 Under muss man noch 5 beliebige Karten aus den 32 verbleibenden erhalten. Dafür gibt es $\binom{32}{5}$ Möglichkeiten. Daher ist die Wahrscheinlichkeit, 4 Under zu erhalten, gleich

$$\frac{\binom{32}{5}}{\binom{36}{9}} \approx 0.0021.$$

Lösung zu Aufgabe 5.53   Eine bestimmte Reihenfolge der Farben rot-rot-weiß hat die Wahrscheinlichkeit $\frac{1}{6} \cdot \frac{1}{2} \cdot \frac{1}{6}$. Es gibt drei Möglichkeiten, die drei Farben zu ordnen, also ist die Wahrscheinlichkeit, die Farben von Österreich zu ziehen, gleich

$$3 \cdot \frac{1}{6} \cdot \frac{1}{2} \cdot \frac{1}{6} \approx 0.042.$$

Lösung zu Aufgabe 5.54   Die Wahrscheinlichkeit, eine bestimmte Reihenfolge, also zum Beispiel rot-blau-weiß-grau zu treffen ist gleich $\frac{1}{6} \cdot \frac{1}{8} \cdot \frac{1}{2} \cdot \frac{75°}{360°} \approx 0.0022$. Jede Reihen-folge ist gleich wahrscheinlich und es gibt $4! = 24$ mögliche Reihenfolgen. Daher ist die Wahrscheinlichkeit, alle vier Farben einmal zu treffen, gleich

$$4! \cdot \frac{1}{6} \cdot \frac{1}{8} \cdot \frac{1}{2} \cdot \frac{75°}{360°} \approx 0.052.$$

Lösung zu Aufgabe 5.55   Um mögliche Doppel-Zählungen zu vermeiden sollte, man die drei Fälle 1) zwei LKW, ein PKW; 2) ein LKW, zwei PKW und 3) ein LKW, ein PKW, ein anderes Fahrzeug separat betrachten.

1) Zwei LKW und ein PKW: es gibt 3 Möglichkeiten, diese drei Fahrzeugtypen zu ordnen und die Wahrscheinlichkeit einer jeder dieser Anordnungen ist gleich $0.25 \cdot 0.25 \cdot 0.6$. Dies ergibt eine Wahrscheinlichkeit von $3 \cdot 0.25 \cdot 0.25 \cdot 0.6$.

2) Ein LKW und zwei PKW: wiederum gibt es drei Möglichkeiten, diese Fahrzeugtypen zu ordnen. Die Wahrscheinlichkeit einer jeder dieser Anordnungen ist gleich $0.25 \cdot 0.6 \cdot 0.6$. Dies ergibt eine Wahrscheinlichkeit von $3 \cdot 0.25 \cdot 0.6 \cdot 0.6$.

3) Ein LKW, ein PKW und ein anderes Fahrzeug. Hier gibt es $3! = 6$ Möglichkeiten, die Fahrzeugtypen zu ordnen. Die Wahrscheinlichkeit einer jeder dieser Anordnungen ist $0.25 \cdot 0.6 \cdot 0.15$. Dies ergibt eine Wahrscheinlichkeit von $6 \cdot 0.25 \cdot 0.6 \cdot 0.15$.

Insgesamt erhält man die Wahrscheinlichkeit

$$3 \cdot 0.25 \cdot 0.25 \cdot 0.6 + 3 \cdot 0.25 \cdot 0.6 \cdot 0.6 + 6 \cdot 0.25 \cdot 0.6 \cdot 0.15 \approx 0.5175.$$

Lösung zu Kontrollaufgabe 1 Diese Zahl ist die Anzahl aller Teilmengen einer n-elementigen Menge.

Die 2^n auf der linken Seite entspricht der folgenden Zählung. Für jedes der n Elemente hat man zwei Möglichkeiten, das Element in die Teilmenge zu nehmen oder nicht. Überlege dir mal: Wie kannst du Teilmengen einer n-elementigen Menge mit n-Tupeln mit zwei Symbolen J und N beschreiben?

Die Zahl $\binom{n}{i}$ bestimmt die Anzahl der i-elementigen Teilmengen einer n-elementigen Menge. Somit summiert die rechte Seite der Gleichung alle i-elementigen Teilmengen über alle i von 0 bis n.

Lösung zu Kontrollaufgabe 2 Zeigen wir zuerst eine Vorgehensweise, die nicht funktioniert. Man könnte zuerst versuchen, die zwei „6" zu platzieren, was

$$\binom{6}{2} \cdot 6^4$$

Möglichkeiten ergibt, weil die restlichen 4 Positionen beliebige Augenzahlen beinhalten dürfen, „6" eingeschlossen. Diese Zahl ist aber zu hoch. Betrachten wir das Tupel $(6, 6, 6, 6, 1, 1)$. Dieses Tupel kommt in unserer Zählung $\binom{4}{2} = 6$ Mal wiederholt vor. Zum Beispiel bei den 6-Tupeln der Form $(6, 6, \square, \square, \square, \square)$, $(\square, \square, 6, 6, \square, \square)$ und $(6, \square, \square, 6, \square, \square)$.

Wie sollen wir also vorgehen? Das komplementäre Ereignis $\overline{A}$ zu unserem gesuchten Ereignis A ist, dass die „6" höchstens einmal vorkommt. Die Anzahl der 6-Tupel, in der keine 6 vorkommt, ist genau 5^6.

Die Anzahl der 6-Tupel, in der genau einmal „6" vorkommt, ist

$$\binom{6}{1} \cdot 5^5 = 6 \cdot 5^5.$$

Somit ist

$$P(\overline{A}) = \frac{5^6 + 6 \cdot 5^5}{6^6} = \left(\frac{5}{6}\right)^6 + \left(\frac{5}{6}\right)^5 = \left(\frac{5}{6}\right)^5 \cdot \frac{11}{6}$$

und

$$P(A) = 1 - \frac{11}{6} \cdot \left(\frac{5}{6}\right)^5.$$

Schaffst du es, die zweite Frage jetzt selbständig zu beantworten?

Bedingte Wahrscheinlichkeiten und Unabhängigkeit 6

6.1 Zielsetzung

In den ersten beiden Kapiteln haben wir gelernt, Wahrscheinlichkeitsexperimente durch Wahrscheinlichkeitsräume zu modellieren und zu untersuchen. Nun soll der Frage nachgegangen werden, wie sich Wahrscheinlichkeiten ändern, wenn Zusatzinformationen über den Ausgang des Zufallsexperiments bekannt werden, etwa, dass ein bestimmtes Ereignis B eingetreten ist. Wie verändern sich dadurch die Wahrscheinlichkeiten anderer Ereignisse?

Wie wir sehen werden, spielt dabei die Multiplikation von Wahrscheinlichkeiten eine wichtige Rolle. Zugespitzt formuliert lautet die zentrale Frage dieses Kapitels:

Was entspricht der Multiplikation zweier Wahrscheinlichkeiten?

Dieses Kapitel ist ganz der Beantwortung dieser Frage und der Verwendung der Multiplikation in Wahrscheinlichkeitsrechnungen gewidmet.

6.2 Bedingte Wahrscheinlichkeiten

Nehmen wir an, wir haben einen Wahrscheinlichkeitsraum (S, P), in dem wir die Wahrscheinlichkeitsverteilung vollständig kennen. Jetzt erhalten wir eine Zusatzinformation über den Ausgang des Experimentes. Diese Zusatzinformation kann im Prinzip ein beliebiges nichtleeres Ereignis $B \subseteq S$ sein.

Nennen wir einige Beispiele.

(i) Der Ergebnisraum $S = \{\text{AA}, \text{A}\alpha, \alpha\alpha\}$ enthält die möglichen Genotypen eines Nachfolgers des Elternpaares $(\text{A}\alpha, \text{A}\alpha)$. Nun erfahren wir zusätzlich, dass der Nachkom-

© Springer International Publishing AG 2017
M. Barot, J. Hromkovič, *Stochastik*, Grundstudium Mathematik,
DOI 10.1007/978-3-319-57595-7_6

me gesund ist. Diese Zusatzinformation schließt den Genotyp $\alpha\alpha$ der betrachteten Krankheit aus und somit ist $B = \{AA, A\alpha\}$.

(ii) Wenn S den vierfachen Münzwurf modelliert, kann die zusätzliche Information sein, dass beim ersten Wurf „Kopf" gefallen ist. Dann ist $B = \{(\text{Kopf}, \square, \square, \square) \mid$ wobei $\square \in \{\text{Kopf}, \text{Zahl}\}$ ist$\}$.

(iii) Beim dreifachen Würfeln erfahren wir, dass die Summe der geworfenen Zahlen gerade ist. Somit ist $B = \{(a_1, a_2, a_3) \mid a_i \in \{1, 2, 3, 4, 5, 6\}$ für $i = 1, 2, 3$ und $a_1 + a_2 + a_3$ ist gerade$\}$.

(iv) Beim einfachen Würfeln erfahren wir, dass eine Primzahl fallen wird. Damit ist $B = \{2, 3, 5\}$.

(v) Beim dreifachen Würfeln erfahren wir, dass die Summe der ersten und dritten Augenzahl 8 ist, das heißt $B = \{(i, j, k) \mid i, j, k \in \{1, 2, 3, 4, 5, 6\}$ und $i + k = 8\}$.

Aufgabe 6.1 Betrachte das dreistufige Zufallsexperiment, in dem zuerst zweimal eine Münze geworfen und danach einmal gewürfelt wird. Nenne drei mögliche unterschiedliche Zusatzinformationen über den Ausgang des Experimentes und beschreibe formal das entsprechende Ereignis B.

Aufgabe 6.2 ✓ Warum betrachten wir den Fall $B = \emptyset$ nicht? Gibt es ein Prinzip der Modellierung von Wahrscheinlichkeitsexperimenten, dem die Vorhersage $B = \emptyset$ widersprechen würde?

Wir wissen von vornherein, dass ein Ergebnis aus S als Resultat vorkommen wird. Eine neue Information bringt nur ein nichtleeres B mit $B \subset S$, also eine echte Teilmenge von S. Eine solche Zusatzinformation sagt uns, dass nur Ergebnisse aus B vorkommen können und dass die Ergebnisse aus $S - B$ nicht vorkommen werden (ausgeschlossen sind). Wenn diese Zusatzinformation stimmt, ändert sich unser ganzes Experiment. Der Ergebnisraum hat sich verkleinert; statt S ist es jetzt B. Falls $P(B) < 1$, können wir jetzt aber nicht (B, P_B) mit $P_B = P$, das heißt mit $P_B(x) = P(x)$ für jedes $x \in B$, als Wahrscheinlichkeitsraum betrachten, weil $P_B(\text{Ergebnisraum})$ in jedem Experiment 1 sein muss. Somit kann die Wahrscheinlichkeitsverteilung P nicht übernommen werden. Alle Ergebnisse aus $S - B$ haben jetzt in dem neuen Wahrscheinlichkeitsraum die Wahrscheinlichkeit 0, weil nur diejenigen aus B vorkommen können. Eine neue Wahrscheinlichkeitsverteilung P_B im Wahrscheinlichkeitsraum (B, P_B) muss $P_B(B) = 1$ erfüllen und deswegen müssen jetzt $P(s)$ für alle $s \in B$ angepasst (erhöht) werden. Die Frage ist:

Wie sollte man die Wahrscheinlichkeit $1 - P(B) = P(\overline{B}) = P(S - B)$ auf die Ergebnisse aus B korrekt verteilen?

Aufgabe 6.3 ✓ Nehmen wir an, dass die Zusatzinformation B aus genau einem Ergebnis aus S besteht. Wie ist dann P_B bestimmt?

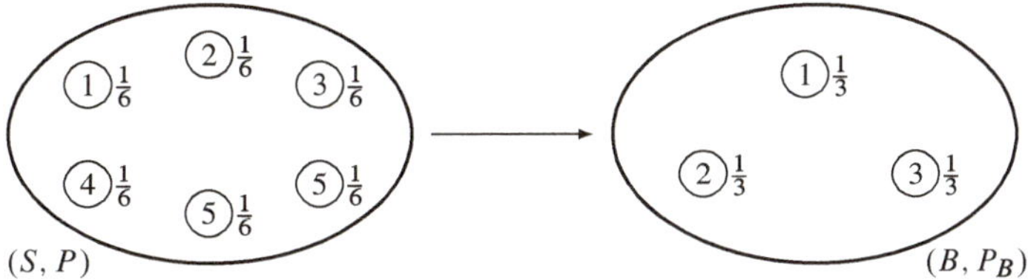

Abb. 6.1 Änderung des Wahrscheinlichkeitsraums beim einfachen Würfeln, wenn man erfährt, dass eine gerade Zahl gefallen ist

---

Hinweis 6.1

In diesem Kapitel ist es besonders wichtig, dass man für unterschiedliche Wahrscheinlichkeitsverteilungen in unterschiedlichen Wahrscheinlichkeitsräumen statt des gleichen Symbols P unterschiedliche Bezeichnungen verwendet. Noch wichtiger: Bedingte Wahrscheinlichkeiten kann man nur wirklich begreifen, wenn man das Konzept als eine Reduktion des Ergebnisraumes modelliert. Sonst fokussieren schulische Algorithmen zu stark auf Rechenwege, die nur für zweistufige Experimente mit Zusatzinformationen über den Ausgang des zweiten Basisexperiments geeignet sind. Die wahre Substanz des Konzepts der bedingten Wahrscheinlichkeiten versteht man dabei nicht.

Betrachten wir zuerst zwei Beispiele.

Beispiel 6.1 Nehmen wir das einfache Würfeln mit einem fairen Würfel, das heißt, unser Wahrscheinlichkeitsraum (S, P) ist gegeben durch $S = \{1, 2, 3, 4, 5, 6\}$ und $P(i) = \frac{1}{6}$ für alle $i \in S$. Jetzt erfahren wir, dass eine ungerade Zahl fällt. Also ist $B = \{1, 3, 5\}$ und somit haben die Ergebnisse 2, 4 und 6 die Wahrscheinlichkeit 0. Weil es sich um faires Würfeln handelt, erwarten wir $P(1) = P(3) = P(5)$ im Wahrscheinlichkeitsraum (B, P_B). Weil $P_B(B) = P_B(1) + P_B(3) + P_B(5) = 1$ gelten muss, erhalten wir

$$P_B(1) = P_B(3) = P_B(5) = \frac{1}{3}.$$

Die Abb. 6.1 zeigt die Veränderung des Wahrscheinlichkeitsraums in diesem Fall.   ◊

Beispiel 6.2 Betrachten wir Individuen mit Genotypen AA, Aα und $\alpha\alpha$. Der Genotyp $\alpha\alpha$ bestimmt eine spezifische Krankheit, die Individuen mit den Genotypen AA und Aα haben diese Krankheit nicht. Ein Elternpaar (Aα, Aα) erzeugt einen Nachkommen. Wie wir schon wissen, modellieren wir diese Erzeugung als ein Zufallsexperiment (S, P) mit

$$S = \{\text{AA}, \text{A}\alpha, \alpha\alpha\} \quad \text{und} \quad P(\text{AA}) = P(\alpha\alpha) = \frac{1}{4}, \quad P(\text{A}\alpha) = \frac{1}{2}.$$

Jetzt erfahren wir, dass der erzeugte Nachkomme gesund ist und er somit $\alpha\alpha$ nicht sein kann. Also wechseln wir vom Wahrscheinlichkeitsraum (S, P) zu einem neuen Wahrscheinlichkeitsraum (B, P_B) mit $B = \{\text{AA}, \text{A}\alpha\}$, wie in Abb. 6.2 angedeutet.

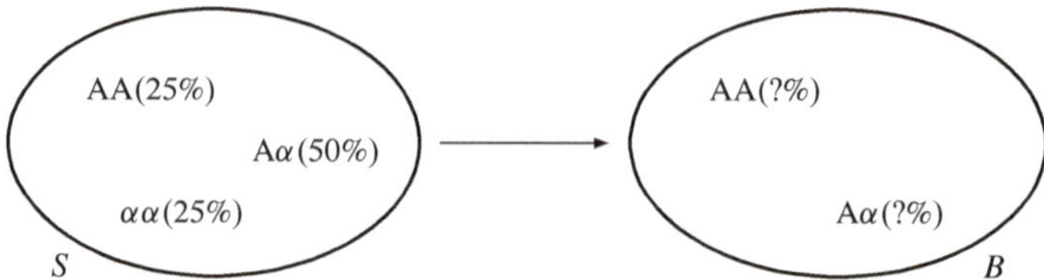

Abb. 6.2 Änderung des Wahrscheinlichkeitsraums bei der Auswahl eines Genotyps eines Nachfahren von Eltern mit den Genotypen Aα, wenn wir erfahren, dass der einzige Nachkomme nicht den Genotyp αα hat

Wir wollen aus P die neue Wahrscheinlichkeitsverteilung P_B in (B, P_B) bestimmen. Dies bedeutet genau, dass wir $P_B(\text{AA})$ und $P_B(\text{A}\alpha)$ ausrechnen wollen.

Weil (B, P_B) ein Wahrscheinlichkeitsraum sein sollte, muss $P_B(B) = 1$ und somit

$$P_B(\text{A}\alpha) + P_B(\text{AA}) = 1 \tag{6.1}$$

gelten. Wir wissen, dass $P(\text{A}\alpha) + P(\text{AA}) = 0.75$ und somit geht es um nichts anderes, als die Wahrscheinlichkeit $P(\alpha\alpha) = 0.25$ „gerecht" an Aα und AA zu verteilen. Was bedeutet aber gerecht? Jemand könnte vorschlagen, auf beide den gleichen Wert $0.125 = \frac{0.25}{2}$ aufzuaddieren. Somit würde

$$P_B(\text{A}\alpha) = 0.625 \quad \text{und} \quad P_B(\text{AA}) = 0.375$$

gelten und (6.1) würde erfüllt. Dies würde aber unserer Grundvorstellung über die Wahrscheinlichkeitstheorie als der Theorie über die Verhältnisse zwischen den Wahrscheinlichkeiten der einzelnen Resultate widersprechen. Im Experiment (S, P) kommt Aα zweimal so häufig vor, wie das Resultat AA. Dies muss auch in (B, P_B) eingehalten werden, aber $\frac{0.625}{0.375} \neq 2$ und somit ist die gleichmäßige additive Verteilung von $P(\alpha\alpha)$ auf Aα und AA nicht gerecht im Sinn der Wahrscheinlichkeitsrechnung.

Jetzt haben wir verstanden, dass

$$2 = \frac{P(\text{A}\alpha)}{P(\text{AA})} = \frac{P_B(\text{A}\alpha)}{P_B(\text{AA})} \tag{6.2}$$

gelten muss. Aus (6.1) erhalten wir $P_B(\text{AA}) = 1 - P_B(\text{A}\alpha)$. Wenn wir in (6.2) diesen Wert für $P_B(\text{AA})$ entsprechend ersetzen, erhalten wir

$$2 = \frac{P_B(\text{A}\alpha)}{1 - P_B(\text{A}\alpha)} \qquad \mid \cdot (1 - P_B(\text{A}\alpha))$$

$$2 - 2 \cdot P_B(\text{A}\alpha) = P_B(\text{A}\alpha) \qquad \mid + 2 \cdot P_B(\text{A}\alpha)$$

$$2 = 3 \cdot P_B(\text{A}\alpha)$$

$$P_B(\text{A}\alpha) = \frac{2}{3}.$$

Aus (6.1) folgt direkt

$$P_B(\text{AA}) = \frac{1}{3}.$$

Wir sehen jetzt, dass auch in (B, P_B) die Wahrscheinlichkeit von Aα genau zweimal so hoch ist wie die Wahrscheinlichkeit von AA. $\Diamond$

Aufgabe 6.4 Betrachte das Experiment des Würfelns wie in Beispiel 6.1. Jetzt erfährst du, dass eine Primzahl fallen wird. Bestimme den Wahrscheinlichkeitsraum (B, P_B).

Aufgabe 6.5 Aus einer großen Population mit 60 % Genotypen AA, 20 % Genotypen Aα und 20 % Genotypen $\alpha\alpha$ wird zufällig ein Individuum gezogen. Individuen mit Genotypen AA und Aα werden als gesund betrachtet, die Individuen mit dem Genotyp $\alpha\alpha$ als krank. Jetzt stellt man fest, dass das zufällig gezogene Individuum gesund ist. Mit welcher Wahrscheinlichkeit hat es den Genotyp AA?

Aufgabe 6.6 Beim fairen Würfeln erfährt man, dass eine Augenzahl größer als 2 vorkommt. Wie hoch ist dann die Wahrscheinlichkeit, dass eine 6 fällt?

Aufgabe 6.7 Betrachten wir das Experiment $(\{1, 2, 3, 4, 5\}, P)$ des Drehens eines Glücksrads mit $P(1) = P(2) = 0.05$, $P(3) = 0.2$, und $P(4) = P(5) = 0.35$. Jetzt erfährt man, dass das Resultat eine Primzahl ist. Lohnt es sich darauf zu setzen, dass es die „5" ist, oder eher darauf, dass es keine „5" ist?

Aus den Beispielen 6.1 und 6.2 haben wir für die Konstruktion des neuen Wahrscheinlichkeitsraums (B, P_B) aus dem ursprünglichen Wahrscheinlichkeitsraum (S, P) mit $B \subset S$ Folgendes gelernt:

$$P_B(B) = \sum_{e \in B} P_B(e) = 1, \tag{6.3}$$

und für alle elementaren Ereignisse $a, b \in B$ gilt

$$\frac{P_B(a)}{P_B(b)} = \frac{P(a)}{P(b)}. \tag{6.4}$$

Durch Multiplizieren von (6.4) mit $P_B(b) \cdot \frac{1}{P(a)}$ erhalten wir für alle $a, b \in B$

$$\frac{P_B(a)}{P(a)} = \frac{P_B(b)}{P(b)}. \tag{6.5}$$

Also ist für alle elementaren Ereignisse $a \in B$ das Verhältnis zwischen $P_B(a)$ und $P(a)$ gleich. In anderen Worten existiert eine Konstante λ, so dass für alle $e \in B$

$$\lambda = \frac{P_B(e)}{P(e)} \quad \text{und somit} \quad P_B(e) = \lambda \cdot P(e) \tag{6.6}$$

gilt. Wenn wir jetzt λ bestimmen, können wir für alle $e \in B$ die Wahrscheinlichkeit $P_B(e)$ durch $\lambda \cdot P(e)$ berechnen. Wir kombinieren jetzt (6.1) mit (6.6) und erhalten

$$
\begin{aligned}
1 = P_B(B) &= \sum_{e \in B} P_B(e) \\
&= \sum_{e \in B} \lambda \cdot P(e) \\
&\quad \{\text{weil } P_B(e) = \lambda \cdot P(e)\} \\
&= \lambda \cdot \sum_{e \in B} P(e) \\
&= \lambda \cdot P(B). \\
&\quad \left\{ \text{weil } P(B) = \sum_{e \in B} P(e) \right\}
\end{aligned}
$$

Somit haben wir $1 = \lambda \cdot P(B)$ erhalten und letztendlich

$$
\lambda = \frac{1}{P(B)}.
$$

Also gilt für jedes $e \in B$

$$
P_B(e) = \frac{1}{P(B)} \cdot P(e). \tag{6.7}
$$

Aufgabe 6.8 Überprüfe die allgemeine Formel (6.7) für die Beispiele 6.1 und 6.2 und vergleiche die Resultate für P_B mit den Resultaten, die zuvor in den Beispielen berechnet wurden.

Die Formel (6.7) gibt uns eine universelle Methode zur Bestimmung von P_B aus P, denn wenn man $P_B(e)$ für jedes $e \in B$ kennt, kennt man auch $P_B(A)$ für jedes $A \subseteq B$. Formal kann man dies wie folgt ausdrücken. Für jedes $A \subseteq B$ gilt

$$
\begin{aligned}
P_B(A) &= \sum_{e \in A} P_B(e) \\
&= \sum_{e \in A} \frac{1}{P(B)} \cdot P(e) \\
&\quad \{\text{nach } (6.7)\} \\
&= \frac{1}{P(B)} \cdot \sum_{e \in A} P(e) \\
&= \frac{1}{P(B)} \cdot P(A).
\end{aligned}
$$

Das Endresultat

$$
P_B(A) = \frac{1}{P(B)} \cdot P(A) \quad \text{für } A \subseteq B \tag{6.8}
$$

bestimmt $P_B(A)$ für jedes $A \subseteq B$ aus $P(A)$ mittels der universellen Konstanten $\lambda = \frac{1}{P(B)}$.

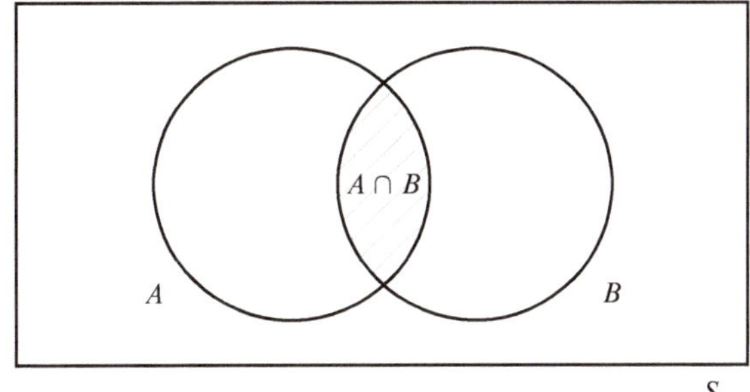

Abb. 6.3 Darstellung zweier beliebiger Ereignisse A, B in einem Wahrscheinlichkeitsraum (S, P)

Aufgabe 6.9 ✓ Die Kinder sind in 5 Klassengruppen aufgeteilt. Die 1. Klasse (5- bis 6-jährige) umfasst 20 % der Kinder, die 2. Klasse (7–8-jährige) dagegen 25 % der Kinder. Die 3. Klasse (9-jährige) und 4. Klasse (10-jährige) enthält jeweils 15 % aller Kinder. Die 5. Klasse (11- und 12-jährige) enthält die restlichen 25 % der Kinder. Es wird zufällig ein Kind aus den drei älteren Klassen ausgewählt. Mit welcher Wahrscheinlichkeit ist das Kind 9- oder 10-jährig?

Dank der Formel (6.7) kann man über die bedingte Wahrscheinlichkeit $P_B(A)$ für ein beliebiges Ereignis A sprechen und diese Wahrscheinlichkeiten direkt ausrechnen, ohne den Wahrscheinlichkeitsraum (B, P_B) konstruieren zu müssen.

Seien A und B zwei beliebige Ereignisse in einem Wahrscheinlichkeitsraum (S, P). Wie in Abb. 6.3 gezeichnet, müssen die Mengen $A - B$ und $B - A$ nicht leer sein.

Wir bezeichnen mit $P(A \mid B)$ die bedingte Wahrscheinlichkeit des Ereignisses A, falls das Ereignis B aufgetreten ist. Wenn B passierte, ist es klar, dass kein Ereignis aus $A - B$ mehr vorkommen kann. Damit reduziert sich das Vorkommen des Ereignisses A beim Auftreten von B (also im Wahrscheinlichkeitsraum B) auf das Vorkommen von $A \cap B$. Nach unserer Formel (6.7) haben wir für die Wahrscheinlichkeit von $A \cap B$ in (B, P_B):

$$P_B(A \cap B) = \sum_{e \in A \cap B} P_B(e)$$

$$\{\text{nach Prinzip (P1)}\}$$

$$= \sum_{e \in A \cap B} \frac{1}{P(B)} P(e)$$

$$\{\text{Nach (6.7)}\}$$

$$= \frac{1}{P(B)} \cdot \sum_{e \in A \cap B} P(e)$$

$$\{\text{nach dem Distributivgesetz}\}$$

$$= \frac{P(A \cap B)}{P(B)}.$$

$$\{\text{nach Prinzip (P1)}\}$$

Begriffsbildung 6.1 (Regel zur Berechnung bedingter Wahrscheinlichkeiten) *Sei (S, P) ein Wahrscheinlichkeitsraum und seien $A, B \subseteq S$, $B \neq \emptyset$.*

(R5) *Die **bedingte Wahrscheinlichkeit von A, falls B aufgetreten ist**, ist*

$$P(A \mid B) = P_B(A \cap B) = \frac{P(A \cap B)}{P(B)}.$$

Wir nennen $P(A \mid B)$ auch

*die **bedingte Wahrscheinlichkeit von A unter der Bedingung B**.*

Beispiel 6.3 Betrachten wir das zweifache Würfeln. Nehmen wir an, wir wissen, dass beide gefallenen Augenzahlen gerade sind. Wie hoch ist jetzt die Wahrscheinlichkeit, dass beide gefallenen Zahlen gleich sind?

Das zweistufige Experiment (S_2, P) kann man wie folgt beschreiben:

$$S_2\{(i, j) \mid 1 \leq i, j \leq 6\} \quad \text{und} \quad P\big((i, j)\big) = \frac{1}{36} \quad \text{für alle } i, j \in \{1, 2, 3, 4, 5, 6\}.$$

Das Ereignis $B = \{(r, s) \mid r, s \in \{2, 4, 6\}\}$ hat somit genau 9 Elemente. Daraus folgt

$$P(B) = \frac{9}{36} = \frac{1}{4}.$$

Das Ereignis A ist $A = \{(1, 1), (2, 2), (3, 3), (4, 4), (5, 5), (6, 6)\}$ und somit gilt $A \cap B = \{(2, 2), (4, 4), (6, 6)\}$ und $P(A \cap B) = \frac{3}{36} = \frac{1}{12}$. Nach (R5) aus Begriffsbildung 6.1 erhalten wir

$$P(A \mid B) = \frac{P(A \cap B)}{P(B)} = \frac{\frac{1}{12}}{\frac{1}{4}} = \frac{1}{3}.$$

Die bedingte Wahrscheinlichkeit von zwei gleichen Augenzahlen, falls nur gerade Augenzahlen fallen, ist also $\frac{1}{3}$.

Überlegen wir uns noch, wie hoch die Wahrscheinlichkeit von zwei gleichen Augenzahlen ohne eine Bedingung ist:

$$P(A) = 6 \cdot \frac{1}{36} = \frac{1}{6}. \qquad \qquad \Diamond$$

Aufgabe 6.10 Es werden zwei Würfel geworfen. Wir erfahren, dass beide Augenzahlen gerade sind. Mit welcher Wahrscheinlichkeit

(a) sind beide 6,

(b) ist ihre Summe 8,

(c) ist ihre Summe größer als 4?

Aufgabe 6.11 Sei (S_2, P) das Experiment aus Beispiel 6.3. Sei $B = \{(i, j) \mid i, j \in \{1, 2, 3, 4, 5, 6\}$ und $i + j$ ist gerade$\}$ das Ereignis, dass die Summe der gefallenen Zahlen gerade ist. Wie hoch ist $P(A \mid B)$ jetzt für das Ereignis A, dass beide gefallenen Augenzahlen gleich sind?

Aufgabe 6.12 Ein Glücksrad hat 6 Sektoren $S_1 = \{1, 2, 3, 4, 5, 6\}$, welche bei einfachem Drehen mit folgenden Wahrscheinlichkeiten erscheinen:

$$P_1(1) = P_1(2) = P_1(3) = 0.1, \quad P_1(4) = 0.3, \quad P_1(5) = 0.05 \quad \text{und} \quad P_1(6) = 0.35.$$

Mit dem Wahrscheinlichkeitsraum (S_2, P_2) werde das zweifache Drehen des Glücksrades modelliert. Wie hoch ist die bedingte Wahrscheinlichkeit, dass beide Zahlen gleich sind, wenn man weiß, dass beide Zahlen gerade sind?

Aufgabe 6.13 Ein Elternpaar, beide mit Genotyp Aα, erzeugt zwei Nachkommen. Wir erfahren, dass beide Nachkommen gesund sind, also den Genotyp $\alpha\alpha$ nicht haben. Wie hoch ist die Wahrscheinlichkeit, dass beide Nachkommen den gleichen Genotyp haben?

Aufgabe 6.14 ✓ Betrachten wir zwei Elternpaare mit den Genotypen (Aα, Aα) und (Aα, $\alpha\alpha$). Beide haben jeweils einen Nachkommen. Wie hoch ist die Wahrscheinlichkeit, dass die Nachkommen vom gleichen Genotyp sind? Wie hoch ist diese Wahrscheinlichkeit unter der Bedingung, dass beide gesund sind? Wie hoch ist die Wahrscheinlichkeit, dass die Nachkommen den gleichen Genotyp haben, wenn man weiß, dass beide krank sind?

Hinweis Beachte, dass das zu Grunde liegende Experiment als ein zweistufiges Experiment mit dem Ergebnisraum

$$\{(\text{AA}, \text{AA}), \quad (\text{AA}, \text{A}\alpha), \quad (\text{AA}, \alpha\alpha),$$
$$(\text{A}\alpha, \text{AA}), \quad (\text{A}\alpha, \text{A}\alpha), \quad (\text{A}\alpha, \alpha\alpha),$$
$$(\alpha\alpha, \text{AA}), \quad (\alpha\alpha, \text{A}\alpha), \quad (\alpha\alpha, \alpha\alpha)\}$$

modelliert werden kann und man die Wahrscheinlichkeitsverteilung bestimmen muss, bevor man überhaupt anfängt, sich mit den bedingten Wahrscheinlichkeiten zu beschäftigen.

Beispiel 6.4 Betrachten wir den dreifachen Münzwurf einer fairen Münze. Wir modellieren dies durch (S_3, P), mit $S_3 = \{(a, b, c) \mid a, b, c \in \{\text{Z}, \text{K}\}\}$ und somit $|S_3| = 8$, wobei jedes der 8 Ergebnisse die gleiche Wahrscheinlichkeit $\frac{1}{8}$ hat. Nehmen wir an, dass wir wissen, dass im ersten Wurf eine Zahl fällt. Damit ist

$$B = \{(\text{Z}, \text{Z}, \text{Z}), (\text{Z}, \text{Z}, \text{K}), (\text{Z}, \text{K}, \text{Z}), (\text{Z}, \text{K}, \text{K})\}$$

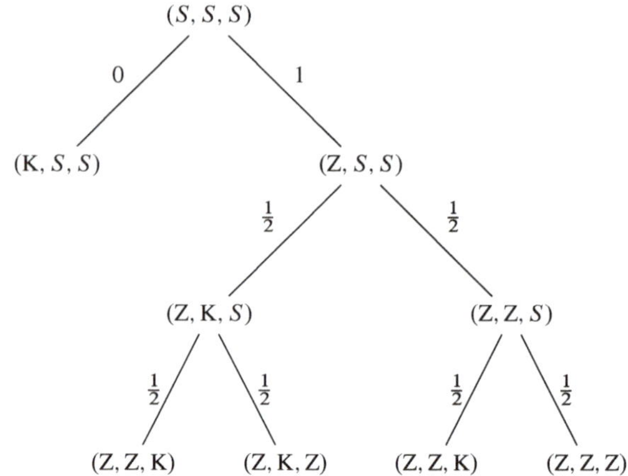

Abb. 6.4 Modifiziertes Baumdiagramm beim dreifachen Münzwurf, wenn wir wissen, dass im ersten Wurf nicht Kopf fiel

das entsprechende sichere Ereignis. Offensichtlich gilt $P(B) = \frac{1}{2}$. Nach (R5) aus Begriffsbildung 6.1 erhalten wir

$$P(\{(Z, Z, Z)\} \mid B) = P_B((Z, Z, Z)) = \frac{P((Z, Z, Z))}{P(B)} = \frac{\frac{1}{8}}{\frac{1}{2}} = \frac{1}{4},$$

und das gleiche gilt für die anderen drei Ergebnisse aus B. Wir überprüfen auch direkt, dass

$$P_B(B) = \sum_{a \in B} P_B(a) = \frac{1}{4} + \frac{1}{4} + \frac{1}{4} + \frac{1}{4} = 1$$

gilt.

Es gibt auch einen anderen Verständnisweg zur Bestimmung von $P_B(B)$. Dieser verwendet Baumdiagramme. Das Baumdiagramm für das dreistufige Experiment (S_3, P) ist uns bekannt. Wenn wir wissen, dass beim ersten Wurf Zahl fällt, können wir auch (B, P_B) durch ein Baumdiagramm wie in Abb. 6.4 modellieren. Sei $S = \{\text{Kopf}, \text{Zahl}\}$. In der ersten Stufe wird Zahl (Z) mit Sicherheit geworfen, und somit brauchen wir die Verzweigung zu (K, S, S) nicht mehr weiter zu verfolgen, weil ihre Wahrscheinlichkeit hier 0 ist. Aus dem Ereignis (Z, S, S) verlaufen die restlichen zwei Stufen des Experiments wie gewohnt. Für die 4 möglichen Ergebnisse aus B können wir die Wahrscheinlichkeiten mit Hilfe der Multiplikationsregel (R4) wie folgt bestimmen:

$$P_B(Z, Z, Z) = 1 \cdot \frac{1}{2} \cdot \frac{1}{2} = \frac{1}{4},$$

$$P_B(Z, Z, K) = 1 \cdot \frac{1}{2} \cdot \frac{1}{2} = \frac{1}{4},$$

$$P_B(Z, K, Z) = 1 \cdot \frac{1}{2} \cdot \frac{1}{2} = \frac{1}{4},$$

$$P_B(Z, K, K) = 1 \cdot \frac{1}{2} \cdot \frac{1}{2} = \frac{1}{4}.$$

Wir sehen, dass diese Resultate mit unseren Rechnungen mittels Regel (R5) übereinstimmen.

$\Diamond$

Aufgabe 6.15 Betrachte nochmals den dreifachen Münzwurf wie in Beispiel 6.4 mit dem Unterschied, dass im Basisexperiment die Wahrscheinlichkeit, Zahl zu werfen, $\frac{2}{3}$ beträgt. Jetzt erfahren wir, dass beim zweiten Wurf das Ergebnis Kopf ist. Somit tritt $A = \{(Z, K, Z), (Z, K, K), (K, K, Z), (K, K, K)\}$ mit Sicherheit auf. Bestimme die Wahrscheinlichkeitsverteilung P_A in (A, P_A) mittels Regel (R5) sowie mittels der Multiplikationsregel (R4) in Baumdiagrammen und vergleiche die Resultate.

6.3   Eine Anwendung in der Medizin und ein kombinatorischer Rechenweg

Die Prävalenz von Brustkrebs bei Frauen über 50 liegt bei etwa 0.8 %, das heißt, von 1 000 symptomfreien Frauen über 50 sind im Durchschnitt 8 an Brustkrebs erkrankt. Daher haben mehrere Länder (in der Schweiz mehrere Kantone) ein sogenanntes *Brustkrebsscreening* eingeführt, bei dem alle Frauen über 50 periodisch zu einer Röntgenaufnahme der Brust eingeladen werden.

Das Brustkrebsscreening bietet jedoch keine perfekte Diagnose. Die *Sensitivität* (der Anteil der erkrankten Frauen, bei denen die Diagnose den Brustkrebs richtig erkennt) liegt bei 90 %, die *Spezifität* (der Anteil der nicht erkrankten Frauen, die korrekt als gesund diagnostiziert werden) liegt bei 94 %.

Die wichtige Frage ist nun: Angenommen, bei einer Frau ist die Brustkrebs-Diagnose positiv, wie groß ist dann die Wahrscheinlichkeit, dass sie tatsächlich an Brustkrebs erkrankt ist?

Wir gehen schrittweise vor, um diese Frage zu beantworten. Zuerst soll die etwas seltsame Sprechweise der Medizin erklärt werden. In der Medizin spricht man von einem „negativen Testbefund", falls die Untersuchung keine Ergebnisse liefert und von einem „positiven Testbefund", falls eine Krankheit erkannt wurde. Aus Sicht der untersuchten Frau ist ein „positives Testergebnis" also eine schlechte Nachricht: ihr wurde Brustkrebs diagnostiziert. Ein „negatives Testergebnis" ist hingegen eine gute Nachricht.

Wir beginnen damit, ein Zahlenbeispiel durchzurechnen. Von 100 000 Frauen, die zum Brustkrebsscreening gehen, sind 0.8 %, also 800 an Brustkrebs erkrankt. Bei diesen 800 Frauen wird der Test für 90 % positiv ausfallen, das heißt, bei 720. Bei den anderen 80 Frauen wird der Test negativ ausfallen. Von den $100\,000 - 800 = 99\,200$ Frauen, die nicht an Brustkrebs erkrankt sind, wird der Test bei 94 % negativ ausfallen, also bei 93 248 Frauen. Bei den restlichen 6 %, also bei 5 952 Frauen, wird der Test positiv ausfallen. Tab. 6.1 zeigt die Resultate im Überblick.

Tab. 6.1 Verteilung bei 10.000 Frauen über 50 in verschiedene Fälle		erkrankt	nicht erkrankt	Total
	Test positiv	720	5 952	6 672
	Test negativ	80	93 248	93 328
	Total	800	99 200	100 000

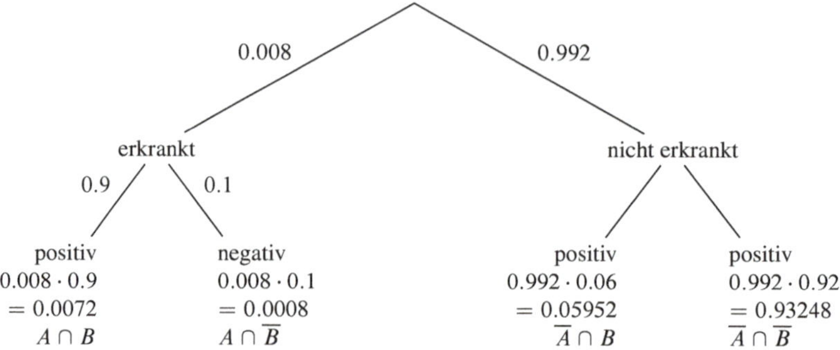

Abb. 6.5 Baumdiagramm für die möglichen Fälle beim Brustkrebsscreening

Ebenfalls erkennbar ist, dass von den 100 000 Frauen, die zum Brustkrebsscreening gehen, 6 672 ein positives Testresultat erhalten, aber nur 720, das heißt $\frac{720}{6\,672} = 10.8\,\%$ davon wirklich an Brustkrebs erkrankt sind. Dies bedeutet, dass die große Mehrzahl, nämlich 89.2 % der Frauen, die ein positives Testresultat erhalten, gar nicht an Brustkrebs erkrankt sind.

Dieser Befund kann durchaus als erschreckend empfunden werden. Doch das ist der aktuelle Stand (2015) der medizinischen Wissenschaft, die zwar gut, aber nicht unfehlbar ist. Das Brustkrebsscreening ist die einzige Methode, mit der man Brustkrebs frühzeitig erkennen kann. Sie erlaubt es, einem relativ kleinen Prozentsatz von Frauen das Leben zu retten (die Schätzungen reichen von 0.1 % bis 0.5 % aller Frauen, die das Screening absolvieren), andererseits führt es bei viel mehr Frauen zu einer psychologischen Belastung und zu unnötigen Behandlungen.

Wir wollen dieses Beispiel noch einmal durchrechnen, jetzt aber auf das Zahlenbeispiel verzichten und direkt mit den bedingten Wahrscheinlichkeiten rechnen. Zuerst erstellen wir ein Baumdiagramm zur Modellierung der Situation. Es gibt zwei Stufen: einerseits das Testresultat und andererseits, ob die Frau an Brustkrebs erkrankt ist oder nicht. Welche dieser zwei Stufen sollte die erste des Baumdiagramms sein? Orientiert man sich am zeitlichen Ablauf, so könnte man denken: Zuerst erhält man das Testresultat und auf Grund dessen erhält man die Diagnose. Nun ist die Diagnose aber nicht immer korrekt. Eine Frau ist ja nicht an Brustkrebs erkrankt, *weil* ihre Testergebnis positiv ausgefallen ist.

Die erste Stufe des Baumdiagramms ist also, ob die Frau erkrankt ist oder nicht, und davon ist abhängig, ob der Test positiv ausfällt.

In den letzten Zeilen des Baumdiagramms in Abb. 6.5 sind die Pfadwahrscheinlichkeiten abgebildet, das heißt die Wahrscheinlichkeiten für die 4 möglichen Fälle. Dass der Test

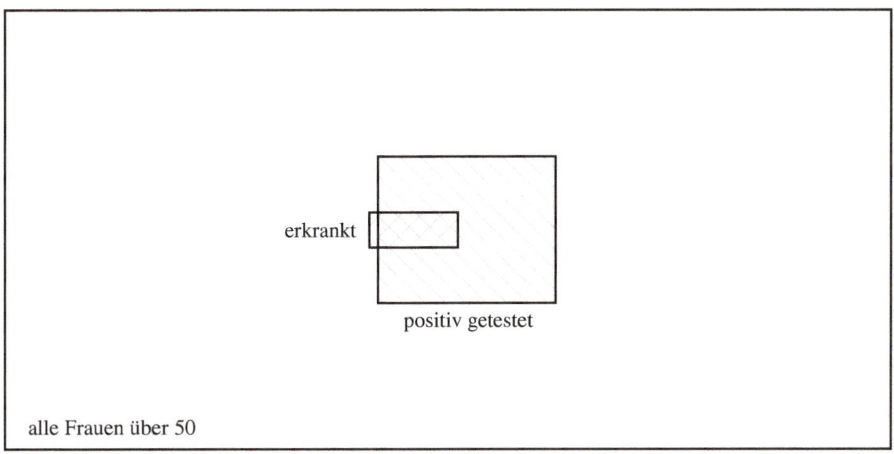

Abb. 6.6 Flächentreue Darstellung des Wahrscheinlichkeitsraums für die möglichen Fälle beim Brustkrebsscreening

positiv ausfällt, kann entweder bei einer erkrankten oder einer gesunden Frau geschehen:

$$P(\text{Test positiv}) = P(\text{erkrankt und Test positiv})$$
$$+ P(\text{nicht erkrankt und Test positiv})$$
$$= 0.0072 + 0.05952$$
$$= 0.06672.$$

Die Wahrscheinlichkeit 0.06672 steht also für alle Frauen, die positiv getestet wurden. Sie teilt sich auf in 0.0072 derjenigen, die tatsächlich erkrankt sind und 0.05952 derjenigen, die nicht erkrankt sind. Wir können diese Anteile prozentuell berechnen: wird eine Frau positiv getestet, so ist die Wahrscheinlichkeit, dass sie erkrankt ist, gleich

$$\frac{0.0072}{0.06672} = 0.108 = 10.8\,\%.$$

Die Wahrscheinlichkeit, dass sie nicht erkrankt ist, ist gleich

$$\frac{0.05952}{0.06672} = 0.892 = 89.2\,\%.$$

In Abb. 6.6 sind diese Wahrscheinlichkeiten als Flächen dargestellt. Das weiße umgebende Rechteck hat die Fläche $1 = 100\,\%$. Das kleinere schraffierte Rechteck mit $0.8\,\%$ der Gesamtfläche zeigt die Wahrscheinlichkeit einer Erkrankung, das größere rechts steht für die Wahrscheinlichkeit $6.7\,\%$ eines positiven Tests.

Tab. 6.2 Unterscheidung der verschiedenen Fälle bzgl. der Ereignisse A (erkrankt) und B (Test ist positiv)

	erkrankt A	nicht erkrankt $\overline{A}$	Total
Test positiv B	$A \cap B$	$\overline{A} \cap B$	B
Test negativ $\overline{B}$	$A \cap \overline{B}$	$\overline{A} \cap \overline{B}$	$\overline{B}$
Total	A	$\overline{A}$	

Dieses Bild veranschaulicht, dass die Wahrscheinlichkeit des Schnittgebiets den Großteil (nämlich 90 %) von „erkrankt" ausmacht, aber nur einen kleinen Teil (nämlich 10.8 %) von „Test positiv".

Zum Schluss sollen diese Rechnungen von Standpunkt der bedingten Wahrscheinlichkeiten betrachtet werden. Wir betrachten zwei Ereignisse:

$$A = \text{erkrankt},$$

$$B = \text{positiv getestet}$$

und deren Gegenereignisse:

$$\overline{A} = \text{nicht erkrankt},$$

$$\overline{B} = \text{negativ getestet}.$$

Ereignis B und damit auch $\overline{B}$ können wir durch Testen feststellen. Was uns interessiert, sind die bedingten Wahrscheinlichkeiten $P(A \mid B)$ und $P(\overline{A} \mid B)$, die wir wie gelernt bestimmen können:

$$P(A \mid B) = \frac{P(A \cap B)}{P(B)} = \frac{0.0072}{0.06672} = 0.108,$$

$$P(\overline{A} \mid B) = \frac{P(\overline{A} \cap B)}{P(B)} = \frac{0.05952}{0.06672} = 0.892.$$

Was wir hier sehen, ist ein Spezialfall von bedingten Wahrscheinlichkeiten, in dem das zu Grunde gelegte Zufallsexperiment ein zweistufiges Experiment ist, das sich durch die zusätzliche Information B auf den Ausgang des Basisexperiments einer Stufe reduziert. Wir haben gesehen, dass man in diesem Fall die bedingten Wahrscheinlichkeiten auch direkt (Tab. 6.1) aus den Proportionen von $A \cap B$, $A \cap \overline{B}$, $\overline{A} \cap B$ und $\overline{A} \cap \overline{B}$ bestimmen kann. In der Terminologie von A und B sieht Tab. 6.1 aus wie in Tab. 6.2 dargestellt.

Die Einträge $A \cap B$, $B \cap \overline{A}$, $A \cap \overline{A}$ und $\overline{B} \cap \overline{A}$ sind die Resultate des zweistufigen Experiments, wie wir sie auch in Abb. 6.5 sehen. Weil $B = (A \cap B) \cup (\overline{A} \cap B)$ und $(A \cap B) \cap (\overline{A} \cap B) = \emptyset$, erhalten wir $P(A \mid B) = \frac{P(A \cap B)}{P(A \cap B) + P(\overline{A} \cap B)}$ oder sogar direkt $P(A \mid B) = \frac{|A \cap B|}{|B|}$ für unseren Spezialfall.

Aufgabe 6.16 Man hat eine Schale mit 120 Walnüssen und 80 Haselnüssen. Von außen sehen alle gut aus, aber beim Öffnen könnte man im Innern auch Würmer vorfinden. 20

der Walnüsse und 5 der Haselnüsse sind wurmstichig. Man öffnet eine Nuss und stellt fest, dass sie von Würmern befallen ist. Mit welcher Wahrscheinlichkeit handelt es sich um eine Walnuss? Bestimme die Wahrscheinlichkeit zweimal, einmal mit der Tabelle und einmal mit der Formel für $P(A \mid B)$.

Aufgabe 6.17 In einer Schule gibt es 1 200 Jugendliche. Davon sind 640 Mädchen und 560 Jungen. Es kommt eine Grippewelle. 20 % der Jungen und 15 % der Mädchen erkranken. Auf dem Weg zum Schularzt trifft man eine kranke Person. Mit welcher Wahrscheinlichkeit ist es ein Mädchen? Löse die Aufgabe zweimal. Einmal rein quantitativ mit der Tabelle und $P(A \mid B) = \frac{|A \cap B|}{|B|}$ und danach mit bedingten Wahrscheinlichkeiten und vergleiche die Resultate.

Beispiel 6.5 Für ein gewisses Symptom (wie zum Beispiel *Schwindel*) kann es verschiedene Krankheitsursachen geben (beim Schwindel etwa Erkrankungen des Mittelohrs, die häufig und eher harmlos sind, oder ein nervöses Problem im Hirn oder der Nervenstränge zu ihm, die seltener, jedoch schwerer therapierbar sind). Wir vereinfachen die Situation hier und sprechen von den Krankheiten K_1 und K_2 und nehmen an, dass diese zwei die einzigen Ursachen für dieses Symptom sind.

Krankheit K_1 trete bei 2.5 % aller Personen auf, Krankheit K_2 bei 0.2 % aller Personen und wir nehmen vereinfachend an, dass keine Person gleichzeitig an beiden Krankheiten erkrankt. Eine Person, die an K_1 bzw. K_2 erkrankt ist, entwickelt das Symptom mit der Wahrscheinlichkeit 80 % bzw. 50 %, eine gesunde Person hingegen nie.

Eine Person mit dem besagten Symptom kommt zum Arzt. Mit welcher Wahrscheinlichkeit geht das Symptom auf die Krankheit K_1 zurück?

Sei A das Ereignis, dass der Patient an K_1 erkrankt ist und B das Ereignis, dass eine Person unter dem besagten Symptom leidet. Zu berechnen ist $P_B(A)$.

Zuerst beobachten wir, dass wir ein zweistufiges Zufallsexperiment mit vier unterschiedlichen Basisexperimenten vor uns haben. Das erste Experiment wird durch den Wahrscheinlichkeitsraum

$$(S', P') \quad \text{mit } S' = \{K_1, K_2, G\}$$
$$\text{und } P'(K_1) = 0.025, \ P'(K_2) = 0.002, \ P'(G) = 0.973$$

modelliert, siehe Abb. 6.7. Die zweite Stufe entspricht drei Experimenten, eines für Personen, die an K_1 erkrankt sind, eines für solche, die an K_2 erkrankt sind, und schließlich eines für gesunde Personen, siehe wiederum Abb. 6.7. In allen drei Experimenten ist die Ergebnismenge $S'' = \{S, N\}$, wobei S für „Person hat das Symptom" und N für „Person hat das Symptom nicht" steht.

Für Personen, die an K_1 erkrankt sind, haben wir

$$(S'', P_1'') \quad \text{mit } P_1''(S) = 0.8 \text{ und } P_1''(N) = 0.2,$$

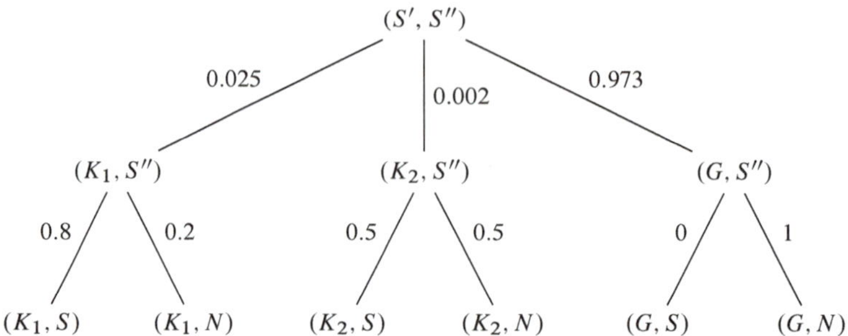

Abb. 6.7 Baumdiagramm der verschiedenen Fälle beim Beispiel 6.5

für Personen, die an K_2 erkrankt sind, haben wir

$$(S'', P_2'') \quad \text{mit } P_2''(S) = 0.5 \text{ und } P_2''(N) = 0.5,$$

und schließlich für gesunde Personen

$$(S'', P_3'') \quad \text{mit } P_3''(S) = 0 \text{ und } P_2''(N) = 1,$$

Somit erhalten wir das zweistufige Experiment (S, Prob) mit

$$S = \{(K_1, S), (K_1, N), (K_2, S), (K_2, N), (G, S), (G, N)\}$$

mit

$$\text{Prob}(K_1, S) = P'(K_1) \cdot P_1''(S) = 0.025 \cdot 0.8 = 0.02,$$
$$\text{Prob}(K_1, N) = P'(K_1) \cdot P_1''(N) = 0.025 \cdot 0.2 = 0.005,$$
$$\text{Prob}(K_2, S) = P'(K_2) \cdot P_2''(S) = 0.002 \cdot 0.5 = 0.001,$$
$$\text{Prob}(K_2, N) = P'(K_2) \cdot P_2''(N) = 0.002 \cdot 0.5 = 0.001,$$
$$\text{Prob}(G, S) = P'(G) \cdot P_3''(S) = 0.973 \cdot 0 = 0,$$
$$\text{Prob}(G, N) = P'(G) \cdot P_3''(N) = 0.973 \cdot 1 = 0.973.$$

Jetzt betrachten wir die Bedingung, dass eine Person das Symptom hat. Das entsprechende Ereignis ist

$$B = \{(K_1, S), (K_2, S), (G, S)\}$$

mit

$$\text{Prob}(B) = 0.02 + 0.001 + 0 = 0.021.$$

Im Wahrscheinlichkeitsraum (B, Prob_B) erhalten wir

$$\mathrm{Prob}_B(K_1, S) = \mathrm{Prob}(K_1, S) \cdot \frac{1}{\mathrm{Prob}(B)} = 0.02 \cdot \frac{1}{0.021} \approx 0.952,$$

$$\mathrm{Prob}_B(K_2, S) = \mathrm{Prob}(K_2, S) \cdot \frac{1}{\mathrm{Prob}(B)} = 0.001 \cdot \frac{1}{0.021} \approx 0.048,$$

$$\mathrm{Prob}_B(G, S) = \mathrm{Prob}(G, S) \cdot \frac{1}{\mathrm{Prob}(B)} = 0 \cdot \frac{1}{0.021} = 0.$$

Wenn wir als $A = \{(K_1, S)\}$ das Ereignis bezeichnen, dass eine an K_1 erkrankte Person das Symptom entwickelt, dürfen wir nach (6.8) auch direkt rechnen:

$$\mathrm{Prob}(A \mid B) = \frac{\mathrm{Prob}(A \cap B)}{\mathrm{Prob}(B)} = \frac{\mathrm{Prob}(\{(K_1, S)\})}{\mathrm{Prob}(B)} = \frac{0.02}{0.021} \approx 0.952. \qquad \Diamond$$

Aufgabe 6.18 $\star$ In einer Population hat man $6\,000$ Spezies. Davon haben $4\,000$ den Genotyp Aα, $1\,500$ haben AA und 600 den Genotyp $\alpha\alpha$. Ein Nachkomme mit Genomtyp Aα wurde gezeugt. Mit welcher Wahrscheinlichkeit waren seine Eltern AA und $\alpha\alpha$? Ein anderer Nachkomme ist vom Genomtyp $\alpha\alpha$. Mit welcher Wahrscheinlichkeit sind seine Eltern Aα und Aα?

Beispiel 6.6 Folgenden Leserbrief erhielt die US-Kolumnistin und Schriftstellerin *Marilyn vos Savant*:

> Nehmen Sie an, Sie sind in einer Spielshow und haben die Wahl zwischen drei Türen. Hinter einer der Türen ist ein Auto, hinter den anderen sind Ziegen. Sie wählen eine Tür, sagen wir, Nummer 1, und der Showmaster, der weiß, was hinter den Türen ist, öffnet eine andere Tür, sagen wir, Nummer 3, hinter der eine Ziege steckt. Er fragt Sie nun: „Möchten Sie Tür Nummer 2 wählen?" Ist es von Vorteil, Ihre Auswahl zu wechseln?

Sie publizierte dieses Problem 1990 in ihrer Kolumne und trug ihre Lösung vor. Dies entfachte eine enorme Debatte in der Öffentlichkeit, selbst an Universitäten wurde heftig und kontrovers darüber diskutiert.

Wir wollen dieses Problem, das auch als *Ziegenproblem* bekannt ist, hier zuerst mit den Mitteln der bedingten Wahrscheinlichkeit diskutieren. Am Ende zeigen wir, dass man das Problem auch ohne das Konzept der bedingten Wahrscheinlichkeiten lösen kann. Bedingte Wahrscheinlichkeiten helfen uns aber, das Problem vollständig zu analysieren und die richtige Lösung zu begründen. Wir nehmen an, dass das Auto zufällig mit der Wahrscheinlichkeit $\frac{1}{3}$ hinter einer der drei Türen platziert wurde. Sei a die Nummer der Türe, hinter der sich das Auto verbirgt.

Halten wir fest, dass wir die Tür 1 gewählt haben und somit mit Wahrscheinlichkeit $\frac{1}{3}$ das Auto dort erwarten. Das Verhalten des Showmasters ist wie folgt:

- Falls das Auto hinter Tür 1 steht, öffnet er Tür 2 oder Tür 3, jeweils mit Wahrscheinlichkeit $\frac{1}{2}$ und offenbart in beiden Fällen eine Ziege.

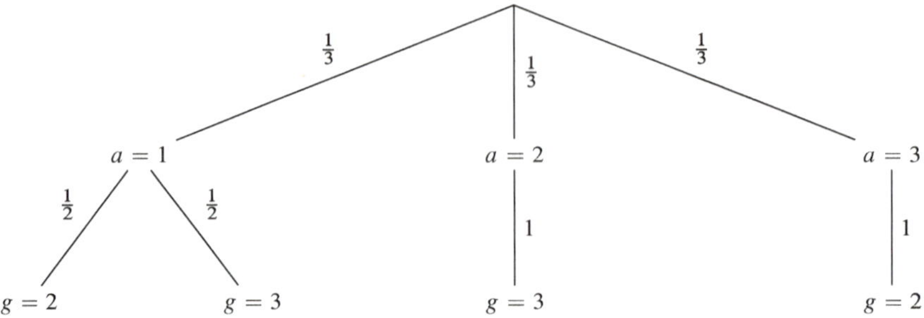

Abb. 6.8 Baumdiagramm zum Ziegenproblem: Modellierung als zweistufiges Zufallsexperiment

- Falls das Auto hinter Tür 2 steht, öffnet der Showmaster eindeutig Tür 3.
- Falls das Auto hinter Tür 3 steht, öffnet der Showmaster Tür 2 und offenbart somit wieder eine Ziege.

Das Ganze kann man als zweistufiges Experiment betrachten, wie in Abb. 6.8 dargestellt.

Wir wollen nun berechnen, wie wahrscheinlich es ist, dass sich das Auto hinter Tür 1 bzw. 2 befindet, gegeben, dass die Tür $g = 3$ geöffnet wurde. Es gilt also $P(a = 1 \mid g = 3)$ und $P(a = 2 \mid g = 3)$ zu berechnen und zu vergleichen. Hierbei bezeichnen wir mit $a = i$ das Ereignis, dass das Auto hinter Tür i steht. Mit $g = j$ bezeichnen wir das Ereignis, dass der Showmaster Tür j öffnet und eine Ziege offenbart.

Schauen wir uns das Baumdiagramm in Abb. 6.8 an, in dem in der ersten Stufe die Wahl für a (die Tür hinter der sich ein Auto befindet) getroffen wird und in der zweiten Stufe die Wahl für g (die Tür mit einer Ziege, die geöffnet wird). Wir bemerken, dass unser Zufallsexperiment, obwohl es 9 unterschiedliche Paare (a, g) gibt, nur 4 mögliche Resultate erlaubt, nämlich $(1, 2)$, $(1, 3)$, $(2, 3)$ und $(3, 2)$.

Die Wahrscheinlichkeit, dass $a = 1$ und $g = 3$ ist demnach gleich $P(a = 1 \cap g = 3) = \frac{1}{3} \cdot \frac{1}{2} = \frac{1}{6}$ und die Wahrscheinlichkeit, dass $a = 2$ und $g = 3$ ist $P(a = 2 \cap g = 3) = \frac{1}{3} \cdot 1 = \frac{1}{3}$.

Nun können wir berechnen, wie wahrscheinlich es ist, dass $g = 3$ gilt:

$$P(g = 3) = P(a = 1 \cap g = 3) + P(a = 2 \cap g = 3) = \frac{1}{6} + \frac{1}{3} = \frac{1}{2}.$$

Damit berechnen sich die bedingten Wahrscheinlichkeiten als

$$P(a = 1 \mid g = 3) = \frac{P(a = 1 \cap g = 3)}{P(g = 3)} = \frac{\frac{1}{6}}{\frac{1}{2}} = \frac{1}{3},$$

$$P(a = 2 \mid g = 3) = \frac{P(a = 2 \cap g = 3)}{P(g = 3)} = \frac{\frac{1}{3}}{\frac{1}{2}} = \frac{2}{3}.$$

Somit ist es strategisch besser, zu Tür 2 zu wechseln statt Tür 1 zu öffnen.   ◇

Aufgabe 6.19 Die prinzipielle Frage im Ziegenproblem ist, ob man die Wahl der Tür 1 ändern sollte, nachdem der Showmaster eine andere Tür mit einer Ziege dahinter geöffnet hat. Bestimme $P(a = 1 \mid g = 2)$ und $P(a = 3 \mid g = 2)$ um diese Frage vollständig zu beantworten.

Beispiel 6.6 (Fortsetzung) Man kann das Spiel auch als dreistufiges Zufallsexperiment modellieren und die Frage stellen, ob es sich lohnt, die Türwahl zu ändern, nachdem hinter einer der Türen eine Ziege gezeigt wurde. Die bisherige Modellierung fokussierte nur auf den Teil des Spieles, in dem der Showmaster Tür 3 geöffnet hat. Gehen wir Abb. 6.9 durch. In dem ersten Zufallsexperiment wird das Auto zufällig platziert ($a \in \{1, 2, 3\}$). In dem zweiten Zufallsexperiment wird zufällig eine Tür gewählt ($t \in \{1, 2, 3\}$). Im dritten Schritt öffnet der Showmaster eine Tür, hinter der kein Auto ist und die nicht im zweiten Zufallsexperiment gewählt wurde. Falls $a = t$ (das Auto sich hinter der gewählten Türe befindet), öffnet der Showmaster eine der anderen Türen g jeweils mit Wahrscheinlichkeit $\frac{1}{2}$. Falls $a \neq t$, ist die Tür, die der Showmaster öffnet, eindeutig bestimmt, und zwar durch $g \in \{1, 2, 3\} - \{a, t\}$.

Um unsere allgemeine Frage zu beantworten, müssen wir die Werte

$$P(a = t \mid g \neq a \cap g \neq t) \quad \text{und} \quad P(a \neq t \mid g \neq a \cap g \neq t)$$

vergleichen. $P(a = t \mid g \neq a)$ ist genau die Wahrscheinlichkeit, dass das Auto hinter der gewählten Tür liegt, wenn uns eine andere Türe mit einer Ziege gezeigt wurde. $P(a = t \mid g \neq a \cap g \neq t)$ ist die Wahrscheinlichkeit, dass das Auto hinter einer nicht gewählten Tür ist, wenn uns eine Tür mit einer Ziege geöffnet wurde.

Es gilt $P(g \neq a \cap g \neq t) = 1$, weil die vom Showmaster geöffnete Tür immer unterschiedlich von der gewählten Tür und der Tür mit dem Auto ist und somit das Ereignis $g \neq a \cap g \neq t$ alle 12 Resultate des Zufallsexperiments (Abb. 6.9) umfasst. Aus dem Baumdiagramm in Abb. 6.9 lassen sich einfach die folgenden Wahrscheinlichkeiten bestimmen.

$$P(a = t \cap g \neq a \cap g \neq t) = \frac{1}{3} \cdot \frac{1}{3} \cdot \frac{1}{2} + \frac{1}{3} \cdot \frac{1}{3} \cdot \frac{1}{2} + \frac{1}{3} \cdot \frac{1}{3} \cdot \frac{1}{2}$$
$$+ \frac{1}{3} \cdot \frac{1}{3} \cdot \frac{1}{2} + \frac{1}{3} \cdot \frac{1}{3} \cdot \frac{1}{2} + \frac{1}{3} \cdot \frac{1}{3} \cdot \frac{1}{2}$$
$$= \frac{1}{3},$$

$$P(a \neq t \cap g \neq a \cap g \neq t) = 6 \left(\frac{1}{3} \cdot \frac{1}{3} \cdot 1 \right) = \frac{6}{9} = \frac{2}{3},$$

$$P(a = t \mid g \neq a \cap g \neq t) = \frac{P(a = t \cap g \neq a \cap g \neq t)}{P(g \neq a \cap g \neq t)} = \frac{1/3}{1} = \frac{1}{3},$$

$$P(a \neq t \mid g \neq a \cap g \neq t) = \frac{P(a \neq t \cap g \neq a \cap g \neq t)}{P(g \neq a \cap g \neq t)} = \frac{2/3}{1} = \frac{2}{3}.$$

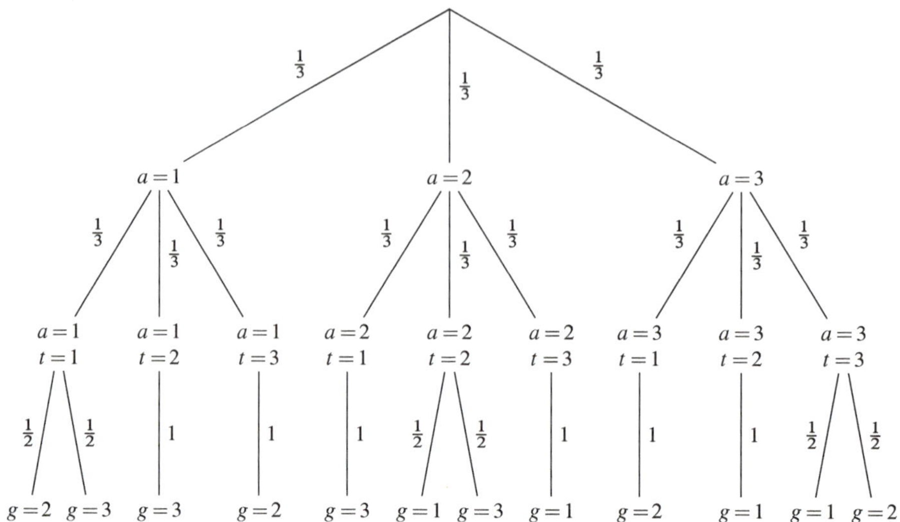

Abb. 6.9 Baumdiagramm zum Ziegenproblem: vollständige Modellierung als dreistufiges Zufallsexperiment

Somit erhalten wir, dass das Wechseln der gewählten Tür unsere Chance, das Auto zu gewinnen, verdoppelt.

Wir beobachten aber noch etwas Wichtigeres. Weil $P(g \neq a \cap g \neq t) = 1$, brauchen wir keine bedingte Wahrscheinlichkeit, weil unser Wahrscheinlichkeitsraum gar nicht reduziert wird. In anderen Worten, mit der Öffnung einer Tür gibt uns der Showmaster keine zusätzliche Information über den Ausgang des Experiments, weil wir so oder so wissen, dass mindestens eine der zwei nicht gewählten Türen eine Ziege verbirgt. Von Anfang an ist klar, dass die gewählte Tür das Auto mit Wahrscheinlichkeit $\frac{1}{3}$ verbirgt. Das Auto befindet sich mit der Wahrscheinlichkeit $\frac{2}{3}$ hinter einer der beiden nicht gewählten Türen. Das Wechseln der Wahl bedeutet, die zwei nicht gewählten Türen zu nehmen und die Erfolgschancen somit zu verdoppeln.   ◊

Für die Suche nach Lösungen für bedingte Wahrscheinlichkeiten ist es sehr hilfreich, dem Lösungsweg aus Beispiel 6.5 zu folgen. Versuchen wir, ihn genauer zu beschreiben.

Vorgehensweise zur Lösung von Aufgaben über bedingte Wahrscheinlichkeit

1. Stelle zuerst fest, wie das grundlegende Zufallsexperiment (S, P) (zum Beispiel (S, Prob) und Abb. 6.7 in Beispiel 6.5) aussieht.
2. Spezifiere genau $B \subseteq S$ als ein Ereignis in dem Zufallsexperiment und bestimme $P(B)$. Nach Bedarf darfst du auch (B, P_B) konstruieren und die Wahrscheinlichkeitsverteilung P_B berechnen.

3. Spezifiziere genau $A \subseteq S$ und $A \cap B$ und rechne $P(A \cap B)$ oder $P_B(A \cap B)$ aus.

4. Bestimme $P(A \mid B)$ mittels $\frac{P(A \cap B)}{P(B)}$ oder $P_B(A \cap B)$.

Aufgabe 6.20 In der Schweiz wird geschätzt, dass etwa 25 000 Personen mit dem *Humanen Immundefizienz-Virus* (HIV) infiziert sind, also etwa 0.31 % der Bevölkerung. HIV wird meistens zuerst mit einem relativ einfachen Test, dem sogenannten *Enzyme-linked Immunosorbent Assay* (ELISA) getestet.

Ein Studium zeigte 1987, dass der ELISA-Test bei Personen, die tatsächlich mit dem HIV infiziert sind, mit einer Wahrscheinlichkeit von 97.7 % positiv ausfiel (dies nennt man die Test-*Sensitivität*). Bei Personen, die nicht mit dem HIV infiziert sind, fiel der Test mit Wahrscheinlichkeit 92.6 % negativ aus (dies nennt man die Test-*Spezifität*).

Der Test wurde seit dann wesentlich verbessert, sodass aktuell die Sensitivität auf 99.9 % und die Spezifität auf 99.8 % geschätzt wird.

(a) Berechne die Wahrscheinlichkeit, dass eine zufällig ausgewählte Person (aus der Schweiz) heutzutage positiv getestet wird?

(b) Angenommen, eine Person wird positiv getestet, wie hoch ist die Wahrscheinlichkeit, dass sie HIV-infiziert ist?

(c) Berechne dieselben zwei Wahrscheinlichkeiten mit der Sensitivität und Spezifität von 1987.

Bemerkung Die vorangehenden Aufgaben erklären die Vorsichtsmassnahme, dass bei einem positiven Testergebnis bei ELISA ein zweiter Test durchgeführt wird, der sogenannte *Western Blot*, und dass ein positives Ergebnis nur dann mitgeteilt wird, wenn auch der zweite Test positiv ist.

Aufgabe 6.21 ✓ Ein Produkt wird zwei Tests T_1 und T_2 unterzogen. Die Tests sind jedoch nicht ganz unabhängig voneinander, das heißt das Resultat eines Tests kann einen Einfluss auf das Resultat des anderen Tests haben.[1] Die Wahrscheinlichkeit, T_1 zu bestehen, beträgt 0.95. Die Produkte, die bei T_1 durchfallen, haben eine Chance von 50 %, den Test T_2 zu bestehen. 5 % der Produkte, die den ersten Test T_1 bestanden haben, bestehen T_2 nicht.

Modellieren Sie dies als ein zweistufiges Zufallsexperiment. Wir haben ein Produkt, das den zweiten Test nicht bestanden hat. Mit welcher Wahrscheinlichkeit hat das Produkt auch T_1 nicht bestanden?

Aufgabe 6.22 Von den 900 dreistelligen Zahlen in der dezimalen Darstellung wird eine zufällig gezogen. Wir erfahren zusätzlich, dass die gezogene Zahl durch 4 teilbar ist. Mit welcher Wahrscheinlichkeit ist die Zahl auch durch 6 teilbar?

---

[1] Die genaue mathematische Bedeutung der Unabhängigkeit wird am Ende dieses Kapitel erklärt.

Aufgabe 6.23   Ein Kino wird zu 85 % von Einheimischen besucht. Davon sind 35 % Kinder und 65 % Erwachsene. Von den auswärtigen Besuchern sind 10 % Kinder.

(a)   Wie groß ist der Anteil der erwachsenen Besucher?
(b)   Im Kino treffen wir ein Kind. Mit welcher Wahrscheinlichkeit ist es von auswärts?
(c)   Wir wählen zufällig einen erwachsenen Gast. Mit welcher Wahrscheinlichkeit ist er vom Ort?

Aufgabe 6.24   ✓ Im Basketball werden gewisse Fouls mit einem einfachen, doppelten oder dreifachen Freiwurf bestraft (ähnlich einem *Elfmeter* beim Fußball). In einer Basketballmannschaft gibt es 3 gute Spieler S_1, S_2 und S_3, die bei Freiwürfen gut treffen und somit einen Punkt erzielen. Beim Freiwurf zieht der Trainer in 50 % der Fälle S_1 vor, in 30 % der Fälle S_2 und in 20 % der Fälle S_3. Statistisch erzielt S_1 den Punkt in 95 % der Fälle. S_2 ist in 85 % der Fälle erfolgreich und S_3 in 80 % der Fälle.

(a)   Der Trainer möchte nun wissen, wie groß die Wahrscheinlichkeit ist, dass nach seinem System – vorausgesetzt es wird ein Punkt durch Freiwurf erzielt – er von Spieler S_1 erzielt wurde.
(b)   Der Trainer möchte auch wissen, wie groß die Wahrscheinlichkeit ist, dass nach seinem System ein vergebener Freiwurf von einem der beiden Spieler S_2 oder S_3 geworfen wurde.
(c)   Nun betrachten wir den Fall eines doppelten Freiwurfs. Der Spieler S_1 ist labil. Wenn er den ersten Freiwurf vermasselt, dann ist er beim zweiten nur mit der Wahrscheinlichkeit $\frac{1}{2}$ (also in 50 % der Fälle) erfolgreich. Wenn der erste Freiwurf gelungen ist, bleibt er bei seinen 95 %. S_2 ist sehr stabil, er hält seine 85 % beim zweiten Wurf, unabhängig vom Ausgang des ersten Wurfs. Der Spieler S_3 steigert sich sogar nach einem vergebenen Freiwurf. In diesem Fall ist er beim zweiten Freiwurf in 98 % der Fälle erfolgreich. Wenn er beim ersten Versuch getroffen hat, erzielt er mit der Wahrscheinlichkeit 90 % auch mit dem zweiten Freiwurf einen Punkt.
Der Trainer möchte nun wissen, wie groß die Wahrscheinlichkeit ist, dass nach seinem System zwei hintereinander vom selben Spieler vergebene Freiwürfe von S_1 stammen. Berechne diese Wahrscheinlichkeiten auch bezüglich der anderen beiden Spieler.

Hinweis 6.2

Es ist wichtig, zuerst die Intuition über die Bedeutung der Unabhängigkeit aufzubauen, und somit nicht die Formel $P(A \cap B) = P(A) \cdot P(B)$ zu verwenden, um die Unabhängigkeit von zwei Ereignissen A und B einzuführen. Zusätzlich ist es zu empfehlen, nicht nur Ereignisse in Betracht zu ziehen, die sich auf unterschiedliche Stufen eines Zufallsexperiments beziehen. Das führt oft zur falschen Vorstellung, dass nur unterschiedliche Durchführungen von Basisexperimenten innerhalb eines mehrstufigen Zufallsexperiments unabhängig sein können.

Beispiel 6.7 Betrachten wir das zweifache Würfeln mit einem fairen Würfel. Zum durchgeführten Experiment erfahren wir, dass die Summe der gefallenen Zahlen gerade ist. Mit welcher Wahrscheinlichkeit ist die Summe der gefallenen Augenzahlen gleich 10?

Das zu Grunde liegende Experiment kann als zweistufiges Zufallsexperiment (S_2, P) betrachtet werden, wobei es sich dabei um die zweifache Wiederholung des Basisexperiments (S', P') mit $S' = \{1, 2, 3, 4, 5, 6\}$ und $P'(i) = \frac{1}{6}$ für $i = 1, 2, \dots, 6$ handelt.

Bezeichnen wir durch B das Ereignis im Wahrscheinlichkeitsraum (S_2, P), dass die Summe der Augenzahlen gerade ist, das heißt

$$B = \{(i, j) \mid i + j \text{ ist gerade}\}.$$

B tritt genau dann auf, wenn entweder i und j beide gerade sind, oder wenn i und j beide ungerade sind. Die Wahrscheinlichkeit, im Basisexperiment (S', P') eine gerade Zahl zu werfen, beträgt genau $1/2$. Somit gilt

$$P(B) = P'(i \text{ gerade}) \cdot P'(j \text{ gerade}) + P'(i \text{ ungerade}) \cdot P'(j \text{ ungerade})$$
$$= \frac{1}{2} \cdot \frac{1}{2} + \frac{1}{2} \cdot \frac{1}{2} = \frac{1}{4} + \frac{1}{4} = \frac{1}{2}.$$

Nun bezeichne A das Ereignis, dass die Summe der beiden Augenzahlen 10 ist. Offensichtlich ist

$$A = \{(5, 5), (6, 4), (4, 6)\} \quad \text{und} \quad A \cap B = A.$$

Somit können wir entweder wie folgt

$$P_B(A) = P_B(5, 5) + P_B(6, 4) + P_B(4, 6)$$
$$= P(5, 5) \cdot \frac{1}{P(B)} + P(6, 4) \cdot \frac{1}{P(B)} + P(4, 6) \cdot \frac{1}{P(B)}$$
$$= \frac{1}{36} \cdot 2 + \frac{1}{36} \cdot 2 + \frac{1}{36} \cdot 2 = \frac{3}{18} = \frac{1}{6}$$

oder wie folgt

$$P(A \mid B) = \frac{P(A \cap B)}{P(B)} = \frac{\frac{3}{36}}{\frac{1}{2}} = \frac{1}{6}$$

rechnen.   ◊

Aufgabe 6.25 Betrachte nochmal das zweifache Würfeln mit einem fairen Würfel. Wir erfahren, dass die Summe der geworfenen Augenzahlen höchstens 9 ist. Wie groß ist die bedingte Wahrscheinlichkeit, zwei gleich große Augenzahlen zu werfen? Betrachte die gleiche Aussage, falls man unfaire Würfel hat und das Basisexperiment durch den Wahrscheinlichkeitsraum (S_B, P) mit $P(1) = P(2) = P(3) = P(4) = 0.1$, $P(5) = 0.2$ und $P(6) = 0.4$ modelliert wird.

Aufgabe 6.26 ✓ Betrachten wir das dreistufige Zufallsexperiment des dreifachen Würfelns mit einem fairen Würfel. Wir erfahren, dass im ersten Wurf eine gerade Augenzahl geworfen wird, dass beim zweiten Wurf eine Primzahl fällt und dass die Summe der drei geworfenen Augenzahlen gerade ist. Wie groß ist unter dieser Bedingung die Wahrscheinlichkeit, dass 3 gleiche Augenzahlen geworfen worden sind?

Aufgabe 6.27 ✓ Fink ist ein guter Schachspieler. Er spielt gerne online bei einem Anbieter, der die Spieler in Stärkekategorien einteilt. Das Online-Portal verlinkt ihn zufällig mit der Wahrscheinlichkeit 70 % mit einem Spieler der Stärkekategorie III und mit 30 % Wahrscheinlichkeit mit einem Spieler der Kategorie IV. Es gibt jedoch die Stärkekategorie des Gegenspielers erst am Schluss bekannt.

Fink weiß aus eigener Erfahrung, dass er mit einer Wahrscheinlichkeit von 80 % gegen einen Spieler der Stärkekategorie III gewinnt. Seine Gewinnwahrscheinlichkeit gegen einen Spieler der Stärkekategorie IV liegt jedoch bei 35 %.

(a) Berechne die Wahrscheinlichkeit, dass Fink gewinnt.
(b) Fink hat im ersten Spiel gewonnen. Mit welcher Wahrscheinlichkeit ist der Gegenspieler von der Kategorie III?
(c) Der Gegenspieler fordert Fink zu einem zweiten Spiel auf. Mit welcher Wahrscheinlichkeit wird Fink nun auch dieses Spiel gewinnen?

Beispiel 6.8 Betrachten wir das dreistufige Experiment des dreifachen Münzwurfs mit einer fairen Münze. Wir modellieren dies mittels des Wahrscheinlichkeitsraumes (S_3, Prob), wobei

$$S_3 = \{(x, y, z) \mid x, y, z \in \{K, Z\}\}$$

und Prob eine Gleichverteilung über S_3 ist. Sei A das Ereignis, dass mindestens zweimal das Ereignis Kopf (K) gefallen ist und sei B das Ereignis, dass mindestens einmal Zahl (Z) gefallen ist. Die Aufgabe besteht nun darin, die bedingte Wahrscheinlichkeit $\text{Prob}_B(A)$ von A unter der Bedingung B zu bestimmen.

Offensichtlich gilt

$$A = \{(K, K, K), (K, K, Z), (K, Z, K), (Z, K, K)\}$$

und somit

$$\text{Prob}(A) = \frac{|A|}{|S_3|} = \frac{4}{8} = \frac{1}{2}.$$

Wir sehen, dass $S_3 - B = \overline{B} = \{(K, K, K)\}$ und somit

$$\text{Prob}(B) = 1 - \text{Prob}(\overline{B}) = 1 - \frac{1}{8} = \frac{7}{8}.$$

Weil $A \cap B = \{(K, K, Z), (K, Z, K), (Z, K, K)\}$ haben wir

$$\mathrm{Prob}(A \cap B) = \frac{3}{8}.$$

Jetzt wenden wir (R5) an und erhalten

$$\mathrm{Prob}(A \mid B) = \mathrm{Prob}_B(A) = \frac{\mathrm{Prob}(A \cap B)}{\mathrm{Prob}(B)} = \frac{\frac{3}{8}}{\frac{7}{8}} = \frac{3}{7}. \qquad \diamondsuit$$

Aufgabe 6.28 Bestimme im Beispiel 6.8 die bedingte Wahrscheinlichkeit $\mathrm{Prob}_A(B)$.

Aufgabe 6.29 Bestimme im Beispiel 6.8 die bedingte Wahrscheinlichkeit, dass genau zweimal Zahl fällt, unter der Annahme, dass mindestens einmal Zahl gefallen ist.

Aufgabe 6.30 Petra wirft sechsmal eine faire Münze. Mit welcher Wahrscheinlichkeit fällt mindestens einmal Zahl, wenn

(a) beim ersten Wurf Kopf geworfen wurde,
(b) mindestens drei Ergebnisse der 6 Basisexperimente Kopf sind,
(c) mindestens bei einem Wurf Kopf gefallen ist,
(d) die Anzahl der Basisexperimente mit Ergebnis Kopf gerade ist,
(e) mindestens 2 Ergebnisse der 6 Basisexperimente Zahl sind.

Aufgabe 6.31 Betrachte das Experiment (N_{100}, P) des zufälligen Ziehens einer Zahl aus der Menge $N_{100} = \{1, 2, \ldots, 100\}$ nach der Gleichverteilung P. Seien A, B und C folgende Ereignisse:

A: „Die gezogene Zahl ist gerade."
B: „Die gezogene Zahl ist durch 3 teilbar."
C: „Die gezogene Zahl ist durch 6 teilbar."

Drücke die folgenden Ereignisse in Worten aus und berechne ihre Wahrscheinlichkeiten.

(a) $P_A(B)$ und $P_B(A)$,
(b) $P_A(C)$ und $P_C(A)$,
(c) $P_B(C)$ und $P_C(B)$.

Aufgabe 6.32 Aus einem gewöhnlichen Kartenset mit 52 Karten werden 5 zufällig gezogen. Wie groß ist die Wahrscheinlichkeit, dass darunter mindestens 4 Herzen sind, wenn man weiß, dass mindestens 4 rote Karten gezogen worden sind?

Aufgabe 6.33 In einer Primarschule gibt es drei Klassen K_1, K_2 und K_3. In K_1 gibt es 15 Kinder, in K_2 12 und in K_3 8 Kinder. Aus den Kindern der Schule werden zufällig zwei ausgewählt. Wie groß ist die Wahrscheinlichkeit, dass ein ausgewähltes Kind aus K_3 ist, wenn man weiß, dass die zwei ausgewählten Kinder aus unterschiedlichen Klassen kommen?

Aus der Regel (R5) für $P(B) > 0$

$$P(A \mid B) = \frac{P(A \cap B)}{P(B)}$$

folgt direkt die sogenannte **Produktregel**.

(R6) ***Produktregel***

Für zwei Ereignisse A und B gilt

$$P(A \cap B) = P(B) \cdot P(A \mid B) = P(B) \cdot P_B(A).$$

Regel (R6) kann uns helfen, die unbekannten Wahrscheinlichkeiten im grundlegenden Wahrscheinlichkeitsraum zu bestimmen, wenn wir etwas über die bedingten Wahrscheinlichkeiten wissen. Wir zeigen dies zuerst an einem Beispiel.

Beispiel 6.9 Ein Basketballspieler wirft zweimal hintereinander einen Freiwurf. Bei dem ersten Versuch erzielt er einen Punkt mit der Wahrscheinlichkeit 0.8. Wenn er das erste Mal nicht getroffen hat, verwirft er den zweiten Versuch mit der Wahrscheinlichkeit 0.5. Wie hoch ist die Wahrscheinlichkeit, dass er zweimal hintereinander nicht erfolgreich ist? Bezeichnen wir als

B: „Der Spieler ist nicht erfolgreich im ersten Versuch."
A: „Der Spieler ist nicht erfolgreich im zweiten Versuch."

im Experiment (S, P) des zweifachen Werfens mit $S = \{(\mathrm{E, M}), (\mathrm{E, E}), (\mathrm{M, E}), (\mathrm{M, M})\}$, wobei „E" für „Erfolg" steht und „M" für Misserfolg. Die Ereignisse A und B sind $B = \{(\mathrm{M, E}), (\mathrm{M, M})\}$ und $A = \{(\mathrm{E, M}), (\mathrm{M, M})\}$. Die zugehörige Wahrscheinlichkeitsverteilung haben wir nicht erhalten, sollen aber $P\big((\mathrm{M, M})\big)$ ausrechnen. Wir wissen, dass $P(B) = 0.2$, weil $P(\overline{B}) = 0.8$ angegeben wurde. Den Wert $P(A \mid B) = 0.5$ haben wir erhalten. Also tragen wir alle bekannten Wahrscheinlichkeitswerte in den Baum in Abb. 6.10 ein. Wir sehen, dass

$$A \cap B = \{(\mathrm{M, M})\},$$

und somit können wir rechnen

$$P\big((\mathrm{M, M})\big) = P(A \cap B) = P(B) \cdot P(A \mid B) = 0.2 \cdot 0.5 = 0.1.$$

Mit der Wahrscheinlichkeit 0.1 versagt der Spieler zweimal beim doppelten Freiwurf.

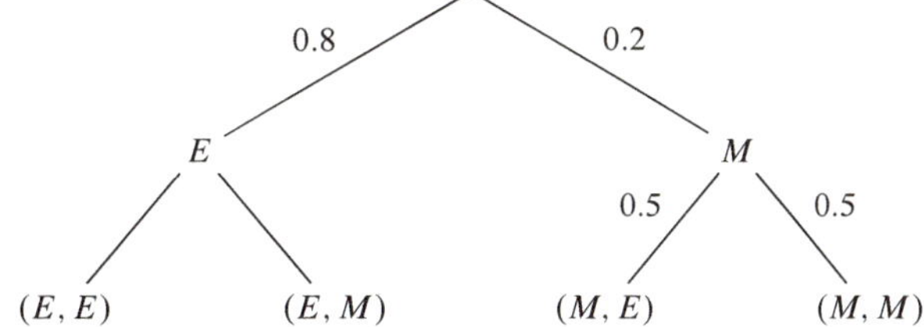

Abb. 6.10 Baumdiagramm zum zweifachen Freiwurf im Basketball mit den Wahrscheinlichkeiten von Beispiel 6.9

Man könnte sich die Lösung auch ohne die Regel (R6) überlegen. Unser grundlegendes Experiment ist zweistufig, wobei die zweite Stufe abhängig von dem Resultat der ersten Stufe ist. Man kann dies wie in Abb. 6.10 darstellen.

Aus dem Baumdiagramm in Abb. 6.10 ist offensichtlich, dass

$$P\big((M, M)\big) = 0.2 \cdot 0.5 = 0.1 \quad \text{und} \quad P\big((M, E)\big) = 0.2 \cdot 0.5 = 0.1.$$

Die Werte $P\big((E, E)\big)$ und $P\big((E, M)\big)$ können wir aus den gegebenen Daten nicht ausrechnen. Könntest du $P\big((E, M)\big)$ bestimmen, wenn bekannt wird, dass $P\big((E, E)\big) = 0.72$ ist?

Aufgabe 6.34 ✓ Philippa hat erfahren, dass im Nachbarhaus eine Familie mit zwei Kindern einziehen wird. Am Tag der Ankunft dieser Familie sieht sie eines der Kinder im Garten spielen. Es ist ein Mädchen. Philippa denkt nun, dass für das zweite Kind der Nachbarn, die Chancen immer noch bei 50 % : 50 % stehen, dass es ich um ein Mädchen oder einen Jungen handelt.

Benutze die Berechnung von bedingten Wahrscheinlichkeiten, um aufzuzeigen, dass Philippa sich irrt.

Präzisierung. Für diese Aufgabe soll davon ausgegangen werden, dass bei Geburten Knaben genauso häufig geboren werden wie Mädchen. Dies stimmt genau genommen nicht ganz: es werden in Europa leicht mehr Knaben als Mädchen geboren.

Hinweis Philippa weiß nicht, ob das Mädchen, das sie im Garten sah, das ältere oder das jüngere Kind der Nachbarn war.

Hinweis 6.3

Der Rest dieses Abschnitts ist für Klassen mit Fokus auf mathematisch-wissenschaftliche Fächer oder für besonders interessierte Schülerinnen und Schüler bestimmt.

Manchmal kennen wir die bedingten Wahrscheinlichkeiten, aber die Wahrscheinlichkeitsverteilung im ursprünglichen Wahrscheinlichkeitsraum (S, P) sind nicht vollständig bekannt. In diesem Fall kann uns die folgende Regel helfen. Seien A und B zwei Ereignisse in (S, P) mit $P(B) > 0$. Offensichtlich bilden $E = A \cap B$ und $F = A \cap \overline{B}$ eine Zerlegung

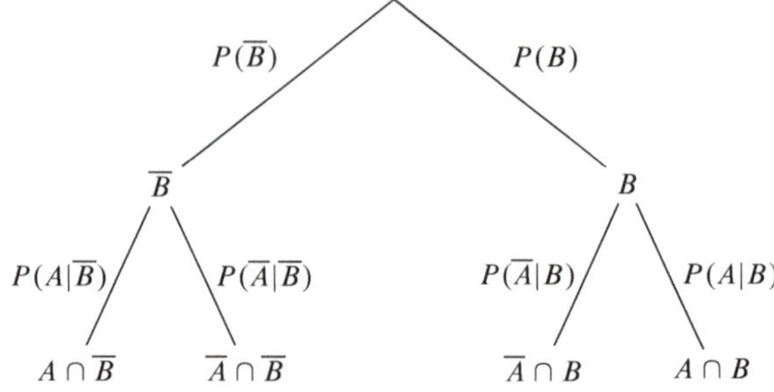

Abb. 6.11 Baumdiagramm zu zwei Ereignissen A und B als zweistufiges Zufallsexperiment

von A in dem Sinne, dass $E \cup F = A$ und $E \cap F = \emptyset$. Deswegen erhalten wir

$$
\begin{aligned}
P(A) &= P(E \cup F) \\
     &= P(E) \cup P(F) \\
     &\quad \{\text{nach der einfachen Additionsregel (R2)}\} \\
     &= P(A \cap B) + P(A \cap \overline{B}) \\
     &\quad \{E = A \cap B \text{ und } F = A \cap \overline{B}\} \\
     &= P(B) \cdot P_B(A) + P(\overline{B}) \cdot P_{\overline{B}}(A). \qquad\qquad \text{(R7)} \\
     &\quad \{\text{nach (R6)}\} \\
     &= P(B) \cdot P(A \mid B) + P(\overline{B}) \cdot P(A \mid \overline{B}).
\end{aligned}
$$

Anschaulich können wir das Verständnis für Regel (R7) in dem Baumdiagramm in Abb. 6.11 gewinnen. Wir haben zwar kein zweistufiges Experiment, sondern nur einen Wahrscheinlichkeitsraum (S, P), in dem wir zwei Ereignisse $A, B \subseteq S$ betrachten. In Abb. 6.11 schauen wir es uns trotzdem als zweistufiges Experiment an, in dem zuerst B oder $\overline{B}$ passiert und danach wird geschaut, mit welcher Wahrscheinlichkeit man in dem Fall dass B (bzw. $\overline{B}$) passiert, zufällig ein elementares Ereignis aus A und somit aus $A \cap B$ (bzw. $A \cap \overline{B}$) erhalten kann. Somit gibt es in den Blättern des Baumdiagrammes die vier paarweise disjunkten Ereignisse $A \cap B$, $A \cap \overline{B}$, $\overline{A} \cap B$ und $\overline{A} \cap \overline{B}$, die der Zerlegung von S in vier Teile entsprechen (siehe Abb. 6.12). Aus dem Baumdiagramm erhalten wir für die Wahrscheinlichkeiten der einzelnen Blätter direkt

$$
P(A \cap B) = P(B) \cdot P(A \mid B), \quad P(\overline{A} \cap B) = P(B) \cdot P(\overline{A} \mid B),
$$
$$
P(\overline{A} \cap \overline{B}) = P(\overline{B}) \cdot P(\overline{A} \mid \overline{B}), \quad P(A \cap \overline{B}) = P(\overline{B}) \cdot P(A \mid \overline{B}).
$$

Weil $A = (A \cap B) \cup (A \cap \overline{B})$ und $(A \cap B) \cap (A \cap \overline{B}) = \emptyset$, erhalten wir direkt

$$
P(A) = P(A \cap B) + P(A \cap \overline{B}) = P(B) \cdot P(A \mid B) + P(\overline{B}) \cdot P(A \mid \overline{B}). \qquad \Diamond
$$

Der Sinn der Regel (R7) ist, dass man sich für die Berechung von A das Ereignis B so aussuchen kann, dass $P(B)$, $P(\overline{B})$, $P_B(A)$ und $P_{\overline{B}}(A)$ bekannt sind.

Abb. 6.12 Schematische Darstellung der vier Ereignisse $A \cap B, \overline{A} \cap B, A \cap \overline{B}, \overline{A} \cap \overline{B}$

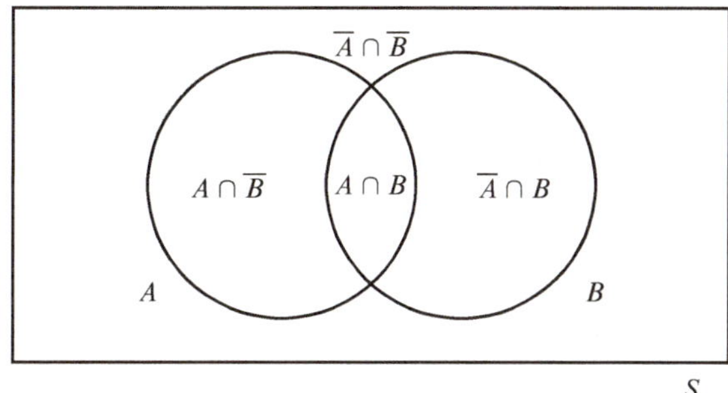

Aufgabe 6.35 $\checkmark$ Sei (S, P) ein Wahrscheinlichkeitsraum und seien X, A, B und C vier Ereignisse mit $P(A) > 0$, $P(B) > 0$ und $P(C) > 0$. Wenn $A \cup B \cup C = S$ und $A \cap B = B \cap C = A \cap C = \emptyset$, dann gilt

$$P(X) = P(A) \cdot P_A(X) + P(B) \cdot P_B(X) + P(C) \cdot P_C(X)$$
$$= P(A) \cdot P(X \mid A) + P(B) \cdot P(X \mid B) + P(C) \cdot P(X \mid C).$$

Beweise diese Aussage.

Beispiel 6.10 In einer Urne befinden sich 6 rote und 4 weiße Bälle. Es wird zweimal ohne Zurücklegen zufällig gezogen. Die Aufgabe ist, die Wahrscheinlichkeit zu bestimmen, dass zwei verschiedenfarbige Bälle gezogen worden sind. Sei A die Bezeichnung für dieses Ereignis.

Wir betrachten das Ereignis R, dass zuerst ein roter Ball gezogen wurde. Offensichtlich gilt

$$P(R) = \frac{6}{10} = \frac{3}{5}, \quad P(\overline{R}) = \frac{4}{10} = \frac{2}{5}, \quad R \cup \overline{R} = S \quad \text{und} \quad R \cap \overline{R} = \emptyset.$$

Wir sehen auch, dass

$$P(A \mid R) = P_R(A) = \frac{4}{9} \quad \text{und} \quad P(A \mid \overline{R}) = P_{\overline{R}}(A) = \frac{6}{9} = \frac{2}{3}.$$

Dies kann man wie folgt begründen: Wenn zuerst ein roter Ball gezogen wurde (R auftritt), dann muss als zweites ein weißer Ball gezogen werden. Falls zuerst ein weißer Ball gezogen wurde ($\overline{R}$ auftritt), dann muss beim zweiten Ziehen ein roter Ball gezogen werden, um A zu erfüllen.

Wenn wir diese Werte in (R7) einsetzen, erhalten wir

$$P(A) = P(R) \cdot P_R(A) + P(\overline{R}) \cdot P_{\overline{R}}(A)$$
$$= \frac{3}{5} \cdot \frac{4}{9} + \frac{2}{5} \cdot \frac{2}{3} = \frac{4}{15} + \frac{4}{15} = \frac{8}{15}. \qquad \Diamond$$

Aufgabe 6.36 Überprüfe das in Beispiel 6.10 berechnete Resultat, indem du das Baumdiagramm des entsprechenden zweistufigen Experiments aufzeichnest, die Wahrscheinlichkeiten der Ergebnisse dieses Experiments mit der Produktregel (R4) bestimmst und dann $P(A)$ nach dem Prinzip (P1) berechnest. Siehst du die Parallele zur Anwendung von (R7) in Beispiel 6.10?

Aufgabe 6.37 Ein Schütze trifft beim ersten Versuch die Zielscheibe mit der Wahrscheinlichkeit 0.9 und verfehlt die Zielscheibe mit der Wahrscheinlichkeit 0.1. Seine Erfolgsquote ändert sich aber immer abhängig vom Resultat des vorhergehenden Schusses. Wenn er im letzten Schuss die schwarze Mitte getroffen hat, dann trifft er mit der Wahrscheinlichkeit 0.99 die Zielscheibe wieder, und deren schwarze Mitte mit einer Wahrscheinlichkeit von 0.25. Wenn er die Zielscheibe, nicht aber ihre schwarze Mitte getroffen hat, dann trifft er im nächsten Versuch die Zielscheibe mit 95 % Wahrscheinlichkeit und die schwarze Mitte mit 12 % Wahrscheinlichkeit. Wenn er die Scheibe gar nicht getroffen hat, trifft er im nächsten Versuch die Zielscheibe nur mit einer Wahrscheinlichkeit von 0.75 und die schwarze Mitte nur mit der Wahrscheinlichkeit von 0.05.

(a) Bestimme die Wahrscheinlichkeit, dass der Schütze in zwei Versuchen die schwarze Mitte genau einmal trifft.
(b) Bestimme die Wahrscheinlichkeit, dass er in zwei Versuchen die Zielscheibe genau einmal verfehlt.
(c) Bestimme die Wahrscheinlichkeit, dass der Schütze in drei Versuchen genau zweimal die Scheibe trifft unter der Annahme, dass in den ersten zwei Versuchen die Zielscheibe genau einmal getroffen wurde. Rechne mit Hilfe der Regel (R7) und ihrer Verallgemeinerung aus der Aufgabe 6.35, sowie unabhängig davon mit der Produktregel im Baumdiagramm.

Aufgabe 6.38 Im Wimbledon-Finale der Damen 2016 traf Angelique Kerber auf Serena Williams. Im Tennis hat man mit dem Aufschlag einen großen Vorteil. Verfehlt man mit dem ersten Aufschlag das Feld, so hat man die Möglichkeit, einen zweiten Aufschlag zu schlagen. Verfehlt man auch diesen, so geht der Punkt an die Gegenspielerin. Die in Tab. 6.3 dargestellte Statistik wurde auf Grund der Spiele erstellt, die die beiden am Turnier bis dahin absolvierten, und zeigt drei Daten. Erstens: welcher Prozentsatz der 1. Aufschläge „im Feld" waren. Zweitens: mit welchem Prozentsatz die Spielerin danach den Punkt für sich gewinnen konnte. Drittens: mit welchem Prozentsatz der Punkt gewonnen werden konnte, falls der 1. Aufschlag nicht im Feld war und somit ein 2. Aufschlag nötig war.

Man nehme diese Werte als Vorhersage für das Finalspiel: Es werden also 67.8 % der 1. Aufschläge von Kerber im Feld sein und „nur" 66.5 % aller 1. Aufschläge von Williams.

Berechne für beide Spielerinnen die Wahrscheinlichkeit, mit der sie einen Punkt machen, wenn sie am Aufschlag sind.

Tab. 6.3 Statistik des Wimbledon-Finales 2016 zwischen Angelique Kerber und Serena Williams

	A. Kerber	S. Williams
1. Aufschlag im Feld	67.8 %	66.5 %
Nach 1. Aufschlag gewonnen	69.7 %	81.4 %
Nach 2. Aufschlag gewonnen	54.3 %	50.9 %

Übrigens: Das Wimbledon-Finale gewann 2016 S. Williams, zum siebten Mal in ihrer Karriere.

Die letzte Regel, die wir zur Berechnung bedingter Wahrscheinlichkeiten vorstellen wollen, ist die sogenannte Bayes-Formel.

(R8) **Bayes-Formel**

In jedem Wahrscheinlichkeitsraum (S, P) gilt für zwei beliebige Ereignisse A und B mit positiven Wahrscheinlichkeiten

$$P(A \mid B) = P_B(A) = \frac{P(A) \cdot P_A(B)}{P(A) \cdot P_A(B) + P(\overline{A}) \cdot P_{\overline{A}}(B)}$$

$$= \frac{P(A) \cdot P(B \mid A)}{P(A) \cdot P(B \mid A) + P(\overline{A}) \cdot P(B \mid \overline{A})}.$$

Die Bayes-Formel können wir wie folgt aus den uns bekannten Regeln ableiten:

$$P(A \mid B) = P_B(A) = \frac{P(A \cap B)}{P(B)}$$

$$\{\text{nach (R5)}\}$$

$$= \frac{P(A) \cdot P_A(B)}{P(B)}$$

$$\{\text{nach (R6)}\}$$

$$= \frac{P(A) \cdot P_A(B)}{P(A) \cdot P_A(B) + P(\overline{A}) \cdot P_{\overline{A}}(B)}.$$

$$\{\text{nach (R7)}\}$$

Beispiel 6.11 Auf einer Ferieninsel sind während der Hochsaison 80 % der Bewohner Gäste und 20 % Einheimische. Von den Einheimischen gehen 90 % barfuss. Von den Touristen gehen 20 % barfuss. Man begegnet einem Menschen, der barfuss läuft. Mit welcher Wahrscheinlichkeit handelt es sich dabei um einen Touristen?

Sei A das Ereignis, dass diese Person einheimisch ist. Sei B das Ereignis, dass eine Person barfuss läuft. Zu berechnen ist $P_B(A)$.

Wir kennen $P(A) = 0.2$, $P(\overline{A}) = 0.8$, $P_A(B) = 0.9$ und $P_{\overline{A}}(B) = 0.2$. Somit können wir nach der Bayes-Formel (R8) rechnen:

$$P_B(A) = \frac{P(A) \cdot P_A(B)}{P(A) \cdot P_A(B) + P(\overline{A}) \cdot P_{\overline{A}}(B)} = \frac{0.2 \cdot 0.9}{0.2 \cdot 0.9 + 0.8 \cdot 0.2} \approx 0.529. \qquad \Diamond$$

Abb. 6.13 Thomas Bayes (1701–1761)

Aufgabe 6.39 Bestimme die Wahrscheinlichkeiten $P(B)$ und $P(A \cap B)$ in Beispiel 6.11.

Aufgabe 6.40 In einer Urne befinden sich Kugeln und Würfel der Farben rot und weiß. Von allen Objekten sind $\frac{2}{3}$ rot. Von den roten Objekten sind 40 % Kugeln, unter den weißen Objekten sind nur 25 % Kugeln.

Nun zieht man zufällig ein Objekt aus der Urne. Mit der Hand spürt man, dass es eine Kugel ist. Mit welcher Wahrscheinlichkeit ist diese Kugel rot?

Aufgabe 6.41 ⋆ Ein Industriebetrieb hat drei Produktionsstätten A, B und C, die Fernsehgeräte herstellen. A hat einen Anteil von 50 % an der Produktion, B einen Anteil von 30 % und C einen Anteil von 20 %. Von den in A produzierten Fernsehgeräten sind 4 % fehlerhaft, bei B sind 2 % der Geräte defekt und bei C ist nur 1 % der Produkte defekt.

Wir kaufen ein Gerät, das sich als defekt erweist. Mit welcher Wahrscheinlichkeit stammt es aus der Produktionsstätte A?

Aufgabe 6.42 Löse die Aufgabe aus Beispiel 6.5 mit Hilfe der Regeln zur Berechnung bedingter Wahrscheinlichkeiten.

Auszug aus der Geschichte

Die Bayes-Formel (R8) ist benannt nach Thomas Bayes (1701–1761), siehe Abb. 6.13, einem englischen Pfarrer, der sich vor allem in den späteren Jahren seines Lebens stark für die Wahrscheinlichkeitstheorie interessierte. Seine Überlegungen darüber wurden von Richard Price editiert und erschienen erst nach Bayes' Tod als Buch. Dieses enthält einen Spezialfall der obigen Formel.

6.4 Unabhängigkeit von Ereignissen

Wann soll ein Ereignis A unabhängig von einem Ereignis B sein? Dann, wenn das Auftreten von B keinen Einfluss auf die Wahrscheinlichkeit des Auftretens von A hat. Dies halten wir in der folgenden Definition fest.

Begriffsbildung 6.2 *Sei (S, P) ein Wahrscheinlichkeitsraum und seien A und B zwei beliebige Ereignisse. Wir sagen, dass A **unabhängig** von B ist, wenn*

$$P(A) = P(A \mid B) = P_B(A).$$

*Wir sagen, dass A und B voneinander **unabhängig** sind, wenn A unabhängig von B und B unabhängig von A ist, das heißt wenn*

$$P(A) = P(A \mid B) = P_B(A) \quad und \quad P(B) = P(B \mid A) = P_A(B).$$

Beispiel 6.12 Betrachten wir das zweifache Würfeln als ein Wahrscheinlichkeitsexperiment (S_2, P). Intuitiv verstehen wir, dass das Ergebnis des ersten Wurfs unabhängig vom Ergebnis des zweiten Wurfs ist. Umgekehrt muss dies auch gelten, weil das Resultat des einen Würfelns keinen Einfluss auf das Resultat des anderen Würfelns haben kann. Überprüfen wir diese intuitiven Erkenntnisse in einem Beispiel. Sei A das Ereignis, dass beim ersten Würfeln die Augenzahl 6 gefallen ist und sei B das Ereignis, dass beim zweiten Wurf eine Primzahl gefallen ist. Wir erwarten, dass diese beiden Ereignisse unabhängig voneinander sind.

$$A = \{(6, 1), (6, 2), (6, 3), (6, 4), (6, 5), (6, 6)\}$$

und somit gilt

$$P(A) = \frac{|A|}{|S|} = \frac{6}{36} = \frac{1}{6}.$$

Andererseits haben wir

$$B = \{(i, p) \mid i \in \{1, 2, 3, 4, 5, 6\} \quad und \quad p \in \{2, 3, 5\}\}$$

und somit $|B| = 6 \cdot 3 = 18$ und

$$P(B) = \frac{|B|}{|S|} = \frac{18}{36} = \frac{1}{2}.$$

Nach (R5) gilt

$$P(A \mid B) = P_B(A) = \frac{P(A \cap B)}{P(B)} = \frac{P(\{(6, 2), (6, 3), (6, 5)\})}{1/2}$$
$$= \frac{3/36}{1/2} = \frac{1}{6} = P(A)$$

und

$$P(B \mid A) = P_A(B) = \frac{P(A \cap B)}{P(A)} = \frac{3/36}{1/6} = \frac{1}{2} = P(B).$$

Wir haben damit $P(A \mid B) = P(A)$ und $P(B \mid A) = P(B)$ gezeigt, und somit sind A und B voneinander unabhängig. $\Diamond$

Aufgabe 6.43 Beweise die Unabhängigkeit folgender Ergebnisse A und B aus dem Zufallsexperiment aus Beispiel 6.12.

(a) A: „Es fällt eine gerade Zahl beim ersten Wurf",
   B: „Es fällt 1 oder 5 beim zweiten Wurf".

(b) A: „Es fällt 3 beim ersten Wurf",
   B: „Es fällt 3 beim zweiten Wurf".

Aufgabe 6.44 ✓ Betrachten wir wieder das Zufallsexperiment aus Beispiel 6.12. Welche der folgenden Ereignisse sind unabhängig?

(a) A: „Die Summe der Augenzahlen ist gerade",
   B: „Die zweite Augenzahl ist eine Primzahl".

(b) A: „Die Summe der Augenzahlen ist gerade",
   B: „Die Zahl im zweiten Wurf ist größer als die im ersten Wurf".

Aufgabe 6.45 Nehmen wir als Basisexperiment den Wurf mit einem unfairen Würfel, bei dem jede ungerade Augenzahl in 20 % der Fälle auftritt und die geraden Augenzahlen alle die gleiche Wahrscheinlichkeit des Auftretens haben. Betrachten wir jetzt das zweifache Würfeln mit diesem Würfel. Beweise jeweils, dass A und B aus Beispiel 6.12 und aus Aufgabe 6.43 voneinander unabhängig sind.

Aufgabe 6.46 Welche der folgenden Ereignisse A und B des vierfachen Münzwurfs sind unabhängig? Begründe deine Behauptung durch den Vergleich von $P(A)$ und $P(A \mid B)$ sowie von $P(B)$ und $P(B \mid A)$.

(a) A: „Kopf fällt eine ungerade Anzahl oft."
   B: „Es fällt (K, K, Z, K)."

(b) A: „In den ersten zwei Würfen fällt genau einmal Kopf (K)."
   B: „Im dritten und vierten Wurf fällt (K, K) nicht."

(c) A: „In den ersten drei Würfen fällt zweimal Zahl."
   B: „Im zweiten und vierten Wurf kommen unterschiedliche Ergebnisse vor."

Aufgabe 6.47 ✓ Kann in einem Zufallsexperiment ein Ereignis A mit $P(A) > 0$ unabhängig von sich selbst sein? Begründe deine Antwort.

In allen betrachteten Fällen war es bisher so, dass, wenn A von B unabhängig war, dann war auch B von A unabhängig. Es war also immer eine „symmetrische" Beziehung. Gibt es überhaupt ein Zufallsexperiment, bei dem A unabhängig von B ist, B aber von A abhängt? Die Antwort ist „nein", und wir zeigen jetzt, dass die Tatsache „A ist unabhängig von B" direkt auch die Tatsache „B ist unabhängig von A" impliziert.

Wenn A unabhängig von B ist, gilt nach der Definition der Unabhängigkeit

$$P(A) = P(A \mid B) = P_B(A).$$

Weil $P(A \mid B) = P_B(A) = \frac{P(A \cap B)}{P(B)}$ nach (R5) gilt, erhalten wir

$$P(A) = \frac{P(A \cap B)}{P(B)}.$$

Wenn wir beide Seiten der Gleichung mit $P(B)$ multiplizieren, erhalten wir

$$P(A) \cdot P(B) = P(A \cap B). \tag{6.9}$$

Durch Teilen von (6.9) durch $P(A)$ haben wir das gesuchte Ergebnis vor uns:

$$P(B) = \frac{P(A \cap B)}{P(A)} = P_A(B) = P(B \mid A),$$

und somit ist auch B von A unabhängig. Durch diesen Beweis haben wir zwei wichtige Tatsachen entdeckt. Die erste ist:

Wenn A unabhängig von B ist, dann ist auch B unabhängig von A.

Die zweite ist:

(R9) *Zwei Ereignisse A und B sind unabhängig genau dann, wenn*

$$P(A \cap B) = P(A) \cdot P(B).$$

Diese zweite Tatsache kann man als äquivalente Definition der Unabhängigkeit zweier Ereignisse betrachten. Dadurch gewinnen wir eine neue Methode zur Bestimmung der Unabhängigkeit von A und B. Es reicht aus, zu überprüfen, ob (6.9) gilt. Wenn $P(A \cap B) = P(A) \cdot P(B)$ gilt, sind A und B unabhängig. Wenn (6.9) nicht gilt, sind A und B abhängig.

Zusätzlich lernen wir etwas Allgemeines über die Bedeutung der Multiplikation von zwei Wahrscheinlichkeiten:

Für zwei voneinander unabhängige Ereignisse A und B gilt, dass die Wahrscheinlichkeit des gleichzeitigen Auftretens von A und B (das heißt die Wahrscheinlichkeit von $A \cap B$) gleich dem Produkt der Wahrscheinlichkeiten von A und B ist.

Wir beobachten, dass die Produktregel bei mehrstufigen Experimenten ein Spezialfall von (R9) ist, wenn die Basisexperimente der einzelnen Stufen unabhängig voneinander sind.

Aufgabe 6.48 Angenommen, Ereignis A sei von Ereignis B unabhängig und B seinerseits vom Ereignis C. Folgt dann notwendigerweise auch, dass A von C unabhängig ist?

Untersuche diese Frage an Hand des folgenden Beispiels. Beim zweifachen Würfeln werden folgende Ereignisse betrachtet:

$$E = \text{Der erste Wurf ergibt eine 1.}$$

$$F = \text{Der zweite Wurf ergibt eine 1 oder eine 2.}$$

$$G = \text{Die Summe der Augenzahlen beider Würfe ist gleich 7.}$$

Aufgabe 6.49 Seien A und B zwei unabhängige Ereignisse. Zeige, dass dann auch $\overline{A}$ und B unabhängig sind.

Aufgabe 6.50 ✓ Beweise, dass für alle voneinander unabhängigen Ereignisse A und B eines Wahrscheinlichkeitsraumes folgende Gleichungen gelten müssen:

(a) $P(\overline{A} \cap B) = P(\overline{A}) \cdot P(B)$,
(b) $P(\overline{A} \cap \overline{B}) = P(\overline{A}) \cdot P(\overline{B})$.

Kann man auch aus der Gültigkeit dieser zwei Gleichungen für zwei beliebige Ereignisse A und B auf die Unabhängigkeit von A und B schließen?

Hinweis Es gilt $\overline{A} \cap B = B - (A \cap B)$ und $P(B - (A \cap B)) = P(B) - P(A \cap B)$.

Aufgabe 6.51 Beweise folgende Behauptungen für alle Ereignisse A und B in einem Wahrscheinlichkeitsraum (S, P).

(a) $P(A \cap B) + P(A \cap \overline{B}) = P(A)$,
(b) $P(A \cap B) + P(\overline{A} \cap B) = P(B)$,
(c) $P(A \cap B) + P(A \cap \overline{B}) + P(\overline{A} \cap B) + P(\overline{A} \cap \overline{B}) = 1$.

Aufgabe 6.52 Man wählt zufällig eine Zahl aus $\{1, 2, \ldots, 100\}$ nach der Gleichverteilung. A ist das Ereignis, dass die Zahl durch 6 teilbar ist. B ist das Ereignis, dass die Zahl durch 4 teilbar ist. Sind A und B unabhängig?

Aufgabe 6.53 Betrachte das Experiment des dreifachen Würfelns, das durch den Wahrscheinlichkeitsraum (S_3, P) mit $|S_3| = 6^3$ modelliert wird. Finde zehn unterschiedliche Paare von Ereignissen (A, B), so dass A und B voneinander unabhängig sind.

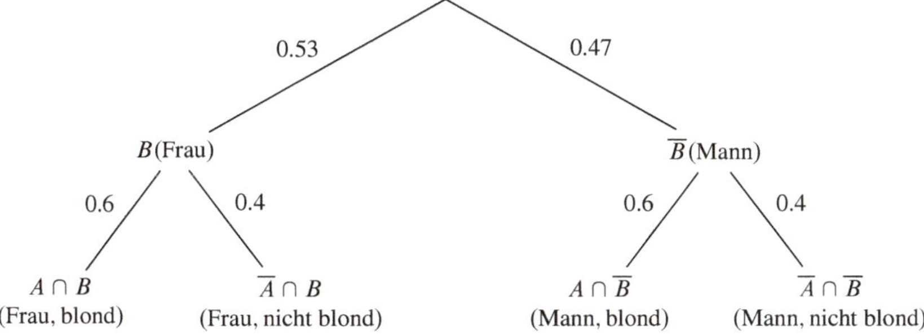

Abb. 6.14 Baumdiagramm zu zwei unabhängigen Ereignissen A und B

Den Begriff der Unabhängigkeit der Ereignisse verwenden wir nicht nur, um Abhängigkeiten in Wahrscheinlichkeitsräumen zu studieren, sondern auch um die Unabhängigkeit in realen Situationen festzustellen. Dazu betrachten wir folgendes hypothetisches Beispiel: In einem Land mit 53 % Frauen und 47 % Männern haben 60 % der Bewohner blonde Haare. Nehmen wir an, dass auch 60 % der Frauen blond sind. Wenn das so ist, können wir sagen, dass „blond zu sein" unabhängig vom Geschlecht ist. In unserer Terminologie kann man dies in einem Experiment, bei dem eine Person zufällig ausgewählt wird, wie folgt ausdrücken. Die Ereignisse A und B sind unabhängig, wobei

- A bedeutet, eine Frau zu wählen,
- B bedeutet, eine blonde Person zu wählen.

Dann gilt $P(A) = 0.53$, $P(B) = 0.6$ und $P(A \cap B) = 0.53 \cdot 0.6$, wie man es aus dem Baumdiagramm in Abb. 6.14 ablesen kann (siehe auch Abb. 6.12).

Wenn aber der Anteil der blonden Frauen unter allen Frauen nur 45 % wäre und der Gesamtanteil der blonden Personen 60 % bliebe, wären A und B nicht mehr unabhängig.

Eine andere Berechnungsart bietet die 4-Felder-Tafel bezüglich A und B aus Tab. 6.4. Die vier Felder dieser Tafel entsprechen den Durchschnitten von A und $\overline{A}$ mit B und $\overline{B}$. In der Tafel können Prozente, Wahrscheinlichkeiten oder auch absolute Zahlen eingetragen werden. Weil $A \cup \overline{A} = S$ und $B \cup \overline{B} = S$, muss die Summe aller vier Prozentzahlen in der Tafel 100 % ergeben (die Summe der vier Wahrscheinlichkeiten 1 ergeben).

Aufgabe 6.54 In der Bevölkerung eines hypothetischen Landes sind 5 % der Menschen Linkshänder. 60 % der Bevölkerung sind Frauen. Man will feststellen, ob „Linkshänder

Tab. 6.4 Vier-Felder-Tafel von zwei unabhängigen Ereignissen A und B

	B	$\overline{B}$
A	$A \cap B$	$A \cap \overline{B}$
	0.318	0.212
$\overline{A}$	$\overline{A} \cap B$	$\overline{A} \cap \overline{B}$
	0.282	0.188

Tab. 6.5 Teilweise ausgefüllte Vier-Felder-Tafel

	B	$\overline{B}$
A	120	480
$\overline{A}$		

Tab. 6.6 Statistik der 2 201 Personen an Bord der Titanic

Überlebende	Kinder	Erwachsene	Gestorbene	Kinder	Erwachsene
1. Kl.	6	197	1. Kl.	0	122
2. Kl.	24	94	2. Kl.	0	167
3. Kl.	27	151	3. Kl.	52	476
Crew	0	212	Crew	0	673

sein" geschlechtsunspezifisch ist, also ob diese Eigenschaft unabhängig häufig vom Geschlecht auftritt. Dazu hat man 1 000 Personen zufällig ausgewählt. Durch A bezeichnen wir das Ereignis, Frau zu sein, und durch B das Ereignis, Linkshänder zu sein. Tab. 6.5 repräsentiert einen Teil der Ergebnisse. Die Tabelle kann mit verschiedenen Werten vervollständigt werden.

(a) Fülle die 4-Felder-Tafel in Tab. 6.5 so aus, dass man gute Gründe zur Annahme der Unabhängigkeit von A und B hätte.
(b) Zeichne eine andere 4-Felder-Tafel, die den angegebenen Wahrscheinlichkeiten $P(B) = \frac{1}{20}$ und $P(A) = 0.6$ entspricht, aber eher zum Schluss führt, dass Frauen eine kleinere Tendenz haben, linkshändig zu sein.
(c) Zeichne eine 4-Felder-Tafel so, dass man Zweifel bekommt, ob die Personen wirklich zufällig gewählt worden sind.

Aufgabe 6.55 Als 1912 die Titanic sank, hatte sie 2 201 Personen an Bord, 885 Crew-Mitglieder und 1 317 Passagiere, darunter 109 Kinder. Insgesamt überlebten 711 Personen, die restlichen 1 490 starben. Tab. 6.6 zeigt die Verteilung der Überlebenden und gestorbenen Personen.

Betrachte die Ereignisse

$$A = \text{Person der 1. Klasse,}$$
$$B = \text{hat überlebt,}$$
$$C = \text{Person war als Kind dabei.}$$

Zeichne für jede mögliche Paarung von zwei der drei Ereignisse eine 4-Felder-Tafel und zwar einmal, wie es war, und einmal, wie es gewesen wäre, wenn die Ereignisse unabhängig wären.

Hinweis Am Anteil der 1.-Klasse-Passagiere (das sind 221 von 2 201), dem Anteil der Überlebenden (das sind 711 von 2 201) oder dem Anteil Kinder (das sind 109 von 2 201) soll nichts verändert werden.

Aufgabe 6.56 In einem Land sind zwei Krankheiten A und B verbreitet. A tritt bei 4 % der Bevölkerung und B bei 20 % der Bevölkerung auf. Nun hat man festgestellt, dass das Auftreten dieser zwei Krankheiten unabhängig ist. Kannst du die 4-Felder-Tafel ausfüllen?

6.5 Zusammenfassung

Wir haben die Wahrscheinlichkeitstheorie, genauer das Konzept des Wahrscheinlichkeitsraumes, entwickelt, um Experimente oder Abläufe zu studieren, deren Endresultate (Ergebnisse) für uns nicht vorhersehbar sind, obwohl wir die Startsituation vollständig kennen. Durch das Modellieren der Realität haben wir ein Instrument gewonnen, das es uns ermöglicht, in der Ausdrucksweise der Wahrscheinlichkeitstheorie gewisse Vorhersagen zu treffen.

Mit anderen Wortern: Wahrscheinlichkeitsrechnungen ermöglichen es uns, einige Informationen über die Zukunft zu gewinnen. Jetzt stellen wir uns einmal vor, dass wir durch zusätzliche Messungen oder auf andere Weise Informationen gewinnen, die es gestatten, genauere Vorhersagen zu machen. Die zusätzlichen Informationen schränken unseren Raum der möglichen Ereignisse ein und wir fragen nach der neuen Wahrscheinlichkeitsverteilung im reduzierten Raum. Das Konzept der bedingten Wahrscheinlichkeit ist ein Forschungsinstrument für solche Situationen. Wenn sich der Ergebnisraum S auf $B \subset S$ reduziert, müssen wir vom Wahrscheinlichkeitsraum (S, P) zum Wahrscheinlichkeitsraum (B, P_B) wechseln. Der einzige „faire" Weg, die Wahrscheinlichkeitsverteilung P_B aus (S, P) zu bestimmen, ist die Übertragung der Proportion zwischen den Wahrscheinlichkeiten der einzelnen Ergebnisse aus B von (S, P) nach (B, P_B), das heißt wir forden für alle Ergebnisse $e, f \in B$ die Gültigkeit von

$$\frac{P(e)}{P(f)} = \frac{P_B(e)}{P_B(f)}.$$

Aus dieser Anforderung folgt unvermeidlich, dass $P_B(e) = P(e)/P(B)$ für alle $e \in B$.

Somit entsteht die Regel zur Berechnung der bedingten Wahrscheinlichkeit $P(A \mid B)$ von Ereignis A, falls Ereignis B vorgegeben ist:

$$P(A \mid B) = P_B(A \cap B) = \frac{P(A \cap B)}{P(B)}.$$

Das Konzept der bedingten Wahrscheinlichkeit erlaubt es nicht nur bei zusätzlichen Informationen, das Modell des Zufallsexperiments entsprechend anzupassen. Es kommt oft auch zu Situationen, in denen wir experimentell die bedingten Wahrscheinlichkeiten bestimmen können und diese dann nutzen, um etwas über den ursprünglichen Wahrscheinlichkeitsraum zu lernen.

Die bedingten Wahrscheinlichkeiten ermöglichen es uns auch, das Konzept der Unabhängigkeit zwischen zwei Ereignissen desselben Wahrscheinlichkeitsraumes zu entwickeln. Ein Ereignis $A \subset S$ ist unabhängig vom Ereignis $B \subset S$ in (S, P), falls $P(A) = P(A \mid B)$, wenn also das Auftreten des Ereignisses B nichts an der Wahrscheinlichkeit des Vorkommens des Ereignisses A ändert. Mittels der Formel $P(A \cap B) = P(A) \cdot P(B)$ als Folge von $P(A) = P(A \mid B)$ haben wir festgestellt, dass die Relation der Unabhängigkeit von zwei Ereignissen symmetrisch ist. Wenn A von B unabhängig ist, dann ist auch B von A unabhängig.

Das Konzept der Unabhängigkeit ist ein Forschungsinstrument, dessen volle Stärke man erst nach vertieftem Studium der Wahrscheinlichkeitstheorie erahnen kann. Unsere Entdeckung ist die Formel $P(A \cap B) = P(A) \cdot P(B)$ für zwei unabhängige Ereignisse A und B. Sie besagt, dass man die Wahrscheinlichkeit des gleichzeitigen Auftretens der voneinander unabhängigen Ereignisse A und B aus (S, P) als Produkt der Wahrscheinlichkeiten von A und B bestimmen kann.

6.6 Kontrollfragen

1. Was ist die bedingte Wahrscheinlichkeit? Warum brauchen wir sie? Wie modellieren wir sie?

2. In einem Wahrscheinlichkeitsraum (S, P) erfahren wir, dass ein Ereignis $B \subset P$ mit Sicherheit auftritt. Wie ändern sich dabei die Wahrscheinlichkeiten der einzelnen Ergebnisse aus S?

3. Was bleibt erhalten, wenn man von einer Wahrscheinlichkeitsverteilung durch eine Zusatzinformation zu bedingten Wahrscheinlichkeiten wechselt?

4. Was hat die Produktregel für Baumdiagramme von mehrstufigen Zufallsexperimenten mit den bedingten Wahrscheinlichkeiten gemeinsam?

5. Wie berechnet man die bedingte Wahrscheinlichkeit $P(A \mid B)$ von A unter der Bedingung B?

6. Welche Möglichkeiten hat man, die Wahrscheinlichkeit eines Ereignisses A mittels bekannten bedingten Wahrscheinlichkeiten zu berechnen?

7. Schreibe die Bayes-Formel auf und erkläre ihre Bedeutung. Kannst du eine Aufgabe formulieren, zu deren Lösung man die Bayes-Formel erfolgreich einsetzen kann?

8. Wann sind zwei Ereignisse unabhängig? Was hat die Unabhängigkeit mit bedingten Wahrscheinlichkeiten zu tun?

9. Wie kann man die Unabhängigkeit mittels Multiplikation von Wahrscheinlichkeiten bestimmen?

10. Gibt es zwei Ereignisse A und B in einem Zufallsexperiment so, dass A von B abhängt, aber B von A unabhängig ist?

11. Was sind 4-Felder-Tafeln und wozu verwendet man sie?

12. Wie kannst du vorgehen, wenn du in der Realität die Unabhängigkeit zweier Ereignisse untersuchen willst?
13. Was ergibt $P(A \cap B) + P(A \cap \overline{B})$?
    Was ergibt $P(A \cap B) + P(A \cap \overline{B}) + P(\overline{A} \cap B) + P(\overline{A} \cap \overline{B})$?
14. Was ergibt $P(A \mid B) + P(\overline{A} \mid B)$? Hat es etwas mit der 4-Felder-Tafel zu tun?
15. Kann man aus der Unabhängigkeit zwischen zwei Ereignissen A und B auf die Unabhängigkeit von $\overline{A}$ und $\overline{B}$ schließen?
16. Sei A ein Ereignis in einem Zufallsraum (S, P). Gibt es immer mindestens ein von A unabhängiges Ereignis in (S, P)?

6.7 Kontrollaufgaben

1. Betrachte das Zufallsexperiment des zweifachen Würfelns mit zwei fairen Würfeln. Sei A das Ereignis, dass beide Augenzahlen gerade sind.
   (a) Bestimme $P(A)$.
   (b) Bestimme die bedingte Wahrscheinlichkeit $P_B(A)$ unter der folgenden Bedingung B:
       (i)   Die Summe der gefallenen Zahlen ist 6.
       (ii) Es fallen zwei gleiche Zahlen.
       (iii) Eine der zwei Augenzahlen ist 4.
       (iv) Die Summe beider gefallenen Zahlen ist genau 7.
       (v)   Eine der gefallenen Zahlen ist gerade.
       (vi) Die Summe beider gefallenen Zahlen ist höchstens 11.
   (c) Finde mindestens drei unterschiedliche Ereignisse B, so dass A und B unabhängig sind.
2. Wir haben ein gewöhnliches Kartenset mit 52 Karten, von jeder Farbe genau 13. Wir ziehen nun 4 Karten.
   (a) Wie groß ist die Wahrscheinlichkeit, 4 Herzen zu ziehen unter der Bedingung:
       (i)   Es wurden nur Zahlen von 2 bis 9 gezogen.
       (ii) Es wurden nur Könige und Damen gezogen.
       (iii) Es wurden nur rote Karten gezogen.
       (iv) Es wurden nur gerade Zahlen gezogen.
   (b) Wie groß ist die Wahrscheinlichkeit, genau 3 Damen zu ziehen, wenn man weiß, dass
       (i)   alle gezogenen Karten unterschiedlicher Farbe sind?
       (ii) nur Asse, Könige und Damen gezogen worden sind?
       (iii) zwei Herzen gezogen worden sind?
3. Mit welcher Wahrscheinlichkeit ist das Produkt zweier Ziffern aus $\{0, 1, \ldots, 9\}$ gerade, falls die Summe der beiden Ziffern
   (a) ungerade ist?
   (b) eine Primzahl ergibt?

   (c) 4 ist?

   (d) größer als drei ist?

4. Ein Vater hat zwei Kinder. Idealisieren wir die Realität und nehmen wir an, dass ein Storch die Kinder gebracht hat und immer mit gleicher Wahrscheinlichkeit einen Jungen oder ein Mädchen ausgewählt hat.

   (a) Wie groß ist die Wahrscheinlichkeit, dass der Vater genau eine Tochter hat, wenn

      (i) mindestens ein Kind ein Sohn ist?

      (ii) das erste Kind ein Sohn ist?

      (iii) das zweite Kind eine Tochter ist?

   (b) Wie groß ist die Wahrscheinlichkeit, dass das zweite Kind eine Tochter ist, wenn das erste Kind ein Junge ist? Findest du hier irgendwelche unabhängigen Ereignisse?

5. Aus der Statistik eines Landes ist ersichtlich, dass an 2 % der Tage ein Wind mit einer Geschwindigkeit von über 100 km/h bläst. Mit der Wahrscheinlichkeit von 95 % bringt dieser Wind Regen mit. Wenn aber kein starker Wind weht, regnet es nur an 10 % der Tage.

   (a) Wie groß sind folgende Wahrscheinlichkeiten?

      (i) Ein starker Wind weht und bringt Regen mit.

      (ii) Es regnet, obwohl es nicht sehr windig ist.

      (iii) Es regnet.

   (b) Jetzt regnet es. Wie groß ist die Wahrscheinlichkeit, dass ein starker Wind den Regen gebracht hat?

6. In einem Land wohnen 53 % Frauen und 47 % Männer. 20 % der Männer und 10 % der Frauen sind blauäugig.

   (a) Wie hoch ist der prozentuale Anteil der Personen mit blauen Augen?

   (b) Wie hoch ist der prozentuale Anteil der Frauen unter den blauäugigen Personen?

7. In der Klasse 9a können 75 % der Schülerinnen und Schüler die bedingte Wahrscheinlichkeit dieser Aufgabe ausrechnen. In der Klasse 9b sind es nur 60 % und in 9c sogar nur 50 %. Die Klassen sind gleich groß.

   (a) Wir treffen zufällig eine Schülerin oder einen Schüler, die oder der die Aufgabe korrekt lösen kann. Mit welcher Wahrscheinlichkeit ist sie oder er aus 9a (9b, 9c)?

   (b) Mit welcher Wahrscheinlichkeit ist eine Schülerin oder ein Schüler aus 9c, wenn sie oder er diese Aufgabe nicht lösen kann?

8. Ein Teilnehmer eines Wettbewerbs bekommt als Preis die Möglichkeit, einen von vier Säcken zu wählen. Drei der vier Säcke sind voll mit Heu, und der vierte ist voller Banknoten. Der Teilnehmer wählt zufällig einen der Säcke. Um es spannend zu machen, öffnet jetzt ein Jurymitglied einen der drei nicht ausgewählten Säcke und zeigt, dass er voll Heu ist.
Jetzt offeriert man dem Teilnehmer, den gewählten Sack gegen einen der zwei noch geschlossenen einzutauschen. Lohnt es sich, den Austausch zu machen? Wie groß ist die Wahrscheinlichkeit, bei zufälligem Austausch das Preisgeld zu gewinnen?

Tab. 6.7 Vier-Felder-Tafel für Kontrollaufgabe 10

	B	$\overline{B}$
A	7 %	13 %
$\overline{A}$	40 %	40 %

Wie groß ist die Wahrscheinlichkeit, dass der Teilnehmer erfolgreich ist, wenn das Jurymitglied bewusst einen Sack geöffnet hat, von dem es wusste, dass er voll Heu ist? Bemerke, dass es einen solchen Sack immer gibt.

9. Betrachten wir das Ziehen einer Zahl aus der Menge $\{0, 1, \ldots, 99\}$. Sei A_i das Ereignis, dass die gezogene Zahl durch i teilbar ist. Untersuche die folgenden Ereignisse auf Unabhängigkeit:

    (a) A_3 und A_7,

    (b) A_4 und A_6,

    (c) A_2 und A_{11},

    (d) A_6 und A_{18}.

    Erstelle für alle Fälle auch die 4-Felder-Tafel.

10. Die 4-Felder-Tafel in Tab. 6.7 für zwei Ereignisse A und B liegt vor. Bestimme die Wahrscheinlichkeiten $P(A)$ und $P(B)$. Sind A und B unabhängig?

11. Ändere die zweite Zeile der 4-Felder-Tafel aus Kontrollaufgabe 10 so, dass die Ereignisse A und B unabhängig werden.

12. Peter beobachtete 200 Arbeitstage lang, wie oft er Jan oder Anna auf dem Weg zur Schule traf. Er stellte fest, dass er Jan 40 Mal getroffen hat. Während dieser 40 Tage kam er 12 Mal zusammen mit Jan und Anna in die Schule. Insgesamt hat er Anna an 36 aus 200 Tagen getroffen. Erstelle eine 4-Felder-Tafel mit absoluten Zahlen sowie Wahrscheinlichkeiten und stelle fest, ob „Jan zu treffen" und „Anna zu treffen" unabhängige Ereignisse sind.

13. Betrachten wir Beispiel 6.6. Der Showmaster ändert seine Strategie. Er trifft keine zufälligen Entscheidungen mehr. Falls beide nicht gewählten Türen Ziegen verbergen, öffnet er immer diejenige von beiden nicht gewählten Türen, die die kleinste Nummer hat. Wenn du weißt, dass er so vorgeht, wie würdest du spielen? Mit welcher Wahrscheinlichkeit gewinnst du das Auto in diesem Spiel?

14. Sei (S, P) ein Wahrscheinlichkeitsraum, in dem alle Ergebnisse die gleiche Wahrscheinlichkeit $\frac{1}{|S|}$ besitzen. Jan will zwei voneinander unabhängige Ereignisse A und B finden und schlägt dafür die folgende Strategie vor: Wähle ein beliebiges $B \subseteq S$. Dann suche eine Menge $A \subseteq S$, so dass

$$\frac{|A|}{|S|} = \frac{|A \cap B|}{|B|}.$$

Falls es so ein A gibt, dann sind A und B unabhängig. Funktioniert diese Strategie von Jan? Begründe deine Aussage.

6.8   Lösungen zu ausgewählten Aufgaben

Lösung zu Aufgabe 6.2 Der Fall $B = \emptyset$ bedeutet, dass nichts passiert und seine Wahrscheinlichkeit ist 0. Unsere Modellierung eines Zufallsexperimentes geht davon aus, dass eines der Ergebnisse als Resultat auftreten muss. Deswegen ist $\emptyset$ ein unmögliches Ereignis, das wir nicht betrachten. Außerdem muss der neue Ergebnisraum $S = B$ sein und somit $P_B(B) = 1$ gelten, was $P_B(B) = P_B(\emptyset) = 0$ widerspricht.

Lösung zu Aufgabe 6.3 Wenn $B = \{e\}$, dann muss $P_B(e) = 1$ gelten, weil $P_B(B)$ gleich 1 sein muss.

Lösung zu Aufgabe 6.9 Der Wahrscheinlichkeitsraum (S, P) ist

$$S = \{1.\,\text{Klasse}, 2.\,\text{Klasse}, 3.\,\text{Klasse}, 4.\,\text{Klasse}, 5.\,\text{Klasse}\}$$

mit

$$P(1.\,\text{Klasse}) = 0.2,$$
$$P(2.\,\text{Klasse}) = 0.25,$$
$$P(3.\,\text{Klasse}) = P(4.\,\text{Klasse}) = 0.15 \quad \text{und}$$
$$P(5.\,\text{Klasse}) = 0.25.$$

Das mit Sicherheit vorkommende Ereignis B ist, dass ein Kind aus den Klassen 3, 4 oder 5 zufällig gewählt wird. Somit gilt $B = \{3.\,\text{Klasse}, 4.\,\text{Klasse}, 5.\,\text{Klasse}\}$ und

$$P(B) = \frac{15}{100} + \frac{15}{100} + \frac{25}{100} = \frac{55}{100} = 0.55.$$

Wenn ein Kind 9- oder 10-jährig ist, dann ist es aus der Klasse 3 oder 4. Die Frage ist, wie hoch die Wahrscheinlichkeit des Ereignisses $A = \{3.\,\text{Klasse}, 4.\,\text{Klasse}\}$ ist, wenn man weiß, dass $B = \{3.\,\text{Klasse}, 4.\,\text{Klasse}, 5.\,\text{Klasse}\}$ eintritt. Weil $A \subseteq B$ und somit $A \cap B = A$ gilt, erhalten wir nach der abgeleiteten Formel:

$$P(A \mid B) = \frac{P(A \cap B)}{P(B)} = \frac{P(A)}{P(B)} = \frac{0.15 + 0.15}{0.55} = \frac{0.3}{0.55} = \frac{30}{55} = \frac{6}{11}.$$

Lösung zu Aufgabe 6.14 Die möglichen Genotypen des Nachkommen des ersten Elternpaares sind AA, Aα und $\alpha\alpha$. Die möglichen Genotypen des Nachkommen des zweiten Elternpaares sind Aα und $\alpha\alpha$ – der Genotyp AA ist nicht möglich, oder, was gleichbedeutend ist, hat die Wahrscheinlichkeit 0.

Wir bestimmen die Wahrscheinlichkeiten der möglichen Genotypen des Nachfahren des ersten Elternpaares:

$$P_1(\text{AA}) = \frac{1}{4}, \quad P_1(\text{A}\alpha) = \frac{1}{2}, \quad P_1(\alpha\alpha) = \frac{1}{4}.$$

Die Wahrscheinlichkeiten der Genotypen des Nachkommen des zweiten Elternpaares sind
hingegen:

$$P_2(\text{AA}) = 0, \quad P_2(\text{A}\alpha) = \frac{1}{2}, \quad P_2(\alpha\alpha) = \frac{1}{2}.$$

Das Ereignis E, dass beide denselben Genotyp haben, ist $E = \{(\text{AA}, \text{AA}), (\text{A}\alpha, \text{A}\alpha),$
$(\alpha\alpha, \alpha\alpha)\}$ und die Wahrscheinlichkeit hierfür ist gleich

$$P(E) = P_1(\text{AA}) \cdot P_2(\text{AA}) + P_1(\text{A}\alpha) \cdot P_2(\text{A}\alpha) + P_1(\alpha\alpha) \cdot P_2(\alpha\alpha)$$
$$= \frac{1}{4} \cdot 0 + \frac{1}{2} \cdot \frac{1}{2} + \frac{1}{4} \cdot \frac{1}{2} = \frac{3}{8}.$$

Das Ereignis F, dass beide gesund sind, ist $F = \{(\text{AA}, \text{AA}), (\text{AA}, \text{A}\alpha), (\text{A}\alpha, \text{AA}),$
$(\text{A}\alpha, \text{A}\alpha)\}$. Die Wahrscheinlichkeit von F berechnet sich, da $P_2(\text{AA}) = 0$, vereinfacht als

$$P(F) = P_1(\text{AA}) \cdot P_2(\text{A}\alpha) + P_1(\text{A}\alpha) \cdot P_2(\text{A}\alpha) = \frac{1}{4} \cdot \frac{1}{2} + \frac{1}{2} \cdot \frac{1}{2} = \frac{3}{8}.$$

Die Schnittmenge ist $E \cap F = \{(\text{AA}, \text{AA}), (\text{A}\alpha, \text{A}\alpha)\}$. Dessen Wahrscheinlichkeit ist

$$P(E \cap F) = P_1(\text{AA}) \cdot P_2(\text{AA}) + P_1(\text{A}\alpha) \cdot P_2(\text{A}\alpha) = \frac{1}{4} \cdot 0 + \frac{1}{2} \cdot \frac{1}{2} = \frac{1}{8}.$$

Die Wahrscheinlichkeit, dass beide denselben Genotyp haben, wenn man weiß, dass beide
gesund sind, ist daher gleich

$$P(E \mid F) = \frac{P(E \cap F)}{P(F)} = \frac{\frac{1}{8}}{\frac{3}{8}} = \frac{1}{3}.$$

Dass beide krank sind bildet das Ereignis $G = \{(\alpha\alpha, \alpha\alpha)\}$. Dessen Wahrscheinlichkeit ist

$$P(G) = P_1(\alpha\alpha) \cdot P_2(\alpha\alpha) = \frac{1}{4} \cdot \frac{1}{2} = \frac{1}{8}.$$

Daher gilt: wenn beide krank sind, haben sie denselben Genotyp. Daher ist die Wahrscheinlichkeit, dass beide denselben Genotyp haben, wenn man weiß, dass beide krank
sind, gleich

$$P(E \mid F) = \frac{P(E \cap G)}{P(G)} = \frac{\frac{1}{8}}{\frac{1}{8}} = 1.$$

Lösung zu Aufgabe 6.21 Abb. 6.15 stellt die Situation anschaulich dar. Der Wahrscheinlichkeitsraum ist (S, P) mit $S = \{(b, b), (b, d), (d, b), (d, d)\}$, wobei „$b$" bestanden

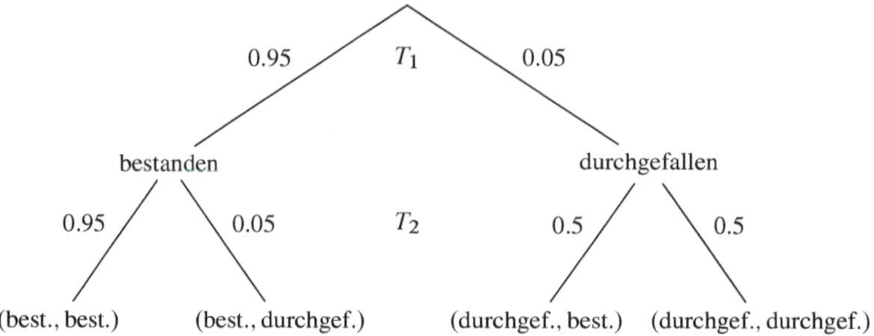

Abb. 6.15 Baumdiagramm zum zweifachen Test in Aufgabe 6.21

und „d" durchgefallen bedeutet. Die Wahrscheinlichkeitsverteilung kann man anhand von Abb. 6.15 wie folgt bestimmen:

$$P(b,b) = 0.95 \cdot 0.95 = 0.9025,$$
$$P(b,d) = 0.95 \cdot 0.05 = 0.0475,$$
$$P(d,b) = 0.05 \cdot 0.5 = 0.025,$$
$$P(d,d) = 0.05 \cdot 0.5 = 0.025.$$

Das Baumdiagramm in Abb. 6.15 zeigt uns, wie wir aus den gemessenen Informationen über die bedingten Wahrscheinlichkeiten die Wahrscheinlichkeitsverteilung im ursprünglichen Wahrscheinlichkeitsraum aus zwei Testresultaten ausrechnen können.

In unserer Aufgabe wissen wir, dass ein Produkt den zweiten Test T_2 nicht bestanden hat, dass also

$$B = \{(b,d),(d,d)\}$$

mit Sicherheit auftritt. Somit wissen wir, dass

$$P(B) = P\big((b,d)\big) + P\big((d,d)\big) = 0.0475 + 0.025 = 0.0725.$$

Wir fragen nach $P(A \mid B)$, wobei $A = \{(d,b),(d,d)\}$. Nach unserer Basisformel erhalten wir

$$P(A \mid B) = \frac{P(A \cap B)}{P(B)} = \frac{P\big((d,d)\big)}{P(B)} = \frac{0.025}{0.0725} = \frac{250}{725} = \frac{10}{29} \approx 0.345.$$

Lösung zu Aufgabe 6.24

(a) Wir betrachten das Ausführen der Freiwürfe als ein zweistufiges Experiment (Ω, P). Zuerst zieht der Trainer einen Spieler aus $S = \{S_1, S_2, S_3\}$ und dann haben wir jeweils für jeden Spieler ein Zufallsexperiment mit den Freiwürfen. Mit „T" bezeichnen

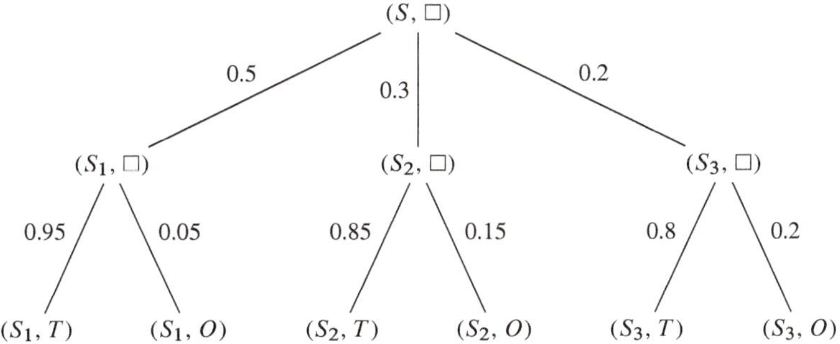

Abb. 6.16 Baumdiagramm zur Aufgabe 6.24

wir das Ergebnis „Treffer", und mit „O" den verfehlten Freiwurf. Anschaulich sehen wir das ganze Modell im Baumdiagramm in Abb. 6.16. Zuerst bestimmen wir $P(B)$ für das Ereignis

$$B = \{(S_1, T), (S_2, T), (S_3, T)\},$$

dass der Spieler einen Treffer erzielt hat.

$$P(B) = P(S_1, T) + P(S_2, T) + P(S_3, T)$$
$$= 0.5 \cdot 0.95 + 0.3 \cdot 0.85 + 0.2 \cdot 0.8 = 0.89.$$

Dann gilt

$$P_B(S_1, T) = \frac{P(S_1, T)}{P(B)} = \frac{0.475}{0.89} \approx 0.5337.$$

Lösung zu Aufgabe 6.26 Der Wahrscheinlichkeitsraum des dreifachen Würfelns besteht aus 6^3 Ergebnissen und jedes Ergebnis hat die gleiche Wahrscheinlichkeit $\frac{1}{6^3}$. Wie viele Ergebnisse gibt es im Ereignis B mit den Eigenschaften:

(i)   erster Wurf gerade, also 2, 4 oder 6,

(ii)   zweiter Wurf eine Primzahl, also 2, 3 oder 5, und

(iii) die Summe der drei geworfenen Zahlen ist gerade?

Für die erste sowie die zweite Position haben wir jeweils drei Möglichkeiten und für die Wahl der ersten beiden Positionen des 3-Tupels somit $9 = 3 \cdot 3$ Möglichkeiten. Für jede diese 9 Besetzungen der ersten beiden Teilergebnisse gibt es genau 3 Erweiterungen für das dritte Teilergebnis. Falls die Primzahl 2 ist, muss für die dritte Position in dem Tupel eine gerade Zahl kommen. Falls an der zweiten Position eine ungerade Primzahl steht, muss für die dritte Position eine ungerade Augenzahl kommen. Somit enthält B genau 3^3 Ergebnisse und

$$P(B) = \frac{3^3}{6^3} = \frac{1}{2^3} = \frac{1}{8}.$$

Weil $A = \{(i,i,i) \mid i \in \{1,2,3,4,5,6\}\}$, gilt

$$A \cap B = \{(2,2,2)\} \text{ und } P(A \mid B) = \frac{P((2,2,2))}{P(B)} = \frac{1/6^3}{1/8} = \frac{8}{6^3} = \frac{1}{3^3} = \frac{1}{27}.$$

Lösung zu Aufgabe 6.27 Wir modellieren die Situation als zweistufiges Zufallsexperiment, wobei die erste Stufe der Wahl des Gegenspielers entspricht, und mit dem Wahrscheinlichkeitsraum (S_1, P_1) beschrieben wird, wobei $S_1 = \{\text{III}, \text{IV}\}$ und $P_1(\text{III}) = 0.7$, $P_1(\text{IV}) = 0.3$.

Die zweite Stufe entspricht dem Spielausgang, also ob Fink gewinnt. Die Ergebnismenge ist jedenfalls $S_2 = \{g, v\}$, wobei die Buchstaben für „Fink gewinnt" bzw. „Fink verliert" stehen. Wir müssen jedoch zwei verschiedene Wahrscheinlichkeitsfunktionen P_{III} und P_{IV} betrachten, je nach der Stärkekategorie des Gegenspielers.

(a) Wir bezeichnen mit B das Ereignis, dass Fink gewinnt. Es gilt $B = \{(\text{III}, g), (\text{IV}, g)\}$. Die Wahrscheinlichkeit, dass Fink gewinnt, berechnet sich nun wie folgt.

$$\begin{aligned}
P(B) &= P_1(\text{III}) \cdot P_{\text{III}}(g) + P_1(\text{IV}) \cdot P_{\text{IV}}(g) \\
&= 0.7 \cdot 0.8 + 0.3 \cdot 0.35 \\
&= 0.665.
\end{aligned}$$

(b) Wir bezeichnen mit A das Ereignis, dass sein Gegenspieler von der Stärkekategorie III ist. Es gilt $A = \{(\text{III}, g)\}$. Die bedingte Wahrscheinlichkeit $P(A \mid B)$ berechnet sich als

$$\begin{aligned}
P(A \mid B) &= \frac{P(A \cap B)}{P(B)} \\
&= \frac{P(A)}{P(B)} \\
&= \frac{P_1(\text{III}) \cdot P_{\text{III}}(g)}{0.665} \\
&= \frac{0.56}{0.665} \\
&\approx 0.842.
\end{aligned}$$

(c) Durch die zusätzliche Information, dass Fink das erste Spiel gewonnen hat, verändert sich die Wahrscheinlichkeit, dass der Gegenspieler von der Stärkekategorie III ist: sie wurde in (b) neu berechnet. Wir ersetzen daher die Wahrscheinlichkeitsfunktion P_1 durch P_1', wobei $P_1'(\text{III}) \approx 0.842$ und $P_1'(\text{IV}) \approx 1 - 0.842 = 0.158$. Die zweite Stufe bleibt unverändert.

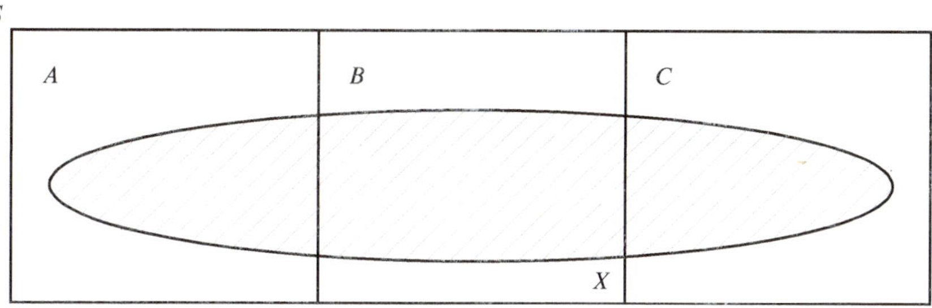

Abb. 6.17 Systematische Darstellung der Ereignisse A, B, C, X wenn $S = A \cup B \cup C$ und $A \cap B = B \cap C = C \cap A = \emptyset$

Dass Fink auch sein zweites Spiel gewinnt, berechnet sich nun als

$$P'(S_1, g) = P_1'(\mathrm{III}) \cdot P_{\mathrm{III}}(g) + P_1'(\mathrm{IV}) \cdot P_{\mathrm{IV}}(g)$$
$$\approx 0.842 \cdot 0.8 + 0.158 \cdot 0.35$$
$$\approx 0.729.$$

Lösung zu Aufgabe 6.34 Sei A das Ereignis, dass beide Kinder der Familie Mädchen sind und B das Ereignis, dass mindestens eines der Kinder ein Mädchen ist. Zu berechnen ist $P_B(A)$.

Wir kennen $P(A) = 0.25$, $P(B) = 0.75$ und wissen, dass $A \subseteq B$, womit $P(A \cap B) = P(A) = 0.25$. Somit gilt $P_B(A) = \frac{P(A \cap B)}{P(B)} = \frac{0.25}{0.75} = \frac{1}{3}$.

Lösung zu Aufgabe 6.35 Die Situation ist in Abb. 6.17 anschaulich dargestellt. Der Ergebnisraum S ist in drei paarweise disjunkte Teilmengen A, B und C aufgeteilt und $X \subset S$ ist ein beliebiges Ereignis. Daher ist es nicht überraschend, dass die Wahrscheinlichkeit von X die Summe der Wahrscheinlichkeiten von $P(A \cap X)$, $P(B \cap X)$ und $P(C \cap X)$ ist, weil X damit in drei paarweise disjunkte Teile bezüglich der Teile A, B und C aufgeteilt wurde.

Rechnerisch kann man von rechts nach links wie folgt vorgehen:

$$P(A) \cdot P(X \mid A) + P(B) \cdot P(X \mid B) + P(C) \cdot P(X \mid C)$$
$$= P(A) \cdot \frac{P(A \cap X)}{P(A)} + P(B) \cdot \frac{P(B \cap X)}{P(B)} + P(C) \cdot \frac{P(C \cap X)}{P(C)}$$
$$= P(A \cap X) + P(B \cap X) + P(C \cap X)$$
$$= P(X).$$

$$\left\{ \begin{array}{l} \text{Weil } X = (A \cap X) \cup (B \cap X) \cup (C \cap X) \text{ und } (A \cap X) \cap (B \cap X) = \emptyset, \\ (A \cap X) \cap (C \cap X) = \emptyset, \ (B \cap X) \cap (C \cap X) = \emptyset \end{array} \right\}$$

Lösung zu Aufgabe 6.44

(a) Der Wahrscheinlichkeitsraum (S_2, P) hat 36 Ergebnisse und jedes Ergebnis hat genau die Wahrscheinlichkeit $\frac{1}{36}$. Wegen $|A| = 18$ und $|B| = 18$ gilt

$$P(A) = \frac{1}{2} \quad \text{und} \quad P(B) = \frac{1}{2},$$
$$A \cap B = \{(2,2), (4,2), (6,2), (1,3), (3,3), (5,3), (1,5), (3,5), (5,5)\}$$

und somit

$$P(A \cap B) = \frac{9}{36} = \frac{1}{4}.$$

Jetzt können wir berechnen:

$$P(A \mid B) = \frac{P(A \cap B)}{P(B)} = \frac{1/4}{1/2} = \frac{1}{2} = P(A),$$
$$P(B \mid A) = \frac{P(A \cap B)}{P(A)} = \frac{1/4}{1/2} = \frac{1}{2} = P(B).$$

Somit sind A und B voneinander unabhängig.

Lösung zu Aufgabe 6.47   Wir wissen nach Regel (R5), dass

$$P_A(A) = \frac{P(A \cap A)}{P(A)} = \frac{P(A)}{P(A)} = 1.$$

Auch intuitiv ist das klar. Unter der Bedingung, dass A auftritt, ist das Auftreten von A sicher. Daher kann $P_A(A) = P(A)$ nur dann gelten, wenn $P(A) = 1$. Dies tritt aber nur für $A = S$ auf.

Lösung zu Aufgabe 6.50

(b) Wir wissen, dass A und B unabhängig sind, das heißt, dass $P(A \cap B) = P(A) \cdot P(B)$ gilt. Wir beweisen $P(\overline{A}) \cdot P(\overline{B}) = P(\overline{A} \cap \overline{B})$ wie folgt:

$$\begin{aligned}
P(\overline{A}) \cdot P(\overline{B}) &= (1 - P(A)) \cdot (1 - P(B)) \\
&\qquad \{\text{nach der Komplementregel (R1)}\} \\
&= 1 - P(A) - P(B) + P(A) \cdot P(B) \\
&= 1 - [P(A) + P(B) - P(A) \cdot P(B)] \\
&\qquad \{\text{nach dem Distributivgesetz}\} \\
&= 1 - [P(A) + P(B) - P(A \cap B)] \\
&\qquad \{\text{weil } A \text{ und } B \text{ unabhängig sind}\}
\end{aligned}$$

$$= 1 - P(A \cup B)$$

$\{$nach der allgemeinen Additionsregel (R3)$\}$

$$= P(\overline{A \cup B})$$

$\{$nach der Komplementregel$\}$

$$= P(\overline{A} \cap \overline{B}).$$

$\{$weil $\overline{A \cup B} = \overline{A} \cap \overline{B}\}$

7.1 Zielsetzung

Eine der Hauptaufgaben der Wissenschaft ist es, die Realität zu modellieren und zu analysieren, mit dem Ziel, am Ende Vorhersagen über das Geschehen in der Zukunft zu machen oder gezielt die Zukunft zu beeinflussen. Das betrifft die Wahrscheinlichkeitstheorie im gleichen Maße wie andere Teile der Mathematik oder die Naturwissenschaften. Obwohl wir in einzelnen Zufallsexperimenten nicht vorhersagen können, was passieren wird, können wir mittels zahlreicher Wiederholungen des Experiments gewisse erwartete Charakteristiken bestimmen und so sehr nützliche und auch zuverlässige globale Vorhersagen machen. Wenn man zum Beispiel eine riesige Menge von Teilchen hat und das Verhalten jedes einzelnen Teilchens als ein Basiszufallsexperiment modellieren kann, kann man hochzuverlässige Vorhersagen über das ganze physikalische System machen. Genauso ist beim gleichzeitigen Wurf von Milliarden von Münzen zu erwarten, dass die Anzahl der Köpfe und der Zahlen ungefähr gleich ist. Obwohl wir es nicht schaffen, das Berechnen eines Teilchens (das Resultat eines Münzwurfs) vorherzusagen, können wir fast mit Sicherheit einige Charakteristika eines Systems bestimmen, das aus einer großen Anzahl von Basiszufallsexperimenten zusammengesetzt ist.

In diesem Kapitel stellen wir die neuen Konzepte der Zufallsvariablen und Erwartungswerte vor. Diese ermöglichen es uns, für Zufallsexperimente, in denen man jedem elementaren Ereignis seine Bedeutung für uns in Form eines Wertes (einer positiven oder negativen reellen Zahl) zuordnen kann, quantitative Vorhersagen über die erwartete Güte der Durchführung des Experiments zu machen. Mit diesen Konzepten kann man zum Beispiel berechnen, welche Gewinne oder Verluste zu erwarten sind, wenn man sich auf ein bestimmtes Glücksspiel einlässt und es wiederholt spielt. In der Informatik helfen diese neuen Konzepte, die Erfolgswahrscheinlichkeit zufallsgesteuerter Algorithmen zu bestimmen oder den erwarteten Rechenaufwand solcher Algorithmen zu berechnen.

© Springer International Publishing AG 2017

M. Barot, J. Hromkovič, *Stochastik*, Grundstudium Mathematik,

DOI 10.1007/978-3-319-57595-7_7

7.1.1 Gewichtete Mittelwerte

Um die neuen Konzepte, die im Folgenden eingeführt werden, gut zu verstehen, ist es hilfreich, das Konzept der gewichteten Durchschnittswerte gut im Griff zu haben.

Beispiel 7.1 In meteorologischen Messstationen werden die Temperatur und andere Messwerte periodisch gemessen. Die *Tagesmitteltemperatur* wird dadurch ermittelt, dass die 24 jeweils zur vollen Stunde gemessenen Werte zusammengezählt und diese Summe danach durch die Anzahl der Messwerte, also 24, geteilt wird. Die *Monatsmitteltemperatur* erhält man als Mittelung der Tagesmitteltemperaturen: man zählt also alle Tagesmitteltemperturen zusammen und dividiert diese Summe anschließend durch die Anzahl der Tage des Monats.

In München hat man so die Monatsmitteltemperatur 1.5 °C für den Monat Januar des Jahres 2015 gemessen. Ein kühler Monat also, wobei wir hier einen Monat als „kühl" bezeichnen, wenn seine Monatsmitteltemperatur unter 10 °C liegt. Der Durchschnitt der Monatsmitteltemperaturen der kühlen Monate lag in München im Jahr 2015 bei 4.7 °C. Der Durchschnitt der Monatsmitteltemperaturen der wärmeren Monate (mit Monatsmitteltemperaturen von 10 °C oder darüber) liegt bei 17.2 °C. Kann man aus diesen zwei Angaben, von $T_{\text{kühl}} = 4.7\,°\text{C}$ und $T_{\text{warm}} = 17.2\,°\text{C}$, die *Jahresmitteltemperatur* T_{Jahr} ermitteln? Stimmt es, dass die Jahresmitteltemperatur durch die Mittelung

$$T_{\text{Jahr}} \overset{?}{=} \frac{T_{\text{kühl}} + T_{\text{warm}}}{2} = \frac{4.7\,°\text{C} + 17.2\,°\text{C}}{2} = 10.95\,°\text{C}$$

berechnet werden kann?

Schauen wir uns dazu die Monatsmittelwerte, die im Jahr 2015 in München gemessen wurden, direkt an. Sie sind in Tab. 7.1 zu finden.

Man sieht, dass es sieben kühle und fünf warme Monate gibt. Die kühlen Monate sind also in der Überzahl. Wenn wir die Jahresmitteltemperatur direkt berechnen würden, dann würden wir alle Temperaturen aus Tab. 7.1 zusammen zählen und die Summe danach durch 12, die Anzahl der Monate, teilen. Man erhält so

$$T_{\text{Jahr}} = \frac{1.5\,°\text{C} + (-1.5\,°\text{C}) + 5.1\,°\text{C} + 8.8\,°\text{C} + \ldots + 7.0\,°\text{C} + 3.6\,°\text{C}}{12} = 9.9\,°\text{C}.$$

Die Summe im Zähler können wir schreiben als

$$\left(\begin{array}{c}\text{Summe der Temperaturen} \\ \text{der kühleren Monate}\end{array}\right) + \left(\begin{array}{c}\text{Summe der Temperaturen} \\ \text{der wärmeren Monate}\end{array}\right).$$

Tab. 7.1 Monatsmitteltemperaturen im Jahr 2015 in München

Jan.	Feb.	Mär.	Apr.	Mai	Jun.	Jul.	Aug.	Sep.	Okt.	Nov.	Dez.
1.5°	−1.5°	5.1°	8.8°	13.6°	17.3°	21.2°	20.5°	13.4°	8.3°	7.0°	3.6°

Nun wissen wir aber, dass

$$T_{\text{kühl}} = \frac{\left(\begin{array}{c}\text{Summe der Temperaturen} \\ \text{der kühlen Monate}\end{array}\right)}{\text{Anzahl kühle Monate}},$$

und somit erhalten wir, da es 7 kühle Monate gab, dass

$$\left(\begin{array}{c}\text{Summe der Temperaturen} \\ \text{der kühlen Monate}\end{array}\right) = 7 \cdot T_{\text{kühl}}$$

gilt. Für die wärmeren Monate gilt entsprechend

$$\left(\begin{array}{c}\text{Summe der Temperaturen} \\ \text{der wärmeren Monate}\end{array}\right) = 5 \cdot T_{\text{warm}},$$

und somit erhalten wir durch Einsetzen

$$T_{\text{Jahr}} = \frac{7 \cdot T_{\text{kühl}} + 5 \cdot T_{\text{warm}}}{12} = \frac{7}{12} \cdot T_{\text{kühl}} + \frac{5}{12} \cdot T_{\text{warm}}.$$

Die Koeffizienten $\frac{7}{12}$ bzw. $\frac{5}{12}$ sind die Gewichte, mit denen die Jahresmitteltemperatur aus den Mittelwerten der kühlen und der wärmeren Monate gebildet wird.

Man kann die Formel

$$\frac{7}{12} \cdot T_{\text{kühl}} + \frac{5}{12} \cdot T_{\text{warm}}$$

auch anders lesen. Die Zahl $\frac{7}{12}$ ist die Wahrscheinlichkeit, beim zufälligen Ziehen eines Monats des Jahres 2015 einen kühlen Monat für München zu ziehen. Analog ist $\frac{5}{12}$ die Wahrscheinlichkeit, einen warmen Monat zu ziehen. Diese Sichtweise wird für unsere weiteren Überlegungen in diesem Kapitel wichtig sein.

Wenn wir ganz genau sein wollen, hätten wir die Jahresmitteltemperatur eigentlich anders berechnen müssen, denn nicht alle Monate haben dieselbe Anzahl Tage. Wir hätten sie mit Gewichten

$$\frac{\text{Anzahl Tage in diesem Monat}}{\text{Anzahl Tage im Jahr}}$$

bilden müssen, also

$$T_{\text{Jahr}} = \frac{31}{365} \cdot T_{\text{Jan}} + \frac{28}{365} \cdot T_{\text{Feb}} + \ldots + \frac{30}{365} \cdot T_{\text{Nov}} + \frac{31}{365} \cdot T_{\text{Dez}} = 9.97\,^{\circ}\text{C}.$$

Wie man sieht, erhält man eine leicht höhere Jahresmitteltemperatur. Der Unterschied ist jedoch klein, da die Anzahl Tage von Monat zu Monat nur wenig variiert.

Nach diesem verfeinerten Verfahren müssen wir auch $T_{\text{kühl}}$ und T_{warm} und die Gewichte neu berechnen. Dazu berechnen wir erst die Anzahl der Tage, die die kühlen Monate insgesamt ausmachen:

$$D_{\text{kühl}} = 31 + 28 + 31 + 30 + 31 + 30 + 31 = 212.$$

Nun kann $T_{\text{kühl}}$ neu berechnet werden:

$$\begin{aligned}
T_{\text{kühl}} &= \frac{31}{212} \cdot T_{\text{Jan}} + \frac{28}{212} \cdot T_{\text{Feb}} + \frac{31}{212} \cdot T_{\text{Mär}} + \frac{30}{212} \cdot T_{\text{Apr}} \\
&\quad + \frac{31}{212} \cdot T_{\text{Okt}} + \frac{30}{212} \cdot T_{\text{Nov}} + \frac{31}{212} \cdot T_{\text{Dez}} \\
&= 4.74\,°\text{C}.
\end{aligned}$$

Entsprechend berechnet man die Anzahl der Tage der wärmeren Monate $D_{\text{warm}} = 153$, sowie den verfeinerten Mittelwert $T_{\text{warm}} = 17.22\,°\text{C}$. Die neuen Gewichte sind $\frac{212}{365}$ für die kühlen Monate und $\frac{153}{365}$ für die wärmeren Monate. Es gilt

$$T_{\text{Jahr}} = \frac{212}{365} \cdot T_{\text{kühl}} + \frac{153}{365} \cdot T_{\text{warm}}$$

wie man leicht verifiziert.   ◇

Aufgabe 7.1 ✓ In einem Land leben 60 % Erwachsene und 40 % Jugendliche. Die Durchschnittsgröße der Erwachsenen ist 168 cm und die Durchschnittsgröße der Jugendlichen ist 122 cm. Wie groß ist ein Einwohner in diesem Land im Durchschnitt?

Aufgabe 7.2 In einer Stadt leiden 5 % der Frauen und 3 % der Männer an einer gewissen Krankheit. Der Anteil der Frauen in der Stadt ist 54 %. Wie viel Prozent der erwachsenen Einwohner leiden an der Krankheit?

7.2   Erwarteter Gewinn

Nun wollen wir die Idee des gewichteten Durchschnitts dafür nutzen, in einem viele Male wiederholten Experiment den mittleren („durchschnittlichen") Gewinn abzuschätzen.

Beispiel 7.2 Am Eingang eines Einkaufszentrums wird für ein neues Erfrischungsgetränk geworben. Dazu wurde ein Glücksrad aufgebaut, wie es in Abb. 7.1 dargestellt ist. Jeder, der möchte, darf hier sein Glück versuchen. Das getroffene Feld zeigt an, wie viele Dosen gratis mitgenommen werden dürfen. Nun möchte der Fabrikant im Voraus berechnen, wie viele Dosen er in etwa für die Werbeaktion bereitstellen muss. Jeder Teilnehmer braucht etwa eine halbe Minute und die Aktion soll 8 Stunden dauern, sodass insgesamt etwa

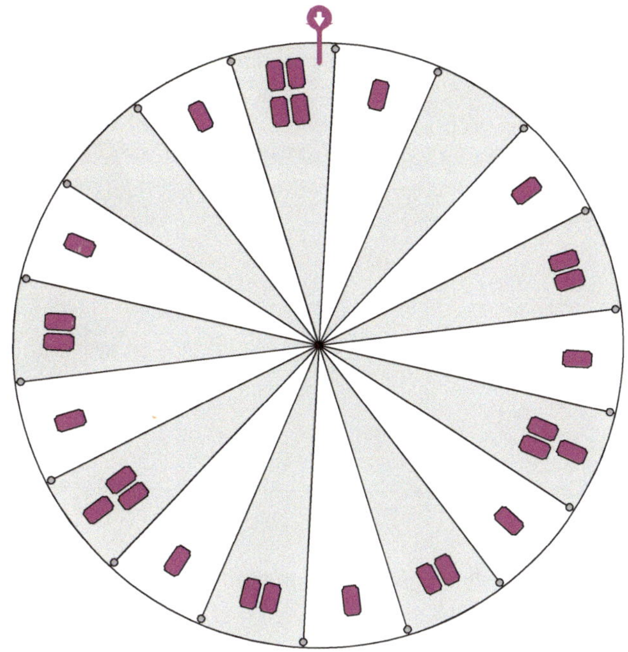

Abb. 7.1 Glücksrad für den Gewinn von Erfrischungsgetränken

960 Personen teilnehmen werden. Sicherheitshalber rechnet er mit 1 000 Personen. Der Fabrikant überlegt sich Folgendes: Bei 1 000 Teilnehmern werden allerhöchstens 4 000 Dosen benötigt, denn mehr als 4 Dosen kann man ja nicht gewinnen. Es ist allerdings äußerst unwahrscheinlich, dass wirklich alle 1 000 Personen die größtmögliche Anzahl an Dosen gewinnen. Wie aber erhält man eine realistischere Schätzung?

Das Glücksrad hat 18 gleich große Felder und man kann zwischen 0 und 4 Dosen gewinnen. Tab. 7.2 gibt für jedes k an, wie wahrscheinlich es ist, gerade k Dosen zu gewinnen. Bemerke, dass wir hier das Glücksrad vereinfacht als Zufallsexperiment modellieren, in dem 5 Ergebnisse entsprechend der Anzahl der gewonnenen Dosen vorkommen. Man könnte es aber auch als Zufallsexperiment mit 18 Ergebnissen modellieren, in dem ein Ergebnis einem Feld des Glücksrads entspricht. In diesem Fall haben wir eine Gleichverteilung.

Es ist nun *zu erwarten*, dass etwa $\frac{9}{18}$ aller Teilnehmer, also etwa die Hälfte, gerade eine Dose mitnehmen wird, dafür werden also $\frac{1}{2} \cdot 1\,000 = 500$ Dosen gebraucht. Genauso werden etwa $\frac{2}{18}$ aller Personen gar keine Dose gewinnen und etwa ebenso oft werden gerade drei Dosen gewonnen. Rechnet man noch die Fälle durch, in denen 2 bzw. 4 Do-

Tab. 7.2 Die Wahrscheinlichkeiten eine gewisse Anzahl Dosen zu gewinnen

$k =$ Anzahl Dosen	0	1	2	3	4
Wahrscheinlichkeit, k Dosen zu gewinnen	$\frac{2}{18}$	$\frac{9}{18}$	$\frac{4}{18}$	$\frac{2}{18}$	$\frac{1}{18}$

Abb. 7.2 Ein Roulette-Rad

sen gewonnen werden, so kann man nun die ungefähre Anzahl der insgesamt benötigten
Dosen G abschätzen mit

$$G = \frac{2}{18} \cdot 1\,000 \cdot 0 + \frac{9}{18} \cdot 1\,000 \cdot 1 + \frac{4}{18} \cdot 1\,000 \cdot 2 + \frac{2}{18} \cdot 1\,000 \cdot 3 + \frac{1}{18} \cdot 1\,000 \cdot 4$$
$$= 1\,500.$$

Es werden also eher etwa 1 500 Dosen benötigt und nicht 4 000. Daher wird *im Mittel*
jeder Teilnehmer 1.5 Dosen gewinnen. Natürlich wird keiner der Teilnehmer tatsächlich
1.5 Dosen gewinnen, denn es werden ja keine halben Dosen verschenkt. Aber als Durchschnittswert ergibt dies durchaus Sinn. Man sagt daher, dass 1.5 Dosen dem *erwarteten
Gewinn*[1] entsprechen.   ◊

Aufgabe 7.3 Der Fabrikant beschließt, den Gewinn zu verdoppeln. Statt 1 Dose gewinnt
man 2 Dosen, statt 2 Dosen gewinnt man 4 Dosen usw. Wie viele Dosen sollte er erwartungsgemäß zur Verfügung stellen und wie groß ist der erwartete Gewinn für einen
Teilnehmer?

Beispiel 7.3 Beim Roulette kann man auf eine einzelne Zahl zwischen 0 und 36 setzen (siehe Abb. 7.2) und erhält das 36-fache des Einsatzes zurück, falls die Kugel auf
diese Zahl fällt. Ansonsten verliert man den Einsatz. Es soll berechnet werden, welche
Einnahmen der Inhaber des Casinos erwarten kann, wenn an einem Abend insgesamt
100 000 CHF gesetzt wurden. Setzt ein Spieler p CHF auf eine bestimmte Zahl, so wird
er mit Wahrscheinlichkeit $\frac{1}{37}$ gerade $36p$ CHF zurückerhalten, also $35p$ CHF gewinnen,
denn p CHF wurden ja eingesetzt. Mit der Wahrscheinlichkeit $\frac{36}{37}$ verliert er seinen Ein-

---

[1] Diesen Begriff werden wir später formal genau festlegen.

satz, also p CHF. Betrachtet man einen Verlust als einen negativen Gewinn, so kann man jetzt berechnen, wie groß der erwartete Gewinn G eines Spieler mit Einsatz p CHF ist, nämlich

$$G = \frac{1}{37} \cdot 35p + \frac{36}{37} \cdot (-p) = \left(\frac{35}{37} - \frac{36}{37}\right) \cdot p = -\frac{1}{37} \cdot p,$$

denn setzt man einen Franken um den anderen auf dieselbe Zahl, so wird man *im Mittel* in $\frac{1}{37}$ aller Fälle gewinnen und dabei jeweils 35 CHF gewinnen, also $\frac{1}{37} \cdot 35p$, aber in allen anderen Fällen den Franken verlieren, also $\frac{36}{37}p$ Verlust machen.

Der Spieler hat also eine negative Gewinnerwartung: er wird *im Mittel* verlieren und damit wird das Casino gewinnen. Setzt ein Spieler zweimal, erst p_1 und dann p_2 CHF, so muss er erwarten, beim ersten Mal $\frac{1}{37} \cdot p_1$ und beim zweiten Mal $\frac{1}{37} \cdot p_2$ CHF zu verlieren, insgesamt also

$$\frac{1}{37} \cdot p_1 + \frac{1}{37} \cdot p_2 = \frac{1}{37} \cdot (p_1 + p_2).$$

Es spielt daher keine Rolle, wie er seine Einsätze aufteilt. Er muss das Spiel immer mit derselben negativen Erwartung antreten.

Anstatt auf eine Zahl, kann man auch auf eine der zwei Farben, rot oder schwarz, setzen (oder auf gerade oder ungerade, wobei die Null weder als gerade noch als ungerade zählt). Fällt die Kugel auf eine Zahl mit der vorausgesagten Farbe, so bekommt man das Doppelte des Einsatzes p zurück. Man gewinnt also p. Andernfalls verliert man seinen Einsatz. Dies mag auf den ersten Blick gerecht erscheinen, aber wiederum muss man als Spieler einen Verlust erwarten, denn es gibt 37 Zahlen, von jeder Farbe 18, und ein Feld ist grün. Der erwartete Gewinn G ist also

$$G = \frac{18}{37} \cdot p + \frac{19}{37} \cdot (-p) = -\frac{1}{37} \cdot p,$$

genau wie wenn man auf eine Zahl setzt. Auch alle weiteren Möglichkeiten (und davon gibt es einige) führen zum Ergebnis eines negativen Gewinns von $\frac{1}{37} \cdot p$ CHF beim Einsatz von p CHF.

Das Casino kann daher erwarten, am Abend von den eingesetzten 100 000 CHF etwa $\frac{1}{37} \cdot 100\,000 \approx 2\,702.70$ CHF zu gewinnen. $\Diamond$

Aufgabe 7.4 Man setzt beim Roulette x CHF auf vier Zahlen zugleich, also auf eine Gruppe von vier Zahlen. Wenn das Resultat eine der vier Zahlen ist, gewinnt man $8x$ CHF. Wie groß ist der erwartete Gewinn?

Aufgabe 7.5 Wie viel muss man beim gleichzeitigen Setzen von x CHF auf eine Gruppe von neun Zahlen gewinnen, damit der erwartete Gewinn unverändert $-\frac{1}{37} \cdot x$ bleibt?

Was ist den beiden Beispielen gemein? Nun, in beiden Fällen hat man verschiedene Möglichkeiten, einen gewissen Gewinn (ist dieser negativ, so handelt es sich um einen Verlust) zu erzielen. Die Wahrscheinlichkeiten, einen bestimmten Gewinn zu machen, sind aber variabel, das heißt, nicht jede Möglichkeit tritt mit derselben Wahrscheinlichkeit auf. In beiden Fällen kann man den *im Mittel* zu erwartenden Gewinn berechnen, indem man für alle Möglichkeiten eines Gewinns diesen mit der Wahrscheinlichkeit, ihn zu erzielen, multipliziert, und diese Produkte dann aufaddiert. Die resultierende Summe gibt an, welchen Gewinn man *im Mittel* erwarten kann. Ist dieser negativ, so handelt es sich um einen Verlust.

Die Idee hinter den vorgeführten Kalkulationen ist die folgende: Beim mehrmaligen Wiederholen eines Zufallsexperiments (eines Spiels) wird man eine gewisse relative Häufigkeit von einem Ereignis E feststellen. Diese kann zwar von der theoretischen Wahrscheinlichkeit $P(E)$ für dieses Ereignis abweichen, aber der beste Schätzwert für die absolute Häufigkeit des Vorkommens von E in n Wiederholungen des Basisexperiments ist $P(e) \cdot n$. So kann zum Beispiel der Fabrikant der Getränkedosen in Beispiel 7.2 bei 1 000 Raddrehungen schätzen, dass der Kunde in ungefähr $\frac{1}{18} \cdot 1\,000$ Fällen 4 Dosen gewinnt.

Aufgabe 7.6 ✓ Anton schlägt Berta folgendes Spiel vor: Er wirft einen Würfel. Liegt eine ungerade Zahl oben, so erhält Berta soviele Franken, wie der Würfel Augen zeigt. Liegt eine sechs oben, so wird erneut gewürfelt. In den verbleibenden Fällen muss Berta doppelt soviele Franken zahlen wie der Würfel Augen zeigt. Sollte Berta mitspielen?

Aufgabe 7.7 ✓ Berta schlägt Anton folgendes Spiel vor: Sie wirft einen Würfel. Liegt eine ungerade Zahl oben, so erhält Anton doppelt soviele Franken, wie der Würfel Augen zeigt. Liegt eine sechs oben, so wird erneut gewürfelt. In den verbleibenden Fällen muss Anton dreimal soviele Franken zahlen, wie der Würfel Augen zeigt. Sollte Anton mitspielen?

Aufgabe 7.8 Der Dosen-Fabrikant möchte das Glücksrad aus Beispiel 7.2 so modifizieren, dass jeder Gewinn um eine Dose erhöht wird. Wie viele Dosen muss er jetzt für dieselbe Aktion (für 1 000 Personen) bereitstellen?

Aufgabe 7.9 Der Dosen-Fabrikant möchte nun das Glücksrad aus Beispiel 7.2 so modifizieren, dass jeder Gewinn von zwei oder mehr Dosen um eine zusätzliche Dosen erhöht wird. Wie viele Dosen muss er jetzt für dieselbe Aktion (wieder für 1 000 Personen) bereitstellen?

Wenn in einem Spiel zwei Spieler gegeneinander spielen, sagen wir, dass das Spiel „fair"[2] ist, wenn der erwartete Gewinn von beiden gleich ist. Dabei ist zu beachten, dass ein möglicher Verlust im Spiel als „negativer Gewinn" zu Buche schlägt. Sind am Spiel mehr

---

[2] Den Begriff der Fairness werden wir erst nach dem Begriff des erwarteten Gewinns formal festlegen.

als zwei Spieler beteiligt, so muss der erwartete Gewinn von allen Spielern gleich groß sein, damit das Spiel fair ist.

Beispiel 7.4 Jan spielt gegen Josef. Anna würfelt. Wenn eine 6 fällt, bekommt Jan von Josef 5 CHF. Wenn eine Augenzahl unterschiedlich von 6 fällt, bezahlt Jan 1 CHF an Josef. Der mittlere erwartete Gewinn von Jan ist

$$G_{\text{Jan}} = \frac{1}{6} \cdot 5 + \frac{5}{6} \cdot (-1) = \frac{5}{6} - \frac{5}{6} = 0,$$

weil 6 mit der Wahrscheinlichkeit $\frac{1}{6}$ gewürfelt wird. Der erwartete Gewinn von Josef ist

$$G_{\text{Josef}} = \frac{1}{6} \cdot (-5) + \frac{5}{6} \cdot 1 = 0.$$

Somit ist $G_{\text{Josef}} = G_{\text{Jan}}$ und das Spiel ist fair. $\Diamond$

Aufgabe 7.10 $\checkmark$ Jan spielt wieder gegen Josef. Diesmal wirft Anna zwei Würfel. Wenn die Summe der zwei gewürfelten Augenzahlen eine Primzahl ergibt, zahlt Josef an Jan 4 CHF. Wenn die Summe der Augenzahlen keine Primzahl ist, dann zahlt Jan an Josef 1 CHF. Ist das Spiel fair?

Aufgabe 7.11 $\checkmark$ Jan spielt noch einmal gegen Josef. Es wird einmal gewürfelt. Wenn eine 1 gefallen ist, zahlt Jan 2 CHF an Josef. Wenn eine Augenzahl unterschiedlich von 1 und 2 gefallen ist, zahlt Josef x CHF an Jan. Wenn eine 2 gefallen ist, findet kein Geldtransfer statt. Wie groß muss x sein, so dass das Spiel fair ist?

Beispiel 7.5 Philippa und Quentin werfen wiederholt drei Münzen. Wenn alle das gleiche Resultat (alle Kopf oder alle Zahl) zeigen, erhält Philippa 3 CHF von Quentin, andernfalls erhält Quentin von Philippa 1 CHF. Ist dieses Spiel fair?

Das elementare Ereignis (Zahl, Zahl, Zahl) hat die Wahrscheinlichkeit $\frac{1}{2} \cdot \frac{1}{2} \cdot \frac{1}{2} = \frac{1}{8}$, genauso wie das elementare Ereignis (Kopf, Kopf, Kopf). Somit ist die Wahrscheinlichkeit, drei gleiche Resultate zu erhalten, genau $\frac{1}{4}$ und Philippa kann ihren mittleren Gewinn pro Spiel wie folgt berechnen:

$$G_{\text{Philippa}} = \frac{1}{4} \cdot 3 + \frac{3}{4} \cdot (-1) = \frac{3}{4} - \frac{3}{4} = 0.$$

Also ist das Spiel fair, denn der erwartete Gewinn von Quentin muss dann auch gleich Null sein. Wir rechnen dies zur Sicherheit nach:

$$G_{\text{Quentin}} = \frac{1}{4} \cdot (-3) + \frac{3}{4} \cdot 1 = -\frac{3}{4} + \frac{3}{4} = 0$$

und stellen fest, dass das Spiel in der Tat fair ist. $\Diamond$

Aufgabe 7.12 ✓ Anna, Berta und Carla wollen in einem Glücksspiel einen großen Sack Erdnüsse teilen. Sie entscheiden sich für folgendes Spiel: Es werden jeweils zwei Münzen geworfen. Wenn beide Kopf zeigen, erhält Anna zwei Erdnüsse. Wenn beide Zahl zeigen, erhält Berta zwei Erdnüsse. Wenn die Resultate unterschiedlich sind (eine Münze Kopf und die andere Zahl), dann erhält Carla eine Erdnuss. Ist dieses Glücksspiel fair?

Aufgabe 7.13 Jan und Josef haben einen langen Text, der die statistischen Merkmale der deutschen Sprache besitzt. Sie wollen folgendes Glücksspiel mit dem Text spielen. Man wählt zufällig eine Position des Textes. Wenn an der Position ein E steht, gibt Josef x CHF an Jan. Wenn dort N steht, bezahlt Jan y CHF an Josef. Wenn an der Position weder E noch N steht, kommt es zu keiner Geldtransaktion zwischen Jan und Josef. Wie sollte man x und y wählen, so dass das Glücksspiel fair ist?

Hinweis Die benötigten statistischen Merkmale der deutschen Sprache kannst du in Tab. 1.1 nachlesen.

7.3 Zufallsvariablen

Wir haben gesehen, dass man bei einem Zufallsexperiment nicht nur an den möglichen Ergebnissen interessiert ist, sondern auch an damit verbundenen *Zahlen*, die für uns gewisse Bedeutungen quantifizieren können. Beim zweifachen Würfeln könnte man zum Beispiel an der Summe der Augenzahlen oder beim Drehen eines Glücksrads am Wert der entsprechenden Gewinne interessiert sein. Daher definieren wir ein neues Konzept, das es uns ermöglicht, das Modell des Wahrscheinlichkeitsraumes um eine spezifische Bedeutung der einzelnen Resultate zu erweitern.

Begriffsbildung 7.1 *Sei* $\Omega = (S, P)$ *ein Wahrscheinlichkeitsraum. Eine* **Zufallsvariable** *auf* Ω *ist eine Funktion* X, *die jedem elementaren Ereignis* $e \in S$ *eine Zahl* $X(e)$ *zuordnet.* X *ist also eine Funktion* $X\colon S \to \mathbb{R}$ *vom Ergebnisraum* S *in die reellen Zahlen* $\mathbb{R}$.

Beispiel 7.6 Beim Werfen einer Münze erhält man einen Gewinn von 4 CHF, falls Kopf fällt, andernfalls gewinnt man nichts. Der Wahrscheinlichkeitsraum $\Omega = (S, P)$ ist hier sehr simpel, denn $S = \{\text{Zahl}, \text{Kopf}\}$ und $P(\text{Zahl}) = P(\text{Kopf}) = \frac{1}{2}$. Der Gewinn G ist eine Zufallsvariable, die folgende Abbildung realisiert:

$$\text{Zahl} \mapsto 0,$$
$$\text{Kopf} \mapsto 4.$$

Man könnte dies auch wie folgt schreiben: $G(\text{Zahl}) = 0$ und $G(\text{Kopf}) = 4$, oder als

$$G(x) = \begin{cases} 0, & \text{falls } x = \text{Zahl,} \\ 4, & \text{falls } x = \text{Kopf.} \end{cases} \qquad \Diamond$$

Beispiel 7.7 Beim Werfen zweier Würfel ist die Summe X der Augenzahlen eine Zufallsvariable. Die Ergebnismenge S_2 besteht aus allen Paaren (a, b) mit $a, b \in \{1, 2, 3, 4, 5, 6\}$. Für ein solches Ergebnis (a, b) ist X wie folgt definiert:

$$X\big((a, b)\big) = a + b. \qquad \Diamond$$

Beispiel 7.8 Das Drehen beim Roulette kann man mit dem Wahrscheinlichkeitsraum (S, P) modellieren, wobei $S = \{0, 1, 2, \ldots, 36\}$ und $P(i) = \frac{1}{37}$ für alle $i \in S$. Wenn man jetzt p CHF auf die Zahl 7 gesetzt hat, kann man die Erfolgsaussichten quantifizieren, indem man eine Zufallsvariable $X_7 \colon S \to \mathbb{R}$ wie folgt definiert: erscheint die 7, so hat man $35p$ Gewinn, erscheint die 7 nicht, so hat man p Verlust, also $-p$ Gewinn. Daher gilt

$$X_7(j) = \begin{cases} 35p, & \text{falls } j = 7, \\ -p, & \text{falls } j \neq 7, \end{cases}$$

oder anders geschrieben: $X_7(7) = 35p$ und $X_7(j) = -p$ für alle $j \in S$ mit $j \neq 7$.

Wenn man p CHF auf „gerade" gesetzt hat, kann man die Erfolgsaussichten wiederum mit der Zufallsvariablen $X_{\text{gerade}} \colon S \to \mathbb{R}$ beschreiben, wobei

$$X_{\text{gerade}}(j) = \begin{cases} p, & \text{falls } j \neq 0 \text{ und } j \text{ ist gerade,} \\ -p, & \text{sonst,} \end{cases}$$

oder anders geschrieben: $X_{\text{gerade}}(0) = -p$, $X_{\text{gerade}}(2i) = p$ und $X_{\text{gerade}}(2i - 1) = -p$ für $i \in \{1, 2, \ldots, 18\}$. $\qquad \Diamond$

Aufgabe 7.14 Betrachte Beispiel 7.2 mit dem Glücksrad und definiere eine Zufallsvariable, die den Gewinn ausdrückt.

Aufgabe 7.15 $\checkmark$ Betrachte Beispiel 7.4 mit dem Zufallsexperiment des einfachen Würfelns und beschreibe die zwei Zufallsvariablen X_{Jan} und X_{Josef}, die die Gewinne aus der Sicht von Jan und Josef beschreiben.

Aufgabe 7.16 $\checkmark$ Jan setzt beim Roulette gleichzeitig 1 CHF auf 7, 2 CHF auf 10 und 5 CHF auf 0. Bestimme die Zufallsvariable X_{Jan}, die seinen möglichen Gewinn bei diesem Einsatz beschreibt.

Hinweis Achte darauf, dass $X_{\text{Jan}}(7) = 36-1-2-5 = 28$, weil Jan insgesamt $1+2+5 = 8\,\text{CHF}$ einsetzt. Wenn 7 das Resultat ist, erhält er $36\,\text{CHF}$ als das 36-fache seines Einsatzes von $1\,\text{CHF}$ auf 7 und gleichzeitig verliert er seinen Einsatz von $8\,\text{CHF}$.

Aufgabe 7.17 Definiere für die Aufgaben 7.6 bis 7.9 jeweils die Zufallsvariable auf dem entsprechenden Wahrscheinlichkeitsraum, die den Gewinn ausdrückt.

Wir sehen, dass wir die Zufallsvariable abhängig davon bestimmen, welche Situation (zum Beispiel ein Glücksspiel) wir beschreiben und untersuchen wollen. Um hier systematisch vorzugehen, legen wir einige neue nützliche Notationen fest.

Begriffsbildung 7.2 *Ist X eine Zufallsvariable auf $\Omega = (S, P)$, so definiert man für jedes $n \in \mathbb{R}$ die* **Urbildmenge $X^{-1}(k)$** *als die Menge aller elementaren Ereignisse $e \in S$, so dass $X(e) = k$ gilt. Es ist also*

$$X^{-1}(k) = \{e \in S \mid X(e) = k\}.$$

Man beachte, dass eine solche Urbildmenge eine Teilmenge von S ist. Sie ist also ein Ereignis, meist aber kein elementares Ereignis, auch kann es sein, dass sie die leere Menge ist. In vielen Büchern über Wahrscheinlichkeitstheorie wird die Menge $X^{-1}(k)$ auch mit $X = k$ bezeichnet. Diese Notation ist jedoch sehr gewöhnungsbedürftig und wir werden das Ereignis $X^{-1}(k)$ daher häufig ausführlicher mit **Ergebnis($X = k$)** *bezeichnen.*

Bemerkung Der Exponent -1 bei X^{-1} hat seinen Ursprung in den Umkehrfunktionen. Der Graph in Abb. 7.3a zeigt die Sinusfunktion und die graphische Bedeutung von $\alpha \mapsto \sin(\alpha)$, dass nämlich ausgehend von α auf der x-Achse der Punkt senkrecht darüber auf dem Graphen betrachtet und von diesem links auf gleicher Höhe die Stelle $\sin(\alpha)$ auf der y-Achse abgelesen werden kann.

Bei der Umkehrfunktion $k \mapsto \sin^{-1}(k)$ geht man von der Stelle k auf der y-Achse aus und verbindet diese mit dem Punkt des Graphen der Sinusfunktion, der auf gleicher

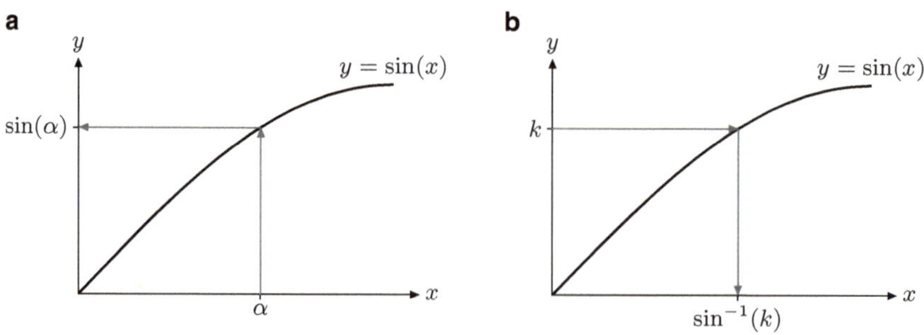

Abb. 7.3 **a** der Graph der Sinusfunktion, **b** die Bedeutung von $\sin^{-1}(k)$

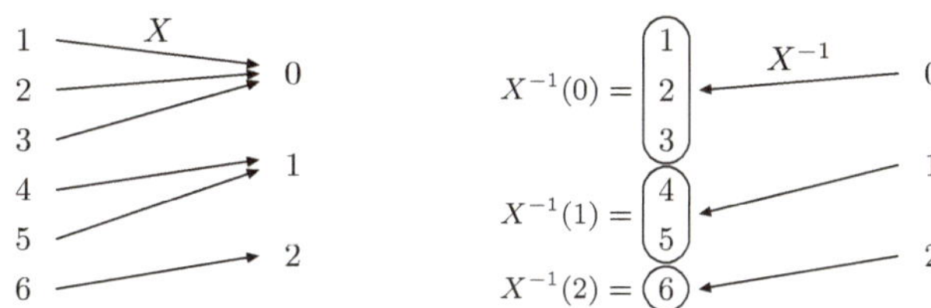

Abb. 7.4 Die Zufallsvariable X bildet Ergebnisse auf Zahlen ab, X^{-1} hingegen bildet Zahlen auf Ereignisse ab

Höhe liegt und geht dann senkrecht nach unten, um $\sin^{-1}(k)$ abzulesen, wie im Graph von Abb. 7.3b gezeigt.

Bei der Sinusfunktion ist es so, dass es zu jedem Wert k genau einen Winkel α zwischen $0°$ und $90°$ mit der Eigenschaft $\sin(\alpha) = k$ gibt. Betrachtet man hingegen alle Winkel zwischen $0°$ und $360°$, so gibt es zwei solche Winkel. Daher betrachtet man im Allgemeinen $\sin^{-1}(k)$ als Menge, die alle Werte α enthält mit $\sin(\alpha) = k$, und spricht von der *Urbildmenge*. Da einfache Taschenrechner nicht mit Mengen rechnen können, liefert dort die Taste $\boxed{\sin^{-1}}$ automatisch den Winkel α zwischen $-90°$ und $90°$, der $\sin(\alpha) = k$ erfüllt.

Aufgabe 7.18 Beim einfachen Würfeln wählen wir die Zufallsvariable Y mit

$$Y(i) = \begin{cases} 1, & \text{falls } i \text{ eine Primzahl ist,} \\ -1, & \text{falls } i \text{ keine Primzahl ist.} \end{cases}$$

Bestimme die Urbildmengen $Y(1)$, $Y(-1)$ und $Y(0)$.

Beispiel 7.9 Wir betrachten das Zufallsexperiment des einfachen Würfelns (S, P). Die Ergebnismenge ist also $S = \{1, 2, 3, 4, 5, 6\}$ und es gilt $P(i) = \frac{1}{6}$ für jedes i aus S. Die Zufallsvariable X sei wie folgt definiert:

$$X(i) = \begin{cases} 0, & \text{falls } i = 1, 2, 3, \\ 1, & \text{falls } i = 4, 5, \\ 2, & \text{falls } i = 6. \end{cases}$$

Somit haben wir folgende Urbildmengen: $X^{-1}(0) = \{1, 2, 3\}$, $X^{-1}(1) = \{4, 5\}$ und $X^{-1}(2) = \{6\}$, siehe Abb. 7.4. Für jede Zahl $i \notin \{0, 1, 2\}$ ist die Urbildmenge die leere Menge, zum Beispiel ist $X^{-1}(3) = \emptyset$. $\Diamond$

Beispiel 7.10 Wir betrachten das Zufallsexperiment des zweifachen Würfelns (S_2, P) mit $P(a, b) = \frac{1}{36}$ für alle $(a, b) \in S_2$ und die Zufallsvariable $X(a, b) = a + b$, für alle $(a, b) \in S_2$, als die Augensumme der beiden Würfel. Dann ist

$$\text{Ereignis}(X = 4) = X^{-1}(4)$$

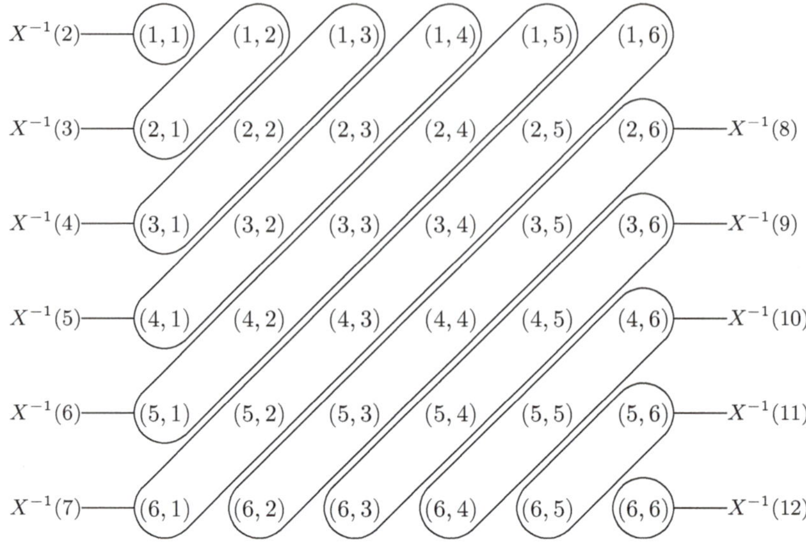

Abb. 7.5 Die Urbildmengen $X^{-1}(k)$ bei der Summe X der Augenzahlen beim zweifachen Würfeln

das Ereignis $\{(1,3), (2,2), (3,1)\}$ und

$$\text{Ereignis}(X = 7) = \{(1,6), (2,5), (3,4), (4,3), (5,2), (6,1)\}.$$

Die Urbildmenge $X^{-1}(16)$ ist die leere Menge, also ist Ereignis$(X = 16) = \emptyset$, siehe
Abb. 7.5. $\Diamond$

Beispiel 7.11 Das zufällige Auswählen einer Person aus einer Bevölkerung kann man
auch als Zufallsexperiment betrachten. Das Alter X_{Alter} der Person oder die Anzahl ihrer
Kinder X_{Kinder} sind dann Beispiele für Zufallsvariablen. Ereignis$(X_{\text{Alter}} = 17)$ ist die
Menge aller Personen, die 17 Jahre alt sind. Anderseits ist Ereignis$(X_{\text{Kinder}} = 3)$ die
Menge aller Personen, die genau 3 Kinder haben. Wir sehen, dass wir mit der Notation
Ereignis$(X = k)$ für eine Zahl k interessante Ereignisse beschreiben können. $\Diamond$

Bemerkung Der Ergebnisraum S wird durch eine Zufallsvariable X in *disjunkte* Teilmengen zerlegt, denn die Urbildmengen $X = n$ und $X = m$ haben für $n \neq m$ keine
gemeinsamen Elemente (gäbe es ein elementares Ereignis e im Schnitt beider Mengen, so
würde ja $n = X(e) = m$, also $n = m$ gelten). In Beispiel 7.11 ist diese Zerlegung jene in
gleichaltrige Personen bzw. solche, die die gleiche Anzahl Kinder haben.

Aufgabe 7.19 ✓ Betrachten wir wieder das zweifache Würfeln als ein Zufallsexperiment.
Für jedes (i, j) aus dem Ergebnisraum definieren wir $X_{\text{mal}}(i, j) = i \cdot j$. Somit ist X_{mal} eine
Zufallsvariable auf $\Omega = (S_2, P)$ mit $S_2 = \{(i, j) \mid i, j \in \{1, 2, 3, 4, 5, 6\}\}$ und $P(e) =$

$\frac{1}{36}$ für alle $e \in S_2$. Bestimme die Zerlegung von S_2 durch X_{mal}, indem du alle Ereignisse Ereignis($X_{\mathrm{mal}} = m$) für $m = 1, 2, \ldots, 36$ auflistest. Beachte hierbei, dass zum Beispiel Ereignis($X_{\mathrm{mal}} = 7$) $= \emptyset$ und Ereignis($X_{\mathrm{mal}} = 12$) $= \{(2, 6), (6, 2), (3, 4), (4, 3)\}$ sind.

Nun ist es naheliegend, nach der Wahrscheinlichkeit zu fragen, mit der eine Zufallsvariable einen gewissen Wert n annimmt. Zum Beispiel könnte man fragen, wie groß die Wahrscheinlichkeit ist, eine Person zufällig zu wählen, die drei Kinder hat. Falls (S, P) den Wahrscheinlichkeitsraum bezeichnet und $X: S \to \mathbb{R}$ eine Zufallsvariable auf (S, P) ist, ist die Wahrscheinlichkeit des Ereignisses Ereignis($X = n$)

$$P(X = n) = P\big(\mathrm{Ereignis}(X = n)\big).$$

Wegen der kürzeren und klareren Schreibweise ziehen wir die Bezeichnung $P(X = n)$ vor.

Beispiel 7.12 Wir betrachten wiederum das Beispiel der Augensumme zweier Würfel, also ist $\Omega = (S_2, P)$, $S_2 = \{(i, j) \mid i, j \in \{1, 2, 3, 4, 5, 6\}\}$ und $P(e) = \frac{1}{36}$ für jedes $e \in S_2$. Dann gilt

$$P(X = 2) = \frac{1}{36}, \quad P(X = 3) = \frac{2}{36}, \quad P(X = 4) = \frac{3}{36},$$
$$P(X = 5) = \frac{4}{36}, \quad P(X = 6) = \frac{5}{36}, \quad P(X = 7) = \frac{6}{36},$$
$$P(X = 8) = \frac{5}{36}, \quad P(X = 9) = \frac{4}{36}, \quad P(X = 10) = \frac{3}{36},$$
$$P(X = 11) = \frac{2}{36}, \quad P(X = 12) = \frac{1}{36}$$

und $P(X = n) = 0$ für alle anderen n. $\Diamond$

Aufgabe 7.20 Bestimme für alle Ereignisse Ereignis($X = i$) aus Aufgabe 7.19 die Wahrscheinlichkeiten $P(X = i)$.

Aufgabe 7.21 Sei (S_2, P) der Wahrscheinlichkeitsraum des zweifachen Würfelns.
Sei $X_{\mathrm{Prim}}: S_2 \to \{0, 1\}$ eine Zufallsvariable, definiert durch

$$X_{\mathrm{Prim}}\big((i, j)\big) = \begin{cases} 1, & \text{falls } i + j \text{ eine Primzahl ist,} \\ 0, & \text{sonst.} \end{cases}$$

X_{Prim} verteilt den Ergebnisraum S_2 auf zwei Mengen Ereignis($X_{\mathrm{Prim}} = 1$) und Ereignis($X_{\mathrm{Prim}} = 0$). Bestimme diese zwei Ereignisse und ihre Wahrscheinlichkeiten.

Aufgabe 7.22 ✓ (S, P) modelliere das Roulettespiel mit $S = \{0, 1, 2, \ldots, 36\}$ und $P(i) = \frac{1}{37}$ für alle $i \in S$ als einen Wahrscheinlichkeitsraum. Fink setzt 1 CHF auf „gerade" und 2 CHF auf 7, siehe Abb. 7.2. Beschreibe die Zufallsvariable $G \colon S \to \{-3, -1, 69\}$, die den möglichen Gewinn von Fink beschreibt, und bestimme die Ereignisse Ereignis$(G = -3)$, Ereignis$(G = -1)$ und Ereignis$(G = 69)$ und ihre Wahrscheinlichkeiten.

Aufgabe 7.23 ✓ Beim amerikanischen Glücksspiel *Chuck-a-luck* (zu deutsch „Wirf-ein-Glück") setzt der Spieler auf eine bestimmte Augenzahl (zwischen 1 und 6) und bezahlt den Einsatz, etwa 1 \$. Dann werden drei Würfel geworfen. Zeigt keiner der Würfel die besagte Augenzahl, verliert der Spieler seinen Einsatz, ansonsten kriegt er ihn zurück zusammen mit einem Gewinn, der das ein-, zwei- oder dreifache des Einsatzes ist, je nachdem wie viele Würfel die besagte Augenzahl anzeigen.

Betrachte den Gewinn als Zufallsvariable. Welche Werte n kann diese Zufallsvariable annehmen? Berechne die Wahrscheinlichkeiten $P(X = n)$ für alle möglichen n.

Begriffsbildung 7.3 *Sei $\Omega = (S, P)$ ein Wahrscheinlichkeitsraum und sei X eine Zufallsvariable auf Ω. Folgende Ereignisse werden analog zu* Ereignis$(X = n)$ *definiert:*

$$\textbf{Ereignis}(X > n) = \{e \in S \mid X(e) > n\},$$
$$\textbf{Ereignis}(X \geq n) = \{e \in S \mid X(e) \geq n\},$$
$$\textbf{Ereignis}(X < n) = \{e \in S \mid X(e) < n\},$$
$$\textbf{Ereignis}(X \leq n) = \{e \in S \mid X(e) \leq n\},$$
$$\textbf{Ereignis}(X \neq n) = \{e \in S \mid X(e) \neq n\}.$$

Die Wahrscheinlichkeiten dieser Ereignisse werden bezeichnet als

$$P(X > n) = P(\text{Ereignis}(X > n)),$$
$$P(X \geq n) = P(\text{Ereignis}(X \geq n)),$$
$$P(X < n) = P(\text{Ereignis}(X < n)),$$
$$P(X \leq n) = P(\text{Ereignis}(X \leq n)),$$
$$P(X \neq n) = P(\text{Ereignis}(X \neq n)).$$

Beispiel 7.13 Wir betrachten das zweifache Würfeln und dazu die Zufallsvariable X, die wieder die Summe der Augenzahlen angibt. Wie wahrscheinlich ist das Ereignis Ereignis$(X > 9)$? Dieses Ereignis ist die Vereinigung der disjunkten Teilmengen

$$\text{Ereignis}(X = 10), \quad \text{Ereignis}(X = 11) \quad \text{und} \quad \text{Ereignis}(X = 12).$$

Daher gilt

$$P(X > 9) = P(X = 10) + P(X = 11) + P(X = 12)$$
$$= \frac{3}{36} + \frac{2}{36} + \frac{1}{36}$$
$$= \frac{1}{6}. \qquad \Diamond$$

Aufgabe 7.24 ✓ Sei X die Zufallsvariable, die beim Werfen von drei Würfeln die Summe der Augenzahlen angibt. Berechne die Wahrscheinlichkeiten $P(X = n)$ für $n = 2, 6, 15$ und $P(X \leq 16)$.

Aufgabe 7.25 Anna schlägt Fink ein Glücksspiel vor, bei dem er erraten soll, wie viele Male Kopf beim Wurf von vier Münzen fällt. Errät er die richtige Zahl, so zahlt sie ihm einen Franken, andernfalls muss er d^2 CHF bezahlen, wobei d die *Differenz* zwischen Finks Vorhersage und der tatsächlichen Anzahl von Köpfen ist. Fink überlegt sich, dass es am wahrscheinlichsten ist, dass zwei Köpfe und zwei Zahlen fallen und dann die Differenz schlimmstenfalls $d = 2$ ist. Sei X die Zufallsvariable des Gewinns von Fink (ein Verlust ist ein negativer Gewinn). Berechne die Wahrscheinlichkeiten $P(X = 1)$, $P(X = -1)$ und $P(X = -4)$. Bestimme die Wahrscheinlichkeit $P(X < 0)$, dass Fink verliert. Berechne den mittleren erwarteten Gewinn von Fink in 50 Spielen.

7.4   Der Erwartungswert einer Zufallsvariablen

In Beispiel 7.2 und Beispiel 7.3 haben wir gesehen, dass man in gewissen Zufallsexperimenten, in denen wir jedem elementaren Ereignis einen quantitativen Wert zuordnen können, ausrechnen kann, was man als mittleren Wert zu erwarten hat. Dieses Konzept hat viele Anwendungen nicht nur in Glücksspielen und der Statistik, sondern auch bei der Analyse von unterschiedlichen Situationen und den entsprechenden Vorhersagen in allen Wissenschaften. Deswegen erhält dieses Konzept der erwarteten mittleren Werte auch einen Namen und somit eine eindeutige mathematische Spezifikation.

Der Erwartungswert $E[X]$ einer Zufallsvariablen X gibt an, welchen Wert man *durchschnittlich* pro Experiment in einer langen Folge von Wiederholungen des Experiments zu erwarten hat. Dies soll zuerst an einem Beispiel erläutert werden.

Beispiel 7.14 Ein ganz einfaches Glücksspiel besteht darin, zuerst einen bestimmten Einsatz zu bezahlen, um einen Würfel zu werfen, und daraufhin gerade soviel Franken zu erhalten, wie der Würfel anzeigt. Der Einsatz wird nicht zurückbezahlt. Man erhält also mit Wahrscheinlichkeit $\frac{1}{6}$ einen Franken, mit derselben Wahrscheinlichkeit 2 CHF, 3 CHF, ..., 6 CHF. Wenn man dieses Spiel lange spielt, kann man im Mittel damit rechnen, etwa gleich oft jede der Augenzahlen zu werfen und somit in $\frac{1}{6}$ aller Würfe einen

Franken zu gewinnen, bei $\frac{1}{6}$ aller Würfe 2 CHF usw. Im Mittel wird man also etwa

$$\frac{1}{6} \cdot 1\,\text{CHF} + \frac{1}{6} \cdot 2\,\text{CHF} + \frac{1}{6} \cdot 3\,\text{CHF} + \frac{1}{6} \cdot 4\,\text{CHF} + \frac{1}{6} \cdot 5\,\text{CHF} + \frac{1}{6} \cdot 6\,\text{CHF} = 3.5\,\text{CHF}$$

zurückerhalten. Das bedeutet, dieses Spiel lohnt es sich zu spielen, wenn der Einsatz kleiner als 3.5 CHF ist. $\Diamond$

Begriffsbildung 7.4 *Sei* $\Omega = (S, P)$ *ein Wahrscheinlichkeitsraum und* X *eine Zufallsvariable auf* Ω. *Der* **Erwartungswert** $\mathrm{E}[X]$ *der Zufallsvariablen* X *ist definiert als*

$$\mathrm{E}[X] = \sum_{e \in S} X(e) P(e).$$

Weil die Bezeichnung $\mathrm{E}(\dots)$ sehr stark an Ereignis$(\dots)$ erinnern kann, ziehen wir bei der Bezeichnung der Erwartungswerte $\mathrm{E}[X]$ die eckigen Klammern vor.

Beispiel 7.15 Betrachten wir den zweifachen Münzwurf mit dem Ergebnisraum $S_2 = \{(Z, Z), (Z, K), (K, Z), (K, K)\}$ und der Wahrscheinlichkeit $\frac{1}{4}$ für jedes Ergebnis. Wir definieren zuerst die Zufallsvariable COUNT, die die Anzahl der Zahlen zählt:

$$\mathrm{COUNT}\big((Z, Z)\big) = 2,$$
$$\mathrm{COUNT}\big((Z, K)\big) = \mathrm{COUNT}\big((K, Z)\big) = 1,$$
$$\mathrm{COUNT}\big((K, K)\big) = 0.$$

Dann berechnen wir den Erwartungswert

$$\begin{aligned}
\mathrm{E}[\mathrm{COUNT}] &= \frac{1}{4} \cdot \mathrm{COUNT}\big((Z, Z)\big) + \frac{1}{4} \cdot \mathrm{COUNT}\big((Z, K)\big) \\
&\quad + \frac{1}{4} \cdot \mathrm{COUNT}\big((K, Z)\big) + \frac{1}{4} \cdot \mathrm{COUNT}\big((K, K)\big) \\
&= \frac{1}{4} \cdot 2 + \frac{1}{4} \cdot 1 + \frac{1}{4} \cdot 1 + \frac{1}{4} \cdot 0 = 1.
\end{aligned}$$

Betrachten wir jetzt die Zufallsvariable DIFF: $S_2 \to \mathbb{R}$, die die Differenz „Anzahl Zahlen minus Anzahl Köpfe" ausdrückt:

$$\mathrm{DIFF}\big((Z, Z)\big) = 2,$$
$$\mathrm{DIFF}\big((Z, K)\big) = \mathrm{DIFF}\big((K, Z)\big) = 0,$$
$$\mathrm{DIFF}\big((K, K)\big) = -2.$$

Somit erhalten wir

$$\mathrm{E}[\mathrm{DIFF}] = \frac{1}{4} \cdot 2 + \frac{1}{4} \cdot 0 + \frac{1}{4} \cdot 0 + \frac{1}{4} \cdot (-2) = 0.$$

Jetzt betrachten wir die Zufallsvariable X mit

$$X\big((Z,Z)\big) = 2,$$
$$X\big((Z,K)\big) = X\big((K,Z)\big) = 0,$$
$$X\big((K,K)\big) = 2,$$

die die absolute Differenz zwischen der Anzahl von Köpfen und Zahlen misst. Es gilt

$$\mathrm{E}[X] = \frac{1}{4}\cdot 2 + \frac{1}{4}\cdot 0 + \frac{1}{4}\cdot 0 + \frac{1}{4}\cdot 2 = 1.$$

Dieses Resultat für $\mathrm{E}[X]$ ist so zu interpretieren, dass zu erwarten ist, dass sich im Durchschnitt die Anzahl von Zahlen und die Anzahl von Köpfen um 1 unterscheidet. Beachte aber, dass bei konkreten Ergebnissen der Unterschied 2 oder 0 ist, 1 selber als Unterschied kommt nie vor.   ◊

Aufgabe 7.26 Betrachte den dreifachen Münzwurf und definiere mit analoger Bedeutung wie in Beispiel 7.15 die Zufallsvariablen COUNT, DIFF und X. Schätze intuitiv ihre Erwartungswerte und rechne sie danach genau aus.

Aufgabe 7.27 Man würfelt zweimal und fragt sich, wie groß im Durchschnitt der Unterschied zwischen den Werten der geworfenen Augenzahlen ist. Definiere eine geeignete Zufallsvariable zur Messung dieses Unterschieds und berechne ihren Erwartungswert.

Aufgabe 7.28 Paul und Paula spielen folgendes Spiel. Man wirft zweimal hintereinander eine Münze. Wenn beim ersten Wurf Zahl fällt, zahlt Paula 2 CHF an Paul. Wenn beim ersten Wurf Kopf fällt, zahlt Paul 1 CHF an Paula. Wenn beim zweiten Wurf Zahl fällt, zahlt Paul 2 CHF an Paula. Wenn beim zweiten Wurf Kopf fällt, zahlt Paula 2 CHF an Paul. Wie groß sind die erwarteten Gewinne von Paul und Paula?

Aufgabe 7.29 Betrachten wir den vierfachen Münzwurf, der sequentiell durchgeführt wird. Wir definieren die Zufallsvariable X, die die Anzahl der Wechsel zwischen unterschiedlichen Ergebnissen in der Ergebnisfolge misst. Somit ist beispielsweise $X(ZKKZ) = 2$, weil man zuerst von Z zu K wechselt und dann von K zu Z. Ferner ist beispielsweise $X(ZZZZ) = 0$ und $X(ZKZK) = 3$. Bestimme den Erwartungswert $\mathrm{E}[X]$.

Das folgende Beispiel zeigt, dass der *Durchschnitt* ein Spezialfall eines Erwartungswertes ist.

Beispiel 7.16 Tab. 7.3 zeigt die Namen von 20 Schülerinnen und Schülern einer Schweizer Klasse zusammen mit den Noten der letzten Mathematikprüfung. Die Noten liegen zwischen 1 und 6, wobei 6 die beste Bewertung ist. Das Zufallsexperiment besteht darin, eine Schülerin oder einen Schüler zufällig auszuwählen. Die Zufallsvariable X gibt

Tab. 7.3 Mathematiknoten einer Klasse

Alan	4.5	Beno	5.5	Dora	2.5	Elin	2.5
Fina	5	Gaby	1.5	Hans	6	Igor	4
Jade	4.5	Karl	3	Lena	5.5	Mike	3.5
Nora	4	Otto	6	Paul	2	Rita	3.5
Sara	4.5	Toni	4.5	Ulla	3.5	Vera	4

die Note der gewählten Person an. Da jede Person mit derselben Wahrscheinlichkeit $\frac{1}{20}$ gewählt wird, gilt

$$
\begin{aligned}
\mathrm{E}[X] &= \frac{1}{20} \cdot 4.5 + \frac{1}{20} \cdot 5.5 + \frac{1}{20} \cdot 2.5 + \frac{1}{20} \cdot 2.5 + \ldots + \frac{1}{20} \cdot 3.5 + \frac{1}{20} \cdot 4 \\
&= \frac{1}{20} \cdot (4.5 + 5.5 + 2.5 + 2.5 + \ldots + 3.5 + 4) \\
&= \frac{\text{Summe der Noten}}{\text{Anzahl Personen}} = \frac{80}{20} = 4.
\end{aligned}
$$

Der Erwartungswert ist also gerade der Notendurchschnitt. In diesem Fall ist dieser 4. Man kann die Notentabelle auch anders als einen Ergebnisraum mit 20 Schülern modellieren. In diesem Raum gilt

$$
P(X = 4.5) = \frac{|\text{Ereignis}(X = 4.5)|}{|S|} = \frac{4}{20} = \frac{1}{5} = 0.2,
$$

weil 4 Schülerinnen und Schüler die Note 4.5 erhalten haben. Analog haben wir

$$
P(X = 1.5) = \frac{1}{20}, \quad P(X = 2) = \frac{1}{20}, \quad P(X = 2.5) = \frac{2}{10}, \quad P(X = 3) = \frac{1}{20},
$$
$$
P(X = 3.5) = \frac{3}{20}, \quad P(X = 4) = \frac{3}{20}, \quad P(X = 5) = \frac{1}{20}, \quad P(X = 5.5) = \frac{2}{10},
$$
$$
P(X = 6) = \frac{2}{10}.
$$

Wenn wir jetzt unsere Modellierung vereinfachen, indem wir, anstatt zufällig eine Schülerin oder einen Schüler zu ziehen, direkt eine Note i mit der Wahrscheinlichkeit $P(X = i)$ ziehen, dann können wir $\mathrm{E}[X]$ wie folgt berechnen.

$$
\begin{aligned}
\mathrm{E}[X] = {}& P(X = 1.5) \cdot 1.5 + P(X = 2) \cdot 2 + P(X = 2.5) \cdot 2.5 \\
&+ P(X = 3) \cdot 3 + P(X = 3.5) \cdot 3.5 + P(X = 4) \cdot 4 \\
&+ P(X = 4.5) \cdot 4.5 + P(X = 5) \cdot 5 + P(X = 5.5) \cdot 5.5 \\
&+ P(X = 6) \cdot 6
\end{aligned}
$$

$$= \frac{1}{20} \cdot 1.5 + \frac{1}{20} \cdot 2 + \frac{2}{10} \cdot 2.5$$
$$+ \frac{1}{10} \cdot 3 + \frac{3}{20} \cdot 3.5 + \frac{3}{20} \cdot 4$$
$$+ \frac{4}{5} \cdot 4.5 + \frac{1}{20} \cdot 5 + \frac{2}{10} \cdot 5.5$$
$$+ \frac{2}{10} \cdot 6$$
$$= 4.$$

Wir bemerken, dass unsere Berechnung der Berechnung des gewichteten Durchschnitts entspricht, wobei das Gewicht einer Note die Anzahl der Schülerinnen und Schüler mit dieser Note ist. $\Diamond$

Erwartungswerte sind für uns nützlich, denn sie geben uns an, was wir *im Mittel* über viele Wiederholungen eines Zufallsexperiments hinweg zu erwarten haben. Oft stimmt dies mit unserer Intuition überein, aber nicht immer. Zum Beispiel ist es beim Schweizer Zahlenlotto „6 aus 45" sehr wahrscheinlich, gar nichts zu gewinnen und den relativ kleinen Einsatz zu verlieren, und sehr unwahrscheinlich, einen großen Gewinn zu machen. Im Mittel ist der Gewinn des Spielers (der Erwartungswert) negativ, denn die Lottoinstitution muss einen Gewinn erwirtschaften. Aus demselben Grund ist bei allen Glücksspielen in Casinos der Erwartungswert für den Kunden negativ, wie auch beim Roulette in Beispiel 7.3.

Begriffsbildung 7.5 *Ein Glücksspiel nennt man ein Spiel von zwei Gegnern, wenn der Gewinn des einen automatisch den gleich großen Verlust für den anderen bedeutet. Ein Glücksspiel von zwei Gegnern heißt **fair**, wenn der Erwartungswert des Gewinns von beiden gleich Null ist.*

Aufgabe 7.30   Ist das Glücksspiel aus Aufgabe 7.25 fair?

Aufgabe 7.31   ✓ Rupert und Randalf spielen um Geld: Randalf zahlt an Rupert einen Einsatz von x CHF, Rupert legt 10 CHF vor Randalf auf den Tisch. Dieser darf nun dreimal eine Münze werfen. Jedes Mal, wenn Zahl erscheint, muss Rupert das Geld vor Randalf verdoppeln, andernfalls bleibt es so liegen. Am Schluss darf Randalf das Geld, das vor ihm liegt, behalten. Wie groß muss der Einsatz x von Randalf sein, damit das Spiel fair ist?

Beispiel 7.17   In einem Karton sind 6 Lämpchen, aber 3 davon sind defekt. Wie oft muss man im Mittel ziehen (ohne defekte Lämpchen wieder zurückzulegen), bis man ein brauchbares Lämpchen gezogen hat?

Zuerst müssen wir diese Situation so modellieren, dass man die erwartete Anzahl von Ziehungen aus dem Karton als den Erwartungswert einer Zufallsvariablen aus einem

Abb. 7.6 Baumdiagramm zum Ziehen eines Lämpchens aus einer Schachtel mit 6 Lämpchen, von denen 3 defekt sind

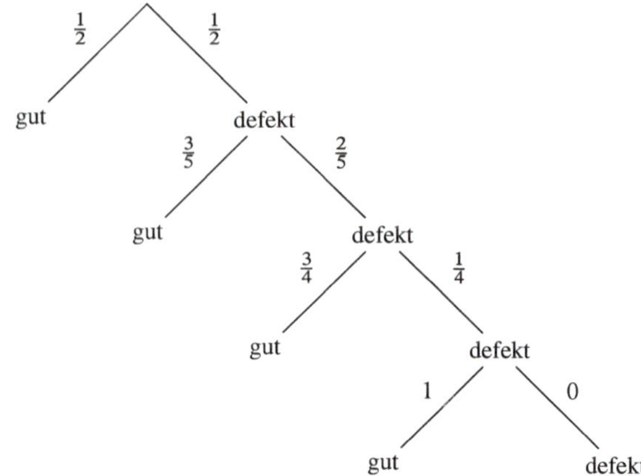

Wahrscheinlichkeitsraum modellieren kann. Wir veranschaulichen den ganzen Prozess mit dem Baumdiagramm in Abb. 7.6.

Mit der Wahrscheinlichkeit $\frac{1}{2}$ erhalten wir ein gutes Lämpchen mit einmal Ziehen. Mit der Wahrscheinlichkeit $\frac{1}{2}$ ziehen wir ein defektes Lämpchen. In diesem Fall bleiben im Karton 5 Lämpchen und drei davon sind gut. Somit ist die Wahrscheinlichkeit, mit genau zweimal Ziehen ein gutes Lämpchen zu erhalten, $\frac{1}{2} \cdot \frac{3}{5} = \frac{3}{10}$. Beim dreifachen Ziehen erhalten wir ein gutes Lämpchen nach zwei defekten Lämpchen mit der Wahrscheinlichkeit $\frac{1}{2} \cdot \frac{2}{5} \cdot \frac{3}{4} = \frac{3}{20}$. Spätestens beim vierten Mal erhalten wir nach 3 defekten Lämpchen ein gutes Lämpchen und dies passiert mit der Wahrscheinlichkeit $\frac{1}{2} \cdot \frac{2}{5} \cdot \frac{1}{4} \cdot 1 = \frac{1}{20}$.

Zu diesem Vorgehen könnte man ein neues, vereinfachtes Zufallsexperiment betrachten, das man mit $\Omega = (\{1, 2, 3, 4\}, P)$ und $P(1) = \frac{1}{2}$, $P(2) = \frac{3}{10}$, $P(3) = \frac{3}{20}$ und $P(4) = \frac{1}{20}$ beschreiben kann. Die elementaren Ereignisse sind die Anzahlen der Ziehungen bis man ein gutes Lämpchen erhält. Dann definiert man die Zufallsvariable X auf Ω mit $X(i) = i$ für $i = 1, 2, 3, 4$. Danach dürfen wir die erwartete Anzahl der Versuche, ein gutes Lämpchen aus dem Karton zu ziehen, wie folgt berechnen:

$$
\begin{aligned}
\mathrm{E}[X] &= \sum_{i=1}^{4} P(i) \cdot X(i) \\
&= \frac{1}{2} \cdot 1 + \frac{3}{10} \cdot 2 + \frac{3}{20} \cdot 3 + \frac{1}{20} \cdot 4 \\
&= \frac{1}{20} \cdot (10 + 12 + 9 + 4) = \frac{35}{20} = 1.75.
\end{aligned}
$$

Weniger als zwei Mal zu ziehen reicht also erwartungsgemäß aus, um an ein funktionsfähiges Lämpchen zu gelangen.

Man könnte auch anders vorgehen, aber diese Vorgehensweise hätte mehr Rechenarbeit gekostet. Man könnte konsequent 4 Mal ziehen, egal was die Resultate sind. Dann wäre die Ergebnismenge die Menge aller 4-Tupel (a_1, a_2, a_3, a_4), wobei jedes Element a_i entweder „gut" oder „defekt" ist. Da jedoch nur 3 gute und 3 defekte Lämpchen in der

Schachtel sind, sind die zwei Tupel (gut, gut, gut, gut) und (defekt, defekt, defekt, defekt) ausgeschlossen. Wir könnten daher die Ergebnismenge wie folgt angeben:

$$S = \left\{ (a_1, a_2, a_3, a_4) \,\middle|\, \begin{array}{l} a_i \in \{\text{gut}, \text{defekt}\} \text{ für } i = 1, 2, 3, 4 \text{ mit mindestens} \\ \text{einem } a_j = \text{gut und mindestens einem } a_k = \text{defekt} \end{array} \right\}.$$

Schaffst du es, die Anzahl Elemente der Menge S, also $|S|$, zu bestimmen? Für jedes Ergebnis e aus S könnte man aus dem entsprechenden Baumdiagramm der Tiefe 4 seine Wahrscheinlichkeit $P(e)$ bestimmen. Die Zufallsvariable Y würde man bei diesem Modell wie folgt definieren:

$$Y\big((a_1, a_2, a_3, a_4)\big) = \begin{cases} 1, & \text{falls } a_1 = \text{gut}, \\ 2, & \text{falls } a_1 = \text{defekt und } a_2 = \text{gut}, \\ 3, & \text{falls } a_1 = a_2 = \text{defekt und } a_3 = \text{gut}, \\ 4, & \text{falls } a_1 = a_2 = a_3 = \text{defekt und } a_4 = \text{gut}, \end{cases}$$

oder in kompakterer Schreibweise:

$$Y\big((a_1, a_2, a_3, a_4)\big) = i, \quad \text{falls } a_1 = \ldots = a_{i-1} = \text{defekt und } a_i = \text{gut}.$$

Somit ist zum Beispiel $Y\big((\text{defekt}, \text{defekt}, \text{gut}, \text{defekt})\big) = 3$. Nach einer entsprechenden Rechnung $\mathrm{E}[Y] = \sum_{e \in S} P(e) \cdot Y(e)$ würde man $\mathrm{E}[Y] = \frac{35}{20}$ erhalten. $\Diamond$

Aufgabe 7.32 Bestimme $P(Y = i)$ für $i = 1, 2, 3, 4$ bei der zweiten Modellierung in Beispiel 7.17.

Hinweis Schaue dir das Baumdiagramm in Abb. 7.6 genau an, bevor du irgendwelche zu umfangreichen Berechnungen anstellst.

Auszug aus der Geschichte
Einer der Söhne von Johann Bernoulli war Nicolaus II. Bernoulli (1695–1726). Die II. ist Teil des Namens, um ihn von seinem Cousin Nicolaus I. Bernoulli zu unterscheiden. Geboren wurde er in Basel, wo er mit 13 begann, an der Universität zu studieren. Mit 21 war er Hauslehrer in Venedig und mit 24 Professor an der Universität in Padua. 1725, also mit 30 Jahren, folgte er dem Ruf von Peter dem Großen an die neu gegründete Akademie in St. Petersburg. Dort diskutierte er mit seinem Bruder Daniel Bernoulli folgendes Problem:

Bei einem Glücksspiel leistet der Spieler zu Beginn einen gewissen Einsatz x, woraufhin 2 CHF vor ihn gelegt werden. Dann wird eine Münze wiederholt geworfen. Jedes Mal, wenn Zahl fällt, wird die Anzahl Franken vor dem Spieler verdoppelt. Fällt jedoch Kopf so wird das Spiel beendet und der Spieler erhält das Geld ausbezahlt, das vor ihm liegt.

Der Verlauf des Spiels ist im Baumdiagramm in Abb. 7.7 dargestellt. Die Ergebnisse dieses Spiels enden mit dem Wurf des ersten Ks und sind somit unendlich viele: K, ZK, ZZK, ZZZK, ... Dabei gilt $P(\text{K}) = \frac{1}{2}$, $P(\text{ZK}) = \frac{1}{2} \cdot \frac{1}{2} = \frac{1}{4}$, $P(\text{ZZK}) = \frac{1}{2} \cdot \frac{1}{2} \cdot \frac{1}{2} = \frac{1}{8}$ und allgemein

$$P(\underbrace{\text{ZZ}\ldots\text{Z}}_{i \text{ Mal}}\text{K}) = \frac{1}{2^{i+1}}.$$

Die Auszahlung ist 2 beim Ergebnis K, 4 bei ZK, 8 bei ZKK usw.

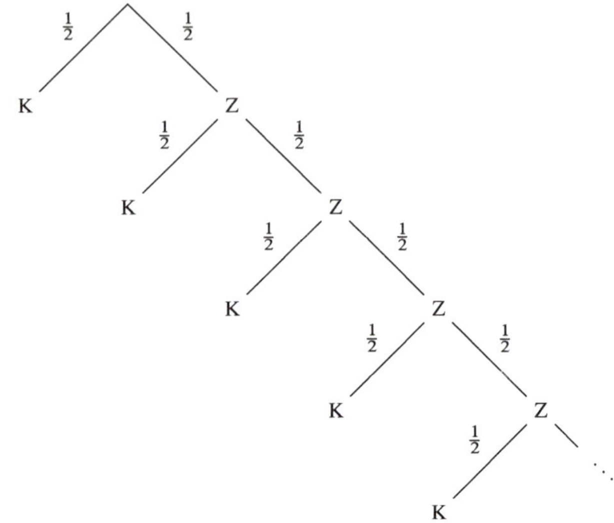

Abb. 7.7 Baumdiagramm (unvollständig) des wiederholten Münzwurfs bis zum ersten Mal Kopf fällt

Die Frage ist nun: Wie groß muss der Einsatz sein, damit das Spiel fair ist? Der Erwartungswert $E[A]$ der Auszahlung ist unendlich:

$$E[A] = \frac{1}{2} \cdot 2 + \frac{1}{4} \cdot 4 + \frac{1}{8} \cdot 8 + \ldots = 1 + 1 + 1 + \ldots = \infty.$$

Dies macht es unmöglich, mit der Auswahl des Einsatzes ein faires Spiel zu erzeugen. Der Einsatz müsste dazu unendlich sein, was unvorstellbar ist. Dieses Problem ist als *St.-Petersburg-Paradoxon* bekannt geworden. Es ist das erste betrachtete Beispiel, bei dem ein unendlicher Erwartungswert auftritt.

Aufgabe 7.33 ⋆✓ Stelle dir in Beispiel 7.17 vor, dass du nach dem Ziehen eines defekten Lämpchens das Lämpchen zurück in den Karton legst und erst danach wieder ziehst. Schaffst du es jetzt, die erwartete Anzahl der Versuche, ein gutes Lämpchen zu ziehen, zu bestimmen? Wenn nicht, beweise zumindest, dass in diesem Fall die erwartete Anzahl der Versuche größer als 1.75 ist.

Wir wollen nun noch eine zweite Weise vorstellen, wie der Erwartungswert einer Zufallsvariablen X auf einem Wahrscheinlichkeitsraum (S, P) berechnet werden kann. Wir haben sie schon in den Beispielen 7.16 und 7.17 angedeutet. Dazu bezeichnen wir mit $k_1, k_2, \ldots, k_t$ die möglichen Werte von $X \colon S \to \mathbb{R}$. Es soll also $X(e) \in \{k_1, \ldots, k_t\}$ für alle Ergebnisse e gelten.

Dann kann man den Erwartungswert $E[X]$ auch wie folgt berechnen:

$$E[X] = \sum_{r=1}^{t} P(X = k_r) \cdot k_r. \tag{7.1}$$

Abb. 7.8 Schematische Darstellung der Zerlegung der Ergebnismenge S in die disjunkten Teilmengen $S_1 =$ Ereignis$(X = k_1), \ldots, S_t =$ Ereignis$(X = k_t)$

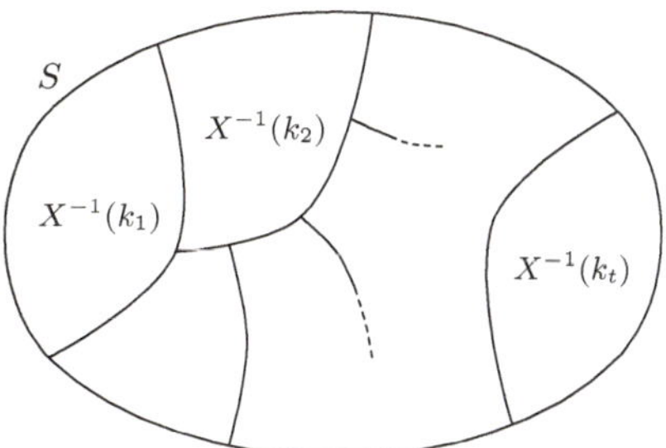

Anstatt, wie in der ursprünglichen Definition $\mathrm{E}[X] = \sum_{e \in S} P(e) \cdot X(e)$, über alle Ergebnisse zu summieren, summiert man in (7.1) über alle möglichen Werte der Zufallsvariablen X.

Bevor wir die Formel (7.1) herleiten, wollen wir ihre Nützlichkeit in einem Beispiel vorführen.

Beispiel 7.18 Man betrachte wie in Beispiel 7.10 das Zufallsexperiment des zweifachen Würfelns. X sei wieder die Zufallsvariable, die die Summe der Augenzahlen angibt. Die möglichen Werte von X sind $2, 3, \ldots, 12$. Aus Abb. 7.5 entnehmen wir ohne Probleme die Wahrscheinlichkeiten $P(X = k_r)$: so gilt zum Beispiel $P(X = 2) = \frac{1}{36}$ und $P(X = 7) = \frac{6}{36}$. Somit ergibt sich der Erwartungswert $\mathrm{E}[X]$ gemäß (7.1) wie folgt:

$$
\begin{aligned}
\mathrm{E}[X] &= \frac{1}{36} \cdot 2 + \frac{2}{36} \cdot 3 + \frac{3}{36} \cdot 4 + \frac{4}{36} \cdot 5 + \frac{5}{36} \cdot 6 + \frac{6}{36} \cdot 7 \\
&\quad + \frac{5}{36} \cdot 8 + \frac{4}{36} \cdot 9 + \frac{3}{36} \cdot 10 + \frac{2}{36} \cdot 11 + \frac{1}{36} \cdot 12 \\
&= \frac{252}{36} = 7.
\end{aligned}
$$

Beachte, dass wir nach der ursprünglichen Definition eine Summe mit 36 Summanden hätten berechnen müssen, mit (7.1) hat sich dies zu einer Summe von 11 Summanden vereinfacht. $\diamond$

Nun soll die Gültigkeit der Formel (7.1) erklärt werden. Wir wissen, dass die Ergebnismenge S durch die Ereignisse $S_r =$ Ereignis$(X = k_r)$ für $r = 1, \ldots, t$ in disjunkte Teilmengen zerlegt wird, siehe Abb. 7.8 und auch die Bemerkung nach Beispiel 7.11.

Auf jeder dieser Teilmengen ist X konstant, das heißt, die Funktion nimmt lediglich einen einzigen Wert an. Somit erhalten wir

$$
\begin{aligned}
\mathrm{E}[X] &= \sum_{e \in S} P(e) \cdot X(e) \\[2mm]
&= \sum_{e \in S_1} P(e) \cdot X(e) + \sum_{e \in S_2} P(e) \cdot X(e) + \ldots + \sum_{e \in S_t} P(e) \cdot X(e) \\[2mm]
&\quad \left\{ \begin{array}{l} \text{weil } S \text{ in } S_1, S_2, \ldots, S_t \text{ zerlegt wird, das heißt } S = S_1 \cup S_2 \cup \ldots \cup S_t \\ \text{und } S_i \cap S_j = \emptyset \text{ für } i \neq j \end{array} \right\} \\[2mm]
&= \sum_{e \in S_1} P(e) \cdot k_1 + \sum_{e \in S_2} P(e) \cdot k_2 + \ldots + \sum_{e \in S_t} P(e) \cdot k_t \\[2mm]
&\quad \{ \text{weil } X(e) = k_r \text{ für jedes } e \text{ aus } S_r \} \\[2mm]
&= \left(\sum_{e \in S_1} P(e) \right) \cdot k_1 + \left(\sum_{e \in S_2} P(e) \right) \cdot k_2 + \ldots + \left(\sum_{e \in S_t} P(e) \right) \cdot k_t \\[2mm]
&\quad \{ \text{nach dem Distributivgesetz} \} \\[2mm]
&= P(X = k_1) \cdot k_1 + P(X = k_2) \cdot k_2 + \ldots + P(X = k_t) \cdot k_t \\[2mm]
&\quad \left\{ \text{weil } P(X = k_r) = P(S_r) = \sum_{e \in S_r} P(e) \right\} \\[2mm]
&= \sum_{r=1}^{t} P(X = k_r) \cdot k_r .
\end{aligned}
$$

Wir können die Gültigkeit der Formel (7.1) auch begründen, ohne zu rechnen. Wir starten mit einem Wahrscheinlichkeitsraum (S, P) und einer Zufallsvariablen $X \colon S \to \{k_1, k_2, \ldots, k_t\}$. Dann packen wir alle Ergebnisse e mit gleichem Wert $X(e)$ zusammen und vereinfachen somit unser Zufallsexperiment (S, P) zu

$$
(\{S_1, S_2, \ldots, S_t\}, P_X) \quad \text{mit } P_X(S_i) = \sum_{e \in S_i} P(e) \text{ für } i = 1, 2, \ldots, t.
$$

Somit wurde die Anzahl $|S|$ der Ergebnisse in S auf die Zahl t reduziert. Wenn man jetzt die Zufallsvariable $Y(S_i) = k_i$ einführt, so ist

$$
\begin{aligned}
\mathrm{E}[Y] &= P_X(S_i) \cdot k_i \\[2mm]
&\quad \{ \text{nach der Definition des Erwartungswerts} \} \\[2mm]
&= \left(\sum_{e \in S_i} P(e) \right) \cdot k_i . \\[2mm]
&\quad \{ \text{nach der Definition von } P_X \}
\end{aligned}
$$

Wir sehen sofort, dass $E[Y] = E[X]$ gilt. Somit ist $(\{S_1, S_2, \ldots, S_t\}, P_X)$ eine Vereinfachung des Wahrscheinlichkeitsraumes (S, P), die eine effizientere Bestimmung von $E[X]$ erlaubt.

Aufgabe 7.34 Betrachte das Zufallsexperiment (S_2, P) des zweifachen Würfelns. Sei X die folgendermaßen definierte Zufallsvariable:

$$X(i, j) = \begin{cases} 6, & \text{falls } i + j \text{ gerade ist,} \\ -3, & \text{falls } i + j \text{ ungerade ist.} \end{cases}$$

Bestimme $E[X]$, indem du (S_2, P) zu $(\{\text{Ereignis}(X = 6), \text{Ereignis}(X = -3)\}, P_X)$ vereinfachst und $E[Y]$ für $Y(\text{Ereignis}(X = 6)) = 6$ und $Y(\text{Ereignis}(X = -3)) = -3$ bestimmst.

Aufgabe 7.35 Betrachte das Zufallsexperiment (B_{100}, P) des hundertfachen Münzwurfs. Bestimme $E[X]$ für die folgenden Zufallsvariablen X:

(i) $X(a_1, \ldots, a_{100}) = \begin{cases} 1, & \text{falls die Anzahl Köpfe gerade ist,} \\ -1, & \text{falls die Anzahl Köpfe ungerade ist.} \end{cases}$

(ii) $X(a_1, \ldots, a_{100}) = \begin{cases} 0, & \text{falls die Anzahl Köpfe gleich der Anzahl Zahlen ist,} \\ 1, & \text{falls die Anzahl Köpfe kleiner als die Anzahl Zahlen ist,} \\ -1, & \text{falls die Anzahl Köpfe größer als die Anzahl Zahlen ist.} \end{cases}$

Aufgabe 7.36 ✓ Berechne den Erwartungswert des Gewinns beim Einsatz von 1 \$ beim Glücksspiel *Chuck-a-luck*, siehe Aufgabe 7.23.

Aufgabe 7.37 Jemand bietet dir folgendes Spiel an: Er wirft 6 Würfel. Wenn dabei mindestens 2 Augenzahlen 6 vorkommen, zahlst du ihm 1 CHF. Sonst zahlt er dir 1 CHF. Würdest du dich auf das Glücksspiel einlassen? Wie hoch wird dein erwarteter Gewinn oder Verlust nach 1 000 Spielen sein?

Aufgabe 7.38 Du wirfst einen Würfel bis eine 6 fällt oder bis du es vergeblich 6 Mal versucht hast. Wenn du im ersten Wurf eine 6 erzielst, so erhältst du 36 CHF. Wenn du es erst im zweiten Wurf schaffst, dann erhältst du 25 CHF. Allgemein gilt: wenn du es erst im i-ten Wurf zum ersten Mal schaffst, eine 6 zu werfen, so erhältst du $(7 - i)^2$ CHF. Wenn du es in den 6 Versuchen nicht geschafft hast, bezahlst du 6 CHF. Wie hoch ist dein erwarteter Gewinn?

7.5 Der Erwartungswert einer Summe von Zufallsvariablen

Hier soll ein einfaches aber sehr nützliches Gesetz über Erwartungswerte hergeleitet werden. Gegeben seien ein Wahrscheinlichkeitsraum (S, P) und zwei Zufallsvariablen X_1 und X_2. Dann können wir eine neue Zufallsvariable definieren: Für jedes Ergebnis e aus S ist $X(e)$ definiert als

$$X(e) = X_1(e) + X_2(e).$$

Somit ist $X \colon S \to \mathbb{R}$ zweifellos eine Zufallsvariable. Für die neue Zufallsvariable X führen wir die Bezeichnung

$$\boldsymbol{X = X_1 + X_2}$$

ein und nennen X die Summe von X_1 und X_2.

Beispiel 7.19 Wir betrachten das zweifache Würfeln, das wir wie üblich durch (S_2, P) modellieren, wobei S_2 die Menge aller Paare (i, j) mit $i, j \in \{1, 2, \ldots, 6\}$ ist und $P\big((i, j)\big) = \frac{1}{36}$ für jedes solche Paar gilt. Sei X wieder die Summe der Augenzahlen. Diese Zufallsvariable kann als Summe von zwei Zufallsvariablen betrachtet werden. Sei dazu X_1 bzw. X_2 die Zufallsvariable, die angibt, was im ersten bzw. zweiten Wurf erzielt wurde. Es gilt also

$$X_1\big((i, j)\big) = i,$$
$$X_2\big((i, j)\big) = j,$$

und damit gilt $X = X_1 + X_2$, denn

$$X\big((i, j)\big) = i + j = X_1\big((i, j)\big) + X_2\big((i, j)\big)$$

gilt für jedes (i, j) aus S_2. $\Diamond$

Aufgabe 7.39 ✓ Betrachte den zweifachen Münzwurf als zweistufiges Zufallsexperiment. Sei dabei X die Zufallsvariable, die angibt, wie oft Kopf gefallen ist. Definiere zwei Zufallsvariablen X_1 und X_2, sodass $X = X_1 + X_2$ gilt.

Aufgabe 7.40 ✓ Beim zweifachen Würfeln sei X_5 die Zufallsvariable, die angibt, wie oft die 5 geworfen wurde, das heißt,

$$X_5\big((i, j)\big) = \begin{cases} 0, & \text{falls } i \neq 5 \text{ und } j \neq 5, \\ 1, & \text{falls } (i = 5 \text{ und } j \neq 5) \text{ oder } (i \neq 5 \text{ und } j = 5), \\ 2, & \text{falls } i = 5 \text{ und } j = 5. \end{cases}$$

Ganz analog sei X_6 die Zufallsvariable, die angibt, wie oft die 6 geworfen wurde.

Abb. 7.9 Mögliches Wurfbild
beim Spiel Yahtzee

Welche Werte kann $X = X_5 + X_6$ annehmen? Beschreibe die Bedeutung von X in Worten.

Allgemeiner kann man auch Summen von mehr als zwei Zufallsvariablen bilden.

Begriffsbildung 7.6 *Sei (S, P) ein Wahrscheinlichkeitsraum und seien $X_1, X_2, \ldots, X_n$ Zufallsvariablen auf (S, P). Dann definieren wir die Zufallsvariable $X = X_1 + X_2 + \ldots + X_n$ durch*

$$X(e) = X_1(e) + X_2(e) + \ldots + X_n(e)$$

für jedes $e \in S$.

Beispiel 7.20 *Yahtzee* ist ein Spiel, das mit 5 Würfeln gespielt wird. Zu Beginn wirft man alle Würfel. Danach darf man in zwei weiteren Runden einige oder alle der Würfel beiseitelegen und so deren aktuelle Augenzahl bewahren. Die restlichen Würfel werden erneut geworfen. Das Ziel besteht darin, gewisse Wurfmuster und somit möglichst viele Punkte zu erzielen. Ein Beispiel eines solchen Wurfmusters ist die „Sechsersumme", das heißt, die Punkte, die durch die gefallenen Sechser erzielt werden. Beim Wurfbild aus Abb. 7.9 ist die Sechsersumme gleich 18, da drei Sechser geworfen wurden.

Möchte man möglichst viele Punkte mit dem Muster „Sechsersumme" erzielen, so ist die Spielstrategie klar: man legt nur jene Würfel beiseite, die bereits eine 6 zeigen, alle anderen wirft man noch einmal. Wenn einige Würfel noch immer keine 6 zeigen, darf man sie noch ein letztes Mal werfen. Somit wird jeder Würfel mindestens einmal und höchstens dreimal geworfen.

Die letztendlich erzielten Punkte kann man durch eine Zufallsvariable X messen. Wir können deren Berechnung jedoch wesentlich vereinfachen, wenn wir X als Summe $X = X_1 + X_2 + X_3 + X_4 + X_5$ betrachten, wobei X_i angibt, wie viele Punkte wir mit dem i-ten Würfel erzielt haben, wobei es keine Rolle spielt, in welchem der drei Versuche die 6 gefallen ist.

Das Resultat des Würfelns, wobei in zwei Runden jeder Würfel, der keine Sechs anzeigt erneut geworfen wird, bezeichnen wir mit $(a_1, a_2, a_3, a_4, a_5)$. Dann ist X_i wie folgt definiert:

$$X_i\big((a_1, a_2, a_3, a_4, a_5)\big) = \begin{cases} 6, & \text{falls } a_i = 6, \\ 0, & \text{falls } a_i \neq 6. \end{cases}$$

Wir berechnen nun den Erwartungswert $E[X_i]$. Wie wir sehen werden, genügt dies um $E[X] = E[X_1 + \ldots + X_5]$ zu berechnen. Um $E[X_i]$ zu bestimmen, müssen wir die

Wahrscheinlichkeit $P(X_i = 6)$, dass also X_i den Wert 6 annimmt, berechnen. Um dies zu tun, überlegt man sich besser die Gegenwahrscheinlichkeit: Wie wahrscheinlich ist es, in drei Versuchen keinen Sechser zu werfen? Dies ist einfach: Diese Wahrscheinlichkeit ist $\left(\frac{5}{6}\right)^3$ und somit ist $P(X_i = 6) = 1 - \left(\frac{5}{6}\right)^3$. Der Erwartungswert von X_i berechnet sich gemäß der Formel (7.1) nun wie folgt:

$$\begin{aligned}
\mathrm{E}[X_i] &= P(X_i = 6) \cdot 6 + P(X_i = 0) \cdot 0 \\
&= \left(1 - \left(\frac{5}{6}\right)^3\right) \cdot 6 + \left(\frac{5}{6}\right)^3 \cdot 0 \\
&= \frac{91}{36} \approx 2.53.
\end{aligned}$$

Der Vorteil, die Zufallsvariable X als Summe der X_i zu schreiben, liegt darin, dass die Berechnung des Erwartungswerts für X_i viel einfacher direkt anzustellen ist als für X. Wie wir nun sehen werden, lässt sich aber $\mathrm{E}[X]$ als die Summe $\sum_{i=1}^{5} \mathrm{E}[X_i]$ einfach berechnen. $\diamond$

Für den Erwartungswert einer Summe von Zufallsvariablen gilt folgender Satz.

Satz 7.1 *Für n Zufallsvariablen $X_1, X_2, \ldots, X_n$ auf demselben Wahrscheinlichkeitsraum (S, P) gilt*

$$\mathrm{E}[X_1 + X_2 + \ldots + X_n] = \mathrm{E}[X_1] + \mathrm{E}[X_2] + \ldots + \mathrm{E}[X_n].$$

Beweis Sei $X = X_1 + X_2 + \ldots + X_n$ die Summe der n Zufallsvariablen. Nach der Definition des Erwartungswerts erhalten wir

$$\begin{aligned}
\mathrm{E}[X] &= \sum_{e \in S} P(e) X(e) \\
&= \sum_{e \in S} P(e)\Big(X_1(e) + X_2(e) + \ldots + X_n(e)\Big) \\
&\quad \{\text{weil } X(e) = X_1(e) + \ldots + X_n(e)\} \\
&= \sum_{e \in S} \Big(P(e)X_1(e) + P(e)X_2(e) + \ldots + P(e)X_n(e)\Big) \\
&\quad \{\text{nach Distributivgesetz}\} \\
&= \sum_{e \in S} P(e)X_1(e) + \sum_{e \in S} P(e)X_2(e) + \ldots + \sum_{e \in S} P(e)X_n(e) \\
&\quad \{\text{nach Assoziativgesetz}\} \\
&= \mathrm{E}[X_1] + \mathrm{E}[X_2] + \ldots + \mathrm{E}[X_n]. \qquad \square
\end{aligned}$$

Beispiel 7.21 Kommen wir zurück zu Beispiel 7.20, bei dem wir eine Strategie beim Spiel Yahtzee analysiert haben, eine möglichst hohe Sechsersumme X zu erreichen, die wir wiederum als Summe $X = X_1 + X_2 + \ldots + X_5$ geschrieben haben. Aus $\mathrm{E}[X_i] \approx 2.53$ folgt nun

$$\mathrm{E}[X] = \mathrm{E}[X_1] + \mathrm{E}[X_2] + \mathrm{E}[X_3] + \mathrm{E}[X_4] + \mathrm{E}[X_5] \approx 5 \cdot 2.53 = 12.65.$$

Im Schnitt wird man also mit dieser Strategie etwas mehr als 12 Punkte erzielen. $\Diamond$

Beispiel 7.22 Wir betrachten nun nochmals die Summe X der Augenzahlen beim zweifachen Würfeln. Wie wir in Beispiel 7.19 gesehen haben, können wir $X = X_1 + X_2$ schreiben, wobei X_1 bzw. X_2 die Augenzahl beim ersten bzw. zweiten Wurf angibt. Nun ist

$$\mathrm{E}[X_1] = \mathrm{E}[X_2] = \frac{1}{6} \cdot 1 + \frac{1}{6} \cdot 2 + \frac{1}{6} \cdot 3 + \frac{1}{6} \cdot 4 + \frac{1}{6} \cdot 5 + \frac{1}{6} \cdot 6 = 3.5$$

und somit

$$\mathrm{E}[X] = \mathrm{E}[X_1] + \mathrm{E}[X_2] = 2 \cdot 3.5 = 7,$$

wie wir in Beispiel 7.10 direkt berechnet haben. $\Diamond$

Beispiel 7.23 Hier wollen wir zeigen, wie stark uns die Rechenweise des Erwartungswertes einer Zufallsvariablen helfen kann, wenn die Zufallsvariable als eine Summe von Zufallsvariablen ausgedrückt werden kann. Unsere Zielsetzung ist es, beim hundertfachen Münzwurf die erwartete Anzahl von gefallenen Zahlen zu zählen. Wir definieren also die Zufallsvariable COUNT_{100} wie folgt:

$$\mathrm{COUNT}_{100}\big((a_1, a_2, \ldots, a_{100})\big) = \text{Anzahl der gefallenen Zahlen in } a_1, a_2, \ldots, a_{100}.$$

Wir können COUNT_{100} als $X_1 + X_2 + X_3 + \ldots + X_{100}$ schreiben, wobei

$$X_i((a_1, a_2, \ldots, a_{100})) = \begin{cases} 1, & \text{falls } a_i = \text{Zahl,} \\ 0, & \text{falls } a_i = \text{Kopf,} \end{cases}$$

das heißt, X_i nimmt den Wert 1 an, wenn im i-ten Wurf eine Zahl gefallen ist und sonst nimmt X_i den Wert 0 an.

Es ist sehr einfach $\mathrm{E}[X_i]$ für beliebiges i zu bestimmen, weil es genauso viele Folgen $a_1, a_2, \ldots, a_{100}$ mit $a_i = \text{Zahl}$ wie mit $a_i = \text{Kopf}$ gibt. Somit gilt für alle i

$$\mathrm{E}[X_i] = \frac{1}{2} \cdot 1 + \frac{1}{2} \cdot 0 = \frac{1}{2}.$$

Insgesamt erhalten wir

$$\mathrm{E}[\mathrm{COUNT}_{100}] = \sum_{i=1}^{100} \mathrm{E}[X_i] = 100 \cdot \frac{1}{2} = 50.$$

Somit ist zu erwarten, dass die Anzahl der Köpfe gleich der Anzahl der Zahlen sein wird. $\diamond$

Aufgabe 7.41 Bestimme $E[\text{COUNT}_n]$ für eine beliebige positive ganze Zahl n von Münzwürfen.

Jetzt fragen wir uns, was der Erwartungswert $E[\text{DIFF}_{100}]$ ist, wobei DIFF_{100} die Anzahl der Zahlen minus die Anzahl der Köpfe misst. Sei D_i die Zufallsvariable, die die Differenz der beiden Münzwürfe $2i - 1$ und $2i$ misst. In Beispiel 7.15 haben wir gezeigt, dass

$$E[D_i] = 0$$

für alle $i \in \{1, 2, \ldots, 50\}$. Weil $\text{DIFF}_{100} = \sum_{i=1}^{50} D_i$ ist, erhalten wir

$$E[\text{DIFF}_{100}] = \sum_{i=1}^{50} E[D_i] = 50 \cdot 0 = 0.$$

Wir könnten diese Aufgabe auch anders lösen. Man nimmt NEGK_{100} als Zufallsvariable, die den Wert $-k$ annimmt, wenn $a_1, a_2, \ldots, a_{100}$ genau k Köpfe enthält.

Aufgabe 7.42 Beweise, dass $E[\text{NEGK}_{100}] = -50$.

Dann kann man DIFF_{100} als die Summe $\text{COUNT}_{100} + \text{NEGK}_{100}$ bezeichnen und erhält

$$E[\text{DIFF}_{100}] = E[\text{COUNT}_{100}] + E[\text{NEGK}_{100}] = 50 + (-50) = 0.$$

Aufgabe 7.43 Definiere für zwei Zufallsvariablen X und Y über dem gleichen Wahrscheinlichkeitsraum (S, P) eine neue Zufallsvariable $Z = X - Y$ wie folgt:

$$\text{Für alle } e \in S\colon Z(e) = X(e) - Y(e).$$

Beweise $E[Z] = E[X] - E[Y]$.

Aufgabe 7.44 Seien a und b beliebige Zahlen aus $\mathbb{R}$. Seien X und Y zwei Zufallsvariablen über dem gleichen Wahrscheinlichkeitsraum (S, P). Definiere die neue Zufallsvariable $Z = aX + bY$ wie folgt: Für alle $e \in S$ ist $Z(e) = a \cdot X(e) + b \cdot Y(e)$. Beweise $E[Z] = a \cdot E[X] + b \cdot E[Y]$.

Aufgabe 7.45 $\star$ Betrachte den zehnfachen Münzwurf. Sei ABSD_{10} die Zufallsvariable, die für jedes Ereignis $(a_1, a_2, \ldots, a_{10})$ den absoluten Wert des Unterschieds zwischen den Anzahlen von Zahlen und Köpfen misst. Bestimme $E[\text{ABSD}_{10}]$.

Beispiel 7.24 Beim Spiel Yahtzee, siehe Beispiel 7.20, gibt es auch das Muster „Augensumme". Gemeint ist, dass einfach die Summe aller Augenzahlen als Punkte zählt. Daher ist es also von Vorteil, möglichst hohe Augenzahlen zu werfen.

Philippa verfolgt folgende Strategie: In beiden Runden behält sie alle Würfel, die eine 5 oder eine 6 zeigen, und wirft die restlichen noch einmal. Wir wollen berechnen, wie viele Punkte sie im Schnitt mit dieser Strategie erzielt. Die erzielte Punktzahl ist die Summe der Punkte $X_1, \ldots, X_5$, die man mit den einzelnen Würfeln erreicht. Daher berechnen wir zuerst den Erwartungswert $E[X_i]$, also die im Mittel mit dieser Strategie mit einem Würfel erzielten Punkte. Die Wahrscheinlichkeit, bei einem Wurf weder eine 5 noch eine 6 zu erzielen, ist $\frac{2}{3}$. Bei drei Versuchen ist die Wahrscheinlichkeit, keinmal eine 5 oder eine 6 geworfen zu haben, daher gleich $p = \left(\frac{2}{3}\right)^3$. Mit dieser Wahrscheinlichkeit erzielt Philippa also entweder eine 1, eine 2, eine 3 oder eine 4. Eine der Zahlen 1, 2, 3 oder 4 mit dem i-ten Würfel zu erhalten bedeutet, dass die resultierende Zahl im letzten, dritten Versuch gefallen ist. Beim einfachen Würfeln haben alle Zahlen 1, 2, 3 und 4 die gleiche Wahrscheinlichkeit, geworfen zu werden, und deswegen müssen wir die Wahrscheinlichkeit $p = \left(\frac{2}{3}\right)^3$ auf all diese 4 möglichen Ergebnisse gleichmäßig aufteilen. Daher ist die Wahrscheinlichkeit, eine 1 zu erzielen, gleich $\frac{1}{4}p = \frac{2}{27}$. Somit gilt

$$P(X_i = 1) = P(X_i = 2) = P(X_i = 3) = P(X_i = 4) = \frac{2}{27}.$$

Mit der Gegenwahrscheinlichkeit, also $1 - p = \frac{19}{27}$, erzielt Philippa mit einem Würfel eine 5 oder eine 6, und weil 5 und 6 gleich wahrscheinlich sind, gilt

$$P(X_i = 5) = P(X_i = 6) = \frac{1}{2} \cdot \frac{19}{27} = \frac{19}{54}.$$

Somit können wir nun den Erwartungswert $E[X_i]$ berechnen:

$$E[X_i] = \frac{2}{27} \cdot (1 + 2 + 3 + 4) + \frac{19}{54} \cdot (5 + 6) = \frac{249}{54} = \frac{83}{18} \approx 4.61.$$

Im Mittel erzielt Philippa mit ihrer Strategie mit einem Würfel ungefähr 4.61 Punkte, mit 5 Würfeln daher 5 Mal so viele:

$$E[X] = E[X_1] + \ldots + E[X_5] = 5 \cdot E[X_i] = 5 \cdot \frac{83}{19} \approx 23.06,$$

das heißt, sie kann auf etwa 23 Punkte hoffen.   ◊

Aufgabe 7.46 Beim Spiel Yahtzee, siehe Beispiel 7.20, gibt es neben dem Muster „Sechsersumme" auch die Muster „Einersumme", „Zweiersumme", usw. Berechne für jedes dieser Muster die Erwartungswerte der erzielten Punkte, wenn man mit der üblichen Strategie spielt und alle Würfel beiseite legt (nicht mehr wirft), die die gewünschte Augenzahl zeigen.

Aufgabe 7.47 ✓ Philippa spielt erneut Yahtzee und wirft gleich in der ersten Runde zwei Sechser. Daher entscheidet sie sich, auf das Muster „Sechsersumme" zu spielen. Sie legt also die zwei Sechser zur Seite und wirft die restlichen drei Spielwürfel noch einmal, legt die dabei erzielten Sechser beiseite und wirft die verbleibenden Würfel noch ein letztes Mal. Wie groß ist der Erwartungswert der zu erzielenden Punkte?

Aufgabe 7.48 ✓ Ein Biathlon-Sportler muss zuerst eine gewisse Strecke Langlauf absolvieren und kommt dann zu einem Schiessstand, bei dem er 5 Mal schießt. Für jeden Schuss, der daneben geht, muss er eine Strafrunde von 150 Metern laufen. Wie hoch ist die erwartete Anzahl der Strafrunden, die er im Rennen laufen muss, wenn er bei jedem Schuss mit einer Wahrscheinlichkeit von 0.75 trifft?

Aufgabe 7.49 ✓ Karl versucht beim Spiel Yahtzee auf das Muster „Augensumme" zu spielen und zwar mit einer anderen Strategie als in Beispiel 7.24: Er wirft jeweils alle Würfel erneut, die eine Augenzahl kleiner als 4 aufweisen. Würfel mit 4, 5 oder 6 schiebt er beiseite und behält sie.

Berechne den Erwartungswert, der mit dieser Strategie erzielten Punkte. Ist diese oder Philippas Strategie aus Beispiel 7.24 besser?

Die beste Strategie beim Spiel Yahtzee, um eine möglichst hohe Augensumme zu erzielen, ist weder die von Philippa aus Beispiel 7.24 noch die von Karl aus Aufgabe 7.49, sondern folgende: nachdem man alle Würfel zum ersten Mal geworfen hat, sondert man jene aus, die eine 5 oder 6 zeigen. Die restlichen wirft man noch einmal. Dann sondert man alle aus, die eine 4, eine 5 oder eine 6 zeigen und wirft die restlichen noch ein letztes Mal.

Um einzusehen, dass dies die beste Strategie ist, kann man wie folgt vorgehen. Wirft man einen Würfel einmal, so erzielt man im Schnitt 3.5 Punkte mit den Augenzahlen, wie wir in Beispiel 7.22w berechnet haben.

Wenn man also in der letzten Runde ist und entscheiden möchte, ob man einen der Würfel noch einmal werfen sollte oder ihn besser liegen lässt, so sollte man bedenken, dass man mit dem Werfen im Schnitt 3.5 Punkte erzielt und sonst die Punkte hat, die bereits liegen. Liegt eine 3, so sollte man noch einmal werfen, da man im Schnitt mehr Punkte machen wird. Liegt aber eine 4, so sollte man den Würfel besser liegen lassen, da man sich sonst im Schnitt verschlechtert. Dies erklärt die Stratgie in der letzten Runde.

Nun berechnen wir, wie viele Punkte wir machen, wenn wir einen Würfel werfen und ihn dann nochmals werfen, sofern er 1, 2 oder 3 anzeigt, ihn aber sonst liegen lassen. Betrachte dazu Abb. 7.10.

Mit der Wahrscheinlichkeit $\frac{1}{2}$ fällt eine 1, 2 oder eine 3 und in diesem Fall wird man nochmals würfeln und im Mittel 3.5 Punkte erzielen. Mit der Wahrscheinlichkeit $\frac{1}{2}$ fällt eine 4, 5 oder eine 6 und in diesem Fall wird man den Würfel liegen lassen und im Mittel

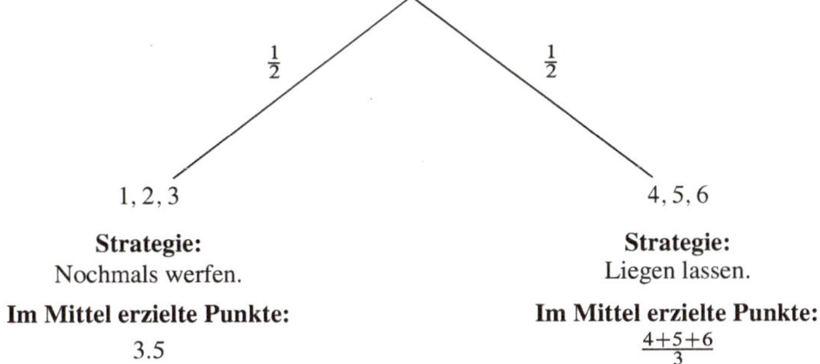

Abb. 7.10 Baumdiagramm zur Strategie in der letzten Runde um möglichst viele Punkte zu erzielen

$\frac{4+5+6}{3} = 5$ Punkte erzielen. Im Mittel erzielt man also

$$\frac{1}{2} \cdot 3.5 + \frac{1}{2} \cdot 5 = 4.25$$

Punkte. Dies muss man in der ersten Entscheidungsrunde bedenken, also dann, wenn man zum ersten Mal entscheidet, welche Würfel nochmals geworfen werden sollen. Wirft man einen Würfel nochmals, so kann man mit der besten Strategie 4.25 Punkte erzielen. Man sollte also alle Würfel nochmals werfen, deren Augenzahlen unter 4.25 liegen und alle die darüber liegen, also jene die 5 oder 6 anzeigen, behalten. Dies erklärt den ersten Schritt der Strategie.

Aufgabe 7.50 Beende die Berechnung: Bestimme wie viele Punkte man im Mittel mit der besten Strategie für das Muster „Augensumme" im Spiel Yahtzee erzielen kann.

7.6   Erwartungswerte von Summen von Zufallswerten als analytisches Forschungsinstrument

Hinweis 7.2

Diesen Abschnitt zu bearbeiten ist anspruchsvoller als die bisherigen in diesem Kapitel. Außerdem setzen wir im Fall von QUICKSORT voraus, dass rekursive Programme verstanden werden. Deswegen empfehlen wir diesen Abschnitt nur für besonders interessierte Klassen.

Bevor wir Analysen von randomisierten Algorithmen durchführen, die die Berechnung des Erwartungswertes einer Summe von Zufallswerten als analytisches Forschungsinstrument benötigen, bringen wir ein Beispiel, in dem wir die Harmonischen Zahlen kennenlernen.

Beispiel 7.25 Anton macht dir folgendes Angebot: Du bezahlst 10 CHF. Dann darfst du n Mal hintereinander eine Münze werfen. Wenn du im i-ten Wurf Kopf wirfst, erhältst du $\frac{1}{i}$ CHF. Dies gilt für alle $i = 1, 2, \ldots, n$. Also gibt es für Kopf im ersten Wurf 1 CHF, für Kopf im zweiten Wurf $\frac{1}{2}$ CHF, im dritten Wurf $\frac{1}{3}$ CHF usw. Solltest du mitspielen?

Unser Zufallsexperiment entspricht dem Wahrscheinlichkeitsraum (S_n, P_n) mit $|S_n| = 2^n$ und $P_n(e) = 2^{-n}$ für jedes Ergebnis $e \in S_n$. Wir definieren n Zufallsvariablen $X_1, X_2, \ldots, X_n$ sodass

$$X_j(e) = \begin{cases} \frac{1}{j}, & \text{falls im } j\text{-ten Wurf in } e \text{ Kopf gefallen ist,} \\ 0, & \text{falls im } j\text{-ten Wurf in } e \text{ Zahl gefallen ist,} \end{cases}$$

für $j = 1, 2, \ldots, n$ gilt.

Sei $X = X_1 + X_2 + \ldots + X_n$ die Zufallsvariable, die den Gewinn für jedes Ergebnis $e \in S_n$ aufsummiert. Wir sehen, dass

$$\mathrm{E}[X_j(e)] = \frac{1}{2} \cdot \frac{1}{j} + \frac{1}{2} \cdot 0 = \frac{1}{2} \cdot \frac{1}{j}$$

für alle $j = 1, 2, \ldots, n$. Somit erhalten wir

$$\begin{aligned} \mathrm{E}[X] &= \mathrm{E}[X_1] + \mathrm{E}[X_2] + \ldots + \mathrm{E}[X_n] \\ &= \frac{1}{2} \cdot \frac{1}{1} + \frac{1}{2} \cdot \frac{1}{2} + \frac{1}{2} \cdot \frac{1}{3} + \frac{1}{2} \cdot \frac{1}{4} + \ldots + \frac{1}{2} \cdot \frac{1}{n-1} + \frac{1}{2} \cdot \frac{1}{n} \\ &= \frac{1}{2} \sum_{i=1}^{n} \frac{1}{i} \end{aligned}$$

ist. Für alle $n \in \mathbb{N}^+$ nennen wir $\sum_{i=1}^{n} \frac{1}{i}$ die **n-te Harmonische Zahl** und bezeichnen das Resultat der Summe als **Har(n)**.

Versuchen wir jetzt abzuschätzen, wie groß diese Zahl ist. Dafür verteilen wir die Summe in Gruppen, wobei die k-te Gruppe genau 2^{k-1} Zahlen hat.

$$\mathrm{Har}(n) = \underbrace{\frac{1}{1}}_{\text{Gruppe 1}} + \underbrace{\frac{1}{2} + \frac{1}{3}}_{\text{Gruppe 2}} + \underbrace{\frac{1}{4} + \frac{1}{5} + \frac{1}{6} + \frac{1}{7}}_{\text{Gruppe 3}}$$

$$+ \underbrace{\frac{1}{8} + \frac{1}{9} + \frac{1}{10} + \frac{1}{11} + \frac{1}{12} + \frac{1}{13} + \frac{1}{14} + \frac{1}{15}}_{\text{Gruppe 4}} + \ldots$$

$$+ \underbrace{\frac{1}{2^{k-1}} + \frac{1}{2^{k-1}+1} + \frac{1}{2^{k-1}+2} + \ldots + \frac{1}{2^k - 1}}_{\text{Gruppe } k} + \ldots$$

Wenn n nicht $2^m - 1$ für ein $m \in \mathbb{N}$ ist, dann ist die letzte Gruppe nicht vollständig, das heißt, sie hat weniger als 2^{k-1} Summanden.

Unsere erste Beobachtung ist, dass die Summe der Mitglieder jeder Gruppe zwischen $\frac{1}{2}$ und 1 liegt. Die obere Schranke 1 kommt daher, dass der größte Summand der k-ten Gruppe $\frac{1}{2^{k-1}}$ ist und die Anzahl der Summanden 2^{k-1} ist und

$$\frac{1}{2^{k-1}} \cdot 2^{k-1} = 1$$

gilt. Die untere Schranke $\frac{1}{2}$ erhalten wir durch die Tatsache, dass der kleinste Summand der k-ten Gruppe $\frac{1}{2^k - 1}$ ist und die Anzahl der Mitglieder 2^{k-1} ist. Es gilt

$$\frac{1}{2^k - 1} \cdot 2^{k-1} > \frac{1}{2^k} \cdot 2^{k-1} = \frac{1}{2}.$$

Unsere zweite Beobachtung ist folgende: Die Anzahl der Summanden in den ersten k Gruppen ist insgesamt

$$1 + 2 + 4 + \ldots + 2^{k-1} = 2^k - 1$$

und somit ist die Anzahl der Gruppen in $\mathrm{Har}(n) = \sum_{i=1}^{n} \frac{1}{i}$ genau $\lfloor \log_2(n) \rfloor + 1$. Aus unseren beiden Beobachtungen erhalten wir

$$\frac{1}{2} \cdot (\lfloor \log_2(n) \rfloor + 1) \leq \mathrm{Har}(n) \leq \lfloor \log_2(n) \rfloor + 1.$$

Dein tatsächlicher Gewinn ist

$$\frac{1}{2} \cdot \mathrm{Har}(n) - \mathrm{Einsatz} \geq \frac{1}{2} \cdot \lfloor \log_2(n) \rfloor + \frac{1}{2} - 10$$
$$\geq \frac{1}{2} \cdot \lfloor \log_2(n) \rfloor - 9.5.$$

Also hast du einen positiven erwarteten Gewinn, wenn

$$\frac{1}{2} \cdot \lfloor \log_2(n) \rfloor - 9.5 > 0$$

und somit

$$\lfloor \log_2(n) \rfloor > 19$$

gilt. Jetzt kannst du selber ausrechnen, ab welcher Anzahl von Münzwürfen sich das Mitspielen für dich lohnt. $\Diamond$

Es ist bekannt, dass für genügend große n gilt, dass

$$\ln(n) + 0.57 \leq \mathrm{Har}(n) \leq \ln(n) + 0.58,$$

wobei $\ln n$ der natürliche Logarithmus von n ist.

Aufgabe 7.51 Nutze die Schätzung $\mathrm{Har}(n) \geq \ln(n) + 0.57$, um zu bestimmen, ab welcher Anzahl n von Münzwürfen sich das Mitspielen beim Spiel aus Beispiel 7.25 für dich lohnt.

Beispiel 7.26 Einer der bekanntesten Algorithmen der Informatik ist der Algorithmus QUICKSORT zum Sortieren von n Zahlen $a_1, a_2, \ldots, a_n$. QUICKSORT ist ein randomisierter rekursiver Algorithmus. Man wählt zufällig eine Zahl a der n Zahlen, die zu sortieren sind. Diese zufällig gewählte Zahl bezeichnen wir als **Pivot**. Dann vergleicht man alle anderen $n - 1$ Zahlen mit a und unterteilt die Zahlen $a_1, a_2, \ldots, a_n$ in die drei Gruppen

$$A_<(a) = \{\text{alle Zahlen aus } a_1, a_2, \ldots, a_n \text{ kleiner als } a\},$$
$$A_=(a) = \{\text{alle Zahlen aus } a_1, a_2, \ldots, a_n \text{ gleich } a\},$$
$$A_>(a) = \{\text{alle Zahlen aus } a_1, a_2, \ldots, a_n \text{ größer als } a\}.$$

Anschließend sortiert man rekursiv (auf die gleiche Art und Weise) die Zahlen in $A_<(a)$ und $A_>(a)$ und gibt dann diese Folge aus:

$$\text{die sortierte Folge von Zahlen in } A_<(a),$$
$$\text{die Zahlen in } A_=(a),$$
$$\text{die sortierte Folge von Zahlen in } A_>(a).$$

Wir setzen jetzt zur Vereinfachung voraus, dass in $a_1, a_2, \ldots, a_n$ keine Zahl mehrfach vorkommt und beschreiben den Algorithmus genauer.

Algorithmus QUICKSORT(A)

Eingabe: eine Menge $A = \{a_1, a_2, \ldots, a_n\}$ von n natürlichen Zahlen.

Ausgabe: die sortierte Folge der Zahlen aus A,
                 von der kleinsten bis zur größten Zahl.

Schritt 1:   Falls $|A| \geq 2$, wähle zufällig gleichverteilt ein Element $a \in A$.
                 Andernfalls gib „b" aus, falls $A = \{b\}$.

Schritt 2:   Berechne die Mengen

$$A_< := \{d \in A \mid d < a\},$$
$$A_> := \{e \in A \mid e > a\}.$$

Schritt 3:   Gib (QUICKSORT$(A_<), a,$ QUICKSORT$(A_>)$) aus.

Die Berechnungskomplexität des Algorithmus wird durch die Anzahl der Vergleiche von Paaren von Zahlen abgeschätzt. Die Frage ist nun, wie hoch die erwartete Anzahl der Vergleiche ist.

Die Menge aller möglichen Berechnungen auf einer Eingabe ist nicht gerade übersichtlich. Betrachten wir zwei Extreme. Nehmen wir an, wir wählen als Pivot zufällig immer die kleinste Zahl in der zu sortierenden Menge. Für das kleinste $a \in A$ ist dann $|A_<| = 0$ und $|A_>| = n - 1$ und wir brauchen $n - 1$ Vergleiche. Wenn wir dann beim Sortieren von $A_>$ wieder zufällig das kleinste Element als Pivot wählen, haben wir $n - 2$ weitere Vergleiche und die verbleibende Menge $A_>$ hat $n - 2$ Elemente. Wenn wir immer weiter die kleinste der verbleibenden Zahlen als Pivot wählen, machen wir

$$(n - 1) + (n - 2) + (n - 3) + \ldots + 1 = \binom{n}{2}$$

Vergleiche. Weil wir $n - 1$ Mal ein Element zufällig gezogen haben und nach i zufälligen Wahlen die Menge $A_>$ die Größe $n - i$ hat, ist die Wahrscheinlichkeit der Durchführung dieser Berechnung

$$\frac{1}{n} \cdot \frac{1}{n - 1} \cdot \frac{1}{n - 2} \cdot \ldots \cdot \frac{1}{2} = \frac{1}{n!},$$

also extrem klein.

Das andere Extrem ist, immer zufällig den Median als Pivot zu wählen. Wenn a im ersten Schritt der Median ist, gilt $|A_<| \le \frac{n}{2}$ und $|A_>| \le \frac{n}{2}$. Wenn man für das Sortieren von $A_<$ und $A_>$ auch immer den Median wählt, ist man nach $\lceil \log_2 n \rceil$ rekursiven Schritten mit dem Sortieren fertig. In jeder rekursiven Stufe werden höchstens $n - 1$ Vergleiche gemacht (zum Beispiel genau $|A_<| - 1 + |A_>| - 1$ für die zweite Stufe) und somit ist die Anzahl der Vergleiche höchstens $n \cdot \lceil \log_2 n \rceil$.

Aufgabe 7.52 Zeige, dass die Wahrscheinlichkeit einer solchen Berechnung, bei der zufällig immer der Median gewählt wird, mindestens

$$\frac{1}{n} \cdot \left(\frac{2}{n} \right)^2 \cdot \left(\frac{4}{n} \right)^4 \cdot \ldots \cdot \left(\frac{2^i}{n} \right)^{2^i} \cdot \ldots \cdot \left(\frac{2^{\log_2 n}}{n} \right)^{2^{\log_2 n}}$$

ist.

Wir sehen, dass die Anzahl aller möglichen Berechnungen exponentiell ist. Es ist schon schwierig, ihre Anzahl zu bestimmen und unterschiedliche Berechnungen haben auch unterschiedliche und nicht immer leicht analysierbare Wahrscheinlichkeiten. Für eine gegebene Eingabe A ist aber der Wahrscheinlichkeitsraum (S_A, P_A) durch die Menge S_A aller möglichen Berechnungen von QUICKSORT auf A gegeben. Wenn $X(C)$ für jede Berechnung $C \in S_A$ die Anzahl der Zahlenvergleiche in C ist, so ist

$$\mathrm{E}[X] = \sum_{C \in S_A} X(C) \cdot P_A(C).$$

Was sollen wir aber machen, wenn wir nicht einmal S_A und einzelne $P_A(C)$ bestimmen können? Mit dem Instrument der Summe von Zufallsvariablen überwinden wir dieses Problem auf eine elegante Art und Weise.

$$\overbrace{}^{\text{Mitte}}$$

$$a_1, a_2, \ldots, a_{i-1}, \boxed{a_i}, a_{i+1}, \ldots, a_{j-1}, \boxed{a_j}, a_{j+1}, \ldots, a_n$$

Abb. 7.11 Im Algoithmus QUICKSORT werden zwei Zahlen, wie a_1, a_j nicht immer miteinander verglichen

Sei $A = \{a_1, a_2, \ldots, a_n\}$ die Eingabe und $a_1 < a_2 < \ldots < a_n$ die Ausgabe des Algorithmus. Wir sagen damit nichts anderes, als dass wir mit a_i das i-te Element in der aufsteigend sortierten Folge bezeichnen, zum Beispiel ist a_2 das zweitkleinste Element, a_3 das drittkleinste usw. Wir bezeichnen a_i auch als das ***i*-t-kleinste Element von *A***. Jetzt definieren wir für alle $i, j \in \{1, 2, \ldots, n\}$ mit $i < j$ die Zufallsvariable $X_{i,j}$ wie folgt:

Für jede Berechnung $C \in S_A$ ist

$$X_{i,j}(C) = \begin{cases} 1, & \text{falls } a_i \text{ und } a_j \text{ in } C \text{ direkt verglichen werden,} \\ 0, & \text{sonst.} \end{cases}$$

Offensichtlich zählt jetzt die Zufallsvariable

$$X(C) = \sum_{i=1}^{n} \sum_{j=i+1}^{n} X_{i,j}(C)$$

die Anzahl der Vergleiche in jeder Berechnung C.

Um $E[X]$ zu berechnen, bestimmen wir zuerst $E[X_{i,j}]$ für alle $i < j$. Sei $p_{i,j}$ die Wahrscheinlichkeit, dass s_i und s_j direkt verglichen werden, das heißt,

$$p_{i,j} = P\big(\text{Ereignis}(X_{i,j} = 1)\big).$$

Somit gilt

$$E[X_{i,j}] = p_{i,j} \cdot 1 + (1 - p_{i,j}) \cdot 0 = p_{i,j}.$$

Wir wollen nun die Wahrscheinlichkeit $p_{i,j}$ bestimmen. In QUICKSORT vergleicht man immer eine zufällig gewählte Zahl (Pivot) mit anderen Zahlen in der Menge. Zwei Zahlen a_i und a_j werden nur dann verglichen (siehe Abb. 7.11), wenn eine davon als Pivot einer Teilmenge gewählt wurde und die andere auch in dieser Menge liegt. Wenn eine der Zahlen $a_{i+1}, a_{i+2}, \ldots, a_{j-1}$ als Pivot gewählt worden ist, bevor a_i oder a_j gewählt wurde, werden a_i und a_j nie direkt verglichen. Wenn also a_i oder a_j als erster Pivot aus den Zahlen in der Menge Mitte $= \{a_i, a_{i+1}, \ldots, a_j\}$ gewählt wird (siehe Abb. 7.11), dann wird a_i (oder a_j) mit allen Elementen aus Mitte außer sich selbst verglichen.

Solange QUICKSORT Elemente aus $a_1, a_2, \ldots, a_{i-1}$ und $a_{j+1}, a_{j+2} \ldots, a_n$ zufällig zieht, hat dies keinen Einfluss auf die Bestimmung von $p_{i,j}$. Man kann die Situation mit bedingten Wahrscheinlichkeiten modellieren. Die Wahrscheinlichkeit $p_{i,j}$ ist die bedingte

Wahrscheinlichkeit, a_i oder a_j zu ziehen, wenn man weiß, dass ein Element aus Mitte gezogen wurde. Die Wahrscheinlichkeit, a_i oder a_j zu ziehen, ist $\frac{2}{n}$. Die Wahrscheinlichkeit, ein Element aus Mitte zu ziehen, ist

$$\frac{|\text{Mitte}|}{n} = \frac{j - i + 1}{n}.$$

Somit gilt

$$p_{i,j} = P(\text{Ziehen von } a_i \text{ oder } a_j \mid \text{ein Element aus Mitte wurde gezogen})$$
$$= \frac{2/n}{(j - i + 1)/n} = \frac{2}{j - i + 1}.$$

Jetzt können wir endlich $\mathrm{E}[X]$ abschätzen:

$$\mathrm{E}[X] = \mathrm{E}\left[\sum_{i=1}^{n} \sum_{j>i} X_{i,j}\right]$$
$$= \sum_{i=1}^{n} \sum_{j=i+1}^{n} \mathrm{E}[X_{i,j}]$$
$$= \sum_{i=1}^{n} \sum_{j=i+1}^{n} p_{i,j}$$
$$= \sum_{i=1}^{n} \sum_{j=i+1}^{n} \frac{2}{j - i + 1}$$
$$= \sum_{i=1}^{n} \sum_{k=1}^{n-i+1} \frac{2}{k}$$
$$\{\text{Substitution } k = j - i + 1\}$$
$$\leq 2 \cdot \sum_{i=1}^{n} \sum_{k=1}^{n} \frac{1}{k}$$
$$\{\text{die zweite Summe erweitert bis zu } n\}$$
$$= 2 \sum_{i=1}^{n} \mathrm{Har}(n)$$
$$\leq 2 \cdot n(\ln(n) + 1).$$
$$\{\mathrm{Har}(n) \leq \ln(n) + 1 \text{ für } n \geq 4\}$$

Somit sehen wir, dass der Algorithmus QUICKSORT sehr effizient ist, obwohl er Berechnungen besitzt, die quadratisch viele Vergleiche durchführen.   ◊

Aufgabe 7.53 $\star$ Betrachte eine vereinfachte Aufgabe. Man bekommt eine Menge A von Zahlen und soll nun das k-t-kleinste Element bestimmen. Man kann natürlich zuerst sortieren und danach das k-te Element nehmen. Da ist der Aufwand aber zu hoch, es geht effizienter. Die Idee ist, eine Kombination von QUICKSORT und binärer Suche zu verwenden. Man wählt zufällig einen Pivot, teilt A in $A_<$ und $A_>$ auf und fährt nur mit einer der beiden Mengen $A_<$ oder $A_>$ fort, in der sich das k-t-kleinste Element befindet. Eine rekursive Beschreibung sieht wie folgt aus:

Algorithmus $\mathrm{RS}(A, k)$

Eingabe: eine Menge A von $|A| = n$ Elementen und eine Zahl $k \in \mathbb{N}$, $1 \leq k \leq n$

Ausgabe: die k-t-kleinste Zahl in A

Schritt 1:   Falls $|A| = 1$, gib „das Element in A" aus.

Andernfalls wähle zufällig ein Element a aus A.

Schritt 2:   Berechne die Mengen

$$A_< := \{b \in A \mid b < a\},$$
$$A_> := \{c \in A \mid c > a\}.$$

Schritt 3:   **if** $|A_<| > k$ **then** $\mathrm{RS}(A_<, k)$

else   **if** $|A_<| = k - 1$ **then** Gib „a" aus.

else $\mathrm{RS}(A_>, k - |A_<| - 1)$

Beweise für beliebige $n = |A|$ und k mit $1 \leq k < n$, dass die erwartete Anzahl von Vergleichen, um das k-t-kleinste Element zu finden, $10 \cdot n$ nicht übersteigt, egal wie groß k ist.

7.7 Bernoulli-Prozesse

Wir haben bereits untersucht, was passiert, wenn man eine Münze oder einen Würfel zwei- oder dreimal wirft. Jetzt wollen wir uns mit einer Verallgemeinerung davon beschäftigen: es soll ein sehr einfaches Zufallsexperiment n-fach wiederholt werden. Die Einfachheit dieses Zufallsexperiment, das n-fach wiederholt wird, besteht darin, dass nur zwei Ergebnisse möglich sind, die wir mit **Erfolg** und **Misserfolg** bezeichnen werden. Die Wahrscheinlichkeit für einen Erfolg wird als **Erfolgswahrscheinlichkeit** bezeichnet und im Folgenden mit p notiert.

Da solche einfachen Zufallsexperimente von zentraler Bedeutung sind, erhalten sie einen eigenen Namen:

Begriffsbildung 7.7 *Ein **Bernoulli-Experiment** mit **Erfolgswahrscheinlichkeit** p ist ein Zufallsexperiment mit nur zwei Ergebnissen: „Erfolg" mit Wahrscheinlichkeit p und „Misserfolg" mit Wahrscheinlichkeit $1 - p$.*

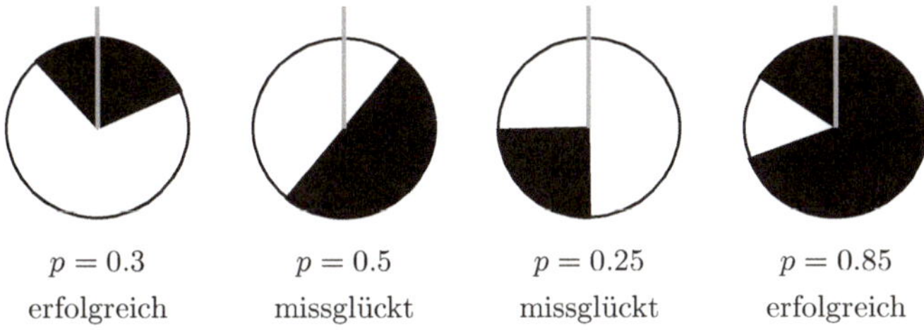

Abb. 7.12 Kreisscheiben zu verschiedenen Wahrscheinlichkeiten p

Beispiel 7.27 Der einfache Münzwurf ist ein Bernoulli-Experiment mit Erfolgswahrscheinlichkeit $p = \frac{1}{2}$, wenn wir das Werfen von Kopf als Erfolg und das Werfen von Zahl als Misserfolg betrachten (oder umgekehrt). $\Diamond$

Man kann sich zu jedem beliebigen Wert des Parameters p ein Bernoulli-Experiment basteln. Dazu schneidet man sich eine Kreisscheibe aus weißem Karton aus und malt einen Sektor mit dem Winkel $p \cdot 360°$ schwarz an. Im Zentrum der Scheibe wird ein kleines Loch angebracht, durch welches man einen Faden zieht, an dem dann die Kreisscheibe aufgehängt wird. Das Experiment besteht nun darin, der Scheibe so viel Schwung zu geben, dass sie sich schnell dreht, und die Drehung dann abrupt zu stoppen, indem man die Scheibe plötzlich festhält. Das Experiment war „erfolgreich", falls der Faden (der ja senkrecht nach oben zeigt) durch die schwarze Fläche verläuft. Abb. 7.12 zeigt mehrere solche Scheiben mit verschiedenen Ereignissen.

Nun wird dieses Experiment n Mal wiederholt und dabei die Anzahl der Erfolge, also der erfolgreichen Ergebnisse, gezählt.

Begriffsbildung 7.8 *Ein **Bernoulli-Prozess** mit den Parametern n und p besteht aus der n-fachen Wiederholung eines einfachen Bernoulli-Experiments mit der Erfolgswahrscheinlichkeit p. Die Zahl n nennt man die **Anzahl der Versuche** und p weiterhin die **Erfolgswahrscheinlichkeit**.*

Beispiel 7.28 Der n-fache Münzwurf ist ein Bernoulli-Prozess mit den Parametern n und $p = \frac{1}{2}$, wenn man den Erfolg wie in Beispiel 7.27 definiert. $\Diamond$

Aufgabe 7.54 ✓ Erkläre, warum das 10-fache Würfeln nicht als Bernoulli-Prozess betrachtet werden kann.

Aufgabe 7.55 ✓ Beim 10-fachen Würfeln soll jede 6 als Erfolg und jede Augenzahl kleiner als 6 als Misserfolg gelten. Kann dann dies als Bernoulli-Prozess betrachtet werden? Falls ja, wie groß sind hier die Parameter n und p?

Abb. 7.13 Jakob Bernoulli
(1654–1705)

Auszug aus der Geschichte

Die Familie Bernoulli brachte eine herausragend große Zahl an Wissenschaftlern und Künstlern im siebzehnten und achtzehnten Jahrhundert hervor. Einer von ihnen war Jakob Bernoulli (1654–1705). Er studierte Philosophie und Theologie, beschäftigte sich aber zusehends mehr mit der Mathematik und Astronomie entgegen des Wunsches seines Vaters.

Im Jahr 1767, nachdem er in Theologie promovierte, zog er nach Genf. Später reiste er nach Frankreich, Holland und England, wo er viele Naturwissenschaftler kennenlernte. 1783 kehrte er zurück nach Basel, wo er an der Universität zuerst Mechanik und ab 1678 auch Mathematik unterrichtete.

Eine Zeit lang unterrichtete er auch seinen jüngeren Bruder Johann Bernoulli, aber zwischen beiden entwickelte sich nach und nach eine verbissene Rivalität. Beide erbrachten wichtige Beiträge zur Entwicklung der Mathematik.

Besonders verdienstvoll ist sein Beitrag zur Wahrscheinlichkeitstheorie. Er formulierte als erster das Gesetz der großen Zahlen, von dem im 2. Band ausführlich die Rede sein wird. Die Wiederholung eines einfachen Prozesses, wie wir sie oben betrachtet haben, geht auf ihn zurück und trägt heute seinen Namen.

Er starb 1705 in Basel. Eines seiner wichtigsten Werke, die *Ars Conjectandi*, in der er seine Studien zur Wahrscheinlichkeitstheorie darlegte, wurde erst nach seinem Tode, nämlich 1713, von seinem Neffen Nikolaus Bernoulli veröffentlicht. In diesem Werk findet sich zum ersten Mal eine streng mathematische Untersuchung im Bereich der Wahrscheinlichkeitstheorie.

Wir werden nun die Bernoulli-Prozesse modellieren. Dazu betrachten wir als die möglichen Ergebnisse alle Abfolgen von „Erfolg" und „Misserfolg", die wir mit E und M abkürzen werden. Die Ergebnisse sind also als Tupel $(i_1, i_2, \ldots, i_n)$ mit $i_r \in \{E, M\}$ für $r = 1, \ldots, n$. Wir bezeichnen mit S_n die Menge aller solcher Tupel. Da wir in jedem Eintrag i_r zwei Möglichkeiten (nämlich E oder M) haben, gibt es insgesamt 2^n Ergebnisse. Somit ist unser Wahrscheinlichkeitsraum (S_n, P_n) mit

$$S_n = \left\{ (i_1, i_2, \ldots, i_n) \mid i_j \in \{E, M\} \text{ für } j = 1, \ldots, n \right\}.$$

Um die Wahrscheinlichkeitsfunktion P_n im Bernoulli-Prozess mit n Versuchen allgemein zu bestimmen, betrachten wir erst einen einfachen konkreten Fall.

Beispiel 7.29 Sei $n = 3$. Das Ergebnis EEE hat die Wahrscheinlichkeit $p \cdot p \cdot p$, was man sich einfach anhand eines Baumdiagramms überlegt. Ebenso sieht man, dass die Ergebnisse EEM, EME und MEE alle dieselbe Wahrscheinlichkeit haben nämlich $p^2(1 - p)$, da die Reihenfolge der Faktoren in einem Produkt keine Rolle spielt. Die Wahrscheinlichkeit der Ergebisse EMM, MEM und MME ist $p(1 - p)^2$ und MMM hat die Wahrscheinlichkeit $(1 - p)^3$.

Man sieht, dass die Anzahl Erfolge in einem Ergebnis dessen Wahrscheinlichkeit bestimmt. Dies ist eine Zufallsvariable, die wir mit X bezeichnen. Bei $n = 3$ ist X also wie folgt definiert:

$$X(\text{EEE}) = 3,$$
$$X(\text{EEM}) = X(\text{EME}) = X(\text{MEE}) = 2,$$
$$X(\text{EMM}) = X(\text{MEM}) = X(\text{MME}) = 1,$$
$$X(\text{MMM}) = 0.$$

Mit Hilfe der Zufallsvariablen X lässt sich die Wahrscheinlichkeitsfunktion P_3 für $n = 3$ einfach beschreiben:

$$P_3(e) = \begin{cases} p^3, & \text{falls } X(e) = 3, \\ p^2(1 - p), & \text{falls } X(e) = 2, \\ p(1 - p)^2, & \text{falls } X(e) = 1, \\ (1 - p)^3, & \text{falls } X(e) = 0. \end{cases} \qquad \Diamond$$

Der Fall $n = 3$ lässt sich nun ohne Probleme verallgemeinern. Sei X die Zufallsvariable mit $X(e) = k$, falls e genau k Erfolge enthält (das heißt, die Zufallsvariable, die die Anzahl der Erfolge misst).

$$P_n(e) = p^k(1 - p)^{n-k}, \quad \text{falls } X(e) = k.$$

Aufgabe 7.56 $\checkmark$ Berechne die vier Wahrscheinlichkeiten, die im Beispiel 7.29 auftreten, im Falle $p = 0.3$. Welches ist das wahrscheinlichste Ereignis?

Aufgabe 7.57 $\checkmark$ Bestimme die Wahrscheinlichkeitsfunktion P_4 für $n = 4$ und $p = 0.3$.

Die Zufallsvariable X spielt bei Bernoulli-Prozessen eine zentrale Rolle. In der Folge sollen daher die Wahrscheinlichkeiten $P(X = k)$ für verschiedene Werte von k bestimmt werden. Es gilt

$$\begin{aligned} P(X = k) &= \sum_{\substack{e \in S \\ X(e) = k}} P(e) \\ &= \sum_{\substack{e \in S \\ X(e) = k}} p^k(1 - p)^{n-k} \\ &= \big(\text{Anzahl Ergebnisse } e \in S \text{ mit } X(e) = k\big) \cdot p^k(1 - p)^{n-k}. \end{aligned}$$

Es bleibt also noch zu klären, wie viele Ergebnisse, also wie viele n-Tupel es gibt, bei denen genau k Erfolge und $n - k$ Misserfolge auftreten. Dies ist eine Frage an die Kombinatorik. Damit $X(e) = k$ gilt müssen genau k von den n möglichen Einträgen eines n-Tupels gleich E sein, die anderen gleich M. Die Anzahl der Möglichkeiten, k Stellen von n möglichen auszuwählen, ist gleich $\binom{n}{k}$. Damit gilt

$$P(X = k) = \binom{n}{k} \cdot p^k (1 - p)^{n-k}.$$

Da diese Wahrscheinlichkeiten häufig auftreten, erhalten sie einen eigenen Namen.

Begriffsbildung 7.9 *Die Wahrscheinlichkeit $P(X = k)$, bei einem Bernoulli-Prozess mit den Parametern n und p genau k Erfolge zu erzielen, wird mit $B_{n,p}(k)$ bezeichnet. Es gilt also*

$$B_{n,p}(k) = \binom{n}{k} \cdot p^k (1 - p)^{n-k}.$$

Beispiel 7.30 Gegeben ist ein großes Gitter mit den Punkten $P = (0,0)$ und $Q = (3,3)$. Ein zufallsgesteuerter Roboter startet in P und trifft zufällig in jedem Gitterpunkt eine Entscheidung, ob er nach rechts oder nach oben um eine Einheit weitergeht. Mit welcher Wahrscheinlichkeit gelangt er zum Punkt Q?

Damit er nach Q gelangt, muss er insgesamt 3 Einheiten nach rechts und 3 Einheiten nach oben gegangen sein. Also muss er in genau 6 Schritten das Ziel erreichen. Wenn wir „rechts" als Erfolg bezeichnen und „oben" als Misserfolg, so können wir die Roboterwanderung als Bernoulli-Prozess betrachten. Die Parameter sind $n = 6$ und $p = \frac{1}{2}$.

Die Wahrscheinlichkeit, dass der Roboter in Q endet, ist also

$$B_{6,\frac{1}{2}}(3) = \binom{6}{3} \left(\frac{1}{2}\right)^3 \left(1 - \frac{1}{2}\right)^3 = \frac{5}{16} = 0.3125 = 31.25\,\%. \qquad \Diamond$$

Abb. 7.14 Gitter, das von einem Roboter begangen werden kann

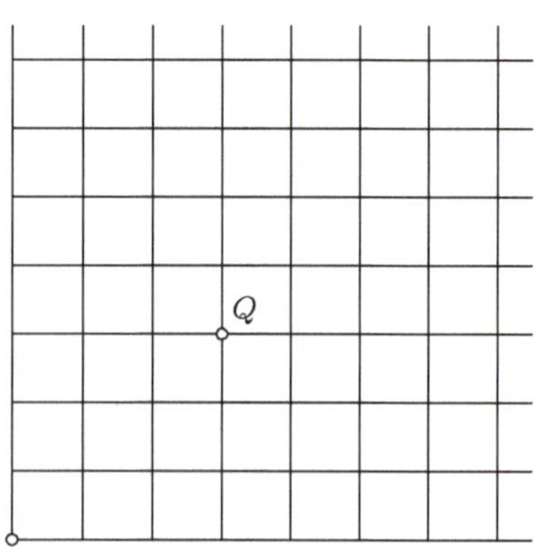

Aufgabe 7.58 Ein „Rechts-vor-oben-Roboter" startet in P, siehe Abb. 7.14. Der Roboter trifft in jeder Kreuzung (also auch zu Beginn) eine Entscheidung, ob er nach rechts oder nach oben weitergeht. Seiner Natur entsprechend bevorzugt er rechts vor oben im Verhältnis $2 : 1$. Berechne die Wahrscheinlichkeit, dass er in Q eintrifft.

Aufgabe 7.59 Verlegen wir den Punkt Q in Abb. 7.14 so, dass er sich 4 Einheiten rechts und zwei Einheiten oberhalb von P befindet. Wie hoch ist jetzt unter den Bedingungen von Beispiel 7.30 die Wahrscheinlichkeit, dass der Roboter den Punkt Q erreicht?

Der Roboter ändert nun in diesem Fall der Positionierung von Q seine Strategie und geht mit der Wahrscheinlichkeit $p = \frac{2}{3}$ nach rechts und mit der komplementären Wahrscheinlichkeit $\frac{1}{3}$ nach oben. Wie hoch ist jetzt seine Wahrscheinlichkeit, Q zu erreichen?

Beispiel 7.31 Die *Radioaktivität* ist ein atomarer Prozess, bei dem sich die Zusammensetzung des Atomkerns ändert. Viele radioaktive Prozesse laufen *spontan* ab, das heißt, sie sind nicht vorhersehbar.

Als Beispiel betrachten wir das chemische Element Kohlenstoff, dessen chemisches Zeichen C ist und das sich dadurch auszeichnet, dass sich im Kern 6 Protonen befinden. Am häufigsten kommt in der Natur Kohlenstoff als *Isotop* $^{12}_{6}\mathrm{C}$ vor, also mit $12 - 6 = 6$ Neutronen im Kern (die untere Zahl gibt die Anzahl Protonen, die obere Zahl die Anzahl Protonen und Neutronen insgesamt im Kern an): $98.93\,\%$ aller Kohlenstoffatome sind $^{12}_{6}\mathrm{C}$-Isotope. Praktisch der ganze Rest, also $1.07\,\%$ sind $^{13}_{6}\mathrm{C}$-Isotope. Ein im Vergleich sehr kleiner Teil, nämlich $0.000\,000\,000\,001\,2\,\% = 1.2 \cdot 10^{-12}$ aller Kohlenstoffatome sind $^{14}_{6}\mathrm{C}$-Isotope. Diese Isotope sind radioaktiv und ihre Kerne zerfallen spontan gemäß der Reaktion

$$^{14}_{6}\mathrm{C} \longrightarrow\ ^{14}_{7}\mathrm{N} + \mathrm{e}^- + \overline{\nu}_{\mathrm{e}},$$

wonach eines der acht Neutronen im Kern sich spaltet in ein Proton (das im Kern bleibt und damit das Atom in ein Stickstoffatom umwandelt), ein Elektron, das den Kern verlässt, sowie ein Antineutrino. Das Stickstoffatom $^{14}_{7}\mathrm{N}$ ist stabil.

In den oberen Schichten der Atmosphäre produziert die kosmische Strahlung fortlaufend neue $^{14}_{6}\mathrm{C}$-Isotope durch die Reaktion

$$^{14}_{7}\mathrm{N} + \mathrm{n} \longrightarrow\ ^{14}_{6}\mathrm{C} + \mathrm{p}^+,$$

wobei n ein Neutron und p^+ ein Proton bezeichnet. Dadurch bleibt die Konzentration von $^{14}_{6}\mathrm{C}$ in etwa stabil in der Atmosphäre. Die $^{14}_{6}\mathrm{C}$-Isotope werden genauso wie die anderen Kohlenstoffisotope in lebende Organismen eingebaut. Da lebende Organismen sich in ständigem Stoffwechsel mit der Umgebung befinden (Isotope $^{14}_{6}\mathrm{C}$, die zerfallen, müssen durch neue Kohlenstoffatome ersetzt werden), bleibt die Konzentration der $^{14}_{6}\mathrm{C}$-Isotope konstant, bis der Organismus stirbt. Danach werden keine neuen Kohlenstoffatome mehr eingebaut und die radioaktiven $^{14}_{6}\mathrm{C}$-Isotope zerfallen nach und nach.

Der genaue *Zeitpunkt* des Zerfalls eines einzelnen radioaktiven $^{14}_{6}\mathrm{C}$-Isotops ist nicht vorhersehbar. Jedoch kann man angeben, wie *wahrscheinlich* ein Zerfall in einer gewissen

Zeitspanne ist. Dafür gibt man die *Halbwertszeit* an. Dies ist die Zeitspanne, in der es genau gleich wahrscheinlich ist, dass der Zerfall stattfindet, wie dass er ausbleibt. Bei $^{14}_{6}$C ist die Halbwertszeit $T = 5\,730$ Jahre.

Durch Messung des Verhältnisses der Konzentrationen der $^{14}_{6}$C-Isotope zu den $^{12}_{6}$C-Isotopen kann man so eine *Altersbestimmung* vornehmen.

Angenommen, wir hätten 10 solcher $^{14}_{6}$C-Isotope isoliert. Wie wahrscheinlich ist es, dass nach Ablauf der Halbwertszeit genau 5 der Isotope zerfallen sind und die restlichen 5 weiter bestehen?

Wir können den Zerfall der $^{14}_{6}$C-Isotope als Bernoulli-Prozess mit den Parametern $n = 10$ und $p = \frac{1}{2}$ modellieren. Die gesuchte Wahrscheinlichkeit ist

$$B_{10,\frac{1}{2}}(5) = \binom{10}{5} \cdot \left(\frac{1}{2}\right)^5 \left(1 - \frac{1}{2}\right)^5 = \frac{63}{256} \approx 0.246.$$

Nun soll die doppelte Halbwertszeit $t = 2T = 11\,460$ Jahre gewartet werden. Beachte dabei, dass ein radioaktives Isotop nicht „altert": Nach Ablauf der ersten Halbwertszeit ändert sich nichts an der Wahrscheinlichkeit, in der nächsten Zeit zu zerfallen. Wie wahrscheinlich ist es, dass nach Ablauf der Zeit $t = 2T$ mindestens die Hälfte aller Atome zerfallen sind?

Die Wahrscheinlichkeit, dass das Isotop weder in der ersten noch der zweiten Periode der Länge einer Halbwertszeit zerfällt, ist gleich $\left(\frac{1}{2}\right)^2 = \frac{1}{4}$. Dass es zerfällt, hat daher die Wahrscheinlichkeit $p = 1 - \frac{1}{4} = \frac{3}{4}$. Die gesuchte Wahrscheinlichkeit q, dass mindestens 5 von 10 Atomen zerfallen sind, ist

$$q = \sum_{k=5}^{10} B_{10,\frac{3}{4}}(k) = \sum_{k=5}^{10} \binom{10}{k} \left(\frac{3}{4}\right)^k \left(\frac{1}{4}\right)^{10-k},$$

was sich mit etwas Fleißarbeit zu $q = 0.980$ berechnen lässt. $\Diamond$

Aufgabe 7.60 ✓ Ein *Galtonbrett* ist eine Vorrichtung, bei der Kugeln über ein Nagelbrett nach unten fallen, siehe Abb. 7.15. Die Nägel sind versetzt, so dass eine Kugel von Schicht zu Schicht immer zwischen zwei Nägeln durchfällt und dann auf einen Nagel der nächsten Schicht trifft. Bei jedem Nagel ist die Wahrscheinlichkeit gerade 50 %, dass die Kugel nach rechts oder links ausweicht, um eine Schicht weiter nach unten zu gelangen. Am unteren Ende des Bretts sind Schächte, in denen man die Anzahl hierhin gefallener Kugeln zählen kann.

Modelliere das Herunterfallen *einer* Kugel im Galtonbrett aus Abb. 7.15 (das Brett hat 9 Schichten) durch einen Bernoulli-Prozess. Als Erfolg soll „fällt nach links" gelten.

Bestimme die Wahrscheinlichkeit q, dass die Kugel in einen der zwei mittleren Schächte fällt.

Abb. 7.15 Ein Galtonbrett mit
9 Stufen

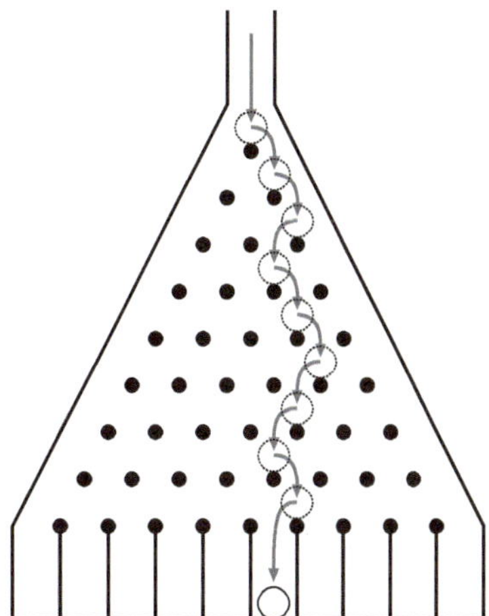

Abb. 7.16 Francis Galton
(1822–1911)

Auszug aus der Geschichte

Das Galtonbrett ist nach dem englischen Wissenschaftler Francis Galton (1822–1911) benannt,
siehe Abb. 7.16. Dieser war Naturforscher und gilt als einer der Väter der *Eugenik*, zu deutsch
„Erbgesundheitslehre", nach der die menschliche Rasse durch Auslese verbessert werden sollte. In
der Wahrscheinlichkeitstheorie führte er wesentliche neue Begriffe, wie zum Beispiel die *Regression*
ein, siehe den 2. Band dieses Buchs.

Aufgabe 7.61 ✓ Nun sollen 10 Kugeln durch das Galtonbrett in Abb. 7.15 fallen gelassen
werden. Wie wahrscheinlich ist es, dass mindestens 5 davon in einen der zwei mittleren
Schächte fallen? Benutze dazu die zuvor in Aufgabe 7.60 berechnete Wahrscheinlichkeit q.

Aufgabe 7.62 Wie wahrscheinlich ist es, dass von 10 radioaktiven Atomen nur eines oder
gar keines nach Ablauf einer Halbwertszeit zerfallen ist?

Die Zufallsvariable X, die bei einem Bernoulli-Prozess mit den Parametern n und p die Anzahl der Erfolge angibt, kann wie folgt als Summe betrachtet werden:

$$X = X_1 + X_2 + \ldots + X_n,$$

wobei X_i die Zufallsvariable ist, die angibt, ob im i-ten Versuch ein Erfolg oder ein Misserfolg erzielt wurde, genauer

$$X_i(e) = \begin{cases} 0, & \text{falls der } i\text{-te Eintrag von } e \text{ ein Misserfolg ist,} \\ 1, & \text{falls der } i\text{-te Eintrag von } e \text{ ein Erfolg ist.} \end{cases}$$

Nun gilt $P(X_i = 1) = p$ und $P(X_i = 0) = 1 - p$ und somit berechnet sich der Erwartungswert von X_i gemäß (7.1) als

$$\mathrm{E}[X_i] = P(X_i = 1) \cdot 1 + P(X_i = 0) \cdot 0 = p \cdot 1 + (1 - p) \cdot 0 = p.$$

Nach Satz 7.1 gilt daher

$$\mathrm{E}[X] = \mathrm{E}[X_1] + \mathrm{E}[X_2] + \ldots + \mathrm{E}[X_n] = p + p + \ldots + p = np.$$

Beispiel 7.32 Der 10-fache Münzwurf kann als Bernoulli-Prozess mit $n = 10$ und $p = \frac{1}{2}$ modelliert werden. Ist X die Zufallsvariable, die die Anzahl geworfener Köpfe angibt, so ist der Erwartungswert gleich $\mathrm{E}[X] = np = 10 \cdot \frac{1}{2} = 5$. Dies entspricht unserer Intuition: Wir würden erwarten, dass (ungefähr) die Hälfte der Münzen Kopf und die andere Hälfte Zahl zeigt. $\Diamond$

Aufgabe 7.63 $\checkmark$ Man lässt 10 Kugeln in das Galtonbrett in Abb. 7.15 fallen. Wie viele Kugeln kann man in einem der zwei mittleren Schächte erwarten? Vergleiche dazu die Berechnung der Wahrscheinlichkeit q aus Aufgabe 7.60.

7.8 Verteilungen

Wenn wir ein Zufallsexperiment haben, wählen wir die Zufallsvariablen so, dass wir die Information erhalten, die uns interessiert. Auf diese Art und Weise kann man ein Zufallsexperiment durch ein neues Zufallsexperiment modellieren, in dem die Ergebnisse genau die möglichen Werte der ausgesuchten Zufallsvariablen sind. Damit fokussiert man das Zufallsexperiment auf die für uns interessante Information.

Wenn wir zum Beispiel 100 Mal eine faire Münze werfen und uns dabei nur interessiert, wie viele Male Kopf gefallen ist, dann wählen wir die Zufallsvariable X, die die Anzahl der gefallenen Köpfe zählt. Das Zufallsexperiment des 100-fachen Münzwurfs würden wir durch die Ergebnismenge

$$S_{100} = \{(e_1, e_2, \ldots, e_{100}) \mid e_i \in \{\text{Kopf}, \text{Zahl}\}\}$$

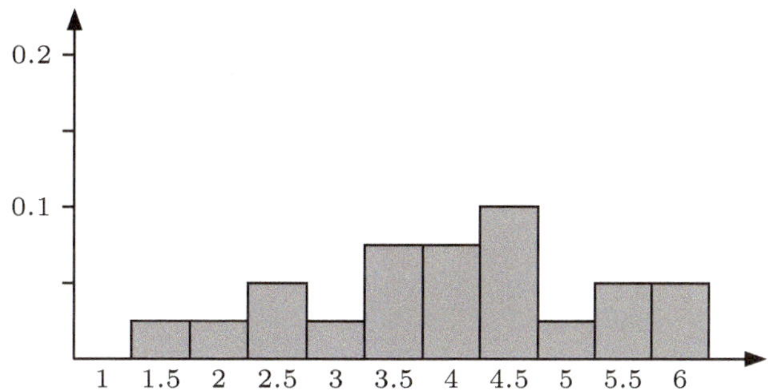

Abb. 7.17 Histogramm der Mathematiknoten aus Beispiel 7.16

und die Wahrscheinlichkeitsfunktion P_{100} mit $P_{100}(s) = \frac{1}{2^{100}}$ für jedes Ergebnis s modellieren, also mit dem Wahrscheinlichkeitsraum $\Omega = (S_{100}, P_{100})$. Da wir uns aber lediglich für die Anzahl der gefallenen Köpfe interessieren, können wir die wesentlich kleinere Ergebnismenge

$$S_X = \{0, 1, \ldots, 100\}$$

betrachten und müssen dann die zugehörige Wahrscheinlichkeitsfunktion P_X bestimmen. Wir betrachten in diesem Fall den Wahrscheinlichkeitsraum $\Omega_X = (S_X, P_X)$. Diese Idee haben wir schon bei der Begründung der Formel (7.1) für eine effiziente Berechnung von $E[X]$ angesprochen. Die Wahrscheinlichkeitsverteilung P_X nennen wir dann die **Verteilung der Zufallsvariablen X im Zufallsexperiment Ω**. Diese Verteilung von X gibt uns für jeden möglichen Wert n von X die Wahrscheinlichkeit, mit der dieser Wert in Ω vorkommt. Den Übergang von Ω zu Ω_X kann man als eine Vereinfachung des Zufallsexperiments Ω betrachten, indem wir in Ω_X nur auf einen für uns interessanten Parameter der Zufallsereignisse schauen. Immerhin befinden sich 2^{100} Ergebnisse in Ω und in Ω_{100} sind es nur 101.

Aufgabe 7.64 Betrachte $\Omega = (S_3, P_3)$ mit $S_3 = \{(e_1, e_2, e_3) \mid e_1, e_2, e_3 \in \{\text{Kopf}, \text{Zahl}\}\}$ als dreifachen Wurf einer fairen Münze. Wähle X als Zufallsvariable, die die Anzahl der gefallenen Köpfe zählt. Beschreibe Ω_X vollständig, indem du $P_X(n)$ für alle Werte $n \in \{0, 1, 2, 3\}$ bestimmst.

Die Verteilung einer Zufallsvariablen X ist die Angabe, wie wahrscheinlich jeder mögliche Wert n für X ist.

Begriffsbildung 7.10 *Sei $\Omega = (S, P)$ ein Wahrscheinlichkeitsraum und X eine Zufallsvariable auf Ω. Die Funktion, die jedem Wert n die Wahrscheinlichkeit $P(X = n)$ zuordnet, heißt* **Verteilung von X**. *Zeichnet man die Werte in einer Grafik (häufig als Säulendiagramm), so nennt man das entstehende Diagramm* **Histogramm von X**.

Beispiel 7.33 Betrachten wir die Klasse mit den Mathematiknoten aus Beispiel 7.16. Das zugehörige Histogramm ist in Abb. 7.17 dargestellt. Die Höhen der vertikalen Balken geben also gerade die Wahrscheinlichkeiten $P(X = n)$ an. $\Diamond$

Aufgabe 7.65 ✓ Zeichne das Histogramm des Gewinns im Glücksspiel *Chuck-a-luck*, siehe Aufgabe 7.23.

Aufgabe 7.66 Zeichne das Histogramm des Gewinns von Fink im Glücksspiel, das Anna Fink vorschlägt, siehe Aufgabe 7.25.

Aufgabe 7.67 Betrachte den 10-fachen Münzwurf und definiere die Zufallsvariable X als die Anzahl der gefallenen Zahlen. Zeichne das Histogramm für diese Zufallsvariable.

Abb. 7.18 zeigt die Histogramme der Wahrscheinlichkeitsverteilung bei einem Bernoulli-Prozess mit $n = 10$ Versuchen zu verschiedenen Erfolgswahrscheinlichkeiten.

Man erkennt daran, dass das Histogramm einen „Berg" bildet, dessen Gipfel bei $k = np$ liegt. Dies ist gerade der Erwartungswert $\mathrm{E}[X]$. Von allen Wahrscheinlichkeiten $P(X = k)$ ist also $P(X = np)$ am größten. Dies stimmt jedoch nur, wenn np ganzzahlig ist. Andernfalls liegt np zwischen den ganzen Zahlen z und $z + 1$ und dann ist einer der zwei Wahrscheinlichkeiten $P(X = z)$ oder $P(X = z + 1)$ am größten oder beide sind gleich groß.

Beispiel 7.34 Ein „Rechts-vor-oben-Roboter", siehe Aufgabe 7.58, läuft ausgehend von $O = (0, 0)$ genau 10 Einheiten und bleibt dann stehen. Bestimme die Koordinaten des Gitterpunktes, bei dem er mit der größten Wahrscheinlichkeit endet.

Der „Rechts-vor-oben-Roboter" bevorzugt rechts vor oben im Verhältnis $2 : 1$. Die Wahrscheinlichkeit für „rechts" ist daher $p = \frac{2}{3}$ in jedem Schritt. Seine Endposition ist nur von der Anzahl der Schritte k nach rechts abhängig, die nach oben sind dann $10 - k$. Wir können daher die Endposition durch einen Bernoulli-Prozess modellieren mit $n = 10$ und $p = \frac{2}{3}$. Die Zufallsvariable X gibt dann an, wie viele Schritte er nach rechts gegangen ist. Deren Erwartungswert $\mathrm{E}[X]$ ist

$$\mathrm{E}[X] = np = 10 \cdot \frac{2}{3} \approx 6.67.$$

Dieser Wert ist nicht ganzzahlig. Also müssen wir $P(X = 6)$ und $P(X = 7)$ bestimmen und vergleichen. Es gilt

$$P(X = 6) = \binom{10}{6} \left(\frac{2}{3}\right)^6 \left(\frac{1}{3}\right)^4 \approx 0.228,$$

$$P(X = 7) = \binom{10}{7} \left(\frac{2}{3}\right)^7 \left(\frac{1}{3}\right)^3 \approx 0.260.$$

Die wahrscheinlichste Position, an der der Roboter endet, ist daher $(7, 3)$.   ◇

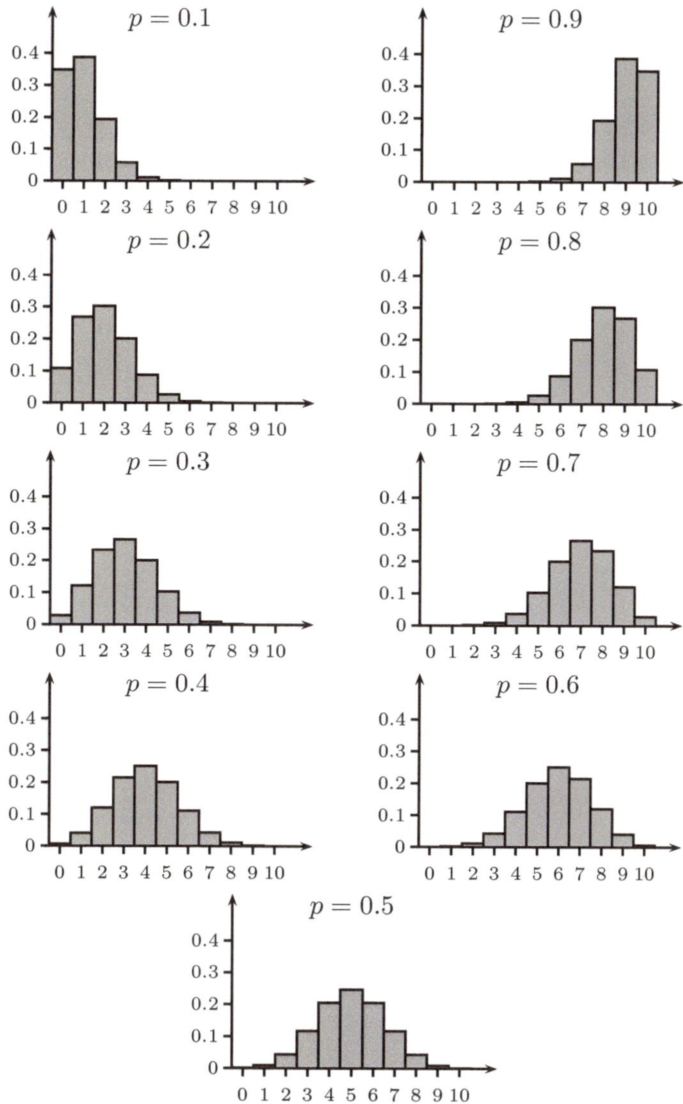

Abb. 7.18 Histogramme zu Bernoulli-Prozessen mit $n = 10$

Aufgabe 7.68 ✓ Welche ist die wahrscheinlichste Position, an der der „Rechts-vor-oben-Roboter" landet, wenn er $n = 9$ Einheiten geht und dann stehen bleibt?

Aufgabe 7.69 ✓ Welche ist die wahrscheinlichste Position, an der der „Rechts-vor-oben-Roboter" landet, wenn er $n = 11$ Einheiten geht und dann stehen bleibt?

Aufgabe 7.70 In welchen Schacht fallen die Kugeln beim Galtonbrett in Abb. 7.15 mit der größten Wahrscheinlichkeit?

Man kann den Begriff der Verteilung wie folgt noch weiter verallgemeinern.

Begriffsbildung 7.11 *Eine **Verteilung** V ist eine Funktion, die jeder reellen Zahl k eine nicht-negative reelle Zahl V(k) zuordnet, und zwar so, dass die Summe aller Werte gleich 1 ist. Die meisten Werte werden also gleich 0 sein.*

Ist X eine Zufallsvariable auf dem Wahrscheinlichkeitsraum $\Omega = (S, P)$, so ist die Verteilung von X die Funktion $v_X \colon \mathbb{R} \to \mathbb{R}$, wobei v_X durch

$$v_X(k) = P(X = k)$$

definiert ist.

Beispiel 7.35 Betrachten wir noch einmal Beispiel 7.9, bei dem einmal gewürfelt wird, und die Zufallsvariable X mit

$$X(i) = \begin{cases} 0, & \text{falls } i = 1, 2, 3, \\ 1, & \text{falls } i = 4, 5, \\ 2, & \text{falls } i = 6. \end{cases}$$

Für die Verteilung v_X von X gilt dann

$$v_X(0) = \frac{3}{6}, \quad v_X(1) = \frac{2}{6}, \quad \text{und} \quad v_X(2) = \frac{1}{6}$$

und $v_X(k) = 0$ für alle anderen k. $\Diamond$

Aufgabe 7.71 ✓ Bestimme die Verteilung v_X, wenn X die Anzahl der gefallenen Köpfe beim zweifachen Wurf einer fairen Münze ist.

Aufgabe 7.72 Bestimme die Verteilung v_X, wenn X die Anzahl der gewonnener Dosen beim Drehen des Glücksrades aus Beispiel 7.2 ist.

Eine häufig auftretende Situation ist die, dass eine Zufallsvariable jeden möglichen Wert mit derselben Wahrscheinlichkeit annimmt. Man sagt dann, dass die Variable *uniform* verteilt ist. Anstatt von einer Zufallsvariable zu sprechen, kann man sich auch ausschließlich auf die möglichen Werte beschränken. Diese bilden eine endliche Menge. So erhält man folgende Begriffsbildung.

Begriffsbildung 7.12 *Sei M eine endliche Teilmenge der reellen Zahlen und $m = |M|$ die Anzahl ihrer Elemente. Man nennt die Funktion $u_M \colon \mathbb{R} \to \mathbb{R}$ mit*

$$u_M(k) = \begin{cases} \frac{1}{m}, & \textit{falls } k \in M, \\ 0, & \textit{sonst} \end{cases}$$

*die **uniforme Verteilung auf M**.*

Beispiel 7.36 Es soll zufällig eine Primzahl $p \leq 15$ ausgewählt werden. Jede mögliche Primzahl soll dieselbe Wahrscheinlichkeit haben, gewählt zu werden. Die Menge der Primzahlen $p \leq 15$ haben wir mit PRIM(15) bezeichnet. Es gilt

$$\mathrm{PRIM}(15) = \{2, 3, 5, 7, 11, 13\}.$$

Es gibt also $m = 6$ solche Primzahlen. Um eine von ihnen auszuwählen, können wir einen Spielwürfel werfen. Der Spielwürfel kann die Augenzahlen $1, 2, 3, 4, 5, 6$ annehmen. Die Zufallsvariable ordnet nun diesen Augenzahlen die 6 Primzahlen zu:

$$X \colon 1 \mapsto 2, \quad X \colon 2 \mapsto 3, \quad X \colon 3 \mapsto 5,$$
$$X \colon 4 \mapsto 7, \quad X \colon 5 \mapsto 11, \quad X \colon 6 \mapsto 13.$$

Damit hat jede mögliche Primzahl dieselbe Wahrscheinlichkeit, gewählt zu werden. Die Zufallsvariable X ist uniform verteilt und es gilt

$$u_{\mathrm{PRIM}(15)}(i) = \begin{cases} \frac{1}{6}, & \text{falls } i = 2, 3, 5, 7, 11, 13, \\ 0, & \text{sonst.} \end{cases} \qquad \Diamond$$

Aufgabe 7.73 $\checkmark$ Es soll eine beliebige gerade Zahl x mit $20 \leq x \leq 60$ ausgewählt werden. Bestimme dazu die uniforme Verteilung.

Aufgabe 7.74 $\checkmark$ Es soll zufällig eine Zweierpotenz $1, 2, 4, \ldots, 128$ mit derselben Wahrscheinlichkeit ausgewählt werden. Sei u die zugehörige uniforme Verteilung. Berechne die Werte $u(8)$ und $u(9)$.

Begriffsbildung 7.13 *Zwei Zufallsvariablen X und Y nennt man **gleich verteilt**, falls sie dieselben Verteilungsfunktionen haben, also $v_X = v_Y$ gilt. Man beachte dabei, dass die Zufallsvariablen zu ganz verschiedenen Zufallsexperimenten gehören können. Wichtig ist nur, dass sie alle möglichen Werte mit derselben Wahrscheinlichkeit annehmen.*

Beispiel 7.37 Sei X die Anzahl geworfener Köpfe beim zweifachen Münzwurf. Sei andererseits die Zufallsvariable Y beim zweifachen Würfeln wie folgt definiert:

$$Y\big((i,j)\big) = \begin{cases} 0, & \text{falls } i \leq 3 \text{ und } j \leq 3, \\ 2, & \text{falls das Maximum von } i \text{ und } j \text{ gleich 5 ist,} \\ 1, & \text{sonst.} \end{cases}$$

Die möglichen Werte von X sind gleich 0, 1 und 2. Dies sind dieselben Werte, die auch Y annehmen kann. Das Zufallsexperiment des zweifachen Münzwurfs modellieren wir mit (S_1, P_1), wobei $S_1 = \{KK, KZ, ZK, ZZ\}$ und $P_1(s) = \frac{1}{4}$ für jedes Ergebnis s aus S_1. Nur bei ZZ nimmt X den Wert 0 an, somit gilt $P_1(X = 0) = P(ZZ) = \frac{1}{4}$. Ähnlich sieht man $P_1(X = 1) = \frac{1}{2}$ und $P_1(X = 2) = \frac{1}{4}$. Also ist die Verteilung von X definiert durch

$$v_X(0) = \frac{1}{4}, \quad v_X(1) = \frac{1}{2}, \quad v_X(2) = \frac{1}{4}.$$

Nun betrachten wir die Zufallsvariable Y. Diese ist definiert für das Zufallsexperiment des zweifachen Würfelns, das wir mit (S_2, P_2) modellieren, wobei $S_2 = \{(i,j) \mid i, j = 1, \ldots 6\}$ und $P_2\big((i,j)\big) = \frac{1}{36}$ für jedes (i,j) aus S_2. Damit X den Wert 0 annimmt, müssen sowohl i als auch j kleiner gleich 3 sein. Somit gilt

$$\text{Ereignis}(Y = 0) = \{(1,1), (1,2), (1,3), (2,1), (2,2), (2,3), (3,1), (3,2), (3,3)\}$$

und damit

$$v_Y(0) = P_2(Y = 0) = \frac{9}{36} = \frac{1}{4}.$$

Ähnlich sieht man

$$\text{Ereignis}(Y = 2) = \{(1,5), (2,5), (3,5), (4,5), (5,5), (5,4), (5,3), (5,2), (5,1)\}$$

und damit $v_Y(2) = \frac{1}{4}$. Das Ereignis Ereignis$(Y = 1)$ beinhaltet die restlichen 18 Elemente und hat dadurch eine Wahrscheinlichkeit von $P_2(Y = 1) = \frac{18}{36} = \frac{1}{2}$. Somit gilt

$$v_Y(0) = \frac{1}{4}, \quad v_Y(1) = \frac{1}{2}, \quad \text{und} \quad v_Y(2) = \frac{1}{4}$$

und damit $v_X(k) = v_Y(k)$ für alle möglichen k.

Dies zeigt, dass die beiden Zufallsvariablen X und Y gleich verteilt sind. ◇

Aufgabe 7.75 ✓ Wir wählen X als die Zufallsvariable aus Beispiel 7.35. Außerdem betrachten wir einen Zufallsroboter, der von allen möglichen kürzesten Gitterwegen von $(0,0)$ nach $(2,2)$ zufällig einen aussucht, wobei jeder Weg dieselbe Wahrscheinlichkeit haben soll, gewählt zu werden. Die Zufallsvariable Y ist definiert als die y-Koordinate

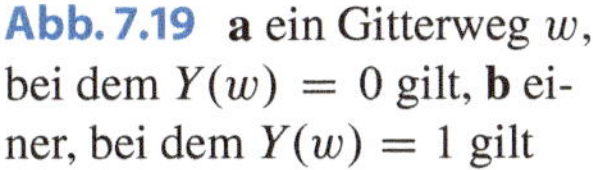

Abb. 7.19 **a** ein Gitterweg w, bei dem $Y(w) = 0$ gilt, **b** einer, bei dem $Y(w) = 1$ gilt

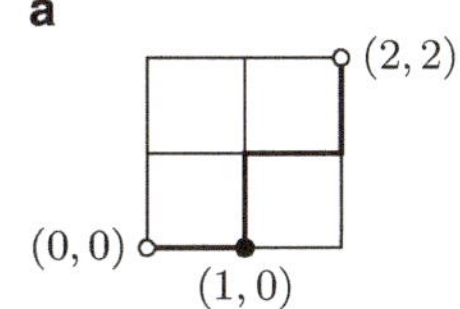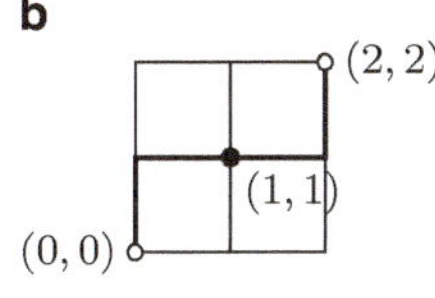

Abb. 7.20 Die 6 Strecken im Quadrat: $\{0, 1\}$, $\{0, 2\}$, $\{0, 3\}$, $\{1, 2\}$, $\{1, 3\}$, $\{2, 3\}$

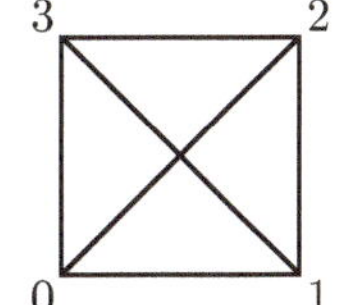

des ersten Gitterpunktes (x, y) entlang seines Weges mit $x = 1$, siehe Abb. 7.19. Zeige, dass die beiden Zufallsvariablen X und Y gleich verteilt sind.

Aufgabe 7.76 ✓ Fritz hat bei einem normalen Würfel die Seite mit 6 Augen durch eine mit 3 Augen übermalt. Sei X die Augenzahl beim einmaligen Werfen dieses modifizierten Würfels. Sei andererseits Y die Summe der Zahlen an den Enden einer zufällig ausgewählten Strecke (Seite oder Diagonale) bei einem Quadrat, bei dem die Ecken mit 0, 1, 2 und 3 bezeichnet wurden, siehe Abb. 7.20. Zeige, dass X und Y gleich verteilte Zufallsvariablen sind.

Aufgabe 7.77 Sei X die kleinere der beiden Zahlen an den Enden einer zufällig ausgewählten Strecke im Fünfeck in Abb. 7.21. Andererseits sei Y die y-Koordinate des ersten Gitterpunktes $(1, y)$ eines zufällig ausgewählten kürzesten Gitterweges von $(0, 0)$ nach $(2, 3)$, siehe Abb. 7.22. Zeige, dass die beiden Zufallsvariablen X und Y gleich verteilt sind.

Abb. 7.21 Die 10 Strecken (Seiten und Diagonalen) im Fünfeck

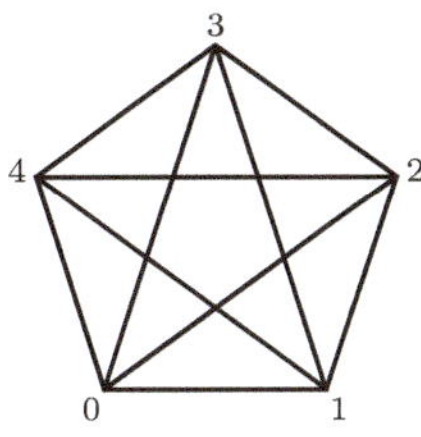

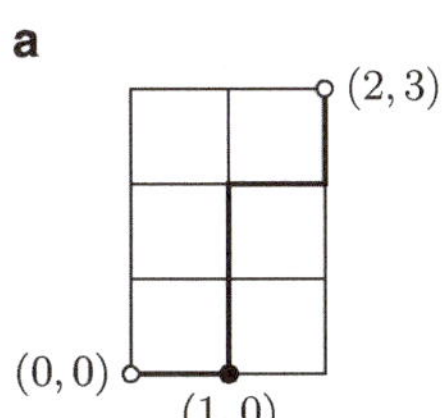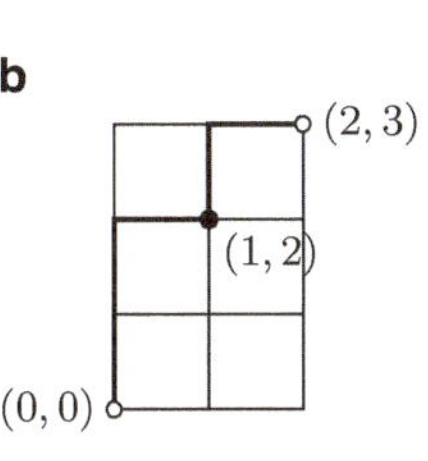

Abb. 7.22 **a** ein Gitterweg w, bei dem $Y(w) = 0$ gilt, **b** einer, bei dem $Y(w) = 2$ gilt

7.9 Anwendungen in der Algorithmik

Als eine der ersten Anwendungen der Wahrscheinlichkeitstheorie in der Informatik haben wir ein randomisiertes Kommunikationsprotokoll entworfen, siehe Abschn. 4.4. Es ging um die Überprüfung, ob zwei große, mit n Bits kodierte Zahlen A und B aus dem Intervall $\{0, 1, \ldots, 2^n - 1\}$ gleich sind oder nicht. Der Computer C_I kennt die Zahl A, der Computer C_II kennt B und die Frage ist, wie viele Bits C_I und C_II austauschen müssen, um mit hoher Wahrscheinlichkeit die richtige Antwort „$A = B$" oder „$A \neq B$" auszugeben.

Das vorgeschlagene Protokoll hat zufällig eine Primzahl $p \leq n^2$ gewählt. Zur Erinnerung: Wir haben die Menge aller Primzahlen, die kleiner als m sind, mit $\mathrm{PRIM}(m)$ bezeichnet. Hier ist also $p \in \mathrm{PRIM}(n^2)$. Der Computer C_I berechnet dabei $A \bmod p = r$ und schickt p und r an den Computer C_II. Dieser berechnet dann $B \bmod p = s$ und antwortet mit „$A = B$", falls $s = r$ gilt und mit „$A \neq B$", falls $s \neq r$. Der zu Grunde liegende Wahrscheinlichkeitsraum ist $(\mathrm{PRIM}(n^2), P)$, wobei P die uniforme Wahrscheinlichkeitsverteilung auf $\mathrm{PRIM}(n^2)$ ist. Hier wollen wir den gewöhnlichen Weg zur Fehleranalyse (oder Erfolgsanalyse) des randomisierten Verfahrens mittels des Konzeptes der Zufallsvariablen aufzeigen.

Falls $A = B$, liefert das randomisierte Protokoll offensichtlich immer die richtige Antwort „$A = B$". Seien $A \neq B$ also zwei verschiedene Zahlen. Wir wollen nun die Fehlerwahrscheinlichkeit für die Eingabe (A, B) untersuchen, also die Wahrscheinlichkeit, dass das Protokoll „$A = B$" ausgibt. Dazu definieren wir die Zufallsvariable $X_{A,B}$ durch

$$X_{A,B}(p) = \begin{cases} 1, & A \bmod p \neq B \bmod p, \quad \{p \text{ ist gut für } (A, B)\} \\ 0, & A \bmod p = B \bmod p. \quad \{p \text{ ist schlecht für } (A, B)\} \end{cases}$$

Wir beobachten, dass

$$\mathrm{Ereignis}(X_{A,B} = 1) = \{q \mid q \in \mathrm{PRIM}(n^2) \text{ und } q \text{ ist gut für } (A, B)\}$$

das Ereignis ist, die korrekte Antwort zu erhalten, und dass

$$\mathrm{Ereignis}(X_{A,B} = 0) = \{p \mid p \in \mathrm{PRIM}(n^2) \text{ und } p \text{ ist schlecht für } (A, B)\}$$

das Ereignis ist, die falsche Antwort zu erhalten. Wenn wir jetzt den Erwartungswert von $X_{A,B}$ auszudrücken versuchen, erhalten wir

$$\begin{aligned} \mathrm{E}[X_{A,B}] &= \sum_{p \in \mathrm{PRIM}(n^2)} X_{A,B}(p) \cdot P(p) \\ &= \sum_{p \in \mathrm{PRIM}(n^2)} X_{A,B}(p) \cdot \frac{1}{|\mathrm{PRIM}(n^2)|} \\ &= \sum_{p \in \mathrm{Ereignis}(X_{A,B}=1)} 1 \cdot \frac{1}{|\mathrm{PRIM}(n^2)|} + \sum_{p \in \mathrm{Ereignis}(X_{A,B}=0)} 0 \cdot \frac{1}{|\mathrm{PRIM}(n^2)|} \end{aligned}$$

$$= \frac{1}{|\mathrm{PRIM}(n^2)|} \cdot \sum_{p \in \mathrm{Ereignis}(X_{A,B})=1} 1$$

$$= \frac{|\mathrm{Ereignis}(X_{A,B} = 1)|}{|\mathrm{PRIM}(n^2)|} = P(X_{A,B} = 1).$$

Weil $P(X_{A,B} = 1)$ die Wahrscheinlichkeit der korrekten Antwort „$A \neq B$" für die Eingabe (A, B) ist, ist der Erwartungswert $\mathrm{E}[X_{A,B}] = P(X_{A,B} = 1)$ die gesuchte Erfolgswahrscheinlichkeit für die Eingabe (A, B). Offensichtlich ist $1 - \mathrm{E}[X_{A,B}] = P(X_{A,B} = 0)$ die Fehlerwahrscheinlichkeit des Protokolls für die Eingabe (A, B). Weil wir wissen, dass $|\mathrm{PRIM}(n^2)| \approx \frac{n^2}{2\ln(n)}$ gilt und weil wir zudem $|\mathrm{E}[X_{A,B} = 0]| \leq n - 1$ bewiesen haben, erhalten wir[3]

$$1 - \mathrm{E}[X_{A,B}] = P(X_{A,B} = 0) = \frac{|\mathrm{E}[X_{A,B} = 0]|}{|\mathrm{PRIM}(n^2)|}$$

$$\lesssim \frac{n-1}{\frac{n^2}{2\ln(n)}} \leq \frac{2\ln(n)}{n}.$$

Somit geht die Fehlerwahrscheinlichkeit mit wachsendem n gegen 0.

Aufgabe 7.78 ✓ Lassen wir das Protokoll zufällig zwei Primzahlen p und q aus $\mathrm{PRIM}(n^2)$ wählen. Wir definieren die Zufallsvariable $X_{A,B}$ für $A \neq B$ als $X_{A,B}\big((p,q)\big) = 1$, falls $A \bmod p \neq B \bmod p$ oder $A \bmod q \neq B \bmod q$ (wenn also mindestens eine der beiden Primzahlen den Unterschied zwischen A und B bezeugt). Sonst setzen wir $X_{A,B}(p,q) = 0$. Erkläre, warum $\mathrm{E}[X_{A,B}]$ die Erfolgswahrscheinlichkeit des Protokolls für die Eingabe (A, B) ist und zeige eine gute untere Schranke für den Wert $\mathrm{E}[X_{A,B}]$.

Aufgabe 7.79 Modifiziere das randomisierte Protokoll so, dass es zufällig eine Primzahl aus $\mathrm{PRIM}(n^4)$ wählt. Analysiere die Fehlerwahrscheinlichkeit mittels des Konzepts der Zufallsvariablen.

Begriffsbildung 7.14 *Sei $\Omega(S, P)$ ein Wahrscheinlichkeitsraum und sei $X\colon S \to \{0, 1\}$ eine Zufallsvariable, die nur die Werte 0 und 1 annehmen kann. Dann wird X eine **Indikatorvariable** genannt.*

Für jede Indikatorvariable X gilt

$$\mathrm{E}[X] = P(X = 1). \tag{7.2}$$

$\mathrm{E}[X]$ ist also die Wahrscheinlichkeit des Ereignisses $\mathrm{Ereignis}(X = 1)$, dass zufällig eines der mit 1 markierten Ergebnisse gewählt wird. Wenn bei randomisierten Algorithmen

---

[3] Das Zeichen $\lesssim$ bedeutet, dass die Ungleichung ab einem ausreichend großen n gilt.

die Berechnungen auf einer Eingabe als Ergebnisse eines Zufallsexperiments betrachtet werden und die korrekten Berechnungen mit 1 markiert werden, dann ist $E[X]$ die Erfolgswahrscheinlichkeit des Algorithmus auf der betrachteten Eingabe.

Überprüfen wir (7.2) noch allgemein:

$$
\begin{aligned}
E[X] &= \sum_{e \in S} P(e) \cdot X(e) \\
&= \sum_{e \in \mathrm{Ereignis}(X=1)} P(e) \cdot 1 + \sum_{e \in \mathrm{Ereignis}(X=0)} P(e) \cdot 0 \\
&= \sum_{e \in \mathrm{Ereignis}(X=1)} P(e) = P(X=1).
\end{aligned}
$$

Aufgabe 7.80 Nehmen wir an, dass das randomisierte Protokoll zufällig drei Primzahlen aus $\mathrm{PRIM}(n^3)$ wählt. Beschreibe das zugehörige Zufallsexperiment als einen Wahrscheinlichkeitsraum und wähle eine Indikatorvariable $X_{A,B}$ für jede Eingabe (A, B) so, dass $E[X_{A,B}]$ der Erfolgswahrscheinlichkeit des Protokolls auf der Eingabe (A, B) entspricht. Schränke dann die Fehlerwahrscheinlichkeit ein.

7.9.1　Suche nach einem Element

Betrachten wir jetzt eine klassische algorithmische Suchaufgabe. Man hat n paarweise unterschiedliche Elemente, die nicht sortiert sind. Die Aufgabe ist es, das Element mit dem Wert a zu finden, indem wir uns ein Element nach dem anderen anschauen, bis wir das Element a finden. Die Frage ist, wie viele Elemente man sich erwartungsgemäß anschauen muss, bis man a findet (das heißt, wie aufwendig unsere Suche ist).

Beispiel 7.38 Weil die Elemente paarweise unterschiedlich und unsortiert sind, können wir die Vorgehensweise wie folgt modellieren: Wir haben n Bälle in einem Hut und die Bälle sind mit den Zahlen $1, 2, \ldots, n$ nummeriert. Wir ziehen zufällig einen Ball nach dem anderen, bis der Hut leer ist, und fragen, bei der wievielten Zahl wir die gesuchte Nummer $a \in \{1, 2, \ldots, n\}$ erhalten. Genauer gesagt betrachten wir den Wahrscheinlichkeitsraum (S, P), wobei S die Menge aller Permutationen und P die Gleichverteilung ist. Eine Permutation der Zahlen $1, 2, \ldots, n$ können wir als Tupel $(i_1, i_2, \ldots, i_n)$ schreiben, wobei aber je zwei Einträge verschieden sein müssen, also $i_r \neq i_s$ für alle $r \neq s$ gelten muss. Somit ist

$$
S = \left\{ (i_1, i_2, \ldots, i_n) \;\middle|\; \begin{array}{l} i_r \in \{1, 2, \ldots, n\} \text{ für alle } r = 1, 2, \ldots, n \\ \text{und } i_r \neq i_s \text{ für alle } r \neq s \end{array} \right\}
$$

die Menge aller Permutationen von n Zahlen aus $\{1, 2, \ldots, n\}$. Da S genau $n!$ Elemente enthält, ist die Wahrscheinlichkeitsfunktion P durch $P(e) = \frac{1}{n!}$ für jedes $e \in S$ definiert.

Jetzt wählen wir die Zufallsvariable $X \colon S \to \{1, 2, \ldots, n\}$ definiert durch

$$X(e) = X\big((i_1, i_2, \ldots, i_n)\big) = r, \text{ wenn } i_r = a,$$

das heißt, $X(e)$ ist die Position des Elements a in $(i_1, i_2, \ldots, i_n)$ und somit die Ordnung der Ziehung, bei der die Kugel mit Nummer a gezogen wurde.

Somit ist $E[X]$ der erwartete Aufwand bei der Suche nach a. Bevor wir versuchen $E[X]$ zu bestimmen, stellen wir einige Vorüberlegungen an. Sei S_r die Menge aller Permutationen $e = (i_1, i_2, \ldots, i_n)$, bei denen $X(e) = r$ gilt, also a an der r-ten Position steht. Bei jeder solchen Permutation kennen wir den Eintrag an der Stelle r, alles andere ist unbekannt. Daher gibt es $(n-1)!$ solche Permutationen und die Menge S_r hat $(n-1)!$ Elemente. Somit ist

$$P(X = r) = \frac{(n-1)!}{n!} = \frac{1}{n}.$$

Wir berechnen nun $E[X]$ und verwenden dabei die Formel (7.1):

$$E[X] = \sum_{r=1}^{n} P(X = r) \cdot r = \sum_{r=1}^{n} \frac{1}{n} \cdot r = \frac{1}{n} \cdot \left(\sum_{r=1}^{n} r \right) = \frac{1}{n} \cdot \frac{n(n+1)}{2} = \frac{n+1}{2}.$$

Somit ist der erwartete Aufwand, um a zu finden, $\frac{n+1}{2}$ Ziehungen. Natürlich erhält man, wenn man Glück hat, a beim ersten Versuch. Wenn man Pech hat, ist a der letzte Ball im Hut und die Anzahl der Ziehungen ist n. Wenn man diese Aufgabe viele Male lösen muss, dann kann man erwarten, dass man im Durchschnitt pro Aufgabe $\frac{n+1}{2}$ Ziehungen durchführen muss. $\Diamond$

Aufgabe 7.81 $\checkmark$ Wir haben eine Menge von 4 Elementen $\{a, b, c, d\}$. Wir wollen entweder a oder b finden. Wie lange muss man erwartungsgemäß ziehen, bis man eines der beiden gefunden hat?

Beispiel 7.39 Wir können die gestellte Aufgabe der Suche nach einem Element aus einer Menge oder unsortierten Folge auch auf andere Weise durch ein Zufallsexperiment modellieren. Betrachten wir das Baumdiagramm in Abb. 7.23. Wir haben n Bälle, darunter einen weißen und $n-1$ schwarze. Wir ziehen ohne Zurücklegen so lange, bis wir die weiße Kugel erhalten. Beim ersten Versuch ziehen wir die weiße Kugel mit der Wahrscheinlichkeit $\frac{1}{n}$ und eine schwarze mit der Wahrscheinlichkeit $\frac{n-1}{n}$. Wir setzen das Ziehen nur fort, wenn wir die weiße Kugel nicht erhalten haben. Beim zweiten Ziehen erhalten wir die weiße Kugel mit der Wahrscheinlichkeit $\frac{1}{n-1}$ und eine schwarze Kugel mit der Wahrscheinlichkeit $\frac{n-2}{n-1}$. Somit ist die Wahrscheinlichkeit, die weiße Kugel beim zweiten Ziehen zu erhalten, genau

$$\frac{n-1}{n} \cdot \frac{1}{n-1} = \frac{1}{n}.$$

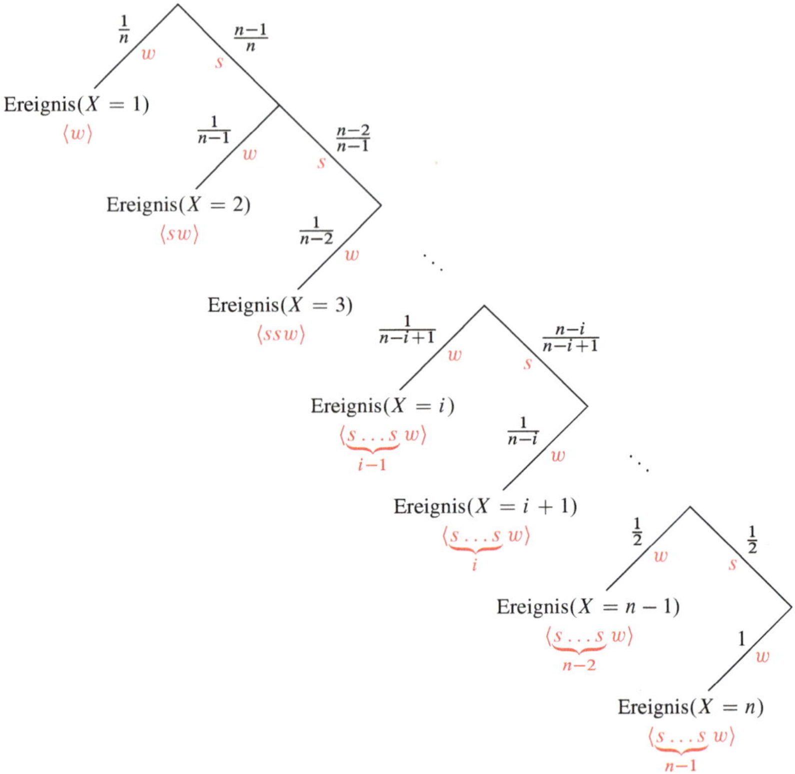

Abb. 7.23 Baumdiagramm zum Suchen eines Elementes aus einer Menge mit n Elementen: Modellierung durch Ziehen ohne Zurücklegen

Beim dritten Ziehen erhält man die weiße Kugel mit der Wahrscheinlichkeit $\frac{1}{n-2}$, somit ist die Wahrscheinlichkeit, die weiße Kugel beim dritten Versuch zu finden, genau

$$\frac{n-1}{n} \cdot \frac{n-2}{n-1} \cdot \frac{1}{n-2} = \frac{1}{n}.$$

Generell (siehe Abb. 7.23) ist die Wahrscheinlichkeit, die weiße Kugel beim i-ten Versuch zu finden,

$$\frac{n-1}{n} \cdot \frac{n-2}{n-1} \cdot \frac{n-3}{n-2} \cdot \ldots \cdot \frac{n-i+1}{n-i+2} \cdot \frac{1}{n-i+1} = \frac{1}{n}$$

für alle $i \in \{1, 2, \ldots, n\}$.

Unser Wahrscheinlichkeitsraum (S, P) ist hier definiert als

$$S = \{\langle w \rangle, \langle sw \rangle, \langle ssw \rangle, \langle sssw \rangle, \ldots, \langle ss \ldots sw \rangle\}$$

mit $|S| = n$ und $P(e) = \frac{1}{n}$ für alle $e \in S$. Wir definieren die Zufallsvariable als

$$X(e) = X(\langle s \ldots sw \rangle) = |ss \ldots sw|,$$

also die Ordnung des Versuchs, bei dem wir die weiße Kugel ziehen. Wir erhalten

$$
\begin{aligned}
E[X] &= \sum_{e \in S} P(e) \cdot X(e) \\
&= \sum_{e \in S} \frac{1}{n} X(e) \\
&= \frac{1}{n} \sum_{e \in S} X(e) \\
&= \frac{1}{n} \left(X(\langle w \rangle) + X(\langle sw \rangle) + \ldots + X(\langle s \ldots sw \rangle) \right) \\
&= \frac{1}{n} \sum_{i=1}^{n} i \\
&\qquad \{\text{Denn } X(e) \text{ nimmt jeden Wert aus } \{1, 2, \ldots, n\} \text{ genau einmal an}\} \\
&= \frac{1}{n} \cdot \binom{n+1}{2} = \frac{1}{n} \cdot \frac{(n+1)n}{2} = \frac{n+1}{2}. \\
&\qquad \left\{ \text{Nach dem kleinen Gauß ist } 1 + 2 + \ldots + n = \binom{n+1}{2} \right\}
\end{aligned}
$$

Somit sehen wir, dass wir mit dieser Modellierung wieder die gleiche Lösung für die Suchaufgabe erhalten haben.   ◇

Aufgabe 7.82 Unter n Elementen in einer unsortierten Folge kommt das Element a zweimal vor. Wie ist der erwartete Aufwand beim zufälligen Ziehen, bis man das erste Mal auf ein a stößt?

Aufgabe 7.83 In einer Urne gibt es 5 Kugeln, zwei davon weiß und 3 davon schwarz. Wie hoch ist der erwartete Aufwand (gemessen an der Anzahl der Versuche), eine weiße Kugel zu finden? Wie hoch ist der erwartete Aufwand, eine schwarze Kugel zu finden?

Die Analyse der Suche in einer unsortierten Folge oder einer Multimenge zeigt uns, dass der Aufwand sehr groß ist. Wir müssen „im Durchschnitt" ungefähr die Hälfte aller Elemente anschauen, um das gesuchte zu finden. Deswegen lohnt es sich, eine Ordnung in unsere Sammlung zu bringen. In einer sortierten Folge der Länge n kann man ein Element a mit höchstens $\lceil \log_2 n \rceil$ Versuchen finden. Diese Suchmethode heißt **binäre Suche**. Man schaut sich zuerst das mittlere Element m der sortierten Folge an. Falls m nicht direkt a ist, schaut man, ob es kleiner oder größer als a ist. Falls $m < a$, weiß man, dass

a rechts von m liegt, womit sich der Suchraum halbiert. Falls $m > a$, liegt a links von m und der Suchraum ist wiederum höchstens die Hälfte des ursprünglichen. So fährt man fort und reduziert durch jedes Anschauen eines Elements den Suchraum wiederum auf die Hälfte. Man reduziert so also mit i Vergleichen die aufsteigende Folge der Länge n auf eine aufsteigende Folge der Länge

$$\frac{n}{2^i},$$

in der sich das gesuchte Element befinden muss. Wegen $n = 2^{\log_2(n)}$ ist es klar, dass $\log_2(n)$ Vergleiche ausreichen, um das gesuchte a zu finden. Somit lohnt es sich, Daten in einer übersichtlichen Ordnung zu halten, insbesondere, wenn die Suche nach konkreten Daten zur häufigen Aufgabe wird.

7.10　Der Erwartungswert eines Produktes von Zufallsvariablen

Hinweis 7.3

Das letzte Thema dieses Kapitels ist eine Vertiefung des Konzepts der Unabhängigkeit mit Bezug auf die Zufallsvariablen und ihre Erwartungswerte. Für Maturitätsschulen sollte dieser Abschnitt als optional behandelt werden.

Im letzten Abschnitt dieses Kapitels soll der Frage nachgegangen werden, ob die Formel $E[X_1 + X_2] = E[X_1] + E[X_2]$ auch analog für Produkte gilt, ob also

$$E[X_1 \cdot X_2] = E[X_1] \cdot E[X_2] \tag{7.3}$$

für Zufallsvariablen X_1, X_2 auf demselben Wahrscheinlichkeitsraum ebenso gültig ist. Wir werden gleich sehen, dass dies im Allgemeinen nicht so ist und etwas später, dass (7.3) unter einer gewissen, recht natürlichen Bedingung tatsächlich gilt.

Zuerst wollen wir klären, was mit dem Produkt von zwei Zufallsvariablen gemeint sein könnte. Man definiert $X = X_1 \cdot X_2$ als Zufallsvariable auf demselben Wahrscheinlichkeitsraum (S, P) wie folgt:

$$X(e) = X_1(e) \cdot X_2(e)$$

für jedes Ergebnis e.

Zuerst testen wir die Gültigkeit der Formel (7.3) an einigen Beispielen.

Beispiel 7.40 Wir modellieren den Münzwurf durch den Wahrscheinlichkeitsraum (S, P), wobei $S = \{\text{Kopf}, \text{Zahl}\}$ und $P(\text{Kopf}) = P(\text{Zahl}) = \frac{1}{2}$.

Nun definieren wir X_1 und X_2 durch

$$X_1(a) = \begin{cases} 1, & \text{falls } a = \text{Kopf}, \\ 0, & \text{falls } a = \text{Zahl}, \end{cases} \qquad X_2(a) = \begin{cases} 0, & \text{falls } a = \text{Kopf}, \\ 1, & \text{falls } a = \text{Zahl}, \end{cases}$$

und erhalten somit

$$X(a) = X_1(a) \cdot X_2(a) = 0 \quad \text{für sowohl } a = \text{Kopf als auch } a = \text{Zahl,}$$

weil für jedes a entweder $X_1(a)$ oder $X_2(a)$ gleich 0 ist. Dann gilt $E[X_1] = E[X_2] = \frac{1}{2}$ und somit $E[X_1] \cdot E[X_2] = \frac{1}{4}$. Andererseits ist $E[X] = 0$ und somit gilt (7.3) nicht. $\Diamond$

Beispiel 7.41 Wir modellieren den zweifachen Münzwurf durch den Wahrscheinlichkeitsraum (S, P), wobei $S = \{(\text{K}, \text{K}), (\text{K}, \text{Z}), (\text{Z}, \text{K}), (\text{Z}, \text{Z})\}$ und $P(e) = \frac{1}{4}$ für jedes e aus S. Seien X_1 bzw. X_2 die Zufallsvariablen, die angeben, ob Kopf im ersten bzw. zweiten Wurf erschienen ist oder nicht, genauer

$$X_1\big((a_1, a_2)\big) = \begin{cases} 1, & \text{falls } a_1 = \text{K,} \\ 0, & \text{falls } a_1 = \text{Z,} \end{cases} \quad X_2\big((a_1, a_2)\big) = \begin{cases} 1, & \text{falls } a_2 = \text{K,} \\ 0, & \text{falls } a_2 = \text{Z.} \end{cases}$$

Wir wollen überprüfen, ob (7.3) in diesem Fall gültig ist.

Dazu berechnen wir zuerst das Produkt $X\big((a_1, a_2)\big) = X_1\big((a_1, a_2)\big) \cdot X_2\big((a_1, a_2)\big)$:

$$X\big((a_1, a_2)\big) = \begin{cases} 1, & \text{falls } a_1 = \text{K und } a_2 = \text{K,} \\ 0, & \text{sonst.} \end{cases}$$

Daher gilt $E[X_1] = E[X_2] = \frac{1}{2}$ und somit $E[X_1] \cdot E[X_2] = \frac{1}{4}$. Andererseits gilt $E[X] = P(X = 1) \cdot 1 + P(X = 0) \cdot 0 = P\big((\text{K}, \text{K})\big) \cdot 1 = \frac{1}{4}$. Dies zeigt, dass (7.3) erfüllt ist. $\Diamond$

Aufgabe 7.84 ✓ Das Zufallsexperiment des Würfelns wird wie üblich modelliert durch (S, P), wobei $S = \{1, 2, \ldots, 6\}$ und $P(e) = \frac{1}{6}$ für jedes e aus S ist. Seien X_1 und X_2 Zufallsvariablen, die wie folgt definiert sind:

$$X_1(i) = \begin{cases} 1, & \text{falls } i \text{ gerade ist,} \\ 0, & \text{falls } i \text{ ungerade ist,} \end{cases} \quad X_2(i) = \begin{cases} -1, & \text{falls } i \leq 4, \\ 1, & \text{falls } i > 4. \end{cases}$$

Überprüfe, ob (7.3) erfüllt ist.

Aufgabe 7.85 Der einfache Münzwurf werde modelliert wie in Beispiel 7.40 und die zwei Zufallsvariablen X_1 und X_2 werden beide gleich gesetzt:

$$X_1(a) = X_2(a) = \begin{cases} 2, & \text{falls } a = \text{Kopf,} \\ 5, & \text{falls } a = \text{Zahl.} \end{cases}$$

Gilt (7.3) in diesem Fall?

Tab. 7.4 Überblick über die möglichen Werte zweier Zufallsvariablen, der Ereignisse A_i bzw. B_j sowie deren Wahrscheinlichkeiten

Zufallsvariable	X_1	X_2
mögliche Werte	$k_1, \ldots, k_s$	$m_1, \ldots, m_t$
Ereignisse	$A_1, \ldots, A_s$, wobei $A_i = \text{Ereignis}(X_1 = k_i)$	$B_1, \ldots, B_t$, wobei $B_j = \text{Ereignis}(X_2 = m_j)$
Wahrscheinlichkeiten	$p_1, \ldots, p_s$, wobei $p_i = P(A_i) = P(X_1 = k_i)$	$q_1, \ldots, q_t$, wobei $q_j = P(B_j) = P(X_2 = m_j)$

Nun sollen beide Seiten von (7.3) näher untersucht werden. Um die Erörterungen möglichst übersichtlich zu gestalten, führen wir gewisse Bezeichnungen ein, die wir in Tab. 7.4 zusammengestellt haben: die möglichen Werte von X_1 sind $k_1, \ldots, k_s$, jene von X_2 sind $m_1, \ldots, m_t$. Die Wahrscheinlichkeiten für die Ereignisse $A_i = \text{Ereignis}(X_1 = k_i)$ werden mit $p_i = P(X_1 = k_i)$ bezeichnet, jene der Zufallsvariablen X_2 für die Ereignisse $B_j = \text{Ereignis}(X_2 = m_j)$ mit $q_j = P(X_2 = m_j)$.

Wir beginnen mit dem Produkt $\mathrm{E}[X_1] \cdot \mathrm{E}[X_2]$. Gemäß (7.1) kann dieses Produkt wie folgt berechnet werden:

$$\mathrm{E}[X_1] \cdot \mathrm{E}[X_2] = \left(\sum_{i=1}^{s} p_i k_i \right) \cdot \left(\sum_{i=1}^{s} q_j m_j \right)$$

Wir müssen also zwei Summen miteinander multiplizieren. Schauen wir uns zuerst an, wie dies in einem konkreten Beispiel aussieht. Nach dem Distributivgesetz gilt:

$$\begin{aligned}
(a + b + c) \cdot (x + y) &= a \cdot (x + y) + b \cdot (x + y) + c \cdot (x + y) \\
&= ax + ay + bx + by + cx + cy.
\end{aligned}$$

Man sollte sich merken, dass jeder Summand des linken Faktors mit jedem Summanden des rechten Faktors multipliziert werden muss. Wenn wir nun indizierte Variablen und das Summenzeichen verwenden, ist dies nicht anders, nur ist die Notation etwas schwerer zu lesen:

$$\begin{aligned}
\left(\sum_{i=1}^{s} a_i \right) \cdot \left(\sum_{j=1}^{t} b_j \right) &= (a_1 + a_2 + \ldots + a_s) \cdot (b_1 + b_2 + \ldots + b_t) \\
&= \quad a_1 b_1 + a_1 b_2 + \ldots + a_1 b_t \\
&\quad + a_2 b_1 + a_2 b_2 + \ldots + a_2 b_t \\
&\qquad\qquad \vdots \qquad\qquad \vdots \\
&\quad + a_s b_1 + a_s b_2 + \ldots + a_s b_t \\
&= \sum_{i,j} a_i b_j ,
\end{aligned}$$

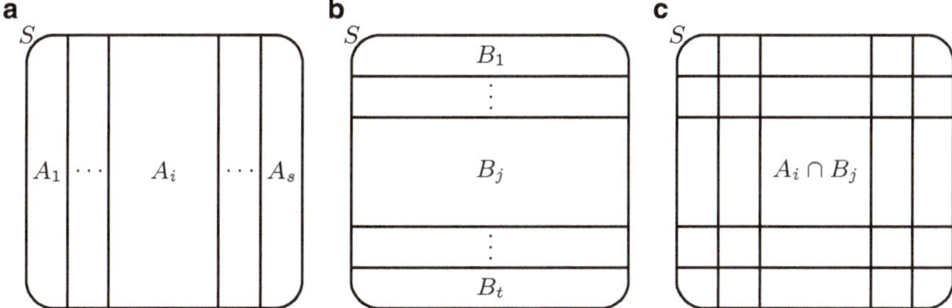

Abb. 7.24 Drei schematische Darstellungen einer Einteilung der Ergebnismenge S in disjunkte Teilmengen: **a** in die s disjunkten Teilmengen A_i für $i = 1, 2, \ldots, s$, die durch X_1 bestimmt sind. **b** in die t disjunkten Teilmengen B_j für $j = 1, 2, \ldots, t$ bezüglich der Zufallsvariablen X_2. **c** in die disjunkten Teilmengen $A_i \cap B_j$ für $i = 1, 2, \ldots, s$ und $j = 1, 2, \ldots, t$

wobei das Symbol $\sum_{i,j}$ für die Summe über alle Summanden steht, wobei $i = 1, 2, \ldots, s$ und $j = 1, 2, \ldots, t$. Wenden wir dies nun auf $E[X_1] \cdot E[X_2]$ an, so erhalten wir

$$E[X_1] \cdot E[X_2] = \sum_{i,j} p_i q_j k_i m_j = \sum_{i,j} P(A_i) P(B_j) k_i m_j. \tag{7.4}$$

Nun betrachten wir die Zufallsvariable $X = X_1 \cdot X_2$. Da $X_1(e) = k_i$ für jedes $e \in A_i$ und $X_2(e) = m_j$ für jedes $e \in B_j$ so gilt für jedes $e \in A_i \cap B_j$

$$X(e) = X_1(e) \cdot X_2(e) = k_i \cdot m_j.$$

Daher ergibt es Sinn, die Ergebnismenge S in die disjunkten Teilmengen $A_i \cap B_j$ aufzuteilen, siehe Abb. 7.24.

Nun können wir $E[X]$ bestimmen:

$$E[X] = E[X_1 \cdot X_2] = \sum_{i,j} P(A_i \cap B_j) k_i m_j. \tag{7.5}$$

Nun setzen wir (7.4) und (7.5) einander gleich:

$$E[X] \overset{(7.5)}{=} \sum_{i,j} P(A_i \cap B_j) k_i m_j \overset{(*)}{=} \sum_{i,j} P(A_i) P(B_j) k_i m_j \overset{(7.4)}{=} E[X_1] \cdot E[X_2].$$

Daraus resultiert eine Gleichung, die wir mit $(*)$ bezeichnet haben. Diese ist sicherlich erfüllt, *falls*

$$P(A_i \cap B_j) = P(A_i) P(B_j) \tag{7.6}$$

für alle $i = 1, 2, \ldots, s$ und alle $j = 1, 2, \ldots, t$ erfüllt ist.

Hinweis 7.4

Beobachten Sie, dass die Menge aller $A_i \cap B_j$ eine Verfeinerung der Zerlegung von S in die Menge von Ereignis$(X = d)$ für alle d mit $P(X = d) \neq 0$ ist.

Bemerkung Bei obiger Schlussfolgerung ist Vorsicht geboten: nur eine der Implikationen ist richtig. Falls (7.6) für alle i, j gilt, so folgt daraus, dass die Gleichung $(*)$ erfüllt ist. Der Umkehrschluss ist jedoch falsch. Die Gleichung $(*)$ kann auch dann stimmen, wenn (7.6) nicht erfüllt ist, siehe dazu Aufgabe 7.88.

Was bedeutet (7.6)? Die Gleichung bedeutet, dass die Ereignisse A_i und B_j *unabhängig* sind, siehe Begriffsbildung 6.2. Dies motiviert folgende Begriffsbildung.

Begriffsbildung 7.15 *Man nennt zwei Zufallsvariablen X und Y auf einem Wahrscheinlichkeitsraum (S, P)* **unabhängig**, *falls für alle reellen Zahlen k, m die Ereignisse $A =$* Ereignis$(X = k)$ *und $B =$* Ereignis$(Y = m)$ *unabhängig sind, das heißt, falls*

$$P(A \cap B) = P(A)P(B) \tag{7.7}$$

gilt. Man bemerke, dass man nicht alle reellen Zahlen k, m betrachten muss, es reicht jene Werte k und m zu nehmen, für die $A \neq \emptyset$ bzw. $B \neq \emptyset$, da sonst beide Seiten von (7.7) gleich Null sind.

Nun können wir die obigen Berechnungen zusammenfassen: Sind X_1 und X_2 unabhängige Zufallsvariablen, so gilt (7.6) für alle i, j und damit ist auch $(*)$ erfüllt. Somit gilt $\mathrm{E}[X_1 \cdot X_2] = \mathrm{E}[X_1] \cdot \mathrm{E}[X_2]$.

Satz 7.2 *Sind X_1 und X_2 unabhängige Zufallsvariablen, so gilt*

$$\mathrm{E}[X_1 \cdot X_2] = \mathrm{E}[X_1] \cdot \mathrm{E}[X_2].$$

Beispiel 7.42 Sei X das Produkt der Augenzahlen beim zweifachen Würfeln. Wir sollen den Erwartungswert $\mathrm{E}[X]$ von X bestimmen. Natürlich könnten wir alle 36 Produkte berechnen und dann deren Durchschnitt bilden, um $\mathrm{E}[X]$ zu bestimmen. Wir wollen aber einen anderen Weg gehen und Satz 7.2 benutzen.

Die Zufallsvariable X kann als Produkt geschrieben werden: $X = X_1 \cdot X_2$, wenn X_1 bzw. X_2 die Augenzahl des ersten bzw. des zweiten Würfels ist. Die zwei Zufallsvariablen sind unabhängig: seien k und m zwei ganze Zahlen zwischen 1 und 6. Dann gilt

$$A = \text{Ereignis}(X_1 = k) = \{(k, 1), (k, 2), (k, 3), (k, 4), (k, 5), (k, 6)\},$$
$$B = \text{Ereignis}(X_2 = m) = \{(1, m), (2, m), (3, m), (4, m), (5, m), (6, m)\},$$
$$A \cap B = \{(k, m)\}$$

und daher $P(A) = P(B) = \frac{6}{36} = \frac{1}{6}$ und somit $P(A)P(B) = \frac{1}{6} \cdot \frac{1}{6} = \frac{1}{36} = P(A \cap B)$.
Dies zeigt, dass X_1 und X_2 unabhängige Zufallsvariablen sind.

Mit Satz 7.2 folgt nun $\mathrm{E}[X] = \mathrm{E}[X_1] \cdot \mathrm{E}[X_2] = 3.5 \cdot 3.5 = 12.25$. $\lozenge$

Aufgabe 7.86 ✓ Zeige, dass die Variablen X_1 und X_2 in Aufgabe 7.84 unabhängig sind.

Aufgabe 7.87 Beim zweifachen Würfeln seien zwei Zufallsvariablen X_1 und X_2 wie folgt definiert:

$$X_1\big((a_1, a_2)\big) = \begin{cases} 5, & \text{falls } a_1 \leq 4 \text{ und } a_2 \leq 3, \\ 1, & \text{sonst}, \end{cases}$$

$$X_2\big((a_1, a_2)\big) = \begin{cases} 2, & \text{falls } 3 \leq a_1 \text{ und } 2 \leq a_2 \leq 4, \\ 4, & \text{sonst}. \end{cases}$$

Zeige zuerst, dass die Variablen unabhängig sind, und bestimme dann $\mathrm{E}[X_1 \cdot X_2]$.

Aufgabe 7.88 ✓ Beim zweifachen Münzwurf sei X_1 die Zufallsvariable, die angibt, wie oft Kopf geworfen wurde, und X_2 sei die Zufallsvariable, die durch

$$X_2\big((a_1, a_2)\big) = \begin{cases} 2, & \text{falls } a_1 = a_2, \\ 0, & \text{falls } a_1 \neq a_2. \end{cases}$$

definiert ist.

Zeige zuerst, dass X_1 und X_2 *nicht* unabhängig sind. Überprüfe danach, dass $\mathrm{E}[X_1 \cdot X_2] = \mathrm{E}[X_1] \cdot \mathrm{E}[X_2]$ trotzdem erfüllt ist.

Bis jetzt haben wir die Eigenschaft, ob zwei gegebene Zufallsvariablen unabhängig sind, durch eine direkte, eventuell mühsame Rechnungen überprüft. Jetzt soll eine bessere Intuition für diese Eigenschaft entwickelt werden. Wir erinnern daran, dass zwei Ereignisse A und B unabhängig sind, wenn man durch das Wissen, dass A oder B eingetreten ist, keine Information über die Wahrscheinlichkeit des anderen Ereignisses erhalten kann. Übersetzen wir dies für Zufallsvariablen, so lautet dies: Zwei Zufallsvariablen X und Y (auf demselben Wahrscheinlichkeitsraum) sind unabhängig, wenn man aus der Kenntnis, dass eine der Variablen einen bestimmten Wert angenommen hat, keine zusätzliche Information über die Wahrscheinlichkeiten erhält, mit denen die andere Zufallsvariable Werte annimmt. Einige Beispiele werden helfen, den Begriff der Unabhängigkeit von Zufallsvariablen weiter zu klären. Dazu verwenden wir graphische Darstellungen, bei denen die Wahrscheinlichkeiten proportional zu Flächeninhalten dargestellt werden. Solche Darstellungen haben einen eigenen Namen.

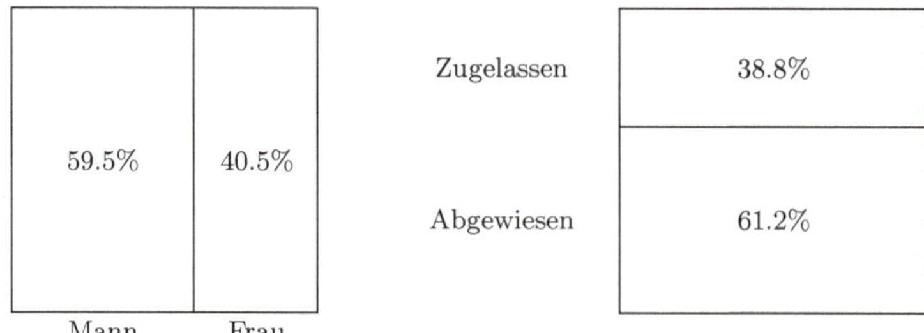

Abb. 7.25 Mosaikplot: Die Wahrscheinlichkeiten der Ereignisse Ereignis($X_\mathrm{G} = g$) und Ereignis($X_\mathrm{Z} = z$) durch Flächen proportional dargestellt

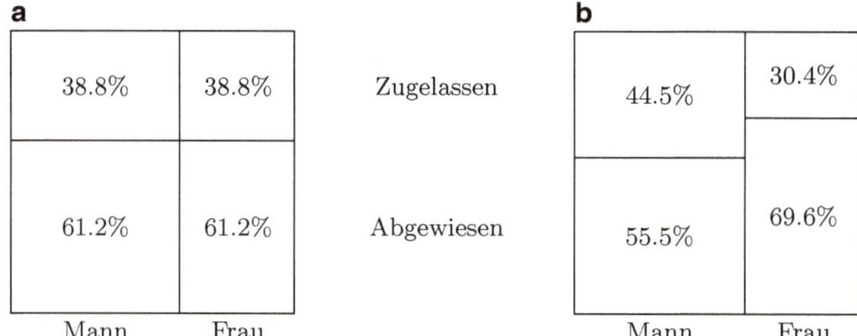

Abb. 7.26 **a** ein Mosaikplot der Wahrscheinlichkeiten, wenn die Zufallsvariablen X_G und X_Z unabhängig wären. **b** die Wahrscheinlichkeiten, wie sie tatsächlich waren

Begriffsbildung 7.16 *Eine graphische Darstellung von Ereignissen nennt man **Mosaikplot**, wenn die Ereignisse durch Flächen dargestellt werden, so dass die Flächeninhalte proportional zu den Wahrscheinlichkeiten der einzelnen Ereignisse sind.*

Beispiel 7.43 1973 gab es einige Diskussionen um die Aufnahme an die *University of California* in Berkeley, USA. Hier die Daten: insgesamt bewarben sich 4 526 Personen, davon 2 691 Männer und 1 835 Frauen. Zugelassen wurden 1 755, die restlichen 2 771 wurden abgewiesen.

Nun können wir uns ein Zufallsexperiment ausdenken: von allen Personen, die sich beworben haben, wählen wir eine beliebige aus. Jede hat die Wahrscheinlichkeit $\frac{1}{4\,526}$, gewählt zu werden.

Die Zufallsvariable X_G gibt das Geschlecht an, X_Z die Zulassung. Wir schreiben keine konkreten Werte für X_G und X_Z vor, weil die einzelnen Werte keine Rolle spielen. Es geht nur darum, dass X_G und X_Z den Ergebnisraum (die Menge aller Bewerber) jeweils in zwei Klassen unterteilen. Die Abb. 7.25 zeigt diese Daten visuell einfach verständlich: Die angegebenen Flächen entsprechen den Wahrscheinlichkeiten.

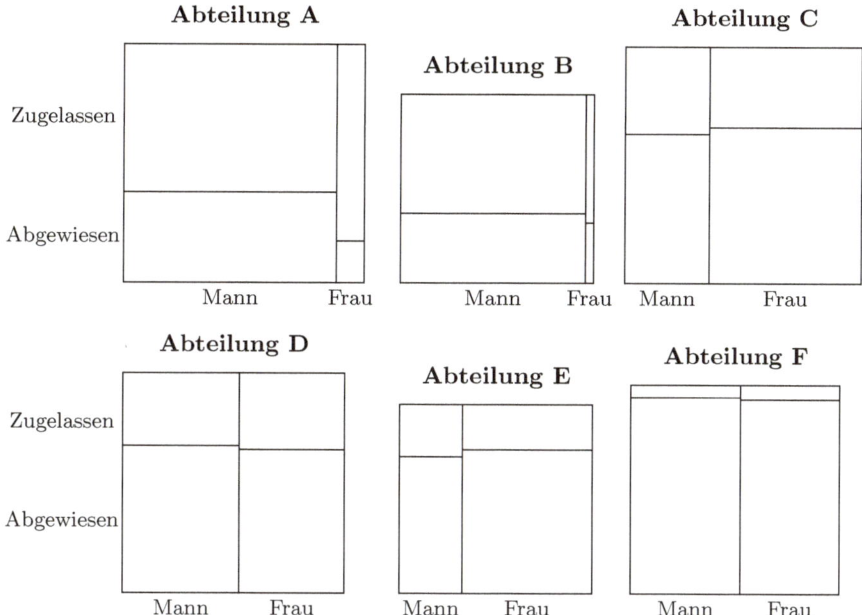

Abb. 7.27 Mosaikplot der Wahrscheinlichkeiten der Ereignisse der Zufallsvariablen X_G und X_Z in jeder Abteilung

Nehmen wir nun an, das Geschlecht der zufällig ausgewählten Person sei bekannt. Wie stehen dann die Wahrscheinlichkeiten, ob sie zugelassen oder abgewiesen wurde? Nun, wenn die Zufallsvariablen unabhängig *wären*, dann müsste die Wahrscheinlichkeit, dafür, dass sie zugelassen wurde, immer noch bei 38.8 % stehen, die Situation sähe dann aus wie in Abb. 7.26a. In der Tat sahen die Wahrscheinlichkeiten jedoch wie in Abb. 7.26b aus. Die zwei Zufallsvariablen X_G und X_Z sind daher nicht unabhängig.

Dies erzeugte damals beträchtliche Unruhe. War es wohl so, dass Frauen systematisch benachteiligt wurden? Ein Statistiker wurde mit der Untersuchung der Situation beauftragt. Er teilte die verschiedenen Abteilungen, an denen sich die Kandidaten beworben hatten in 6 Kategorien ein, die wir mit $A, B, \ldots, F$ bezeichnen. Er stellte fest, dass in den einzelnen Abteilungen keine systematische Beachteilung der Frauen nachgewiesen werden konnte, siehe Abb. 7.27. Aus diesen Darstellungen sieht man, dass die Frauen nicht systematisch benachteiligt wurden. In 4 der 6 Abteilungen wurden die Frauen eher bevorzugt. Aber die Frauen haben sich eher an Abteilungen beworben, bei denen die generellen Zulassungsquoten niedriger waren. In keiner der Abteilungen sind jedoch die zwei Zufallsvariablen X_G und X_Z „absolut" unabhängig. Wir sehen aber, dass man – bis auf die Abteilung A – die Resultate so interpretieren kann, dass X_G und X_Z „fast unabhängig" sind. $\Diamond$

Abb. 7.28 Mosaikplot der Wahrscheinlichkeiten der Ereignisse der Zufallsvariablen X_{Farbe} und X_{Wert} bei einem französischen Kartenset

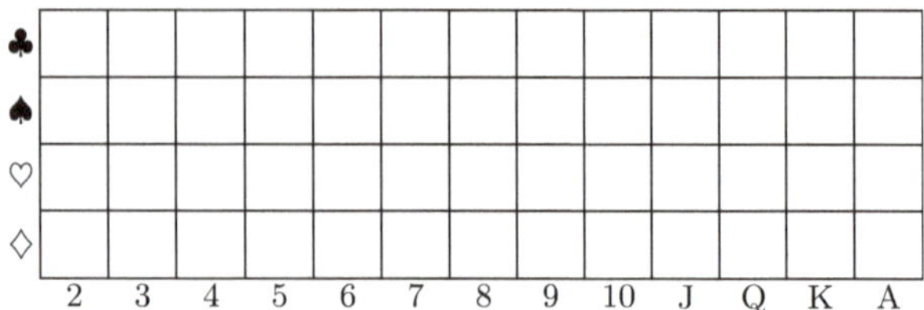

Beispiel 7.44 Ein französisches Kartenset hat 52 Karten (siehe auch Beispiel 5.6). Es gibt die 4 Farben Kreuz ♣, Pik ♠, Herz ♡ und Karo ◇ und von jeder Farbe gibt es 13 Kartenwerte: 2, 3, …, 10, J (Jack), Q (Queen), K (King) und A (As).

Wir betrachten das zufällige Ziehen einer Karte aus einem gemischten Set als Zufallsexperiment. Jede Karte hat die Wahrscheinlichkeit $\frac{1}{52}$, gezogen zu werden. Seien X_{Farbe} und X_{Wert} die Zufallsvariablen, die der gezogenen Karte die Kartenfarbe bzw. den Kartenwert zuordnen. Für jede der vier Farben f gilt $P(X_{\text{Farbe}} = f) = \frac{1}{4}$ und für jeden Wert w gilt $P(X_{\text{Wert}} = w) = \frac{1}{13}$.

Nun nehmen wir an, der Wert der einen Zufallsvariablen sei bekannt, etwa dass man eine 7 gezogen hat. Was kann man daraus für die andere Zufallsvariable schließen? Nun, da es von jeder Farbe eine 7 gibt, so gilt $P(X_{\text{Farbe}} = f \mid X_{\text{Wert}} = 7) = \frac{1}{4}$ für jede der vier Farben f. Die Wahrscheinlichkeiten für jede der 4 möglichen Farben haben sich nicht geändert. Die beiden Zufallsvariablen sind unabhängig. Hier sieht die Grafik, die die Wahrscheinlichkeiten proportional zu den Flächen abbildet, wie in Abb. 7.28 aus.   ◇

Bemerkung Eigentlich sind die „Zufallsvariablen" aus den Beispielen 7.43 und 7.44 gar keine „richtigen" Zufallsvariablen, denn eine Zufallsvariable sollte *Zahlen* als Werte haben. Dies ist für die betrachteten Ziehungen aber nicht wesentlich. Wir könnten etwa Y_{Farbe} wie folgt definieren:

$$Y_{\text{Farbe}}(f) = \begin{cases} 1, & \text{falls } f = \clubsuit, \\ 2, & \text{falls } f = \spadesuit, \\ 3, & \text{falls } f = \heartsuit, \\ 4, & \text{falls } f = \diamondsuit. \end{cases}$$

Dann gilt Ereignis($X_{\text{Farbe}} = \clubsuit$) = Ereignis($Y_{\text{Farbe}} = 1$). Die Frage nach der Unabhängigkeit wird aber ausschließlich auf Grund dieser Ereignisse entschieden. Daher ist die Tatsache, dass X_{Farbe} nicht wirklich Zahlen zuordnet, unwesentlich.

Aufgabe 7.89 Erstelle einen Mosaikplot für die zwei Zufallsvariablen X_1, X_2 der Aufgabe 7.84.

Aufgabe 7.90 ✓ Beim Untergang der Titanic waren 2201 Personen an Bord. Die zufällige Auswahl einer dieser Personen kann als Zufallsexperiment betrachtet werden. Die Zufallsvariablen X_1 und X_2 geben an, in welcher Klasse die Person reiste bzw., ob sie überlebt hat, siehe die Tabelle in Aufgabe 6.55. Erstelle einen entsprechenden Mosaikplot.

Der Begriff der Unabhängigkeit kann von zwei auf mehrere Zufallsvariablen verallgemeinert werden.

Begriffsbildung 7.17 *Man nennt die Zufallsvariablen* $X_1, X_2, \ldots, X_n$ *auf einem Wahrscheinlichkeitsraum* (S, P) ***unabhängig****, falls für alle reellen Zahlen* $k_1, \ldots, k_n$ *die Ereignisse* $A_1 = \text{Ereignis}(X_1 = k_1)$, $A_2 = \text{Ereignis}(X_2 = k_2)$, $\ldots$, $A_n = \text{Ereignis}(X_n = k_n)$ *unabhängig sind, das heißt, wenn*

$$P(A_1 \cap A_2 \cap \ldots \cap A_n) = P(A_1) \cdot P(A_2) \cdot \ldots \cdot P(A_n) \tag{7.8}$$

gilt. In anderen Worten ausgedrückt bedeutet dies, dass aus der Kenntnis der Werte von $n - 1$ *der* n *Zufallsvariablen keine Informationen über die Wahrscheinlichkeiten der Werte der anderen Zufallsvariablen erhalten werden.*

Entsprechend erhält man folgendes Resultat über das Produkt von unabhängigen Zufallsvariablen.

Satz 7.3 *Sind die Zufallsvariablen* $X_1, X_2, \ldots, X_n$ *unabhängig, so gilt*

$$\mathrm{E}[X_1 \cdot X_2 \cdot \ldots \cdot X_n] = \mathrm{E}[X_1] \cdot \mathrm{E}[X_2] \cdot \ldots \cdot \mathrm{E}[X_n].$$

Beispiel 7.45 Philomena schlägt Rupert folgendes Spiel vor. Zu Beginn zahlt sie an Rupert 32 CHF Einsatz. Dafür leistet Rupert 1 CHF Startsaldo in die Mitte. Danach darf Philomena 10 Mal eine Münze werfen. Jedes Mal wenn Kopf fällt, muss Rupert das Saldo in der Mitte verdoppeln, ansonsten bleibt es so wie es ist. Am Ende bekommt Philomena den Saldo aus der Mitte als Gewinn ausbezahlt. Philomena meint, das Spiel sei fair. Sie argumentiert wie folgt: Die Zufallsvariable X, die angibt, wie oft Kopf gefallen ist, hat den Erwartungswert $\mathrm{E}[X] = 5$. Daher entsteht aus dem Startsaldo von 1 CHF im Durchschnitt $2^5 = 32$ CHF.

Sollte Rupert dieser Rechnung trauen?

Wir notieren das Resultat eines 10-fachen Münzwurfs mit $(a_1, \ldots, a_{10})$, wobei $a_i \in$ {Kopf, Zahl}. Nun definieren wir die Zufallsvariablen $X_1, \ldots, X_{10}$ durch

$$X_i\big((a_1, \ldots, a_{10})\big) = \begin{cases} 1, & \text{falls } a_i = \text{Zahl}, \\ 2, & \text{falls } a_i = \text{Kopf}. \end{cases}$$

Dann gibt die Zufallsvariable $X = X_1 \cdot X_2 \cdot \ldots \cdot X_{10}$ an, wie viel Rupert an Philomena zahlen muss.

Die Zufallsvariablen $X_1, \ldots, X_{10}$ sind unabhängig, da aus der Kenntnis der Werte von einigen Würfen, nicht auf die Werte von anderen Würfen geschlossen werden kann. Da

$$E[X_1] = E[X_2] = \ldots = E[X_{10}] = 1.5$$

ist, folgt

$$E[X] = E[X_1 \cdot X_2 \cdot \ldots \cdot X_{10}] = E[X_1] \cdot E[X_2] \cdot \ldots \cdot E[X_{10}] = 1.5^{10} \approx 57.7.$$

Philomena wird also im Mittel gewinnen und Rupert verlieren. Das Spiel ist nicht fair. $\diamondsuit$

Aufgabe 7.91 Berechne $E[X]$ oder zeige mindestens $E[X] > 32$, ohne das Konzept der Multiplikation von Zufallsvariablen zu verwenden.

Aufgabe 7.92 $\checkmark$ Eine Fernsehanstalt überlegt sich folgende Unterhaltungssendung „Gewinne eine Million" zu veranstalten: ein Kandidat kann durch Beantworten von Fragen Geld gewinnen. Als Startkapital erhält der Kandidat $2^{10} = 1\,024$ CHF. Kann er eine Frage richtig beantworten, so wird sein Saldo verdoppelt, andernfalls halbiert, aussteigen kann er allerdings nicht. Somit geht der Kandidat mit $1\,024 \cdot \left(\frac{1}{2}\right)^{10} = 1$ CHF nach Hause, wenn er gar keine Frage richtig beantworten konnte, und mit $1\,024 \cdot 2^{10} = 1\,048\,576$ CHF, falls er alle Fragen richtig beantworten konnte.

Du solltest nun berechnen, welche Auslagen die Fernsehanstalt für den Gewinn des Kandidaten zu erwarten hat.

(a) Wie viel Geld muss sie pro Sendung (also pro Kandidat) einplanen, vorausgesetzt der Kandidat beantwortet jede der Fragen rein zufällig, also mit 50 % Chance richtig und 50 % Chance falsch?

(b) Nun soll davon ausgegangen werden, dass der Kandidat eine größere Chance hat, eine Frage richtig zu beantworten. Mit einer Wahrscheinlichkeit von $p = \frac{3}{4}$ beantwortet er sie richtig, mit $1 - p = \frac{1}{4}$ beantwortet er sie falsch. Welche Ausgaben für den Gewinn eines solchen Kandidaten muss die Fernsehanstalt einrechnen?

7.11 Zusammenfassung

Die Ergebnisse eines Zufallsexperiments können für uns unterschiedliche Bedeutungen haben. Oft können wir diese Bedeutungen sogar quantitativ ausdrücken. Zum Beispiel bei Glücksspielen, wenn wir über Gewinne und Verluste sprechen. Deswegen führen wir den Begriff einer Zufallsvariable ein, die jedem Ergebnis des gegebenen Zufallsexperimentes eine Zahl zuordnet, und somit ist eine Zufallsvariable eine Funktion aus dem Ergebnisraum in die reellen Zahlen. Die Zufallsvariablen werden von uns gewählt, um die für uns interessanten Eigenschaften von Zufallsprozessen zu untersuchen.

Motiviert durch den gewichteten Durchschnitt führen wir den Begriff des Erwartungswertes einer Zufallsvariablen als den gewichteten Durchschnitt der Werte der Zufallsvariablen ein. Die Gewichte sind durch die Wahrscheinlichkeit der einzelnen Ergebnisse bestimmt. Auf diese Art und Weise kann man den Erwartungswert einer Zufallsvariablen bestimmen. Somit liefert dieses Konzept ein Forschungsinstrument, mit dem man zum Beispiel den erwarteten Gewinn in einem Glücksspiel, die Erfolgswahrscheinlichkeit eines Algorithmus oder den erwarteten Rechenaufwand eines randomisierten Algorithmus bestimmen kann.

Wenn man mehrere Zufallsvariablen definiert, kann man eine neue Zufallsvariable betrachten, deren Wert der Summe der Werte der gegebenen Zufallsvariablen entspricht. Dann gilt immer, dass der Erwartungswert der neuen Zufallsvariablen die Summe der Erwartungswerte der ursprünglichen Zufallsvariablen ist. Diese Tatsache hilft uns häufig, quantitative Charakteristiken von Zufallsprozessen erfolgreich zu untersuchen. Somit ist sie ein starkes Instrument in der Analyse von randomisierten Algorithmen.

Eine Zufallsvariable verteilt den Ergebnisraum eines Zufallsexperiments in disjunkte Klassen. Jede Klasse entspricht der Menge von Ergebnissen (also dem Ereignis), denen die Zufallsvariable den gleichen Wert zuordnet. Falls die Werte der eingeführten Zufallsvariablen unsere Hauptinteressen widerspiegeln, können wir die Modellierung des Zufallsexperiments vereinfachen, indem wir den ursprünglichen Ereignisraum auf die Größe des Ereignisraumes aller möglichen Werte der Zufallsvariable reduzieren. Ein schönes Beispiel liefern die Bernoulli-Prozesse. Ein n-facher Münzwurf enthält 2^n Ergebnisse. Wenn die Zufallsvariable die Anzahl der Erfolge zählt und uns nur das interessiert, kann man das Experiment mit dem Ergebnisraum $\{0, 1, \ldots, n\}$ mit $n + 1$ Ergebnissen modellieren.

Alle diese Überlegungen ermöglichen uns, die Unabhängigkeit von zwei Ereignissen auf die Unabhängigkeit von zwei Zufallsvariablen zu erweitern. Zwei Zufallsvariablen X und Y auf einem Wahrscheinlichkeitsraum sind unabhängig, wenn alle Paare von Ereignissen Ereignis$(X = k)$ und Ereignis$(X = m)$ unabhängig sind. Für unabhängige Zufallsvariablen X und Y gilt, dass der Erwartungswert $\mathrm{E}[X \cdot Y]$ von Ereignis$(X \cdot Y)$ gleich dem Produkt $\mathrm{E}[X] \cdot \mathrm{E}[Y]$ der Erwartungswerte $\mathrm{E}[X]$ von X und $\mathrm{E}[Y]$ von Y ist.

7.12 Kontrollfragen

1. Sei (S, P) ein Wahrscheinlichkeitsraum. Sei $X(e) = 0$ für jedes e aus S. Ist X eine Zufallsvariable auf (S, P)?
2. Was ist eine Zufallsvariable? Wozu kann sie dienen? Nenne ein paar Beispiele.
3. Kann das Konzept des gewichteten Durchschnitts helfen, einen Durchschnitt schneller auszurechnen?
4. Wie haben die Konzepte des gewichteten Durchschnittes und des Erwartungswertes einer Zufallsvariable gemeinsam?

5. Wie genau ist der Erwartungswert einer Zufallsvariable auf einem Wahrscheinlichkeitsraum definiert?

6. Wie können uns Zufallsvariablen helfen, die Modellierung eines Zufallsexperiments zu vereinfachen? Nenne mindestens drei Beispiele.

7. Was haben Erwartungswerte von Zufallsvariablen mit fairen Spielen zu tun?

8. Wie erzeugt man neue Zufallsvariablen als Summen von vorhandenen Zufallsvariablen? Wie kann man den Erwartungswert der erzeugten Zufallsvariablen berechnen?

9. Wie kann man Zufallsvariablen verwenden, um Bernoulli-Prozesse zu untersuchen?

10. Was ist eine Indikatorvariable? Was ist der Erwartungswert einer Indikatorvariablen?

11. Wann sind zwei Zufallsvariablen im gleichen Wahrscheinlichkeitsraum unabhängig? Gib je ein Beispiel von zwei Zufallsvariablen auf einem Wahrscheinlichkeitsraum, die unabhängig bzw. nicht unabhängig sind.

12. Wie kann man Abhängigkeit und Unabhängigkeit von zwei Zufallsvariablen durch eine Visualisierung abschätzen?

13. Welche Konsequenzen hat die Unabhängigkeit von zwei Zufallsvariablen X und Y für die Berechnung des Erwartungswertes der Zufallsvariablen $X \cdot Y$?

7.13 Kontrollaufgaben

1. In einem Land leben 53 % Frauen und 47 % Männer. Die durchschnittliche Körpergrösse einer Frau ist 158 cm, jene eines Mannes 172 cm. Wie ist die durchschnittliche Körpergrösse eines Einwohners des Landes? Wie kann man diese Aufgabe als Zufallsexperiment darstellen und wie kann man mittels einer Zufallsvariable und des Konzeptes des Erwartungswertes die durchschnittliche Höhe bestimmen?

2. Josef setzt beim Roulette 20 CHF auf Rot, 10 CHF auf 0 und 5 CHF auf 7. Bestimme die Zufallsvariable X, die den möglichen Gewinn von Josef ausdrückt und berechne $E[X]$, um den erwarteten Gewinn von Josef zu bestimmen. Jetzt kommt noch Maria und spielt mit Josef gegen das Casino. Sie setzt 10 CHF auf Rot, 5 CHF auf 1 und 2 CHF auf 10. Wie ist der erwartete Gewinn von Maria? Bestimme den erwarteten Gewinn des Casinos. Nutze dazu das Konzept der Summen von Zufallsvariablen.

3. In einer Urne gibt es 20 Bälle, die entweder schwarz oder weiß sind. Jan zieht einen Ball aus der Urne. Wenn der Ball schwarz ist, erhält er 5 CHF, ansonsten erhält er 10 CHF. Sei X die Zufallsvariable mit $X(\text{schwarz}) = 5$ und $X(\text{weiß}) = 10$, die den Gewinn von Jan ausdrückt. Wir wissen, dass $E[X] = 7$. Wie viele schwarze und wie viele weiße Bälle gibt es in der Urne? Nehmen wir an, Jan zieht 100 Mal mit Zurücklegen einen Ball aus der Urne. Wie groß ist sein erwarteter Gewinn?

4. In einer Schachtel gibt es 5 Lämpchen, von denen drei funktionieren und zwei defekt sind. Man zieht Lämpchen ohne Zurücklegen aus der Schachtel, bis man eine funktionsfähige findet. Wie groß ist der Erwartungswert für die Anzahl der Versuche?

Abb. 7.29 Schematische Darstellung zweier Kammern mit anfänglich ungleich vielen Teilchen

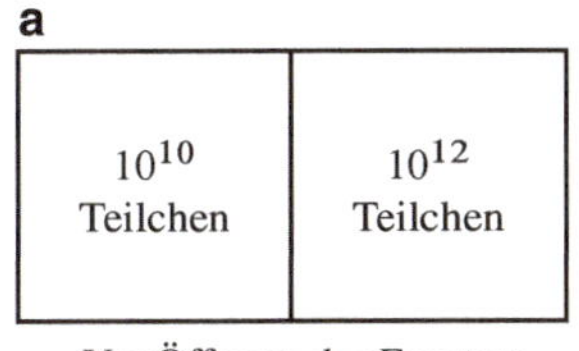

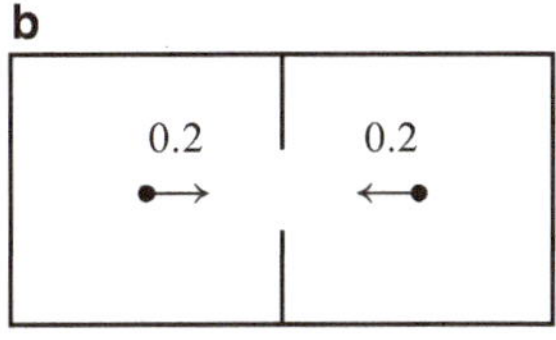

5. Definiere ein Glücksspiel für zwei Spieler mit zweifachem Würfeln, einmal mit einem erwarteten Gewinn von 0.50 CHF und einmal -0.50 CHF.

6. Die Abb. 7.29a zeigt einen Raum, der durch eine Trennwand in zwei Kammern unterteilt ist. Zu Beginn befinden sich unterschiedlich viele Teilchen in den zwei Kammern: links 10^{10} und rechts 10^{12}. Jetzt öffnet man ein Fenster zwischen den zwei Kammern. In einer kurzen Zeitperiode T ist die Wahrscheinlichkeit eines Teilchens, von einer Kammer in die andere zu hinüberzufliegen 0.2. Wie hoch ist die erwartete Anzahl der Teilchen in der linken Kammer nach der Zeitperiode T? Wie viele Zeitperioden sind nötig, um in beiden Kammern ungefähr dieselbe Anzahl Teilchen zu erhalten?

7. Bei einem Spiel kostet der Einsatz 1 024 CHF, damit man mitspielen darf. Dann wirft man n Mal eine Münze. Als Startgewinn hat man 1 CHF. Falls Zahl fällt, vervierfacht sich der Gewinn. Falls Kopf fällt, halbiert sich der Gewinn. Ab welcher Anzahl n von Münzwürfen lohnt es sich, das Spiel zu spielen?

7.14 Lösungen zu ausgewählten Aufgaben

Lösung zu Aufgabe 7.1 Das Gewicht der Erwachsenen in der Bevölkerung ist 0.6, das der Jugendlichen 0.4. Der gewichtete Durchschnitt liegt daher bei

$$0.6 \cdot 168 + 0.4 \cdot 122 = 149.6 \, \text{cm}.$$

Lösung zu Aufgabe 7.6 Berta sollte nur mitspielen, falls sie im Mittel kein Geld verliert. Falls sie gewinnt, kann sie mit der Wahrscheinlichkeit $\frac{1}{3}$ jeweils 1, 3 oder 5 CHF gewinnen, im Mittel also 3 CHF. Sie gewinnt mit der Wahrscheinlichkeit $\frac{3}{5}$, da bei einer 6 neu gewürfelt wird. Andererseits kann sie verlieren. Wenn sie verliert, dann jeweils mit der Wahrscheinlichkeit $\frac{1}{2}$ entweder $2 \cdot 2$ oder $2 \cdot 4$ CHF, im Mittel also 6 CHF. Sie verliert mit der Wahrscheinlichkeit $\frac{2}{5}$. Rechnen wir den gewichteten Durchschnitt aus, so erhalten wir $\frac{3}{5} \cdot 3 - \frac{2}{5} \cdot 6 = -\frac{3}{5}$. Im Mittel wird Berta also verlieren und sollte daher nicht mitspielen.

Lösung zu Aufgabe 7.7 Anton gewinnt mit der Wahrscheinlichkeit $\frac{3}{5}$ und zwar $2 \cdot 1$, $2 \cdot 3$ oder $2 \cdot 5$ CHF jeweils mit der gleichen Wahrscheinlichkeit und somit im Mittel 6 CHF. Anton verliert mit der Wahrscheinlichkeit $\frac{2}{5}$ und zwar $3 \cdot 2$ oder $3 \cdot 4$ CHF, im Mittel 9 CHF. Der gewichtete Durchschnitt liegt daher bei $\frac{3}{5} \cdot 6 - \frac{2}{5} \cdot 9 = 0$. Im Mittel

Tab. 7.5 Zusammenstellung der Ereignisse, die dazu führen, dass die Summe der Augenzahlen eine Primzahl ist

Primzahl p	Ergebnisse	Wahrscheinlichkeit
2	$(1, 1)$	$\frac{1}{36}$
3	$(1, 2), (2, 1)$	$\frac{2}{36}$
5	$(1, 4), (2, 3), (3, 2), (4, 1)$	$\frac{4}{36}$
7	$(1, 6), (2, 5), (3, 4), (4, 3), (5, 2), (6, 1)$	$\frac{6}{36}$
11	$(6, 5), (6, 5)$	$\frac{2}{36}$

wird Anton also nichts gewinnen oder verlieren. Den gewichteten Durchschnitt kann man direkt berechnen. Weil jede Augenzahl von 1 bis 5 die gleiche Wahrscheinlichkeit hat, erhalten wir

$$\frac{1}{5} \cdot 2 + \frac{1}{5} \cdot (-6) + \frac{1}{5} \cdot 6 + \frac{1}{5} \cdot (-12) + \frac{1}{5} \cdot 10 = \frac{1}{5} \cdot 0 = 0.$$

Lösung zu Aufgabe 7.10 Die Summe der Augenzahlen zweier Spielwürfel muss zwischen 2 und 12 liegen. Die Primzahlen dazwischen sind $2, 3, 5, 7, 11$. Nun berechnen wir, wie wahrscheinlich es ist, dass die Augensumme gleich einer dieser Primzahlen ist. Dazu listen wir für jede solche Primzahl p alle Ergebnisse auf, die dazu führen, dass die Augensumme gleich p ist. Dies ist in Tab. 7.5 dargestellt.

Die Wahrscheinlichkeit dafür, dass die Summe der Augenzahlen eine Primzahl ist und Josef zahlen muss, liegt daher bei $\frac{1}{36} + \frac{2}{36} + \frac{4}{36} + \frac{6}{36} + \frac{2}{36} = \frac{15}{36} = \frac{5}{12}$. Die Wahrscheinlichkeit, dass Josef von Jan Geld erhält, liegt folglich bei $1 - \frac{5}{12} = \frac{7}{12}$. Das gewichtete Mittel des Gewinns von Josef ist daher

$$\frac{7}{12} \cdot 1 - \frac{5}{36} \cdot 4 = -\frac{13}{12}.$$

Umgekehrt ist der Gewinn von Jan gleich

$$\frac{5}{12} \cdot 4 - \frac{7}{12} \cdot 1 = \frac{13}{12}.$$

Das Spiel ist somit nicht fair.

Lösung zu Aufgabe 7.11 Die Wahrscheinlichkeit, dass Josef von Jan 2 CHF erhält, liegt bei $\frac{1}{6}$. Die Wahrscheinlichkeit, dass er Jan x CHF bezahlen muss, ist $\frac{4}{6} = \frac{2}{3}$. Im Mittel wird Josef daher

$$g = \frac{1}{6} \cdot 2 - \frac{2}{3} \cdot x = \frac{1}{3} - \frac{2}{3} \cdot x$$

Franken gewinnen. Damit das Spiel fair ist, muss $g = 0$ gelten, denn das, was Josef einnimmt, ist das, was Jan ausgibt, und umgekehrt. Aus $\frac{1}{3} - \frac{2}{3}x = 0$ folgt $x = \frac{1}{2}$. Josef muss also, wenn eine Zahl höher als 2 fällt, 50 Rappen an Jan zahlen, damit das Spiel fair ist.

Lösung zu Aufgabe 7.12 Solange noch genügend Erdnüsse da sind (also mindestens zwei), stehen die Gewinnchancen für Anna, Berta und Carla wie folgt: $\frac{1}{4}$, $\frac{1}{4}$ bzw. $\frac{1}{2}$. Im Mittel gewinnt Anna also $\frac{1}{4} \cdot 2 = \frac{1}{2}$, das heißt, eine halbe Erdnuss pro Runde. Ebenso gewinnt Berta eine halbe Erdnuss pro Runde. Carla gewinnt im Mittel $\frac{1}{2} \cdot 1$ Erdnüsse, also auch eine halbe Erdnuss. Daher ist das Spiel fair.

Lösung zu Aufgabe 7.15 Der Gewinn von Jan ist

$$X_{\text{Jan}}(i) = \begin{cases} 5, & \text{falls } i = 6, \\ -1, & \text{falls } i \neq 6. \end{cases}$$

Der Gewinn von Josef ist

$$X_{\text{Josef}}(i) = \begin{cases} -5, & \text{falls } i = 6, \\ 1, & \text{falls } i \neq 6. \end{cases}$$

Lösung zu Aufgabe 7.16 Jan gewinnt nur, wenn die Roulettekugel auf 7, 10 oder 0 liegen bleibt. Zusammen setzt er 8 CHF ein. Die Zufallsvariable X_{Jan} ist daher wie folgt definiert:

$$X_{\text{Jan}}(i) = \begin{cases} 28 = 36 \cdot 1 - 8, & \text{falls } i = 7, \\ 64 = 36 \cdot 2 - 8, & \text{falls } i = 10, \\ 172 = 36 \cdot 5 - 8, & \text{falls } i = 0, \\ -8 = 36 \cdot 0 - 8, & \text{sonst.} \end{cases}$$

Lösung zu Aufgabe 7.19 Wir beginnen damit anzugeben, welche Resultate $i \cdot j$ möglich sind. Ist $i = 1$, so sind die möglichen Resultate $1, 2, 3, 4, 5, 6$. Ist $i = 2$, so sind ferner auch noch $8, 10, 12$ möglich. Für $i = 3$ erhalten wir außerdem noch die Produkte $9, 15, 18$ und für $i = 4$ noch $16, 20, 24$. Für $i = 5$ erhält man zudem noch die Resultate 25 und 30 und für $i = 6$ nur noch 36. Nun listen wir alle Ereignisse auf:

$$\text{Ereignis}(X_{\text{mal}} = 1) = \{(1,1)\},$$
$$\text{Ereignis}(X_{\text{mal}} = 2) = \{(1,2),(2,1)\},$$
$$\text{Ereignis}(X_{\text{mal}} = 3) = \{(1,3),(3,1)\}$$
$$\text{Ereignis}(X_{\text{mal}} = 4) = \{(1,4),(2,2),(4,1)\},$$
$$\text{Ereignis}(X_{\text{mal}} = 5) = \{(1,5),(5,1)\},$$
$$\text{Ereignis}(X_{\text{mal}} = 6) = \{(1,6),(2,3),(3,2),(6,1)\},$$
$$\text{Ereignis}(X_{\text{mal}} = 8) = \{(2,4),(4,2)\},$$
$$\text{Ereignis}(X_{\text{mal}} = 9) = \{(3,3)\},$$
$$\text{Ereignis}(X_{\text{mal}} = 10) = \{(2,5),(5,2)\},$$

$$\text{Ereignis}(X_{\text{mal}} = 12) = \{(2,6),(3,4),(4,3),(6,2)\},$$
$$\text{Ereignis}(X_{\text{mal}} = 15) = \{(3,5),(5,3)\},$$
$$\text{Ereignis}(X_{\text{mal}} = 16) = \{(4,4)\},$$
$$\text{Ereignis}(X_{\text{mal}} = 18) = \{(3,6),(6,3)\},$$
$$\text{Ereignis}(X_{\text{mal}} = 20) = \{(4,5),(5,4)\},$$
$$\text{Ereignis}(X_{\text{mal}} = 24) = \{(4,6),(6,4)\},$$
$$\text{Ereignis}(X_{\text{mal}} = 25) = \{(5,5)\},$$
$$\text{Ereignis}(X_{\text{mal}} = 30) = \{(5,6),(6,5)\},$$
$$\text{Ereignis}(X_{\text{mal}} = 36) = \{(6,6)\}.$$

Lösung zu Aufgabe 7.22 Fällt die 7, so erhält Fink vom Casino $2 \cdot 36 = 72\,\text{CHF}$. Seinen Einsatz von 3 CHF muss er aber dennoch bezahlen. Also verbleiben ihm 69 CHF Gewinn. Der zweite interessante Fall ist der, dass die Roulettekugel auf einer geraden Zahl ungleich 0 liegen bleibt. Dann erhält Fink vom Casino $2 \cdot 1$ CHF. Er „gewinnt" also -1, da er seinen Einsatz ja verliert. In allen anderen Fällen, also dann, wenn eine ungerade Zahl ungleich 7 oder die 0 fällt, verliert Fink seinen Einsatz und erhält nichts. Sein „Gewinn" ist dann -3. Somit gilt

$$G(i) = \begin{cases} 69, & \text{falls } i = 7, \\ -1, & \text{falls } i \text{ gerade und } i \neq 0 \text{ ist,} \\ -3, & \text{falls } i = 0 \text{ oder } i \text{ ungerade und } i \neq 7 \text{ ist.} \end{cases}$$

Die entsprechenden Ereignisse sind

$$\text{Ereignis}(G = 69) = \{7\},$$
$$\text{Ereignis}(G = -1) = \{2,4,6,8,10,12,14,16,18,20,22,24,26,28,30,32,34,36\},$$
$$\text{Ereignis}(G = -3) = \{0,1,3,5,9,11,13,15,17,19,21,23,25,27,29,31,33,35\}$$

und deren Wahrscheinlichkeiten sind wiederum

$$P(G = 69) = \frac{1}{37}, \quad P(G = -1) = \frac{18}{37} \quad \text{und} \quad P(G = -3) = \frac{18}{37}.$$

Lösung zu Aufgabe 7.23 Die möglichen Gewinne sind 1 \$, 2 \$, 3 \$ oder -1 \$. Die Wahrscheinlichkeit, dass die gewählte Augenzahl gar nicht geworfen wird, ist $\left(\frac{5}{6}\right)^3 = \frac{125}{216} \approx 57.9\,\%$. Die Wahrscheinlichkeit, dass sie gerade dreimal geworfen wird, beträgt $\left(\frac{1}{6}\right)^3 = \frac{1}{216} \approx 0.5\,\%$. Das Ereignis, dass die Augenzahl genau einmal erscheint, besteht aus drei Ergebnissen, nämlich knn, nkn, nnk, wobei k für „gewählte Augenzahl kommt" und

n für „gewählte Augenzahl kommt nicht" steht. Jedes einzelne dieser Ergebnisse hat die Wahrscheinlichkeit $\frac{1}{6}\left(\frac{5}{6}\right)^2 = \frac{25}{216}$.

Insgesamt ist die Wahrscheinlichkeit dafür, dass sie genau einmal erscheint, daher gleich $\frac{75}{216} \approx 34.7\,\%$. Auf ähnliche Weise sieht man, dass die Wahrscheinlichkeit, dass die Zufallszahl genau zweimal erscheint, gleich $3 \cdot \left(\frac{1}{6}\right)^2 \frac{5}{6} = \frac{15}{216} \approx 6.9\,\%$ ist. Insgesamt gilt also

$$P(X = -1) = \frac{125}{216} \approx 57.9\,\%,$$

$$P(X = 1) = \frac{75}{216} \approx 34.7\,\%,$$

$$P(X = 2) = \frac{15}{216} \approx 6.9\,\%,$$

$$P(X = 3) = \frac{1}{216} \approx 0.5\,\%.$$

Lösung zu Aufgabe 7.24 Die minimale Summe der Augenzahlen ist gleich 3, die maximale gleich 18. Daher gilt $P(X = 2) = 0$. Um $P(X = 6)$ zu bestimmen, könnten wir natürlich einfach alle elementaren Ereignisse (i, j, k) mit $i + j + k = 6$ auflisten. Andererseits könnten wir uns die Überlegungen des kombinatorischen Beispiels 5.5 zu Nutze machen. Demnach gibt es $K_{5,2} = \binom{5}{2} = 10$ Lösungen der Gleichung $i + j + k = 6$, falls man nur natürliche (also ganze, positive) Zahlen zulässt. Demnach gilt $P(X = 6) = \frac{10}{216}$.

Leider lässt sich diese Idee nicht ohne weiteres auf $P(X = 15)$ übertragen, denn wenn wir einfach alle Lösungen der Gleichung $i + j + k = 15$ (mit natürlichen Lösungen) auszählen, so erhalten wir auch solche wie $2 + 10 + 3 = 15$, was für die Augenzahlen eines Würfels keinen Sinn ergibt. Wir können uns aber Folgendes überlegen: zur maximalen Summe fehlen noch $18 - 15 = 3$. Wir können also die Differenzen d_i, d_j, d_k der Augenzahlen i, j, k zu 6 betrachten. Bei $i = 5, j = 4, k = 6$ hätten wir also $d_i = 1, d_j = 2, d_k = 0$. Wir müssen also abzählen, wie viele Lösungen die Gleichung $d_i + d_j + d_k = 3$ hat, wobei die Null nun auch zugelassen wird. Diese Aufgabenstellung haben wir bereits in der Aufgabe 5.47 angetroffen. Die Lösung ist $\overline{K}_{3,3} = \binom{3+3-1}{3} = 10$. Daher gilt $P(X = 15) = \frac{10}{216}$.

Um $P(X \leq 16)$ zu berechnen, betrachten wir die Gegenwahrscheinlichkeit $P(X > 16) = P(X = 17) + P(X = 18)$, die einfacher zu berechnen ist, da $P(X = 18) = \frac{1}{216}$ und $P(X = 17) = \frac{3}{216}$, weil Ereignis$(X = 17) = \{(5,6,6),(6,5,6),(6,6,5)\}$. Somit gilt $P(X \leq 16) = 1 - \frac{4}{216} = \frac{212}{216}$.

Lösung zu Aufgabe 7.31 Für den dreifachen Münzwurf gibt es 8 mögliche Ergebnisse. Bei ZZZ erhält Randalf 80 CHF von Rupert, bei ZZK, ZKZ oder KZZ erhält er 40 CHF, bei ZKK, KZK oder KKZ erhält er 20 CHF und im Falle KKK erhält er 10 CHF. Sein

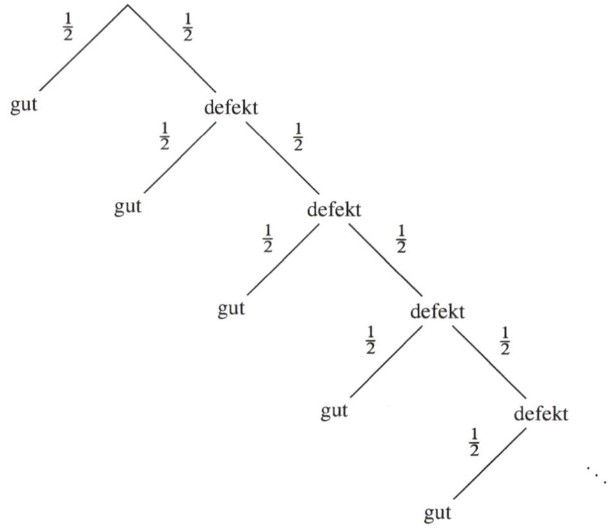

Abb. 7.30 Baumdiagramm (unvollständig) des Ziehens eine Lämpchens (mit Zurücklegen), wenn man ein nicht defektes Lämpchen sucht

erwarteter Gewinn ist somit

$$G_{\text{Randalf}} = \frac{1}{8} \cdot 80 + \frac{3}{8} \cdot 40 + \frac{3}{8} \cdot 20 + \frac{1}{8} \cdot 10 - x = \frac{270}{8} - x = 33.75 - x.$$

Damit das Spiel fair ist, muss $G_{\text{Randalf}} = 0$ und damit $x = 33.75\,\text{CHF}$ gelten.

Lösung zu Aufgabe 7.33 $\star$ In Abb. 7.30 sehen wir das Baumdiagramm, das das Ziehen des Lämpchens, bis man ein gutes findet, darstellt. Weil ein gezogenes defektes Lämpchen zurückgelegt wird, bleibt bei jedem Ziehen die Wahrscheinlichkeit gleich $\frac{1}{2}$, dass man ein gutes Lämpchen zieht.

Jetzt kann man das Zufallsexperiment so modellieren, dass der Ergebnisraum $\mathbb{N}^+ = \{1, 2, 3, \ldots\}$ ist. Der Raum $\mathbb{N}^+$ ist unendlich und $i \in \mathbb{N}^+$ bedeutet, dass man beim i-ten Versuch erstmals ein gutes Lämpchen gezogen hat. Für unser Zufallsexperiment $(\mathbb{N}^+, P)$ gilt offensichtlich (siehe Abb. 7.30)

$$P(i) = \frac{1}{2^i}.$$

Wenn wir jetzt auf $(\mathbb{N}^+, P)$ die Zufallsvariable Y mit $Y(i) = i$ definieren, erhalten wir

$$E[Y] = \sum_{i=1}^{\infty} P(i) \cdot X(i)$$

$$= \sum_{i=1}^{\infty} \frac{i}{2^i}.$$

Wenn man nur an einer guten unteren Schranke für $E[Y]$ interessiert ist, kann man zum Beispiel wie folgt abschätzen:

$$E[X] = \sum_{i=1}^{\infty} \frac{i}{2^i} \geq \sum_{i=1}^{5} \frac{i}{2^i}$$
$$= \frac{1}{2} + \frac{2}{4} + \frac{3}{8} + \frac{4}{16} + \frac{5}{32}$$
$$= \frac{16 + 16 + 12 + 8 + 5}{32}$$
$$= 1 + \frac{25}{32} > 1 + \frac{3}{4}.$$

Würde man auch noch den sechsten Summanden $\frac{6}{64} = \frac{3}{32}$ dazu addieren, erhielte man

$$E[Y] \geq 1 + \frac{28}{32} = 1 + \frac{7}{8}.$$

Wie viele Summanden musst du noch dazu addieren, um

$$E[Y] \geq 1 + \frac{31}{32}$$

zu erhalten?

Lösung zu Aufgabe 7.36 In Aufgabe 7.23 wurden die Wahrscheinlichkeiten für den Gewinn X wie folgt berechnet:

$$P(X = g) = \begin{cases} \frac{125}{216}, & \text{falls } g = -1, \text{ das heißt, die Glückszahl kommt kein Mal vor,} \\ \frac{75}{216}, & \text{falls } g = 1, \text{ das heißt, die Glückszahl kommt genau ein Mal vor,} \\ \frac{15}{216}, & \text{falls } g = 2, \text{ das heißt, die Glückszahl kommt genau zwei Mal vor,} \\ \frac{1}{216}, & \text{falls } g = 3, \text{ das heißt, die Glückszahl kommt drei Mal vor.} \end{cases}$$

Daher gilt

$$E[X] = \frac{125}{216} \cdot (-1) + \frac{75}{216} \cdot 1 + \frac{15}{216} \cdot 2 + \frac{1}{216} \cdot 3 = -\frac{17}{216} \approx -0.079,$$

das heißt, im Mittel verliert ein Spieler bei *Chuck-a-luck* pro Dollar ungefähr 8 Cents.

Lösung zu Aufgabe 7.39 Das Resultat des zweifachen Münzwurfs wird als Paar (a_1, a_2) notiert, wobei $a_1, a_2 \in \{\text{Kopf}, \text{Zahl}\}$. Nun kann man X_1 und X_2 wie folgt definieren:

$$X_i = \begin{cases} 1, & \text{falls } a_i = \text{Kopf,} \\ 0, & \text{falls } a_i = \text{Zahl.} \end{cases}$$

Dann gilt $X = X_1 + X_2$.

Lösung zu Aufgabe 7.40 Die Zufallvariable X_5 bzw. X_6 zählt wie oft 5 bzw. 6 geworfen wurden. Damit zählt $X = X_5 + X_6$, wie oft eine 5 oder eine 6 gefallen ist. Daher kann X nur die Werte 0, 1 oder 2 annehmen.

Lösung zu Aufgabe 7.47 Wir bezeichnen mit X die Zufallsvariable, die angibt, wie viele Punkte Philippa mit den drei verbleibenden Würfeln erzielt. Dann können wir X als Summe schreiben: $X = X_1 + X_2 + X_3$, wobei X_i die Punkte angibt, die mit dem i-ten dieser drei Würfel erzielt werden.

Nun betrachten wir einen einzelnen Würfel der drei verbleibenden Würfel. Mit der Wahrscheinlichkeit $\left(\frac{5}{6}\right)^2$ erscheint weder im ersten noch im zweiten Versuch ein Sechser. Mit der Wahrscheinlichkeit $1 - \left(\frac{5}{6}\right)^2 = \frac{11}{36}$ erzielt Philippa daher mit einem Würfel eine Sechs und damit $\mathrm{E}[X_i] = \frac{11}{36} \cdot 6 = \frac{11}{6}$ Punkte. Somit gilt $\mathrm{E}[X] = \mathrm{E}[X_1] + \mathrm{E}[X_2] + \mathrm{E}[X_3] = 3 \cdot \frac{11}{6} = 5.5$.

Phillippa kann also erwarten, $12 + 5.5 = 17.5$ Punkte zu erzielen, wenn sie auf das Muster „Sechsersumme" spielt.

Lösung zu Aufgabe 7.48 Die Zufallsvariable X, die angibt, wie viele Strafrunden der Sportler laufen muss, kann als Summe $X = X_1 + X_2 + \ldots + X_5$ betrachtet werden. Dabei bezeichnet X_i die Zufallsvariable, die angibt, ob der Sportler im i-ten Versuch getroffen hat oder nicht. Ist $(a_1, a_2, \ldots, a_5)$ eine Serie von Schussresultaten mit $a_i \in$ {getroffen, nicht getroffen}, so gilt demnach

$$X_i\big((a_1, a_2, \ldots, a_5)\big) = \begin{cases} 0, & \text{falls } a_i = \text{getroffen,} \\ 1, & \text{falls } a_i = \text{nicht getroffen.} \end{cases}$$

Wir stellen fest, dass X_i zählt, wie viele Strafrunden der Sportler für den i-ten Versuch aufgebürdet bekommt. Weil $\mathrm{E}[X_i] = 0.75 \cdot 0 + 0.25 \cdot 1 = 0.25$ ist, folgt gemäß Satz 7.2, dass $\mathrm{E}[X] = \mathrm{E}[X_1] + \ldots + \mathrm{E}[X_5] = 5 \cdot 0.25 = 1.25$. Der Sportler muss also im Mittel 1.25 Strafrunden laufen.

Lösung zu Aufgabe 7.49 Sei X die Zufallsvariable, die angibt, wie viele Punkte Karl mit seiner Strategie erzielt. Wir können X als Summe schreiben: $X = X_1 + X_2 + \ldots + X_5$, wobei X_i die Punkte angibt, die mit dem i-ten Würfel erzielt wurden.

Mit der Wahrscheinlichkeit $\left(\frac{1}{2}\right)^3 = \frac{1}{8}$ liefert die Strategie von Karl auch beim dritten Versuch mit einem Würfel keine der Zahlen 4, 5 oder 6. Mit der Wahrscheinlichkeit $\frac{1}{8}$ erzielt Karl im Mittel $\frac{1+2+3}{3} = 2$ Punkte, weil die Resultate 1, 2 und 3 beim letzten Wurf der Würfel gleich wahrscheinlich sind. Mit der Gegenwahrscheinlichkeit $1 - \frac{1}{8} = \frac{7}{8}$ erzielt Karl jeweils mit gleicher Wahrscheinlichkeit eine 4, 5 oder 6, also im Mittel $\frac{4+5+6}{3} = 5$ Punkte. Somit gilt

$$\mathrm{E}[X_i] = \frac{1}{8} \cdot 2 + \frac{7}{8} \cdot 5 = 4.625$$

und daher

$$E[X] = E[X_1] + E[X_2] + \ldots + E[X_5] = 5 \cdot 4.625 = 23.125.$$

Die Strategie von Karl ist also leicht besser als die von Philippa aus Beispiel 7.24.

Lösung zu Aufgabe 7.54 Es gibt in jeder der 10 Stufen mehr als nur zwei Ergebnisse. Daher ist die einzelne Stufe kein Bernoulli-Experiment und das mehrstufige Zufallsexperiment kein Bernoulli-Prozess. Wenn man aber nur schauen möchte, ob eine gerade oder ungerade Zahl gefallen ist, könnte man es als Bernoulli-Prozess betrachten.

Lösung zu Aufgabe 7.55 In diesem Fall handelt es sich um einen Bernoulli-Prozess mit den Parametern $n = 10$ und $p = \frac{1}{6}$.

Lösung zu Aufgabe 7.56 Einsetzen von $p = 0.3$ in die Formeln der Begriffsbildung 7.9 ergibt $B_{3,0.3}(0) = 1 \cdot 0.7^3 = 34.3\,\%$, $B_{3,0.3}(1) = 3 \cdot 0.3 \cdot 0.7^2 = 44.1\,\%$, $B_{3,0.3}(2) = 3 \cdot 0.3^2 \cdot 0.7 = 18.9\,\%$ und $B_{3,0.3}(3) = 1 \cdot 0.3^3 = 2.7\,\%$. Die größte Wahrscheinlichkeit ist also $B_{3,0.3}(1)$ und damit ist das wahrscheinlichste Ereignis jenes, bei welchem ein Erfolg und zwei Misserfolge erzielt werden.

Lösung zu Aufgabe 7.57 Ein Ergebnis e ist eine Abfolge von $n = 4$ Buchstaben aus $\{E, M\}$. Wir bezeichnen mit X die Zufallsvariable, die angibt, wie viele Erfolge erzielt wurden. Dann können wir die Wahrscheinlichkeitsfunktion P_4 angeben:

$$P_4(e) = \begin{cases} p^4, & \text{falls } X(e) = 4, \text{ also } e = \text{EEEE}, \\ p^3(1-p), & \text{falls } X(e) = 3, \\ p^2(1-p)^2, & \text{falls } X(e) = 2, \\ p(1-p)^3, & \text{falls } X(e) = 1, \\ (1-p)^4, & \text{falls } X(e) = 0, \text{ also } e = \text{MMMM}. \end{cases}$$

Lösung zu Aufgabe 7.60 Es wird $n = 9$ Mal eine Entscheidung getroffen, bei der jeweils mit der Wahrscheinlichkeit $p = 0.5$ die Kugel nach links oder nach rechts fällt. Das Fallen einer Kugel, genauer den Pfad, können wir durch eine Abfolge von $n = 9$ Buchstaben aus $\{E, M\}$ beschreiben, wobei E für „fällt nach links" und M für „fällt nach rechts" steht.

Wie üblich bezeichnen wir mit X die Zufallsvariable, die die Anzahl Erfolge angibt, also die Anzahl Male, die die Kugel nach links springt. Damit die Kugel in den Schacht am linken Rand fällt, muss sie 9 Mal nach links gefallen sein. Der Schacht ganz links steht also für das Ergebnis EE...E, oder für Ereignis$(X = 9)$. Der zweite Schacht von links wird von allen Kugeln erreicht, die 8 Mal nach links und einmal nach rechts gesprungen sind, also für Ereignis$(X = 8)$.

Die zwei Schächte in der Mitte stehen für Ereignis($X = 5$) bzw. Ereignis($X = 4$). Somit ist

$$q = P(X = 5) + P(X = 4)$$
$$= \binom{9}{5} 0.5^5 (1 - 0.5)^4 + \binom{9}{4} 0.5^4 (1 - 0.5)^5$$
$$= 126 \cdot 0.5^9 + 126 \cdot 0.5^9$$
$$\approx 0.492.$$

Lösung zu Aufgabe 7.61 Eine Kugel fällt mit der Wahrscheinlichkeit $q \approx 0.492$ in einer der zwei Schächte in der Mitte. Wir können das Fallen von 10 Kugeln als Bernoulli-Prozess mit $n = 10$ und Erfolgswahrscheinlichkeit q modellieren. Die gesuchte Wahrscheinlichkeit ist daher

$$B_{10,q}(5) + B_{10,q}(6) + \ldots + B_{10,q}(10) = \binom{10}{5} q^5 (1 - q)^5 + \ldots + \binom{10}{10} q^{10} (1 - q)^0$$
$$\approx 0.246 + 0.198 + 0.110 + 0.040 + 0.009$$
$$+ 0.001$$
$$= 0.604.$$

Lösung zu Aufgabe 7.63 In Aufgabe 7.60 wurde die Wahrscheinlichkeit, dass eine Kugel in einen der zwei mittleren Schächte fällt, als $q = 0.492$ berechnet. Nehmen wir dies als Erfolgswahrscheinlichkeit eines Bernoulli-Prozesses mit $n = 10$, so erhalten wir für die Zufallsvariable X, die angibt, wie viele Kugeln in einen der zwei mittleren Schächte fallen, den Erwartungswert $\mathrm{E}[X] = nq = 4.92$.

Lösung zu Aufgabe 7.65 Die Wahrscheinlichkeiten $P(X = g)$ des Gewinns X wurde in der Aufgabe 7.36 berechnet: $P(X = -1) = \frac{125}{216}$, $P(X = 1) = \frac{75}{216}$, $P(X = 2) = \frac{15}{216}$ und $P(X = 3) = \frac{1}{216}$. Somit ergibt sich das Histogramm aus Abb. 7.31.

Lösung zu Aufgabe 7.68 Die Wahrscheinlichkeit, dass der Roboter nach rechts läuft, ist $p = \frac{2}{3}$. Wenn er $n = 9$ Einheiten läuft, so nimmt die Zufallsvariable X, die die Schritte nach rechts angibt, den Erwartungswert $\mathrm{E}[X] = np = 9 \cdot \frac{2}{3} = 6$ an. Da $\mathrm{E}[X]$ eine ganze Zahl ist, so ist es am wahrscheinlichsten, dass er 6 Schritte nach rechts geht und somit 3 nach oben. Die wahrscheinlichste Schlussposition ist daher $(6, 3)$.

Lösung zu Aufgabe 7.69 Die Wahrscheinlichkeit, dass der Roboter nach rechts läuft, ist $p = \frac{2}{3}$. Wenn er $n = 11$ Einheiten läuft, so nimmt die Zufallsvariable X, die die Schritte nach rechts angibt, den Erwartungswert $\mathrm{E}[X] = np = 11 \cdot \frac{2}{3} \approx 7.33$ an. Da $\mathrm{E}[X]$ keine

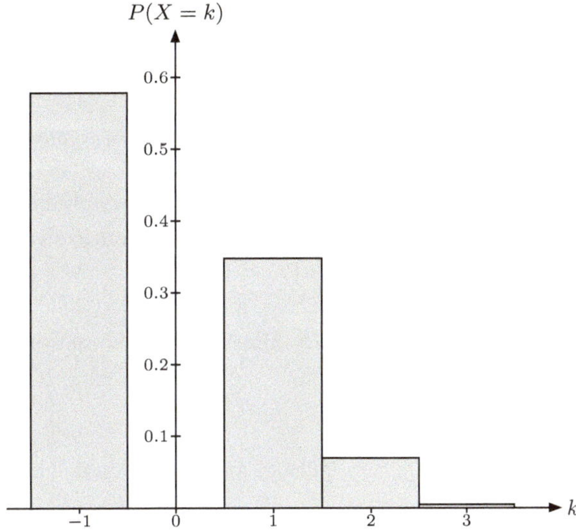

Abb. 7.31 Histogramm des Gewinns beim Glücksspiel *Chuck-a-luck*

ganze Zahl ist, so ist es am wahrscheinlichsten, dass er 7 oder 8 Schritte nach rechts geht. Wir berechnen $P(X = 7)$ und $P(X = 8)$ direkt:

$$P(X = 7) = \binom{11}{7} p^7 (1 - p)^4 \approx 0.238,$$

$$P(X = 8) = \binom{11}{8} p^8 (1 - p)^3 \approx 0.238.$$

Beide Positionen $(7, 4)$ und $(8, 3)$ sind daher die Schlusspositionen, die am wahrscheinlichsten sind.

Lösung zu Aufgabe 7.71 Es gilt

$$v_X(k) = \begin{cases} \frac{1}{4}, & \text{falls } k = 0 \text{ oder } k = 2, \\ \frac{1}{2}, & \text{falls } k = 1, \\ 0, & \text{sonst.} \end{cases}$$

Lösung zu Aufgabe 7.73 Von 20 bis 29 gibt es 5 gerade Zahlen, nämlich 20, 22, 24, 26, 28. Genauso gibt es 5 gerade Zahlen von 30 bis 39, von 40 bis 49 und von 50 bis 59. Zusammen mit 60 gibt es also 21 gerade Zahlen x mit $20 \leq x \leq 60$. Sei S die Menge dieser 21 Zahlen:

$$S = \{20, 22, 24, 26, \ldots, 58, 60\}.$$

Somit ist die uniforme Verteilung v auf S definiert durch

$$v(x) = \begin{cases} \frac{1}{21}, & \text{falls } x \in S, \\ 0, & \text{sonst.} \end{cases}$$

Lösung zu Aufgabe 7.74 Jede der 8 Zweierpotenzen $1 = 2^0, 2 = 2^1, 4 = 2^2, \ldots, 128 = 2^7$ hat die Wahrscheinlichkeit $\frac{1}{8}$. Jede andere Zahl hat die Wahrscheinlichkeit 0. Somit gilt $u(8) = u(2^3) = \frac{1}{8}$ und $u(9) = 0$.

Lösung zu Aufgabe 7.75 Die Verteilungsfunktion v_X der Zufallsvariablen X ist definiert durch

$$v_X(k) = P(X = k) = \begin{cases} \frac{1}{2}, & \text{falls } k = 0, \\ \frac{1}{3}, & \text{falls } k = 1, \\ \frac{1}{6}, & \text{falls } k = 2, \\ 0, & \text{sonst.} \end{cases}$$

Um die Verteilungsfunktion v_Y von Y zu bestimmen, beachten wir zuerst, dass es $\binom{4}{2} = 6$ kürzeste Gitterwege von $(0, 0)$ nach $(2, 2)$ gibt, und daher jeder dieser Wege die Wahrscheinlichkeit $\frac{1}{6}$ hat, gewählt zu werden. Anstatt alle Wege explizit aufzuschreiben und dann für jeden Weg w einzeln $Y(w)$ zu bestimmen, geben wir eine allgemeinere Überlegung an. Angenommen, es sei $Y(w) = k$. Dann ist $(1, k)$ der erste Gitterpunkt entlang w. Dies bedeutet, dass $(1, k - 1)$ nicht auf dem Gitterweg w liegen kann. Es gibt aber nur einen Gitterweg von $(0, 0)$ nach $(1, k)$, der nicht über $(1, k - 1)$ führt. Daher ist die Anzahl Wege w von $(0, 0)$ nach $(2, 2)$ mit $Y(w) = k$ gleich der Anzahl a_k Gitterwege von $(1, k)$ nach $(2, 2)$ und diese ist $a_0 = \binom{3}{1} = 3$, $a_1 = \binom{2}{1} = 2$ bzw. $a_2 = \binom{1}{1} = 1$. Daher gilt $P(Y = 0) = \frac{a_0}{6} = \frac{1}{2}$, $P(Y = 1) = \frac{a_1}{6} = \frac{1}{3}$ und $P(Y = 2) = \frac{a_2}{6} = \frac{1}{6}$. Mithin ist die Verteilungsfunktion v_Y gleich wie v_X.

Lösung zu Aufgabe 7.76 Die Verteilungsfunktion v_X der Zufallsvariablen X ist

$$v_X(k) = \begin{cases} \frac{1}{6}, & \text{falls } k = 1, 2, 4, 5, \\ \frac{1}{3}, & \text{falls } k = 3, \\ 0, & \text{sonst.} \end{cases}$$

Um die Verteilungsfunktion v_Y der Zufallsvariablen Y zu bestimmen, müssen wir zuerst die Wahrscheinlichkeiten $P(Y = k)$ bestimmen. Da es 4 Seiten und 2 Diagonalen gibt, hat jede Strecke die Wahrscheinlichkeit $\frac{1}{6}$, ausgewählt zu werden. Tab. 7.6 gibt an, wie oft eine gegebene Summe k der Zahlen an den Enden auftritt: Dies zeigt, dass $P(Y = k) = \frac{1}{6}$ für $k = 1, 2, 4, 5$ und $P(Y = 3) = \frac{1}{3}$. Daher haben X und Y dieselbe Verteilung.

Tab. 7.6 Die möglichen Summen bei einer zufälligen Wahl einer Strecke in einem Quadrat mit Diagonalen und den Ecken 0, 1, 2, 3, siehe Abb. 7.20

Summe k	tritt so oft auf	tritt auf bei
1	1	$\{0, 1\}$
2	1	$\{0, 2\}$
3	2	$\{0, 3\}, \{1, 2\}$
4	1	$\{1, 3\}$
5	1	$\{2, 3\}$

Lösung zu Aufgabe 7.78 Für zwei beliebige, aber feste Zahlen A und B mit $A \neq B$, $0 \leq A, B \leq 2^n - 1$ betrachten wir ein Zufallsexperiment $\Omega_{A,B} = \left(S_{A,B}, P_{A,B}\right)$, wobei

$$S_{A,B} = \{(p, q) \mid p, q \in \mathrm{PRIM}(n^2)\}$$

und $P_{A,B}\left((p, q)\right) = 1/|\mathrm{PRIM}(n^2)|^2$ ist eine Gleichverteilung. Wir definieren die Zufallsvariable $X \colon S_{A,B} \to \{0, 1\}$ wie folgt:

$$X_{A,B}\left((p, q)\right) = \begin{cases} 1, & \text{falls } A \bmod p \neq B \bmod p \text{ oder } A \bmod q \neq B \bmod q, \\ 0, & \text{falls } A \bmod p = B \bmod p \text{ und } A \bmod q = B \bmod q, \end{cases}$$

und dann gilt

$$\begin{aligned} \mathrm{E}[X_{A,B}] &= P(X_{A,B} = 1) \cdot 1 + P(X_{A,B} = 0) \cdot 0 \\ &= P(X_{A,B} = 1). \end{aligned}$$

Es gilt $X_{A,B}\left((p, q)\right) = 1$ genau dann, wenn p oder q die Tatsache „$A \neq B$" bezeugen, also genau dann, wenn der Algorithmus die richtige Antwort „$A \neq B$" liefert. Somit ist $P(X_{A,B} = 1) = \mathrm{E}[X_{A,B}]$ die Erfolgswahrscheinlichkeit des Algorithmus für die Eingabe (A, B). Andererseits ist $P(X_{A,B} = 0) = 1 - P(X_{A,B} = 1)$ die Fehlerwahrscheinlichkeit des Protokolls auf der Eingabe (A, B). Weil die Primzahlen p und q aus $\mathrm{PRIM}(n^2)$ unabhängig gezogen wurden, gilt

$$\begin{aligned} P(X_{A,B} = 0) &= P(A \bmod p = B \bmod p \text{ und } A \bmod q = B \bmod q) \\ &= P(A \bmod p = B \bmod p) \cdot P(A \bmod q = B \bmod q) \\ &\leq \frac{2\ln(n)}{n} \cdot \frac{2\ln(n)}{n} \\ &= \frac{4(\ln(n))^2}{n^2}. \end{aligned}$$

Lösung zu Aufgabe 7.81 Den Prozess des Ziehens kann man wie in Abb. 7.32 durch ein Baumdiagramm darstellen. Weil es um Ziehen ohne Zurücklegen geht, muss man spätestens beim dritten Versuch a oder b erhalten. Das Zufallsexperiment können wir direkt

Abb. 7.32 Baumdiagramm beim Suchen in einer Menge von vier Elementen, bis man eines von zwei gesuchten Elementen gefunden hat

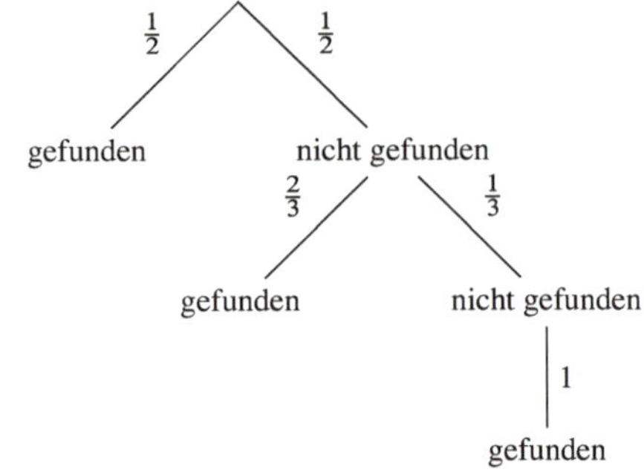

modellieren durch (S, P) mit $S = \{1, 2, 3\}$ und $P(1) = \frac{1}{2}$, $P(2) = \frac{1}{2} \cdot \frac{2}{3} = \frac{1}{3}$ und $P(3) = \frac{1}{2} \cdot \frac{1}{3} \cdot 1 = \frac{1}{6}$. Wenn wir die Zufallsvariable nehmen, die $X(i) = i$ setzt, erhalten wir

$$
\begin{aligned}
\mathrm{E}[X] &= \frac{1}{2} \cdot 1 + \frac{1}{3} \cdot 2 + \frac{1}{6} \cdot 3 \\
&= \frac{5}{3}.
\end{aligned}
$$

Lösung zu Aufgabe 7.84 Da Ereignis$(X_1 = 1) = \{2, 4, 6\}$, folgt $P(X_1 = 1) = \frac{1}{2}$. Genauso sieht man $P(X_1 = 0) = \frac{1}{2}$. Damit gilt $\mathrm{E}[X_1] = \frac{1}{2} \cdot 1 + \frac{1}{2} \cdot 0 = \frac{1}{2}$. Ähnlich berechnet man $P(X_2 = -1) = \frac{2}{3}$, $P(X_2 = 1) = \frac{1}{3}$ und damit $\mathrm{E}[X_2] = -\frac{1}{3}$.

Nun betrachten wir die Zufallsvariable $X = X_1 \cdot X_2$, die folgende Werte annimmt:

$$
X(i) = \begin{cases} -1, & \text{falls } i = 2, 4, \\ 1, & \text{falls } i = 6, \\ 0, & \text{sonst.} \end{cases}
$$

Der Erwartungswert $\mathrm{E}[X]$ erfüllt somit

$$
\mathrm{E}[X] = \frac{1}{3} \cdot (-1) + \frac{1}{6} \cdot 1 + \frac{1}{2} \cdot 0 = -\frac{1}{6}.
$$

Daher gilt $\mathrm{E}[X] = -\frac{1}{6} = \frac{1}{2} \cdot (-\frac{1}{3}) = \mathrm{E}[X_1] \cdot \mathrm{E}[X_2]$. Somit ist (7.3) erfüllt.

Lösung zu Aufgabe 7.86 Wir haben vier Rechnungen durchzuführen, eine für jede mögliche Wahl von $k_1 \in \{1, 0\}$ und $k_2 \in \{-1, 1\}$. In jedem Fall definieren wir $A_1 = \text{Ereignis}(X_1 = k_1)$ und $A_2 = \text{Ereignis}(X_2 = k_2)$ und $A = A_1 \cap A_2$.

- Fall $k_1 = 1, k_2 = -1$: Dann gilt $A_1 = \{2, 4, 6\}$, $A_2 = \{1, 2, 3, 4\}$ und $A = \{2, 4\}$. Somit $P(A_1) \cdot P(A_2) = \frac{1}{2} \cdot \frac{2}{3} = \frac{1}{3} = P(A)$.

- Fall $k_1 = 1, k_2 = 1$: Dann gilt $A_1 = \{2, 4, 6\}$, $A_2 = \{5, 6\}$ und $A = \{6\}$. Somit $P(A_1) \cdot P(A_2) = \frac{1}{2} \cdot \frac{1}{3} = \frac{1}{6} = P(A)$.
- Fall $k_1 = 0, k_2 = -1$: Dann gilt $A_1 = \{1, 3, 5\}$, $A_2 = \{1, 2, 3, 4\}$ und $A = \{1, 3\}$. Somit $P(A_1) \cdot P(A_2) = \frac{1}{2} \cdot \frac{2}{3} = \frac{1}{3} = P(A)$.
- Fall $k_1 = 0, k_2 = 1$: Dann gilt $A_1 = \{1, 3, 5\}$, $A_2 = \{5, 6\}$ und $A = \{5\}$. Somit $P(A_1) \cdot P(A_2) = \frac{1}{2} \cdot \frac{1}{3} = \frac{1}{6} = P(A)$.

Damit ist nachgewiesen, dass X_1 und X_2 unabhängig sind.

Lösung zu Aufgabe 7.88 Für $k_1 = 1$ ist $A_1 = \text{Ereignis}(X_1 = k_1) = \{(\text{Kopf}, \text{Zahl}), (\text{Zahl}, \text{Kopf})\}$ und für $k_2 = 2$ ist $A_2 = \text{Ereignis}(X_2 = k_2) = \{(\text{Kopf}, \text{Kopf}), (\text{Zahl}, \text{Zahl})\}$. Daher gilt $A_1 \cap A_2 = \emptyset$ und $P(A_1 \cap A_2) = 0$. Andererseits gilt $P(A_1) \cdot P(A_2) = \frac{1}{2} \cdot \frac{1}{2} = \frac{1}{4} \neq 0$. Dies zeigt, dass X_1 und X_2 nicht unabhängig sind.

Für die Erwartungswerte gilt $E[X_1] = \frac{1}{4} \cdot 0 + \frac{1}{2} \cdot 1 + \frac{1}{4} \cdot 2 = 1$, $E[X_2] = \frac{1}{2} \cdot 2 + \frac{1}{2} \cdot 0 = 1$. Für das Produkt $X = X_1 \cdot X_2$ gilt

$$X\big((a_1, a_2)\big) = \begin{cases} 4, & \text{falls } a_1 = a_2 = \text{Kopf}, \\ 0, & \text{sonst}, \end{cases}$$

und damit $E[X] = \frac{1}{4} \cdot 4 + \frac{3}{4} \cdot 0 = 1 = 1 \cdot 1 = E[X_1] \cdot E[X_2]$.

Lösung zu Aufgabe 7.90 Wir zeichnen den Mosaikplot auf einem Rechteck der Breite $12\,u$ und der Höhe $8\,u$, wobei u eine geeignete Einheitsstrecke ist, z. B. $u = 1\,\text{cm}$. Auf Grund der Information in Aufgabe 6.55 wissen wir, dass $6 + 197 + 122 = 325$ Personen aus der 1. Klasse dabei waren, $24 + 94 + 167 = 285$ aus der 2. Klasse, $27 + 151 + 52 + 476 = 706$ aus der 3. Klasse und $212 + 673 = 885$ Crewmitglieder. Das Rechteck wird nun vertikal in Streifen eingeteilt, so dass deren Flächen diese Anzahlen proportional widerspiegeln. Für die 1. Klasse ist der Streifen $x_1 = \frac{325}{2\,201} \cdot 12\,u \approx 1.77\,u$ breit, jener der 2. Klasse ist $x_2 = \frac{285}{2\,201} \cdot 12\,u \approx 1.55\,u$ breit, jener der 3. Klasse $x_3 = \frac{706}{2\,201} \cdot 12\,u \approx 3.85\,u$ breit und jener der Crew $x_c = \frac{885}{2\,201} \cdot 12\,u \approx 4.83\,u$ breit.

In einem zweiten Schritt werden die vertikalen Streifen horizontal eingeteilt. Bei der 1. Klasse überlebten $6 + 197 = 203$ der 325 Personen. Der obere horizontale Streifen ist daher $y_1 = \frac{203}{325} \cdot 8\,u \approx 5.00\,u$ hoch. Genauso verfährt man den anderen drei Streifen, man erhält die Höhen $y_2 \approx 3.31\,u$, $y_3 \approx 2.02\,u$ und $y_c \approx 1.92\,u$. Damit sieht der Mosaikplot wie in Abb. 7.33 aus.

Lösung zu Aufgabe 7.92 Wir modellieren die Richtigkeit der Antworten auf die 10 Fragen als Tupel $(a_1, a_2, \ldots, a_{10})$, wobei $a_i \in \{\text{richtig}, \text{falsch}\}$. Die Menge aller solcher Tupel bildet die Ergebnismenge S. Die Wahrscheinlichkeitsfunktion P ist in den beiden Teilaufgabe verschieden, braucht aber gar nicht beschrieben zu werden.

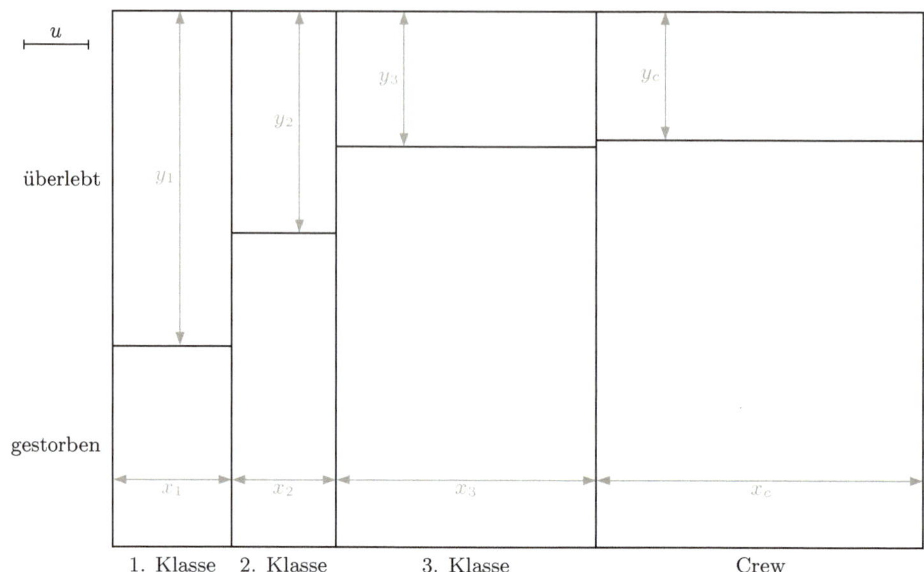

Abb. 7.33 Mosaikplot der Zufallsvariablen X_1 und X_2

Wir definieren zehn voneinander unabhängige Zufallsvariablen $X_1, \ldots, X_{10}$ durch

$$X_i\big((a_1, \ldots, a_{10})\big) = \begin{cases} 2, & \text{falls } a_i = \text{richtig,} \\ \frac{1}{2}, & \text{falls } a_i = \text{falsch.} \end{cases}$$

Dann gibt die Zufallsvariable $X = X_1 \cdot X_2 \cdot \ldots \cdot X_{10}$ an, mit welchem Faktor das Startkapital 1 024 CHF multipliziert werden muss, um den Betrag zu erhalten, den der Kandidat nach Hause nimmt.

(a) Da der Kandidat jede Frage zufällig und immer mit derselben Wahrscheinlichkeit richtig beantwortet, sind die Zufallsvariablen $X_1, \ldots, X_{10}$ unabhängig. Es gilt $E[X_i] = 0.5 \cdot 2 + 0.5 \cdot \frac{1}{2} = 1.25$. Wegen Satz 7.2 gilt nun

$$E[X] = E[X_1] \cdot \ldots \cdot E[X_{10}] = 1.25^{10} = 9.313,$$

womit der Betrag, den die Fernsehanstalt im Mittel für einen solchen Kandidaten aufbringen muss, gleich $1\,024 \cdot 9.313 \approx 9\,537$ CHF ist.

(b) Die Überlegungen sind ähnlich wie in Teilaufgabe (a), aber der Erwartungswert $E[X_i]$ muss neu berechnet werden: $E[X_i] = \frac{3}{4} \cdot 2 + \frac{1}{4} \cdot \frac{1}{2} = 1.625$, womit $E[X] = 1.625^{10} \approx 128.391$. Daher wird der Betrag, den die Fernsehanstalt für solche Kandidaten im Mittel einzuplanen hat, gleich $1\,024 \cdot 128.391 \approx 131\,472$ CHF.

Überlege dir jetzt folgendes Szenario: Der Kandidat weiß in 3 von 10 Fällen die richtige Antwort und gibt sie auch entsprechend. Zu 7 Fragen weiß er die Antwort nicht und trifft die Entscheidung durch einen Münzwurf zufällig, weil nur Ja und Nein als Antworten zugelassen sind. Wie groß ist der erwartete Gewinn des Kandidaten? Wie ändern sich alle unsere obigen Betrachtungen, wenn es für jede Frage 6 mögliche Antworten gibt und nur eine davon richtig ist?

Literatur

1. Hans-Joachim Böckenhauer und Juraj Hromkovič: *Formale Sprachen: Endliche Automaten, Grammatiken, lexikalische und syntaktische Analyse.* Springer Vieweg, 2013, ISBN 978-3-6580-0724-9.
2. Karin Freiermuth, Juraj Hromkovič, Lucia Keller und Björn Steffen: *Einführung in die Kryptologie.* 2. Auflage. Vieweg+Teubner, 2010, ISBN 978-3-8348-1855-3.
3. René Goscinny und Albert Uderzo: *Asterix bei den Olympischen Spielen.* Delta, 1985.
4. Juraj Hromkovič: *Berechenbarkeit: Logik, Argumentation, Rechner und Assembler, Unendlichkeit, Grenzen der Automatisierbarkeit.* Vieweg+Teubner, 2011, ISBN 978-3-8348-1509-5.
5. Walter Moers: *Ensel und Krete.* 8. Auflage. Wilhelm Goldmann, 2002.
6. Dietmar Wätjen: *Kryptographie: Grundlagen, Algorithmen, Protokolle.* Springer-Verlag, 2008, ISBN 978-3-8274-1916-3.

© Springer International Publishing AG 2017
M. Barot, J. Hromkovič, *Stochastik*, Grundstudium Mathematik,
DOI 10.1007/978-3-319-57595-7

Sachverzeichnis